KB078855

용접산업기사 필기 특강

용접기술시험연구회 엮음

일진사

머리말

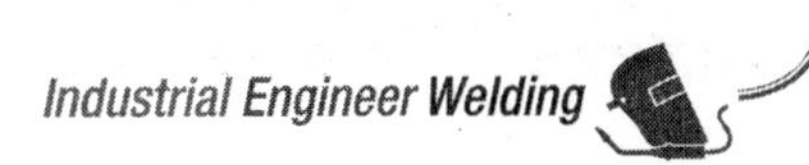

야금학적 접합방법인 용접(welding)은 다양한 용접법의 발달로 철 및 비철금속을 접합하는 데 반드시 필요한 기술로서 조선, 건축, 자동차, 항공기, 공작기계, 석유화학, 원자력발전 등 각종 구조물 제작에 응용되고 있다.

최근 급변하는 첨단기술에 보조를 맞추어 산업현장에서도 많은 전문 인력이 필요해짐에 따라 용접을 배우려는 사람뿐만 아니라 용접기술을 배워 취업하려는 인원 또한 늘어나고 있는 추세이다. 따라서 필자는 이 책을 용접산업기사 자격증을 취득하고자 하는 수험생의 필독서로 엮고자 하였다.

이 책의 특징은 다음과 같다.

첫째, 본문 내용은 한국산업인력공단의 개정된 출제기준에 따라 제1편 용접 야금, 제2편 용접 설비제도, 제3편 용접구조 설계 및 용접시공, 제4편 용접일반 및 안전관리의 총 4편으로 구성하여 각 시험과목에 대비하였다.

둘째, 내용의 이해도를 높이기 위해서 과목별 핵심 개념을 그림과 함께 일목요연하게 정리하였으며, 효율적인 시험 대비를 위해 시험포인트를 짚어주었다.

셋째, 각 장마다 적중률 높은 예상문제와 기출문제를 엄선하여 수록하고 난해한 문제에는 심도 있는 해설을 추가하였다.

넷째, 최근 시행된 기출문제를 수록해 중요도와 출제경향을 파악하여 용접산업기사 자격증 취득에 완벽하게 대비할 수 있는 최고의 수험서가 되도록 충실을 기하였다.

이 책으로 공부한 많은 수험생들이 국가기술자격증을 취득하여 용접기술자로서 우리나라의 산업 발전과 경쟁력 향상에 기여할 수 있는 인재로 거듭나기를 기원한다. 내용 중 뜻하지 않은 오류나 부족한 점은 향후 독자 여러분의 조언과 충고를 수용하여 수정·보완해 나갈 것을 약속드린다.

마지막으로 이 책이 나오기까지 여러모로 도움을 주신 모든 분들께 고마움을 표하며, 특히 이 책을 출간하는 데 아낌없는 노력을 쏟아주신 도서출판 **일진사** 직원 여러분께 깊은 감사를 드린다.

저자 씀

용접산업기사 출제기준(필기)

시험 과목	출제 문제수	출제 기준 주요항목	출제 기준 세부항목
용접 야금 및 용접 설비 제도	20	1. 용접부의 야금학적 특징	(1) 용접야금 기초 ① 금속결정구조 ② 화합물의 반응 ③ 평형상태도 ④ 금속조직의 종류 (2) 용접부의 야금학적 특징 ① 가스의 용해 ② 탈산, 탈황 및 탈인반응 ③ 고온균열의 발생원인과 방지 ④ 용접부 조직과 특징 ⑤ 저온균열의 발생원인과 방지 ⑥ 철강 및 비철재료의 열처리 ⑦ 용접부의 열영향 및 기계적 성질
		2. 용접재료 선택 및 전후처리	(1) 용접재료 선택 ① 용접재료의 분류와 표시 ② 용가제의 성분과 기능 ③ 슬래그의 생성반응 ④ 용접재료의 관리 (2) 용접 전후처리 ① 예열 ② 후열처리 ③ 응력풀림처리
		3. 용접 설비제도	(1) 제도 통칙 ① 제도의 개요 ② 문자와 선 ③ 도면의 분류 및 도면관리 (2) 제도의 기본 ① 평면도법 ② 투상법 ③ 도형의 표시 및 치수기입 방법 ④ 기계재료의 표시법 및 스케치 ⑤ CAD 기초 (3) 용접제도 ① 용접기호 기재 방법 ② 용접기호 판독 방법 ③ 용접부의 시험기호 ④ 용접구조물의 도면 해독 ⑤ 판금, 제관의 용접도면 해독
용접 구조 설계	20	1. 용접설계 및 시공	(1) 용접설계 ① 용접 이음부의 종류 ② 용접 이음부의 강도계산 ③ 용접 구조물의 설계 (2) 용접시공 및 결함 ① 용접시공, 경비 및 용착량 계산 ② 용접준비 ③ 본용접 및 후처리 ④ 용접온도분포, 잔류응력, 변형, 결함 및 그 방지대책
		2. 용접성 시험	(1) 용접성 시험 ① 비파괴 시험 및 검사 ② 파괴 시험 및 검사
용접 일반 및 안전 관리	20	1. 용접, 피복아크용접 및 가스용접의 개요 및 원리	(1) 용접의 개요 및 원리 ① 용접의 개요 및 원리 ② 용접의 분류 및 용도 (2) 피복아크용접 및 가스용접 ① 피복아크용접 설비 및 기구 ② 피복아크 용접법 ③ 가스용접 설비 및 기구 ④ 가스 용접법 ⑤ 절단 및 가공
		2. 기타 용접, 용접의 자동화	(1) 기타 용접 및 용접의 자동화 ① 기타 용접 ② 압접 ③ 납땜 ④ 용접의 자동화 및 로봇용접
		3. 안전관리	(1) 용접 안전관리 ① 아크, 가스 및 기타 용접의 안전장치 ② 화재, 폭발, 전기, 전격사고의 원인 및 그 방지대책 ③ 용접에 의한 장해 원인과 그 방지대책

차례

제1편 용접 야금

제1장 용접야금 기초

제2장 평형상태도

제3장 금속조직의 종류

제4장 주철과 특수 주철

제5장 비철금속 재료

제3장 도형의 표시 및 치수기입 방법

제4장 스케치도와 제작도

제5장 CAD 기초

제6장 용접제도

제3편 용접구조 설계 및 용접시공

제1장 용접설계

제3장 가스용접

제4장 절단 및 가공

제5장 기타 용접 및 용접의 자동화

제6장 안전관리

부록 최근 기출문제

Industrial Engineer Welding 

제 1 편
용접 야금

제1장 용접야금 기초

1-1 금속재료

1 금속재료의 성질

금속재료를 공업적인 목적으로 사용할 때 필요한 성질은 다음과 같다.

① **물리적 성질(physical properties)**

비중, 용융점, 비열, 선팽창계수, 열전도율, 전기전도율, 자성 등

② **화학적 성질(chemical properties)**

내열성, 내식성 등

③ **기계적 성질(mechanical properties)**

인장강도, 연신율, 경도, 충격치, 피로한계 등

(1) 물리적 성질 시험포인트

① **비중(specific gravity)**

어떤 물질의 단위용적의 무게와, 그 동일 부피를 가진 4℃ 물의 무게와의 비를 말한다.

(가) 경금속(비중): 리튬(Li, 0.53), 칼륨(K, 0.86), 칼슘(Ca, 1.55), 마그네슘(Mg, 1.74), 규소(Si, 2.23) 알루미늄(Al, 2.7), 타이타늄(Ti, 4.5) 등

(나) 중금속(비중): 크로뮴(Cr, 7.09), 아연(Zn, 7.13), 망가니즈(Mn, 7.4), 철(Fe, 7.87), 니켈(Ni, 8.85), 코발트(Co, 8.9), 구리(Cu, 8.96), 몰리브덴(Mo, 10.2), 납(Pb, 11.34), 이리듐(Ir, 22.5) 등

② **용융점(melting point)**

고체가 액체로 변하는 온도점으로 철 1538℃, 텅스텐(W) 3410℃, 수은(Hg) −38.8℃이다.

③ **열전도율(thermal conductivity)**

길이 1cm에 대하여 1℃의 온도차가 있을 때 $1cm^2$ 단면적을 통하여 1초 사이에 전달되는 열량으로, 금속의 열전도율은 은(Ag) > 구리(Cu) > 백금(Pt) > 알루미늄(Al) 등

의 순으로 높다.

④ **전기전도율(electric conductivity)**

전기전도율은 금속 성분이 순수할수록 좋고 불순물이 들어가면 불량해지므로 합금의 전기전도율이 성분 금속보다 불량하다. 실온 20℃에서 전기전도율의 크기는 다음과 같다.

Ag(은)>Cu(구리)>Au(금)>Al(알루미늄)>Mg(마그네슘)>Zn(아연)>Ni(니켈)>Fe(철)>Pb(납)>Sb(안티몬)

⑤ **금속 색깔**

금속을 탈색하는 힘은 Sn(주석)>Ni(니켈)>Al(알루미늄)>Fe(철)>Cu(구리)>Zn(아연)>Pt(백금)>Ag(은)>Au(금)의 순으로 크다.

⑥ **자성(magnetism)**

(가) 강자성체(ferromagnetic substance): 자석에 강하게 끌리고 자석을 제거해도 금속 자체가 자성을 갖는 물질(예 Fe, Ni, Co 등)

(나) 상자성체(paramagnetic substance): 자석을 접근시키면 자기장 방향으로 약하게 자화(磁化)하고, 자기장이 제거되면 자화하지 않는 물질이며, 외부 자계에 의해서 매우 약한 자성을 나타내는 자성체(예 Al, Pt, Sn, Mn 등)

(다) 반자성체(diamagnetic substance): 외부 자기장에 의해서 자기장과 반대 방향으로 자화되는 물질(예 Cu, Zn, Sb, Ag, Au 등)

단원 예상문제

1. 실온 20℃에서 열전도율이 가장 큰 것은?

① Ag ② Fe ③ Sn ④ Ni

해설 열전도율은 Ag>Cu>Pt>Al 등의 순서로 좋다.

2. 다음 중 경금속으로 보기 어려운 것은?

① 알루미늄 ② 백금 ③ 마그네슘 ④ 타이타늄

해설 비중 4.5(또는 5) 이하는 경금속, 그 이상은 중금속으로 분류되며, 비중은 Al(알루미늄)이 2.7, Mg(마그네슘) 1.7 , Ti(타이타늄) 4.5 , Pt(백금) 21.45이다.

3. 철(Fe)의 비중은 약 얼마인가?

① 6.9 ② 7.8 ③ 8.9 ④ 10.4

해설 철의 비중은 7.8이다.

4. 다음 금속 중 냉각속도가 가장 빠른 것은?

① 구리 ② 알루미늄 ③ 스테인리스강 ④ 연강

해설 구리는 알루미늄, 스테인리스강, 연강보다 연전도율 및 전기전도율이 우수하여 냉각속도가 빠르다.

• 전기전도율은 Ag>Cu>Au>Mg>Zn>Ni>Fe>Pb>Sb 순서로 높다.

5. 강자성체로만 나열된 것은?

① Fe, Ni, Co ② Fe, Pt, Sb ③ Bi, Sn, Au ④ Co, Sn, Cu

해설 강자성체의 자기변태는 A_2 변태점에서 원자배열의 변화 없이 자성만 변하는 것으로, 자기변태 금속은 철니코라 하여 Fe(768℃), Ni(358℃), Co(1160℃) 등이 대표적이다.

6. 탄소강의 물리적 성질 변화에서 탄소량의 증가에 따라 증가되는 것은?

① 비중 ② 열팽창계수 ③ 열전도도 ④ 전기저항

해설 탄소강 중에 탄소의 함량이 증가하면 경도와 강도가 높아져 조직이 거칠고 백선화하여 칠드화할 염려가 있다. 물리적으로 전기저항은 길이에 비례하고 단면적에 반비례하므로 전기저항이 적다.

7. 탄소강의 물리적 성질 변화에서 탄소량의 증가에 따라 증가되는 것은?

① 비중 ② 열팽창계수 ③ 열전도도 ④ 전기저항

해설 강은 순철에 가까운 페라이트와 시멘타이트가 혼합된 것으로 탄소량이 증가함에 따라 비중, 열팽창계수, 열전도율은 감소하지만 비열, 전기저항, 항자력은 증가한다.

8. 비열이 가장 큰 금속은?

① Al ② Mg ③ Cr ④ Mn

해설 비열(cal/g℃): Al(0.223), Mg(0.2475), Cr(0.1178), Mn(0.1211)

9. 일반적으로 열이 전달되기 쉬운 정도를 표시할 때 열전도율이 사용되고 있다. 용접입열이 일정할 경우 냉각속도가 가장 느린 것은?

① 연강 ② 스테인리스강 ③ 알루미늄 ④ 구리

해설 열전도율: 연강(0.108), 스테인리스강(0.038), 알루미늄(0.520), 구리(0.290)

10. 다음 중 전기전도율이 가장 높은 것은?

① Cr ② Zn ③ Cu ④ Mg

해설 열전도율이 좋은 금속재료는 Ag>Cu>Pt>Al 등의 순서이고, 전기전도율은 Ag>Cu>Au>Mg>Zn>Ni>Fe>Pb>Sb 순서이다.

정답 1. ① 2. ② 3. ② 4. ① 5. ① 6. ④ 7. ④ 8. ② 9. ② 10. ③

(2) 화학적 성질

① **부식성:** 금속이 대기 중의 산소, 물 등에 의하여 화학적으로 부식되는(녹스는) 성질로 이온화경향이 클수록 강하고, Ni, Cr 등을 함유하면 잘 부식되지 않는다.

② **내식성:** 산의 종류에 잘 견디는 성질이다.

단원 예상문제

1. 탄화물의 입계석출로 인하여 입계부식을 가장 잘 일으키는 스테인리스강은?

① 펄라이트계 ② 페라이트계 ③ 마텐자이트계 ④ 오스테나이트계

해설 오스테나이트계(18-8 스테인리스강)는 입계부식(intergranular corrosion)에 의한 입계균열이 발생하기 쉽다(Cr_4C 탄화물이 원인). 입계부식 방지법으로는 ① 탄소 함유량을 줄이고, ② Ti, 바나듐(V), 니오브(Nb) 등의 원소를 첨가하여 Cr 탄화물의 생성을 억제하며, ③ 고온도에서 크로뮴 탄화물을 오스테나이트 중에 고용하여 기름 중에 급랭시키는(용화제 처리) 등이 있다.

2. 용접비드(weld bead) 부근이 특히 부식이 잘 되는 이유는 무엇인가?

① 과다한 탄소함량 때문에 ② 담금질 효과의 발생 때문에
③ 소려 효과의 발생 때문에 ④ 잔류응력의 증가 때문에

해설 잔류응력(residual stress)이 증가하면 부식과 변형이 발생한다.

정답 1. ④ 2. ④

(3) 기계적 성질 시험 포인트

① **인장강도(tensile strength, 극한강도)**

외력(옆으로 당기는 힘)에 견디는 힘으로 단위는 kgf/mm^2이다.

② **연성(ductility)**

물체가 탄성한도(elastic limit)를 초과한 힘을 받고도 파괴되지 않고 가느다란 선으로 늘어나는 성질. (예 Au>Ag>Ce>Pt>Zn>Fe>Ni)

③ **전성(malleability)**

가단성과 같은 말로 단조, 압연 작업에 의해 얇은 판으로 넓게 펴질 수 있는 성질. (예 Au>Ag>Pt>Al>Fe>Ni>Cu>Zn)

④ **취성(brittleness)**

인성(toughness)과 반대되는 성질로 물체가 변형 및 충격에 의하여 잘 부서지거나 깨지는 성질

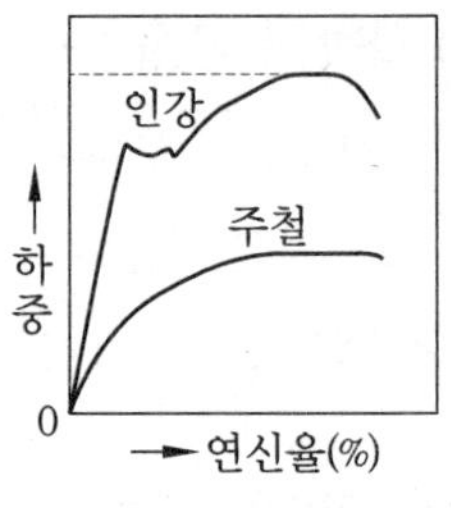

응력-변형선도

⑤ **가공경화(work hardening)**

금속이 가공에 의하여 강도, 경도가 커지고 연신율이 감소되는 성질

⑥ **피로(fatigue)**

재료가 안전 하중 상태라도 작은 힘을 반복하여 받으면 파괴되는데 이를 피로라 하며 이때의 힘을 피로하중(fatigue load)이라 한다.

⑦ **항복점(yield point)**

탄성한계 이상의 하중을 가하면 하중과 연신율은 비례하지 않으며 하중을 증가시키지 않아도 시험편이 늘어나는 현상

⑧ **청열취성(blue shortness)**

연강이 상온보다 200~300℃에서 연신율은 낮아지고 강도와 경도가 높아져 부스러지기 쉬운 성질을 갖게 되는 현상

⑨ **저온취성(cold shortness)**

재료의 온도가 상온보다 낮아지면 경도나 인장강도는 증가하지만 연신율이나 충격값 등은 급속히 감소하여 부스러지기 쉽게 되는 현상

⑩ **소성 가공성**

재료를 소성가공(plastic working)하는 용이한 성질로 단조성, 압연성, 성형성 등이 해당된다.

● 참고 이것만은 외우자.

1. 강자성체: 철니코
2. • 가장 가벼운 금속: Li (0.53)
   • 가장 무거운 금속: Ir (22.5)
   • 실용 금속 중 가장 가벼운 것: Mg (1.74)
3. 재료의 성질
   ① 물리적 성질
   ② 화학적 성질
   ③ 기계적 성질
4. 금속의 용접성에 영향을 주는 요인
   ① 탄소 함유량(용융점과 냉각속도에 영향)
   ② 인장강도
   ③ 용융점(열전도 및 영영향부에 영향)

단원 예상문제

1. 금속의 조직 중에서 가장 경도가 높은 것은?

① 페라이트(ferrite) ② 트루사이트(troosite)
③ 펄라이트(pearlite) ④ 시멘타이트(cementite)

해설 시멘타이트는 철에 6.67%C가 함유된 철의 금속간화합물로 현미경 조직이 흰색 침상으로 나타나며 고온의 강중에서 생성되는 탄화철이다. 경도가 높고 취성이 많으며 상온에서 강자성체이고 1,153℃에서 빠른 속도로 흑연을 분리하는 특성이 있다.

2. 용접설계에서 인장강도의 계산식은?

① $\frac{\text{하중}}{\text{단면적}}$ ② $\frac{\text{단면적}}{\text{하중}}$ ③ $\frac{\text{무게}}{\text{관두께}}$ ④ $\frac{\text{관두께}}{\text{무게}}$

정답 1. ④ 2. ①

2 금속재료의 특성

(1) 금속의 특성

① 상온에서 고체이며 결정구조를 형성한다(단, 수은 제외).
② 열 및 전기의 양도체(良導體, conductor)이다.
③ 연성(延性, ductility) 및 전성(展性, malleability)이 있어 소성변형을 한다.
④ 금속 특유의 광택을 갖는다.
⑤ 용융점이 높고 대체로 비중이 크다(비중 5 이상은 중금속이고, 5 이하는 경금속이다).
(가) 경금속(비중): Li(0.53), K(0.86), Ca(1.55), Mg(1.74), Si(2.23), Al(2.7), Ti(4.5) 등
(나) 중금속(비중): Cr(7.09), Zn(7.13), Mn(7.4), Fe(7.87), Ni(8.85), Co(8.9), Cu(8.96), Mo(10.2), Pb(11.34), Ir(22.5) 등

단원 예상문제

1. 다음 중 금속의 일반적 특성으로 틀린 것은?

① 모든 금속은 상온에서 고체이며 결정체이다.
② 열과 전기의 좋은 양도체이다.
③ 전성 및 연성이 풍부하다.
④ 금속적 광택을 가지고 있다.

해설 금속은 일반적으로 상온에서 고체이고 결정체이지만, 수은(Hg)은 액체이다.

2. 금속재료의 일반적인 특징이 아닌 것은?

① 금속결합인 결정체로 이루어져 소성가공이 유리하다.
② 열과 전기의 양도체이다.
③ 이온화하면 음(−) 이온이 된다.
④ 비중이 크고 금속적 광택을 갖는다.

해설 금속재료는 ①, ②, ④항 이외에 이온화하면 양(+) 이온이 되는 특징이 있다.

정답 1. ① 2. ③

(2) 합금의 특성 시험 포인트

① 용융점이 저하된다.
② 열전도, 전기전도가 저하된다.
③ 내열성, 내산성(내식성)이 증가한다.
④ 강도, 경도 및 가주성(causability)이 증가한다.

단원 예상문제

1. 합금강에 첨가한 원소의 일반적인 효과가 잘못된 것은?

① Ni−강인성 및 내식성 향상 ② Ti−내식성 향상
③ Cr−내식성 감소 및 연성 증가 ④ W−고온강도 향상

해설 크로뮴(Cr)은 적은 양을 첨가해도 경도와 인장강도가 증가하고, 황(S)은 함유량이 증가하면 내식성과 내열성 및 자경성(self−hardening)이 커진다.

정답 1. ③

3 금속의 결정구조 및 조직

(1) 금속의 응고

용융된 순금속을 냉각하면 일정 온도에서 응고가 시작되는데 이때 생성된 결정핵은 금속원자 고유의 결정격자를 이루면서 나뭇가지 모양, 즉 수지상(dendritic pattern)으로 성장하여 응고된다. 이와 같이 성장한 조직을 수지상정(dendrite)이라 한다.

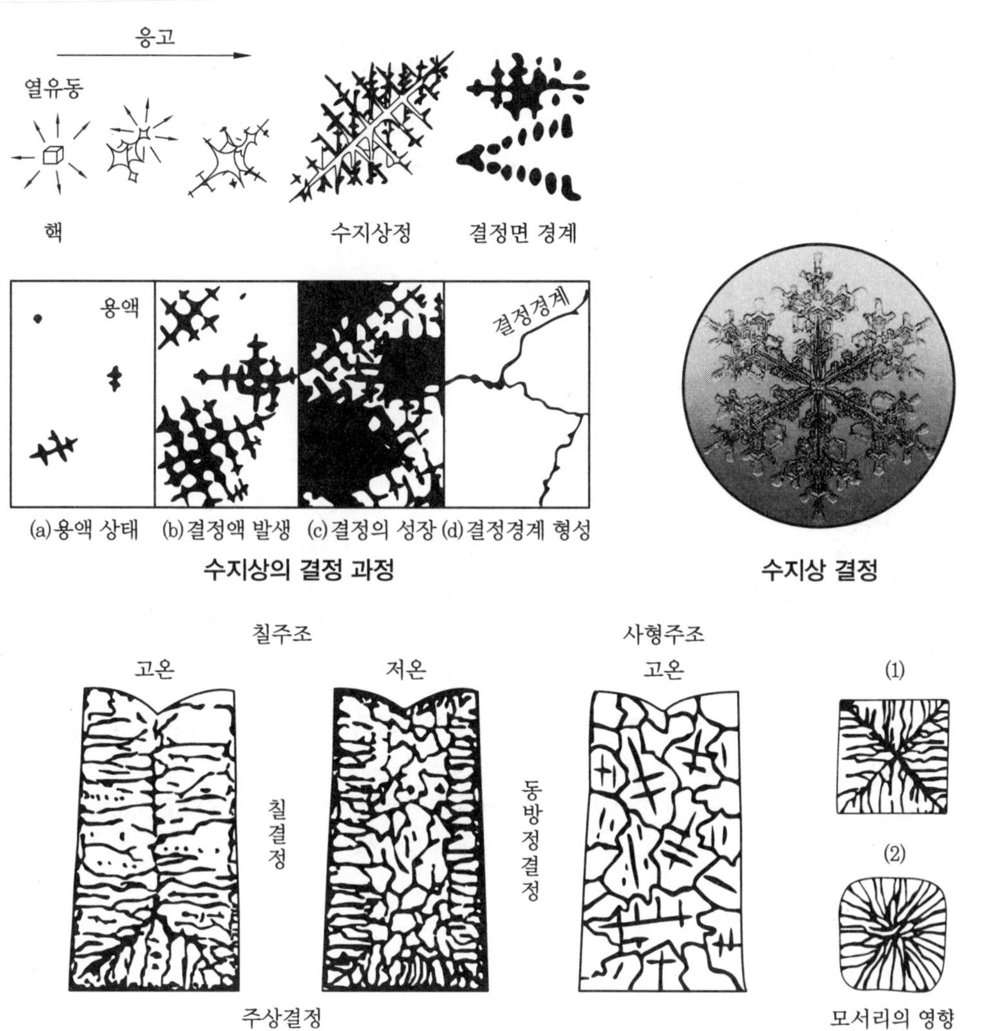

수지상의 결정 과정

수지상 결정

주조 조직

단원 예상문제

1. **용접금속 조직의 특징에서 주상정(柱狀晶)의 발달을 억제하는 방법으로 가장 적합하지 않은 것은?**

① 용접 중에 초음파 진동을 적용하는 방법
② 용접 중에 공기 충격을 적용하는 방법
③ 용접 직후에 롤러 가공을 적용하는 방법
④ 용접금속 내의 온도변화를 현저하게 하는 방법

해설 용접금속의 표면이 빠르게 냉각되면 결정이 중심부를 향해 방사상으로 성장하는데 이를 주상정이라 한다. 주상정은 보통 온도변화가 크면 내부 쪽으로 성장한다.

2. 금속의 결정구조에서 결정의 성장 중 수지상 결정에 해당하는 것은?

① 덴드라이트 ② 공석강 ③ 면심입방격자 ④ 치환형 고용체

해설 수지상 결정(樹枝狀結晶, dendrite): 용융된 금속이 응고할 때 나뭇가지 모양을 이루어 영어로 덴드라이트라고 하며 일반적인 결정이다.

3. 결정입자의 크기와 형상에 대한 설명 중 맞는 것은?

① 냉각속도가 빠르면 결정핵 수는 많아진다.
② 냉각속도가 빠르면 입자는 조대화한다.
③ 냉각속도가 느리면 결정핵 수는 많아진다.
④ 냉각속도가 느리면 입자는 미세해진다.

해설 금속 결정
- 냉각속도가 빠르면 결정핵 수는 증가하고 결정입자는 미세화한다.
- 냉각속도가 느리면 결정핵 수는 감소하고 결정입자는 조대화한다.

4. 철강의 용접부 조직 중 수지상 결정조직으로 되어 있는 부분은?

① 모재 ② 열영향부 ③ 용착금속부 ④ 융합부

해설 철강의 용접부는 용착금속부, 즉 용접금속(모재; base metal)은 수지상 조직을 나타내고 열영향부의 경계면은 모재의 일부가 녹고, 나머지 일부는 고체 그대로 조립(granulation)의 위드만스테텐 조직(widmanstatten structure)이 발달해 있다.

5. 결정입자에 대한 설명으로 틀린 것은?

① 냉각속도가 빠르면 입자는 미세화한다.
② 냉각속도가 빠르면 결정핵 수는 많아진다.
③ 과랭도가 증가하면 결정핵 수는 점차적으로 감소한다.
④ 결정핵의 수는 용융점 또는 응고점 바로 밑에서는 비교적 적다.

해설 금속의 결정입자는 ① 금속 종류와 불순물의 함량 및 냉각속도에 따라 다르다. ② 냉각속도가 빠르면 결정핵 수가 증가하고 결정입자는 미세화한다. ③ 냉각속도가 느리면 결정핵 수는 감소하고 결정입자는 조대화한다. ④ 결정핵 성장속도가 생성속도보다 크면 입자는 작아진다. ⑤ 입상 결정입자가 생기는 조건: G(결정입자의 성장속도) < V_m(냉각속도)

정답 1. ④ 2. ① 3. ① 4. ① 5. ③

(2) 금속의 결정구조

금속은 여러 결정들의 무질서한 집합으로 이루어져 있으며 그 하나하나의 결정입자 사이의 경계를 결정립계(grain boundary, 결정경계)라 한다. 결정입자들의 원자는 규칙적

으로 배열되어 있으며, 이를 결정격자(crystal lattice) 또는 공간격자(space lattice)라고 한다. 결정격자는 단위세포(unit cell)로 구성되어 있고 각 금속에 따라 여러 형태가 있으나 대표적인 예는 다음과 같다.

① **단순입방격자(simple cubic lattice)**

② **체심입방격자(BCC:** body−centered cubic lattice)

소속 원자수: $\frac{1}{8}\times 8+1=2$개

③ **면심입방격자(FCC:** face−centered cubic lattice)

소속 원자수: $\frac{1}{8}\times 8+\frac{1}{2}\times 8=4$개

④ **저심입방격자(base centered cubic lattice)**

⑤ **조밀육방격자(HCP:** hexagonal close packed lattice)

소속 원자수: $2\times 3=6$개

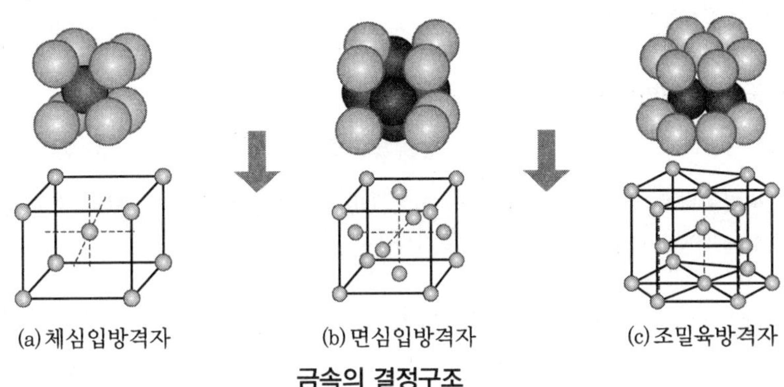

금속의 결정구조

격자 종류	특징	금속(원소)
체심입방격자	구조가 간단함	크로뮴(Cr), 몰리브덴(Mo)
면심입방격자	전성과 연성이 좋음	금(Au), 은(Ag), 알루미늄(Al), 구리(Cu)
조밀육방격자	연성이 부족함	카드뮴(Cd), 코발트(Co), 마그네슘(Mg)

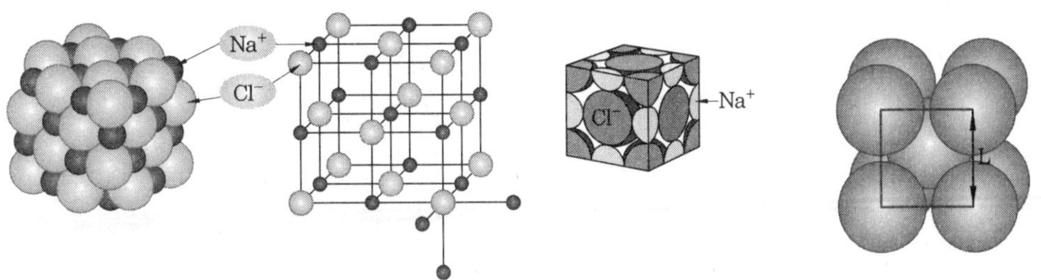

NaCl 결정구조(면심입방)

단원 예상문제

1. 물질을 구성하는 원자가 규칙적으로 배열되어 있는 것을 무엇이라고 하는가?

① 결정 ② 공간배열
③ 면심입방체 ④ 체심입방체

해설 물질을 구성하는 원자가 응고하면서 규칙적으로 배열되어 있는 것을 결정이라 하고 결정입자들 사이의 경계를 결정립계라 하며, 결정입자가 규칙적으로 배열된 것을 결정격자 또는 공간격자라고 한다. 이 결정격자는 단위세포로 구성되어 있으며 각 금속에 따라 여러 형태가 있으나 대표적인 예는 다음과 같다.

① 체심입방격자(BCC: body-centered cubic lattice)
소속 원자수: $\frac{1}{8}\times8+1=2$개
② 면심입방격자(FCC: face-centered cubic lattice)
소속 원자수: $\frac{1}{8}\times8+\frac{1}{2}\times6=4$개
③ 조밀육방격자(HCP: hexagonal close packed lattice)
소속 원자수: 2×3개$=6$개

2. 다음 중 체심입방격자가 아닌 것은?

① W ② Mo ③ Al ④ V

해설 체심입방격자(BCC)는 Ba, Cr, Mo, Nb, V, Ta 등이 있고 Al은 면심입방격자(FCC: Al, Ca, Ni ,Cu, Pd, Ag, Ce 등)형이다.

3. 면심입방격자(FCC)에서 단위격자 중에 포함되어 있는 원자수는 몇 개인가?

① 2개 ② 4개 ③ 6개 ④ 8개

해설 결정격자의 원자수는 꼭짓점에 있는 원자의 수 + 중앙에 있는 원자의 수로 표시하며 ① 체심입방격자(BCC): $\frac{1}{8}\times8+1=2$개, ② 면심입방격자(FCC): $(\frac{1}{8}\times8)+(\frac{1}{2}\times6)=4$개, ③ 조밀육방격자(HCP): $2\times3=6$개이다.

4. 다음 그림은 체심입방 A · B형 격자를 나타낸 것이다. 격자 내의 B원자 수는? (단, ○: A원자, ●: B원자)

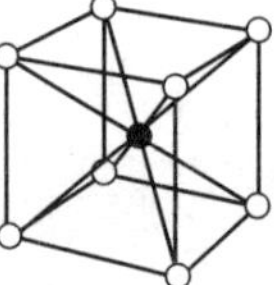

① 8
② 4
③ 2
④ 1

해설 체심입방격자는 단위격자 중심에 1개, 입방체 8개 꼭짓점에 A원자가 1꼭짓점에 $\frac{1}{8}$로 8개, 즉 $\frac{1}{8}\times8=1$개가 있으며 B원자가 1개이므로 단위격자에 속한 원자수는 2개가 된다.

5. 입방정계에 해당하지 않는 결정격자의 종류는?

① 단순입방격자 ② 체심입방격자
③ 조밀입방격자 ④ 면심입방격자

해설 입방정계로는 단순, 체심, 면심입방정계의 3가지 격자가 있다.

6. 면심입방격자의 슬립(slip) 면은?

① (111)면 ② (101)면
③ (001)면 ④ (010)면

해설 밀러 지수(Miller indices)에서 면심입방격자(FCC) 구조의 슬립면은 (111)이다.

7. 다음 금속 중 면심입방격자(FCC)에 속하는 것은?

① 니켈 ② 크로뮴
③ 텅스텐 ④ 몰리브덴

해설 면심입방격자는 Al, Ca, Ni, Cu, Pd, Ag, Ce, Ir, Pt, Au, Pb, Th 등이 있다.

8. 철에서 체심입방격자인 α철이 A_3 점에서 γ철인 면심입방격자로, A_4 점에서 다시 δ철인 체심입방격자로 구조가 바뀌는 것은?

① 편석 ② 고용체
③ 동소변태 ④ 금속간화합물

해설 동소변태(allotropic transformation): 고체 내에서의 원자배열의 변화, 즉 결정격자의 형상이 변하기 때문에 생기게 되는 것으로, 예를 들면 순철(pure iron)에는 α, γ, δ의 3개의 동소체가 있는데 α철은 912℃(A_3 변태) 이하에서 체심입방격자이고, γ철은 912℃부터 약 1400℃(A_4 변태) 사이에서 면심입방격자이며 δ철은 약 1400℃부터 용융점 1538℃ 사이에서 체심입방격자이다.

정답 1. ① 2. ③ 3. ② 4. ③ 5. ③ 6. ① 7. ① 8. ③

4 금속의 변태

금속은 온도가 높아지면 고체에서 액체 또는 기체로 변화하거나 고체 자체의 원자 배열이 변하게 되는데 이를 변태(teansformafion)라 한다.

(1) 동소변태(allotropic transformation)

고체 내에서의 원자배열 변화, 즉 결정격자의 형상이 변하여 생기는 것으로 예를 들면 순철(pure iron)에는 α, γ, δ의 3개의 동소체가 있는데 α철은 912℃(A_3 변태) 이하에서 체심입방격자이고 γ철은 912℃부터 1400℃(A_4 변태) 사이에서 면심입방격자이며, δ철은 1400℃부터 용융점 1538℃ 사이에서 체심입방격자이다.

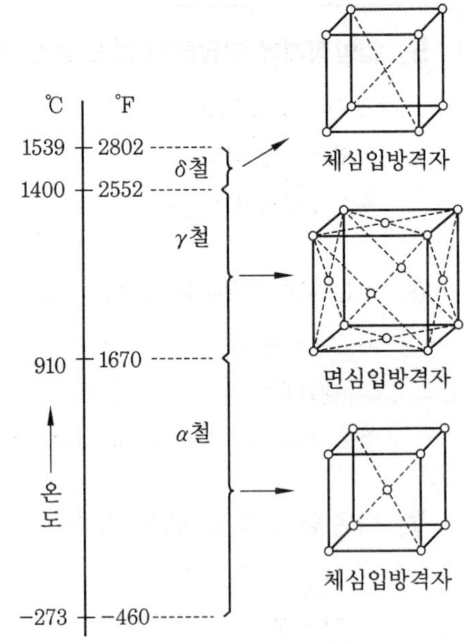

동소변태

(2) 자기변태(magnetic transformation)

순철은 780℃(A_2 변태) 부근에서 원자배열의 변화 없이 자기의 크기가 급격히 변하는 자기변태를 일으키는데, 이 자기변태온도를 일명 퀴리점(curie point)이라고도 한다. 자기변태를 하는 금속은 철(Fe, 768℃), 니켈(Ni, 358℃), 코발트(Co, 1160℃) 등이 대표적이다.

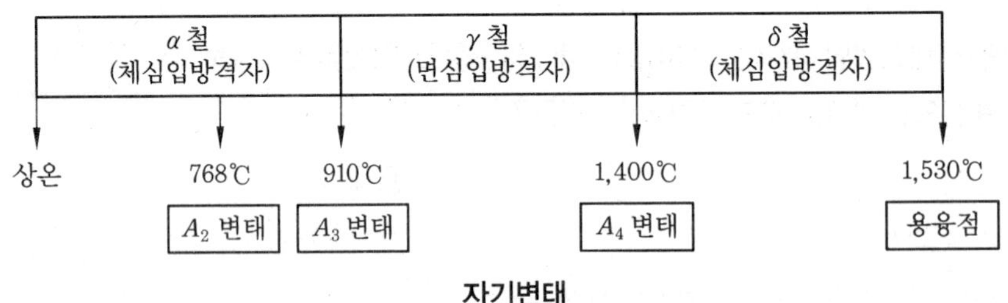

자기변태

단원 예상문제

1. 철의 자기변태온도는 다음 중 대략 어느 정도인가?

① 262℃ ② 358℃ ③ 768℃ ④ 1160℃

해설 자기변태는 A_2 변태점에서 원자배열의 변화 없이 특히 자성이 변하는 것이며, 자기변태 금속은 철니코라 하여 Fe(768℃), Ni(358℃), Co(1,160℃) 등이 대표적이다.

2. 철을 서랭하면 910℃에서 단위격자의 특성이 달라진다. 이를 무엇이라고 하는가?

① 금속간 화합 ② 치환
③ 변태 ④ 공간격자

해설 Fe−C 상태도에서 A_3 변태점(910℃) 이하는 체심입방격자, A_3 변태점 이상부터 A_4 변태까지는 면심입방격자, A_4 이후의 용융점까지는 체심입방격자로 변태에 변화가 있다.

3. 탄소강의 A_2, A_3 변태점이 모두 옳게 표시된 것은?

① A_2 = 723℃, A_3 = 1400℃
② A_2 = 768℃, A_3 = 910℃
③ A_2 = 723℃, A_3 = 910℃
④ A_2 = 910℃, A_3 = 1400℃

해설 탄소강의 변태점은 A_2=768℃(또는 780℃), A_3=912℃, A_4=1400℃이다.

4. 철의 동소변태에 대한 설명으로 틀린 것은?

① α−철: 910℃ 이하에서 체심입방격자이다.
② γ−철: 910~1400℃에서 면심입방격자이다.
③ β−철: 1400~1500℃에서 조일육방격자이다.
④ δ−철: 1400~1538℃에서 체심입방격자이다.

해설 철의 동소변태는 A_1부터 A_3(910℃)까지는 α철로 체심입방격자, A_3부터 A_4(1400℃) 변태점까지는 면심입방격자, A_4부터 용융점까지는 체심입방격자이다.

5. 다음 ( ) 안에 알맞은 것은?

철강은 체심입방격자를 유지하다 910~1400℃에서 면심입방격자의 ( )철로 변태한다.

① 알파(α) ② 감마(γ)
③ 델타(δ) ④ 베타(β)

해설 철강은 3개의 동소변태가 있는데 912℃(A_3 변태) 이하에서는 α철로 체심입방격자, 912~1400℃(A_4 변태) 이상에서는 γ철로 면심입방격자, 1400℃(A_4 변태) 이상에서는 β철로 체심입방격자로 변한다.

6. 철강재료의 변태 중 순철에서는 나타나지 않는 변태는?

① A_1 ② A_2
③ A_3 ④ A_4

해설 철의 동소변태는 A_1부터 A_3(910℃)까지는 α철로 체심입방격자, A_3에서부터 A_4(1400℃) 변태점까지는 면심입방격자, A_4부터 용융점까지는 체심입방격자이며, 순철에서 A_1은 나타나지 않는다.

정답 1. ③ 2. ③ 3. ② 4. ③ 5. ② 6. ①

5 합금(alloy)

하나의 금속에 한 가지 이상의 다른 금속원소나 비금속원소를 첨가해 융합시켜 금속적인 성질을 가지는 것으로서, 순금속과 달리 특수한 성질을 얻어 각종 재질을 개선할 수 있으며 고체 상태의 복잡한 상으로 나타난다.

(1) 공정(eutectic)

두 개의 성분 금속이 용융 상태에서는 균일한 액체를 형성하나 응고 후에는 각각 결정으로 분리되어, 기계적으로 혼합조직을 형성하는데 이를 공정이라 한다.

(2) 고용체(solid solution)

2종 이상의 금속이 용융 상태에서 합금이 되거나 고체 상태에서 균일한 융합 상태가 되어 각 성분 금속을 기계적인 방법으로 구분할 수 없는 완전한 융합을 말하며, 용매원자 속에 용질원자가 배열된 상태에 따라 침입형 고용체와 치환형 고용체 그리고 규칙격자형 고용체로 나뉜다.

① 보통 금속끼리의 고용체는 치환형이며 용질원자 및 용매원자의 반지름 차가 15% 이내일 때 용이하게 고용체를 만드나 원자 반지름에 차가 있을수록 결정격자의 변형이 크다.

② 일반적으로 고용체의 격자정수는 용질원자의 농도와 비례 관계에 있다. 용질원자가 용매원자보다 큰 경우 격자정수는 커지고 반대로 용질원자가 작은 경우에 작아지는 것을 베가드의 법칙(Vegard's law)이라 하며 격자정수를 측정하면 화학 분석을 하지 않아도 합금의 농도를 알 수 있다.

③ 침입형 고용체는 용질원자가 용매원자에 비해 아주 작은 것(H, C, N, O, B 등)이 금속에 첨가될 때 발생한다.

④ 성분 금속의 어느 것과도 다른 결정구조를 가진 고용체가 될 수도 있는데, 이것을 중간 고용체(intermediate solid solution)라 부른다.

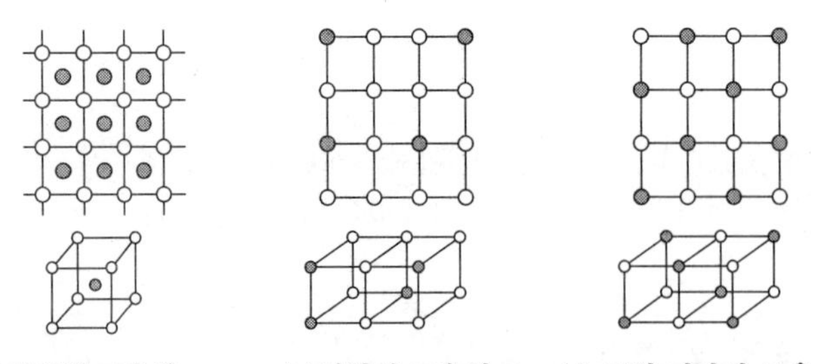

(a) 침입형 고용체 (b) 치환형 고용체 (c) 규칙 격자형 고용체

각종 고용체

단원 예상문제

1. 2성분계의 평형상태도에서 액체, 고체의 어느 상태에서도 일부분밖에 녹지 않는 형은 어느 것인가?

① 공정형　② 포정형
③ 편정형　④ 전율 고정형

해설 편정 반응은 하나의 액체에서 고체와 다른 종류의 액체를 동시에 형성하는 반응으로 공정 반응과 흡사하지만 하나의 액체만이 변태 반응을 일으킨다.

• 액체 $\underset{냉각}{\xrightarrow{가열}}$ 고체A + 액체 또는 액체A + 고체 = 액체B

2. 2개의 성분 금속이 용해된 상태에서는 균일한 용액으로 되나 응고 후에는 성분 금속이 각각 결정이 되어 분리되며 2개의 성분 금속이 고용체를 만들지 않고 기계적으로 혼합된 조직은?

① 공정 조직　② 공석 조직
③ 포정 조직　④ 포석 조직

해설 철-탄소 상태도에서 두 개의 성분 금속이 용융 상태로는 균일한 액체를 형성하나 응고 후에는 각각 결정으로 분리되어 기계적으로 혼합조직을 형성하는데 이를 공정이라 하고 공정선은 레데부라이트(ledeburite) 선이라고도 한다.

3. 이종의 원자가 결정격자를 만드는 경우 모재원자보다 작은 원자가 고용할 때 모재원자의 틈새 또는 격자결함에 들어가는 경우의 구조는?

① 치환형 고용체　② 변태형 고용체
③ 침입형 고용체　④ 금속간 고용체

해설 재료의 고용체

① 침입형 고용체: 금속의 결정격자 중에 다른 원소가 침입된 것
② 치환형 고용체: 어떤 성분의 원자가 다른 성분의 원자와 위치를 바꾼 것
③ 규칙 격자형 고용체: 치환형 고용체 중에서 두 성분의 원자배열이 규칙적으로 치환된 것
④ 금속간화합물: 성분의 금속원자가 서로 화학적 흡인력에 의해 대부분 화학식으로 표시 가능한 성분 비율로 화합물을 만드는 것

정답 1. ③　2. ①　3. ③

(3) 금속간화합물(intermetallic compound)

2종 이상의 금속이 간단한 원자비로 화학적으로 결합하여 성분 금속과는 전혀 다른 성질을 가지는 독립된 화합물을 만드는 것을 말한다.

(4) 공석(eutectoid)

고온에서 균일한 고용체로 이루어진 두 종류의 고체가 공정처럼 일정 비율로 동시에 석출하여 생긴 혼합물로 공정과 비교하기 위해 공석이라 한다.

(5) 포정반응(peritectic transformation)

합금의 응고에서 결정이 용액과 작용하여 전혀 다른 결정을 형성하는 결정화의 형식을 포정반응이라 한다.

(6) 편정반응(monotectic reaction)

하나의 액상(液狀)으로부터 다른 액상 및 고용체를 동시에 생성하는 반응으로 공정반응과 흡사하지만 하나의 액상만이 변태반응을 일으킨다.

합금의 반응식		
공정반응	공석반응	포정반응
액체 ⇔ 고체+고체	고체 ⇔ 고체+고체	고체 ⇔ 액체+고체

(7) 금속조직의 검사

금속조직은 소배율의 확대경으로 식별할 수 있는 매크로 조직(macrostructure, 육안 조직)과 현미경으로 식별할 수 있는 마이크로 조직(microstructure, 현미경 조직)의 2 종류가 있다. 보통 광학현미경을 이용하여 50~2000배의 배율로 관찰하며 그 이상의 배율로 조직을 검사할 때는 전자현미경을 사용한다.

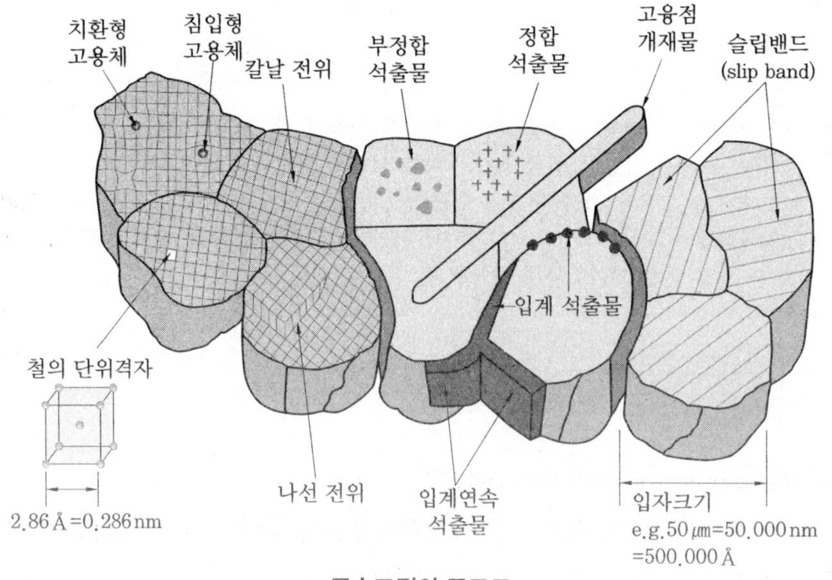

금속조직의 구조도

단원 예상문제

1. 용착금속이 응고할 때 불순물이 한곳으로 모이는 현상을 무엇이라고 하는가?

① 공석 ② 편석 ③ 석출 ④ 고용체

해설 금속의 처음 응고부와 나중에 응고하는 농도 차가 있어 불순물이 한곳으로 모이는 것을 편석이라고 한다.

2. 강괴 내의 응고는 상당히 빠르고 비평형 상태이므로 최초에 응고하는 부분과 나중에 응고하는 중심부에서는 그 화학성분이 상당히 달라지는데 이와 같이 화학성분이 달라지는 것을 무엇이라 하는가?

① 포정 ② 포석 ③ 편석 ④ 편정

해설 용융합금이 응고하는 경우 처음 응고하는 부분과 나중에 응고하는 부분의 화학적 조성 및 결정조직이 다르게 나타나는데 이와 같이 합금원소나 불순물이 편중되어 분포하는 상태를 편석이라 한다. 주물(casting)이나 주괴(ingot)에서는 최종 응고부의 결정립계(grain boundary)에서 불순물 및 녹는점이 낮은 상이 모이고, 합금원소의 고체 내 확산이 상당히 낮기 때문에 불균일한 분포로 고체 내에 존재한다. 이 편석은 합금계의 고상선과 액상선 사이에 간극이 있기 때문에 일어나는 현상으로, 간격이 넓은 합금일수록 현저하다.

3. 두 종 이상의 금속 원자가 간단한 원자비로 결합되어 성분 금속과는 다른 성질을 가지는 독립된 화합물을 형성할 때 이것을 무엇이라고 하는가?

① 동소변태 ② 금속간화합물
③ 고용체 ④ 편석

해설 화합물 중에 친화력이 큰 성분 금속이 화학적으로 결합하여 만드는, 각 성분 금속과는 전혀 다른 성질을 가지는 독립된 화합물을 금속간화합물이라고 한다.

4. 2개 성분의 금속이 용해된 상태에서는 균일한 용액으로 되나 응고 후에는 성분 금속이 각각 결정이 되어 분리되며, 2개의 성분 금속이 고용체를 만들지 않고 기계적으로 혼합될 수 있는 조직은?

① 공정 조직 ② 공석 조직
③ 포정 조직 ④ 포석 조직

해설 고용체의 종류

① 공정 조직: 액상에서는 상호 완전 용해되나 응고시 일정한 온도에서 액체로부터 두 종류의 성분 금속이 일정한 비율로 동시에 정출하여 나온 혼합된 조직

② 공석 조직: 일정한 온도에서 하나의 고용체로부터 두 종류의 고체가 일정한 비율로 동시에 석출하여 생긴 혼합물

③ 포정 조직: 하나의 고체에 다른 액체가 작용하여 다른 고체를 형성하는 조직

5. 포정반응 설명으로 가장 적합한 것은?

① 하나의 고용체에 다른 액체가 작용하여 다른 고용체를 형성하는 반응
② 2종 이상의 물질이 고체 상태로 완전히 융합되는 것
③ 하나의 액체에서 고체와 다른 종류의 액체를 동시에 형성하는 반응
④ 하나의 액체를 어떤 온도로 냉각시키면서 동시에 2개 또는 그 이상의 종류의 고체를 생기게 하는 반응

해설 고용체 A+액체=고용체 B로 A, B의 성분 금속이 용융 상태에서는 완전하게 융합되나 고체상태에서는 서로 일부만이 고용되는 경우는 포정반응이다.

정답 1. ② 2. ③ 3. ② 4. ① 5. ①

6 금속의 소성가공

(1) 소성가공의 원리

① **슬립(slip)**: 외력에 의해 인장력이 작용하여 격자면 내외에 미끄럼 변화를 일으킨 현상이다.
② **쌍정(트윈, twin)**: 슬립 현상이 대칭으로 나타난 것으로 황동 풀림시 연강을 저온에서 변형시킬 때 흔히 볼 수 있다.
③ **전위(dislocation)**: 금속의 결정격자는 불완전하거나 결함이 있을 때 외력에 의한 이동이 생기는데 이 현상을 전위라 하며, 날끝 전위(edge disolocation)와 나사 전위(screw dislocation) 가 있다.

(2) 소성가공의 목적

① 금속을 변형시켜 필요한 모양으로 만든다.
② 주조 조직을 파괴, 단련하여 조직을 미세화한 후 풀림처리하여 기계적 성질을 좋게 한다.
③ 가공에 의한 내부응력을 적당히 잔류시켜 기계적 성질을 향상시킨다.

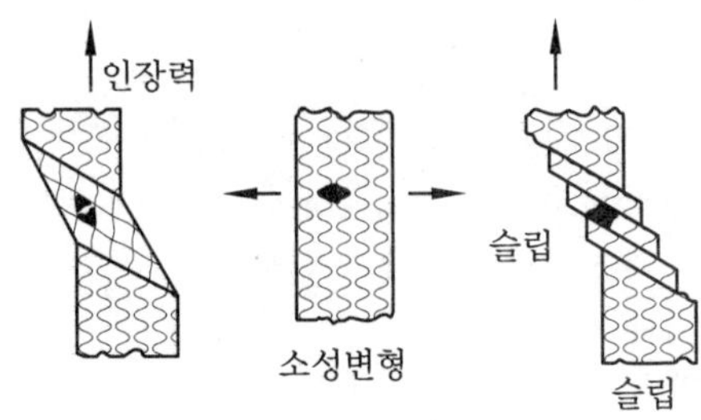

소성변형 과정도

(3) 소성가공의 종류

재결정 온도보다 낮은 온도에서 가공하는 것을 냉간가공이라 하고, 그 이상의 온도에서 가공하는 것을 열간가공(hot working)이라 한다.

① **재결정(recrystallization)**: 가공경화된 재료를 가열하면 재질이 연해져 내부 변형이 일부 제거되면서 회복되며 계속 온도가 상승하여 일정 온도에 도달하면 경도가 급격히 감소하고 새로운 결정으로 변화하는 것을 재결정이라 한다.

주요 금속의 재결정 온도

금속원소	재결정 온도(℃)	금속원소	재결정 온도(℃)
금(Au)	200	알루미늄(Al)	150~240
은(Ag)	200	아연(Zn)	5~25
구리(Cu)	200~300	주석(Sn)	−7~25
철(Fe)	350~450	납(Pb)	−3
니켈(Ni)	530~660	백금(Pt)	450
텅스텐(W)	1,000	마그네슘(Mg)	150

단원 예상문제

1. **금속의 결정격자는 규칙적으로 배열되어 있는 것이 정상적이지만 불완전한 것, 또는 결함이 있을 때 외력이 작용하면 불완전한 곳 및 결함이 있는 곳에서부터 이동이 생기는 현상은?**

① 쌍정 ② 전위 ③ 슬립 ④ 가공

해설 금속의 결정격자는 결함이 있거나 불완전 할 때 이동이 생기는데 다음과 같은 예가 있다.
① 전위: 금속의 결정체 내부가 불완전하거나 결함이 있는 곳으로부터 원자 이동이 일어나는 현상으로 칼날 전위, 나사 전위, 혼합 전위 등이 있다.
② 쌍정(twin): 변형 전과 변형 후 위치가 특정의 결정면을 경계로 대칭되는 현상
③ 슬립(slip): 금속 결정체 내부의 가장 조밀한 원자면을 따라 미끄러지는 현상

2. **가공경화에 의해 발생된 내부응력의 원자배열 상태는 변하지 않고 감소하는 현상은?**

① 편석 ② 회복 ③ 재결정 ④ 조절

해설 상온 가공으로 내부 변형을 일으킨 결정립이 가열에 의하여 그 모양은 바뀌지 않고 내부 응력이 감소되는 현상은 회복이다.

정답 1. ② 2. ②

7 강괴(steel ingot)

제강으로부터 얻은 용강을 금속 주형이나 사형에 주입하고 탈산제를 첨가하여 탈산한 후 냉각시킨 덩어리로 모양은 원형, 4각, 6각, 8각 기둥 등이 있으며 탈산 정도에 따라서 다음 3가지로 구분한다.

(1) 림드강(rimmed steel)

평로나 전로에서 정련한 용강을 페로망가니즈(Fe-Mn)로 가볍게 탈산한 것이며, 탈산 및 가스처리가 불충분하여 내부에 기포가 발생하고 용융점이 낮아 불순물이 편석되기 쉬우며 탄소 0.3% 이하의 보통강으로 용접봉선재, 봉, 판재 등에 사용한다.

(2) 세미킬드강(semi-killed steel)

약간 탈산한 강으로 킬드강과 림드강의 중간 정도이다.

(3) 킬드강(killed steel)

용강을 페로실리콘(Fe-Si), 페로망가니즈, 알루미늄(Al) 등의 강탈산제로 충분히 탈산한 강이다. 표면에 헤어 크랙(hair crack)이나 수축관이 생기므로 강괴의 10~20%를 잘라버린다. 킬드강은 비교적 성분이 균일하여 고급 강재로 사용된다.

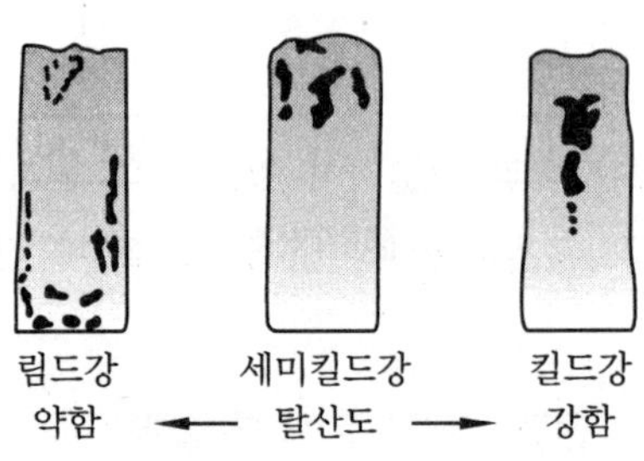

탄산 정도에 따른 강괴 종류

단원 예상문제

1. 편석이나 기공이 적은 가장 좋은 양질의 단면을 갖는 강은?

① 킬드강 ② 세미킬드강 ③ 림드강 ④ 세미림드강

해설 제강으로부터 얻은 용강의 강괴는 보통 페로망가니즈(Fe-Mn)로 가볍게 탈산한 것을 림드강이라 하고, 림드강보다 약간 더 탈산한 강을 세미킬드강이라 한다. 페로실리콘(Fe-Si), 페로망가니즈, 알루미늄 등의 강탈산제로 충분히 탈산시켜 강괴의 10~20%를 잘라버린 후 균일한 고급 강재로 사용한다.

정답 1. ①

제 2 장 평형상태도

2-1 순철(pure iron)

1 순철의 성질

① 순철은 탄소 함유량(0~0.035%)이 낮아 연하여 전연성은 풍부하나 기계재료로는 부적합하다. 한편 인장강도가 낮고 투자율(投資率)이 높기 때문에 변압기, 발전기용 박 철판으로 사용되고, 카보닐 철분은 소결시켜 압분철심 등으로 고주파 공업에 널리 사용된다.

② 순철의 물리적 성질은 융점(1539℃), 비중(7.86~7.88), 팽창계수(1.116~10^{-5}), 열전도도(0.159)와 기계적 성질인 인장강도(18~25kgf/mm^2), 경도(H_B 60~70) 정도이다.

2 순철의 변태

순철의 변태는 제1장 용접야금 기초(4 금속의 변태)에서 설명한 내용과 동일하며 순철의 표준조직은 다각형 입자로 상온에서는 체심입방격자로 α조직(ferrite structure)이다.

(1) 탄소강(corbon steel)

Fe-C계 평형상태도는 철과 탄소량에 따른 조직을 표시한 것으로서 그림 중의 실선은 철-시멘타이트계, 점선은 철-탄소(흑연)계의 평형상태도이다. 탄소는 철 중에서 여러 가지 형태로 나타나며, 철과 탄소는 6.68%C에서 시멘타이트(cementite)를 만들며 실제 사용되는 강철은 Fe_3C와 Fe의 2원계 합금이며 강철 중에 함유되어 있는 탄소는 모두 이 Fe_3C의 모양으로 존재한다.

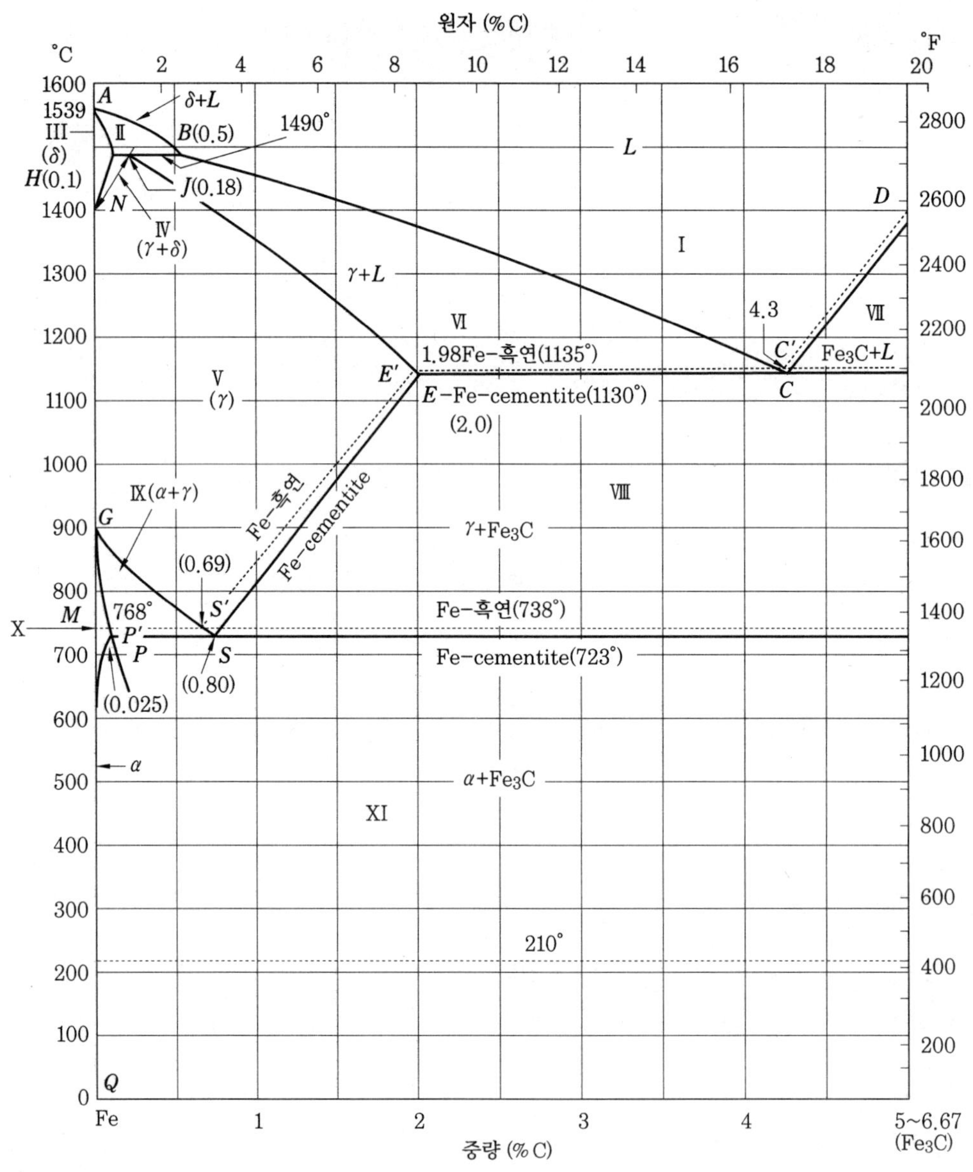

Fe-C계 평형상태도

A: 순철의 응고점(1539℃)

AB: δ 고용체에 대한 액상선(liguidus line)이며, Fe-C융액에서 δ 고용체가 정출하기 시작하는 온도

AH: γ 고용체에 대한 고상선(solidus line)이며, 탄소 함유량 0.1% 이하인 강의 γ 고용체 정출 완료온도를 표시하는 곡선

BC: γ 고용체에 대한 액상선. γ 고용체가 정출하기 시작하는 온도

JE: γ 고용체에 대한 고상선. γ 고용체의 정출 완료온도를 표시

HJB: 포정선(peritectic line, 1490℃), δ 고용체(H점)+융액(B점) ⇄ γ 고용체(J점)이 반응을 포정반응이라 한다.

N: 순철의 A_4 변태점(1400℃). δ 철 ⇄ 철

HN: δ고용체가 γ 고용체로 변화하기 시작하는 온도

JN: δ고용체가 γ 고용체로 변화하는 것이 끝나는 온도

CD: 시멘타이트(Fe_3C)에 대한 액상선

E: γ 고용체에 있어서 탄소의 최대 용해량 2.0%

C: 공정점(4.3%C, 1145℃)

BCF: 공정선. 탄소 함유량의 2.0~6.67%

ES: γ 고용체에서 시멘타이트(Fe_3C)가 석출하기 시작하는 온도로 Acm선이라 부른다.

G: 순철의 A_3 변태점(910℃). γ철 ⇄ α철

GOS: γ 고용체에서 α 고용체를 석출하기 시작하는 온도. 탄소 함유량이 증가함에 따라 상승하며 0.8%C에서 A_1 점과 일치하여 723℃이다.

GP: 0.025% 이하의 합금으로 γ 고용체에서 α 고용체가 석출 완료하는 온도

M: 순철의 A_2 변태점

Mo: 강의 A_2 변태선(768℃)

S: 공석점(723℃, 0.8%C). 펄라이트(pearlite)라고 부르는 공석을 만드는 점

P: α 고용체의 탄소 포화점 0.025%C

PSK: A_1 변태선 또는 공석선. 723℃, 0.025~6.67%C 이내로 이 온도에서 Fe−C 합금은 공석을 한다.

PQ: α 고용체의 탄소 용해도 곡선. 상온에서 0.01%C

단원 예상문제

1. 레데부라이트(ledeburite)를 옳게 설명한 것은?

① δ고용체와 석출을 끝내는 고상선
② 시멘타이트의 용해 및 응고점
③ γ고용체로부터 α고용체와 시멘타이트가 동시에 석출되는 점
④ 고용체와 Fe_2C의 공정주철

해설 4.3%C의 용액에서 γ고용체와 시멘타이트가 동시에 공정정출하는 점으로 이 조직을 레데부라이트라 하며 A_1점 이상에서는 안정적으로 존재하고 경도가 크고 취성을 가지는 성질의 공정주철이다.

2. **공석강의 항온변태 중 723℃ 이상에서의 조직은?**

① 오스테나이트 ② 페라이트
③ 세미킬드강 ④ 베이나이트

해설 항온변태 곡선의 A_1(723℃)에서는 안정 오스테나이트조직으로 인성이 크며 상자성체이다.

3. **2개의 성분 금속이 용해된 상태에서는 균일한 용액으로 되나 응고 후에는 성분 금속이 각각 결정이 되어 분리되며 2개의 성분 금속이 고용체를 만들지 않고 기계적으로 혼합된 조직은?**

① 공정 조직 ② 공석 조직
③ 포정 조직 ④ 포석 조직

해설 철-탄소 상태도에서 두 개의 성분 금속이 ~~용융~~ 상태로는 균일한 액체를 형성하나 응고 후에는 각각 결정으로 분리되어, 기계적으로 혼합조직을 형성하는데 이를 공정이라 하고 공정선은 레데부라이트 선이라고도 한다.

4. **Fe-C 평형상태도에서 γ-철의 결정구조는?**

① 면심입방격자 ② 체심입방격자
③ 조밀육방격자 ④ 혼합결정격자

해설 평형상태도의 A_3(912)~A_4(1400℃) 변태점에서는 면심입방격자이고 γ철이라 한다.

5. **철을 서랭하면 910℃에서 단위격자의 특성이 달라진다. 이를 무엇이라고 하는가?**

① 금속간 화합 ② 치환
③ 변태 ④ 공간격자

해설 Fe-C 상태도에서 A_3 변태점(910℃) 이하는 체심입방격자, A_3 변태점 이상에서부터 A_4 변태까지는 면심입방격자, A_4 이후의 ~~용융~~점까지는 체심입방격자로 변태에 변화가 있다.

6. **Fe-C 상태도에서 공정반응에 의해 생성된 조직은?**

① 펄라이트 ② 페라이트
③ 레데부라이트 ④ 소르바이트

해설 Fe-C 상태도에서는 탄소강의 표준조직에서 페라이트 → 탄소 함유량 0.85%의 공석강 → 펄라이트 → 펄라이트+시멘타이트 → 탄소 함유량 4.3%인 공정반응(레데부라이트) → 주철의 순서로 이루어지고, 탄소 최대 함유량 2.11% 이후(탄소량 6.68%)를 주철이라 한다.

정답 1. ④ 2. ① 3. ① 4. ① 5. ③ 6. ③

제 3 장 금속조직의 종류

3-1 탄소강(carbon steel)

1 탄소강의 표준조직(standard structure)

단련한 강을 A_3점 또는 Acm보다 30~50℃(γ고용체 범위) 높은 온도로 가열하여 오스테나이트 단일상으로 만든 후 대기 중에서 냉각했을 때 나타나는 조직을 표준조직이라 하고, 이러한 처리를 불림(소준, normalizing)이라고 한다.

(1) 오스테나이트(austenite)

γ철에 탄소가 최대 2.11%까지 고용된 고용체로 A점(723℃)에서 안정된 조직이며 상자성체이고 인성이 크다. 단, Mn, Ni 등이 많이 고용된 강은 상온에서도 오스테나이트 조직을 이룬다.

(2) 페라이트(ferrite)

일반적으로 상온에서 α철에 탄소 0.03±0.02%가 고용된 것을 페라이트라 하며 강자성체로 매우 연하고 연성이 크다.

(3) 펄라이트(pearlite)

오스테나이트가 페라이트와 시멘타이트로 층상을 이룬 조직이며 탄소 0.85%를 함유하는 공석점이다.

(4) 시멘타이트(cementite)

철과 6.68% 탄소의 화합물인 탄화철(Fe_3C)로 경도가 높고 취성이 크며, 백색으로 상온에서 강자성체이다.

(5) 인(P) 0.06% 이하

강도와 경도가 다소 증가하고, 연신율과 충격치(상온)는 감소하며, 편석이 발생한다

(담금균열의 원인).

※ Fe와 결합하여 Fe_3C가 생성되면, 결정입자의 조대화를 촉진하여 냉간가공성 저하를 유발하는 상온취성(cold shortness)의 원인이 되므로 공구강은 0.025% 이하, 반경강은 0.04% 이하로 함유량을 제한한다.

(6) 수소(H_2)

보통 0.01~0.15%의 함유량으로 철을 여리게 하고 산이나 알칼리에 취약하게 하여 백점이나 헤어 크랙을 발생시킨다. Ni-Cr, Ni-Cr-Mo, Cr-Mo 강 등에 쉽게 발생한다.

※ ㉠ 백점(flakes): 수소의 압력이나 열응력, 변태응력 등에 의하여 강의 내부에 생기는 균열을 말하며 파면이 흰색으로 빛나 보인다.

㉡ 헤어 크랙(hair crack): 강의 내부에 머리칼 모양으로 미세하게 균열된 것을 말하며 외부나 절삭 상태에서는 보이지 않는다.

(7) 질소(N_2)

질소는 상온에서 0.015% 정도만 용해되므로 해가 크지 않으나 페라이트에 고용되어 석출경화의 원인이 되고 200~300℃로 가열시 C, O_2 등과 함께 청열취성(blue shortness)의 원인이 된다.

(8) 구리(Cu) 0.25% 이하

인장강도와 경도, 부식저항이 증가하고, 압연시 균열이 발생한다.

※ 압연시 발생하는 균열에서 Ni이 존재하면 구리의 해를 감소시키나 Sn이 존재하면 구리의 해가 커진다.

(9) 산소(O_2)

페라이트 중에 고용되는 것 외에 FeO, MnO, SiO_2 등 산화물로 존재하여 기계적 성질을 저하시키고 FeO는 적열취성의 원인이 된다.

단원 예상문제

1. 유황은 강철에 어떤 영향을 주는가?

① 저온인성 ② 적열취성 ③ 저온취성 ④ 적열인성

해설 강 중에 유황이 0.02% 정도 함유되면 강도와 연신율, 충격치가 감소하여 고온가공성을 나쁘게 하고(망가니즈를 첨가하여 고온가공성 개선), 고온취성(적열 또는 고온메짐)과 균열의 원인이 된다.

2. 강(steel) 중의 유황에 의한 해(害)를 줄이기 위해 가장 필요한 원소는?

① 규소 ② 망가니즈 ③ 인 ④ 탄소

해설 망가니즈(Mn)는 강 중에서 황화철(FeS)이 생성되는 것을 막아 황(S)의 해(적열취성 또는 고온취성)를 제거하고 탈산제로서 MnS, MnO를 형성한다.

3. 탄소강의 표준조직이 아닌 것은?

① 페라이트 ② 마텐자이트 ③ 펄라이트 ④ 시멘타이트

해설 탄소강의 표준조직은 오스테나이트 → 페라이트 → 펄라이트 → 시멘타이트의 순서로 조직이 성장한다.

4. 황(S)의 해를 방지할 수 있는 적합한 원소는?

① Mn(망가니즈) ② Si(규소) ③ Al(알루미늄) ④ Mo(몰리브덴)

해설 강 중에 황이 0.02% 정도 함유되면 강도와 연신율, 충격치가 감소하여 고온가공성을 나쁘게 하는데 Mn을 첨가하면 고온가공성이 개선된다.

정답 1. ② 2. ② 3. ② 4. ①

2 탄소강의 성질

(1) 표준조직

단련한 강을 A_3및 Acm점보다 30~50℃(완전한 γ고용체) 높게 가열하여 대기 중에서 서랭시킨 조직으로 이런 열처리를 불림(소준, normalizing)이라 한다.

(2) 기계적 성질 시험포인트

① 탄소량이 증가하면 경도 및 강도는 증가하고, 인성과 충격값은 감소한다(냉간가공성 감소).

② 온도가 높아지면 강도 및 경도는 감소하고, 인성과 전연성은 증가한다(단조성 향상).

③ 온도가 낮아지면 강도 및 경도는 증가하고, 연신율과 단면수축률, 충격치는 감소한다.

④ 아공석강(C 0.86% 이하)의 강도와 경도를 구하는 식

강도=20+100×탄소량(kgf/mm^2)

경도=2.8×강도

3 탄소강의 종류와 용도

(1) 저탄소강(C 0.3% 이상)

극연강, 연강, 반연강으로 주로 가공성 위주, 단접(용접)성이 양호하여 침탄용강(C

0.15% 이하)으로 사용된다. 열처리가 불량하다.

(2) 고탄소강

강도 및 경도 위주로 단접이 불량하고 열처리가 양호하며 취성이 증가한다.

※ 인장강도는 열처리(담금질)한 것이 하지 않은 것의 3배이다.

(3) 일반 구조용강(SB)

저탄소강(C 0.08~0.23%)으로 교량, 선박, 자동차, 기차 및 일반 기계부품 등에 사용된다(기체 구조용강은 SM으로 표시).

(4) 공구강(탄소공구강: C 0.7% STC, 합금공구강: STC), 스프링강(SPS), 고탄소강(C 0.06~1.5%), 킬드강으로 제조

목공용 공구나 기계에서 금속을 깎을 때 쓰이는 공구는 경도가 높고, 내마열성이 있어야 한다.

(5) 쾌삭강(free cutting steel)

강에 P, S, Pb, Se, Sn 등을 첨가하여 절삭성을 증가시킨 강이다.

※ ㉠ 유황 쾌삭강은 강에 유황(0.10~0.25%S)이 함유된 강이고 저탄소강은 P이 많이 함유되어 있다.

㉡ 연쾌삭강은 0.2% 정도의 Pb이 첨가되어 유황 쾌삭강보다 기계적 성질이 우수하다.

탄소강의 종류와 용도

종별	C (%)	인장강도 (kg/mm^2)	연신율 (%)	용도
극연강	<0.12	25	25	철판, 철선, 못, 파이프, 와이어, 리벳 등
연강	0.13~0.20	38~44	22	관, 교량, 각종 강철봉, 판, 파이프, 건축용 철골, 철교, 볼트, 리벳 등
반연강	0.20~0.30	44~50	20~18	기어, 레버, 강철판, 볼트, 너트, 파이프 등
반경강	0.30~0.40	50~55	18~14	철골, 강철판, 차축 등
경강	0.40.~0.50	55~60	14~10	차축, 기어, 캠(cam), 레일 등
최경강	0.50~0.70	60~70	10~7	차축, 기어, 레일, 스프링, 단조공구, 피아노선 등
탄소공구강	0.70~1.50	70~50	7~2	각종 목공구, 석공구, 수공구, 절삭공구, 게이지 등
표면경화강	0.08~0.2	40~45	15~20	표면 경화강, 기어, 캠, 축류 등

단원 예상문제

1. 일반 탄소강에서 탄소함량의 증가가 기계적 성질에 미치는 영향이 아닌 것은?

① 경도를 높인다. ② 인장강도를 높인다.
③ 인성을 낮춘다. ④ 용접성을 향상시킨다.

해설 탄소 함량이 많아지면 용융온도가 낮아지고 냉각속도가 빨라져 균열이 쉽게 발생하므로 용접성이 떨어진다.

2. 탄소공구강의 구비 조건으로 틀린 것은?

① 가격이 저렴할 것 ② 강인성 및 내충격성이 우수할 것
③ 내마모성이 작을 것④ 상온 및 고온경도가 클 것

해설 탄소공구강은 상온에서 인성, 내마모성, 고온경도가 크고 열처리는 쉬우나 담금질성이 나쁘기 때문에 대형 공구에는 적용할 수 없다.

3. 탄소강 조직 중에서 경도가 가장 낮은 것은?

① 펄라이트 ② 시멘타이트 ③ 마텐자이트 ④ 페라이트

해설 탄소강 조직의 경도는 페라이트 < 펄라이트 < 시멘타이트 등의 순서로 높고, 마텐자이트는 담금질 열처리에서 생기는 조직이다.

4. 규소가 탄소강에 미치는 일반적 영향으로 틀린 것은?

① 강의 인장강도를 크게 한다. ② 연신율을 감소시킨다.
③ 가공성을 좋게 한다. ④ 충격값을 감소시킨다.

해설 탄소강 내의 규소는 경도, 강도, 탄성한계, 주조성(유동성)을 증가시키고, 연신율, 충격치, 단접성(결정입자를 성장 · 조대화시킨다)을 감소시킨다.

5. 합금강에 첨가한 원소의 일반적인 효과가 잘못된 것은?

① Ni－강인성 및 내식성 향상 ② Ti－내식성 향상
③ Cr－내식성 감소 및 연성 증가 ④ W－고온강도 향상

해설 크로뮴은 적은 양을 첨가해도 경도와 인장강도가 증가하고, 황(S)은 함유량이 증가함에 따라 내식성과 내열성 및 자경성이 커진다.

6. 다음 중 경도가 가장 낮은 조직은?

① 페라이트 ② 펄라이트 ③ 시멘타이트 ④ 마텐자이트

해설 경도는 마텐자이트(M) > 트루스타이트(T) > 소르바이트(S) > 펄라이트(P) > 페라이트(F)의 순서로 낮아진다.

정답 1. ④ 2. ③ 3. ④ 4. ③ 5. ③ 6. ①

4 강의 취성(메짐, 여림)

(1) 적열취성(고온취성, red shortness)

유황(S)이 원인으로 강중에 0.02%만 존재해도 인장강도, 연신율, 충격치 등을 감소시키고, FeS은 융점(1193℃)이 낮고 고온에 약해 900~950℃에서 파괴되어 균열을 일으킨다.

(2) 청열취성(blue shortness)

200~300℃에서 강도와 경도가 최대이고 연신율 및 단면수축률은 최소를 보이는데, P, N, O, C가 원인이다.

(3) 상온취성(cold shortness)

강중에 용해된 인화철(Fe_3P)과 인(P)이 결정립의 성장을 도와 조직을 거칠게 하고 경도 및 강도를 다소 증가시키고, 연신율과 충격치를 감소시킨다.

● 참고 고스트 라인(ghost line)

인화철(Fe_3P)이 결정립계에 편석되어 고온에서도 확산하여 소실되지 않고 압연이나 단련에 의해 가늘고 긴 띠모양을 만들어 황화망가니즈(MnS), 산화망가니즈(MnO) 등의 슬래그나 인 등이 편석된 것을 고스트 라인이라 하며, 강재 파괴의 원인이 되는 층이다.

(4) 저온취성(cold brittleness)

강의 온도가 상온 이하로 내려가면 강도와 경도는 증가하고, 연신율과 충격치가 감소되어 약해진다.

※ 온도가 저하되어 일정 한계온도에 도달하면 충격값이 급격히 감소하여 −70℃ 부근에서 "0"에 접근한다(연강에서도 1kgf/cm^2 정도를 벗어나지 못한다). 이와 같은 한계온도를 천이온도(transition temperature)라 한다.

5 강재의 KS 기호

① SB – 일반구조용 강재
② SM – 기계구조용 강재
③ SBB – 보일러용 압연강재
④ SBV – 리벳용 압연강재
⑤ SKH – 고속도 공구강재
⑥ SWS – 용접구조용 압연강재

● 참고 이것만은 외우자.

1. 제강로(평로, 전로)의 제강 방법
   (1) 베서머법(Bessemer process, 산성 전로법): 산성 내화물(규석 벽돌) 이용
   (2) 토마스법(thomas process, 염기성 전로법): 염기성 내화물[내화(생석회)벽돌] 이용
2. 강의 취성 종류: ① 적열(고온) 취성, ② 청열취성, ③ 상온취성, ④ 저온취성
3. 설퍼 프린트(sulphur print): 황의 분포 상태를 육안으로 검출하는 방법
4. 고탄소강의 용접균열 방지법
   ① 용접전류를 낮춘다. ② 예열 및 후열처리를 한다. ③ 용접속도를 느리게 한다.
   ④ 저수소계 용접봉을 사용하여 수소량을 줄이고 층간 용접온도를 유지한다.

단원 예상문제

1. 탄소 이외의 원소가 강의 성질에 미치는 영향 중 황(S)의 함유량이 많을 경우 발생하기 쉬운 결함은?

① 적열취성 ② 청열취성 ③ 저온취성 ④ 뜨임취성

해설 강 중에 0.02% 정도만 있어도 인장강도, 연신율, 충격치 등이 감소한다. FeS는 융점(1193℃)이 낮고 고온에 약해 900~950℃에서 파괴되어 적열균열(취성)을 발생시킨다.

2. 탄소강의 물리적 성질 변화에서 탄소량의 증가에 따라 증가되는 것은?

① 비중 ② 열팽창계수 ③ 열전도도 ④ 전기저항

해설 강은 순철에 가까운 페라이트와 시멘타이트가 혼합된 것으로 탄소량이 증가함에 따라 비중, 열팽창계수, 열전도율은 감소하지만 비열, 전기저항, 항자력은 증가한다.

3. 다음 중 탄소의 함유량이 가장 적은 것은?

① 경강 ② 연강 ③ 합금공구강 ④ 탄소공구강

4. 대상 편식인 고스트 라인(ghost line)을 형성시키고 상온취성의 원인이 되는 원소는?

① Mn ② S ③ S ④ P

해설 인화철(Fe_3P)이 결정립계에 편석되어 고온에서도 확산하여 소실되지 않고 압연이나 단련에 의해 가늘고 긴 띠모양을 만들어 MnS, MnO 등과 함께 편석되는 것을 고스트 라인이라 하며, 강재 파괴의 원인이 되는 층이다. 이때 취성이 일어나는데 그 해를 가장 크게 끼치는 원소는 인(P)이다.

정답 1. ① 2. ④ 3. ② 4. ④

3-2 특수강(special steel)

1 개요

특수강(합금강, alloy steel)이란 탄소강에 특수한 성질을 부여하기 위해 1종 또는 그 이상의 다른 원소를 첨가한 강을 말하며, 특수 원소로는 보통 Ni, Cr, W, Mo, V, Co, Sl, Mn, B, Ti, Be, Zr, Al 등이 사용된다.

특수강의 용도별 분류

구분	종류
구조용 특수강	강인강, 표면 경화용강(침탄강, 질화강), 스프링강, 쾌삭강 등
공구용 특수강(공구강)	합금 공구강, 고속도강, 다이스(die)강, 비철 합금공구 재료 등
특수용도 특수강	내식용 특수강, 내열용 특수강, 자성용 특수강, 전기용 특수강, 베어링강, 불변강 등

(1) 첨가원소의 영향

① Cr－내식성, 내마멸성 증가
② Cu－공기 중에서 내산화성 증대
③ Mn－적열취성 방지
④ Mo－뜨임취성 방지
⑤ Mo, W－고온에서 강도, 경도 증가
⑥ N－강인성, 내식성 및 내산성 증가
⑦ Si－내열성, 전자기적 특성
⑧ V, Ti, Al, Zr－결정립 조절

단원 예상문제

1. 합금강에 첨가한 원소의 일반적인 효과가 잘못된 것은?

① Ni－강인성 및 내식성 향상　② Ti－내식성 향상
③ Cr－내식성 감소 및 연성 증가　④ W－고온강도 향상

해설 크로뮴은 적은 양을 첨가해도 경도와 인장강도가 증가하고 S은 함유량이 증가함에 따라 내식성과 내열성 및 자경성이 커진다.

정답 1. ③

3-3 공구용 합금강

1 공구재료의 구비 조건

① 고온경도, 내마멸성, 강인성이 클 것
② 열처리, 제조와 취급이 쉽고 가격이 저렴할 것

2 합금 공구강(STS)

고온에서 경도가 저하되는 탄소 공구강의 결점과 담금질 효과를 개선하기 위해 Cr, W, V, Mo 등을 첨가한 강이다.

① Cr은 담금질에 의한 경화능을 증대시키고 결정립을 미세화하여 내마멸성을 높이고 고온경도를 유지한다.
② W은 고온경도, 고온강도, 내마멸성을 향상시킨다.
③ Cr-Mn강은 담금질 변형을 일으켜 경화층 깊이를 증가시키고, 내마멸성이 크므로 게이지(gauge) 제작에 사용된다(200℃ 이상 장시간뜨임).

3 고속도강[SKH, 일명 하이스(HSS)]

대표적인 절삭공구재료로 0.7~0.9%C 공석 정도의 탄소강을 중심으로 하여 W, Cr, V을 다량 함유시킨 것이다.

(1) 표준형 고속도강: 18W-4 Cr-1 V에 탄소 0.8%가 주성분이다.

(2) 특성: 500~600℃ 이내로 가열 뜨임해도 경도가 유지되어 고속절삭이 가능하다.

(3) 텅스텐(W) 고속도강(표준형): SKH_5가 표준형 조성

① 열처리법

㈎ 800~900℃로 예열한다.
㈏ 1250~1300℃의 염욕에서 빠르게 가열한 후 2분 정도를 유지한다.
㈐ 300℃로 기름냉각한 후 공기중에서 서랭(균열 방지)하면 1차 경화(마텐자이트) 된다.
㈑ 2차 경화(secondary hardening): 550~580℃로 20~30분간 뜨임한 후 공기중에서 서랭(특히 250~300℃에서 팽창률이 커서 더 서랭)하면 경도가 증가한다.

※ 2차 경화는 1차 담금질에 의해 잔류하는 20~30%의 오스테나이트를 제거하여

경도를 더 높이는 데 목적이 있다(풀림온도 850~900℃).

(4) 고발트(Co) 고속도강

① Co가 0.3~20% 첨가된 강으로 Co양이 증가할수록 경도와 점성을 증가시켜 절삭성이 우수하다.
② 용융점이 높기 때문에 담금질 온도를 높여 성능을 좋게 한다.
③ Co고속도강은 보통 탄소 함유량이 0.7~0.85%이고, 5종의 고코발트 고속도강은 탄소 함유량이 0.2~0.4% 정도이다.
④ SKH_5는 고코발트 고속도강(Co 0.16~0.17% 함유)으로서 강력절삭에 쓰인다.

(5) 몰리브덴(Mo) 고속도강

① Mo 5~8%, W 5~7%가 첨가된 강으로 담금질성을 향상시키고 뜨임메짐을 방지하며 열처리시 탈탄(decarburization, 脫炭)이 쉽게 발생한다.
② 열처리시 탈탄 및 몰리브덴의 증발이 일어나는 것을 막기 위해 붕사피복 또는 염욕가열 등의 방법을 사용한다.
③ Mo 고속도강이 W 고속도강보다 우수한 점
㈎ 비중이 작고 가격이 저렴하다.
㈏ 담금질 온도가 낮고 인성이 높다(W의 열전도율이 나빠 예열온도가 높다).
㈐ 열전도가 좋아서 열처리가 용이하다.

단원 예상문제

1. 공구강이나 자경성이 강한 특수강을 연화 풀림하는 데 적합한 방법은?

① 응력제거풀림　　② 항온 풀림
③ 구상화 풀림　　④ 확산 풀림

해설 공구강, 특수강 또는 자경성이 강한 특수강의 풀림에는 항온 풀림이 적합하다.

2. 합금공구강 강재 종류의 기호 중 주로 절삭공구강용에 적용되는 것은?

① STS 11　　② SM 55
③ SS 230　　④ SC 360

해설 합금공구강의 기호는 STS이고 STS1은 바이트(cutting tool), 커터(cutter), 드로잉다이(drawing die) 등 공구강용에 적용되고 STS2는 탭(tap), 드릴(drill), 커터, 쇠톱날 등에, STS3은 게이지(gauge), 다이(die), 탭 등에 이용된다.

정답 1. ② 2. ①

3-4 특수용도 특수강

1 스테인리스강(STS: stainless steel)

강에 Ni, Cr을 다량 첨가하여 내식성을 현저히 향상시킨 강으로 대기 중, 수중, 산 등에 잘 견딘다.

(1) 13Cr 스테인리스강

스테인리스강 종류 중 1~3종으로 자동차 부품, 일반용, 화학공업용에 사용된다.

① 페라이트(ferrite)계 스테인리스강

Cr 12~14%, C 0.1% 이하로 강자성, 강인성, 내식성이 있고 열처리에 의해 경화된다.

② 마텐자이트(martensite)계 스테인리스강

Cr 12~14%, C 0.15~0.30%로 고온에서 오스테나이트 조직이고 이 상태에서 담금질하면 마텐자이트로 바뀌는 종류의 강이다. 상온에서 강자성을 보이며 내식성이 가장 낮다.

③ 특징

(가) 표면을 잘 연마한 것은 대기 중 또는 수중에서 부식되지 않는다.

(나) 오스테나이트계에 비해 내산성이 적고 가격이 싸다.

(다) 유기산이나 질산에는 침식되지 않으나 다른 종류의 산에는 침식된다.

(2) 18-8 스테인리스강

대표적인 오스테나이트계 스테인리스강이다(Cr 18%, Ni 8% 첨가).

① 특징

(가) 비자성체이고 담금질이 안 된다.

(나) 연전성이 크고 13Cr형 스테인리스강보다 내식성, 내열성, 내충격성이 크다.

(다) 용접하기 쉽다.

(라) 입계부식에 의한 입계균열이 쉽게 발생한다(Cr_4C 탄화물이 원인).

② 용도: 건축용, 공업용, 자동차용, 항공기용, 치과용 등

※ 입계부식 방지법

- 탄소 함유량을 적게 한다.
- Ti, V, Nb 등의 원소를 첨가하여 Cr 탄화물의 생성을 억제한다.
- 고온도에서 Cr탄화물을 오스테나이트 중에 고용하여 기름 중에 급랭시킨다(용화제 처리).

※ 스테인리스강은 1~17종이 있다.

※ Cr 함유량이 12% 이상이면 스테인리스강 또는 불수강이라 하고, 그 이하이면 내식강이라 한다.

2 내열강(heat resisting steel)

(1) 조건

① 고온에서 화학적, 기계적 성질이 안정되고 조직변화가 없어야 한다.

② 열팽창과 열변형이 적어야 한다.

③ 소성가공, 절삭가공, 용접 등에 사용된다.

(2) 종류

① 페라이트계(Fe-Cr, Si-Cr)

② 오스테나이트계(18-8 STS에 Ti, Mo, Ta, W 등을 첨가한 강)

③ 초내열합금(Ni, Co을 주원소로 함)

(3) 내열성을 주는 원소

고크로뮴강(Cr), Al(Al_2O_3), Si(SiO_2) 등

※ 실크로움(Si-Cr) 내열강은 내연기관의 밸브 재료로 사용된다.
(표준 성분 C 0.1%, Cr 6.5%, Si 2.5%)

※ 초내열합금 종류

- 주조용 합금-하스텔로이(hastelloy), 서멧(cermet; 세라믹 재질) 등
- 가공용 합금-팀켄(timken), 인코넬(inconel), 19-9LD, N-155 등

단원 예상문제

1. 스테인리스강은 900~1100℃의 고온에서 급랭할 때 현미경 조직에 따라서 3종류로 크게 나눌 수 있는데, 다음 중 해당되지 않는 것은?

① 마텐자이트계 스테인리스강

② 페라이트계 스테인리스강

③ 오스테나이트계 스테인리스강

④ 트루스타이트계 스테인리스강

해설 13Cr 스테인리스강은 마텐자이트계, 페라이트계로, 18-8 스테인리스강은 오스테나이트계로 분류된다.

2. 탄화물의 입계석출로 인하여 입계부식을 가장 잘 일으키는 스테인리스강은?

① 펄라이트계 ② 페라이트계
③ 마텐자이트계 ④ 오스테나이트계

해설 오스테나이트계(18−8 스테인리스강)는 입계부식에 의한 입계균열이 쉽게 발생한다(Cr_4C 탄화물이 원인). 입계부식 방지법으로는 ① 탄소 함유량을 줄이고, ② Ti, V, Nb 등의 원소를 첨가하여 Cr 탄화물의 생성을 억제하며, ③ 고온도에서 크로뮴 탄화물을 오스테나이트 중에 고용하여 기름 중에 급랭시키는(용화제 처리) 등이 있다.

3. 스테인리스강의 종류에서 용접성이 가장 우수한 것은?

① 마텐자이트계 스테인리스강 ② 페라이트계 스테인리스강
③ 오스테나이트계 스테인리스강 ④ 펄라이트계 스테인리스강

해설 스테인리스강에서 용접성이 가장 우수한 것은 18−8 오스테나이트계로 내식성, 내산성, 내열성, 내충격성이 13Cr보다 뛰어나고, 연전성이 크며 담금질 열처리로 경화되지 않고 비자성체이다.

4. 다음 스테인리스강 중 비자성인 것은?

① 페라이트형 스테인리스강 ② 마텐자이트형 스테인리스강
③ 오스테나이트형 스테인리스강 ④ 석출경화형 스테인리스강

해설 스테인리스강 중에서 Cr18−Ni8인 오스테나이트는 비자성체로 담금질로 경화되지 않고 용접성이 가장 우수하며 13Cr보다 내식, 내산성이 뛰어나다.

5. 내열합금 용접 후 냉각 중이나 열처리 등에서 발생하는 용접구속 균열은?

① 내열 균열 ② 냉각 균열
③ 변형시효 균열 ④ 결정립계 균열

해설 내열합금 등 용접 후에 냉각 중이거나 열처리 및 시효에 의해 발생되는 균열을 변형시효 균열이라고 한다.

6. 다음 스테인리스강 중 용접성이 가장 우수한 것은?

① 페라이트 스테인리스강 ② 펄라이트 스테인리스강
③ 마텐자이트계 스테인리스강 ④ 오스테나이트계 스테인리스강

해설 오스테나이트계 스테인리스강은 스테인리스강 중에서 내식성과 내열성이 가장 우수하며, 천이온도가 낮고 강인한 성질을 갖고 있어 마텐자이트계와 페라이트계보다 용접성이 우수하다.

정답 1. ④ 2. ④ 3. ③ 4. ③ 5. ③ 6. ④

3-5 자기 재료 및 기타 특수강

1 영구 자석강(SK)

잔류자기(Bc)와 항자력(Hc)이 크고 온도변화나 기계적 진동 또는 산란자장 등에 의하여 쉽게 자기 강도가 변하지 않는 강이다.

(1) 종류

① W강
② Co강
③ Cr강
④ 고탄소강(0.8~1.2%C)을 물에 담금질한 것
⑤ 알니코(alnico, Ni-Al-Co-Cu-Fe 등으로 조성된 합금)

2 규소강

① Si를 1~4% 함유한 강으로 자기 감응도가 크고 잔류자기 및 항자력이 작다.
② 변압기의 철심이나 교류기계의 철심 등에 사용된다.

3 비자성강

① 발전기, 변압기, 배전판 등에 자석강을 사용할 때 전류 발생으로 인한 온도 상승을 방지한다.
② 종류(오스테나이트 조직강)는 18-8계 스테인리스강, 고망가니즈계 오스테나이트강, 고니켈강, Ni-Mn강, Ni-Mn-Cr) 등이 있다.

4 고니켈강(불변강)

비자성강으로 열팽창계수, 탄성계수가 거의 제로에 가깝고 Ni 26%에서 오스테나이트 조직을 이루며 강력한 내식성을 갖는다.

① **인바(invar)**
Ni 36%를 첨가하여 열팽창계수가 매우 낮아(0.1×10^{-6}) 정밀기계 부품, 시계, 표준자(줄자), 계측기 부품과 같이 온도변화에 의해 치수가 변하면 오차의 원인이 되는 기계에 사용된다.

② 초인바(super invar)

Ni 30.5~32.5%, Co 4~6%를 첨가한 합금으로 인바보다 열팽창계수가 작다(20℃에서 0.1×10^{-6}).

③ 엘린바(elinvar)

철에 Ni 36%, Cr 12%를 첨가한 합금이다.

④ 코엘린바(co-elinvar)

Cr 10~11%, Co 26~58%, Ni 0~16%를 첨가하여 대기 중이나 수중에서 부식되지 않으며, 스프링 태엽, 기상관측용 부품 등에 사용된다.

⑤ 퍼멀로이(permalloy)

N 75~80%, Co 0.5%, C 0.5%를 첨가한 합금이며, 해저전선의 장하 코일(loading coil)에 사용된다.

⑥ 플라티나이트(platinite)

Ni 44~47.5%에 나머지 철(Fe)로 조성된 합금이며, 전구의 도입선, 진공관 도선용[페르니코(fernico), 코바트] 등에 사용된다.

※ 열팽창계수는 유리, 백금과 같다.

단원 예상문제

1. 저용융점 합금이란 어떤 원소보다 용융점이 낮은 것을 말하는가?

① Zn ② Cu ③ Sn ④ Pb

해설 저용융점 합금은 주석(Sn)보다 융점이 낮은 금속으로 퓨즈, 활자, 안전장치, 정밀 모형 등에 사용된다. Pb, Sn, Co 중 두 가지 이상으로 이루어진 공정합금으로 3원합금과 4원합금이 있으며 우드메탈(wood's metal), 리포위츠 합금(lipowitz alloy), 뉴턴 합금(Newton's alloy), 로즈 합금(rose's metal), 비스무트(bismuth) 땜납 등이 있다.

2. 온도에 따른 탄성률의 변화가 거의 없어 시계나 압력계 등에 널리 이용되고 있는 합금은?

① 플라티나이트 ② 니칼로이

③ 인바 ④ 엘린바

해설 엘린바(elinvar)를 뜻하며 Ni-Fe계 합금으로 인바, 초인바, 엘린바, 플라티나이트, 니칼로이(nicalloy), 퍼멀로이, 초퍼멀로이(super permalloy), 퍼민바(perminvar) 등이 있으며 시계나 압력계로 이용되는 것은 Ni 36%, Cr 12%로 조성된 엘린바이며 탄성계수가 불변하다.

정답 1. ③ 2. ④

제 4 장 주철과 특수 주철

4-1 주철(cast iron)

큐폴라(cupola, 용선로)라고 하는 용해로에 고로에서 얻은 선철을 넣고 코크스를 연료로 첨가하면 주철이 만들어진다.

용해된 주철은 주형에 주입하여 성형하는 주조용 재료로, Fe-C 평형상태도(Fe-C diagram)에서 탄소 함유량이 1.7~6.68% 이내이고(실사용은 2.5~4.5%C 함유, 교육부교과서 2.06~6.68%C), Fe, C 이외에 Si(약 1.5~3.5%), Mn(0.3~1.5%), P(0.1~1.0%), S(0.05~0.15%) 등을 함유하고 있다.

1 주철의 장단점

① 장점

(가) 용융점이 낮고 유동성이 좋아 주조성(castability)이 우수하다.

(나) 금속재료 중 단위무게당 가격이 싸다.

(다) 마찰저항이 좋고 절삭가공이 쉽다.

(라) 주물 표면은 단단하고 잘 녹슬지 않으며 페인트칠도 잘된다.

(마) 압축강도가 크다(인장강도의 3~4배).

② 단점

(가) 인장강도, 휨강도, 충격값이 작다.

(나) 연신율이 작고 취성이 크다.

(다) 고온에서 소성변형이 일어나지 않는다.

2 주철의 종류(주철 중에 함유된 탄소의 형상에 따른)

① 회주철(gray cast iron)

(가) Mn 양이 적고 냉각속도가 느리면 쉽게 생긴다.

(나) 탄소 일부가 유리 상태로 존재하는 유리탄소(free carbon)나 흑연(graphite)이다.

(다) C, Si 양이 많고 냉각속도가 느릴수록 절삭성과 주조성이 좋다.

(라) 흑연화

$$Fe_3C \rightarrow 3Fe + C \text{(안정한 상태로 분리)}$$

(마) 용도

공작기계의 베드, 내연기관의 실린더, 피스톤, 주철관, 농기구, 펌프 등

② **백주철(white cast iron)**

(가) 회주철과 백주철의 중간 상태이다.

(나) 주철에 포함된 전 탄소량=흑연량 + 화합 탄소량

(다) 주철의 흑연화 현상의 특징

㉠ Fe_3C는 1000℃ 이하에서 불안정하다.

㉡ Fe, C를 분해하는 경향이 있다.

(라) 흑연의 형상은 공정상, 편상, 판상, 괴상, 수상, 과공정상, 장미상, 국화상(문어상) 등으로 나타난다.

3 주철의 조직

① **성질**

(가) 전연성이 작고 적열하여도 점도가 불량하다(가공이 불가능하다).

(나) C, Mn, P을 첨가하면 점성이 낮아진다.

(다) 비중(1300℃ 이하)은 약 7.1~7.3이다(흑연이 많을수록 작다).

② **열처리**

담금질 뜨임은 불가능하나 주요 부분을 사용할 경우 주조응력을 제거하기 위해 풀림 처리가 가능하다.

(가) 담금질: C 3% 이하, Mn 1.2% 이상에 P, S이 소량 함유된 주철로 800~850℃로 서서히 가열한 후 기름에 냉각한다. 바탕은 마텐자이트 조직이며 내마모성이 향상된다.

(나) 풀림: 주조응력 및 변형을 제거하기 위해 500~600℃로 6~10시간 풀림한다.

③ **자연시효(natural aging, seasoning)**

주물의 내부응력을 제거하고 시효 변형을 없애기 위해 주조 후 자연 대기 중에 장시간(1년 이상) 방치하여 두는 것이다(정밀 가공, 주물 시에 효과적이다).

4-2 특수 주철

1 합금 주철

주철의 여러 가지 성질을 개선하기 위해 특수원소(Ni, Cr, Cu, Mo, V, Ti, Al, Mg 등)를 첨가한 특수 주철이다.

① **합금원소의 영향(강도, 내열성, 내부식성, 내마멸성 등 향상)**

(가) Cr: 흑연화를 방해하는 원소로 탄화물을 안정화하고, 내열성과 내부식성을 향상시킨다.

(나) Ni: 흑연화를 촉진하는 원소로 흑연화 능력이 Si의 1/2~1/3이다.

(다) Mo: 흑연화를 다소 방지하고, 강도 · 경도 · 내마멸성을 증대시키며, 두꺼운 주물 조직을 균일화한다.

(라) Ti: 강탈산제로서 흑연화를 촉진한다(다량 함유시 흑연화를 방지하기 위해 보통 0.3% 이하로 제한한다).

(마) Cu: 공기 중의 내상화성, 내부식성을 증가시킨다(0.4~0.5%가 가장 적당하다).

(바) 강력한 흑연화 방지제: Mn, Cr, Mo, V, S 등

2 고합금 주철

① **내열주철(heat resistant cast iron)**

고온에서도 산화도 변화 없이 사용할 수 있는 주철로, 고크로뮴 주철(Cr 34~40%), 니켈 오스테나이트 주철(Ni 12~18%, Cr 2~5%), 규소 주철(Si 4~6%) 등이 있다.

② **내산주철(acid proof castiron)**

규소, 니켈, 크로뮴 등을 첨가하여 내산성을 강화한 주철로 고규소 주철(Si 14~18%), 고니켈 주철, 고크로뮴 주철 등이 있다.

※ 두리론(duriron) 주철(Si 15%)

3 구상흑연주철(nodular graphite cast iron)

용융 상태에서 Mg, Ce, Mg-Cu, Ca(Li, Ba, Sr) 등을 첨가하거나 그밖의 특수 용선처리를 하여 편상흑연을 구상화한 것이다.

※ 구상흑연을 얻는 데 유해한 불순물으로는 Sn, Pb, As, Sb, Bi, Al, Ti 등이 있다.

① **조직**

- 시멘타이트(cementite)형

- 펄라이트(pearlite)형
- 페라이트(ferrite)형

※ 소눈 조직(bull's eye structure): 풀림처리하여 펄라이트가 페라이트로 변할 때 구상흑연 주위에 페라이트가 나타나는 조직으로, 연성과 내마멸성이 증가한다.

구상흑 주철의 분류와 성질

명칭	발생원인	성질
시멘타이트형 (시멘타이트가 석출한 것)	• Mg의 첨가량이 많을 때 • C, Si 특히 Si가 적을 때 • 냉각속도가 빠를 때	• 경도(H_B)가 220 이상이다. • 연성이 없다.
펄라이트형 (바탕이 펄라이트)	• 시멘타이트형과 페라이트형의 중간 상태	• 인장강도가 60~70kg/mm^{2}으로 강인하다. • 연신율은 2% 정도이다. • H_B=150~240 정도
페라이트형 (페라이트가 석출한 것)	• C, Si 특히 Si가 많을 때 • Mg 양이 적당할 때 • 냉각속도가 느리고, 풀림을 했을 때	• 연신율은 6~20%이다. • H_B=150~240 정도 • Si가 3% 이상이면 취약해진다.

※ 보통 구상흑연주철은 C 3.3~3.9%, Si 2.0~3.0%, Mn 0.2~0.6%, P 0.02~0.15%, S 0.005~0.015% 정도로 조성되어 있다.

② **명칭**

구상흑연주철은 노듈러 주철(nodular cast iron), 닥타일(연성) 주철, 강인주철 등으로도 불린다.

③ **특성**

내마멸성 및 내열성이 우수하고 주철 성장이 적다. 풀림 열처리 기능이 있다.

※ 주철의 성장은 주로 시멘타이트가 분해되어 흑연이 발생함으로써 팽창하여 일어난다.

4 칠드 주철(chilled cast-iron, 냉경주철)

주조 시 규소(Si)가 적은 용선에 망가니즈(Mn)를 첨가하고 용융 상태로 금형에 주입하여 접촉 면을 급랭시켜 아주 가벼운 백주철(백선화)로 만든 것이다(칠드 부분은 Fe_3C 조직이 된다).

① **특성**

(가) 경도, 압축강도, 내마모성, 충격성 등이 증가한다.

(나) 표면(백선화) 부분: H_S=60~70, H_B=350~500 취성이 있고, 내마모성이 향상된다.

(다) 내부: 강인성이 있고 회주철로 취약하지 않다(보통 칠드 깊이가 10~25mm이다).

② **용도**

각종 롤러(roller), 기차바퀴, 파쇄기 부품 등

5 가단주철(malleable cast iron)

백주철을 풀림처리하여 탈탄과 Fe_3C의 흑연화에 의해 연성(또는 가단성)을 가지게 한 주철이다(연신율 5~14%).

① **백심 가단주철(WMC:** white heart malleable cast iron)

백주철을 철광석, 밀 스케일(mill scale) 등의 산화철과 함께 풀림상자에 넣고 약 950℃로 70~100시간 가열해 탈탄하여 서랭시킨 주철이다.

② **흑심 가단주철(BMC:** black-heart malleable cast iron)

저탄소, 저규소의 백주철을 풀림처리하여 Fe_3C를 분해하여 흑연을 입상으로 석출시킨 주철이다.

③ **펄라이트 가단주철(PMC:** pearlitic malleable cast iron)

흑심 가단주철의 완전한 흑연화를 방지하기 위해 제2단계 흑연화를 생략하거나, 열처리 중간에 중지하여 펄라이트를 잔류시킨 주철이며 풀림흑연과 펄라이트 조직으로 이루어져 있다.

※ 펄라이트 가단주철의 조직에는 탄소 일부가 탄화물 형태로 결합되어 구상 · 층상 펄라이트 또는 베이나이트(bainite), 소르바이트(sorbite)로 잔류해 있다.

단원 예상문제

1. 주철(cast iron)의 특성 설명 중 잘못된 것은?

① 절삭성이 우수하다.
② 내마모성이 우수하다.
③ 강에 비해 충격값이 현저하게 높다.
④ 진동 흡수능력이 우수하다.

해설 주철은 연강보다 탄소 함유량(1.7~6.68%)이 높아 용융점은 낮고 유동성과 절삭성이 좋다. 그러나 압축강도가 크고 인장강도, 충격값이 작아 가공은 불가능하다.

2. 합금주철의 함유 성분 중 흑연화를 촉진하는 원소는?

① V ② Cr
③ Ni ④ Mo

해설 합금주철에서 주철의 성장은 탄화철의 흑연화에 의한 팽창이 원인으로 이를 방지하기 위해서는 흑연화를 줄여야 한다. 흑연화 촉진제는 Al, Si, Ni, Ti이고 방지제는 Mn, Cr, Mo, V, S 등이다.

3. 주철의 종류 중 칼슘이나 규소를 첨가하여 흑연화를 촉진시켜 미세 흑연을 균일하게 분포시키거나 백주철을 열처리하여 연신율을 향상시킨 주철은?

① 반주철
② 회주철
③ 구상흑연주철
④ 가단주철

해설 가단주철은 백주철을 풀림처리하여 탈탄과 Fe_3C의 흑연화에 의해 연성(또는 가단성)을 가지게 한 주철(연신율 5~14%)이다. 백심 가단주철(WMC), 흑심 가단주철(BMC), 펄라이트 가단주철(PMC)의 3가지 종류가 있으며, 펄라이트 가단주철의 조직에는 탄소의 일부가 탄화물 형태로 결합되어 구상 · 층상 펄라이트 또는 베이나이트, 소르바이트로 잔류해 있다.

4. 일반적으로 주철의 탄소 함량은?

① 0.03% 이하
② 2.11~6.67%
③ 1.0~1.3%
④ 0.03~0.08%

해설 Fe-C 상태도에서 주철의 탄소 함량은 2.11~6.7% 이내이다.

5. 주철과 강을 분류할 때 탄소 함량의 약 몇%를 기준으로 하는가?

① 0.4%
② 0.8%
③ 2.0%
④ 4.3%

해설 Fe-C 상태도에서 탄소 함량이 2.11%인 E점보다 적은 것은 탄소강이고, E점보다 많은 것은 주철이라 한다.

정답 1. ③ 2. ③ 3. ④ 4. ② 5. ③

제 5 장 비철금속 재료

5-1 구리(Cu)와 구리합금

1 구리의 성질

(1) **물리적 성질:** 면심입방격자이고 격자상수는 3.608Å(10^{-8}cm)이며 용융점은 1083℃이다. 비중 8.96이고 비등점 2360℃이며 변태점은 없다. 비자성체이며 전기 및 열의 양도체이다.

※ 불순물

- 전기전도도를 저하시키는 원소 – Ti, P, Fe, Si, As(비소), Sb 등
- 가공성을 저하시키는 원소 – Bi, Pb 등

※ 구리 강도 및 내마모 향상 원소 – Cd

(2) **기계적 성질:** 전연성이 풍부하다.

① **가공:** 열간가공(가공온도 750~850℃), 냉간가공

② **경도:** 가공경화로 증가하며(1/4H, 1/2H, H 등으로 분류), 가공경화된 것은 600~700℃로 30분간 풀림하면 연화된다.

③ 인장강도는 가공도에 따라 증가한다(가공률 70% 정도에서 최대).

- 압연시: 34~36 kgf/cm^2
- 압연 후 풀림 상태: 22~25 kg/mm^2
- 냉간가공으로 강해진 것은 100~150℃에서 약간 연화되고, 150~200℃의 재결정 온도에서 연화된다.

※ 350℃에서 가공 전 상태로 복귀하고, 완전풀림 온도는 600~650℃ 정도이다.

(3) **화학적 성질:** 고온의 진한 황산과 질산에 용해되고 CO_2, SO_2, 습기, 해수(바닷물)에서 녹이 발생한다(녹색의 녹).

※ **수소병(수소취성):** 산화구리를 환원성 분위기에서 가열하면 H_2가 반응하여 수증기를

발생시키고, 구리 중에 확산 침투하여 균열(hair crack)을 일으킨다.

※ 일반적 성질

㉠ 전기 및 열의 양도체이다.

㉡ 전연성, 유연성이 좋아 가공하기 쉽다.

㉢ 색채, 광택이 아름다워 귀금속적인 성질을 갖는다.

㉣ 화학적, 저항력이 커서 내식성이 좋다.

㉤ Zn, Sn, Ni, Au, Ag 등과 합금을 쉽게 만든다.

5-2 황동(brass, 놋쇠)

1 황동의 성질

주조성과 가공성, 내식성, 기계적 성질이 우수하며 색채가 아름답고 값이 싸다. 완전 풀림 온도는 600~650℃이다.

(1) **자연균열(season crack):** 시기균열이라고도 하며, 냉간가공에 의해 재료의 내부에 생긴 잔류응력 때문에 사용중 또는 실온에 방치되어 있는 사이에 공기 중의 염류, 암모니아 기체(NH_3)로 인해 입간부식을 일으켜 균열이 발생하는 현상이다.

※ 방지법

㉠ 200~300℃에서 저온풀림하여 내부응력을 제거한다.

㉡ 도금법을 이용한다.

㉢ S을 1~1.5% 첨가한다.

(2) **탈아연 현상:** 바닷물에 침식되어 아연(Zn)이 용해 부식되는 현상이다.

※ 방지법: ㉠ 아연판을 도선에 연결, ㉡ 전류에 의한 방지법

(3) **고온 탈아연 부식**

온도가 높고 표면이 깨끗할수록 탈아연이 심하다.

※ 방지법: ㉠ Zn 산화물 피막형성, ㉡ Al 산화물 피막형성

(4) **경년변화:** 냉간가공하여 저온풀림 처리한 황동(스프링)이 사용 중에 시간이 경과하면서 경도값이 증가하는(스프링 특성 저하) 현상이다.

2 황동의 종류

황동의 종류별 성분과 명칭 및 용도

구분		성분	명칭	용도
단련 황동	톰백 (tombac) & 황동	95Cu−Zn	길딩 메탈 (gilding metal)	동전(화폐), 메달용 등에 사용된다.
		90Cu−10Zn	실용 황동 (commercial brass)	대표적인 톰백으로, 디프 드로잉(deep drawing), 메달, 배지용으로 쓰이고 색이 청동과 비슷하여 청동대용품 등으로 사용된다.
		85Cu−Zn	적색 황동 (rich low or red brass)	연하고 내식성이 좋아 건축 소켓 체결용 등에 사용된다.
		80Cu−20Zn	저황동 (low brass)	전연성이 좋고 색도 아름다워 장식용, 악기용, 불상용 등에 사용된다.
	7 : 3황동	70Cu−30Zn	탄피황동 (cartridge brass)	대표적인 가공용 황동이며, 탄피, 봉, 판용 등에 사용된다.
		65Cu−35Zn	황삭 황동 (high or yellow bress)	7 : 3 황동보다 값이 싸다.
	6 : 4황동	60Cu−40Zn	문츠 메탈(Muntz metal)	인장강도가 크고 값이 가장 싸다.
주물 황동	적색 주물황동	80Cu>20Zn	red casting brass	납땜황동이다.
	황색 주물황동	70Cu<30Zn	yellow casting brass	강도가 커서 일반 황동 주물에 사용된다.
특수 황동	연황동 (lead brass)	6 : 6황동− 1.5~3.0% Pb	쾌삭 황동(free cutting brass), 반가공 강화황동 (hard brass)	절삭성이 좋으며(강도 및 연신율 감소) 나사, 시계용, 기어, 정밀가공용 등에 사용된다.
	주석황동	7 : 3황동−1% Zn	애드미럴티 황동 (admiralty brass)	내식성을 증가시켜 탈아연을 방지하고, 스프링용, 선박기계용 등에 사용된다.
		6 : 4황동−1% Sn	네이벌 황동 (naval brass)	
	철황동	6 : 4황동− 1~2% Fe	델타 메탈 (delta metal)	강도가 크고 내식성이 좋아 광산기계, 선박기계, 화학기계용 등에 사용된다.
	강력 황동	6 : 4황동−Mn, Al, Fe, Ni, Sn		강도와 내식성을 개선하고 주조성과 가공성을 향상시킨다. 열간 단련성이 좋다.
	양은(양백)	7 : 3황동− 7~30% Ni	양은(german silver)	주단조(鑄鍛造)가 가능하여 식기, 전기재료, 스프링 등에 사용된다.
	Al 황동	76~80% Cu− 1.6~3.0% Al−Zn	알브랙(albrac)	내식성을 향상시켜 콘덴서, 튜브 재료 등에 사용된다.
	Si 황동	Cu−Zn10~16%− Si4~5%	실진 청동 (silzin bronze)	주조성이 좋고, 내해수성 및 강도가 포금보다 우수하다.

단원 예상문제

1. 황동의 종류에서 문츠 메탈(Muntz metal)이라고 하며 복수기용 판, 열간 단조품, 볼트, 너트 등의 제조에 쓰이는 것은?

① 60Cu-40Zn ② 65Cu-35Zn
③ 70Cu-30Zn ④ 90Cu-10Zn

해설 6:4 황동은 문츠 메탈이라고 하며 인장강도가 크고 값이 가장 싸다.

2. 특수 황동의 종류에 속하지 않는 것은?

① 애드미럴티 황동 ② 네이벌 황동
③ 쾌삭 황동 ④ 코어손 황동

해설 특수 황동의 종류로는 연황동, 주석황동, 철황동, 강력황동, 양은(양백), Al 황동, Si 황동 등이 있다.

정답 1. ① 2. ④

5-3 알루미늄(Al)과 그 합금

1 알루미늄의 성질

① **물리적 성질**
비중은 2.7이고 용융점은 666℃이다. 전기 및 열의 양도체이며 면심입방격자이다.

② **기계적 성질**
전연성이 좋다. 순수 Al은 주조가 어렵고 유동성이 작으며 수축률이 크다. 냉간가공에 의해 경화된 것을 가열할 때는 150℃에서 연화, 300~350℃에서 완전 연화한다.

③ **화학적 성질**
공기나 물에 내부식성이지만 염산, 황산 등의 무기산이나 바닷물에 침식하고, 대기 중에서 안정된 표면 산화막을 형성한다(제거제는 LiCl 혼합물이다).
※인공내식 처리법: 황산법, 크로뮴산법, 알루마이트법 등의 양극산화 피막법이 있다.

2 알루미늄 합금

Al에 Cu, Si, Mg 등을 첨가한 고용체(α고용체)를 열처리에 의하여 석출경화나 시효경화시켜 성질을 개선한 합금이다.

(1) 석출경화(precipitation hardening)

α고용체의 성분 합금을 담금질에 의한 급랭으로 얻은 과포화 고용체에서 과포화된 용해물을 조금씩 석출하여 안정상태로 복귀하려 할 때(안정화 처리) 시간 경과와 더불어 경화되는 현상이다.

(2) 시효경화(age hardening)

석출경화 현상이 상온 상태에서 일어나는 것을 시효경화라 하고, 대기 중에서 진행하는 시효를 자연시효라 한다. 또 담금질된(용체화 처리) 재료를 약 160℃ 온도로 가열하여 시효하는 것을 인공시효라고 한다.

단원 예상문제

1. 알루미늄의 특성이 아닌 것은?

① 전기전도도는 구리의 60% 이상이다.
② 직사광의 90% 이상을 반사할 수 있다.
③ 비자성체이며 내열성이 매우 우수하다.
④ 저온에서 우수한 특성을 갖고 있다.

해설 알루미늄(Al)의 특징
① 합금 재질이 많고 기계적 특성이 양호하다. ② 내식성이 양호하다. ③ 열과 전기의 전도성이 양호하다. ④ 가공성, 접합성, 성형성이 양호하다. ⑤ 빛이나 열의 반사율이 높다.

정답 1. ③

5-4 니켈(Ni)과 그 합금 및 타이타늄(Ti)

1 니켈의 성질

(1) 인성이 풍부한 백색 금속으로 면심입방격자이다.
(2) 상온에서 강자성체이지만 360℃에서 자기변태로 자성을 잃는다.
(3) 용융점은 1455℃이고 비중은 8.9이며 재결정 온도는 530~660℃이고 열간가공은 1000~1200℃이다.
(4) 냉간 및 열간가공이 잘 되고 내식성 및 내열성이 크다.

2 니켈의 용도

화학 및 식품 공업용, 진공관, 화폐, 도금 등에 사용된다.

3 니켈 합금

주물용과 단련용 합금으로 분류된다.

(1) Ni-Cu계 합금

① **콘스탄탄(constantan)**

Ni 40~45%가 주성분이며 온도 측정용 열전기쌍, 전기저항선 등으로 사용된다.

② **어드밴스(advance)**

Ni 44%, Mn 1%로 조성된 합급이며 전기저항선으로 사용된다.

③ **모넬메탈(Monel metal)**

Ni 65~70%와 Fe 1.0~3.0%로 조성된 합금이며 강도와 내식성이 우수하여 화학공업용으로 사용된다. 개량형으로는 유황(S)을 첨가한 R모넬, K모넬(Al) 및 K모넬에 탄소(C)를 첨가한 KR모넬, H모넬(Si), S모넬(Si 4% 첨가) 등의 합금이 있다.

(2) Ni-Fe계 합금

① **인바(invar)**

Ni 36%, C 0.2%, Mn 0.4%로 조성되어 있으며, 길이가 불변하여 표준자나 바이메탈용 등에 사용된다.

② **초인바(super invar)**

Vi 30~32%, CO 4~6%로 조성되어 팽창계수가 20℃에서 제로에 가깝기 때문에 표준척도, 측거의(測距儀) 등에 사용된다.

③ **엘린바(elinvar)**

Ni 36%, Cr 12%로 조성되며 탄성계수가 불변하여 시계부품 등에 사용된다.

④ **플라티나이트(platinite)**

Ni 42~48%에 나머지 철로 조성되어 있으며, 열팽창계수가 작아 전구, 진공관 도선용 등에 사용된다.

⑤ **니칼로이(nickalloy)**

Ni이 50%, Fe 50%로 조성된 합금이며, 초투자율, 포화자기, 비저항이 크기 때문에 증폭기, 계전기 등의 철심, 해저전화 전신 장하(裝荷)용으로 쓰인다.

⑥ **퍼멀로이(permalloy)**

Ni 70~90%가 함유되어 있으며 투자율이 높아 자심 재료, 장하코일용 등에 사용된다.

⑦ **초퍼멀로이(super permalloy)**

No 1%, Ni 70~85%, Fe 15~30%, Co<4%로 조성되어 있다.

⑧ **펌인바(perminvar)**

Ni 20~75%, Co 5~40%에 나머지 Fe로 조성되어 있으며, 고주파용 철심 등에 사용된다.

(3) 내식, 내열합금

① **니크롬(nichrome)**

Ni 50~90%, Cr 15~20%, Fe 0~25%로 조성된 합금이며 내열성이 우수하여 전열 저항선 등에 사용된다(Fe를 첨가한 전열선은 내열성이 저하되고 고온에서 내산성이 저하된다).

② **인코넬(inconel)**

Ni에 Cr 13~21%, Fe 6.5%를 첨가한 합금이며 내식성 및 내열성이 우수하다. 전열기의 부품, 고온계의 보호관, 항공기의 배기밸브 등에 사용된다.

③ **하스텔로이(hastelloy)**

Ni에 Fe 22%, Mo 22% 정도를 첨가하여 내식성과 내열성을 향상시킨 합금이다.

④ **알루멜(alumel)**

Ni에 Al 3%를 첨가한 합금으로 열전대에 사용되며 1200℃ 이하의 측정온도에 적용이 가능하다.

⑤ **크로멜(chromel)**

Ni에 Cr 10%를 첨가한 합금으로 열전대에 사용되며 1200℃ 이하의 측정온도에 적용이 가능하다.

단원 예상문제

1. 구리에 40~50% 니켈이 첨가된 합금으로 전기저항 특성이 있어 전기저항 재료나 저온용 열전대로 사용되는 것은?

① 모넬 메탈 ② 인코넬 ③ 큐프로 니켈 ④ 콘스탄탄

해설 Ni-Cu계 합금으로 Ni 40~45%가 주성분인 콘스탄탄, 어드밴스는 Ni 44% Mn 1%, 모넬메탈 Ni 65~70% Fe 1~3%(개량형-K모넬, H모넬, S모넬, R모넬 등), 큐프로니켈은 Cu 70% Ni 30%가 주성분이다.

정답 1. ④

● 참고 **열처리 종류**

1. 일반 열처리

① 어닐링(annealing): 부품의 연화, 가공성 향상 및 잔류응력 제거

② 노멀라이징(normalizing): 가공 시 발생한 이상조직의 균질화 및 가공성 향상

③ 퀜칭(quenching): 부품의 경화(퀜칭처리 시 경도가 3배 정도 증가)

④ 마템퍼링(martempering): 부품의 경화 및 인성 향상

⑤ 오스템퍼링(austempering): 부품의 경화 및 인성 향상

⑥ 시효(aging): 저온처리에 의한 안정화된 조직의 석출 및 가공에 의한 경도 향상

2. 특수 열처리

① 부분가열 표면경화

㈎ 고주파 표면경화(induction surface hardening): 고주파 유도장치를 사용한 부품

㈏ 화염 표면경화(flame surface hardening): 대형구조물의 용접부분 표면경화를 위한 간이 열처리

㈐ 레이저 표면경화(laser surface hardening): 부품 중 마모가 심한 부위 등 특정 부분을 표면경화

㈑ 전자빔 표면경화(laser surface hardening): 부품 중 마모가 심한 부위 등 특정 부분을 표면경화

② 전체가열 표면경화

㈎ 침탄(carburizing): 부품 표면에 탄소의 확산침투에 의한 표면경화【고체침탄(solid carburizing), 염욕침탄(salt bath carburizing), 가스침탄(gas carburizing), 플라스마침탄(plasma carburizing), 진공침탄(vaccum carburizing)】

㈏ 침탄질화(carbonitriding): 표면에 탄소와 소량의 질소를 동시에 침투시켜 표면경화

㈐ 질화(nitriding): 표면에 질소의 침투에 의한 표면경화

㈑ 침질탄화(nitrocarburizing): 표면에 질소와 소량의 탄소를 동시에 침투시켜 표면경화

㈒ 침붕(boriding): 붕소의 확산침투에 의한 표면경화

㈓ 탄질화물 침투법: 표면에 금속원소와 탄소에 의한 탄화물층을 형성하는 표면경화로 나누어진다.

제 6 장 용접부의 야금학적 특징

6-1 용접야금

1 가스 용해

용접금속(weld metal)은 용접의 용가재(피복금속 아크용접봉 포함)와 모재 성분인 탄소, 산소, 질소, 수소가 보통의 강재에 비해 높으므로, 이러한 가스 성분이 어떻게 작용하는가에 따라 용접금속의 성질, 특히 결함에 미치는 영향을 아는 것이 중요하다.

(1) 용접금속의 가스 용해

① 일반적으로 수소, 산소, 질소 등의 2원자 분자의 용융금속에 대한 용해에서는 평형 상태에 있어서 그 분자의 분압에 비례하여 시버트 법칙(Sievert's Law)이 성립한다.

② 용융된 강중에 O_2 흡수의 공식

$$K=\frac{P_{CO}}{[C][O]} \text{ 또는 } \frac{[O]}{[FeO]}$$

㈎ 피복아크 용접시에 산소의 근원은 대기 중에 산소, 피복제 중의 산화물 및 용접봉이나 모재에 부착되어 있는 습기 및 수분이고 그것들이 해리하여 용해한다(실온에서는 대부분 고용하지 않는다).

㈏ 용융 풀(molten pool, 용융지)에서는 탄소와 결합한 산소가 CO 또는 CO_2 가스로 변환되어 방출되는 탈산이 일어난다. 또 산소는 산화철(FeO), 규산염, 알루미나 등의 다른 원소와 결합하여 산화물로서 부상하고 응고시에 갇혀 기공(blow hole) 또는 비금속개재물(nonmetallic inclusion)을 형성한다.

㈐ 비금속개재물은 용융금속 중에서 슬래그(slag)와 메탈 사이의 반응에 의해 생성되는데 적정 크기의 미세한 비금속개재물이 응고되어 아시큘러 페라이트(acicular ferrite)의 핵을 형성해 고인성을 얻기 때문에 유용하다.

③ 용융된 금속에서의 질소

㈎ 질소는 실온에서 불활성이고, 순철 중에서는 용해도가 작다. 1873K(1600℃)에서

$[N\%]=0.0400\times\sqrt{P_{N_2}}$ (P_{N_2}는 질소의 분압)

(나) 용융금속 중의 질소 용해량은 아크용접 시가 제강 시보다 훨씬 많고 대기 중의 다른 가스 성분의 영향을 받아 산화성 분위기에서는 흡수되는 질소량이 증가하는데 이러한 경향은 용강에 산소 및 유황이 함유되어 있을 때도 나타난다.

(다) 1기압의 질소 분위기에서 용융 용접금속의 질소 용해도는 Ti, Zr, Nb, Cr, Mn이 증가하면 높아지고 C, Si가 증가하면 반대로 낮아진다.

④ 용융된 금속에서의 수소

(가) 용융금속 중에 수소가 용해되는 과정에서 이온 결합, 또는 금속 중에 용해도를 가지는 상태 및 전자대를 공유하는 상태 등을 보이며 수소 화합물 및 수소 고용체를 형성하는 경우가 있다. Ti, Zr, V, Th 등의 금속으로 온도가 상승하면 수소의 상태는 불안정해지고 용해도가 낮아지는 발열적(exothemic) 고용이 일어나며, 반대로 Fe, Co, Ni 등의 금속으로는 온도 상승과 함께 용해도가 높아지고 흡열적(endothermic) 고용이 일어나서 수소 화합물이 형성되는 경우가 있다.

(나) 탄소강의 아크용접에서는 용융 용접금속 중에 수소가 흡수되고 수소원으로서는 피복제 중의 수분, 결정수, 용접 분위기의 습기, 개선면의 유지 등이 있고 용융 용접금속에 접하는 아크분위기(arc atmosphere)에서는 다음 식의 반응이 생긴다.

$$CO+H_2O=CO_2+H_2$$

$$K=\frac{P_{CO_2}\cdot P_{H_2}}{P_{CO}\cdot P_{H_2O}}$$

(다) 용해도 이상으로 수소가 존재하는 예

- 분자상으로 입계(粒界) 등에 존재한다.
- 모자이크 구조 내에 분자 또는 원자상으로 존재한다.
- 철(Fe) 격자 내에 원자 또는 이온으로 존재한다.

(라) 과포화된 수소가 많으면 용접 후 시간이 경과함에 따라 외부로 빠져나가게 된다. 이때 가열하여 온도를 올리면 확산이 점차 촉진되며, 상온에서 쉽게 이동하는 수소를 확산성 수소(diffusible hydrogen)라 하고 온도를 올리지 않으면 이동하지 않는 것을 비확산성 수소(non-diffusible hydrogen)라 한다.

(마) 용접금속에 함유된 수소는 기공, 이상조직, 균열의 원인이 되므로 최소화해야 한다. 수소의 결함으로는 비드밑 균열(underbead crack), 은점(fish eye), 수소취성, 미세(헤어) 균열, 선상조직 등이 있다.

(바) 산소 및 질소가 용접금속의 성질에 미치는 영향

산소 및 질소가 용접금속에 영향을 주게 되면 석출경화(담금질 시효), 변형시효,

청열 취성, 저온취성, 풀림 취성, 적열취성 등이 발생할 수 있다.

※ 석출경화: 강을 저온에서 템퍼링(tempering, 뜨임) 처리한 경우 시간이 경과함에 따라 경도가 증가하여 담금질 시에 과포화로 고용한 질소와 탄소가 각각 질화물과 탄화물로 석출경화되어 발생한다. 이때 산소는 고체인 철에 고용되지는 않으나 질소의 확산을 도와 석출경화를 촉진하기도 한다.

참고 **선상조직(ice flower structure)**

용접금속의 파단면에 매우 미세한 주상정이 서릿발 모양으로 병립하고, 그 사이에는 광학 현미경으로 관찰해야 보일 정도로 미세한 비금속개재물이나 기공이 포함된 조직이 나타나는 경우가 있는데 이를 선상조직이라 한다. 수소의 존재가 원인으로, 용융금속의 냉각 과정에서 일어나는 수소 용해도의 변화로 확산되어 개재물 주위로 모여 미세한 기공을 형성해 주상정 사이에 박힌 것이다.

※ 청열취성: 저탄소강이 200~300℃의 저온에서 인(P)이 원인으로 인장강도가 증가하고 연성이 저하되는 경우가 있는데 이것을 청열취성(blue shortness)이라 한다. 산소는 취성을 촉진하는 작용이 있으며 변형시효와 마찬가지 이유에서 발생한다.

※ 석출경화와 마찬가지로 냉간가공한 강을 저온으로 뜨임하면 변형시효, 즉 경화가 일어나는데 질소의 영향이 크다. 질소가 증가하면 충격치의 같은 질소량에도 탄소량 증가에 따라 저하율이 감소되어 용접한 모재는 급랭으로 응고 금속의 수축 때문에 상당한 내부응력이 남아 있으므로 질소, 산소량이 많은 것과 상응하여 용접한 모재는 변형시효를 일으키는 경우가 많다.

단원 예상문제

1. 용접부에 수소가 미치는 영향에 대하여 설명한 것 중 틀린 것은?

① 저온균열 원인
② 언더 비드 크랙(under-bead crack) 발생
③ 은점 발생
④ 슬래그 발생

해설 수소가 용접부의 성질에 미치는 영향은 ① 비드밑 균열, ② 은점, ③ 수소취성, ④ 미세 균열, ⑤ 선상조직 등이며, 슬래그는 용접부를 보호하기 위해 피복아크 용접봉의 피복제에 여러 가지 성분으로 혼합되어 있고 급랭을 방지하기 위해서 비드 표면에 덮여 있다.

2. 용접부의 내부결함 중 용착금속의 파단면에 물고기 눈 모양의 은백색을 나타내는 것은?

① 피트(pit) ② 은점(fish eye)
③ 슬래그 섞임(slag inclusion) ④ 선상조직(ice flower structure)

해설 용착금속의 파단면에 나타나는 물고기 눈 모양은 수소에 의한 결함이며 은점과 헤어 크랙, 기공 등의 종류가 있다.

3. 다음 중 용강 중의 질소 함유량을 나타내는 시버트의 법칙으로 맞는 것은?(단, [N]: 용강 중의 질소 함량, K_N: 평형정수, P_{N2}: 기상 중의 질소의 분압이다.)

① $[N]=K_N\sqrt{P_{N2}}$ ② $[N]=\frac{1}{K_N}\sqrt{P_{N2}}$ ③ $[N]=K^3{}_N\sqrt{P_{N2}}$ ④ $[N]=\frac{1}{K^3{}_N}\sqrt{P_{N2}}$

해설 질소 용해량은 ① 공식으로, 용융금속 중의 N_2 용해량은 아크용접 시가 제강 시보다 훨씬 많고 과잉 질소는 침상의 질화물로 석출되지만 급랭하면 마텐자이트 조직을 형성하여 용접금속의 성질에 여러 영향을 미친다.

4. 용접분위기 중에서 발생하는 수소의 원(源)이 아닌 것은?

① 플럭스(flux) 중의 유기물 ② 결정수를 포함한 광물
③ 플럭스에 흡수된 수분 ④ 모재의 성분

해설 모재의 성분은 수소 결합의 원인이 아니다.

5. 용접분위기 중에서 발생하는 수소의 원(源)이 될 수 없는 것은?

① 플럭스 중의 무기물② 고착제(물유리 등)가 포함한 수분
③ 플럭스에 흡수된 수분 ④ 대기 중의 수분

해설 용접봉의 피복제 중에 가스의 근원은 유기물, 탄산염, 습기 등이고 무기물은 주로 슬래그화된다.

6. 용접금속에 수소와 침입하여 발생하는 결함이 아닌 것은?

① 언더비드 크랙 ② 은점 ③ 미세균열 ④ 언더필

해설 수소에 의한 결함으로는 ①, ②, ③ 외에 기공, 다공성 등이 있다.

7. 냉간가공한 강을 저온으로 뜨임하면 질소의 영향으로 경화가 되는 경우를 무엇이라 하는가?

① 질량효과 ② 저온경화 ③ 자기확산 ④ 변형시효

해설 냉간가공한 강의 슬립으로 전위가 증가한 곳에 산소나 질소가 집적되어 전위이동을 방해하며 시효현상이 일어나는 것을 변형시효(strain aging)라 한다.

8. 아크분위기는 대부분이 플럭스를 구성하고 있는 유기물 탄산염 등에서 발생한 가스로 이루어져 있다. 아크분위기의 가스성분에 해당되지 않는 것은?

① He ② CO ③ H_2 ④ CO_2

해설 아크분위기는 CO, CO_2, H_2, H_2O 등으로 생성되며 헬륨은 대기 중에 불활성 가스로 존재한다.

9. 다음 중 산소에 의해 발생할 수 있는 가장 큰 용접결함은?

① 은점 ② 헤어 크랙 ③ 기공 ④ 슬래그

해설 탄소강에 함유된 산소는 페라이트 중에 고용되고 일부는 FeO, MnO, SiO_2 등과 결합해 산화물로 존재하게 되는데 이것은 기계적 성질 저하 및 적열취성을 일으키고, 수소와 함께 기공을 발생시키는 용접결함의 원인이 된다.

10. 용접금속의 가스 흡수에 대한 설명 중 틀린 것은?

① 용융금속 중의 가스 용해량은 가스압력의 제급근에 반비례한다.
② 용접금속은 고온이므로 극히 단시간 내에 다량의 가스를 흡수한다.
③ 흡수된 가스는 온도 강하에 수반하여 용해도가 감소한다.
④ 과포화된 가스는 기공, 균열, 취화의 원인이 된다.

해설 용융금속 중의 가스 용해량은 가스압력의 제곱근에 정비례하여 증가하며, 또 1기압의 가스 압력하에서는 온도 증가에 정비례하여 용해도가 증가한다.

11. 루트(root) 균열의 직접적인 원인이 되는 원소는?

① 황 ② 인 ③ 망가니즈 ④ 수소

해설 루트 균열은 열영향부의 경화성, 용접부에 함유된 수소량, 작용하는 응력 등이 직접적인 원인이다.

12. 용접성을 저하시키며 적열취성을 일으키는 원소는?

① 황 ② 규소 ③ 구리 ④ 망가니즈

해설 적열취성(고온취성)의 원인은 황(S)으로, 망가니즈를 첨가하여 이를 방지할 수 있다.

13. 수소취성도를 나타내는 식으로 옳은 것은? (단, δ_H: 수소에 영향을 받은 시험편의 면적, δ_0: 수소에 영향을 받지 않은 시험편의 면적이다.)

① $\frac{\delta_H-\delta_0}{\delta_H}$ ② $\frac{\delta_0-\delta_H}{\delta_0}$ ③ $\frac{\delta_0\times\delta_H}{\delta_0}$ ④ $\frac{\delta_0\times\delta_H}{\delta_H}$

해설 수소가 강에 포함되면 취성화하며 취성화의 정도는 수소량과 함께 증가한다. 공식은 ②와 같다.

14. 용접시 발생하는 결함 중 선상조직(ice flower structure)이란?

① 용접비드의 표면에 발생하는 은점(fish sye)의 일종이다.

② 용접비드 토(toe)부에 발생하는 균열(crack)의 일종이다.

③ 용접금속의 파면에 극히 미세한 주상정이 서리 모양으로 나타난 것으로 수소가 원인이다.

④ 용접금속부의 파단 시 파단면에 물고기의 눈 모양으로 나타난 것으로 수소가 원인이다.

해설 용접금속의 파단면에 매우 미세한 주상정이 서릿발 모양으로 병립하고, 그 사이에는 광학현미경으로 관찰해야 보일 정도로 미세한 비금속개재물이나 기공이 포함된 조직이 나타나는 경우가 있는데 이것을 선상조직이라고 한다. 수소의 존재가 원인으로, 용융금속의 냉각 과정에서 수소 용해도의 변화로 확산되어 개재물 주위로 모여 미세한 기공을 형성해 주상정 사이에 박힌 것이다.

정답 1. ④ 2. ② 3. ① 4. ④ 5. ① 6. ④ 7. ④ 8. ① 9. ③ 10. ① 11. ④ 12. ① 13. ② 14. ③

2 탈산, 탈황, 탈인반응

아크용접시 대기로부터 침입하는 가스(특히 산소, 질소 등)를 막기 위하여 플럭스(flux, 용제, 융제)가 사용된다. 플럭스는 용융 용접금속과 반응해 슬래그를 형성하고 비드 표면을 덮어 대기를 차단하는 동시에 용융된 금속을 정련하고 급랭을 방지하며 또 불순물을 부상시켜 제거한다.

(1) 용접 슬래그의 염기도

① 용접 슬래그에는 여러 가지의 산성 산화물, 염기성 산화물 및 불화물이 배합되어 있고 염기도는 다음 식과 같다.

$$\text{염기도} = \left[\frac{\text{염기성 성분}(CaO,\ MgO,\ MnO,\ FeO,\ Na_2O)\text{의 wt\% 총화}}{\text{산성 성분}(SiO_2,\ TiO_2,\ P_2O_5)\text{의 wt\% 총화}}\right]$$

$$= \left[\frac{\text{염기성 성분의 몰분율 총화}}{\text{산성 성분의 몰분율 총화}}\right]$$

$$= [\text{각 성분의 몰분율} \times \text{염기도의 강도를 나타내는 계수(과잉 염기)의 총화}]$$

염기도는 용접시의 여러 가지 반응을 지배하여 용융 용접금속의 제성질에 영향을 줌으로써 용융슬래그 중의 산소 이온의 집중도를 나타내며, 슬래그의 산화력과는 완전히 다르다고 생각할 수도 있다.

과잉 염기에 의한 염기도 표식의 예

$$B_L = 6.05N\ CaO + 4.8\ N\ MnO + 4.0\ N\ MgO + 3.4\ N\ FeO - 6.31\ N\ SiO_2 - 4.79\ N\ TiO_2 - 0.2\ N\ Al_2O_3$$

② **Si의 산화환원반응**

피복아크용접(SMAW)에서는 염기도가 염기성일수록 $SiO_2 = Si + 2O$보다 $FeO = Fe + O$의 반응이 크게 작용하여 Si 탈산 혹은 Si–Mn 탈산에서 탈산생성물이 항상 SiO_2라 한정할 수 없고, SiO_2가 Si를 생성하는 것으로 알려져 있다.

③ **Mn에 의한 환원반응**

용융된 강과 슬래그의 Mn의 산화유원에 의한 평형은

$$FeO + Mn \Leftrightarrow MnO + Fe$$

$$K_{Mn} = \frac{MnO}{FeO \cdot Mn}$$

산성 슬래그에서는 $\log K_{Mn} = \frac{6234}{T - 1172}$이다.

염기성 슬레그에서는 $\log K_{Mn} = \frac{7940}{T - 1172}$이다.

피복아크용접에서는 염기도(B_L) –4부터 1의 범위에서 K_{Mn}이 탈산 방식에 의해 다음과 같이 변화한다.

K_{Mn}(Mn과 Si의 공동탈산) = 2.68

K_{Mn}(Si 탈산만) = 1.37

④ **Mn과 Si에 의한 탈산**

Mn과 Si의 공동탈산은 각각 단독으로 작용하는 것보다 유효하여 제강에서는 Si–Mn–O계 탈산생성물에 관한 연구 결과에 기초를 두고 용접에서도 탈산생성물은 액체불포화 실리케이트(silicate, 규산염)가 되도록 해야 한다는 것이 많은 용접법 및 TIG 용융 등을 통해 실험적으로 밝혀지고 있다.

단원 예상문제

1. 다음 중 슬래그 생성 배합제로 사용되는 것은?

① $CaCO_3$ ② Ni

③ Al ④ Mn

해설 슬래그 생성제로는 산화철, 이산화타이타늄, 일미나이트, 규사, 이산화망가니즈, 석회석, 규사, 장석, 형석 등이 있다.

2. 용융 슬래그 중에 FeO와 CaO이 존재하는 경우에 용융강의 반응이 일어난다. 어떤 반응이 일어나는가?

① 탈인 반응
② 탄산 반응
③ 탈황 반응
④ 단정 반응

해설 용융 슬래그 중에 FeO 및 CaO이 존재하는 경우 탈인(P) 반응이 일어난다.

3. 용접부의 내부결함 중 용착금속의 파단면에 물고기 눈 모양의 은백색을 나타내는 것은?

① 피트(pit)
② 은점(fish eye)
③ 슬래그 섞임(slag inclusion)
④ 선상조직(ice flower structure)

해설 용착금속의 파단면에 생긴 물고기 눈 모양은 수소에 의한 결함이며 은점과 헤어 크랙, 기공 등의 종류가 있다.

4. 용접 중 용융된 강의 탄산, 탈황, 탈인에 관한 설명으로 적합한 것은?

① 용융 슬래그(slag)는 염기도가 높을수록 탈인율이 크다.
② 탈황 반응 시 용융 슬래그는 환원성, 산성과 관계없다.
③ Si, Mn 함유량이 같을 경우 저수소계 용접봉은 타이타늄계 용접봉보다 산소 함유량이 적어진다.
④ 관구 이론은 피폭아크 용접봉의 플럭스(flux)를 사용한 탈산에 관한 이론이다.

해설 용접 중에 용융 슬래그의 염기도가 높을수록 내균열성이 양호하며 저수소계 용접봉인 경우에는 다른 용접봉보다 수소 함유량이 적고 규소철, 망가니즈철 등에 의해 산소 함유량도 적어진다.

5. 용융 슬래그의 염기도를 나타내는 식은?

① $\text{염기도} = \dfrac{\Sigma \text{염기성 성분}}{\Sigma \text{산성 성분}}$
② $\text{염기도} = \dfrac{\Sigma \text{산성 성분}}{\Sigma \text{염기성 성분}}$
③ $\text{염기도} = \dfrac{\Sigma \text{용융 금속 성분}}{\Sigma \text{용융 슬래그 성분}}$
④ $\text{염기도} = \dfrac{\Sigma \text{용융 슬래그 성분}}{\Sigma \text{용융 금속 성분}}$

해설 $\text{염기도} = \dfrac{\Sigma \text{염기성 성분}}{\Sigma \text{산성 성분}}$이다.

정답 1. ① 2. ① 3. ② 4. ③ 5. ①

3 고온균열의 발생원인과 방지

(1) 균열

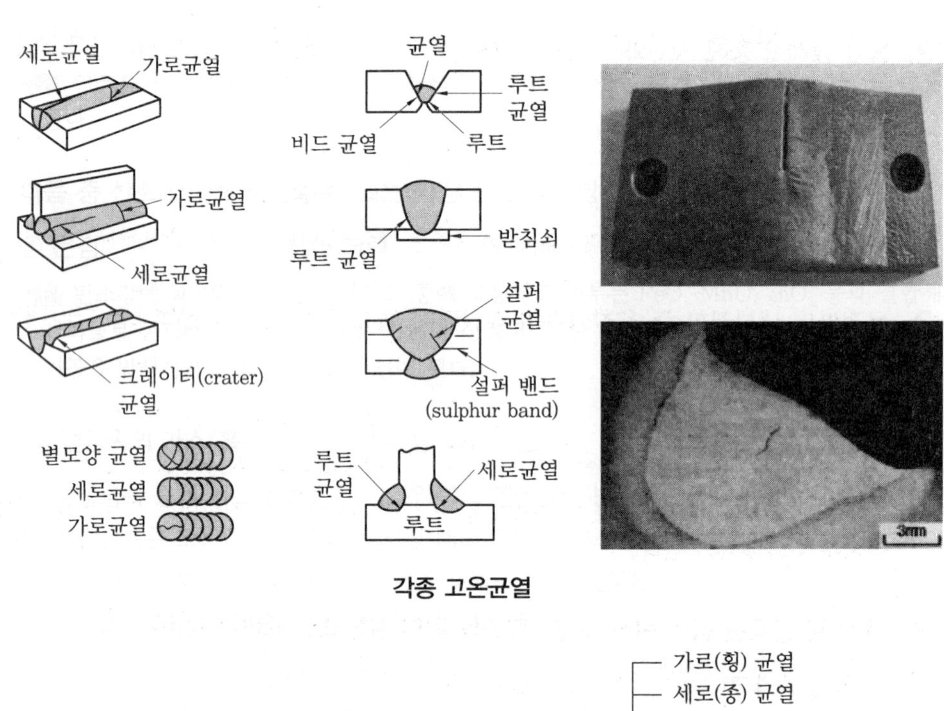

각종 고온균열

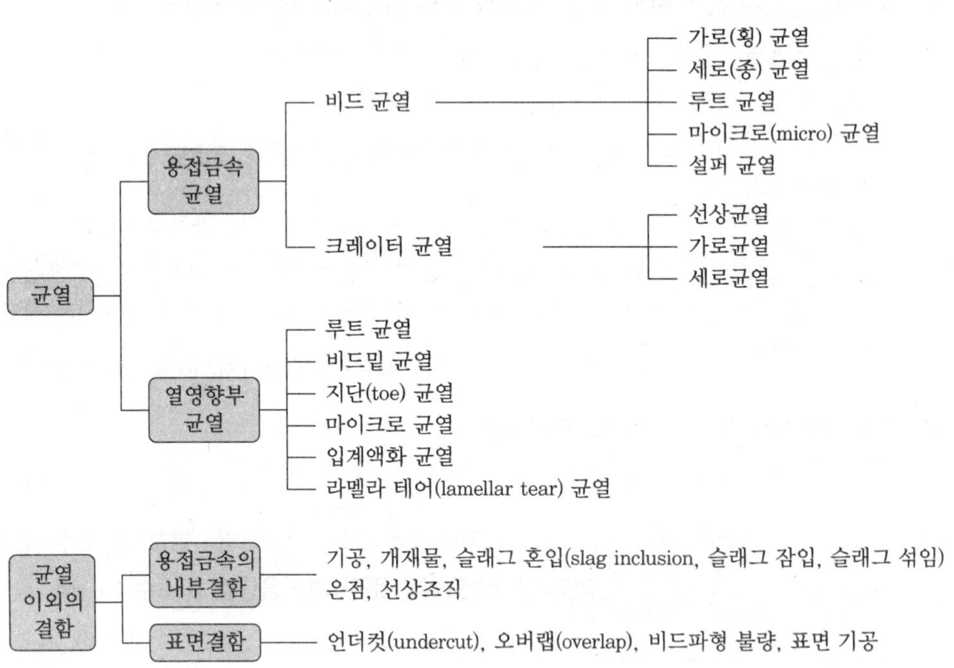

균열의 종류

용접시공 시의 균열은 고온균열, 저온균열 및 후열처리 균열로 대별할 수 있다. 그중 고온균열은 Hemswolrth 등의 논문에 따라서 분류하는데 보통 응고균열, 액화균열과 같이 액막에 의한 액막균열과 액막 이외의 원인에 의한 고상 취화균열(연성 저하균열)로 구분한다.

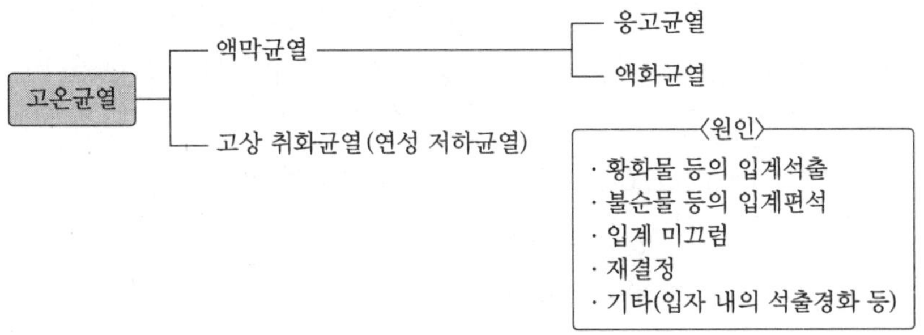

고온균열의 분류 및 원인

① **고온균열(적열취성, hot cracking)**

㉠ 철강의 고온균열은 온도 550℃ 이상에서 발생하는 균열을 말하며 황(S), 산소(O), 구리(Cu) 등이 원인으로 FeS은 융점(1193℃)이 낮고 고온에 약해 900~950℃에서 파괴되어 균열을 일으킨다.

㉡ 용착금속의 응고과정에서 일어나는 응고균열(solidification cracking) 현상을 고온균열이라 한다. 용접부의 응고온도 범위 또는 그 바로 아래와 같이 비교적 고온에서 발생하는 균열이다. 주물의 고온파열 등이 원인으로 고온에서 연성이 부족한 저융점 불순물이 생긴 결정립계가 수축응력에 의해 당겨져 ㉠의 원소들에 의해 쉽게 발생한다.

㉢ 고온균열은 후판 맞대기용접에서 비드 끝에 발생하는 경우가 있으며 전형적인 균열발생 온도는 용융온도 아래인 청열취성 온도 부근이다. 또 용접금속의 고온균열 감수성은 ⓐ 응고 미세조직의 조대화, ⓑ 편석의 종류와 양, ⓒ 용접이음부의 형상에 의해 나타난다.

㉣ 고온균열의 특징

ⓐ 응고된 직후 연성 저하로 수축응력이 생겨 용접금속 내의 결정립계에서 균열이 생기는 것으로 필릿용접이나 크레이터에서 많이 볼 수 있다. ⓑ 상태도에서는 용접금속이 응고할 때 응고온도 범위의 저온 측의 수축력, 또는 외력이 작용할 때 발생한다. ⓒ 응고 직후 입계에 존재하는 FeS 등의 저융점 불순물이 원인이다. ⓓ 림드 강판의 유황편석이 층상으로 압연된 다수의 설퍼 밴드(sulphur band)의 영향을 받을 때 발생한다.

㉤ 고온균열 방지(저감)법

ⓐ 아크길이는 가능한 짧게 유지하고 모재의 두께는 박판일수록 좋다.

ⓑ 입열량이 작은 용접법일수록 고온균열 감수성이 낮으며, 후판 모재를 사용할 때에는 적당히 예열하는 것이 액화균열을 방지하는 데 효과적이다.

ⓒ 용접 후 발생하는 결함은 고온균열이 발생하는 시작점으로 작용할 수 있기 때문에 결함을 최소화하기 위해서는 용접 시작점과 끝점을 그라인더(grinder) 처리를 하여 준다.

ⓓ 형상계수(form factor)가 작을수록 고온균열에 민감하다.

$$\text{형상계수} = \frac{\text{용접부 폭(W)}}{\text{용접부 용입깊이(D)}}$$

ⓔ 용접 종료시에는 내식성을 향상시키기 위해 표면처리를 실시한다(물리적, 화학적 처리법).

단원 예상문제

1. 오스테나이트계 스테인리스강을 용접할 때 고온균열(hot crack)이 발생하기 쉬운 원인이 아닌 것은?

① 아크길이가 너무 길 때　② 크레이터 처리를 하지 않았을 때
③ 모재가 오염되어 있을 때　④ 자유로운 상태에서 용접할 때

해설 오스테나이트계 스테인리스강의 고온균열은 ①, ②, ③항 이외에 구속력이 가해진 상태에서 용접할 때 쉽게 발생한다.

2. 용접부 고온균열의 원인으로 가장 적합한 것은?

① 낮은 탄소 함유량　② 응고 조직의 미세화
③ 모재에 유황 성분이 과다 함유　④ 결정입자 내의 금속간화합물

해설 적열취성(고온취성, red shortness)
유황(S)이 원인으로 강 중에 0.02%만 함유되어도 인장강도, 연신율, 충격치 등이 감소한다. FeS은 융점(1193℃)이 낮고 고온에 약해 900~950℃에서 파괴되어 균열을 일으킨다.

3. 용접균열은 고온균열과 저온균열로 구분된다. 크레이터 균열과 비드밑 균열에 대하여 옳게 나타낸 것은?

① 크레이터 균열-고온균열, 비드밑 균열-고온균열
② 크레이터 균열-저온균열, 비드밑 균열-저온균열

③ 크레이터 균열－저온균열, 비드밑 균열－고온균열

④ 크레이터 균열－고온균열, 비드밑 균열－저온균열

해설 용접균열에는 용접을 끝낸 직후 크레이터 부분에 생기는 크레이터 균열, 외부에서는 볼 수 없는 비드밑 균열 등이 있으며 크레이터 균열은 고온균열이고, 비드밑 균열은 저온균열이다.

4. 용접부 고온균열의 직접적인 원인이 되는 것은?

① 전극의 피복제에 흡수된 수분
② 고온에서의 연성 향상
③ 응고시의 수축, 팽창
④ 후열처리

해설 고온균열(hot cracking, 적열취성)은 550℃ 이상에서 발생하는 균열이며 1000℃ 이상의 고온에서는 강의 결정립계에 존재하는 저융점 불순물(예 황, 인, 규소 등)이 녹아 입계의 결합력을 약화시켜 파단이 쉽게 일어나고, 응고시에는 수축, 팽창 등으로 균열이 쉽게 일어난다.

5. 용접 열영향부에서 생기는 균열에 해당되지 않는 것은?

① 비드밑 균열(under bead crack)
② 세로 균열(longitudinal crack)
③ 지단 균열(toe crack)
④ 라멜라 테어 균열(lamella tear crack)

해설 용접 열영향부에서 용접방향과 같거나 평행하게 발생하는 균열을 세로 균열이라 한다. 용접금속 내에서 가장 많이 발견되는데 보통 용접선의 중심에 나타나며 주로 크레이터 균열의 확장 때문에 발생하고 표면으로의 확장은 용접부가 냉각될 때 발생한다.

6. 용접금속의 응고 직후에 발생하는 균열로서 주로 결정립계에 생기며 300℃ 이상에서 발생하는 균열을 무슨 균열이라고 하는가?

① 저온균열 ② 고온균열 ③ 수소균열 ④ 비드밑 균열

해설 철강의 고온균열은 온도 550℃ 이상에서 발생하는 균열을 말하며 황(S)이 원인으로 작용한다. FeS은 융점(1193℃)이 낮고 고온에 약해 900~950℃에서 파괴되어 균열을 발생시키고, 용접금속이 응고된 직후에는 결정립계에서 발생하는데 300℃ 이상에서 발생하는 균열도 고온균열이라 한다.

7. 유황은 강철에 어떤 영향을 주는가?

① 저온인성 ② 적열취성 ③ 저온취성 ④ 적열인성

해설 유황은 강 중에 0.02% 정도가 함유되면 강도, 연신율, 충격치 등을 감소시키고, 고온가공성을 나쁘게 하여(망가니즈를 첨가하여 개선함) 고온취성(적열 또는 고온메짐)과 균열의 원인이 된다.

정답 1. ④ 2. ③ 3. ④ 4. ③ 5. ② 6. ② 7. ②

4 용접금속의 응고조직

(1) 금속의 응고

① 용접한 용융금속이 융점 이하로 냉각되면 핵을 형성해 성장하고, 성장된 결정립은 다른 결정립과 결합하여 결정립계를 이루면서 응고를 마친다.

② 과랭이란 평형응고 온도 이하에서는 액체 상태가 존재하는 것을 말한다.

③ 용접금속의 응고는 용융 경계부에서 아크열(arc heat) 등으로 인해 조대화한 모재의 결정립을 가지고 성장하는 것이 특징이며, 이를 에피택시얼 성장(epitaxial growth)이라 한다. 따라서 용융 경계에서는 새로운 핵이 발생할 수 없다.

④ 결정의 성장방향은 선택적이며 수지 상정(dendrite)으로 성장하여 과증가한다.

⑤ 핵의 생성속도는 N, 성장속도는 G라고 했을 때, 즉 N/G이 클수록 결정립은 적다.

⑥ 형성된 고상은 열원의 이동에 따라 비드 내부로 성장하는데, 특히 온도 변화가 큰 방향으로 잘 성장하기 때문에 대체로 어느 한 방향으로 신장한 형태로 성장하려 하며 이와 같은 결정을 주상정(柱狀晶)이라 한다.

⑦ 고순도의 금속재료에서는 용융지 후단의 형상과 거의 직교되게 주상정이 성장한다.

⑧ 주상조직(columnar structure)은 용접금속 조직의 특징이다.

⑨ 용접에 이용되는 많은 금속재료에는 여러 가지 불순물이나 합금원소가 함유되어 있기 때문에 주상정은 일반적으로 셀 혹은 셀상(cellbody) 수지성장이라고 하는 서브조직(sub structure)을 갖고 있다.

⑩ 주상정이 발달하는 과정에 처음으로 정출하는 것은 고융점, 고순도 조직이고 최후에 정출하는 주상정의 선단 또는 경계 사이에는 저융점의 불순물 조직이 모이는 것이 보통이다.

⑪ 용접금속부의 대표적인 응고조직으로는 주상정과 등축정(equiaxed grain, 等軸晶)이 있으며 이것은 일반적으로 크레이터부나 고속도 용접부의 비드 중앙 부근에 나타나고 주상정 영역에서 셀상 수지상정의 형성 조건 이상으로 조성적 과랭이 증대한 경우에 형성된다.

⑫ 용접시 등축정의 생성 조건

(가) 기계적인 진동으로 핵 발생의 범위가 넓어지고 결정립이 미세화하기 쉽다.

(나) 스테인리스강 등에는 가로 균열이 발생하기 쉽다.

(다) 저합금강 등에서는 등축정으로 인해 세로균열의 진전을 저지한다.

(라) 특정 합금원소의 첨가로 미세립이 되기 쉽다.

(마) 등축정 내에 미세 균열이 생기고, 용접비드는 방향성이 없기 때문에 균질한 기계적 성질을 나타내는 등의 현상을 볼 수 있다.

(2) 용접금속의 응고 편석

① 매크로 편석(macro segregation)

㈎ 매크로 편석이란 서브 조직의 순서로 발생하는 마이크로(micro) 편석보다도 훨씬 큰 영역에서 발생하는 것을 말하며, 일반적으로는 용융경계부터 비드 중앙에 걸친 농도 분포를 가리킨다.

㈏ 용접부에서는 용융경계부터 비드 중앙에 걸쳐 매크로 편석이 거의 존재하지 않고 용접으로 새로운 용융금속이 공급되어 주상정의 성장속도가 빠르기 때문에 응고 전면의 전방 용액에 대한 용접의 확산이 일어나기 어려우며, 셀상 수지상정의 선단은 어느 정도 날카롭기 때문에 배출되는 용상이 응고 전면의 전방보다는 경계에 쉽게 집적된다.

㈐ 다른 종류의 재료를 이용해 용접하는 경우 용융경계 부근에서 조성이 차례로 변하는 천이층이 나타나는 만큼 다른 매크로 편석이 거의 존재하지 않는다.

㈑ 크레이터부나 점용접부 등에서는 농도가 중심부 쪽으로 가며 높아지기도 하고 주상정이 성장함에 따라 응고 전면의 면적이 감소하기 때문에 전방으로 약간 배출된 용질로 인해서도 점차 진해지게 된다.

㈒ 용접에 동반된 여러 조건들이 변함으로써 주상정의 성장속도가 주기적으로 변동하여 파(ripple)선에 따른 파편석이 쉽게 발생하며, 이에 따라 비금속개재물이나 기공이 분포하는 경향이 있다.

② 마이크로 편석

㈎ 서브 조직의 순서로 발생하는 편석이며 셀 및 셀상 수지상정이 형성되면 분배계수(partition coefficient)에서 일정 나머지 용질은 그 돌기의 직각방향으로 배출된다. 특히 탄소강에서는 Mn, S, P 등이 편석하고, 오스테나이트계 스테인리스강에서는 Cr, Mn, Si, S, P 등이, 알루미늄 합금에서는 Fe, Cu, Mg 등이 편석하는 것으로 알려져 있다. 측정시 비금속개재물이나 공정생성물 등이 섞여 있을 수 있으므로 편석비 등을 정량적으로 평가할 경우 주의한다.

㈏ 마이크로 편석은 서브 경계뿐만 아니라 주상정의 입정계에서도 발생하며 입계를 사이에 둔 양측에 주상정의 셀상 수지상정의 성장방향이 서로 마주보고 있는 경우 편석이 약간 높다고 할 수 있다.

③ 용접금속의 결정 미세화

㈎ 응고 과정에서 용융금속에 진동을 주면 결정이 미세화하여 인장파괴, 고액 계면간의 슬립이 발생한다.

㈏ 결정을 미세화하는 방법으로는 초음파 진동, 합금원소 첨가, 자기 교반 등이 있다.

(다) 용융금속의 진동 작용에 의한 결과로는 결정의 미세화, 기공발생 방지, 잔류응력 발생 방지, 용접균열 방지 등이 있다.

(라) 합금원소는 탄화물 및 질화물 등이 고융점을 만들고 용액과의 접촉각이 작으며 용액 중에서 미세한 고상으로 석출되어야 한다. Al, Cr, Ti, V 등이 유용한 첨가 원소이다.

(마) 용접시공시 결정립을 미세화하기 위해서는 용접 중에 풍압을 가하거나 응고 직후에 가압해 용접부의 주조 조직을 파괴하는 방법, 실드 가스(shielding gas)에 질소를 혼입시키는 방법 등이 있다.

④ 용접부의 상 변태

(가) 용접부는 가열속도가 빠르고 가열 유지시간이 짧아 급랭으로 인한 일반 열처리와는 다른 조직을 이룬다.

(나) 강철을 용접할 때 A_3점 이상으로 가열된 부분은 어느 순간 오스테나이트 조직으로 변하고 결정립은 그 온도에 따라 성장 정도를 달리하여 온도가 높을수록 커진다.

(다) 용접 열영향부의 조직으로 변한다.

강의 용접 열영향부의 조직

구분	가열온도 범위(약)	특징
용착강	용융온도(1570 K) 이상	용융응고된 부분이다.
조립역	>1520 K	조대화한 부분이며 쉽게 경화되어 균열 등을 일으킨다.
혼립역 (중간립역)	1520~1370 K	조립과 세립의 중간 단계로 성질도 그 중간 정도이다.
세립역	1370~1170 K	재결정으로 미세화하여 인성 등의 기계적 성질이 양호하다.
구상 펄라이트역 (일부 변태역)	1170~1020 K	펄라이트만의 변태 또는 구상화, 서랭일 때는 인성이 양호하지만, 급랭일 때는 가끔 마텐자이트를 일으켜 인성 저하가 발생한다.
취화역	1020~570K	열응력 및 석출에 의해 취화를 나타낸다. 현미경으로는 변화가 관찰되지 않는다.
모재 원질역	570 K~실온	열영향을 받지 않는 모재 부분이다.

단원 예상문제

1. **강의 용접 열영향부 조직 중 가열온도 범위가 900~1100℃이고 재결정으로 미세화하여 인성 등 기계적 성질이 양호한 것은?**

① 조립역 ② 세립역 ③ 모재 원질역 ④ 취화역

해설 열영향부 조직에서 연강 용접부는 1500℃가 용접금속, 1500~1300℃는 본드(bond)부, 1250~1100℃는 혼립부, 1100~900℃는 미세부(세립역), 900~750℃는 입상펄라이트 등으로 구분된다.

정답 1. ②

5 저온균열의 발생원인과 방지

(1) 저온균열(cold cracking)

① 저온균열은 200℃ 이하에서 발생하며, 일반적으로 인화철(Fe_3P)과 인(P)이 강중에 용해하여 결정립의 성장을 도와 조직이 거칠어지고 경도와 강도가 다소 증가하며, 연신율 및 충격치를 감소시킨다. 균열이 발생한 표면은 공기와의 접촉으로 산화가 심해 변색된다.

② 강의 저온균열은 합금강의 예와 같이 용접끝 균열과 비드밑 균열이 많으며, 이외에 비드와 평행한 세로균열 및 가로균열이 모재부에 생기는 경우가 있다.

③ 저온균열은 응고된 금속조직 내에서 일어나는 균열로서 맞대기나 필릿용접의 제1층에 루트 균열로 흔히 발생한다. 루트 균열은 비드가 작을수록 잘 일어나고 루트의 노치(notch)부가 응력집중에 의해 국부적으로 소성변형이 진행되기 때문에 그 부분이 가공경화와 변형시효를 받아 취약해진다.

④ 열영향부를 고온으로 가열한 경우 입계가 국부적으로 용융 응고되는 수축력에 의해 발생한다. 알루미늄합금의 다층용접, 보수용접시 전층 용접금속 중에 보이는 마이크로 균열(micro fissure)에서 발생한다.

⑤ 저온균열의 발생위치는 앞에서 설명한 것 외에 고온경화 조직인 백색대는 용접시 확산성 수소 및 구속응력 때문에 저온균열의 발생 지점이 될 가능성이 높고, 중심편석층이 존재하는 경우 용접 저온균열은 백색층(편석층이 존재하는 곳)에서 발생되어 비금속개재물을 따라 전파되어 비금속개재물도 그 발생기점이 된다.

⑥ 저온균열(또는 액화균열)의 원인과 방지책

저온균열은 용착강 및 열영향부의 수축, 오스테나이트가 마텐자이트 변태하는 과정에서 생기는 변태응력, 마텐자이트 격자 중의 수소로 인한 취성 등으로 인해 발생한다. 방지책으로는 저수소계 용접봉의 경우 마텐자이트 생성을 감소시키기 위해 100~150℃로 예열하여 사용하고, 오스테나이트계 Cr-Ni봉을 사용해도 좋다.

⑦ 저온균열의 방지책

㈎ 흡습경로: 용접봉의 선택과 알맞은 건조

㈏ 잔류응력 제거: 서랭과 형상적 노치 제거 등

㈐ 흡수된 수소의 방출법: 예열과 후열 등

⑧ 저온균열의 보수 방법

㈎ 적절한 비파괴 검사(non-destructive test)를 이용하여 균열 위치를 확인하고

㈏ 균열을 제거할 때 균열성장의 위험이 있으면 양 끝단에 정지구멍을 작업하며,

㈐ 그라인더(grinder), 가우징(gouging), 치핑(chipping) 등으로 균열을 제거한다.

㈑ 제거한 후에는 MT/PT시험으로 재확인하여 제거 작업을 실시한다.

㈒ 양측 150mm를 본용접보다 20~30℃ 높게 예열한다.

㈓ 본용접과 동일 조건으로(용접봉, 온도유지 등) 용접한 직후 열처리하고(경화방지, 수소방출, 응력완화 등) MT/PT 검사를 24~48시간 후에 실시해 재확인한다.

(2) 청열취성(blue shortness)

200~300℃에서 강도와 경도는 최대, 연신율과 단면 수축률은 최소를 나타내며 질소(N)가 원인으로 작용한다.

(3) 비드밑 균열(under bead crack)

① 비드밑 균열은 저합금의 고장력강에 생기기 쉬운 마이크로 균열이며 용접비드 바로 밑에서 용접선과 아주 가까이 거의 이와 평행하게 모재 열영향부에 생기는 균열이다. 원인은 용접부에 급랭에 의한 열영향부의 경화, 마텐자이트의 생성에 따른 변태응력 및 용착금속 중의 수소, 용접응력 등이다(앞서 기술한 ⑥저온균열의 원인과 동일하다).

② **방지법:** 마텐자이트 생성이나 수소가 없으면 발생하지 않으므로 이를 방지하기 위해서는 저수소계 용접봉을 사용하며 100~150℃로 예열하여 냉각속도를 늦추고, 오스테나이트 Cr-Ni용접봉을 사용한다(용착강이 오스테나이트로서 수소를 다량으로 흡수하므로 열영향부의 수소 확산을 억제한다).

(4) 지연균열(delayed cracking)

① 용접 후의 저온균열이 일정 시간(며칠) 경과한 후 용접부에 존재하는 확산성수소의 집중이 중대한 영향을 미쳐 발생하는 균열을 지연균열이라 한다.

② 지연균열의 특징과 지연시기를 결정하는 요인으로는 수소 농도(수소에 의한 내부압력의 영향), 모재 성분(열영향부의 마텐자이트 양, 즉 연성에 영향을 미치는 것 등), 구속력(구속응력으로 수소량이 많고 열영향부의 연성이 낮을수록 구속응력으로 균열이 발생함) 등이 있다.

③ **지연균열의 대책(방지)법:** 결함의 원인이 되는 수축응력, 노치(notch)의 영향 등을 피하고 응력 발생을 방지하는 이음형식을 채용한다. 용접입열을 최소화하고 홈, 전류, 용접속도 등의 용접조건과 후퇴법 등의 용접순서를 정해야 한다. 용접시공 시에 이음면의 완전 청소, 완전실드, 직선비드 운봉, 예열, 후열에 의한 응력완화, 응력제거와 완전한 조립방법 등이 필요하다. 저합금 고탄소강의 경우 잘 건조된 저수소계 용접봉을 사용하고 연성의 저하를 방지하기 위해 100~350℃ 정도로 예열한다.

(5) 가로, 세로균열

이것은 용접금속 내에서 가장 많이 발견되는 균열로, 보통 용접선의 중심에 나타나며 크레이터 균열의 확장이 일반적인 원인이다. 표면으로의 확장은 용접부가 냉각될 때 발생하며, 방지 대책은 적당한 용접전류, 용접봉 및 모재 등을 채용하는 것이다.

(6) 크레이터 균열(crater crack)

용접비드가 끝나는 부위에 나타나는 고온균열로, 고장력강이나 합금원소가 많은 강종에서 흔히 볼 수 있으며, 용접 방법에 따라 약간 차이는 있지만 아크를 끊는 점을 중심으로 발생한다. 용접금속의 수축력에 영향을 받아 별모양, 가로방향 및 세로방향의 형태로 균열이 나타나므로 아크를 끊을 때 반드시 아크길이를 짧게 하여 비드 높이와 최대한 같게 해준다.

(7) 설퍼 균열(sulfur crack)

황(S)이 강 중에 층상으로 존재하여 설퍼 밴드(sulfur bend)가 긴(또는 넓은) 모재를 용접할 때 볼 수 있는 고온균열이다. 황의 영향을 덜 받는 용가재와 플럭스(flux)의 선택을 고려하거나 저수소계 용접봉으로 수동 용접하는 것도 방지책의 하나이다.

(8) 병배 균열(서양배 모양과 비슷하여 병배라 함)

용접비드 단면에 생기는 고온균열로서 주상결정의 화합선에 저융점 불순물이 편석되어 발생하는 균열이다. 이 균열은 비드단면 형태의 “너비 대 깊이의 비”를 1:1~1:1.4 이상 크게 함으로써 방지할 수 있다. 비드 내부에서만 균열이 생기는 경우가 많으므로 용접 이음부에 대한 검사를 철저히 해야 한다.

(9) 지단 균열(토 균열, toe crack)

맞대기 및 필릿용접 이음 등의 비드 표면과 모재와의 경계부에 발생한다. 반드시 벌려져 있어 침투 탐상검사로 검출할 수 있으며 용접에 의한 모재의 회전변형(rotational distortion)을 무리하게 구속하거나 용접 후 각변형(angular distortion)을 주면 발생한다. 언더컷(undercut)에 의한 집중응력이 큰 원인이므로 언더컷이 발생하지 않도록 운봉을 하며 예열하거나 강도가 낮은 용접봉을 사용하면 효과적이다.

(10) 루트 균열(root crack)

루트간격이 너무 넓거나 루트용접부에 응력이 집중되는 경우 발생하는 균열로, 원인은 열영향부 조직의 경화성, 용접부에 함유된 수소량, 응력 등이다. 방지책으로는 용접부로 유입되는 수소량을 최소한으로 줄이고 이미 용융된 수소는 신속히 방출시켜야 한다. 수소를 방출하려면 용접봉을 건조시키고 예열과 후열을 실시한 후 사용한다.

(11) 힐 균열(heel crack)

필릿용접 이음부의 루트 부분에 발생하는 저온균열로 모재의 열팽창 및 수축에 의한 비틀림이 원인이다. 이를 방지하기 위해서는 루트 균열과 같이 수소량의 감소와 예열이 효과적이며 용접금속의 강도 및 경화성을 낮추거나 용접입열을 적게 하는 방법이 있다.

(12) 라멜라 테어(lamellar tear)

① 황 화합물의 존재에 기인한다. 제강 압연 중에 편석된 황 화합물은 필름(film) 상태로 존재하는데 이것이 응력을 받으면 층상으로 갈라져 균열이 유발된다. 모재의 황 함유량도 주요 원인이지만 황이 골고루 분포하지 않고 집중되었을 때도 문제가 된다. 주로 모서리이음, T이음 등에서 볼 수 있으며 강의 내부에 모재 표면과 같이 평행하게 층상으로 발생되는 균열이다.

② 특정한 모재의 가로 및 세로방향 균열, 즉 계단형(step-like) 형태이다. 주로 구속을 많이 받는 이음부나 다층용접에서 용접 중, 또는 직후에 용접부 온도 200~300℃ 사이에서 발생한다.

③ 판 표면과 나란한 용접부의 용융경계에서 발생하며 모재에 포함된 유황, 인 등의 불순물이 주원인으로, 판재 두께방향의 연성 저하도 발생한다.

(13) 재열 균열(reheat crack)

응력제거풀림 균열, 즉 SR균열이라고도 하며 용접부의 후열처리 또는 고온사용에 의한 용접 열영향부에 생기는 입계균열을 말한다.

(14) 라미네이션(lamination)과 층간 박리(delamination)

라미네이션 균열은 모재의 재질 결함으로 설퍼 밴드처럼 층상으로 편재되어 내부에 노치를 형성해 두께방향의 강도를 감소시키며, 층간 박리는 응력이 걸려 라미네이션이 갈라지는 것을 말한다. 이를 방지하기 위해서는 킬드강이나 세미킬드강을 이용하여야 한다.

(15) 균열 이외의 여러 가지 결함

균열 이외의 여러 가지 결함의 원인 및 방지책

결함 종류	원인	방지책
기공 (블로 홀, blow hole)	봉에 습기가 있을 때 용착부가 급랭했을 때 아크길이 및 전류가 부적당할 때 모재 속에 S이 많을 때	봉과 모재를 건조한다. 예열 및 후열을 한다. 아크길이를 짧게 하고 전류를 조정한다. 저수소계 용접봉을 사용한다.
슬래그 섞임 (slag inclusion)	슬래그 제거가 불완전할 때 운봉속도는 빠르고 전류가 낮을 때	슬래그를 철저히 제거한다. 운봉 속도와 전류를 조정한다.
용입불량 (incomplete penetration)	전류가 낮을 때 홈각도와 루트간격이 좁을 때 용접속도가 빠르거나 느릴 때	전류를 적당히 높인다. 각도와 루트간격을 넓게 한다. 속도를 적당히 조절한다.
언더컷 (undercut)	용접전류가 높을 때 아크길이가 너무 길 때 운봉이 잘못되었을 때 용접봉 사용이 부적당할 때	전류를 낮춘다. 아크길이를 짧게 한다. 운봉에 주의한다. 적합한 용접봉을 사용한다.
오버랩 (over lap)	전류가 낮을 때 운봉이 잘못되었을 때 속도가 느릴 때	전류를 높인다. 운봉에 주의한다. 속도를 알맞게 한다.
균열 (crack)	용접부에 수소가 많을 때 전류가 높거나 속도가 빠를 때 C, P, S이 많을 때 모재에 이방성이 있을 때 이음부가 급랭 수축했을 때 용접부에 기공이 많을 때	저수소계 용접봉을 사용한다. 전류와 속도를 조정한다. 재질에 주의한다. 예열, 후열을 충분히 한다. 기공 방지에 주의한다.

선상조직 (ice flower structure), 은점(fish eye)	냉각속도가 빠를 때 모재에 C, S이 많을 때 H_2가 많을 때 용접속도가 빠를 때	예열과 후열을 한다. 재질에 주의한다. 저수소계 용접봉을 사용한다. 용접속도를 느리게 한다.
스패터 (spatter)	전류가 높을 때 용접봉에 습기가 있을 때 아크길이가 너무 길 때 아크 블로홀이 클 때	전류를 낮춘다. 용접봉을 건조한다. 아크길이를 알맞게 한다. 아크 블로홀을 방지한다.

단원 예상문제

1. 스테인리스강(stainless steel)이나 고장력강의 용접에서 잔류응력에 의해 결정립계를 따라 발생되는 균열은?

① 응력부식균열 ② 재열균열 ③ 횡균열 ④ 종균열

해설 용접에서 발생한 잔류응력으로 인해 응력이 집중되면 재료에 부식이 촉진되는 경우가 많은데 이것을 응력부식이라 하며, 이때 발생하는 균열을 응력부식균열이라 한다.

2. 용접비드의 끝에서 발생하는 고온균열로서 냉각속도가 지나치게 빠른 경우에 발생하는 균열은?

① 종균열 ② 횡균열 ③ 호상균열 ④ 크레이터 균열

해설 크레이터 균열(crater crack)은 용접비드가 끝나는 부위에 나타나는 고온균열로 고장력강이나 합금원소가 많은 강종에서 흔히 볼 수 있다. 용접방법에 따라 약간씩은 차이가 있지만 아크를 끊는 점을 중심으로 발생하며, 용접금속의 수축력에 영향을 받고 균열은 별모양, 가로방향 및 세로방향의 형태로 나타나므로 아크를 끊을 때 반드시 아크길이를 짧게 하고 비드의 높이와 최대한 같게 해준다.

3. T이음 등에서 강의 내부에 강판 표면과 평행하게 층상으로 발생되는 균열로 주요 원인은 모재의 비금속개재물인 것은?

① 재열균열(reheat crack)
② 루트 균열(root crack)
③ 라멜라 테어(lamellar tear)
④ 라미네이션 균열(lamination crack)

해설 라멜라 테어란 필릿 다층 용접이음부 및 십자형 맞대기이음부와 같이 모재표면에 직각방향으로 강한 인장구속 응력이 형성되는 경우 용접열영향부 및 그 인접부에 모재표면과 평행하게 계단 형상으로 발생하는 균열이다.

4. **용접사에 의해 발생될 수 있는 결함이 아닌 것은?**

① 용입불량 ② 스패터 ③ 라미네이션 ④ 언더필

해설 라미네이션(lamination)은 재료의 재질 결함이다. 따라서 라미네이션 균열은 모재의 재질결함으로 설퍼 밴드와 같이 층상으로 편재되어 있고 내부에 노치를 형성하며 두께 방향에 강도를 감소시킨다. 층간 박리(delamination)는 응력이 걸려 라미네이션이 갈라지는 것을 말하며 이를 방지하기 위해서는 킬드강이나 세미킬드강을 이용하여야 한다.

5. **탄소강에 포함된 원소 중 실온에서 충격치를 저하시켜 상온취성의 원인이 되며 결정립을 조대화하는 것은?**

① P ② S ③ Mn ④ Au

해설 탄소강 중에 P가 포함되면 강도 및 경도가 다소 증가하고, 연신율과 충격치(상온)는 감소한다. 편석이 발생되며(담금균열의 원인) Fe와 결합하여 Fe_2P를 만든다. 결정입자의 조대화를 촉진하고 냉간가공성 저하 및 상온취성의 원인이 된다.

6. **맞대기용접이음의 가접 또는 첫 층의 루트 부근 열영향부에서 발생하여 점차 비드 속으로 들어가는 균열은?**

① 지단 균열 ② 루트 균열 ③ 세로 균열 ④ 크레이터 균열

해설 용접부에서 첫 층 용접의 루트 부근 열영향부에서 발생하는 것은 루트 균열로 저온균열이다.

7. **용접재료가 고장력강인 경우 용접에서 균열을 예방하는 방법으로 올바른 것은?**

① 예열과 후열 처리를 한다.
② 높은 경도의 재질을 선택한다.
③ 고산화 타이타늄계 용접봉을 사용한다.
④ 용접부의 구속력을 크게 용접한다.

해설 고장력강은 일반 연강에 비해 인장강도가 크고 Si, Mn의 함유량이 많으며, Ni, Cr, Mo 등의 원소가 첨가되어 용접열영향부를 경화시키고 용접 부분에 균열이 발생하기 쉬운 취성을 갖고 있다. 이러한 결점을 보충하려면 모재에 예열(80~150℃)을 하거나 용접봉 선택에 주의한다(E4316을 선택).

8. **재열균열을 방지하기 위한 방법으로 옳은 것은?**

① 입열을 최소화하여 결정립의 조대화를 억제한다.
② Al, Pb 등을 첨가하여 HAZ부의 조대화를 촉진시킨다.
③ 용접시 용접부 구속을 증가시켜 비틀림을 방지한다.
④ 후열처리시 최고 가열온도를 모재의 템퍼링(tempering) 온도 이상으로 한다.

해설 재열 균열(reheat cracking)은 응력제거풀림 균열, 즉 SR 균열이라고도 하며 고장력강 용접부의 후열처리 또는 고온 사용에 의하여 용접열영향부에 생기는 입계균열을 의미한다. 방지법으로는 조립역 조직의 개선(마텐자이트 감소와 인성 확보), 토(toe)부의 응력집중과 입열을 최소화하여 결정립의 조대화를 억제하는 방법 등이 있다.

9. 다음 중 용접 균열성 시험이 아닌 것은?

① 리하이 구속 시험 ② 휘스코 시험
③ CTS 시험 ④ 코머렐 시험

해설 코머렐 시험(kommerell bend test)은 용접연성 시험법의 한 종류로 세로비드 굽힘 시험(longitudinal bead bend test)으로서 매우 중요하며 별명으로는 오스트리아 시험(Austrian test)이라고도 한다. 구조용 강재의 시험편은 굽힘에 수반하여 용접금속 또는 열영향부에 균열이 발생한다.

10. 동일 강도의 강에서 노치 인성을 높이기 위한 방법이 아닌 것은?

① 탄소량을 적게 한다. ② 망가니즈를 될수록 적게 한다.
③ 탈산이 잘 되도록 한다. ④ 조직이 치밀하도록 한다.

해설 노치(notch) 부분의 질긴 정도의 성질을 노치 인성이라 한다. 다른 강재보다 노치 부분에 질긴 성질을 부여하기 위해서는 니켈이나 망가니즈 등의 특수 원소를 첨가한다. 그러면 첨가하지 않은 강재보다 노치가 있어도 강하고 질겨지는데 이것을 노치 인성을 개선했다고 한다. 특히 저탄소강의 노치 인성이 요구되는 경우에는 저수소계 용접봉을 사용한다.

11. 오스테나이트계 스테인리스강 용접부의 입계부식 균열의 저항성을 증가시키는 원소가 아닌 것은?

① Nb ② C ③ Ti ④ Ta

해설 오스테나이트계 스테인리스강은 용접열에 의해 용접부의 온도가 올라가면 탄소(C)가 크로뮴(Cr)과 결합되어 탄화크로뮴을 형성하는데 이를 카바이드(carbide) 석출이라고 한다. 이것이 결정립계로 석출되어 입계부식을 일으키기 쉬우므로 탄소량을 최소한으로(0.03% 이하) 제한하거나 타이타늄(Ti) 또는 니오브(Nb)를 첨가하여 안정된 탄화물을 만든다.

12. 용접금속의 균열 현상 중 저온균열에서 나타나는 균열은?

① 토우 크랙 ② 노치 크랙 ③ 설퍼 크랙 ④ 루트 크랙

해설 저온균열에서 특히 주의해야 하는 균열은 루트 균열이다. 이 균열의 원인은 열영향부의 조직(강재의 경화성), 용접부에 함유된 수소량, 작용하는 응력 등이며 대책으로는 용접부로 유입되는 수소량을 최소한으로 줄이고, 일단 첨가된 수소는 신속하게 방출시켜야 한다. 수소를 방출하려면 용접봉을 건조시키고 예열 및 후열을 실시하여 사용한다.

13. 재가열 균열시험법으로 사용되지 않는 것은?

① 고온 인장시험　　② 변형이완 시험
③ 자율구속도 시험　　④ 크리프저항 시험

해설 재가열 균열은 재열균열(reheat cracking), 즉 SR 균열이라고도 한다. 고장력강 용접부의 후열처리 또는 고온 사용에 의하여 용접 열영향부에 생기는 입계균열을 의미하며 크리프저항(creep resistance) 시험은 사용되지 않는다.

14. 용접균열은 고온균열과 저온균열로 구분된다. 저온균열(cold cracking)은 다음 중 몇℃ 이하에서 생기는가?

① 약 300℃　　② 약 400℃
③ 약 500℃　　④ 약 600℃

해설 저온균열은 200℃ 이하에서 발생하며, 일반적으로 인화철(Fe_3P)과 인(P)이 강 중에 용해되어 결정립의 성장을 도와 조직이 거칠어지고 경도와 강도가 다소 증가하며 연신율 및 충격치를 감소시킨다. 균열이 발생한 표면은 공기와 접촉하여 산화가 심해 변색된다.
강의 저온균열은 같은 합금강의 예와 같이 용접끝 균열과 비드밑 균열이 많으며, 이외에 비드와 평행한 세로균열 및 가로균열이 모재부에 생기는 경우가 있다

15. 내열합금 용접 후 냉각 중이나 열처리 등에서 발생하는 용접구속 균열은?

① 내열 균열　　② 냉각 균열
③ 변형시효 균열　　④ 결정립계 균열

해설 내열합금 등 용접 후에 냉각 중이거나 열처리 및 시효에 의해 발생되는 균열을 변형시효 균열이라고 한다.

정답 1. ① 2. ④ 3. ③ 4. ③ 5. ① 6. ② 7. ① 8. ① 9. ④ 10. ② 11. ② 12. ④ 13. ④ 14. ① 15. ③

6 철강 및 비철재료의 열처리

(1) 열처리의 개요

금속을 적정 온도로 가열 및 냉각하여 조직을 변화시켜 사용 목적에 적합한 성질로 개선하는 것을 열처리(heat treatment)라고 한다.

① 열처리의 종류

㈎ 일반 열처리: 담금질(quenching), 뜨임(tempering), 풀림(annealing), 노멀라이징(normalizing)

㈏ 항온 열처리: 오스템퍼(austempering), 마퀜칭(marquenching), 마템퍼(martempering)

㈐ 표면경화 열처리: 화염 경화법, 고주파 경화법, 침탄법(carburization), 시안화법(cyanide process), 질화법(nitriding)

※ 금속경화 열처리의 종류

- 계단 열처리(interrupted heat treatment)
- 항온 열처리(isothermal heat treatment)
- 연속냉각 열처리(continuous cooling heat treatment)

② 강의 서랭조직

㈎ Fe-C 평형상태도의 변태

㉠ A_4(HN): δ고용체가 γ고용체로 변화하기 시작하는 온도(1400℃)를 표시하며, 탄소량이 증가하면 변태점이 상승한다(0.17%C 이상에서는 이 변태가 일어나지 않는다).

㉡ A_3(GS): γ고용체가 δ고용체로 변화하기 시작하는 온도(912℃)를 표시하며, 탄소량이 증가하면 변태점은 하강하여 0.86%C(국정교과서 0.77%C)에서는 723℃가 되어 A_1 변태와 일치한다.

㉢ A_2(MO): 페라이트 α철의 자기 변태점이다(탄소량과 관계없이 780℃에서 변태한다).

※ 0.86%C 이상에서는 일어나지 않는다.

㉣ A_1(PSK): 공석선으로 δ고용체가 펄라이트로 변화하기 시작하는 온도이다.

※ 탄소량과 관계없이 723℃로 일정하고 0.025~6.68%C 사이에서 일어나며 순철에는 이 변태가 없다.

㉤ A_0(PR): 시멘타이트의 자기 변태점이며, 탄소량과 관계없이 210℃에서 일어나며 210℃ 이하에서는 상자성체이고 순철에는 이 변태가 없다.

㉥ Acm(ES): 시멘타이트의 초석선이며, γ고용체에 시멘타이트가 석출하기 시작하는 온도를 나타내고 탄소량이 0.86~1.7%(국정교과서 2.11%C) 이내인 탄소강에서 볼 수 있다. 탄소량이 많아질수록 높은 온도에서 일어난다.

㈏ 강의 변태: 강과의 관계에서 가장 중요한 것은 A_1 변태점으로 이 점을 경계로 오스테나이트 ↔ 펄라이트의 변화가 생기며 펄라이트는 페라이트나 시멘타이트의 혼합물로 구성된다. 이러한 변화(γ고용체 ↔ α고용체, FCC ↔ BCC, 고용탄소 ↔ 유리탄소)를 이용하여 강의 기계적 성질을 조정하는 것이 강의 열처리로서 가장 많이 이용된다.

※ Fe−C 평형상태도에서 강의 조직

- 공석강 → 펄라이트(0.85%C)
- 아공석강 → 페라이트+펄라이트(0.025~0.085%C)
- 과공석강 → 펄라이트+Fe_3C(0.85~2.0%C)

(2) 일반 열처리

① 담금질(소입, quenching or hardening) 시험 포인트

탄소강에 주로 강도와 경도를 증가시키기 위하여 A_3변태 및 Acm선 이상으로 가열하여 오스테나이트(γ철) 상태에서, 즉 A_{C1} 변태점 이상의 온도에서 급랭하면 A_{R1}변태가 저지되어 굳는다. 이와 같은 열처리 조작을 담금질이라 한다.

※ 변태점에 붙어 있는 문자 C는 가열(불어 chauffage), R은 냉각(불어 refroiiussment)을 표시한다.

(가) 담금질 조직: 오스테나이트 조직의 강을 A_3 변태점 이상으로 가열하여 물, 기름, 염욕 중에서 급랭하면 펄라이트 조직으로 바뀌는데 그 과정에서 얻게 되는 중간조직을 담금질 조직이라 하며, 표준조직보다 강도와 경도는 높으나 질이 여리다.

※ 변태의 변화(2단계)

- 제1의 변화: 오스테나이트(C를 고용한 γ고용체) → 페라이트(C를 과포화한 α철)
- 제2의 변화: 페라이트 → 페라이트와 시멘타이트(Fe_3C)

㉠ 오스테나이트(austenite)

- 탄소를 침입형으로 고용하는 면심입방격자(FCC)이며 고온에서 안전한 γ고용체이다.
- 상온에서는 강(γ고용체 상태)을 급랭시켜 A_{C1} 변태를 완전히 저지했을 때 얻어지는 다각형 조직이며 쌍정으로 나타난다(상자성체로서 자기저항이 크고 경도는 낮으나 인장강도에 비하여 연신율이 크다).
- 보통 탄소강에서는 이 조직을 얻을 수 없으나 Ni, Cr, Mn을 함유 시 쉽게 얻는다).

㉡ 마텐자이트(martensite) 시험 포인트

- 탄소를 억지로 과포화 상태로 고용하고 있는 α(α+Fe_3C) 고용체로 탄소강을 오스테나이트 상태에서 수중에 급랭하여 Ar''(Mn, 300℃) 변태로 얻어지는 조직으로 체심입방격자(BCC)인 α−마텐자이트와 β−마텐자이트로 구분되고 침상 조직이다(수랭 후 α−마텐자이트가 된 것을 약 130℃로 가열하면 안전한 β−마텐자이트로 변한다).

- 부식저항, 강도, 경도가 크고 취성이 있고 연신율이 작다. 강자성을 가지고 있다.

㉢ 트루스타이트(troostite): 550~600℃에서 기름 냉각이나 A_{R1}변태가 강을 생기게 하거나 마텐자이트를 300~400℃로 뜨임하였을 때 얻어지는 조직으로 미세 펄라이트($\alpha+Fe_3C$) 조직이다.

㉣ 소르바이트(sorbite): 트루스타이트보다 냉각속도가 느리거나(유랭, 공랭) 마텐자이트를 500~600℃로 뜨임할 경우에 조직이 나타나며, α고용체 중에 혼합된 시멘타이트는 트루스타이트보다 조대하고 펄라이트보다는 미세하다.

㉤ 담금질(A_{R1}변태의 냉각속도 차이에 따른)의 조직변화: 오스테나이트(A) → 마텐자이트(M) → 트루스타이트(T) → 소르바이트(S) → 펄라이트(P)

㉥ 각 조직의 경도 크기: A < M < T < S < P < F(페라이트)

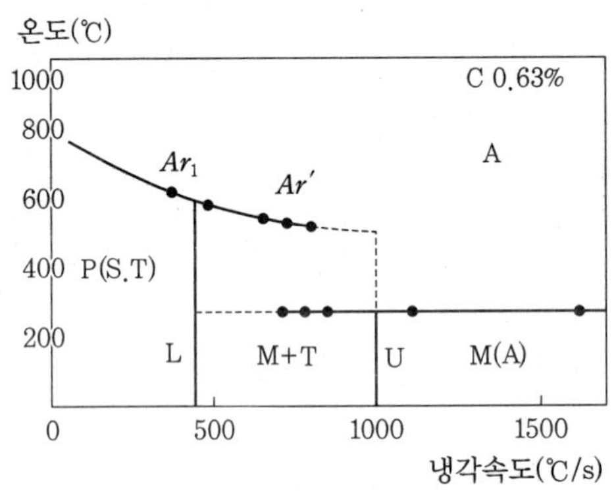

냉각속도와 변태의 관계

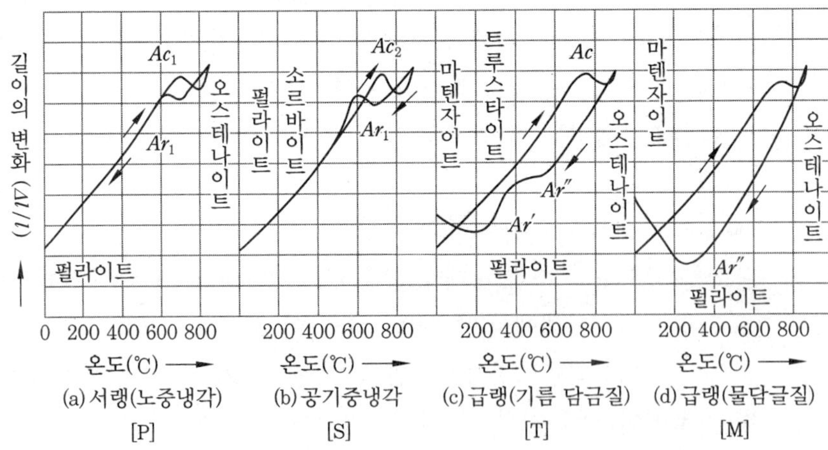

가열냉각 시의 길이와 변태

열처리 조직의 기계적 성질

조직명	브리넬 경도(H_B)	인장강도(kg/mm^2)	연신율(%)
페라이트	90~100	135~28	30
오스테나이트	50~155	84~105	20~25
펄라이트	200~225	84	20~25
소르바이트	270~275	70~140	10~20
트루스타이트	400~480	140~175	5~10
마텐자이트	600~720	135~210	2~8
시멘타이트	800~920	-	0

(나) 담금질 온도(quenching temperature): 아공석강, 공석강: A_{C3} 선 이상 30~50℃
※ 공석강, 과공석강은 담금질 균열을 일으킨다.

(다) 담금질 균열(quenching crack): 오스테나이트가 마텐자이트로 변화할 때 갑작스런 팽창응력 때문에 생기는 균열이며, 방지법으로는 강을 담금질한 후 200~300℃ 정도로 서서히 냉각시켜 마텐자이트가 서서히 형성되도록 하는 것이다.

(라) 담금질액(quenching liquid)

담금질액 종류	720~550℃	200℃	담금질액 종류	720~550℃	200℃
10% 식염수	1.96	0.98	물(50℃)	0.17	0.95
물(18℃)	1.00	1.00	기름 10%와 물의 에멀션화액	0.11	1.33
30%Sn~70%Cd	0.009	0.77	비누물	0.077	1.16
중유	0.30	0.55	철판	0.061	0.011
글리세린	0.20	0.89	물(100℃)	0.044	0.71
기계유	0.18	0.20	정지공기	0.028	0.077

주 온도(720~550℃) 아래의 각 수치는 냉각능력(18℃ 물을 1.00으로 한 것)을 표시함

(마) 질량효과(mass effect)와 경화능(hardenability): 같은 재질일 경우 재료의 지름 크기에 따라 냉각속도가 다르므로 내부와 외부에 경도차가 생기게 되는데 이것을 담금질의 질량효과라고 한다. 보통 질량효과가 큰 재료는 지름이 클수록 내부의 담금질 정도가 작고, 질량효과가 작은 강은 냉각속도를 느리게 해도 담금질이 잘 되어 변형과 균열이 적다.

※ 질량효과를 작게 하는 원소: Ni, Cr, Mn, Mo 등

② 뜨임(tempering, 소려 燒戾)

담금질로 경화된 강은 내부응력이 커서 경도가 크고 메짐(취성, brittleness)이 생기기 쉽기 때문에 내부응력을 제거하고 인성을 증가시키기 위하여 A_1, 온도 이하로 재가열하는 열처리이다.

㈎ 뜨임시 가열온도에 따른 조직 변화: 마텐자이트(400℃) → 트루스타이트(600℃) → 소르바이트(700℃) → 입상 펄라이트

※ 담금질한 강을 400℃로 뜨임했을 때 생성되는 조직이 특히 부식되기 쉬운데 이 조직을 오스몬다이트(osmondite)라고 하며 트루스타이트의 일종이다.

뜨임 온도에 따른 뜨임색

온도(℃)	뜨임색	온도(℃)	뜨임색
200	담황색	290	암청색
220	황색	300	청색
240	갈색	320	담회청색
260	황갈색	350	회청색
280	적자색	400	회색

㈏ 고온 뜨임: 담금질한 강을 550~650℃로 뜨임하며, 강도와 인성이 요구되는 재료에 한정적으로 이용된다.

㈐ 저온 뜨임: 담금질에 의해 발생한 내부응력, 변형, 담금질 취성을 제거하고 주로 경도를 필요로 하는 재료를 150℃ 정도에서 뜨임처리 한다.

㈑ 뜨임취성: 200~400℃에서 뜨임을 한 후 충격치가 저하되어 강의 취성이 커지는 현상으로 Mo를 첨가하면 방지할 수 있다(특히 주의할 취성은 300℃이다).

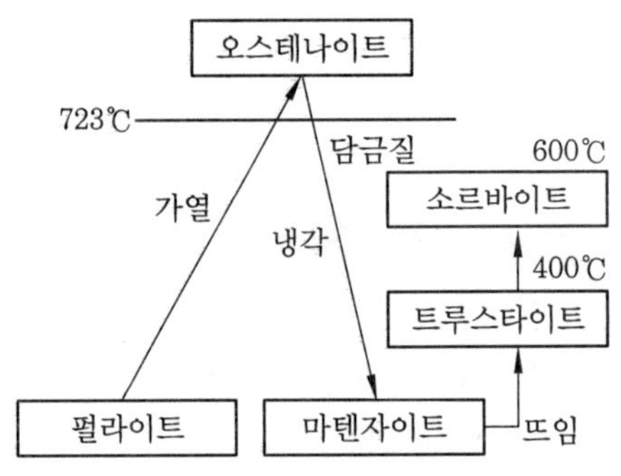

뜨임에 따른 조직변화

㉠ 저온뜨임 취성(250~300℃)

㉡ 1차 뜨임취성(뜨임 시효취성, 500℃ 부근)에는 몰리브덴(Mo)을 첨가하면 방지 효과가 없다.

㉢ 2차 뜨임취성(뜨임 서랭취성, 525~ 600℃)을 방지하려면 Mo이 필요하다.

(마) 심랭처리(sub-zero treatment): 담금질된 강중에 잔류 오스테나이트를 마텐자이트화하기 위하여 0℃ 이하의 온도에서 냉각하는 처리방법으로 담금질 직후 -80℃ 이내에서 실시하는 것이 좋다.

③ 풀림(annealing, 소둔 燒鈍)

강의 조직을 미세화하고 기계가공을 쉽게 하기 위하여 A_3-A_1변태점보다 약 30~50℃ 높은 온도에서 장시간 가열하여 냉각시키는 열처리로 재질을 연화한다.

(가) 저온풀림(low temperature annealing): 내부응력을 제거하고 재질을 연화할 목적으로 하는 풀림이다(500℃ 부근에서 내부응력이 감소하고, 650℃ 부근에서는 완전 연화한다).

(나) 구상화 풀림: 과공석강의 기계적 가공선 개선, 담금질 후의 강인성 증가, 담금질 균열 등을 방지하고, 침상 시멘타이트를 구상화하기 위하여 A_3-A_1-Acm±(20~30℃)에서 가열 및 냉각하는 열처리이다.

④ 노멀라이징(normalizing, 소준, 불림)

주조 또는 단조한 제품에 조대화한 조직을 미세하게 하여 표준화하기 위해 A_{C3}나 Acm변태점보다 40~60℃ 높은 온도로 가열하여 오스테나이트로 만든 후 공기 중에서 냉각하는 열처리 방법으로 연신율과 단면 수축률이 좋아진다.

단원 예상문제

1. 공석강의 항온변태 중 723℃ 이상에서의 조직은?

① 오스테나이트 ② 페라이트 ③ 세미킬드강 ④ 베이나이트

해설 항온변태 곡선의 A_1(723℃)에서는 안정된 오스테나이트 조직으로 인성이 크고 상자성체이다.

2. 용접 후 강재를 연화하기 위하여 기계적, 물리적 특성을 변화시켜 함유 가스를 방출시키는 것으로 일정시간 가열 후 노안에서 서랭하는 금속의 열처리 방법은?

① 불림 ② 뜨임 ③ 풀림 ④ 재결정

해설 용접 후에 강재를 연화하기 위하여 노안에서 서랭하면서 가스 및 불순물의 방출과 확산을 일으켜 내부응력을 저하시키고 조직의 균일화, 미세화, 표준화하는 열처리 작업이 풀림이다.

3. **큰 재료일수록 내·외부 열처리 효과의 차이가 생기는 현상으로 강의 담금질성에 의하여 영향을 받는 현상은?**

① 시효경화　　② 노치 효과
③ 담금질 효과　　④ 질량 효과

해설 담금질에서 같은 재질일 때는 재료의 지름 크기에 따라 냉각속도가 다르므로 내부와 외부에 경도차가 생기는데 이것을 담금질의 질량효과라고 한다. 질량효과가 큰 재료는 지름이 클수록 내부의 담금질 정도가 작고 질량효과가 작은 강은 냉각속도를 느리게 해도 담금질이 잘 되어 변형과 균열이 적다.

4. **금속재료를 보통 500~700℃로 가열하여 일정 시간을 유지 후 서랭하는 방법으로 주조, 단조, 기계가공 및 용접 후에 잔류응력을 제거하는 풀림 방법은?**

① 연화 풀림　　② 구상화 풀림
③ 응력제거풀림　　④ 항온 풀림

해설 응력제거풀림은 잔류응력을 제거하는 방법으로 노내 풀림법, 국부 풀림법, 저온응력 완화법, 기계적 응력 완화법, 피닝(peening)법 등이 사용된다.

5. **강의 연화 및 내부응력 제거를 목적으로 하는 열처리는?**

① 침탄법　　② 불림　　③ 풀림　　④ 질화법

해설 강의 열처리로는 담금질(소입, quenching), 뜨임(소려, tempering), 풀림(thens, annealing), 불림(소준, normalizing), 항온 열처리 등이 있으며, 이중에 내부응력 제거 및 연화를 목적으로 하는 열처리는 풀림이다.

6. **담금질한 강에 인성을 주기 위하여 A_1점 이하의 온도로 가열한 후 서랭 또는 공랭하는 것을 무엇이라 하는가?**

① 불림(normalizing)　　② 뜨임(tempering)
③ 마퀜칭(marquenching)　　④ 마템퍼링(martempering)

해설 뜨임(소려): 담금질로 경화된 강은 내부응력이 커서 경도가 크고 메짐(취성)이 생기기 쉽기 때문에 내부응력을 제거하고 인성을 증가시키기 위하여 A_1변태점 이하로 재가열하는 열처리를 말하며 인성을 준다.

7. **용접 후 열처리의 목적이 아닌 것은?**

① 경화 촉진　　② 급랭 방지　　③ 균열 방지　　④ 수소량 감소

해설 용접 후의 열처리는 균열 및 잔류응력을 줄이기 위하여 실시하며, 경화가 촉진되면 취성이 생겨 균열이 발생할 수 있다.

8. **퀜칭(quenching)한 강의 잔류응력을 제거하고 인성의 개선과 함께 경도를 다소 낮추기 위해 A_1점 이하의 온도로 가열하여 냉각하는 열처리는?**

① 고용화 열처리 ② 응력제거
③ 뜨임 ④ 불림

해설 뜨임(소려): 퀜칭(담금질)하여 경화된 강은 내부응력이 커서 경도가 크고 메짐(취성)이 생기기 쉽기 때문에 내부응력을 제거하고 인성을 증가시키기 위하여 A_1변태점 이하로 재가열하는 열처리를 말한다.

9. **강의 담금질(quenching) 조직 중 경도가 가장 큰 것은?**

① 소르바이트 ② 페라이트
③ 오스테나이트 ④ 마텐자이트

해설 열처리에서 담금질 조직의 경도는 마텐자이트>트루스타이트>소르바이트 순으로 작아진다.

10. **강의 조직을 표준상태로 하기 위하여 철강상태도의 A_3선 이상의 온도로 가열한 후 공기 중에서 냉각하는 열처리는?**

① 담금질 ② 풀림
③ 불림 ④ 뜨임

해설 불림은 A_3(910℃)선 이상의 적정 온도로 강을 가열한 후 공랭하는 열처리이며, 주조 또는 단조한 제품의 조대화한 결정립을 미세화하여 기계적 특성을 향상시킨다.

11. **담금질할 때에 잔류하는 오스테나이트를 마텐자이트화하기 위해 보통 담금질을 한 다음 실온 이하의 온도로 냉각 열처리하는 것은?**

① 마템퍼링 ② 완전 풀림
③ 서브제로 처리 ④ 구상화 풀림

해설 담금질 열처리를 한 다음에 잔류 오스테나이트를 없애기 위해 0℃ 이하로 냉각하는 것으로, 정확한 치수가 필요한 게이지 등을 만들 때 사용하며 심랭처리 또는 서브제로 처리(sub-zero treatment)라고 한다.

12. **금속을 가열한 다음 급속히 냉각시켜 재질을 경화하는 열처리 방법은?**

① 풀림 ② 뜨임
③ 불림 ④ 담금질

해설 담금질 열처리는 강을 A_0 변태 및 A_1선 이상의 30~50℃로 가열한 후 수랭 또는 유랭으로 급랭시키는 방법이다.

13. 공구강이나 자경성이 강한 특수강을 연화 풀림 하는 데 적합한 방법은?

① 응력제거풀림 ② 항온 풀림 ③ 구상화 풀림 ④ 확산 풀림

해설 공구강, 특수강 또는 자경성이 강한 특수강의 풀림에는 항온 풀림이 적합하다.

14. 용접 후 열처리 목적으로 틀린 것은?

① 수소 등의 가스 흡수 ② 용접 열영향 경화부의 연화
③ 용접부의 응력 완화와 치수 안정화 ④ 잔류응력의 완화와 치수 안정화

해설 수소와 같은 가스의 흡수는 기공, 다공성, 균열(용접결함) 등의 원인이 된다.

정답 1. ① 2. ③ 3. ④ 4. ③ 5. ③ 6. ② 7. ① 8. ③ 9. ④ 10. ③ 11. ③ 12. ④ 13. ② 14. ①

(3) 항온 열처리

① 항온 열처리의 개요

강을 가열 후(A_{C1} 변태점 이상) 오스테나이트 상태에서 냉각할 때 냉각 도중 일정 온도에서 냉각을 정지하고 그 온도에서 변태시키는 것을 항온변태라 한다. 항온변태 개시온도와 변태 완료온도를 온도-시간 곡선으로 나타낸 것을 항온변태 곡선 또는 TTT 곡선(Time-Temperature-Transformation curve, S곡선)이라 한다.

TTT 곡선에서 코(noze, PP′부)보다 상부는 펄라이트이며, 코보다 낮은 온도에서 냉각시는 상부 베이나트와 하부 베이나이트 조직이 생긴다.

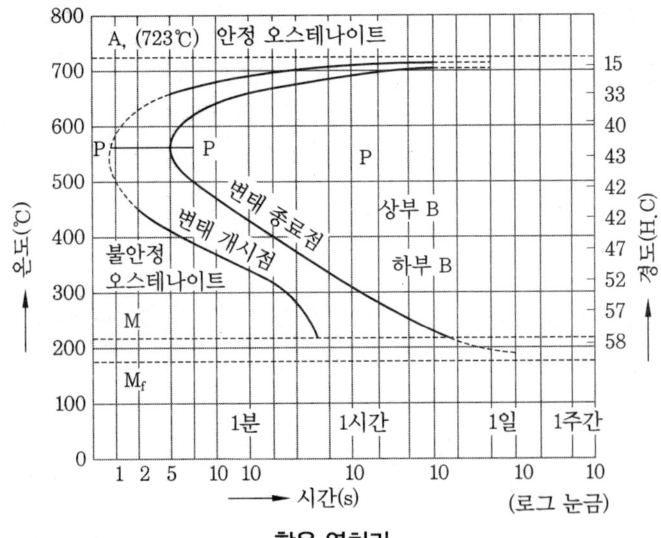

항온 열처리

※ 베이나이트 조직은 열처리에 의한 변형 및 응력이 적고 경도와 인성이 높아 기계적 성질이 우수하기 때문에 탄소강 재료로 이용된다.

② 항온 열처리의 특성

(가) 균열 및 변형을 방지하기 위해 실시하는 열처리 방법이다.

(나) TTT 곡선은 코 부분의 560℃ 부근에서 매우 짧은 시간(1초 이내)에 변태가 시작되어 빠르게 완료되며 최대의 변태속도를 나타낸다.

(다) Ni, Cr 등의 특수강 및 공구강 등에 많이 사용되며 조직의 변화는 오스테나이트–펄라이트–베이나이트–마텐자이트의 순서로 진행된다.

단원 예상문제

1. 열처리에서 TTT 곡선과 가장 관계가 있는 것은?

① 인장 곡선 ② 항온변태 곡선 ③ Fe_2–C 곡선 ④ 탄성 곡선

해설 TTT 곡선은 Time Temperature Transformation curve의 약자로 항온변태 곡선을 말한다. 항온 열처리로 코(nose)보다 상부에는 펄라이트 조직이 생기고, 코보다 낮은 온도에서는 상부, 하부 베이나이트 조직이 생긴다.

정답 1. ②

(4) 표면경화

기계의 축 및 기어 등의 강인성과 내마멸성이 필요한 재료의 표면을 열처리하여 경도를 높이는 것을 표면경화 열처리라고 한다.

① 침탄법(carburizing)

0.2%C 이하의 저탄소강 또는 저탄소 합금강으로 만든 제품을 침탄제(탄소) 및 침탄 촉진제와 함께 침탄상자에 넣은 후 침탄로에서 가열 침탄한 후 급랭하여 약 0.5~2mm의 침탄층을 생성시켜 표면만 고탄소강으로 경화하는 열처리 방법이다.

(가) 고체 침탄법(solid carburizing)

침탄할 재료를 철제상자에 넣고 60% 목탄+30% $BaCO_3$+10% Na_2CO_3 침탄제와 침탄 촉진제($BaCO_3$, NaCl, Na_2CO_3, KCN)를 혼합하여, 침탄로에서 900~950℃로 3~4시간 가열하여 침탄한 후 급랭하여 표면을 경화시킨다.

(나) 가스 침탄법(gas carburizing)

메탄가스, 프로판가스와 같은 탄화수소계 가스를 사용하는 침탄법으로 열효율이 좋고 작업이 간단하여 연속적인 침탄이 가능하고, 침탄 온도에서 직접 담금질을

할 수 있어 대량 생산에 적합하다.

(다) 액체 침탄법(liquid carburizing, 시안화법, 청화법)

침탄제(NacN, KCN)에 염화물(Nacl, $CaCl_2$)이나 탄산염(Na_2CO_3, K_2CO_3) 등을 40~50% 첨가하여 염욕 중에 600~900℃로 용해시키고 탄소와 질소가 강의 표면으로 침투하여 표면을 경화시키는 방법으로 침탄질화법이다.

② **질화법(nitriding)**

암모니아(NH_3)로 표면을 경화하는 방법이다. 520~550℃에서 50~100시간 동안 질화처리하면 철의 표면에 경도가 매우 높은 Fe_4N, Fe_2N 등의 질화철이 생성되어 내마멸성과 내식성이 커지며 이때 사용되는 철은 질화용 합금강(Al, Cr, Mo 등이 함유된 강)이다. 질화를 방지하려면 구리 또는 아연합금으로 도금을 한다.

③ **금속 침투법(metallic cementation)**

제품을 가열하여 표면에 다른 종류의 금속을 피복시키는 동시에 확산으로 합금 피복층을 얻는 방법을 말하며, 표면경화뿐만 아니라 내부식성, 내열성 등을 향상시키는 것을 목적으로 한다.

(가) 각종 금속 침투법과 침투재료

㉠ 크로마이징(chromizing) – 크로뮴(Cr)

㉡ 실리코나이징(siliconizing) – 규소(Si)

㉢ 칼로라이징(calorizing) – 알루미늄(Al)

㉣ 보로나이징(boronizing) – 붕소(B)

㉤ 세라다이징(sheradizing) – 아연(Zn)

㉥ 방전 경화법 – Fe–Cr(내식성)–Cu, 그래파이트(graphite) 등이 사용된다.

침탄법과 질화법

침탄법	질화법
• 경도는 질화법보다 낮다. • 침탄 후 열처리가 필요하다. • 침탄 후에도 수정이 가능하다. • 같은 깊이에서는 침탄처리 시간이 짧다. • 경화로 인한 변형이 생긴다. • 고온이면 뜨임이 되어 경도가 저하된다. • 침탄층이 질화층처럼 여리지 않다. • 담금질강은 질화강처럼 강종의 제한이 적다.	• 경도는 침탄층보다 높다. • 질화 후 열처리가 필요 없다. • 질화 후에는 수정이 불가능하다. • 질화층을 깊게 하려면 장시간이 걸린다. • 경화로 인한 변형이 적다. • 고온이라도 경도가 저하되지 않는다. • 질화층이 여리다. • 강종의 제한을 받는다.

④ 기타 표면 경화법

㈎ 화염 경화(flame hardening)

탄소가 0.4% 내외로 함유된 탄소강이나 합금강을 산소-아세틸렌 화염으로 표면만을 가열하여 오스테나이트로 만든 다음 물로 냉각시켜 표면만 경화시키는 방법으로 경화층 깊이는 불꽃의 온도 및 이동속도, 가열시간으로 조정한다.

㈏ 고주파 경화(induction hardening)

화염 경화법과 같은 원리로 고주파 전류에 의한 열로 표면을 가열한 뒤에 물로 급랭하여 담금질하는 방법이며, 담금질 시간이 매우 짧아 탄화물이 오스테나이트 중에 고용되는 시간이 짧다.

단원 예상문제

1. 강의 표면경화 열처리 방법에 포함되지 않는 것은?

① 화염 경화법 ② 고주파 경화법
③ 시안화법 ④ 오스템퍼링법

해설 강의 표면경화 열처리는 ① 침탄법(고체, 가스, 액체) ② 질화법 ③ 금속 침탄법(Cr을 침투시키는 크로다이징, Si를 침투시키는 실리코나이징, Al을 침투시키는 칼로라이징, B를 침투시키는 보로나이징, Zn을 침투시키는 세라다이징, 이외 방전 경화법 등) ④ 화염 경화법 ⑤ 고주파 경화법 등의 종류가 있다.

2. 금속침투법 중 아연(Zn)을 침투시키는 것은?

① 칼로라이징(caloriging)
② 실리코나이징(siliconizing)
③ 세라다이징(sheradizing)
④ 크로마이징(chromizing)

3. 침탄부품을 기밀의 가열로 속에 넣고 적당한 가스를 보내면서 900~950℃에서 침탄하는 방법은?

① 가스 침탄법 ② 화염 침탄법
③ 고체 침탄법 ④ 액체 침탄법

해설 가스 침탄법은 메탄가스, 프로판가스와 같은 탄화수소계 가스를 사용하는 침탄법이며, 열효율이 좋고 작업이 간단하여 연속적인 침탄이 가능하고 침탄 온도(900~950℃)에서 직접 담금질을 할 수 있어 대량 생산에 적합하다.

4. 다음 보기를 공통적으로 설명하고 있는 표면 경화법은?

| 보기 |

- 강을 NH_3 가스 중에서 500~500℃로 20~100시간 정도 가열한다.
- 경화 깊이를 깊게 하기 위해서는 시간을 길게 하여야 한다.
- 표면층에 Cr, Al, Mo 등의 합금성분이 단단한 경화층을 형성하며, 특히 Al은 경도를 높여주는 역할을 한다.

① 질화법 ② 침탄법 ③ 크로마이징 ④ 화염 경화법

해설 강의 표면경화 열처리의 종류

① 침탄법(고체, 가스, 액체)
② 질화법
③ 금속 침탄법
-Cr: 크로다이징
-Si: 실리코나이징
-Al: 칼로라이징
-B: 보로나이징
-Zn: 세라다이징
-방전 경화법
④ 화염 경화법
⑤ 고주파 경화법

5. 강의 표면경화법이 아닌 것은?

① 불림 ② 침탄법 ③ 질화법 ④ 고주파 열처리

해설 강의 표면경화법은 침탄법(고체, 가스, 액체침탄법), 질화법(암모니아로 표면 경화), 금속 침투법(크로마이징, 실리코나이징, 칼로라이징, 보로나이징, 세라다이징, 방전 경화법), 화염 경화법, 고주파 경화법 등이 있다.

정답 1. ④ 2. ③ 3. ① 4. ① 5. ①

7 용접부의 열영향 및 기계적 성질

- 탄소강이나 저합금강을 용접한 용접부의 마크로 단면은 용접금속, 열영향부 및 열영향을 받지 않는 모재 부분으로 구성되어 있으며 용접금속(weld metal)은 한번 용융한 금속이 응고된 부분이다. 주조 조직이 나타나 모재로부터 명확히 구분되며 용접금속과 모재의 경계를 본드(bond)라 하고, 본드 주위의 수mm 부분이 모재와 식별되는데 이를 열영향부(heat-affected zone)라고 한다.

• 오스테나이트강, 페라이트강, 합금강 및 알루미늄합금 등에서는 변태가 되지 않으므로 용접단면의 마크로 조직에서 펄라이트강처럼 뚜렷한 열영향부를 보기는 어렵지만 결정립의 조대화 또는 재결정, 기계적 및 물리적 성질의 변화가 나타나는 영역이 있다.

(1) 열영향부의 조직과 기계적 성질

① 열영향부가 임계온도영역(800~700℃) 부근까지 냉각되는 속도

용접법	냉각속도	
	℃/min	℃/s
가스용접	30~110	0.5~2
아크용접	110~5600	2~100
점용접	2800~22200	50~370

② **용접입열:** 용접으로 인해 용접선의 단위 길이에 가해지는 열량이 많을수록 냉각이 느려지며 용접선의 단위 길이당 용접입력은 $\frac{EI}{v}$ (E: 아크전압, I: 용접전류, v: 용접속도)로 나타낸다. 이 중 아크전압의 영향이 비교적 적고 아크전류가 클수록, 또한 용접속도가 느릴수록 용접입력이 커져 열영향부의 냉각속도가 느려진다. 비드의 시작점과 종료점 및 아크에서는 입열이 적으므로 냉각속도가 비교적 빠르다.

③ **이음형상:** 동일한 입열인 경우 이음현상이 모재 중으로 열을 쉽게 분사하거나 판 두께가 두꺼울수록, 또 맞대기용접보다 필릿용접인 경우에 냉각속도가 더 빠르며 예열한 후에는 냉각속도가 느려진다.

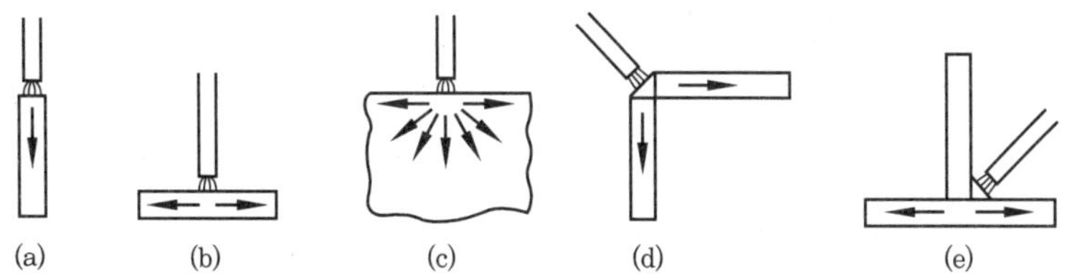

각종 이음모양에 따른 열의 확산방향(냉각속도 순서: (c)>(e)>(b)(d)>(a))

④ 열영향부의 조직과 기계적 성질

㈎ 열영향부 조직: 용접금속 부근(열영향부)의 모재는 강의 융점부터 실온에 이르는 모든 온도범위와 뚜렷한 구분 없이 연속적으로 복잡한 열 사이클을 받고, 특히 최고 가열온도가 모재의 낮은 쪽 변태점(A_{C1})보다 높을 경우에는 모재 조직에 큰 변화가 생겨 매크로 사진에서 까맣게 나타나 모재로부터 확실하게 식별된다

연강 용접부의 조직변화

구분	가열 온도(℃)	특징
용접금속	>1500	완전하게 용접한 후 응고된 부분이며 소지상 결정으로 이루어져 있다.
반용융부	>1400	모재의 일부는 용융 일부에 고체 상태로 남은 부분이며 조직이 거칠고 큰 조립부인 위드만스테텐 조직이 발달해 있다.
조립부	1400~1200	과열로 조립화된 곳으로 위드만스테텐 조직이 보인다.
미세부	1200~900	세립균질[노멀라이징 미세부(A_{C2} 이상으로 가열된 부분)]로 인성이 크다.
입상 펄라이트부	950~750	펄라이트가 세립상으로 분열된 부분이다(A_{C1}~A_{C2} 범위로 가열).
취화부	700~100	현미경 조직에는 변화가 없고 기계적 성질이 약간 취회된 부분이다.
모재 원질부	100~실제 온도	용접열의 영향을 받지 않아 모재의 원질부라고 한다.

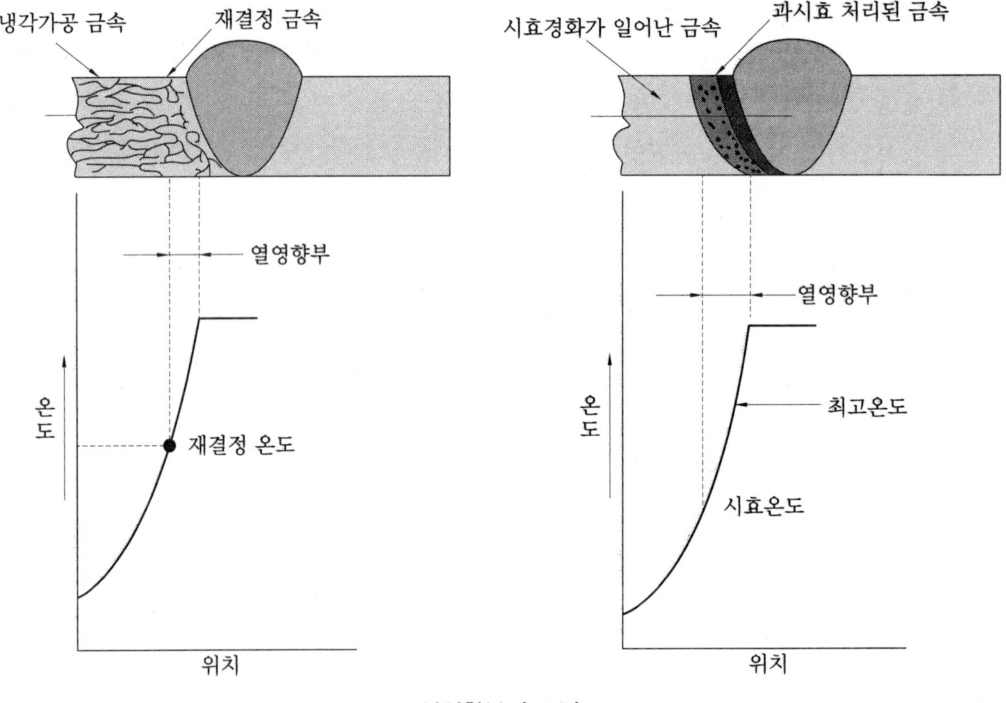

열영향부의 조직

(나) 기계적 성질과 온도분포

모재의 열영향부는 본드(bond)로부터 멀어짐에 따라 최고 가열온도가 낮아지고 냉각속도가 서랭하여 현미경 조직으로 나타나는 기계적 성질도 변하므로 인장시험으로 열영향부의 분포를 통한 기계적 성질을 분석하면 본드와 가까운 조립부는 담금질경화 때문에 강도가 증가하고 연신이 적고 취성을 가지며 불림 미세부는 기계적 성질, 특히 연성과 인성이 좋다.

(2) 열영향부에 발생되는 결함

① 용접균열의 종류

비드 균열, 비드밑 균열, 지단 균열, 라멜라테어 균열, 루트 균열, 경계역의 임계액화에 의한 고온균열, 저온균열 등이 있다.

② 열영향부 구속의 영향

루트 균열이나 지단 균열은 구속의 영향이 매우 크게 작용하는데 모재 두께가 두껍고 이음형상이 복잡할수록 용접부에 큰 구속응력을 일으킨다. 모재의 성분, 용접금속의 수소량, 계수의 구속도를 알면 균열 방지를 위한 예열 온도를 1440×균열 감수성지수−392 의 공식으로 구할 수 있다.

③ 열영향부의 취화

㈎ 용접 본드와 근접한 조립역에 제1단계의 충격치 계곡(노치)이 위치하고 세립역에서 일단 높아졌다가 약간 떨어진 곳에 제2단계 충격치 계곡이 존재한다. 취화 영역에서 제2의 취화는 가열온도가 낮아 조직변화를 보이지 않음에도 나타나므로 담금질 시효나 변형 시효라 불리는 C나 N 원자의 석출현상에 의한 것으로 볼 수 있다.

㈏ 담금질, 뜨임한 고장력강, 즉 조질강의 경우는 취화 영역보다 조립역의 충격치가 모재의 열처리로 재질이 향상되지만 용접열로 효과가 상실되기 때문이고, 조립역의 충격치는 냉각속도가 크고 마텐자이트가 증가할수록 높아지는 경향이 있다.

단원 예상문제

1. 다음 중 열영향부의 냉각속도에 영향을 미치는 용접조건이 아닌 것은?

① 용접전류　　② 아크전압
③ 용접속도　　④ 무부하 전압

해설 열영향부의 냉각속도는 용접입열과 관계가 있으며 용접부에 주어지는 열은 아크전류와 전압에 비례하여 증가하나 용접속도에는 반비례한다.

2. 청강의 용접시 열영향부에 대한 설명으로 틀린 것은?

① 탄소의 함량이 많을수록 경화 현상이 발생하기 쉽다.

② 오스테나이트까지 가열된 조직은 급랭으로 마텐자이트 조직이 된다.

③ 조직이 마텐자이트가 되면 경도가 증가한다.

④ 조직이 마텐자이트가 되면 연신율이 증가한다.

해설 마텐자이트 조직은 담금질 열처리시 나타나는 침상 조직으로 매우 강한 금속이고, 연신율이 감소한다.

3. 강의 용접 열영향부 조직 중 가열온도 범위가 900~1100℃이고 재결정으로 인해 미세화, 인성 등 기계적 성질이 양호한 것은?

① 조립역 ② 세립역

③ 모재원질역 ④ 취화역

해설 열영향부 조직의 연강용접부는 1500℃가 용접금속, 1500~1300℃는 본드부, 1250~1100℃ 혼립부, 1100~900℃ 미세부(세립역), 900~750℃ 입상 펄라이트 등으로 구분된다.

4. 용접 결합 중 비드밑(under bead) 균열의 원인이 되는 원소는?

① 산소 ② 수소

③ 질소 ④ 탄산가스

해설 비드밑 균열은 용접비드 바로 밑에서 용접선과 아주 가까이 거의 이와 평행하게 모재 열영향부에 생기는 균열로 용착금속 중의 수소, 용접응력 등이 원인이다.

5. 용접 열영향부에서 생기는 균열에 해당되지 않는 것은?

① 비드밑 균열(under bead crack)

② 세로 균열(longitudinal crack)

③ 지단 균열(toe crack)

④ 라멜라테어 균열(lamella tear crack)

해설 용접 열영향부에서 용접방향과 같거나 평행하게 생기는 균열을 세로 균열이라 한다. 용접금속 내에서 보통 용접선의 중심에 나타나며 크레이터 균열의 확장 때문에 주로 발생하고 표면으로의 확장은 용접부가 냉각될 때 일어난다.

6. 루트(root) 균열의 직접적인 원인이 되는 원소는?

① 황 ② 인

③ 망가니즈 ④ 수소

해설 루트 균열의 직접적인 원인은 열영향부의 경화성, 용접부에 함유된 수소량, 작용하는 응력 등이다.

7. **용접 열영향부의 경도 증가에 가장 큰 영향을 미치는 원소는?**

① 탄소 ② 규소
③ 망가니즈 ④ 인

해설 용접 열영향부의 경도는 냉각속도에 가장 큰 영향을 미치는 탄소당량 이외에 Mn, Si, P, Cu 등의 원소에 따라 달라진다.

8. **강의 충격시험 시의 천이온도에 대해 가장 올바르게 설명한 것은?**

① 재료가 연성파괴에서 취성파괴로 변화하는 온도 범위를 말한다.
② 충격시험한 시편의 평균 온도를 말한다.
③ 시험시편 중 충격값이 가장 크게 나타난 시편의 온도를 말한다.
④ 재료의 저온 사용한계 온도이나 각 기계장치 및 재료 규격집에서는 이 온도의 적용을 불허하고 있다.

해설 용접부의 천이온도는 금속재료가 연성파괴에서 취성파괴로 변하는 온도 범위를 말하며, 철강 용접의 천이온도는 최고 가열온도가 400~600℃이고, 이 범위 내에서 조직 변화는 없으나 기계적 성질이 나쁘다.

9. **비드 바로 밑에서 용접선과 평행하게 모재 열영향부에 생기는 균열은?**

① 층상 균열 ② 비드밑 균열
③ 크레이터 균열 ④ 라미네이션 균열

해설 비드밑 균열(under bead crack)은 저합금의 고장력강에 생기기 쉬운 균열로 용법비드 바로 밑에서 용접선과 아주 가까이 거의 이와 평행하게 모재 열영향부에 생기는 균열로서, 용접부에 급랭에 의한 열영향부의 경화, 마텐자이트의 생성에 따른 변태 응력 및 용착금속 중의 수소, 용접응력 등이 원인이다.

10. **루트 균열에 대한 설명으로 거리가 먼 것은?**

① 루트 균열의 원인은 열영향부 조직의 경화성이다.
② 맞대기용접이음의 가접에서 발생하기 쉬우며 가로 균열의 일종이다.
③ 루트 균열을 방지하기 위해 건조된 용접봉을 사용한다.
④ 방지책으로는 수소량이 적은 용접, 건조된 용접봉을 사용한다.

해설 루트 균열의 원인은 열영향부의 조직(강재의 경화성), 용접부에 함유된 수소량, 작용하는 응력 등이며, 방지책으로는 용접부에 들어가는 수소량을 최소한으로 줄이고, 용접봉의 건조, 예열, 후열 등을 정확하게 실시하여야 한다.

정답 1. ④ 2. ④ 3. ② 4. ② 5. ② 6. ④ 7. ① 8. ① 9. ② 10. ②

제 7 장 용접재료의 종류 및 전후처리

7-1 용접재료의 종류

용접성(weldability)이란 각 금속에 대한 용접의 난이도를 나타낼 때 쓰는 말이며 금속재료별 접합성과 용접이음(welded joint)의 사용상 성능을 포함한 넓은 의미로 해석되고 있다. 현재 용접용 재료의 종류가 철, 비철금속 등 헤아릴 수 없을 만큼 다양해지면서 그에 따른 일반적인 용접법도 40종 이상에 이른다. 또 같은 재료라도 사용되는 용접법에 따라 용접성이 달라지므로 적당한 용접법을 선택하는 것이 매우 중요하다.

1 탄소강의 용접

(1) 탄소강의 분류

① **순철:** 탄소 0~0.035%를 함유한 철

② **탄소강:** 탄소 0.035~2.0%를 함유한 철의 합금

③ **주철:** 탄소 2.0~6.68%를 함유한 철과 탄소의 합금

④ **합금강:** 탄소강에 원소를 하나 이상 첨가하여 그 성질을 실용적으로 개선시킨 강

탄소강으로 용접한 열교환기

(2) 저탄소강의 용접

저탄소강은 탄소 0.3% 이하를 함유한 강으로 보통 연강이라고도 하며 일반구조용강으로 널리 사용되고 있다. 연강은 다른 강보다 비교적 용접성은 좋으나 저온 상태(0℃ 이하)에서 용접할 때 저온취성과 노치부가 있으면 노치취성(notch brittleness) 등의 결함이 발생되고 재료 자체에 설퍼 밴드가 현저한 강이나 후판(t≧25mm)을 용접할 때에는 균열을 일으킬 위험이 있으므로 예열 및 후열, 용접봉의 선택 등에 주의해야 한다.

(3) 중탄소강의 용접 시험포인트

중탄소강은 탄소량이 증가하면 용접부에서 저온균열이 발생할 위험도 커지기 때문에 100~200℃로 예열할 필요가 있다. 또한 탄소량이 0.4% 이상인 강재는 후열 처리도 고려하여야 한다. 수소에 의한 저온균열로 피복아크용접(SMAW)에서는 저수소계 용접봉의 선정, 용접봉의 건조 및 예·후열 처리가 필요하며 서브머지드 아크용접(SAW)의 경우는 모재 희석에 의하여 탄소가 용접금속 중으로 이동하여 용접금속의 강도가 상승되므로 와이어와 플럭스를 선정할 때에는 용접부의 강도 수준을 충분히 고려하여야 한다.

(4) 고탄소강의 용접

고탄소강은 보통 탄소가 0.5~1.3% 함유된 강을 말하며, 연강과 비교하여 A_3(912℃) 이상의 온도에서 급랭하는 경우 냉각속도가 그 강의 임계 냉각속도 이상이면 마텐자이트 조직을 이루어 열영향부의 경화가 뚜렷해지므로 비드밑 균열 및 비드 위의 아크균열 등을 일으키기 쉽고, 모재와 같은 용접금속의 강도를 얻기에는 연신율이 적어 쉽게 용접균열을 일으킨다.

따라서 고탄소강의 용접 방법에서 아크용접은 탄소의 함유량과도 관계가 있어 일반적으로 200℃ 이상으로 예열하는데, 특히 탄소 함유량이 많은 것은 용접 직후 600~650℃로 후열하며 용접전류를 낮추고 용접속도를 느리게 하여야 한다. 용접봉으로는 저수소계 모재와 같은 재질의 용접봉 또는 연강 용접봉, 오스테나이트계 스테인리스강 용접봉, 특수강 용접봉 등이 사용된다.

(5) 주강의 용접

주강에는 탄소주강과 합금주강 등이 있다. 일반적인 주강제품은 두께가 두껍고 용접시 결정조직이 거칠고 크며 냉각속도 및 구속력이 크므로 피복아크 용접법이 많이 이용되고, 예열이나 후열이 필요한데 후열은 600~650℃로 탄소강과 같다. 용접봉의 경우 저탄소주강에는 연강용을 사용하고, 고탄소주강에는 저수소계 용접봉을 잘 건조시켜 사용한다.

단원 예상문제

1. 고장력강 용접시 일반적인 주의사항으로 틀린 것은?

① 용접봉은 저수소계를 사용한다.
② 아크길이는 가능한 길게 유지한다.
③ 위빙 폭은 용접봉 지름의 3배 이하로 한다.
④ 용접 개시 전에 이음부 내부 또는 용접할 부분을 청소한다.

해설 고장력강은 일반구조용 압연강재보다 높은 항복점 및 인장강도를 갖고 있어서 연강에 비해 규소, 망가니즈의 함유량이 많고 이외에 니켈, 크로뮴, 몰리브덴 등의 원소도 첨가되어 이들이 용접열영향부를 경화하고 연성을 감소시키므로 모재의 예열(80~150℃)이나 용접봉의 아크길이는 짧게 하여야 한다.

정답 1. ②

2 주철의 용접

(1) 개요

선철(pig iron)은 강과 마찬가지로 철과 탄소의 합금이며, 일반적으로 탄소 2.5~3.5%, 규소 1.5~2.5% 정도에 망가니즈, 황, 인 등이 포함되어 있다. 주철(cast iron)의 화학조성은 선철과 같으나, 보통 규소(Si)를 많이 첨가하여 용융점이 낮아 쉽게 주조할 수 있다.

주철은 연강에 비하여 용융점이 낮고 유동성이 좋으며 값이 싸므로 각종 주물의 제강에 사용되나, 급랭에 의한 백선화로 단단하여 부스러지기 쉬운 성질을 가지므로 연성이 거의 없고 가단성도 없는 것이 보통이다. 따라서 주철 용접은 주물의 결함을 보수하거나 파손된 주물을 수리하는 데 사용된다.

(2) 주철 용접이 어려운 이유 시험포인트

① 주철이 단단하고 취성을 갖기 때문에 용접부나 모재의 다른 부분에 균열이 생기기 쉽다.
② 탄소가 많기 때문에 용접시 많은 가스가 발생하여 기공이 쉽게 생긴다.
③ 용접열에 의하여 급하게 가열되고 급랭되어 용접부에 백선화로 인한 백주철이나 담금질 조직이 생겨 단단하기 때문에 절삭가공이 어려워진다.

(3) 주철 용접의 방법

주철 용접은 대부분 보수를 목적으로 하기 때문에 가스용접과 피복아크용접이 주로 사용된다. 가스용접 시공시에는 대체로 주철 용접봉을 쓰고, 예열 및 후열은 모재의 전체 온도 500~600℃가 적당하며 용제는 산화성 가스불꽃이 약간 환원성인 것이 좋다. 주물의 아크용접에는 모넬메탈 용접봉(Ni$\frac{2}{3}$, Cu$\frac{1}{3}$), 니켈봉 연강봉 등이 사용되며 예열하지 않아도 용접할 수 있다. 그러나 모넬 메탈, 니켈봉을 쓰면 150~200℃ 정도의 예열이 적당하고 용접에 의한 경화층이 생길 때는 500~650℃ 정도로 가열하면 연화된다.

(4) 주철 용접시의 주의사항 시험 포인트

① 가스 납땜에서는 과열을 피하기 위하여 토치와 모재 사이의 각도를 작게 한다.

② 가스 납땜의 경우 모재표면의 흑연을 제거하기 위하여 산화불꽃에서 약 900℃로 가열한다.

③ 피복아크용접시 연속적인 비드를 놓는 경우에는 용착금속 자체의 균열이나 모재의 융합부에 파열을 방지하기 위하여 적당한 예열(약 150℃)과 직선 비드로 비드 길이를 짧게 하고(약 50mm) 이 부분을 피닝(peening) 하면서 점차적으로 용접한다.

④ 균열이 생긴 주철은 다음과 같이 보수한다.

㈎ 균열 끝부분에 작은 구멍을 뚫어 균열의 성장을 방지한다.

㈏ 모재의 본바닥이 들어날 때까지 깊게 가공한 후 보수용접을 한다.

㈐ 용접전류는 필요 이상 높이지 말고 홈 밑을 둥글게 하여 용접봉 끝이 밑 부분까지 닿도록 해야 한다.

⑤ 파손된 주철은 대략 다음과 같이 보수 작업을 한다.

㈎ 보수할 재료가 크게 파단된 경우는 두께와 형상에 따라 V형 또는 X형 용접홈을 만든다.

㈏ 다층 비드를 놓아야 할 때는 이음면 끝에 [그림]과 같이 버터링(buttering)법으로 비드를 놓는 것이 적합하다.

버터링 방법에 의한 보수용접

참고 버터링

- 맞대기용접을 할 때 모재의 영향을 방지하기 위하여 홈 표면에 다른 종류의 금속을 표면 피복 용접하는 방법이다.
- 빵에 버터를 바르듯 모재와 융합이 잘되는 용접봉(주로 연강봉)으로 적당한 두께까지 용착시킨 후에 고장력강 용접봉이나, 연강과 잘 융합되는 모넬메탈 용접봉으로 용접하는 방법이다.

㈐ 모재와 용접금속의 접합면이 약한 경우는 [그림]과 같이 모재에 연강용 스터드(stud)를 박아 넣고 그 위를 연강용 저수소계 용접봉으로 용접한 뒤에 주철용접을 하면 이음강도가 커진다.

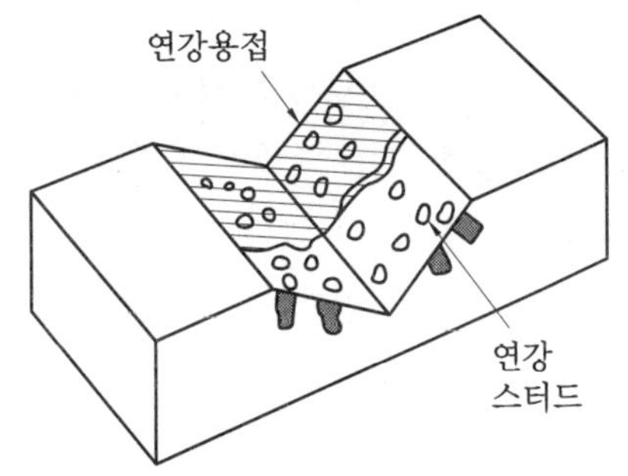

주철의 용접에 쓰인 스터드법

㈑ 비녀장법: 균열의 보수처럼 가늘고 긴 용접을 할 때는 용접선과 직각을 이루게 꺾쇠 모양으로 지름 6~10 mm 정도의 강봉을 박고 용접하는 방법이다.

㈒ 로킹법: 스터트 볼트 대신에 용접부 바닥면에 둥근 홈을 파고 이 부분에 걸쳐 힘을 받도록 하여 용접하는 방법을 말한다.

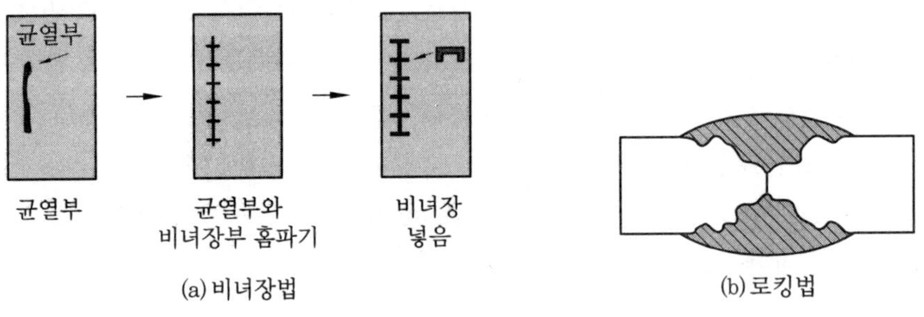

비녀장법과 로킹법

⑥ 보수할 재료의 모재 두께가 다르거나 로킹법처럼 복잡한 형상을 용접하는 경우에는 예열과 후열 후 서랭 작업을 반드시 행한다.

⑦ 주철의 용접시 주의사항

㈎ 보수용접을 행하는 본바닥이 나타날 때까지 잘 깎아낸 후 용접한다.

㈏ 용접전류는 필요 이상 높이지 말고 직선 비드를 배치하며 용입을 얕게 한다.

㈐ 용접봉은 될 수 있는 한 지름이 가는 것을 사용하며 비드 배치는 짧게 하여 여러 번 조작으로 완료한다.

㈑ 가열되어 있을 때 피닝 작업을 하여 변형을 줄인다.

㈒ 두꺼운 판이나 복잡한 형상을 용접할 때는 예열과 후열 후에 서랭한다.

㈓ 가스용접에서는 중성 불꽃 또는 약한 탄화불꽃을 이용하고 용제(flux)를 충분히 사용한다.

단원 예상문제

1. 주철 용접이 곤란한 이유 중 맞지 않은 것은?

① 수축이 많아 균열이 생기기 쉽다.
② 용융금속 일부가 연화된다.
③ 용착금속에 기공이 생기기 쉽다.
④ 흑연의 조대화 등으로 모재와의 친화력이 나쁘다.

해설 주철 용접이 곤란한 이유
㉠ 탄소량이 많아 수축이 크고 급열, 급랭으로 인해 용접부에 백선화가 일어나 절삭가공이 곤란하고 균열이 쉽게 발생하며 기포 발생이 많다.
㉡ CO 가스가 생겨 기공이 쉽게 발생하고 장시간 가열하여 흑연이 조대화한 경우, 주철 속에 흙, 모래 등이 있는 경우에 용착불량이 일어나거나 모재와의 친화력이 나빠진다.

2. 주철의 용접이 곤란하고 어려운 이유에 대한 설명으로 틀린 것은?

① 주철은 연강에 비하여 여리며 주철의 급랭에 의한 백선화로 수축이 많아 균열이 생기기 쉽기 때문이다.
② 주철 속에 기름, 흙, 모래 등이 있는 경우에 용착이 불량하거나 모재와의 친화력이 나빠지기 때문이다.
③ 일산화탄소 가스가 발생하여 용착금속에 기공이 생기기 쉽기 때문이다.
④ 크로뮴 탄화물이 결정립계에 석출하기 쉽기 때문이다.

해설 주철은 1320℃에서 초정으로 감마 고용체가 정출되어 고체로 변해 크로뮴 탄화물이 없다.

3. 주철의 용접시 주의사항으로 틀린 것은?

① 용접전류는 필요 이상 높이지 말고 지나치게 용입을 깊게 하지 않는다.
② 비드의 배치는 짧게 하여 여러 번 조작으로 완료한다.
③ 용접봉은 가급적 지름이 굵은 것을 사용한다.
④ 용접부를 필요 이상 크게 하지 않는다.

해설 주철의 용접시 주의사항
㉠ 용접봉은 될 수 있는 한 지름이 가는 것을 사용한다.
㉡ 보수용접을 행하는 경우는 본바닥이 나타날 때까지 잘 깎아낸 후 용접한다.
㉢ 균열의 보수는 균열의 성장을 방지하기 위해 균열의 끝에 정지구멍을 뚫는다.
기타 주의사항은 ①, ②, ④항 등이다.

정답 1. ② 2. ④ 3. ③

3 스테인리스강의 용접

(1) 개요

철에 크로뮴(Cr)을 첨가하면 산화크로뮴 피막을 형성하여 산화, 침식에 잘 견디는 성질을 가지게 되는데 이처럼 내식성이 좋은 강을 스테인리스강(stainless steel)이라 한다. 저탄소강에 Cr, Cr−Ni 또는 Cr−Ni에 Mo, Cu, Ti 등을 약간 첨가시키는 스테인리스강도 있으며 가정용 식기용구, 터빈, 의료기구, 화학용 등에 중요한 재료로 사용되고 있다.

(2) 스테인리스강의 종류

① 오스테나이트계 스테인리스강: Cr−Ni계
② 페라이트계 스테인리스강: Cr계
③ 마텐자이트계 스테인리스강: Cr계

(3) 스테인리스강의 용접

① 피복금속 아크용접

현재 가장 많이 이용되는 용접법의 하나로 아크열의 집중이 좋고, 고속도 용접이 가능하며, 용접 후의 변형도 비교적 적다. 최근에는 용접법이 발달하면서 판두께 0.8mm에도 이용되고 있다. 용접전류는 탄소강일 때보다 10~20%를 낮게 하면 좋은 결과를 얻을 수 있으며 직류인 경우는 역극성을 사용하고 피복제는 라임계와 티탄계가 많이 이용된다.

② 불활성가스 아크용접법

스테인리스강의 용접에 광범위하게 사용되며 TIG 용접은 0.4~8mm 정도의 얇은 판의 용접에 사용되고 용접전류는 직류정극성(DCSP: direct current straight polarity)이 좋고 전극은 토륨이 들어 있는 것이 좋다. MIG 용접법은 TIG 용접법보다 두꺼운 판에 이용되고 심선은 0.8~1.6mm 정도이며 직류역극성(DCRP: direct current reverse polarity)으로 시공하고 아크의 열집중이 좋다.

단원 예상문제

1. 오스테나이트계 스테인리스강의 용접시 발생하기 쉬운 고온균열에 영향을 주는 합금원소 중에서 균열의 증가에 가장 관계가 깊은 원소는?

① C ② Mo ③ Mn ④ S

해설 고온(적열취성) 균열에 영향을 주는 것은 황(S)이다.

2. 오스테나이트계 스테인리스강의 용접시 고온균열의 원인이 아닌 것은?

① 아크길이가 짧을 때
② 크레이터 처리를 하지 않을 때
③ 모재가 오염되어 있을 때
④ 구속력이 가해진 상태에서 용접할 때

해설 용접 후 고온균열의 원인
① 모재가 오염되어 있거나 아크길이가 길 때
② 구속력이 가해진 상태에서 용접할 때
③ 크레이터 처리를 하지 않은 경우

3. 오스테나이트계 스테인리스강의 용접시 용접하여 가열한 후 급랭시키는 이유로 가장 적합한 것은?

① 고온 크랙(crack)을 예방하기 위하여
② 기공의 확산을 막기 위하여
③ 용접 표면에 부착한 피복제를 쉽게 털어내기 위하여
④ 입간부식을 방지하기 위하여

해설 18-8 오스테나이트 스테인리스강의 용접시 주의사항
① 예열을 하지 않고, 층간 온도가 320℃ 이상을 넘어서는 안 된다.
② 낮은 전류로 용접하여 용접입열을 억제하고 짧은 아크길이를 유지한다.
③ 용접봉은 모재와 동일 재질을 사용하며 가능한 한 가는 것을 사용 후 크레이터 처리한다.
④ 용접 후에 급랭으로 입계부식을 방지한다.

4. 오스테나이트계 스테인리스강의 용접시 유의사항으로 틀린 것은?

① 예열을 한다.
② 짧은 아크길이를 유지한다.
③ 아크를 중단하기 전에 크레이터 처리를 한다.
④ 용접입열을 억제한다.

해설 오스테나이트계 스테인리스강의 용접시 유의사항
① 예열을 하지 말아야 한다.
② 층간 온도가 320℃ 이상을 넘지 말아야 한다.
③ 짧은 아크길이를 유지한다.
④ 아크를 중단하기 전에 크레이터 처리를 한다.
⑤ 용접봉은 모재의 재질과 동일한 것을 쓰며 될수록 가스는 용접봉을 사용한다.
⑥ 낮은 전류값으로 용접하여 용접입열을 억제한다.

정답 1. ④ 2. ① 3. ④ 4. ①

4 구리와 구리합금의 용접

(1) 구리의 성질과 용접 개요

① 전기 및 열의 양도체로 전도율이 높고 냉각효과가 크다.
② 산화구리 부분은 순수한 구리보다 용융점이 약간 낮고 균열이 쉽게 발생한다.
③ 수소처럼 확산성이 큰 가스를 석출하고 그 압력 때문에 더 많은 결함을 갖게 된다.
④ 용융점 이외에는 변태점이 없으나 합금으로 재질을 개량할 수 있다.
⑤ 용융시 심한 산화를 일으키며 가스를 흡수하여 기공을 만든다.
⑥ 유연하고 전연성이 좋아 가공성이 우수하다.

(2) 구리합금의 용접조건

① 구리보다 예열온도가 낮아도 된다.
② 예열은 연소기, 가열로 등을 사용하여 행한다.
③ 용접 이음부 및 용접봉을 깨끗이 한다.
④ 용가재는 모재와 같은 재료를 사용한다.
⑤ 비교적 큰 루트간격과 홈각도를 취한다.
⑥ 가접은 비교적 많이 한다.
⑦ TIG 용접에서도 예열 중에 산화가 많을 때는 적당한 용제를 사용한다.
⑧ 용접봉은 토빈(torbin) 청동봉, 규소청동봉, 인청동봉, 에버듀르(everdur) 봉 등이 많이 사용된다.
⑨ 용제 중 붕사($Na_2B_4O_7 \cdot 10H_2O$)는 황동, 알루미늄청동, 규소청동 등의 용접에 많이 사용된다.

7-2 용가재의 선택사항과 성분 및 기능

(1) 용가재의 선택사항

① 모재의 화학적 성분
② 모재의 기계적 성질
③ 사용할 보호가스
④ 용접부 이음형상
⑤ 사용 또는 적용에 요구되는 규격의 종류

(2) 용가재의 성분 및 기능

용가재는 여러 용접법의 종류와 모재에 맞추어 철 및 비철금속으로 되어 있다. 용가재(또는 와이어)에 따라 함유된 성분도 다르다.

① 철재료는 Si, Mn, Al, C, Ni, Cr 등과 함께 혼합하여 특성 및 용도별로 사용된다(각 원소는 재료 분야에서 확인).

② 비철재료는 알루미늄과 구리 및 구리합금 등이 재료에 맞추어 사용된다.

단원 예상문제

1. 동합금의 용접성에 대한 설명으로 틀린 것은?

① 순동은 좋은 용입을 얻기 위해서 반드시 예열이 필요하다.
② 알루미늄 청동은 열간에서 강도나 연성이 우수하다.
③ 인청동은 열간취성의 경향이 없으며, 용융점이 낮아 편석에 의한 균열 발생이 없다.
④ 황동에는 아연이 다량 함유되어 있어 용접시 증발에 의해 기포가 발생하기 쉽다.

해설 동합금에서 인청동의 아크용접은 인 청동봉이 가장 좋으며, 용접은 빠른 속도로 용접한 뒤에 열간 피닝작업으로 결정조직을 미세화하여 인장강도와 연성을 증가시키는 것이 좋다.

정답 1. ③

7-3 용접재료의 관리

1 용접재료 관리자가 갖추어야 할 지식

① 각종 용접재료에 대한 용접성 및 물리, 화학적 성질
② 용접이음의 강도와 변형 등 모든 특성
③ 용접 구조물에 가해지는 여러 조건에 의한 응력
④ 각종 용접 시공법의 종류에 따른 특성
⑤ 정확한 용접비용(적산)의 산출
⑥ 정확한 용접시공의 사후처리방법(예열, 후열, 검사법 등)의 선정

7-4 용접 전후처리

1 예열

용접금속은 일정 조건하에서 급랭되면 열영향부에 경화 및 균열 등이 쉽게 생기므로 예열해 냉각속도를 느리게 하여 용접할 필요가 있다.

① 비드밑 균열을 방지하기 위해서는 재질에 따라 홈을 50~350℃ 정도로 예열해 냉각속도를 느리게 하여 용접한다.

② 연강이라도 기온이 0℃ 이하이면 저온균열을 일으키기 쉬우므로 용접이음의 양쪽 약 100mm 너비를 40~70℃로 가열하는 것이 좋다.

③ 연강 및 고장력강의 예열온도는 탄소당량을 기초로 하여 [그림]과 같이 예열하며 여기서 원소기호는 무게비의 값이고, 합금원소가 많아져 탄소당량이 커지든지 판이 두꺼워지면 용접성이 나빠지므로 예열온도를 높여야 한다.

$$\text{탄소당량}(C_{eq}) = \mathrm{C} + \frac{1}{6}\mathrm{Mn} + \frac{1}{24}\mathrm{Si} + \frac{1}{40}\mathrm{Ni} + \frac{1}{5}\mathrm{Cr} + \frac{1}{4}\mathrm{Mo} + \frac{1}{14}\mathrm{v}$$

용접성 분류	일미나이트계 용접봉 예열(℃)	저수조계 용접봉 예열(℃)
(Ⅰ) 수	예열 불필요	예열 불필요
(Ⅱ) 우	>40~100	>-10
(Ⅲ) 양	>150	>40~100
(Ⅳ) 가	>150~200	>100

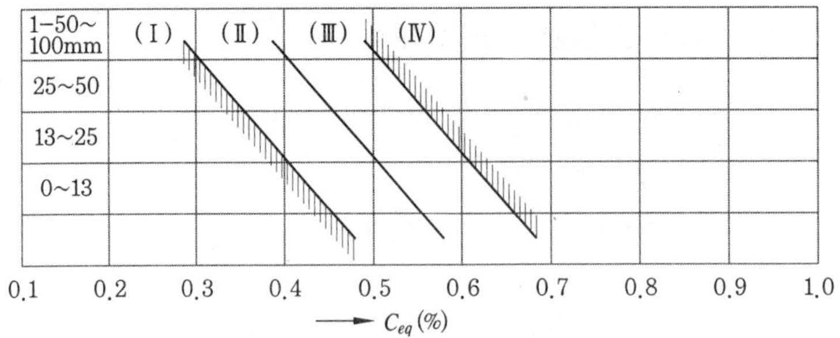

탄소당량을 기초로 한 연강 및 고장력강의 용접조건

(4) 모재의 온도 확산율

모재의 열전도율 K값이 클수록 용접열은 모재 쪽으로 넓게 전도되므로 모재 온도가 상승하는 양은 온도 확산율 K_1에 따라 결정된다.

$$K_1 = \frac{K}{C\rho} \text{ [cm}^2\text{/s]}$$

C: 비열(cal/g℃), ρ: 밀도(g/cm^2), K: 열전도율(cal/cm·s℃)

2 후열처리

후열은 모재 성분에 따라 정해진 온도와 시간으로 후열을 해준다(주철은 50~600℃로 예열 및 후열한다).

3 응력풀림 처리

(1) 노내 풀림법

효과적이므로 응력제거 열처리법 중에서 가장 많이 이용되고 있다. 제품 전체를 가열로 안에 넣고 적정 온도에서 일정 시간을 유지한 다음, 노내에서 서랭하는 방법이다.

① 일정 한계 내에서 유지온도가 높고 유지시간이 길수록 잔류응력 제거효과가 크다.
② 연강 종류는 제품의 노내를 출입시키는 온도가 300℃를 넘어서는 안 된다.
※ 300℃ 이상에서의 가열 및 냉각속도 R은 다음 식을 만족시켜야 한다.

$$R \leqq 200 \times \frac{25}{t} \text{[℃/h]}$$ t: 가열부의 용접부 최대두께(mm)

③ 판두께가 25mm 이상되는 탄소강의 경우에는 일단 600℃부터 온도가 10℃ 내려갈 때마다 유지시간을 20분씩 길게 잡는다(온도를 너무 높이지 못할 경우).
④ 구조물의 온도가 250~300℃ 이내로 냉각되면 대기 중에서 방랭하는 것이 보통이다.

(2) 국부 풀림법

현장에서 용접된 것이나 제품이 커서 노내에 넣어 풀림을 하지 못할 경우 용접선의 좌우 양측 250mm의 범위 혹은 판두께의 12배 이상 범위를 유도가열 및 가스불꽃으로 가열하여 국부적으로 풀림 작업하는 것으로 잔류응력이 발생할 염려가 있다.

단원 예상문제

1. 용접부의 풀림처리의 효과는?

① 잔류응력의 감소를 가져온다.
② 잔류응력이 증가된다.
③ 조직이 조대화한다.
④ 취성화가 증대된다.

해설 풀림처리는 용접 후 잔류응력의 제거효과를 얻으려는 것으로, 응력제거 방법은 노내 풀림법, 국부 풀림법, 저온응력 완화법, 기계적 응력 완화법, 피닝법 등이 있다.

2. 일반구조용 압연강재의 응력제거 방법 중 노내의 국부풀림 유지온도는?

① 350±25℃ ② 550±25℃ ③ 625±25℃ ④ 725±25℃

해설 노내 및 국부풀림의 유지온도와 시간

① 보일러용 압연강재, 일반구조용 압연강재, 용접구조용 압연강재, 탄소강 단강품, 탄소강 주강품은 625±25℃의 유지온도로 판두께 25mm에 대해 1시간(h)이 적당하다.

② 보일러용 강관, 고압고온 배관용 강관, 화학공업용 강관은 625±25℃가 판두께 25mm에서 1시간, 725±25℃가 판두께 25mm에서 2시간을 유지해야 한다.

3. 응력제거풀림의 효과에 대한 설명으로 틀린 것은?

① 치수 틀림의 방지 ② 열영향부의 템퍼링 연화

③ 충격저항의 감소 ④ 크리프 강도의 향상

해설 응력제거풀림은 주조, 단조, 압연, 용접 및 열처리에 의해 발생된 열응력과 기계가공에 의해 발생된 내부응력을 제거할 목적으로 약 150~600℃의 낮은 온도에서 실시하는 풀림이다. 충격저항의 감소 효과는 없다.

4. 용접부를 풀림처리 했을 때 얻는 효과는?

① 잔류응력 감소 및 경화부가 연화된다. ② 잔류응력이 커진다.

③ 조직이 조대화하며 취성이 생긴다. ④ 별로 변화가 없다.

해설 용접부의 용접후 풀림처리는 내부응력을 완화하는 데 큰 목적이 있고 잔류응력이 감소한다.

5. 응력제거풀림에 의한 효과에 해당되지 않는 것은?

① 용접 잔류응력이 제거된다.

② 응력부식에 대한 저항력이 증대된다.

③ 용착금속 중의 수소 제거에 의한 연성이 증대된다.

④ 충격저항이 감소하고 크리프 강도가 향상된다.

해설 ①, ②, ③ 외에 치수 틀림의 방지, 열영향부의 템퍼링 연화, 충격저항 증대, 크리프 강도의 향상, 강도 증대 등의 효과가 있다.

6. 노내 풀림법으로 잔류응력을 제거하고자 할 때 연강재 용접부의 최대 두께가 25mm인 경우 가열 및 냉각속도 R이 만족시켜야 하는 식은?

① $R \leq$ 500[deg/h] ② $R \leq$ 200[deg/h] ③ $R \leq$ 300[deg/h] ④ $R \leq$ 400[deg/h]

해설 노내 풀림법에서 판두께가 25mm 이상인 연강재의 경우는 일단 600℃부터 온도가 10℃ 내려갈 때마다 유지시간을 20분씩 길게 잡으면 되므로 300℃ 이상에서는 가열 및 냉각속도 R은 $R \leq 200 \times 25/t$[deg/h]이다.

정답 1. ① 2. ③ 3. ③ 4. ① 5. ④ 6. ②

Industrial Engineer Welding 

제 2 편
용접 설비제도

제 1 장 제도통칙 및 제도용구

1-1 제도통칙

1 제도의 개요

제도(drawing)는 기계나 구조물(건축 포함)의 모양과 크기를 일정한 규격에 따라 점, 선, 문자, 숫자, 기호 등을 사용하여 도면을 작성하는 과정을 말한다. 기계제도는 기계의 제작, 설치, 구조, 기능, 취급법, 모양, 크기(치수), 재료, 가공, 공정 등을 간단하고 정확하게 전달할 수 있어야 하고 여기에는 제작도가 중심이 된다.

2 제도의 규격

각국의 표준규격

제정 연도	각국 명칭	표준 규격 기호
1966	한국 산업 규격(Korea Industrial Standards)	KS
1901	영국 규격(British Standards)	BS
1917	독일 규격(Deutsches Institute für Normung)	DIN
1918	스위스 규격(Schweitzerish Normen-Vereinigung)	SNV
1918	미국 규격(American National standard Industrial)	ASA
1947	일본 공업 규격(Japanese Industrial Standards)	JIS
1952	국제 표준화 기구(International Organization for Standardization)	ISO

한국 산업 규격(KS)의 분류기호

기호	부문	기호	부문
A	기본	G	일용품
B	기계	H	식료품
C	전기	K	섬유
D	금속	L	요업
E	광산	M	화학
F	토건	W	항공

KS 기계부문 분류

KS 규격번호	부문	KS 규격번호	부문
B 0001~0891	기계기본	B 5301~5531	특정계산용, 기계기구, 물리기계
B 1000~2403	기계요소	B 6001~6430	일반기계
B 3001~3402	공구	B 7001~7702	산업기계
B 4001~4606	공작기계	B 8007~8591	수송기계

단원 예상문제

1. 표준규격(제도규격)을 제정하는 목적을 설명한 것 중에서 틀린 것은?

① 설계자의 의도를 오해 없이 정확하게 전달하기 위하여
② 생산능률을 향상시키고 제품의 호환성 확보를 위하여
③ 품질 향상에 기여하고 원가를 절감할 수 있도록 하기 위하여
④ 국제 표준화기구와 다른 나라와의 차이를 두기 위하여

해설 표준규격이라 함은 어느 설계자가 설계하더라도 다른 사람들이 설계도를 보고 이해할 수 있게 하기 위한 것이며 세계적으로 통용되는 ISO가 있고, 각 국가별로 실정에 맞는 표준규격을 제정한 KS(우리나라), JIS(일본) 등이 있다.

2. 국가 및 기구에 대한 규격기호를 틀리게 연결한 것은?

① 국제표준화 기구－ISO ② 미국－USA
③ 일본－JIS ④ 스위스－SNV

해설 미국의 규격기호는 ANSI이다.

3. KS의 부문별 분류기호 중 B에 해당하는 분야는?

① 기본 ② 기계
③ 전기 ④ 조선

해설 KS의 부문별 분류기호: A(기본), B(기계), C(전기), D(금속), E(광산), F(토건), G(일용품), H(식료품), K(섬유)

4. KS의 부문별 분류기호에서 V는 어느 부문을 뜻하는 것인가?

① 금속 ② 기계
③ 조선 ④ 광산

해설 KS의 부문별 분류기호

A	B	C	D
기본	기계	전기	금속
E	F	G	H
광산	토건	일용품	식료품
K	L	M	P
섬유	요업	화학	의료
R	V	W	X
수송기계	조선	항공	정보산업

정답 1. ④ 2. ② 3. ② 4. ③

1-2 도면의 종류와 크기

1 도면의 종류

도면은 그 용도와 내용 및 표현형식에 따라 [표]와 같이 종류가 다양하다. 특히 제작도가 많이 사용되며 부품도와 조립도가 이에 속한다.

여러 가지 분류법에 따른 도면의 종류

분류 기준	도면 종류	설명
용도	계획도(scheme drawing)	제작도 등을 만들기 위한 기초 도면
	제작도(working drawing)	제품을 만들 때 사용되는 도면
	주문도(drawing for order)	주문서에 첨부되어 주문하는 물품의 모양, 기능 등의 개요를 주문 받는 사람에게 제시하는 도면
	승인도(approved drawing)	실제로 시공, 제작해도 좋다는 것을 승인한 도면
	견적도(estimation drawing)	견적서에 붙여서 조회자에게 주는 도면
	설명도(explanation drawing)	사용자에게 필요한 구조, 기능, 취급법 등의 정보를 나타낸 도면
내용	전체 조립도(assembly drawing)	전체의 조립 상태를 나타내는 도면
	부분 조립도(part assembly drawing)	일부분의 조립 상태를 나타내는 도면
	부품도(part drawing)	부품을 개별적으로 상세하게 그린 도면
	배선도(wiring diagram)	전선의 배치를 나타내는 도면
	배관도(piping diagram)	각종 관의 배치를 나타내는 도면
	기초도(foundation drawing)	기계나 건물의 기초 공사에 필요한 도면
	설치도(setting drawing)	보일러, 기계 등의 설치 관련 사항을 나타내는 도면
	배치도(layout drawing)	기계나 장치 등의 설치 위치를 나타내는 도면
	장치도(equipment drawing)	각 장치의 배치, 제조공정 등의 관계를 나타내는 도면
표현 형식	외형도(outside drawing)	대상물의 외관 및 최소한의 필요 치수를 나타낸 도면
	전개도(development drawing)	물체, 건조물 등의 표면을 평면에 전개한 도면
	곡면선도(curved surface lines)	선박, 자동차 등의 복잡한 곡면을 나타내는 도면
	선도(diagrammatic drawing)	기호와 선을 사용하여 장치·플랜트(plant)의 기능 등 계통도를 나타내는 도면
	• 계통도(system diagram)	배관, 전기 장치의 결선 등의 계통을 나타내는 도면
	• 구조선도(skeleton drawing)	기계나 구조물의 골조를 나타내며 구조계산 도면
	입체도(pictorial drawing)	축측 투상법, 사 투상법 또는 투시 투상법에 의해서 입체적으로 표현한 그림의 총칭

단원 예상문제

1. **건설 또는 제조에 필요한 정보를 전달하기 위한 도면으로 제작도가 사용되는데, 이 종류에 해당되는 것으로만 조합된 것은?**

① 계획도, 시공도, 견적도 ② 설명도, 장치도, 공정도
③ 상세도, 승인도, 주문도 ④ 상세도, 시공도, 공정도

해설 제작에 필요한 모든 정보를 전달하기 위한 도면으로는 공정도, 시공도, 상세도 등이 있다.

2. **도면의 분류 중 표현형식에 따른 설명으로 틀린 것은?**

① 선도: 투시 투상법에 의해서 입체적으로 표현한 그림의 총칭이다.
② 전개도: 대상물을 구성하는 면을 평면으로 전개한 그림이다.
③ 외형도: 대상물의 외관 및 최소한의 필요 치수를 나타낸 도면이다.
④ 곡면선도: 선체, 자동차 차체 등의 복잡한 곡면을 여러 개의 선으로 나타낸 도면이다.

해설 도면은 표현형식에 따라 외형도, 전개도, 곡면선도, 선도, 입체도 등의 종류가 있다. 선도는 기호와 선을 사용하여 장치, 플랜트의 기능, 그 구성 간의 상호 관계, 물건, 에너지, 정보의 계통 등을 나타낸 도면이며 계통도, 구조선도 등이 그에 해당된다.

정답 **1.** ④ **2.** ①

2 도면의 크기

기계 제도에 사용되는 도면 용지는 크기에 따라 KS B 0001에서 A0~A5까지 6종으로 [표]와 같이 규정되어 있다. 도면은 길이방향을 좌우방향으로 놓고 그리는 것이 원칙이지만, A4 이하의 도면에서는 예외로 세로방향을 좌우로 놓고서 사용해도 무방하다. 도면의 크기는 폭과 길이로 나타나는데, 그 비율은 $1:\sqrt{2}$ 이고 A0의 단면적은 $1m^2$이다. 도면을 접을 때에는 표제란이 겉으로 나오게 하여 A4 크기로 접는 것이 원칙이며 윤곽선은 굵은 실선으로 그린다.

제도용지의 크기와 테두리 치수 (단위: mm)

크기의 호칭			A0	A1	A2	A3	A4	A5	A6
도면의 테두리	$a \times b$		841×1189	594×841	420×594	297×420	148×297	148×210	105×148
	c(최소)		10	10	10	5	5	5	5
	d 최소	철하지 않을 때	10	10	10	5	5	5	5
		철할 때	25	25	25	25	25	25	25

크기의 호칭	B0	B1	B2	B3	B4	B5	B6
$a \times b$	1030×1456	728×1030	515×728	364×515	257×354	182×257	128×182

※ 표의 a, b, c, d는 [그림 도면의 테두리]를 기초로 하며 B열은 사무용 규격으로 사용되고 있다.

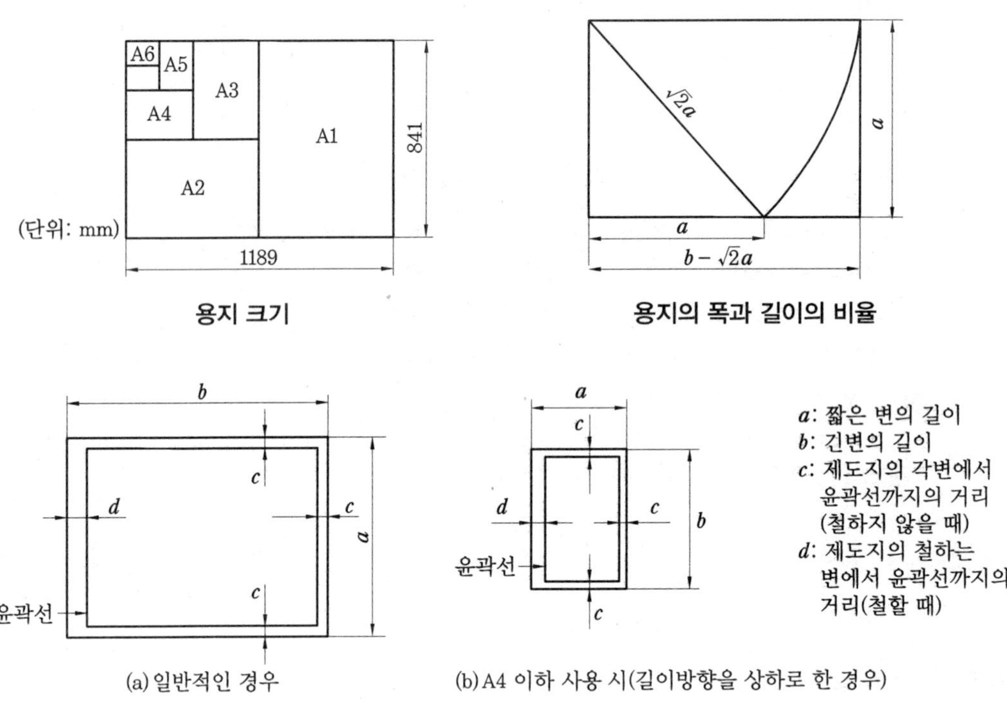

용지 크기

용지의 폭과 길이의 비율

(a) 일반적인 경우

(b) A4 이하 사용 시(길이방향을 상하로 한 경우)

도면의 테두리

※ d 부분은 도면을 접었을 때 표제란의 좌측에 위치하게 한다.

단원 예상문제

1. 도면을 마이크로필름으로 촬영하거나 복사할 때, 편의를 위하여 윤곽선 중앙에서부터 용지의 가장자리까지 굵기 0.5 mm의 수직선으로 그은 선은?

① 중심 마크 ② 비교 눈금 ③ 도면의 구역 ④ 재단 마크

해설 중심 마크는 윤곽선에서부터 도면 가장자리까지 굵기 0.5mm의 직선으로 표시하며 도면의 4변 각 중앙에 표시한다.

2. 도면 크기의 종류에서 A2의 치수는 얼마인가?

① 420×594 ② 594×841 ③ 297×420 ④ 841×1189

해설 도면의 크기는 ④가 A0, ② A1, ① A2, ③ A3이다.

3. 도면의 윤곽선은 KS 규격에 규정된 간격으로 그려야 한다. A3 도면을 철하는 경우에 용지의 가장자리에서부터 최소 얼마의 간격을 띄워야 하는가?

① 10 mm ② 20 mm ③ 25 mm ④ 30 mm

해설 도면을 철할 때에는 용지규격과 관계없이 도면 가장자리로부터 25mm를 띄워야 한다.

4. 도면의 일반적인 보관방법에 대한 설명으로 틀린 것은?

① 트레이싱도는 접어서는 안 되므로 펼친 그대로 수평, 수직 또는 말아서 원통으로 보관한다.
② 복사도는 접어서 보관하므로 접을 때는 도면의 중앙부가 표면에 오도록 한다.
③ 복사도를 접을 때에는 A4 크기로 접는다.
④ 마이크로필름은 영구 보존의 정확성을 기한다.

해설 큰 도면의 복사도를 접을 때는 A4 크기로 접고, 표제란이 표면의 아래쪽에 오도록 하여 철하거나 봉투 등에 보관한다.

5. 도면의 보관방법 및 출고에 대한 설명으로 가장 거리가 먼 것은?

① 원도는 화재나 수해로부터 안전하도록 방재 처리를 한 도면 보관함에 격리하여 보관한다.
② 도면 보관함에는 도면번호, 도면크기 등을 표시하여 사용하기 쉽게 한다.
③ 복사도는 출고용 도장을 찍지 않아도 사용이 가능하며, 도면이 심하게 파손되었을 때는 현장에서 즉시 태워 버린다.
④ 원도는 도면을 변경하고자 하는 이외에는 출고하지 않으며, 곧바로 생산 현장에 출고할 때는 복사도를 출고한다.

해설 복사도는 표제란이 겉으로 나오게 A4 크기로 접어 보관한다.

6. 도면 크기의 치수가 "841×1189"인 경우 호칭 방법은?

① A0 ② A1 ③ A2 ④ A3

해설 도면의 치수

- A0: 841×1189
- A1: 594×841
- A2: 420×594
- A3: 297×420
- A4: 210×297

7. 도면에 사용하는 윤곽선의 굵기로 가장 적합한 것은?

① 0.2mm ② 0.25mm ③ 0.3mm ④ 0.5mm

해설 도면의 구역은 25~75mm의 적절한 간격으로 0.5mm 이상 굵기의 실선으로 윤곽선을 긋고 윤곽선으로부터 바깥쪽으로 5mm를 긋는다.

8. 도면에 마련해야 하는 양식에 관한 설명 중 틀린 것은?

① 비교 눈금은 도면 용지의 가장자리에서 가능한 한 윤곽선에 겹쳐서 중심마크와 대칭으로, 너비는 최대 5mm로 배치한다.

② 윤곽선은 최소 0.5mm 이상의 실선으로 그리는 것이 좋다.

③ 도면을 마이크로필름으로 촬영하거나 복사할 때 편의를 위하여 중심마크를 표시한다.

④ 부품란에는 도면 번호, 도면 명칭, 척도, 투상법 등을 기입한다.

해설 부품란은 도면의 오른쪽 윗부분에, 또는 도면의 오른쪽 아래의 표제란 위에 위치하며, 품번, 품명, 재질, 수량, 무게, 공정, 비고란 등을 기입한다.

정답 1. ① 2. ① 3. ③ 4. ② 5. ③ 6. ① 7. ④ 8. ④

3 치수의 단위

(1) 길이 단위

밀리미터(mm) 단위를 원칙으로 하고 기호는 붙이지 않으나 다른 단위를 사용할 때에는 명시한다.

(2) 각도 단위

보통 '도'로 표시하며 필요에 따라 '분', '초'를 병용한다.

4 척도

도면 크기와 실물 크기의 비율을 척도(scale)라 하며 도면의 표제란에 기입한다.

(1) 척도의 종류

① **현척(full scale)**: 실물과 같은 크기로 그린 것

② **축척(contraction scale)**: 실물보다 축소하여 그린 것

③ **배척(enlarged scale)**: 실물보다 확대하여 그린 것

현척, 축척 및 배척의 값

구분	값
현척	$\frac{1}{1}$
축척	$\frac{1}{2}, \frac{1}{2.5}, \frac{1}{3}, \frac{1}{4}, \frac{1}{5}, \left(\frac{1}{8}\right), \frac{1}{10}, \frac{1}{20}, \left(\frac{1}{25}\right), \frac{1}{50}, \frac{1}{100}, \frac{1}{200}, \left(\frac{1}{250}\right), \left(\frac{1}{500}\right)$
배척	$\frac{2}{1}, \frac{5}{1}, \frac{10}{1}, \frac{20}{1}, \frac{50}{1}, \left(\frac{100}{1}\right)$

주 ( )를 붙인 척도는 되도록 사용하지 않는다.

(2) 척도의 기입

① 척도는 표제란에 기입하며, 하나의 도면에서 다른 척도를 사용할 때는 표제란에 주요 그림의 척도를 기입하고 그림 위 또는 아래에 그 척도를 기입한다.

② 그림의 형태가 치수와 비례하지 않을 경우에는 치수 밑이나 표제란에 "비례척이 아님" 또는 none scale의 약자 "NS" 기호를 기입한다.

③ 사진으로 축소 또는 확대하는 도면에서는 그 척도에 해당하는 눈금자의 일부를 기입하여야 한다.

④ 도면은 현척으로 그리는 것이 원칙이지만, 축척이나 배척를 사용했을 때에는 각 부분의 치수를 실물 치수로 기입하여야 한다.

단원 예상문제

1. 도면에서 표제란의 척도 표시로 표시된 NS는 무엇을 나타내는가?

① 축척과 무관함을 나타낸다. ② 척도가 생략됨을 나타낸다.
③ 비례척이 아님을 나타낸다. ④ 현척이 아님을 나타낸다.

해설 치수와 비례하지 않게 그림을 그린 경우에는 치수 밑에 굵은 선을 긋거나 표제란에 "비례척이 아님"이나 "NS" 기호를 기입한다.

2. 다음 중 배척을 표시하는 것은?

① 1 : 1 ② 1 : 2 ③ 1 : 25 ④ 100 : 1

해설 척도는 현척, 축척, 배척의 3종류가 있다. 척도의 표시방법은 A:B이며 A는 도면에서의 크기를 나타내고, B는 대상물의 실제 크기를 나타낸다.

3. 척도의 표시방법에서 A:B로 나타낼 때 A가 의미하는 것은?

① 윤곽선의 굵기 ② 물체의 실제 크기
③ 도면에서의 크기 ④ 중심마크의 크기

해설 척도는 A:B로 표시하며 A: 도면에서의 크기, B: 대상물의 실제 크기를 뜻하며, 현척의 경우에는 A와 B를 모두 1, 축척에서는 A를 1, 배척에서는 B를 1로 하여 나타낸다.

4. 표제란의 척도란에 척도값을 「1:2」, 「1:5」 등과 같이 기입하는 척도의 종류로 맞는 것은?

① 현척 ② 배척 ③ 실척 ④ 축척

해설 제도에서 표제란에 기입할 수 있는 척도는 현척, 축척, 배척의 3종류이며 분수로 생각하여 구분한다. 즉 100:1은 100/1으로 배척, 1/2은 축척으로 1:2로도 표시한다.

5. 다음 중 "복사도를 재단할 때의 편의를 위해 원도(原圖)에 설정하는 표시"를 뜻하는 용어는?

① 중심마크 ② 비교눈금 ③ 재단마크 ④ 대조번호

해설 재단마크는 인쇄, 복사 또는 도형기(plotter)로 출력된 도면을 일정 크기의 규격으로 자르기 편하도록 하는 마크이다.

6. 다음 중 서로 관련되는 부품과의 대조가 용이하여 다종소량 생산에 쓰이는 도면은?

① 1품1엽 도면 ② 1품다엽 도면 ③ 다품1엽 도면 ④ 복사 도면

해설 도면의 명칭은 1품1엽(一品一燁) 도면, 1품다엽 도면, 다품1엽 도면, 원도 제2원도, 사도, 복사도 등이 있다.

7. 도면의 표제란에 표시하는 내용이 아닌 것은?

① 도명 ② 척도 ③ 각법 ④ 부품 재질

해설 도면의 표제란에는 도면 관리에 필요한 사항과 도면내용에 관한 주요 사항을 정리, 즉 도면번호, 도면명칭, 기업명, 책임자의 서명, 도면작성 연월일, 척도, 투상법을 기입하고 필요시에는 제도자, 설계자, 검토자, 공사명, 결재란 등을 기입하는 칸도 만든다.

8. 도면을 내용에 따라 분류한 것에 해당되지 않는 것은?

① 기초도 ② 스케치도 ③ 계통도 ④ 장치도

해설 도면의 분류

① 용도에 따른 분류: 계획도, 제작도, 주문도, 견적도, 승인도, 설명도 등
② 내용에 따른 분류: 부품도, 조립도, 기초도, 배치도, 배관도, 장치도, 스케치도 등
③ 표면 형식에 따른 분류: 외형도, 전개도, 곡면선도, 구조선도, 입체도 등이며 제작도에는 공정도, 시공도, 상세도가 있고, 시공도는 현장 시공을 대상으로 하여 그린 제작도이다.

정답 1. ③ 2. ④ 3. ③ 4. ④ 5. ③ 6. ③ 7. ④ 8. ③

1-3 문자와 선

1 연필

연필은 HB와 H가 있으며 HB는 중간 정도의 경도로 문자에 사용한다. H보다 2H, 3H 등이 더 단단하며 H, 2H는 굵은 선을 그을 때, 3H 및 4H는 가는 선을 그을 때 사용한다.

참고 연필의 사용법

- 숫자와 문자에 사용하는 연필심의 길이는 약 10mm, 나무는 20mm가 되게 깎아 사용하고, 문자용은 원추형, 선긋기용은 납작하게 끌 모양으로 깎아 사용한다.
- 문자용의 경우 연질 선긋기는 경질의 연필을 사용한다(H는 숫자가 커질수록 굵고 B는 숫자가 클수록 연하다).
- 연필 끝을 고르게 하기 위해 가끔 돌려가면서 사용한다.

2 문자

제도에 사용되는 문자는 한글, 로마자, 아라비아숫자 등을 고딕체로 하여 수직 또는 75° 경사체로 쓴다.

(1) 문자 쓰는 법

① 높이를 맞추어 바른 모양과 비율로 흐리게 쓴다.

② 먹물을 사용할 시에는 문자 높이의 1/10 정도의 굵기로 한다.

③ 문자와 문자, 어구와 어구 사이에는 적당한 간격을 둔다.

(2) 한글 쓰는 법

① 한글의 크기는 높이 10mm, 8mm, 6.3mm, 5mm, 4mm, 3.2mm, 2.5mm의 7종으로 한다.

② 고딕체로 하여 가로선은 수평, 세로선은 수직으로 쓴다.

③ 한글의 너비는 높이의 100~80% 정도로 한다.

(3) 아라비아숫자 쓰는 법

① 크기는(로마자와 동일) 10mm, 8mm, 6.3mm, 5mm, 4mm, 3.2mm, 2.5mm, 2mm의 8종으로 한다.

② 크기 5mm 이상 숫자는 높이를 2:3 비율로 나누어 상, 중, 하 3줄의 안내선을 긋고, 4mm 이하는 상하 2줄의 안내선을 긋는다.

③ 너비는 높이의 약 $\frac{1}{2}$로 한다.

④ 분수는 가로선을 수평으로 긋고, 분모와 분자의 높이는 정수 높이의 $\frac{2}{3}$로 한다.

(4) 로마자 쓰는 법

① 문자 너비는 대문자가 높이의 $\frac{1}{2}$, 소문자는 높이의 $\frac{2}{5}$가 되게 한다.

② 구획 안에 정확한 글자체로 가늘게 쓴 다음 굵게 써서 완성한다.

단원 예상문제

1. 재료의 조질도 기호에서 풀림 상태(연질)를 표시하는 기호는?

① H ② A ③ B ④ $\frac{1}{2}$H

해설 조절도 기호
① A: 풀림처리한 상태
② H: 경질
③ $\frac{1}{2}$H: $\frac{1}{2}$경질
④ B: 표준조질

2. 용접 설비제도에 사용하는 문자 중 일반 치수숫자 및 기술문자의 크기는?

① 2.24~4.5mm ② 3.15~6.3mm
③ 6.3~12.5mm ④ 9~18mm

해설 일반 치수숫자 및 기술문자는 3.15~6.3mm이다.

정답 1. ② 2. ②

3 선의 종류 시험 포인트

(1) 모양에 의한 분류

KS A 0005의 5항 및 KS B 0001의 5항

명칭	종류	긋는 방법	선의 굵기
실선	————	연속되는 선	(1) 외형 부분의 굵은 실선: 0.4~0.8mm (2) 치수선, 치수보조선, 지시선, 해칭선: 0.3mm 이하
파선	....	짧은 선을 약간의 간격으로 나열한 선	외형선을 표시하는 실선의 약 $\frac{1}{2}$치수선보다 굵게 함
1점 쇄선	—·—·—	선과 1개의 점을 서로 번갈아 그은 선	가는 쇄선: 0.3mm 이하
2점 쇄선	—··—··—	선과 2개의 점을 서로 번갈아 그은 선	굵은 쇄선: 0.4~0.8mm

(2) 선의 용도에 따른 분류(KS B 0001)

용도에 의한 명칭	선의 종류		선의 용도
외형선	굵은 실선		대상물의 보이는 부분의 모양을 표시하는 데 쓰인다.
치수선	가는 실선		치수를 기입하기 위하여 쓰인다.
치수 보조선			치수를 기입하기 위하여 도형으로부터 끌어내는 데 쓰인다.
지시선			기술 · 기호 등을 표시하기 위하여 끌어내는 데 쓰인다.
회전 단면선			도형 내에 그 부분의 끊은 곳을 90° 회전하여 표시하는 데 쓰인다.
중심선			도형의 중심선을 간략하게 표시하는 데 쓰인다.
수준면선			수면, 유면 등의 위치를 표시하는 데 쓰인다.
숨은선	가는 파선 또는 굵은 파선		대상물의 보이지 않는 부분의 모양을 표시하는 데 쓰인다.
중심선	가는 1점 쇄선		① 도형의 중심을 표시하는 데 쓰인다. ② 중심이 이동한 중심 궤적을 표시하는 데 쓰인다.
기준선			특히 위치 결정의 근거가 된다는 것을 명시할 때 쓰인다.
피치선			되풀이하는 도형의 피치를 취하는 기준을 표시하는 데 쓰인다.
특수 지정선	굵은 1점 쇄선		특수한 가공을 하는 부분 등 특별한 요구사항을 적용할 수 있는 범위를 표시하는 데 사용한다.
가상선	가는 2점 쇄선		① 인접 부분을 참고로 표시하는 데 사용한다. ② 공구, 지그 등의 위치를 참고로 나타내는 데 사용한다. ③ 가동 부분을 이동 중의 특정한 위치 또는 이동한계의 위치로 표시하는 데 사용한다. ④ 가공 전 또는 가공 후의 모양을 표시하는 데 사용한다. ⑤ 되풀이하는 것을 나타내는 데 사용한다. ⑥ 도시된 단면의 앞쪽에 있는 부분을 표시하는 데 사용한다.
무게 중심선			단면의 무게 중심을 연결한 선을 표시하는 데 사용한다.
파단선	가는 자유 실선, 지그재그 가는 실선		대상물의 일부를 파단한 경계 또는 일부를 떼어낸 경계를 표시하는 데 사용한다.
절단선	가는 1점 쇄선으로 끝부분 및 방향이 변하는 부분은 굵게 한 것		단면도를 그리는 경우, 그 절단 위치를 대응하는 그림에 표시하는 데 사용한다.
해칭	가는 실선으로 규칙적으로 줄을 늘어놓은 것		도형의 한정된 특정 부분을 다른 부분과 구별하는 데 사용한다. 예를 들면 단면도의 절단된 부분을 나타낸다.
특수한 용도의 선	가는 실선		① 외형선 및 숨은선의 연장을 표시하는 데 사용한다. ② 평면이란 것을 나타내는 데 사용한다. ③ 위치를 명시하는 데 사용한다.
	아주 굵은 실선		얇은 부분의 단선 도시를 명시하는 데 사용한다.

단원 예상문제

1. 대상물이 보이는 부분의 모양을 표시하는 데 쓰이는 선은?

① 굵은 실선 ② 가는 실선 ③ 쇄선 ④ 은선

해설 대상물이 보이는 부분의 모양을 나타내는 외형선은 굵은 실선을 사용한다.

2. 가상선을 이용한 도시에서 대상물의 가공 전이나 가공 후의 모양 또는 조립 후의 모양을 표시하는 경우에 사용하는 선은?

① 실선 ② 은선 ③ 가는 2점 쇄선 ④ 가는 1점 쇄선

해설 가상선으로는 가는 2점 쇄선을 사용한다.

3. 기계제도에서 물체의 보이지 않는 부분을 나타내는 선의 종류는?

① 가는 실선 ② 1점 쇄선 ③ 2점 쇄선 ④ 가는 파선

해설 대상물의 보이지 않는 부분의 모양을 나타내는 숨은선으로는 가는 파선 또는 굵은 파선이 사용된다.

4. 대상물의 일부를 파단한 경계 또는 일부를 떼어낸 경계를 표시하는 데 사용하는 선은?

① 해칭선 ② 절단선 ③ 가상선 ④ 파단선

해설 파단선은 불규칙한 파형의 가는 실선 또는 지그재그선으로 그린다.

5. 용접설비도면에 있는 가는 2점쇄선의 용도로 가장 적합한 것은?

① 치수선 ② 가상선 ③ 지시선 ④ 치수보조선

해설 도면에서 가는 2점쇄선을 이용하는 것은 가상선이며 ① 도시된 물체의 앞면을 표시하는 선, ② 인접 부분을 참고로 표시하는 선, ③ 가공 전 또는 가공 후의 모양을 표시, ④ 이동하는 부분의 이동 위치를 표시, ⑤ 공구, 지그 등의 위치를 참고로 표시, ⑥ 반복을 표시하는 선이다.

6. KS 규격 기계제도에서 얇은 부분의 단선 도시를 명시하는 데 사용하는 선은?

① 아주 가는 실선 ② 아주 굵은 실선 ③ 아주 가는 파선 ④ 아주 굵은 파선

해설 얇은 부분의 단면도시를 명시하는 데나 박판이나 얇은 물체인 개스킷(gasket), 형강의 경우 아주 굵은 실선으로 단면표시를 한다.

7. 선의 종류에 따른 용도에서 가는 실선을 사용하지 않는 것은?

① 치수를 기입하기 위하여 도형으로부터 끌어내는 데 쓰인다.
② 기술 · 기호 등을 표시하기 위하여 도형으로부터 끌어내는 데 쓰인다.

③ 물체의 보이는 부분을 표시하는 데 쓰인다.
④ 치수를 기입하기 위하여 쓰인다.

해설 대상물의 보이는 부분은 외형선으로 굵은 실선을 사용한다.

8. KS 규격에서 대상물의 보이지 않는 부분의 모양을 표시하는 데 쓰이는 선은?

① 아주 굵은 선 ② 지그재그선 ③ 가는 파선 ④ 굵은 1점 쇄선

해설 물체의 보이지 않는 부분의 모양을 표시하는 선을 은선이라고 하며 파선을 사용한다.

9. 도면의 작도 시에 패킹, 얇은 판 등을 표시하는 아주 굵은 선의 굵기는 가는 선의 몇 배 정도인가?

① 1 ② 2 ③ 3 ④ 4

해설 도면작도 시 패킹(packing) 및 얇은 판(박판)을 표시하는 아주 굵은 선의 굵기는 가는 선의 4배 정도로 한다.

10. 특수한 용도의 선으로 얇은 부분의 단면도시를 명시하는 데 사용하는 선은?

① 아주 굵은 실선 ② 가는 1점 쇄선 ③ 파단선 ④ 가는 2점 쇄선

해설 특수한 용도의 선 중 얇은 부분의 단면도에는 아주 굵은 실선을 사용하고, 외형선 및 숨은선의 연장을 표시할 때는 가는 실선을 사용한다.

11. 선의 용도에서 특수한 가공을 하는 부분 등 특별한 요구 사항을 적용할 수 있는 범위를 표시하는 데 사용하는 선의 종류는?

① 가는 2점 쇄선 ② 굵은 1점 쇄선 ③ 가는 1점 쇄선 ④ 굵은 실선

해설 특수한 가공을 표시하는 선으로 굵은 1점쇄선을 사용한다.

12. 도형 내의 특정한 부분이 평면이라는 것을 표시할 경우 맞는 기입 방법은?

① 가는 2점 쇄선으로 대각선을 기입 ② 은선으로 대각선을 기입
③ 가는 실선으로 대각선을 기입 ④ 가는 1점 쇄선으로 사각형을 기입

해설 선의 용도에 의한 명칭에서 특수한 용도의 선 중 가는 실선은 ① 외형선 및 숨은선의 연장을 표시, ② 평면이란 것을 나타내는 데, ③ 위치를 명시하는 데 사용한다.

13. 선의 종류에 따른 용도에 의한 명칭으로 틀린 것은?

① 굵은 실선-외형선 ② 가는 실선-치수선
③ 가는 1점 쇄선-기준선 ④ 가는 파선-치수보조선

해설 선의 종류 중에 가는 파선 또는 굵은 파선은 대상물의 보이지 않는 부분의 모양을 표시하는 데 사용하며, 이를 보통 숨은선이라 한다.

14. 보이지 않는 부분을 표시하는 데 쓰이는 선은?

① 외형선 ② 숨은선 ③ 중심선 ④ 가상선

해설 보이지 않는 부분을 나타내는 것은 숨은선이며 가는 파선 또는 굵은 파선을 사용한다.

15. 외형선 및 숨은선의 연장선을 표시하는 데 사용되는 선은?

① 가는 1점 쇄선 ② 가는 실선 ③ 가는 2점 쇄선 ④ 파선

해설 제도에서 가는 실선의 용도

① 외형선 및 숨은선의 연장을 표시할 때
② 평면을 나타낼 때
③ 위치를 명시할 때
④ 치수를 기입하고 또한 치수기입을 위해 도형으로부터 끌어낼 때
⑤ 기술, 기초 등을 표시하기 위하여 끌어낼 때
⑥ 도형 내에 그 부분의 끊은 곳을 90° 회전하여 표시할 때
⑦ 도형의 중심선을 간략하게 표시하거나 수면, 유면 등의 위치를 표시할 때 등

16. 아래 그림에서 화살표 쪽의 인접 부분을 참고로 표시하는 데 사용하는 선의 명칭은?

① 외형선
② 숨은선
③ 파단선
④ 가상선

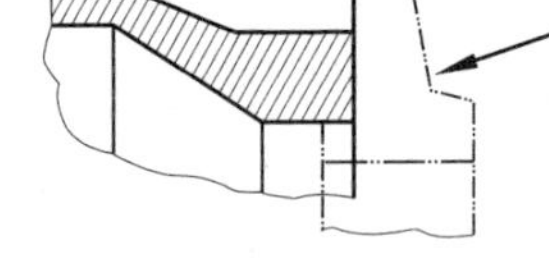

해설 가상선은 가는 2점 쇄선으로 인접 부분을 참고로 표시하는 데 사용한다.

17. 한 도면에서 두 종류 이상의 선이 같은 장소에 겹치게 될 때 우선순위로 옳은 것은?

① 숨은선 → 절단선 → 외형선 → 중심선 → 무게중심선
② 외형선 → 중심선 → 절단선 → 무게중심선 → 숨은선
③ 숨은선 → 무게중심선 → 절단선 → 중심선 → 외형선
④ 외형선 → 숨은선 → 절단선 → 중심선 → 무게중심선

해설 도면에서 두 종류 이상의 선이 같은 장소에 겹치게 될 경우는 외형선 → 숨은선 → 절단선 → 중심선 → 무게중심선 → 치수보조선의 순서에 따라 그린다.

18. 가는 실선을 규칙적으로 줄지어 늘어놓은 것으로 도형의 한정된 특정 부분을 다른 부분과 구별하는 데 사용하며, 예를 들면 단면도의 절단된 부분을 나타내는 이 선의 명칭은?

① 파단선 ② 지시선 ③ 중심선 ④ 해칭

정답 1. ① 2. ③ 3. ④ 4. ④ 5. ② 6. ② 7. ③ 8. ③ 9. ④ 10. ① 11. ② 12. ③ 13. ④ 14. ② 15. ② 16. ④ 17. ④ 18. ④

제 2 장 제도 기본

2-1 평면도법

1 투상법의 종류

물체의 한 면 또는 여러 면을 평면 사이에 놓고 여러 면에서 투시하여 투상면에 비추어진 물체의 모양을 1개의 평면 위에 그려 나타내는 것을 투상도(projection drawing)라 하고, 목적, 외관, 관점과의 상하관계 등에 따라 투시도법, 정투상도법, 사투상도법의 3종류가 있다.

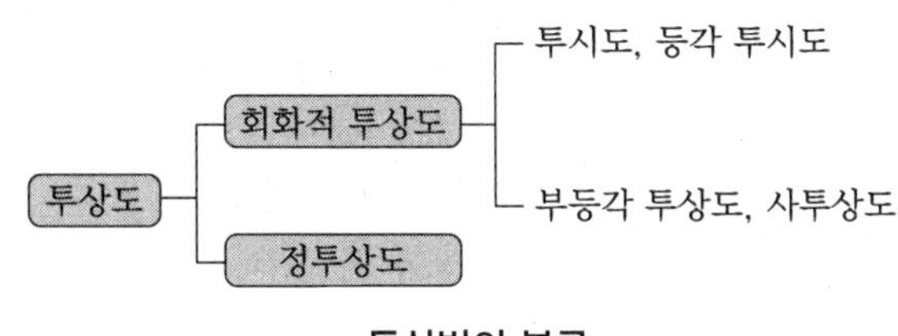

투상법의 분류

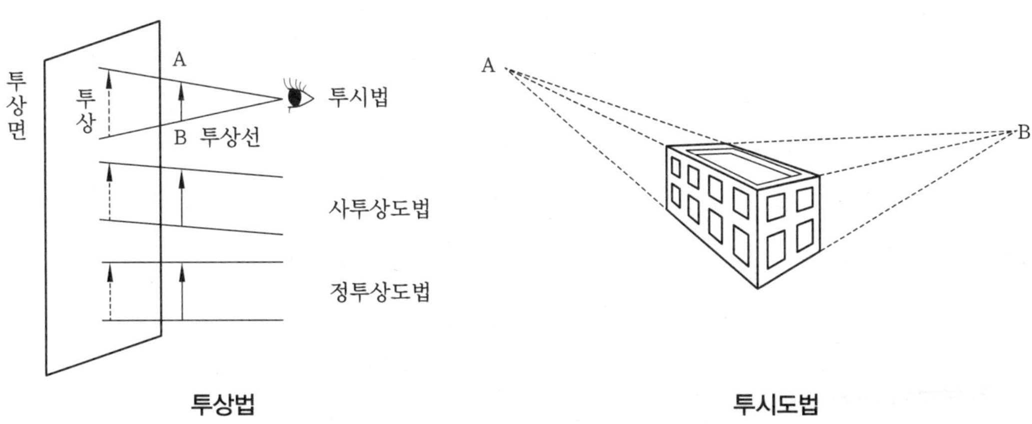

투상법 투시도법

(1) 투시도법(perspective projection)

눈의 투시점과 물체의 각 점을 연결하는 방사선에 의하여 원근감을 갖도록 그리는 것으로, 물체의 실제 크기와 치수가 정확히 나타나지 않고 또 도면이 복잡하여 기계제도보다는 토목, 건축제도에 주로 쓰인다.

(2) 정투상법(orthographic projection)

기계제도에서는 원칙적으로 정투상법이 가장 많이 쓰인다. 직교하는 투상면의 공간을 4등분하여 투상각이라 하며 3개의 화면(입화면, 평화면, 축화면) 중간에 물체를 놓고 평행광선에 의하여 투상되는 모양을 그린 것으로, 제1각 안에 놓고 투상하는 1각법, 제3각 안에 놓고 투상할 때는 제3각법이라 하며 정면도, 평면도, 측면도 등이 있다.

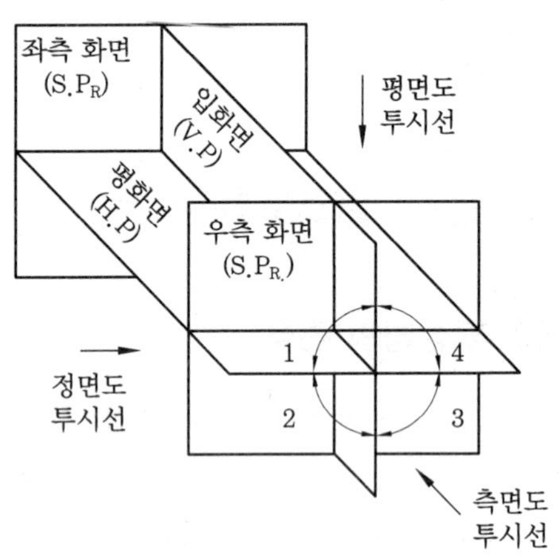

정투상도의 투상각 및 공간

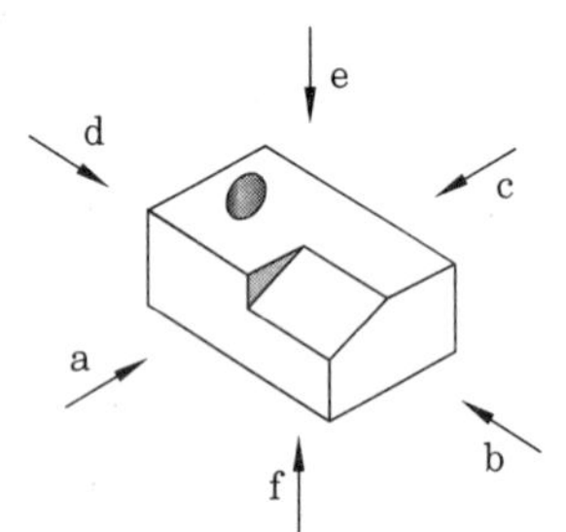

보는 방향	투상도의 명칭
a 앞쪽	정면도(F: front view)
b 오른쪽	우측면도(SR: right side view)
c 뒤쪽	배면도(R: rear view)
d 왼쪽	좌측면도(SL: left side view)
e 위쪽	평면도(T: top view)
f 아래쪽	저면도(B: bottom view)

보는 방향에 의한 투상도의 명칭

(3) 사투상법(oblique projection)

정투상도가 직사하는 평행광선에 비쳐진 투상을 취하므로 경우에 따라 선이 겹쳐 판단하기 어려운데 사투상법은 이를 보완하여 입체적으로 도시하기 위해 경사진 광선에 투상된 것을 그리는 방법이며 등각 투상도, 부등각 투상도, 사향도(사투상도)로 구분하고 있다.

① **등각 투상도(등각도, isometric drawing)**: 수평면과 30°의 각을 이룬 2축과 90°를 이룬 수직축의 세 축이 투상면 위에서 120°의 등각이 되도록 물체를 투상한 것이다.

② **부등각 투상도(axonometric drawing)**: 서로 직교하는 3개의 면 및 3개의 축에 각이 서로 다르게 경사져 있는 그림으로 2각막이 같은 것을 2측 투상도(diametric drawing), 3각막이 전부 다른 것을 3측 투상도(trimetric drawing)라 한다.

③ **사투상도(사향도, oblique drawing)**: 물체의 주요 면을 투상면과 평행하게 놓고 투상면에 대하여 수직보다 다소 옆면에서 보고 물체를 입체적으로 나타낸 것으로, 입체의 정면을 정투상도의 정면도와 같이 표시하고 측면의 변을 일정한 각도 a(30°, 45°, 60°)만큼 기울여 표시하는 것으로 배관도나 설명도 등에 많이 이용된다.

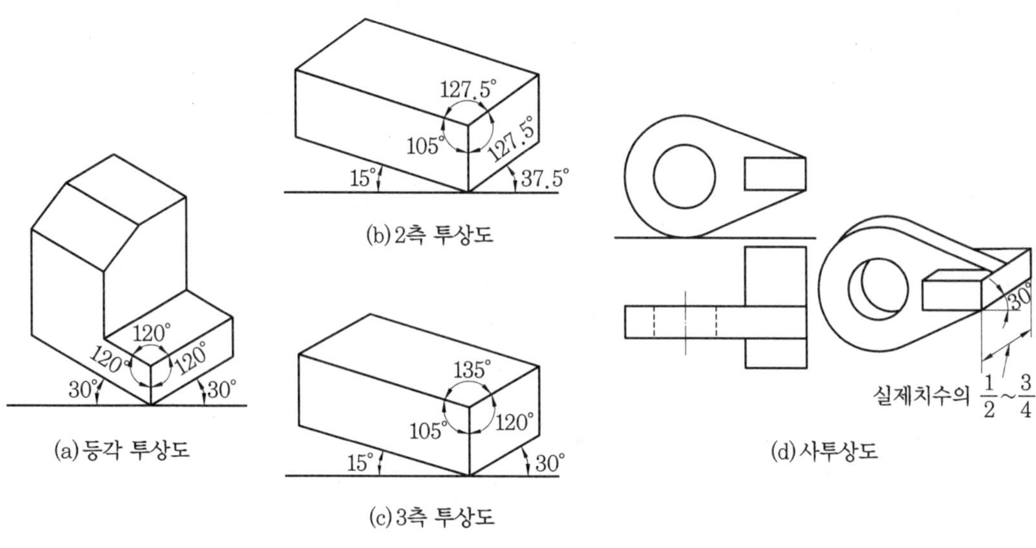

사투상도법

2-2 투상도법

1 투상도 시험포인트

한 평면 위에 물체의 실제 모양을 정확히 표현하기 위해 각각 다른 방향에서 본 2개 또는 그 이상의 투상도를 조합하여 물체를 완전하고 정확하게 표시하는 방법이다. 제1각법과 제3각법이 있으며 둘 다 투상도는 같지만 배치가 다르므로, 같은 도면에서는 혼용하여 사용하지 않도록 한다. 기계 제도에서는 제3각법으로 그리도록 규정되어 있으나 특별히 제3각법과 제1각법을 명시해야 할 때는 적당한 위치에 3각법 또는 1각법이라고 기입하거나 또는 문자 대신 [그림]과 같은 기호를 사용하도록 한다.

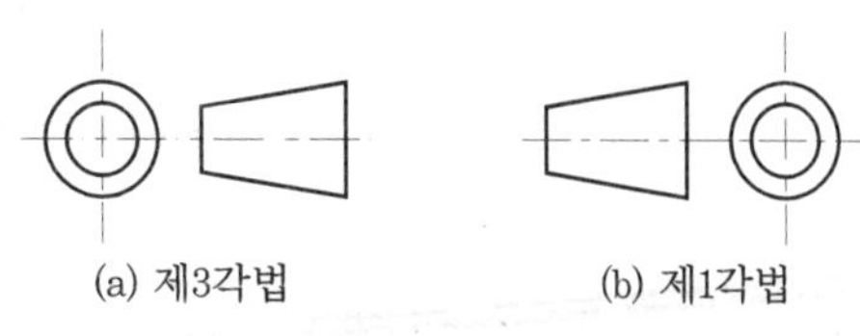

투상각법의 기호

(1) 제3각법(third angle projection)

① 물체를 투상각의 제3각 공간에 놓고 투상하는 방식이며 투상면 뒤쪽에 물체를 놓는다.

② 정면도를 중심으로 위쪽에 평면도, 오른쪽에 우측면도를 그린다.

③ 위에서 물체를 보고 투상된 것은 물체의 상부에 도시한다.

④ 제3각법의 장점

㈎ 물체의 도면 투상에 대한 이해가 쉬워 합리적이다.

㈏ 각 투상도의 비교가 쉽고 치수기입이 편리하다.

㈐ 보조투상이 쉬워 보통 3각법으로 하기 때문에 제1각법인 경우 설명을 붙여야 한다.

(2) 제1각법(first angle projection)

① 물체를 제1각 안에 놓고 투상하며 투상면 앞쪽에 물체를 놓는다.

② 정면도를 중심으로 하여 아래쪽에 평면도, 왼쪽에 우측면도를 그린다.

③ 위에서 물체를 보고 물체의 아래에 투상된 것을 표시한다.

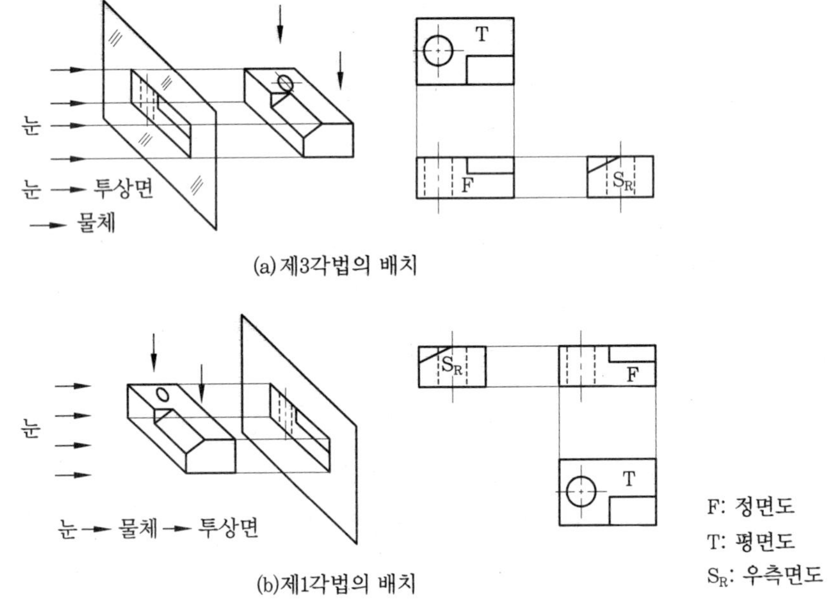

제3각법의 배치와 제1각법의 배치

(3) 필요한 투상도의 개수

물체를 투상도로 나타낼 때에는 정면도, 평면도, 배면도, 저면도, 좌측면도, 우측면도의 총 6가지를 이용할 수 있으나 물체의 모양을 간단하고 정확하게 나타낼 수 있는 투상도 수라면 충분하다. 보통 평면도, 정면도, 우측(좌측)면도의 3면 투상을 그린 것이 많이 사용되나 물체의 모양이 간단한 경우 2면 또는 1면으로도 충분하다.

① **3면도:** 3개의 투상도로 물체를 완전하게 도시할 수 있으며 일반적으로 많이 쓰인다.

② **2면도:** 형태가 간단하여 2개의 투상도로 충분히 물체의 모양을 나타낼 수 있는 것에 쓰인다.

③ **1면도:** 원통, 각기둥, 평판 등과 같이 간단한 기호를 기입하여 1면으로도 물체에 대한 이해가 충분한 것에 쓰인다.

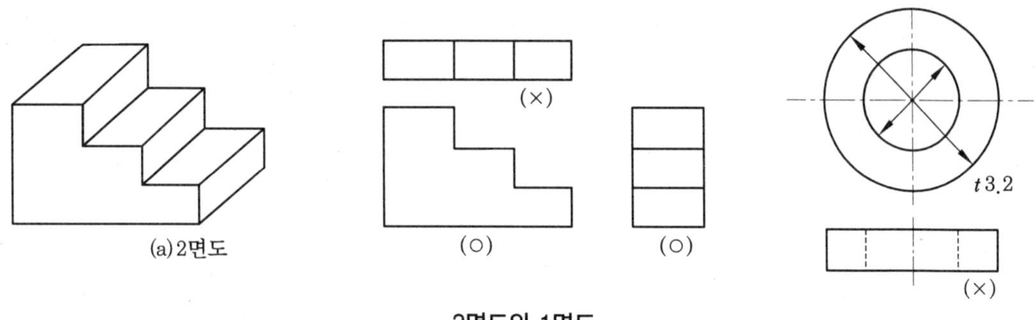

2면도와 1면도

(4) 투상도의 선택 방법

① 은선이 적은 투상도를 선택한다.

② 물체를 표시하는 데 필요한 투상도만 그린다.

③ 정면도를 중심으로 우측면도와 평면도를 선택하는 것을 원칙으로 한다.

④ 정면도와 평면도, 또는 정면도와 측면도의 어느 것으로 표시해도 좋을 때는 투상도를 배치하기 좋은 쪽을 선택한다.

⑤ 링, 벨트풀리(belt pulley), 기어 등과 같이 원형으로 표시되는 투상도는 정면도로 선택하지 않고 평면도 또는 측면도로 표시한다.

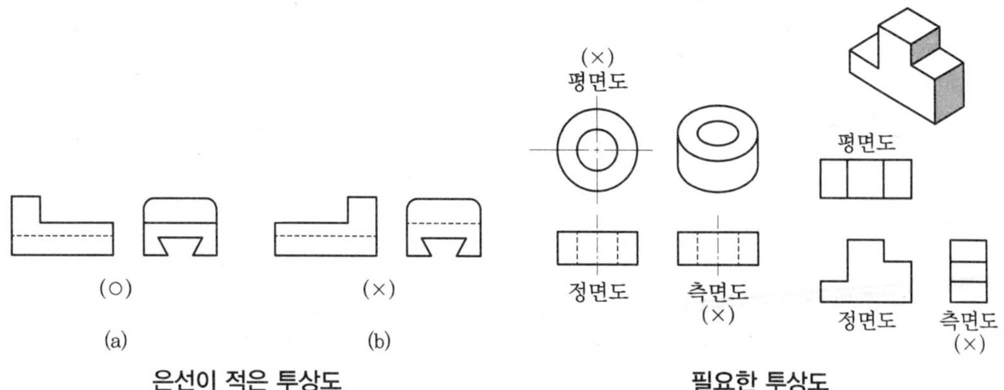

은선이 적은 투상도 **필요한 투상도**

⑥ 물체의 모양과 기능을 가장 잘 나타내는 면을 정면도로 하고, 이것을 기준으로 평면도, 측면도를 표시한다.

(5) 투상도의 도시 방법

① 물체는 가능한 자연스러운 위치로 나타낸다.
② 물체의 특징을 가장 잘 나타내는 투상도를 정면도로 선택한다.
③ 물체의 주요 면은 가능한 투상면과 평행 또는 수직으로 나타낸다.
④ 관련 투상도는 가능한 은선을 쓰지 않고 그릴 수 있어야 한다.
⑤ 도형은 물체를 가공할 때 놓이는 상태와 같은 방향으로 그린다.
⑥ 평면절삭을 하는 것은 그 길이방향을 수평으로 하고, 가공면이 도면의 표면이 되도록 하는 것이 좋다.

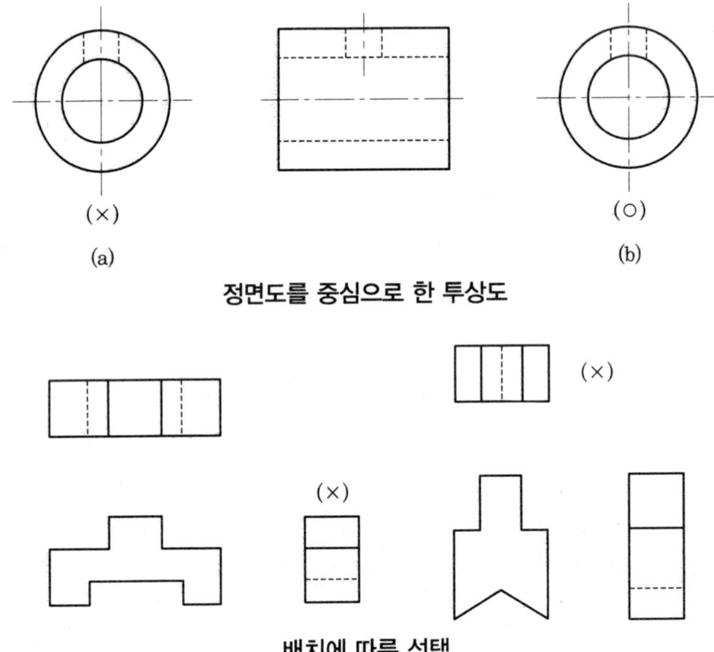

정면도를 중심으로 한 투상도

배치에 따른 선택

2 입체 투상법

(1) 점 투상법

두 화면 공간에 있는 점 위치의 투상은 다음과 같다.

① 점이 공간에 있을 때(점a)
② 점이 평화면 위에 있을 때(점b)
③ 점이 입화면 위에 있을 때(점c)

④ 점이 기선 위에 있을 때(점d)

(2) 직선의 투상법

① 한 화면과 평행한 직선은 실제 길이를 나타낸다.

② 한 화면과 수직인 직선은 점이 된다.

③ 한 면과 평행한 면의 경사진 직선은 실제 길이보다 짧게 나타낸다.

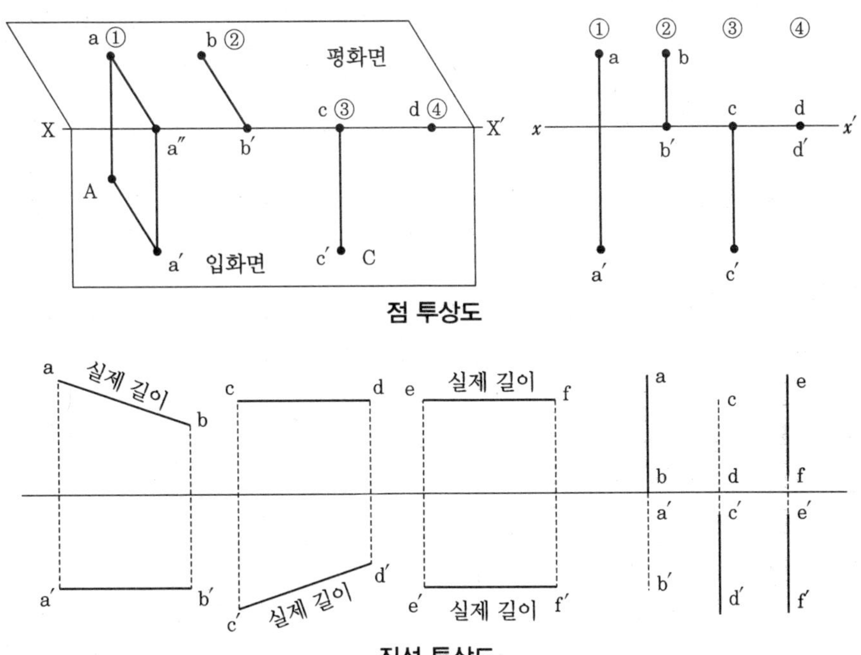

점 투상도

직선 투상도

(3) 평면의 투상법

① 화면과 평행한 평면은 실제의 형을 나타낸다.

② 화면과 수직인 평면은 직선이 된다.

③ 화면과 경사진 평면은 단축되어 나타나게 된다.

3 특수 방법에 의한 투상도 시험 포인트

(1) 보조 투상도(auxiliary view)

물체의 표면이 경사면인 경우 모양과 크기가 변형 또는 축소되어 나타나므로 이럴 때는 경사면과 평행하게 보조 투상면을 배치하고 필요 부분을 투상하면 거기에 물체의 실제 모양이 나타나게 된다. 보조 투상도에는 정면, 배면, 좌위측면, 입면, 부분 보조 투상도 등이 있다.

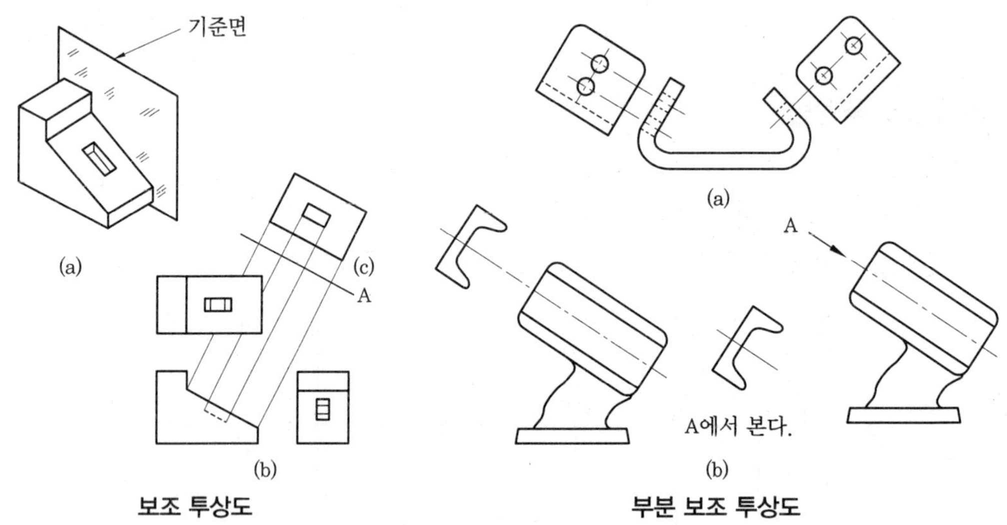

보조 투상도 부분 보조 투상도

(2) 부분 투상도(partial view)

물체 일부분의 모양과 크기를 표시해도 충분할 경우 필요 부분만 투상도로 나타낸다.

(3) 요점 투상도

필요한 요점 부분만 투상한 것이다.

(4) 회전 투상도

제도자의 시선을 고정하고 보스(boss)와 같은 것은 일정 축을 중심으로 물체를 회전시켜 투상면과 평행하게 놓고 투상도를 그린 것으로 다음과 같은 것을 결정하는 데 많이 사용된다.

① 고정 부분과 가동 부분의 간격

② 여러 각도 관계

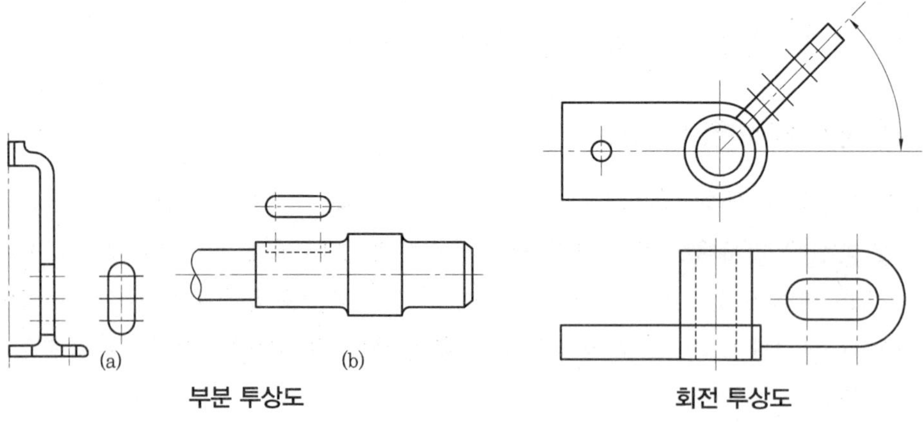

부분 투상도 회전 투상도

(5) 복각 투상도

한 투상도에 2가지 투상법을 적용하여 그린 투상도이다. 예를 들어, 도면에 물체의 앞뒤면을 동시에 표시하는 방법을 이용하면 도면을 효과적으로 그릴 수 있고, 이해하기도 편리하다.

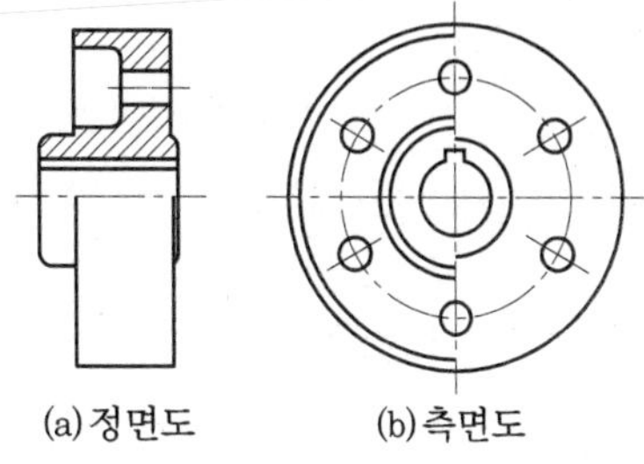

복각 투상도

(6) 가상 투상도

다음과 같은 경우에 사용하며 선은 보통 0.3mm 이하의 1점쇄선 또는 2점쇄선으로 그린다.

① 도시된 물체의 바로 앞쪽에 있는 부분을 나타내는 경우 [그림 (a)]
② 물체 일부의 모양을 다른 위치에 나타내는 경우 [그림 (b)]
③ 가공 전 또는 가공 후의 모양을 나타내는 경우 [그림 (c)]
④ 한 도면을 이용하여 부분적으로 다른 종류의 물체를 나타내는 경우 [그림 (d), (e)]
⑤ 인접 부분의 참고 및 한 부분의 단면도를 90° 회전하여 나타내는 경우 [그림 (f)]
⑥ 이동하는 부분의 운동 범위를 나타내는 경우

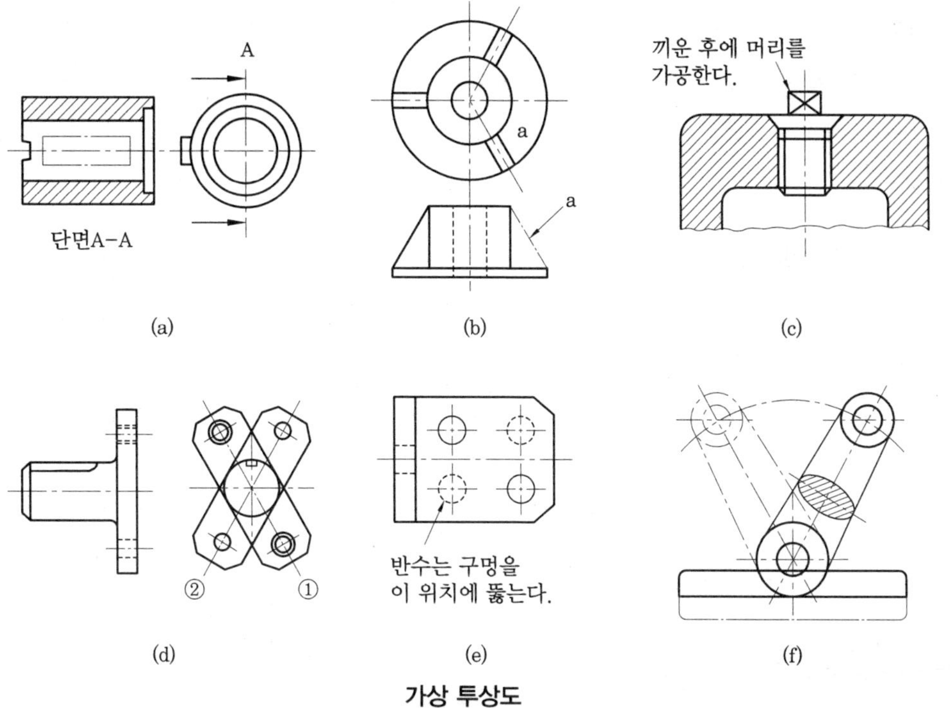

가상 투상도

(7) 상세도

도면에서 그 크기가 작아 알아보기 어렵거나 치수기입이 곤란한 부분을 정확히 이해시키기 위해 필요 부분을 적당한 위치에 확대하여 상세히 그린 투상도이다.

(8) 전개 투상도

판금, 제관 등의 물체를 필요에 따라 평면에 펼쳐 전개하는 것이다.

(9) 일부분에 특정한 모양이 있는 물체 도시

일부분에 특정한 모양이 있는 것(키 홈이 있는 보스, 실린더 등)은 가능한 그 부분을 위쪽에 오도록 그리는 것이 좋다.

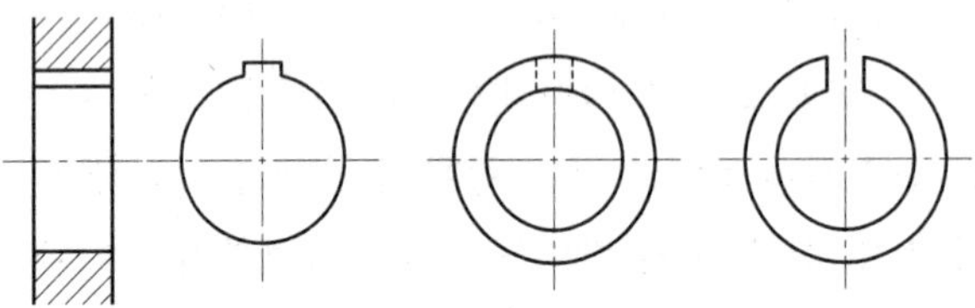

일부분에 특정한 모양이 있는 물체 도시

(10) 평면의 표시

도형 내의 특정한 부분이 평면이라는 것을 나타낼 때에는 0.3mm 이하의 가는 실선으로 [그림]과 같이 대각선을 그려 넣는다.

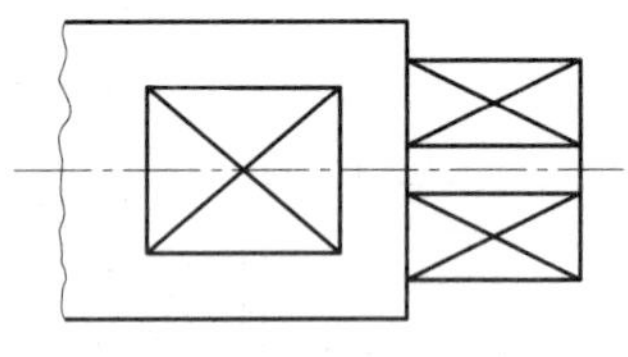

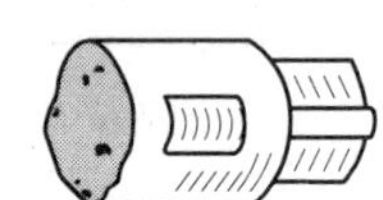

평면의 표시법

(11) 둥근 면 2개의 교차부분 도시

2개의 면이 교차하는 부분에 둥글기가 있으면 이 부분을 도형에 표시할 때에는 그림과 같이 교차선 위치에 굵은 실선으로 표시한다.

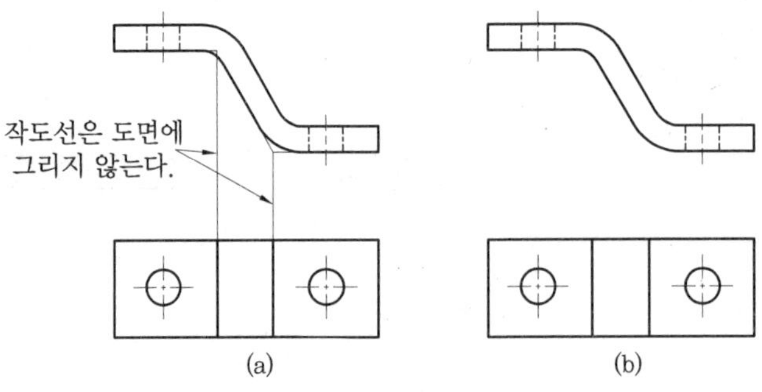

둥근 면 2개의 교차부분 도시

(12) 관용 투상도

원기둥과 원기둥, 원기둥과 사각기둥 등이 교차하는 부분은 투상도에 상관선이 나타나지만 번거롭기 때문에 원기둥이 그보다 작은 원기둥, 또는 사각기둥과 교차할 때에는, 상관선을 실체의 투상도에 도시하지 않고 직선 또는 원호로 그린다.

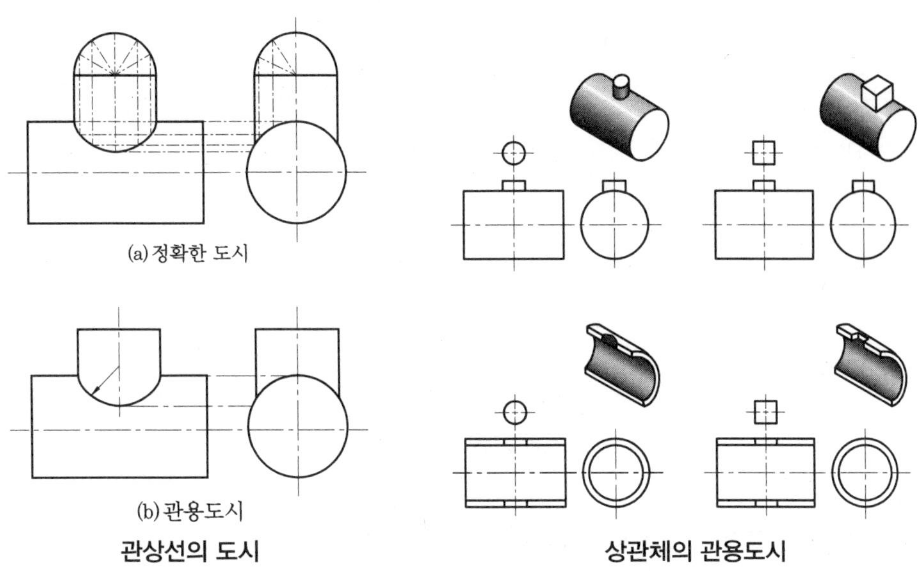

관상선의 도시 상관체의 관용도시

> **● 참고 상관체와 상관선**
>
> 두 개 이상의 입체가 교차하여 생긴 것을 상관체(intersecting bodies)라 하고, 이때 입체가 교차하여 만드는 선을 상관선(intersection line)이라 한다.

(13) 절단면 앞쪽 선의 생략

[그림]은 원통 보일러의 단면이다. [그림 (a)]에서 A선은 도면을 이해하는 데 지장이 없으면 생략하고 [그림 (b)]와 같이 도시한다.

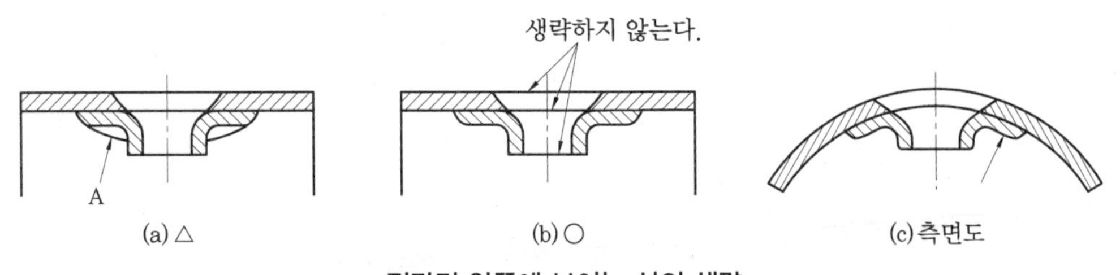

절단면 앞쪽에 보이는 선의 생략

(14) 선의 우선순위

투상도를 그릴 때 외형선과 은선 및 중심선에서 2~3개의 선이 겹치는 경우는 ① 외형선, ② 은선, ③ 중심선의 순으로 우선순위를 정하여 하나의 선을 그려 넣는다.

(15) 연속된 같은 모양의 생략

종류 및 크기가 같은 리벳 구멍, 볼트 구멍, 파이프 구멍, 파이프 등은 전부 표시하지 않고, 그 양쪽 끝 또는 주요 요소만 그리고 이외의 부분은 중심선 또는 중심선의 교차점으로 생략된 위치를 표시한다.

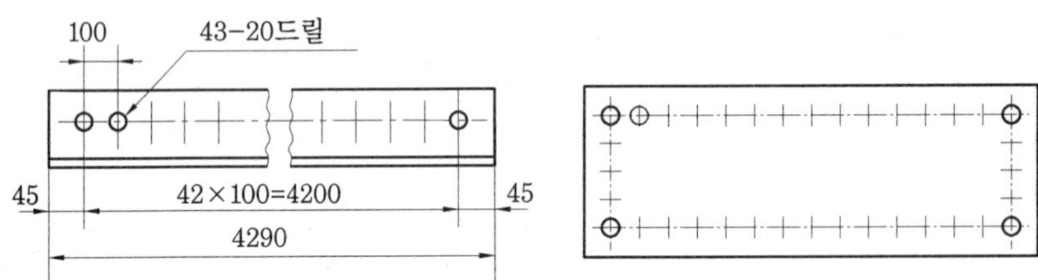

연속된 같은 구멍의 생략 도법

(16) 중간 부분의 생략에 의한 도형 단축(중간 부분 생략)

축, 막대, 파이프, 형강, 테이퍼(taper) 축 등 동일 단면을 갖고 길이가 긴 경우에는 중간 부분을 생략하여 표시할 수 있고, 이렇게 생략된 경계 부분은 파단선으로 표시한다.

(17) 널링(knurling) 가공부품 및 무늬강판의 표시

[그림]과 같이 일부분에만 무늬를 넣어 표시한다.

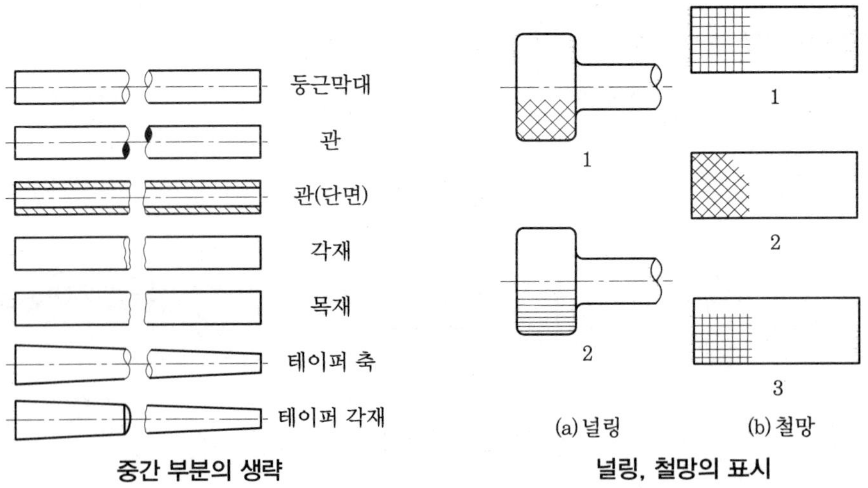

중간 부분의 생략

널링, 철망의 표시

(18) 특수한 가공 부분의 표시

대상물의 일부 면에 특수한 가공을 하는 경우에는 그 범위를 외형선과 평행하게 약간 띄워서 굵은 1점쇄선으로 표시하고 특수 가공에 필요한 사항을 지시한다.

① **단면도의 표시방법**

물체의 보이지 않는 부분을 도시할 때에는 주로 숨은선으로 표시하지만, 구조가 복잡하고 어려운 것은 앞부분을 떼어낸 다음 남겨진 모양을 그리며 이러한 투상도를 단면도라 한다.

특수 가공 부분의 도시법

② **단면도의 종류**

온단면도, 한쪽 단면도, 부분 단면도, 회전 단면도, 계단 단면도, 조합에 의한 단면도, 다수의 단면도에 의한 도시, 긴 쪽 방향으로 절단하지 않는 것 등

단원 예상문제

1. 제도에서 제1각법과 제3각법의 설명으로 옳지 않은 것은?

① 제3각법은 대상물을 제3 상한에 두고 투상면에 정투상하여 그리는 방법이다.
② 제1각법은 대상물을 제1 상한에 두고 투상면에 정투상하여 그리는 방법이다.
③ 제3각법은 대상물을 투상면의 앞쪽에 놓고 투상하게 된다.
④ 제1각법에서 대상물은 눈 → 물체 → 투상면의 순서로 투상된다.

해설 제1각법은 눈 → 물체 → 투상법, 제3각법은 눈 → 투상면 → 물체의 순서로 투상된다.

2. 투상도의 명칭에 대한 설명으로 옳지 않은 것은?

① 정면도는 물체를 정면에서 바라본 모양을 도면에 나타낸 것이다.
② 배면도는 물체를 아래에서 바라본 모양을 도면에 나타낸 것이다.
③ 평면도는 물체를 위에서 내려다본 모양을 도면에 나타낸 것이다.
④ 좌측면도는 물체의 좌측에서 바라본 모양을 도면에 나타낸 것이다.

해설 제3각법은 제3각 공간에 물체를 수직 상태로 각각의 면 중앙에 놓고 정면도를 기준으로 위에는 평면도, 우측에는 우측면도, 아래에는 저면도를 배치한다. 제1각법은 정면도 아래에 평면도, 좌측에는 우측면도를 배치한다.

3. 서로 120°를 이루는 3개의 기본 축에 물체의 정면, 평면, 측면을 볼 수 있도록 두 개의 옆면 모서리가 수평선과 30°가 되게 투상한 것은?

① 제1각법 ② 등각투상법
③ 사투상법 ④ 제3각법

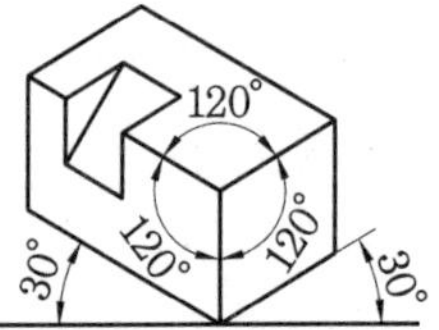

해설 등각 투상법은 물체의 정면, 평면, 측면을 수평선과 30° 각을 이룬 수직축의 투상면 위에서 120°의 등각이 되게 물체의 모양과 특징을 가장 잘 나타낸다.

4. 3각법에서 물체의 위에서 내려다본 모양을 도면에 표현한 투상도는?

① 정면도 ② 평면도 ③ 우측면도 ④ 좌측면도

해설 제도에서 3각법은 정면도를 기준으로 위에 평면도, 아래에는 저면도, 우측에는 우측면도, 좌측에는 좌측면도, 혹은 우측면도 옆에 배면도를 배치한다.

5. 대상물의 구멍, 홈 등과 같이 한 부분의 모양을 도시하는 것으로 충분한 경우에 그 부분만을 그리는 투상도는?

① 정투상도 ② 회전 투상도 ③ 사투상도 ④ 국부 투상도

해설 국부 투상도는 대상물의 구멍, 홈 등 한 국부만 모양을 도시하는 것이며 주요 그림에 중심선, 기준선, 치수보조선 등을 연결하여 투상 관계를 나타내는 것이 원칙이다.

6. 하나의 그림으로 물체의 정면, 우(좌)측면, 평(저)면의 3면의 실제 모양과 크기를 나타낼 수 있어 기계의 조립, 분해를 설명하는 정비 지침서나, 제품의 디자인도 등을 그릴 때 사용되는 3축이 120°의 등각이 되도록 한 입체도는?

① 사투상도 ② 분해투상도 ③ 등각투상도 ④ 정투상도

해설 등각 투상법은 물체의 정면, 평면, 측면을 수평선과 30° 각을 이룬 수직축의 투상면 위에서 120°의 등각이 되게 물체의 모양과 특징을 가장 잘 나타낸다.

7. 제3각법 투상에서 "하면도"라고도 하며 물체의 아래쪽에서 바라본 모양을 나타내는 것은?

① 평면도 ② 저면도 ③ 배면도 ④ 측면도

해설 제3각법은 정면도를 기준으로 위에는 평면도, 아래에는 저면도, 우측에는 우측면도, 좌측에는 좌측면도, 혹은 우측면도 옆에 배면도를 배치한다.

8. **경사면부가 있는 물체에서 그 경사면의 실제 모양을 전체 또는 일부분으로 표시하는 투상도는?**

① 회전 투상도　　② 보조 투상도
③ 부투상도　　④ 정투상도

해설 보조 투상도는 물체가 경사면에 있어 투상을 할 때 실제 길이와 모양이 달라져 경사면에 별도의 투상면을 설정하여 이 면에 투상하면 실제 모양이 그려진다.

9. **다음 그림과 같은 제3각법 투상도에서 A가 정면도일 때 배면도는?**

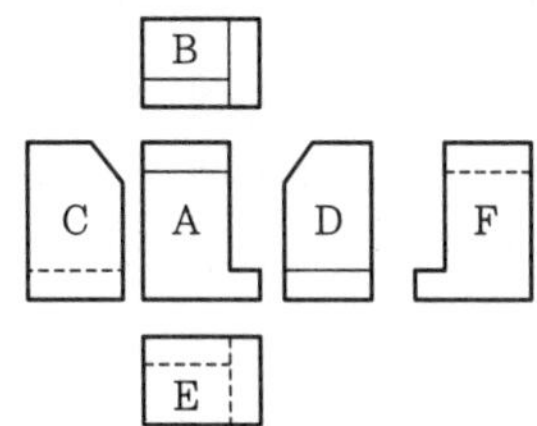

① E　　② C　　③ D　　④ F

해설 A 정면도, B 평면도, C 좌측면도, D 우측면도, E 저면도, F 배면도

10. **도형의 표시방법 중 보조 투상도의 설명으로 맞는 것은?**

① 그림의 일부를 도시하는 것으로 충분한 경우에 그 필요 부분만을 그리는 투상도
② 대상물의 구멍, 홈 등 한 국부만의 모양을 도시하는 것으로 충분한 경우에 그 필요 부분만을 그리는 투상도
③ 대상물의 일부가 일정 각도를 가지고 있어 투상면에 그 실형이 나타나지 않을 때에 그 부분을 회전해서 그리는 투상도
④ 경사면부가 있는 대상물에서 그 경사면의 실형을 나타낼 필요가 있는 경우에 그리는 투상도

해설 보조 투상도는 물체가 경사면에 있어 투상을 할 때 실제 길이와 모양이 달라져 경사면에 별도의 투상면을 설정하여 이 면에 투상하면 실제 모양이 그려진다.

11. **물체의 모양을 가장 잘 나타낼 수 있는 것으로 그 물체의 가장 주된 면, 즉 기본이 되는 면의 투상도 명칭은?**

① 평면도　　② 좌측면도
③ 우측면도　　④ 정면도

해설 제도에서 1각법이나 3각법으로 작도할 때 항상 정면도를 기준으로 1각법은 우측면이 좌측으로, 3각법은 우측면이 우측으로 오게 한다.

12. KS 기계제도에 사용하는 평행 투상법의 종류가 아닌 것은?

① 정 투상 ② 등각 투상

③ 사 투상 ④ 투시 투상

해설 KS 기계제도에서 사용할 수 있는 투상도의 종류로는 정투상도, 등각투상도(30°, 120°), 사투상도(45° 경사: 카발리에도, 60° 경사축: 캐비닛도)가 있다.

13. 한 도면에서 두 종류 이상의 선이 같은 장소에 겹치게 될 때 우선순위로 옳은 것은?

① 숨은선 → 절단선 → 외형선 → 중심선 → 무게중심선

② 외형선 → 중심선 → 절단선 → 무게중심선 → 숨은선

③ 숨은선 → 무게중심선 → 절단선 → 중심선 → 외형선

④ 외형선 → 숨은선 → 절단선 → 중심선 → 무게중심선

해설 도면에서 두 종류 이상의 선이 같은 장소에서 겹치게 될 경우에는 외형선 → 숨은선 → 절단선 → 중심선 → 무게중심선 → 치수보조선의 순서에 따라 그린다.

14. 투상도의 배열에 사용된 제1각법과 제3각법의 대표 기호로 옳은 것은?

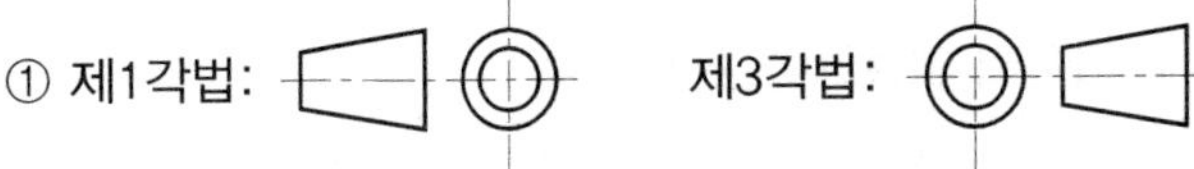

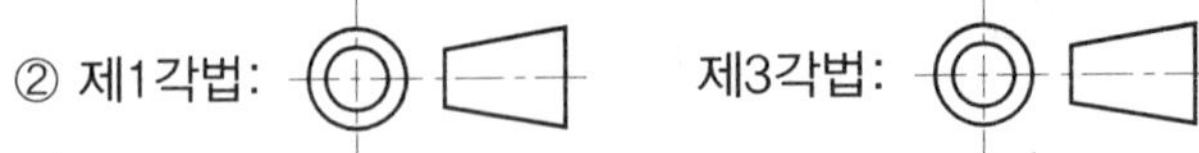

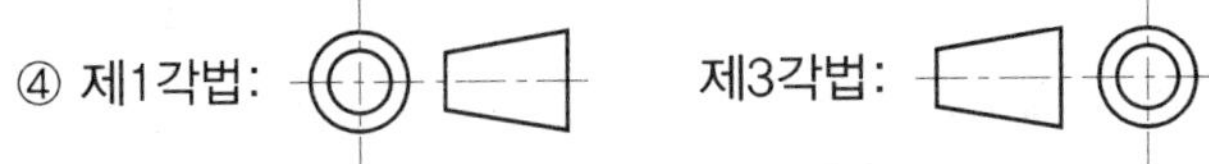

해설 • 제3각법

① 물체를 투상각의 제3각 공간에 놓고 투상하는 방식이며 투상면 뒤쪽에 물체를 놓는다.

② 정면도를 중심으로 위쪽에 평면도, 오른쪽에는 우측면도를 그린다.

③ 위에서 물체를 보고 투상된 것은 물체의 상부에 도시한다.

④ 물체에 대한 도면의 투상을 이해하기 쉬워 합리적이라는 장점이 있다.

• 제1각법

① 물체를 제1각 안에 놓고 투상하며 투상면 앞쪽에 물체를 놓는다.

② 정면도를 중심으로 하여 아래쪽에 평면도, 왼쪽에 우측면도를 그린다.

③ 위에서 물체를 보고 물체의 아래에 투상된 것을 표시한다.

15. **다음 그림과 같이 경사부가 있는 물체에서 경사면의 실제 모양을 표시할 때 보이는 부분의 전체 또는 일부를 나타낸 투상도는?**

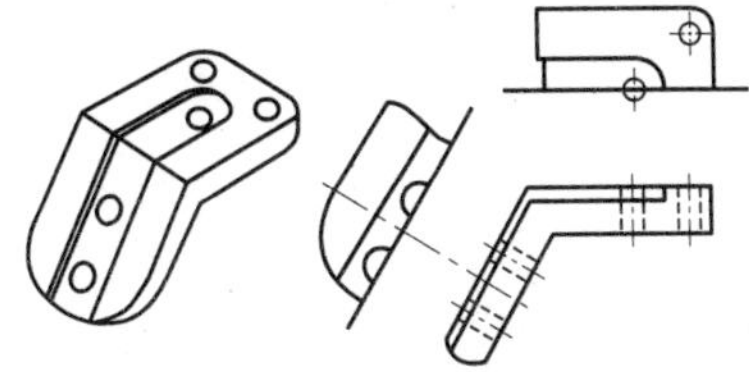

① 주투상도 ② 보조 투상도

③ 부분 투상도 ④ 회전 투상도

해설 투상도의 표시방법으로는 주투상도, 보조 투상도, 부분 투상도, 국부 투상도, 회전 투상도, 부분 확대도 등이 있다.

16. **도면에서 해칭(hatching)을 하는 경우는 어느 것인가?**

① 움직이는 부분을 나타내고자 할 때

② 회전하는 물체를 나타내고자 할 때

③ 절단된 단면 부분을 나타내고자 할 때

④ 이웃하는 부품과의 경계를 나타낼 때

해설 해칭으로 절단 단면을 나타내고자 할 때에는 기선과 중심선에 대해 45° 각도의 실선으로 표시한다.

17. **대상물의 일부를 파단한 경계 또는 일부를 떼어낸 경계를 표시하는 데 사용하는 선은?**

① 해칭선 ② 절단선

③ 가상선 ④ 파단선

해설 파단선은 불규칙한 파형의 가는 실선, 또는 지그재그선으로 그린다.

정답 1. ③ 2. ② 3. ② 4. ② 5. ④ 6. ③ 7. ② 8. ② 9. ④ 10. ④ 11. ④ 12. ④ 13. ② 14. ① 15. ② 16. ③ 17. ④

제 3 장 도형의 표시 및 치수기입 방법

3-1 치수 기입의 원칙

1 일반 치수기입의 원칙

(1) 치수기입 시 주의사항

① 치수는 정확하고 이해하기 쉽게 기입한다.

② 현장 작업을 할 때 별도로 계산해서 구할 필요가 없도록 기입한다.

③ 제작 공정이 쉽고 최저의 가공비로 제품을 완성할 수 있는 치수를 기입한다.

④ 특별한 지시가 없을 때에는 제품의 완성치수로 기입하여 잘못 읽는 예가 없도록 한다.

⑤ 도면에 치수기입을 누락하지 않도록 한다.

(2) 치수단위

① **길이:** 보통 완성치수는 mm 단위로 기입하고 단위기호를 붙이지 않는다. 치수 숫자는 자릿수가 많아도 3자리씩 끊는 점을 찍지 않는다(예 125.35, 12.00, 12120).

② **각도:** 보통 "도"로 표시하고 필요시는 분 및 초를 병용할 수가 있으며 도, 분, 초를 표시할 때는 숫자의 오른쪽에 °, ′, ″ 를 기입한다(예 90° 22.5° 3′21″ 0°15′ 7°21′5″).

(3) 치수기입

① 치수를 기입할 때는 치수선, 치수보조선, 화살표, 치수숫자, 지시선 등을 사용하며 KS 규격에 따라야 한다.

② 치수기입에서 수평방향의 치수선은 위쪽으로 향하게 하고, 수직방향의 치수선에 대하여는 왼쪽으로 향하게 하여 치수선 위에 치수숫자를 기입한다.

③ 치수선과 치수보조선은 외형선과 명확히 구별하기 위하여 0.3mm 이하의 가는 실선으로 긋는다.

④ 치수선은 연속선으로 연장하고 연장선상 중앙 위에 치수를 기입하고 치수선 양쪽

끝에 화살표를 붙인다. [그림](예: ① 과거 |←100→| ② 현재 |← 100 →|)

⑤ 치수선은 외형선과 평행하게 그리고, 외형선으로부터 10~15mm 정도 띄워 긋는다.

⑥ 치수선은 외형선과 다른 치수선과의 중복을 피한다.

⑦ 외형선, 은선, 중심선, 치수보조선은 치수선으로 사용하지 않는다.

⑧ 치수보조선은 실제 길이를 나타내는 외형선 끝에서 외형선과 직각을 이루게 긋는다. 단, 테이퍼 부분의 치수를 나타날 때는 치수선과 60°의 경사로 긋는 것이 좋다.

⑨ 치수보조선의 길이는 치수선과의 교차점보다 약간 길게(3mm 정도) 긋도록 한다.

⑩ 화살표의 길이와 폭의 비율은 보통 4:1 정도로 하며, 길이는 도형의 크기에 따라 다르지만 보통 3mm 정도로 하고 같은 도면에서는 같은 크기로 한다.

⑪ 도형에서부터 치수보조선을 길게 끌어낼 경우는 직접 도형 안에 치수선을 긋는 것이 알기 쉬울 때가 있다

⑫ 구멍이나 축 등의 중심거리를 나타내는 치수는 구멍 중심선 사이에 치수선을 긋고 기입한다.

⑬ 치수 숫자의 크기는 작은 도면에서는 2.5mm, 보통 도면에서는 3.2mm, 4mm 또는 5mm로 하고, 같은 도면에서는 같은 크기로 쓴다.

⑭ 비례척에 따르지 않고 치수기입을 할 때는 치수숫자 밑에 선을 그어 표시한다(예 300).

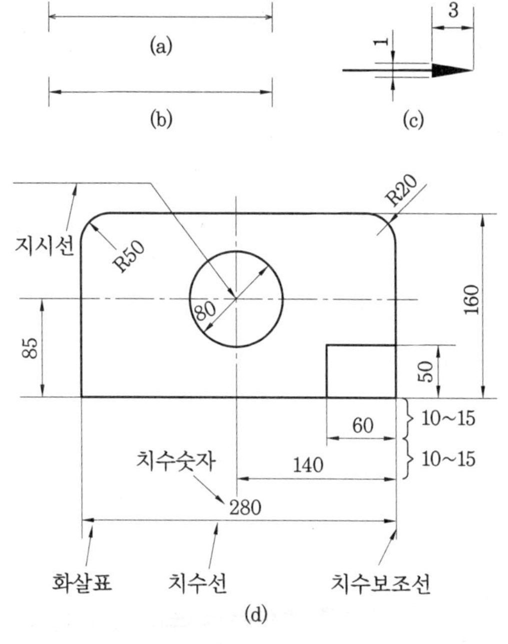

화살표와 치수기입법

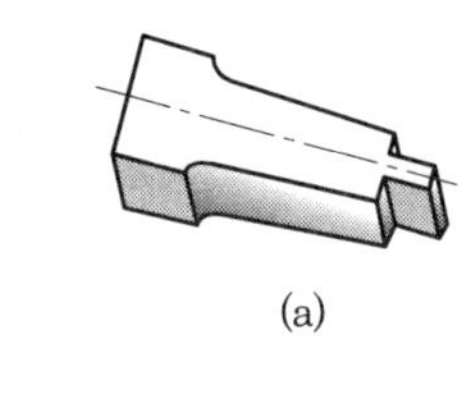

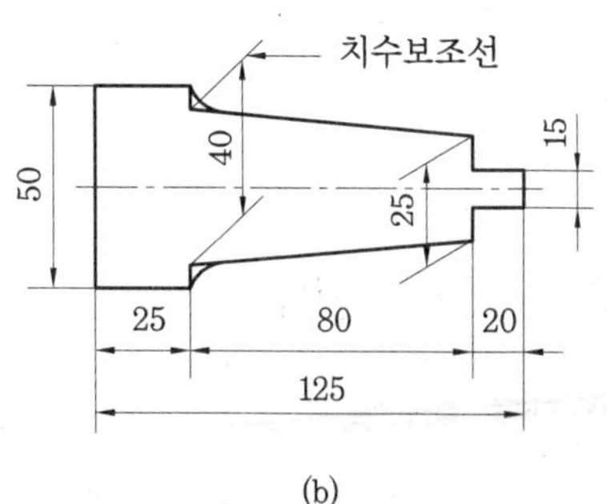

테이퍼의 치수보조선

2 치수에 사용되는 기호 시험 포인트

치수숫자를 기입해도 도면을 이해하기 어려운 경우는 [표]에 나타내는 기호를 치수숫자 앞에 치수숫자와 같은 크기로 표시하여 도면의 이해를 돕는다.

치수에 사용되는 기호

기호	읽는 법	의미	사용방법
ϕ	파이	원의 지름	명확히 구분될 경우 생략할 수 있다.
□	사각	정사각형	생략할 수도 있다.
R	알	원의 반지름	반지름 치수선을 원호의 중심까지 그을 때는 생략된다.
구	구	구면	ϕ, R의 기호 앞에 기입한다.
C	씨	모따기(chamfering)	45° 모따기에만 사용한다.
P	피	피치(pitch)	치수숫자 앞에 표시한다.
t	티	판 두께	치수숫자 앞에 표시한다.
⊠	−	평면	도면 안에 대각선으로 표시한다.

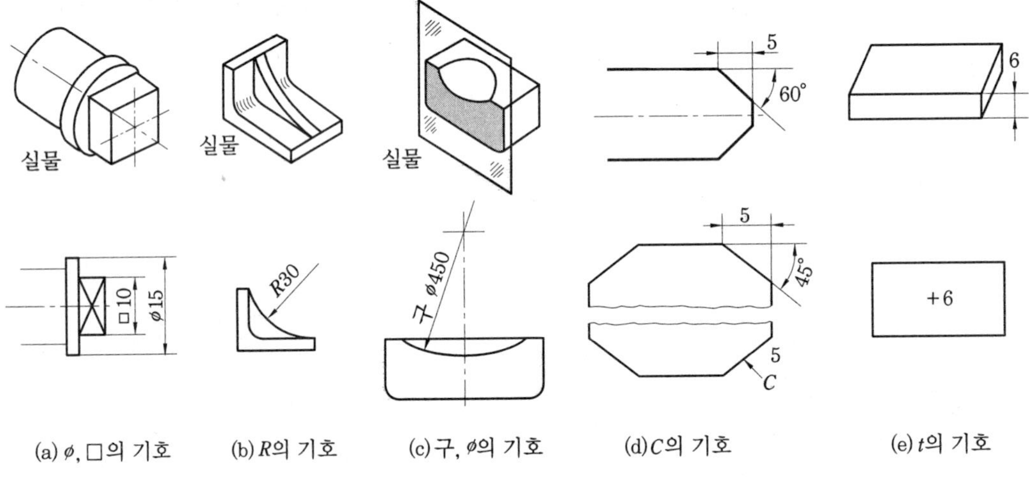

치수에 사용되는 기호의 표시 예

3 치수기입 방법

(1) 지름, 반지름

① 지름의 수치를 기입할 때는 치수숫자 앞에 ϕ 기호를 붙이는데 도면에서 원이 명확할 경우에는 생략된다.

② 지름의 치수선은 가능한 한 직선으로 하고 대칭형 도면은 중심선을 기준으로 한쪽에만 치수선의 연장선과 화살표를 그리고, 다른 한쪽에는 생략한다.

③ 원호의 크기는 반지름 치수를 표시하고 치수선은 호의 한쪽에만 화살표를 그리고 중심축에는 그리지 않으나, 특히 중심을 표시해야 할 때는 흑점 또는 +자로 그 위치를 표시한다.

④ 원호의 치수가 180°를 넘는 경우는 지름의 치수를 기입한다.

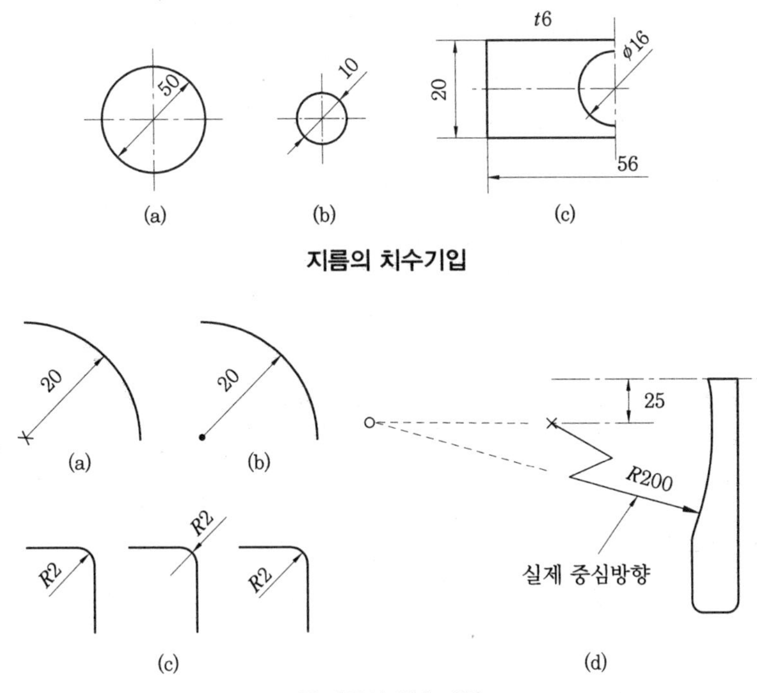

지름의 치수기입

반지름의 치수기입

(2) 현과 호

① 치수선을 기입할 때 현의 길이는 직선으로 그리고, 호 길이는 동심 원호로 그린다.

② 특히 현과 호를 구별해야 할 경우 호의 치수숫자 위에 (⌒)의 기호를 기입하거나 치수숫자 앞에 현 또는 호라고 기입한다.

③ 2개 이상의 동심 원호 중에서 특정한 호의 길이를 명시해야 할 때는 그 호에서 치수숫자에 대해 지시선을 긋고 지시된 호 측에 화살표를 그리고 호의 치수를 기입한다.

(3) 구멍

① 드릴 구멍, 리머 구멍, 펀칭 구멍, 코어(core) 등을 구별하여 표시해야 할 때는 [그림 (a)~(e)]와 같이 숫자와 함께 구체적으로 기입한다.

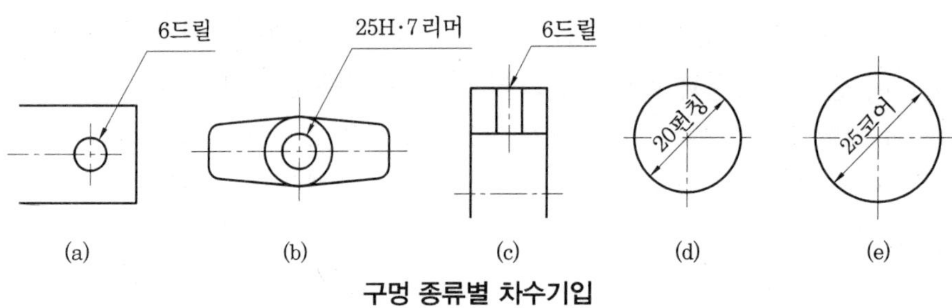

구멍 종류별 치수기입

② 같은 종류와 크기의 구멍이 규칙적으로 반복될 때에는 [그림]과 같이 치수를 기입하고, 구멍의 총수는 같은 장소의 총수를 기입하고 구멍이 1개일 때는 기입하지 않는다.

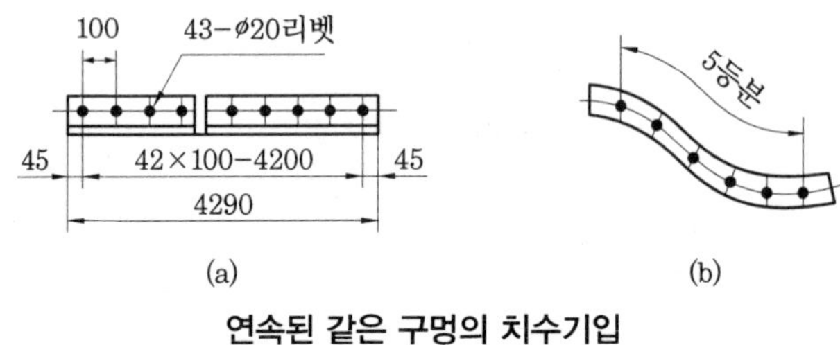

연속된 같은 구멍의 치수기입

(4) 기울기와 테이퍼

① 한쪽 면 기울기를 기울기(구배, slope)라 하고, 양면 기울기를 테이퍼(taper)라 한다.

② 기울기는 경사면을 따라 기입하고, 테이퍼는 중심선 중앙 위에 기입한다.

③ 테이퍼는 축과 구멍이 테이퍼 면에서 정확하게 끼워 맞추어져야 하는 곳에만 기입하고 그 외에는 일반 치수로 기입한다.

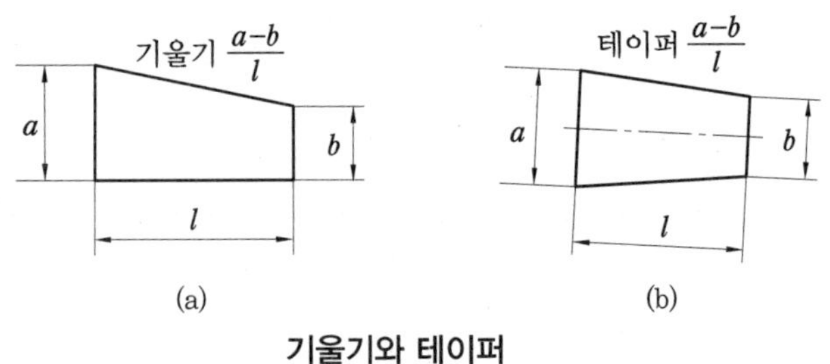

기울기와 테이퍼

(5) 기타 치수 기입법

① 중요도가 적은 치수를 참고로 나타낼 경우는 치수숫자에 괄호를 한다.

② 대칭인 도면은 중심선을 기준으로 한쪽에만 그릴 수 있다. 이 경우 치수선은 원칙적으로 그 중심선을 지나 연장하며, 연장한 치수선 끝에는 화살표를 붙이지 않는다.

4 표제란과 부품표

(1) 표제란 시험포인트

도면 오른쪽 아래에 표제란(title panel)을 설정하여 도면 번호(도번), 도명, 척도, 제도소명, 도면작성 연월일, 책임자의 서명 등의 사항을 기입한다. 표제란의 형식은 일정하지 않으며, 크기도 도면 크기에 따라 다르므로 기입한 사항을 확실하게 알아볼 수 있을 정도로 한다.

단원 예상문제

1. 치수 보조기호에 대한 용어의 연결이 틀린 것은?

① R−반지름　　② ϕ−지름
③ SR−구의 반지름　　④ C−치핑

해설 C는 모따기 기호이다.

2. 구의 반지름을 나타내는 기호는?

① SE　　② SW　　③ ST　　④ SR

해설 $S\phi$은 구의 지름, SR은 구의 반지름을 뜻하는 치수 보조기호이다.

3. 선을 긋는 방법에 대한 설명 중 틀린 것은?

① 평행선은 선 간격을 선 굵기의 3배 이상으로 하여 긋는다.
② 1점 쇄선은 긴 쪽 선으로 시작하고 끝나도록 긋는다.
③ 파선이 서로 평행할 때에는 서로 엇갈리게 그린다.
④ 실선과 파선이 서로 만나는 부분은 띄워지도록 그린다.

해설 제도에서 선을 긋는 방법으로 실선과 파선이 만나는 부분은 파선 끝이 실선에 닿게 그려야 한다.

4. 치수의 배치방법 종류가 아닌 것은?

① 직렬 치수 배치방법
② 병렬 치수 배치방법
③ 평행 치수 배치방법
④ 누진 치수 배치방법

해설 제도에서 치수의 배치방법 종류로는 일반, 정사각형 및 평면, 원호, 호, 현 및 각도, 구멍, 직렬과 병렬, 여러 개의 구멍, 구배와 테이퍼 등이 있다.

직렬과 병렬 치수의 기입 방법은 다음과 같다.
① 직렬 치수: 한 지점에서부터 그 다음 지점까지의 거리에 대해 각각 치수를 기입한다.
② 병렬 치수: 기준면에서부터 각각의 지점까지의 치수를 기입한다.
③ 누진 치수: 병렬치수 기입과 같으면서 1개의 연속된 치수선에 기입한 것이다.

5. **특별한 도시 방법에서 도형 내의 특정한 부분이 평면이란 것을 표시할 필요가 있을 경우에 나타내는 표시방법으로 가장 접합한 것은?**

① 정사각형 기호(□)를 사용한다.
② R 기호를 사용한다.
③ P 기호를 사용한다.
④ 가는 실선의 대각선을 긋는다.

해설 가는 실선의 대각선을 그어 평면을 뜻하는 기호로 사용한다.

6. **치수기입 방법에서 치수선과 치수보조선에 대한 설명으로 틀린 것은?**

① 치수선과 치수보조선은 가는 실선으로 긋는다.
② 치수선은 원칙적으로 치수보조선을 사용하여 긋는다.
③ 치수선은 원칙적으로 지시하는 길이 또는 각도를 측정하는 방향으로 평행하게 긋는다.
④ 치수보조선은 지시하는 치수의 끝에 해당하는 도형상의 점 또는 선의 중심을 지나 치수선에 평행으로 긋는다.

해설 치수보조선은 치수선과 수직으로, 치수선을 지나 약 2~3mm가 넘도록 그린다. 또한 외향선에서 1mm 정도를 띄어 시작한다.

7. **치수문자를 표시하는 방법에 대하여 설명한 것 중 틀린 것은?**

① 길이 치수문자는 mm 단위를 기입하고 단위기호를 붙이지 않는다.
② 각도 치수문자는 도(°)의 단위만 기입하고 분(′), 초(″)는 붙이지 않는다.
③ 각도 치수문자를 라디안으로 기입하는 경우 단위기호 rad 기호를 기입한다.
④ 치수문자의 소수점은 아래쪽의 점으로 하고 약간 크게 찍는다.

해설 각도의 치수문자는 일반적으로 도의 단위로 기입하고 필요한 경우에는 분 및 초를 병용할 수 있다. 도, 분, 초를 표시할 때는 숫자의 오른쪽에 각각 °, ′, ″를 기입한다.

8. **다음 중 치수 보조기호의 설명으로 옳은 것은?**

① $S\phi$−원통의 지름
② C−45℃의 모따기
③ R−구의 지름
④ □−직사각형의 변

해설 치수 보조기호

① ϕ: 지름 치수의 치수문자 앞에 붙인다.
② R: 반지름 치수의 치수문자 앞에 붙인다.
③ $R\phi$: 구의 지름 치수의 치수문자 앞에 붙인다.
④ SR: 구의 반지름 치수의 치수문자 앞에 붙인다.
⑤ □: 정사각형의 한 변 치수의 치수문자 앞에 붙인다.
⑥ t: 판 두께의 치수문자 앞에 붙인다.
⑦ ⌒: 원호의 길이 치수와 치수문자 위에 붙인다.
⑧ C: 45° 모따기 치수와 치수문자 앞에 붙인다.

9. 도면에서 2종류 이상의 선이 같은 장소에서 중복될 경우 우선되는 선의 순서는?

① 외형선－숨은선－중심선－절단선
② 외형선－중심선－절단선－숨은선
③ 외형선－중심선－숨은선－절단선
④ 외형선－숨은선－절단선－중심선

해설 도면에서 2종류 이상의 선이 같은 장소에서 중복될 경우는 외형선 → 숨은선 → 절단선 → 중심선 → 무게중심선 → 치수보조선의 순서에 따라 그린다.

10. KS 규격에 의한 치수기입의 원칙 설명 중 틀린 것은?

① 치수는 되도록 주투상도에 집중한다.
② 각 형체의 치수는 하나의 도면에서 한 번만 기입한다.
③ 기능 치수는 대응하는 도면에 직접 기입해야 한다.
④ 치수는 되도록 계산으로 구할 수 있도록 기입한다.

해설 작업 시제품의 치수를 따로 계산하지 않고 도면에 있는 치수를 볼 수 있어야 한다.

11. 치수기입시 구의 반지름을 표시하는 치수 보조기호는?

① SR　　② $S\phi$　　③ R　　④ t

해설 치수기입시 치수 보조기호

① 지름 기호 ϕ(파이), 정사각형 기호 □(4각)는 치수숫자 앞에 쓴다. 다만 도형에서 뚜렷이 나타날 때는 생략한다.
② 반지름의 기호 R은 치수숫자 앞에 쓴다. 다만 반지름을 표시하는 치수선을 원호의 중심점까지 그을 때에는 이 기호를 생략해도 된다. 이때 화살표는 라운드의 안쪽에서 붙이기 어려우므로 바깥쪽에 붙여야 한다. 또 R을 생략할 때에도 중심을 나타낼 필요가 있다고 인정되면 "?", "o", "+" 기호로 나타낸다.
③ 구면(球面)을 표시할 때는 "구면" 또는 "S"라 쓴 다음에 "ϕ"나 "R" 기호를 기입한다.

④ 판의 두께를 그리지 않고 표시할 때는 판의 면 또는 부근에다 기입하며 숫자 앞에 "t" 기호를 기입한다.
⑤ 판의 두께를 그리지 않고 표시할 때는 판의 면 또는 부근에 기입하며 숫자 앞에 "t" 기호를 기입한다.
⑥ 45°의 모서리를 떼는 기호는 Chamfering의 약자 "C" 기호를 숫자 앞에 기입한다.
⑦ 리벳의 피치(pitch)를 표시하는 기호 P를 기입한다. 또한 필요에 따라 "피치원[이(齒, tooth)의 원주피치선]을 몇 등분"이라고 기입한다.

12. 그림과 같이 치수를 둘러싸고 있는 사각 틀□이 뜻하는 것은?

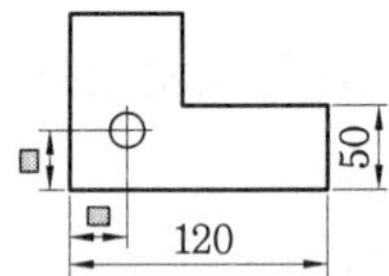

① 정사각형의 한 변 길이 ② 이론적으로 정확한 치수
③ 판 두께의 치수 ④ 참고치수

13. 도면의 치수기입 방법 중 지름을 나타내는 기호는?

① $S\phi$ ② SR ③ ( ) ④ ϕ

정답 1. ④ 2. ④ 3. ④ 4. ③ 5. ④ 6. ④ 7. ② 8. ② 9. ④ 10. ④ 11. ① 12. ② 13. ④

3-2 기계재료의 표시법

도면에서 부품의 금속재료를 표시할 때 KS D에 정해진 기호를 사용하면 재질, 형상, 강도 등을 간단명료하게 나타낼 수 있다. 산업 규격에 제정되어 있지 않은 비금속 재료 등은 도면에 부품의 재질을 간단하게 표시하기 위한 기호로 그 재료명을 문자로 기입하여 나타낸다. KS D에 정해진 재료기호를 이용하는 경우에는 보통 세 자리로 표시하나 때로는 다섯 자리로 표시하기도 한다. 제1위 문자(재질), 제2위 문자(제품명 또는 규격), 제3위 문자(재료의 종별, 최저 인장강도, 탄소 함유량, 경·연질, 열처리), 제4위 문자(제조법), 제5위 문자(제품형상)로 표시된다.

제1위 문자(재질)

기호	재질	기호	재질	기호	재질
Al	알루미늄	F	철	NiS	양은
AlA	알루미늄 합금	HBs	강력 황동	PB	인청동
Br	청동	L	경합금	Pb	납
Bs	황동	K	켈밋	S	강
C	초경합금	MgA	마그네슘 합금	WM	화이트 메탈
Cu	구리	NBs	네이벌 황동	Zn	아연

제2위 문자(제품명 또는 규격명)

기호	제품명 또는 규격명	기호	제품명 또는 규격명	기호	제품명 또는 규격명
AU	자동차용 재료	GP	철과 강 가스 파이프	P	비철금속 판재
B	철과 강 보일러용 압연재	H	철과 강 표면 경화	S	철과 강 구조용 압연재
BF	단조용 봉재	HB	최강 봉재	SC	철과 강 철근 콘크리트용 봉재
BM	비철금속 머시이닝용 봉재	K	철과 강 공구강	T	철과 비철관
BR	철과 강 보일러용 리벳	KH	철과 강 고속도강	TO	공구강
C	철과 비철 주조품	L	궤도	UP	철과 강 스프링강
CM	철과 강 가단 단조품	M	조선용 압연재	V	철과 강 리벳
DB	볼트, 너트용 냉간 드로잉	MR	조선용 리벳	W	철과 강 와이어
E	발동기	N	철과 강 니켈 강	WP	철과 강 피아노선
F	철과 강 단조품	NC	니켈-크로뮴강		
G	게이지 용재	NS	스테인리스 강		

제3위 문자(종별)

구분	기호	의미	구분	기호	의미
종별에 의한 기호	A	갑		A	형강
	B	을		B	봉강
	C	병	알루미늄 합금의 열처리 기호	F	열처리를 하지 않는 재질
	D	정		O	가공 경화한 재질
	E	무		H	풀림처리한 재질
가공법·용도·형상 등에 의한 기호	D	냉각 드로잉, 절삭, 연삭		1/2H	반경질
	CK	표면 경화용		W	담금질한 후 시효경화 진행 중의 재료
	F	평판		T_2	풀림처리한 재질(주물용)
	C	파판		T_6	담금질한 후 뜨임처리한 재료
	P	강판			
	F	평강			

제4위 문자(제조법)

기호	제조법	기호	제조법
Oh	평로강(open hearth steel)	Cc	도가니강(crucible steel)
Oa	산성(acidic) 평로강	R	압연(rolled)
Ob	염기성(basic) 평로강	F	단조(forged)
Bes	전로강(bassemer steel)	Ex	압출(extruded)
E	전기로강(electric steel)	D	인발(drawn)

제5위 문자(제품형상 기호)

기호	제품	기호	제품	기호	제품
P	강판	□	각재	▱	평강
●	둥근강	△6	6각 강	I	I 형강
◎	파이프	8	8각 강	⊏	채널(channel)

※ 재료기호의 사용 예

SWS 50A → S(강), W(용접), S(구조강재), 50(최저 인장강도), A(종)
SM 10C → S(강), M(기계구조용), 10(탄소 함유량 0.10%), C(화학성분)

단원 예상문제

1. 다음 중에서 일반구조용 압연강재를 나타내는 KS기호는?

① SS 400 ② SM 45 C ③ SWS 400 ④ SPC

해설 일반구조용 압연강재는 SS, 냉간 압연강판은 SCP, 열간 압연강판은 SHP이고, SM은 기계구조용강, SWS는 용접구조용 압연강이다.

2. KS 규격에서 회주철을 의미하는 기호는?

① GC 100 ② SC 360 ③ BMC 27 ④ C 1020 BE

해설 재료의 표시 중에 회주철의 기호는 GC(gray cast)로 표시한다.

3. 재료기호 SM 400 A에서 재질의 설명으로 옳은 것은?

① 일반구조용 압연강재 ② 연강선재
③ 용접구조용 압연강재 ④ 열간 압연 연강판

해설 재료기호에서 용접구조용 압연강재는 SM400A, 기계구조용강은 SM30C

4. 기계재료의 재질을 표시하는 기호 중 기계구조용강을 나타내는 기호는?

① Al ② SM ③ Bs ④ Br

해설 ①는 알루미늄, ②는 기계구조용강, ③는 황동, ④는 청동의 기호이다.

5. 금속재료의 SF340A 규격에서 340은 무엇을 나타내는가?

① 최저 인장강도를 340 kgf/cm²로 나타냄
② 최저 인장강도를 340 kgf/mm²로 나타냄
③ 최저 인장강도를 340 N/mm²로 나타냄
④ 최저 인장강도를 340 N/cm²로 나타냄

해설 S는 강(steel), F는 단조품(forging), 340은 최저 인장강도를 말하고, 국제표준 단위 N/mm²로 나타내고 A는 A종을 뜻한다.

6. 기계재료의 표시 기호 SM 25C에서 25C가 뜻하는 것은?

① 재료의 최저 인장강도 ② 재료의 용도 표시
③ 재료의 탄소 함유량 ④ 재료의 제조 방법

해설 SM 25C에서 S는 강(steel), M은 기계구조용(machine structural use), 25C는 탄소 함유량을 뜻한다.

7. 다음 [보기]에서 기계용 황도 각봉 재료 표시방법 중 ㄷ의 의미는?

| 보기 |

BS BM A D ⊏

① 강판 ② 채널 ③ 각재 ④ 둥근강

해설 재료의 표시방법
BS: 황동, BM: 비철금속 기계용 봉재, A: 연질(H−경질), D: 무광택 마무리(B−광택 마무리), ⊏: 채널(channel), P: 강판, I: I형강, □: 각재 등

8. KS에서 일반구조용 압연강재의 종류를 나타내는 기호는?

① SS 400 ② SM 45C ③ SWS 400 ④ SPC

해설 ①의 재료기호는 첫 번째 S가 강, 둘째 S가 일반구조용강, 400은 최저 인장강도를 나타낸다.

9. 한국산업표준에서 정한 일반구조용 탄소 강관을 표시하는 것은?

① SCPH ② STKM ③ NCF ④ STK

10. 한국산업규격에서 냉간압연 강판 및 강대 종류의 기호 중 "드로잉용"을 나타내는 것은?

① SPCG ② SPCD ③ SPCE ④ SPCF

해설 재료기호는 S(강), P(판), CF(원심력 주강판), CR(제어 압연한 강판), D(무광택 마무리)를 각각 뜻한다.

11. 재료기호 중 "SM400C"의 재료 명칭은?

① 일반구조용 압연강재 ② 용접구조용 압연강재
③ 기계구조용 탄소강재 ④ 탄소공구강재

해설 재료기호 중에 처음 문자는 재질을 표시하며 F(철), S(강), SM(기계구조용강)이다.

정답 1. ① 2. ① 3. ③ 4. ② 5. ③ 6. ③ 7. ② 8. ① 9. ④ 10. ② 11. ③

3-3 리벳(rivet)

1 리벳의 종류

(1) 용도에 따른 종류

일반용, 보일러용, 선박용 등이 있다.

(2) 리벳 머리의 종류

둥근머리, 접시머리, 납작머리, 둥근 접시머리, 얇은 납작머리, 냄비머리 리벳이 있다.

2 리벳의 호칭

규격번호	종류	호칭지름		길이	재료
KS B 1102	열간 둥근머리 리벳	16	×	40	SBV34

※ 규격번호를 사용하지 않는 경우는 명칭 앞에 "열간" 또는 "냉간"을 기입한다.

3 리벳 이음의 도시법

① 리벳 크기는 [그림 (a)]와 같이 도시한다.
② 리벳 위치만 표시할 때에는 [그림 (a)]와 같이 중심선만을 그린다.

③ 같은 종류의 구멍이 규칙적으로 반복될 때에는 [그림 (b)]와 같이 간단히 기입한다.(간격 수×간격 치수=합계 치수)

④ 얇은판, 형강 등의 단면은 굵은 실선으로 도시한다[그림 (c)].

⑤ 여러 장의 얇은판 단면 도시에서 각판의 파단선은 서로 어긋나게 긋는다[그림 (d)].

⑥ 리벳은 길이방향으로 절단하여 도시하지 않는다[그림 (e)].

⑦ 형강의 치수는 형강 도면 위쪽에 기입한다[그림 (f)].

⑧ 평강 또는 형강의 치수는 (너비×너비×두께−길이)로 표시한다[그림 (e)]

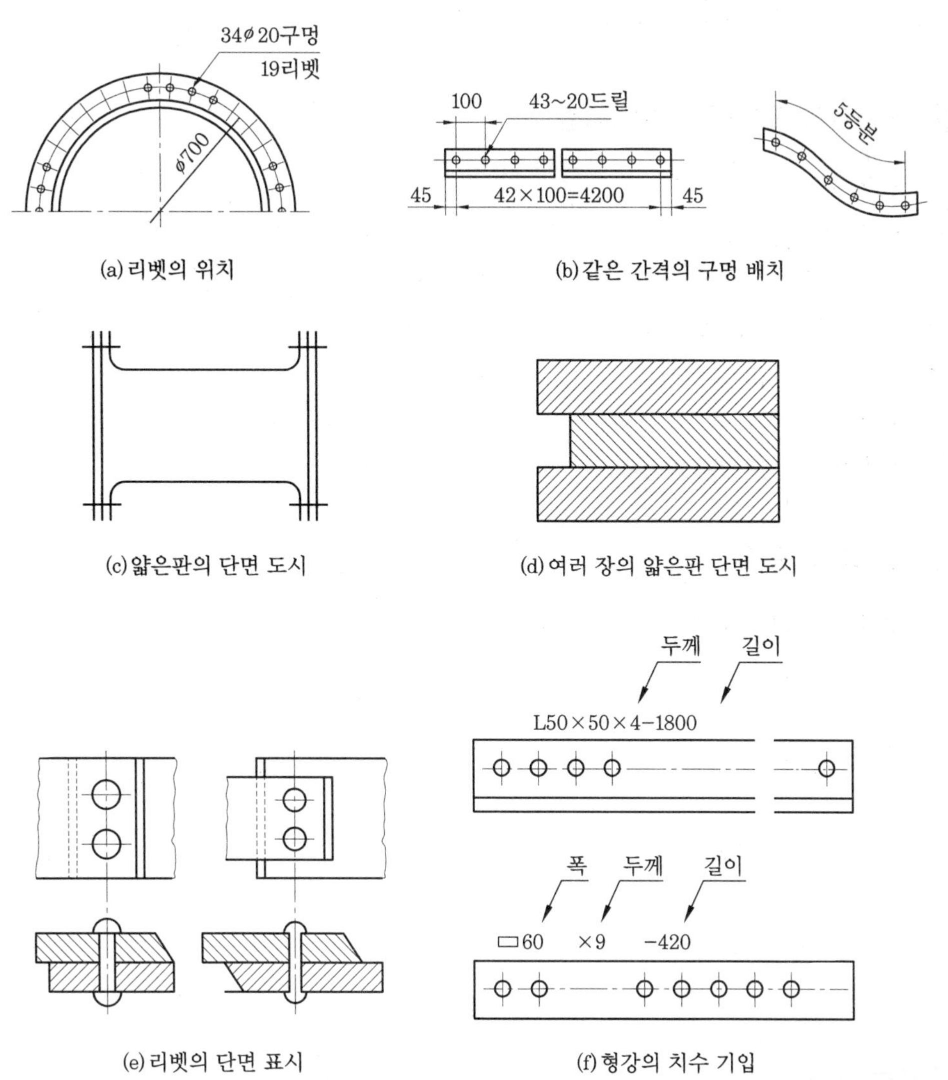

(a) 리벳의 위치

(b) 같은 간격의 구멍 배치

(c) 얇은판의 단면 도시

(d) 여러 장의 얇은판 단면 도시

(e) 리벳의 단면 표시

(f) 형강의 치수 기입

제 4 장 스케치도와 제작도

4-1 스케치의 개요

1 스케치의 필요성과 주의사항

① 현재 사용 중인 기기나 부품을 도면 없이 동일하게 만들어야 할 때
② 도면이 없는 부품을 참고로 신제품을 제작할 때
③ 마모나 파손으로 인해 부품을 수리, 제작하거나 교환할 때
④ 보통 3각법을 이용해 프리핸드법으로 그린다.
⑤ 스케치 시간이 짧아야 한다.
⑥ 분해 및 조립용구, 스케치 용구를 충분히 갖추어야 한다.
⑦ 스케치도는 제작도를 만드는 기초가 되며, 제작도를 겸하기도 한다.

2 스케치의 종류

(1) 제작에 필요한 스케치

① 구상 스케치
② 계산 스케치
③ 설계 스케치

(2) 설명에 필요한 스케치

① 핵심 스케치
② 상세 스케치
③ 변경 스케치
④ 꾸미기 스케치
⑤ 설치 스케치

3 스케치 용구

구분	용구		비고
항상 필요한 것	연필		B, HB, H 정도의 것, 색연필
	용지	방안지	그림을 그리고 모양을 뜬다.
		백지, 모조지	그림을 그리고 모양을 뜬다.
	마분지, 스케치도판		밑받침
	광명단		프린트법에서 모양을 뜰 때 사용하는 붉은 칠감
	자 및 캘리퍼스	강철자	길이 300mm, 눈금 0.5mm의 것
		접는자	긴 물건 측정
		캘리퍼스	긴 물건 측정
		외경 캘리퍼스	외경 측정용
		내경 캘리퍼스	내경 측정용
	버니어 캘리퍼스		길이, 깊이, 내·외경 등의 정밀 측정
	깊이 게이지		구멍 깊이, 홈 등의 정밀 측정용
	마이크로미터	외경 마이크로미터	외경 정밀 측정(1/100mm)
		내경 마이크로미터	내경 정밀 측정(1/100mm)
	직각자		각도, 평면 정도의 측정
	정반		각도, 평면 정도의 측정 보조용
	기타		칼, 지우개, 종이집게, 압침, 샌드페이퍼 등
있으면 편리한 것	경도 시험기		경도, 재질 판정
	표면거칠기 견본		표면거칠기 판정
	기타		컴퍼스, 삼각자 등
특수 용구	피치 게이지		나사의 피치나 산의 수 측정
	치형 게이지		치형 측정
	틈새 게이지		부품 사이의 틈새 측정
기타	꼬리표		부품에 번호 붙임
	납선 또는 구리선		본뜨기용
	기타		반지름 게이지, 각도기, 비누, 걸레, 기름걸레, 풀, 분해 및 조립공구 등

4 스케치 방법(형상 스케치법)

(1) 프리핸드법: 손으로 직접 그리는 방법

① 정투상도법
② 사투상도법
③ 투시도법
④ 등각 투상도법에 의한 스케치

(2) 프린트법

부품 표면에 광명단이나 기름을 칠한 후, 종이를 대고 눌러서 실제 모양을 뜨는 방법

(3) 모양뜨기(본뜨기)

불규칙한 곡선을 가진 물체를 직접 종이에 대고 연필로 그리거나 납선, 구리선 등을 부품의 윤곽 곡선과 같이 만들어 종이에 옮기는 방법

(4) 사진 촬영법

복잡한 기계조립 상태나 부품을 사진기로 여러 각도에서 직접 찍어서 도면을 그리는 방법

4-2 스케치도와 제작도의 작성 순서

1 스케치도의 작성 순서

① 기계를 분해하기 전에 부품의 구조 및 기능을 조사한다.
② 각 부분의 부품조립도와 부품표를 작성하고 세부 치수를 기입한다(조립도 작성).
③ 각 부품도에 재료(재질), 가공법, 수량, 끼워맞춤 기호 등을 기입한다.
④ 기계 전체의 형상을 상세하게 그리고 완전한가를 검토한다.

2 제작도 작성 순서

① 각 부품도와 부품표를 작성한다.
② 각 부분의 부품조립도 작성과 조립 상태를 자세히 나타내고 치수는 조립과 관련된 범위 내에서 기입한다.
③ 조립도를 그리고 기계 전체의 형상을 상세화한다.

단원 예상문제

1. 면이 평면으로 가공되어 있고 윤곽이 복잡한 부품인 경우 물체 표면에 기름이나 광명단을 얇게 칠하고 그 위에 종이를 대고 눌러서 실제의 모양을 뜨는 방법은?

① 프린트법
② 모양뜨기법
③ 프리핸드법
④ 사진법

해설 스케치 방법에서 ①는 부품 표면에 광명단 또는 스탬프잉크를 칠한 후, 종이를 대고 눌러서 실제 모양을 뜨는 방법이고, ②는 불규칙한 곡선을 가진 물체를 직접 종이에 대고 연필로 그리거나, 납선 또는 구리선 등을 부품의 윤곽 곡선과 같이 만들어 종이에 옮기는 방법, ③는 손으로 직접 그리는 방법, ④ 사진 촬영법은 사진기로 직접 찍어서 도면을 그리는 방법이다.

2. 스케치도의 필요성에 관한 설명으로 관계가 먼 것은?

① 동일한 기계를 제작할 필요가 있는 경우
② 제작도면을 오래도록 보존할 필요가 있는 경우
③ 사용 중인 기계의 부품이 파손된 경우
④ 사용 중인 기계의 부품 개조가 필요한 경우

해설 스케치도는 스케치한 도면에 치수, 재질, 가공법 및 기타 필요한 사항을 기입하여 완성한 도면으로 프린트법, 본뜨기법, 사진 촬영법, 프리핸드법 등이 있다.

3. 기계나 장치 등의 실체를 보고 프리핸드로 그린 도면은?

① 배치도
② 기초도
③ 장치도
④ 스케치도

해설 제도에서 스케치 방법
㉠ 프린트법: 부품 표면에 광명단 또는 스탬프잉크를 칠한 후, 종이를 대고 눌러서 실제 모양을 뜨는 방법
㉡ 모양뜨기법: 불규칙한 곡선을 가진 물체를 직접 종이에 대고 그리거나, 납선 또는 구리선 등을 부품의 윤관 곡선과 같이 만들어 종이에 옮기는 방법
㉢ 프리핸드법: 손으로 직접 그리는 방법
㉣ 사진 촬영법: 사진기로 직접 찍어서 도면을 그리는 방법

정답 1. ① 2. ② 3. ④

제 5 장 CAD 기초

5-1 CAD의 개요

CAD(computer aided design)란 컴퓨터를 이용하여 제품을 제도하고 분석, 수정하는 모든 종류의 설계 활동을 말하며, 제품의 초기 설계부터 최종 단계인 해석에 이르는 전 과정을 설계하는 기술이다.

CAD를 도입함으로써 설계를 자동화하여 빠른 시간에 설계를 수행하고 수정할 수 있으며 공장 자동화를 실현시킬 수 있다.

1 설계 및 제도

(1) 설계

모든 공업 생산품의 각 부분이 목적에 맞게 작용하도록 구조, 모양, 강도 등을 합리적으로 결정하고 재료와 가공법 등을 알맞게 선택하기 위하여 계획을 세우는 종합적인 기술이다(기술계 공학 분야에서 학습한다).

(2) 제도

① 설계자의 의도에 따라 도면을 제작하는 과정이다.

② 2차원의 평면 용지 위에 3차원 물체를 투상법을 사용하여 작도하는 기술이다.

※ 현재 국내에서는 설계와 제도를 엄격히 구분하지 않는다.

(3) CAD

수작업에 의한 제도를 컴퓨터를 이용해 정확하고 쉽게 작업하는 과정이다.

① 따라서 CAD용 S/W를 가지고 있어야 한다(예 autocad, cadkey, unicad 등 다수).

② CAD/CAM용 통합 S/W도 있다(예 PD/PM 등).

③ CAD: 도면 정보는 가지고 있으나 NC 코드 값이 없다.

④ CAM: NC 코드 값을 가지고 있으며 공작기계로 데이터 전송이 가능하다.

현재 국내에서도 CAD의 도입을 적극 추진 중이며 주변 국가에서도 활용 빈도가 급속히 확산되고 있다.

(4) CAD 도입의 확산 이유

산업 사회에서의 생애(life time), 생애 주기(life cycle)가 현저히 줄어들었기 때문이다.

(5) CAD 도입 시의 장점

품질 및 생산성 향상, 표현력 증대, 표준화, 경영 효율화와 합리화 등

2 CAD 시스템의 도입 효과

CAD 시스템을 도입하면 품질 향상, 원가 절감, 납기 단축, 신뢰성 향상, 표준화, 경쟁력 강화 등의 효과를 볼 수 있다.

3 CAD 시스템의 형태와 특징

(1) 중앙통제형 또는 호스트 집중형

입력장치에서 입력된 정보는 호스트(host)로 보내져 대형 컴퓨터가 모든 업무를 처리한 후 그래픽 터미널을 이용하여 그래픽 데이터를 표시하는 형태로 비교적 대기업 중심의 대형 시스템에 사용된다.

(2) 분산처리형(distributed-based type)

시스템의 형태가 호스트 컴퓨터에 대형 컴퓨터를 사용한다는 점은 대형컴퓨터 직결형과 마찬가지지만, 단말기 쪽에 미니컴 혹은 로컬 프로세서를 사용하며, 계층 구성으로 단말기 쪽에서 어느 정도의 인텔리전트 기능, 즉 기본 도형의 발생, 제어편집, 도형의 확대, 축소, 이동, 회전, 표시 소거, 삭제 등의 기능을 가지게 하여 호스트 컴퓨터 쪽의 부담을 줄이고 아울러 응답성을 좋게 한다.

(3) 스탠드 얼론형 또는 독립형(stand alone type 또는 turn key type)

가장 간편한 CAD/CAM 시스템 형태로, 1대의 슈퍼미니 컴퓨터에 수 개의 워크스테이션을 접속해서 CAD/CAM 시스템 전용으로 사용한다.

5-2 CAD 시스템의 입출력 장치

1 소프트웨어 인터페이스(software interface)

(1) 도형 핵심 시스템(GKS: graphical kernel system)

GKS는 독일의 DINDP에 의해 제안된 2차원 그래픽 시스템을 위한 표준 규격으로 ISO나 ANSI 등에서 채택되어 사용하고 있다.

GKS-3D는 3차원 기능을 부여한 것으로 3D 요소의 입력과 디스플레이 등이 추가되었다.

PHIGS(programmer's hierarchical interactive graphics system)는 3차원의 움직이는 물체를 실시간으로 화면에 보여줌으로써 도형구성, 항공교통망 시뮬레이션, 몰분자 모델링, 건축설계 등의 여러 산업 분야에 활용되고 있다.

(2) 표준 도형 교환 방식(IGES: initial graphics exchanges specification)

IGES는 CAD 시스템 간의 도면 및 기하학적 형상 데이터를 전달하는 것을 정의한다. IGES를 이용한 데이터 교환은 대개 보내는 측 시스템의 프리프로세서(pre-processor)에 의해 데이터가 IGES파일로 변환되어, 그 데이터를 받은 시스템이 자체적으로 포스트 프로세어(post-processor)를 통해 데이터 파일로 바꾸는 형태로 진행된다.

IGES의 데이터 파일의 형식은 5개로 분할되어, 각 레코드를 80byte 고정길이의 ASCII 데이터로 변환한다. (미국에서 개발되어 ISO의 표준규격으로 제정되었다.)

(3) DXF(date exchange file)

CAD 시스템에서 구성된 자료에 대해 서로 다른 CAD 소프트웨어를 사용하더라도 CAD 자료를 공통으로 사용하기 위한 가장 일반적 데이터 교환방식 DXF 파일을 선정할 수 있다. DXF 파일에 의해서 직접 사용하고자 하는 CAD 소프트웨어로 읽어 들일 수 있는 특징을 갖고 있다. 이 DXF 파일 AutoCAD 데이터와의 호환성을 위해 제정한 자료 공유 파일을 말한다. 또한 DXF 파일은 아스키(ASCII) 텍스트 파일로 구성한다.

(4) STEP(standard for the exchange of product data)

IGES 및 DXF와 같이 각각의 CAD 시스템 간에 구성된 자료들을 서로 공동으로 활용할 수 있도록 하는 ISO(international standard organization)의 국제적 공인 표준 규격이 없는 가운데 각 사설단체 및 회사별로 정의한 표준이 난립하게 되자 국제 공인표준 규격으로 제정하고자 진행 중이다.

2 하드웨어 인터페이스(hardware interface)

(1) RS-232C

RS-232C는 원래 장거리 데이터 통신을 실시할 목적으로 사용되던 모뎀용 규격이다. 그러나 컴퓨터 주변장치들은 시스템을 중심으로 서로 인접한 곳에 위치하므로 모뎀을 사용하지 않고 각 장비와 바로 연결하여 사용한다.

통신선은 용도에 따라 3가지 방식이 있는데 정보전달에는 2번(DTE에서 DCE), 3번(DCE번으로부터 DTE로), 그리고 7번(접지선)이 기본적으로 사용된다.

이 중에 데이터가 충돌하는 사고를 방지하기 위하여 2번 핀이 데이터를 보내는 장치로 사용되는데 이를 데이터 단말 장치(DTE: data terminal equipment)라 하고, 반대로 데이터를 받는 쪽의 장치를 데이터 통신 기기(DCE: data communication equipment)라고 한다. DCE는 모뎀을 대표적으로 들 수 있으며, DTE는 수 케넥터(male connector), DCE는 암 커넥터(female connector)를 사용한다.

(2) 데이터 전송

컴퓨터에 주변장치를 연결하여 그 연결 방식에 따라 직렬단자(serial port)와 병렬단자(parallel port)로 구별하여 사용된다. 병렬연결은 고속도로 데이터를 처리할 수 있으나 거리에 제한한 선이 많이 필요하기 때문에, 비동기식(asynchronous serial data trans mission)인 직렬연결이 쓰인다. (ASCII 코드 사용)

(3) IBM-PC 시스템의 데이터 전송

IBM-PC 시스템은 비동기식 전송 포트인 시리얼(serial) 포트가 장착된 카드(card)를 시스템보드(system board)에 있는 확장용 슬롯(slot)에 꽂아서 사용한다. 이때 전송용 카드에는 보통 시리얼 전송 포트를 2개(COM1, COM2) 장착하게 되어 있으나 4개 또는 8개까지 장착시킬 수 있는 카드도 있다. (ASCII코드 사용)

단원 예상문제

1. CAD 시스템의 도입에 따른 일반적인 적용 효과에 해당되지 않는 것은?

① 품질 향상 ② 원가 절감
③ 경쟁력 강화 ④ 신뢰성 약화

해설 CAD 시스템의 도입 효과는 품질 향상, 원가 절감, 납기 단축, 신뢰성 향상, 표준화, 경쟁력 강화 등이다.

2. 출력하는 도면이 많거나 도면의 크기가 크지 않을 경우 도면이나 문자들을 마이크로필름화하는 장치는?

① CIM 장치
② CAE 장치
③ CAT 장치
④ COM 장치

해설 COM(computer output microfilm)은 마이크로필름으로 출력하는 장치이다.

3. CAD의 특징에 대한 설명으로 틀린 것은?

① 점, 선 및 원 등을 이용하여 도형을 정확하게 그릴 수 있다.
② 필요에 따라 도면의 확대, 축소, 이동 등이 가능하다.
③ 도형을 2차원적으로만 그리고 입체적으로는 그릴 수 없다.
④ 방대한 자료를 컴퓨터에 저장해 데이터베이스를 구축하여 설계의 생산성을 향상시킬 수 있다.

해설 CAD는 도형을 2차원적인 2D와 입체적인 3D로 그려 가상적인 물체 특성을 알 수가 있다.

4. CAD 인터페이스의 종류 중 소프트웨어 인터페이스가 아닌 것은?

① GKS(graphical kernel system)
② IGES(initial graphics exchanges specification)
③ RS-232C
④ DXF(date exchange file)

해설 CAD의 인터페이스는 GKS, IGES, DXF 등이 있고 RS-232C는 통신 프로토콜이다.

5. CAD 시스템의 도입에 따른 적용효과가 아닌 것은?

① 시제품 제작을 현저히 줄일 수 있는 방법을 제공한다.
② 설계에서의 수정 사항에 대한 신속한 대응이 가능하다.
③ 설계 오류에 따른 검증 절차가 분산되어 정보를 제공한다.
④ 생산성 향상 및 대외 신뢰도의 향상이 가능하다.

해설 CAD 도입의 적용효과는 품질 향상, 원가 절감, 납기 단축, 신뢰성 향상, 표준화, 경쟁력 강화 등이다.

정답 1. ④ 2. ④ 3. ③ 4. ③ 5. ③

제 6 장 용접제도

6-1 용접기호의 기재 방법

1 용접이음 도면의 해독

(1) 용접이음(welding joint)의 종류

① 모재 배치에 따른 용접이음의 종류

다음 [그림]은 모재 배치에 따른 용접이음의 종류이다.

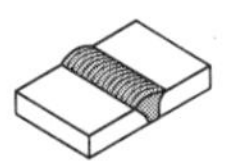
(a) 맞대기 이음

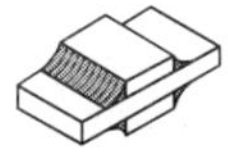
(b) 양면 덮개판 이음

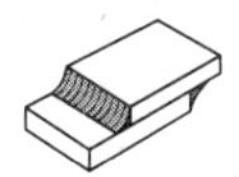
(c) 겹치기 이음

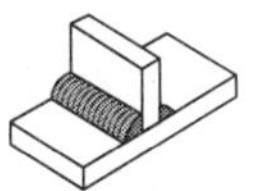
(d) T이음

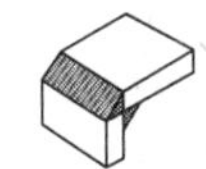
(e) 모서리 이음

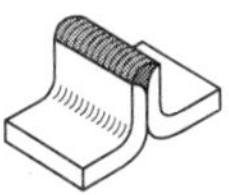
(f) 끝단 이음

용접이음의 종류

② 용착부분의 모양에 따른 용접의 종류

용착부분의 모양에 따라 용접을 분류하면 홈용접(groove weld), 필릿용접(fillet weld), 플러그 용접(plug weld) 또는 슬롯용접(slot weld) 등이 있다.

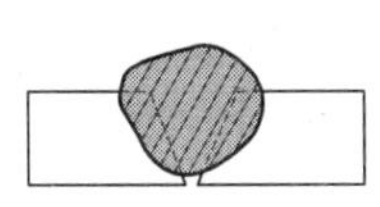
(a) 홈 용접

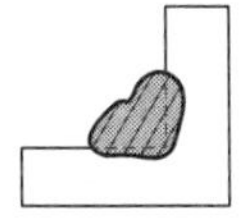
(b) 필릿 용접

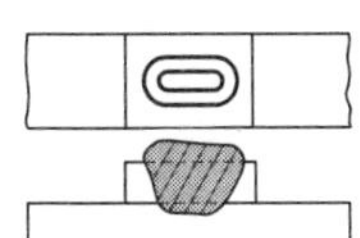
(c) 플러그 용접

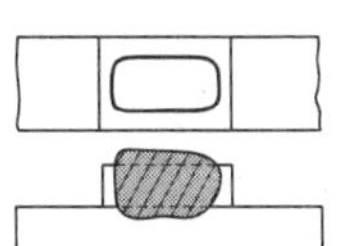
(d) 슬롯 용접

용착 모양에 따른 용접의 종류

③ 용접비드 표면 모양에 따른 용접의 종류

용접은 용접비드 표면 모양에 따라 [그림]과 같이 여러 가지 종류가 있다.

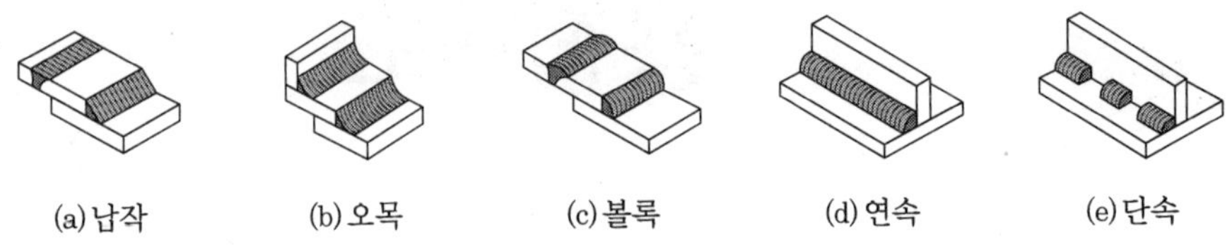
(a) 납작 (b) 오목 (c) 볼록 (d) 연속 (e) 단속

용접비드 표면 모양에 따른 용접의 종류

(2) 용접기호

용접 구조물의 제작도면을 설계할 때 설계자가 그 뜻을 제작자에게 전달하기 위해 용접의 종류와 형식, 모든 처리방법 등을 기호로 나타내는데, 이것을 용접기호(welding symbol)라 한다. 1967년 국내에서 제정된 KS B 0052는 1982년에 일부가 개정된 규정이며, 기본기호와 보조기호로 나누어진 이들 기호를 설명선(화살, 기선, 꼬리)으로 표시하고 있다.

용접기호(KS B 0052)

기본기호			
번호	명칭	그림	기호
1	돌출된 모서리를 가진 평판사이의 맞대기용접, 예지 플랜지형 용접(미국), 돌출된 모서리는 완전 용해		八
2	평행(I형) 맞대기용접		‖
3	V형 맞대기용접		V
4	일면 개선형 맞대기용접		∨ (한쪽)
5	넓은 루트면이 있는 V형 맞대기용접		Y
6	넓은 루트면이 있는 한 면 개선형 맞대기용접		Y (한쪽)
7	U형 맞대기용접(평행면 또는 경사면)		Y (U형)
8	J형 맞대기용접		J (한쪽)
9	이면 용접		◡
10	필릿용접		◺
11	플러그 용접: 플러그 또는 슬롯용접		⊓

기본기호			
번호	명칭	그림	기호
12	점용접		○
13	심(seam) 용접		⊖
14	개선각이 급격한 V형 맞대기용접		⋁
15	개선각이 급격한 일면 개선형 맞대기용접		|/
16	가장자리 용접		|||
17	표면 육성		⌒⌒
18	표면 접합부		=
19	경사 접합부		//
20	겹침 접합부		ᘓ

※ 번호 1의 돌출된 모서리를 가진 평판 맞대기 용접부는 완전 용입이 안 되면 용입깊이가 S인 평형 맞대기 용접부(번호 2)로 표시한다.

보조기호	
용접부 표면 또는 용접부 형상	기호
평면(동일한 면으로 마감처리)	—
볼록형	⌒
오목형	⌣
토를 매끄럽게 함	⌣⌣
영구적인 이면 판재(backing strip) 사용	[M]
제거 가능한 이면 판재 사용	[MR]

6-2 용접기호 판독 방법

다음의 규정에 근거하여 아래와 같이 3가지로 구성된 기호는 모든 표시방법 중 단지 일부분이다.

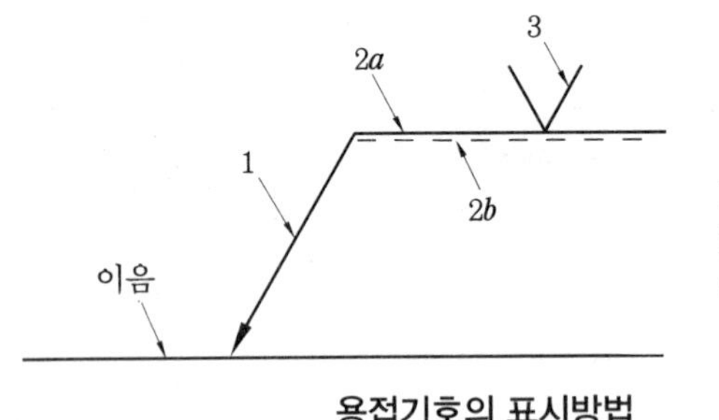

용접기호의 표시방법

① 접합부당 하나의 화살표

② 두 개의 선, 실선과 점선의 평행선으로 된 이중 기준선

③ 특정한 숫자의 치수와 통상의 부호

(가) 즉 ══════ ═════ 점선은 실선의 위 또는 아래에 있을 수 있고, 대칭 용접의 경우 점선은 불필요하며 생략할 수도 있다.

- 화살표, 기준선, 기호, 글자의 굵기는 각각 ISO 128과 ISO 3098-1에 의거하여 치수를 나타내는 선 굵기에 따른다.

(나) 다음 규칙의 목적은 각각의 위치를 명확히 하여 접합부의 위치를 정의하기 위한 것이다.

㉠ 화살표 위치

㉡ 기준선 위치

㉢ 기호 위치

(다) 화살표 및 기준선에는 참고 사항을 완전하게 구성하고 있다. 예를 들면 용접방법, 허용수준, 용접자세, 용접재료 및 보조재료 등과 같은 상세 정보가 주어지면 기준선 끝에 덧붙인다.

6-3 비파괴 시험의 기호 표시방법

1 기재 방법(용접부에 비파괴 시험의 기호만 필요한 경우)

용접부의 비파괴 시험의 기호 기재방법은 아래와 같다.

① 기준선은 통상 수평선으로 하고 필요한 경우는 꼬리를 붙일 수 있다.

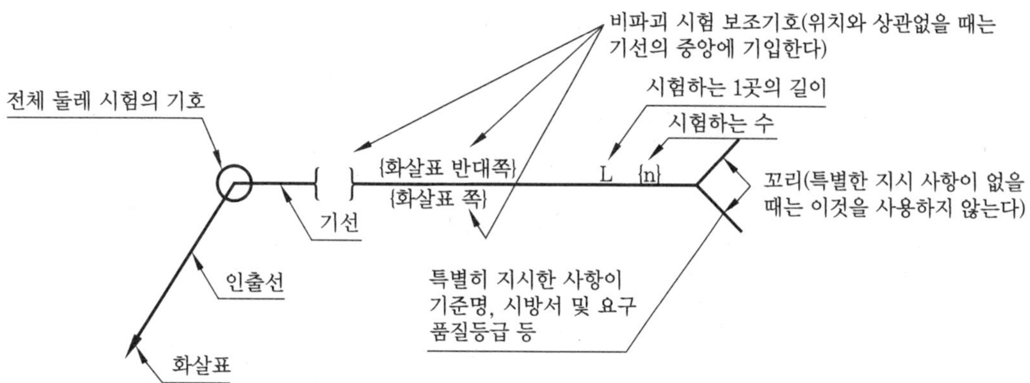

② 지시선은 시험부를 지시하는 것으로서 기준선과 약 60°를 이루게 직선(또는 꺾인 선)으로 긋고, 지시되는 쪽에 화살표를 붙인다.

③ 기호는 시험하는 쪽의 화살표가 있는 쪽일 때는 아래쪽에, 화살표의 반대쪽일 때는 기준선 위쪽에 다음과 같이 기재한다.

(가) 화살표 쪽

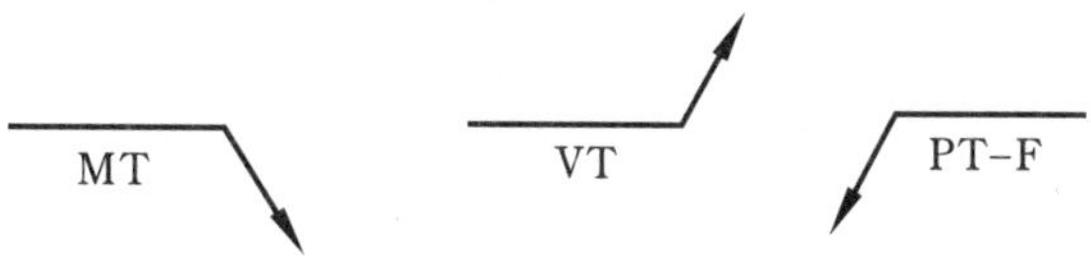

(나) 화살표 반대쪽

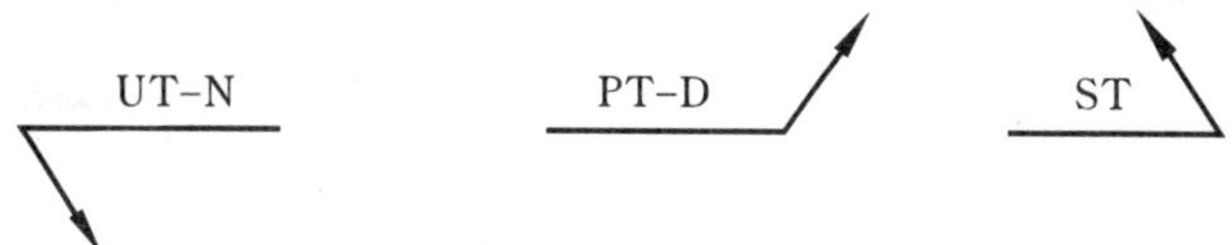

④ 시험을 양쪽에서 할 때는 기호를 양쪽에 다음과 같이 기재한다.

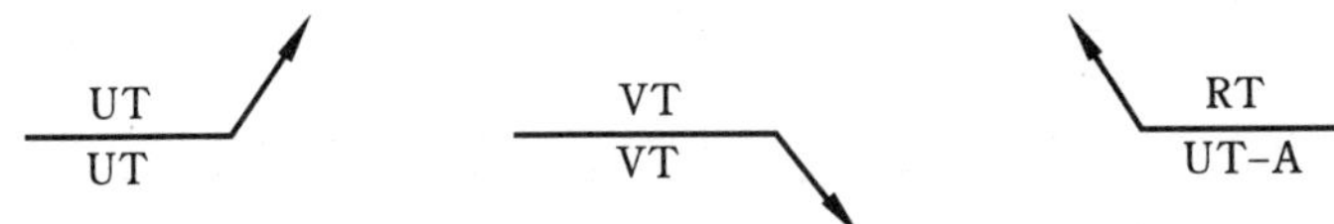

⑤ 시험을 어느 쪽에서 해도 좋을 때는 기준선 중앙에 다음과 같이 기재한다.

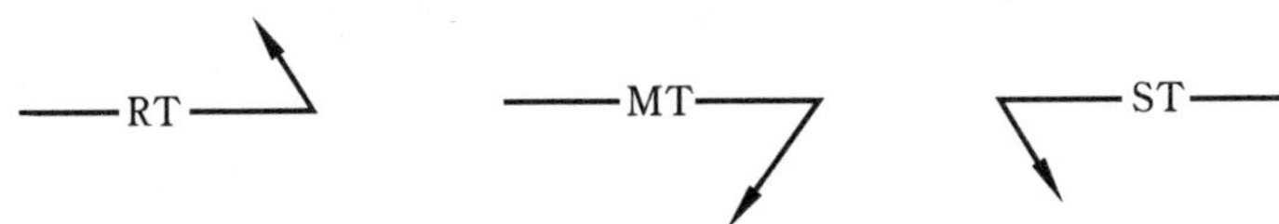

⑥ 2가지 이상의 시험을 할 때는 다음과 같이 기재한다.

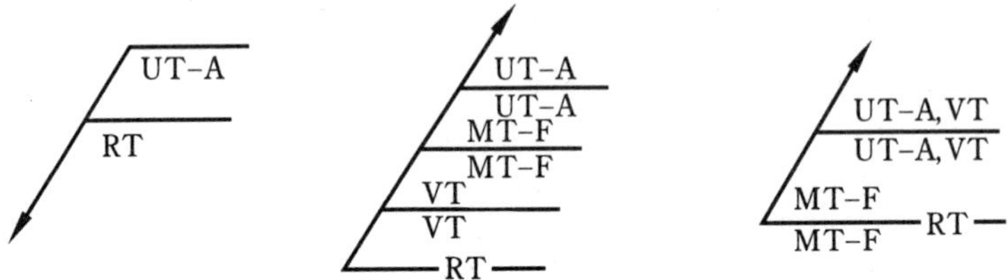

⑦ 특별히 지시한 사항, 기준명, 시방서 및 요구 품질등급 등은 꼬리 부분에 다음과 같이 기재한다.

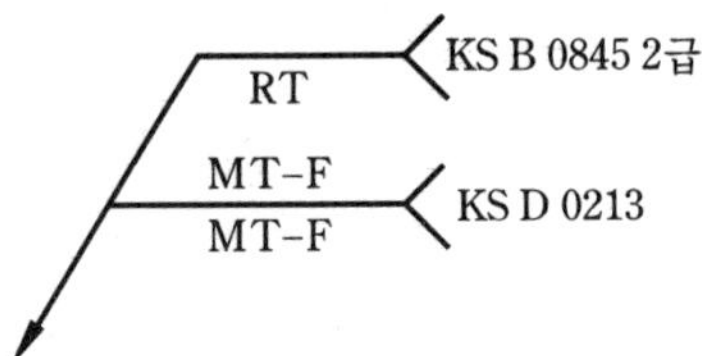

⑧ 시험하는 부분의 길이 및 수량은 다음과 같이 기재한다.

⑨ 시험 방법을 특별히 지정해야 할 때는 다음과 같이 기재한다.

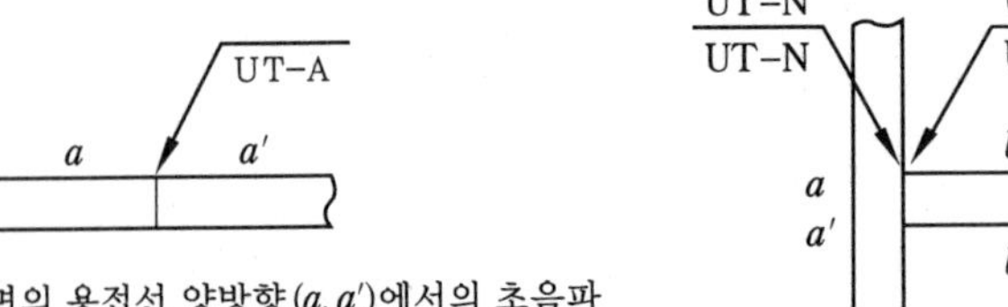

윗면의 용접선 양방향(a, a')에서의 초음파 경사각 탐상시험(a, a'는 표시하지 않는다.)

T이음 용접의 초음파 탐상 시험
a, a′ 점에서의 수직 탐상
b, b′ 점에서의 경사각 탐상
(a, a′, b, b′)는 표시하지 않는다.

⑩ **전체 둘레 시험일 때는 다음과 같이 기재한다.**

⑪ **시험 부분(면적)을 지정할 때는 다음과 같이 모서리에 ○표시를 붙인 점선으로 둘러싼다.**

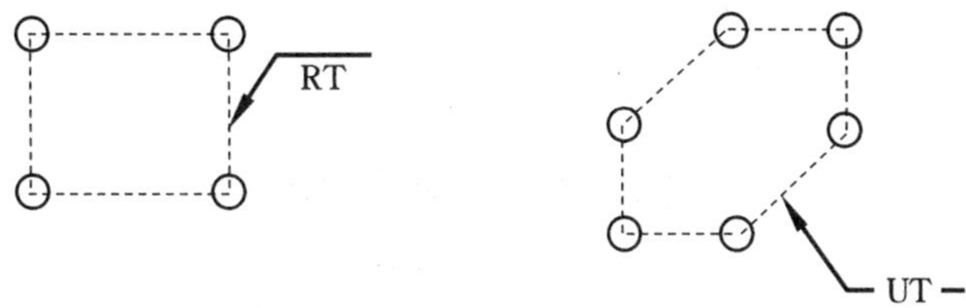

2 기재의 구체 보기

(1) 시험 위치를 지시한 보기

좌우 300mm씩 형광 침투탐상시험(왼쪽)과 형광 자분탐상시험(오른쪽)을 지시하는 것을 나타낸다.

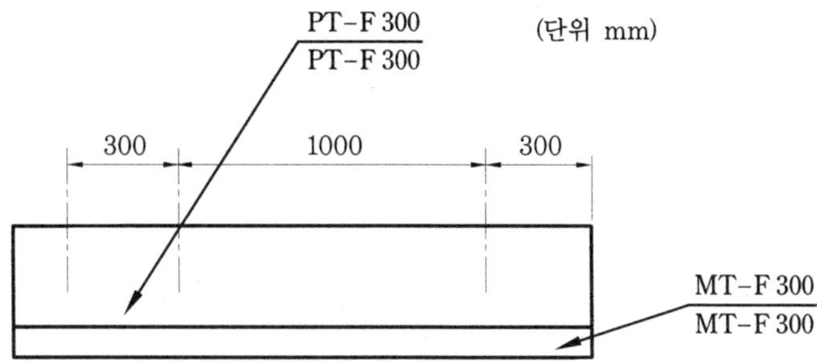

(2) 관의 촬영방법 보기

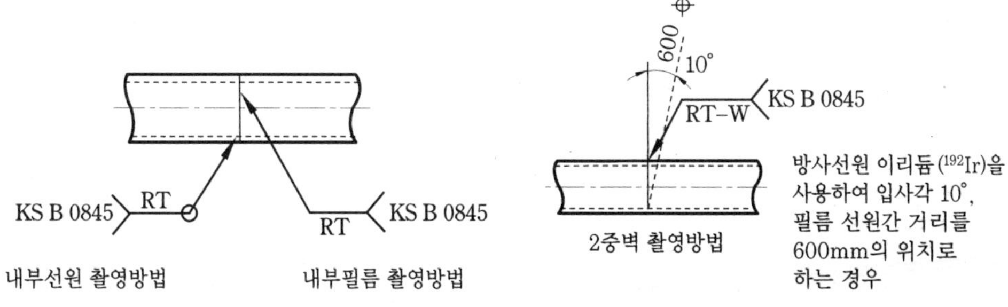

(3) 전체 둘레시험의 보기

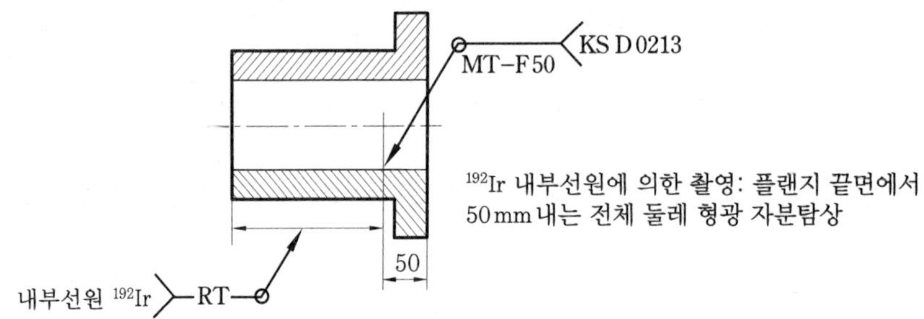

용접부 비파괴 시험의 기본기호

시험의 종류	기호
방사선 투과시험(radiographic testing)	RT
초음파 탐상시험(ultrasonic test)	UT
자분 탐상시험(magnetic particle testing)	MT
침투 탐상시험(penetrant test)	PT
와류 탐상시험(맴돌이전류 시험, electromagnetic testing)	ET
누설시험(누수시험, leak test)	LT
변형도 측정시험(strain test)	ST
육안시험(외관시험, visual test)	VT
내압시험(pressure test)	PRT
음향방출 시험(acoustic emission testing)	AET

단원 예상문제

1. KS 규격에서 플러그 용접을 의미하는 기호는?

① ⊓ ② ◡ ③ ○ ④ \/

해설 ②는 뒷면용접, ③는 스폿용접, ④는 개선각이 급격한 V형홈 맞대기 이음용접 기호이다.

2. KS 규격(3각법)에서 용접기호의 해석으로 옳은 것은?

① 화살표 반대쪽 맞대기용접이다.
② 화살표 쪽 맞대기용접이다.
③ 화살표 쪽 필릿용접이다.
④ 화살표 반대쪽 필릿용접이다.

해설 기호는 용접부가 이음의 화살표 쪽에 있을 때는 실선 쪽 기준선에 기입하고, 이음의 반대쪽에 있을 때는 파선 쪽에 기입한다. 그림의 기호는 필릿용접이다.

3. KS 규격에서 용접부 비파괴 시험의 기호 설명으로 틀린 것은?

① RT: 방사선 투과시험　② PT: 침투 탐상시험
③ LT: 누설시험　④ PRT: 변형도 측정시험

해설 PRT시험은 내압 또는 변형률 측정시험으로, 시험체에 하중을 가하여 변형의 정도로 응력 분포의 상태를 조사하는 파괴시험이다.

4. 다음 그림 중에서 용접기호(이음용접)를 나타내는 부분은?

① A
② B
③ C
④ D

해설 ①는 용접방향 지시, ②는 현장, 일주(전 둘레) 용접의 기호표시, ③는 용접기호, ④는 특별한 지시사항의 기입을 뜻한다.

5. 그림과 같은 용접 도시기호에 의하여 용접할 경우 설명으로 틀린 것은?

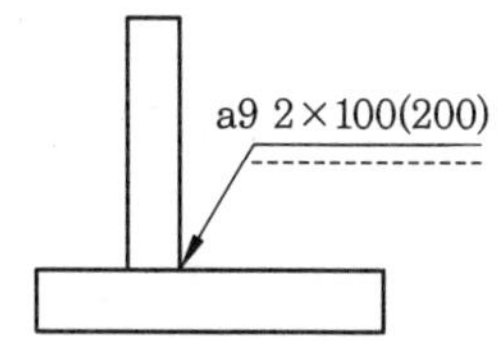

① 화살표 쪽에 필릿용접한다.
② 목두께는 9 mm이다.
③ 용접부의 개수는 2개이다.
④ 용접부의 길이는 200 mm이다.

해설 도시기호는 실선에 있어서 화살표 쪽 필릿용접, 목두께 9mm, 용접개수 2개, 용접부의 길이 100mm, 간격 200mm이다.

6. 용접부의 비파괴 검사(NDT) 기본기호 중에서 잘못 표기된 것은?

① RT: 방사선 투과시험　② UT: 초음파 탐상시험
③ MT: 침투 탐상시험　④ ET: 와류 탐상시험

해설 비파괴 검사(NDT: non-destructive test)의 종류로는 방사선 투과시험(RT), 초음파 탐상시험(UT), 자분 탐상시험(MT), 침투 탐상시험(PT) 등이 있다.

7. 다음 용접부 비파괴 시험의 기호 중에서 어코스틱 에미션 시험을 의미하는 것은?

① ST　② ET　③ VT　④ AET

해설 음향방출 시험(AET: acoustic emission testing)은 재료 내부가 파괴되어 새로운 파단면이 발생하는 순간에 방출되는 탄성파를 이용하여 실시하는 비파괴 시험이다.

8. KS 스폿용접 기호 중 3이 의미하는 것은?

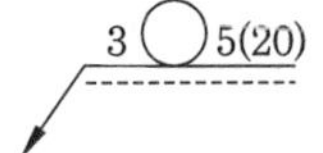

① 스폿 길이 ② 스폿 개수
③ 스폿부의 지름 ④ 간격

해설 기호가 점용접(spot welding)의 실선 위에 있으므로 화살표 쪽이고 용접부 지름 3mm, 용접수 5개, 간격 20을 표시한다.

9. 다음 용접기호를 설명한 것으로 올바른 것은?

C ⊓ $n \times l(e)$

① C=슬롯부의 폭 ② n=용접부의 개수(용접 수)
③ l=용접부의 길이 ④ (e)=크레이터 길이

해설 C: 슬롯의 폭, n: 용접부의 개수, l: 용접부의 길이

10. 화살표 쪽을 용접하는 필릿용접 기호로 맞는 것은?

①
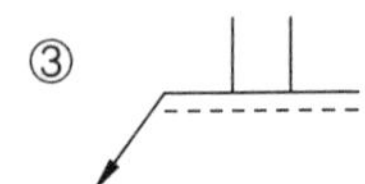

②
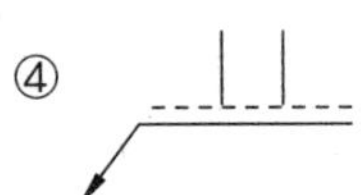

③

④

해설 ①, ②는 필릿용접 기호이고 ③, ④는 평면형 평행 맞대기 이음 용접기호로 실선에 기호가 붙으면 화살표 쪽 용접, 파선에 붙으면 화살표 반대쪽이다.

11. KS 규격에서 평면형 평행 맞대기 이음 용접을 의미하는 기호는?

① 八 ② || ③ ∨ ④ ×

해설 ①: 양면 플랜지형 맞대기이음, ②: 평면형 평행 맞대기 이음용접, ③: 한쪽 면 V형홈 맞대기 이음용접, ④: 양면 V형 맞대기용접

12. 용접 보조기호 없이 기본기호로만 표시하는 경우 보조기호가 없는 것의 가장 가까운 의미는?

① 기본기호의 조합으로서 용접부 표면 형상을 나타내기가 어렵다는 의미이다.
② 보조기호와 기본기호의 중복에 의해 보조기호를 생략한 경우이다.

③ 용접부 표면을 자세히 나타낼 필요가 없다는 것을 의미한다.
④ 필요한 보조기호화가 매우 곤란한 경우임을 의미한다.

해설 보조기호가 없는 기본기호는 외부 표면 및 용접부 형상의 특징을 나타내는 기호에 따른다.

13. 다음 용접부 기호를 올바르게 설명한 것은?

① 화살표 반대쪽 한 면 V형 맞대기용접한다.
② 화살표 쪽의 이면비도를 기계절삭에 의한 가공을 한다.
③ 화살표 반대쪽에 제거 가능한 이면 판재를 사용한다.
④ 화살표 반대쪽에 영구적인 덮개 판을 사용한다.

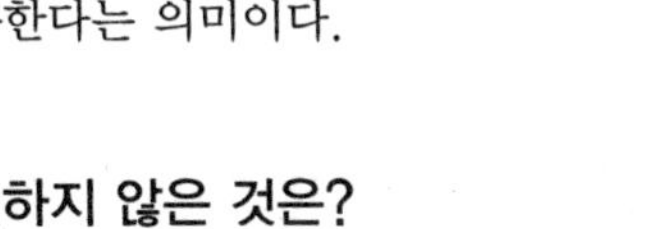

해설 그림에서 실선에 있는 기호는 화살표 쪽에 V형 맞대기용접을 하고, 점선에 있는 기호는 반대쪽에 제거 가능한 덮개 판을 사용한다는 의미이다.

14. 보기의 용접기호 설명 중 가장 적절하지 않은 것은?

① 루트 반지름 14mm
② 루트 간격 5mm
③ 홈(그루브) 각도 35°
④ 루트 깊이 32mm

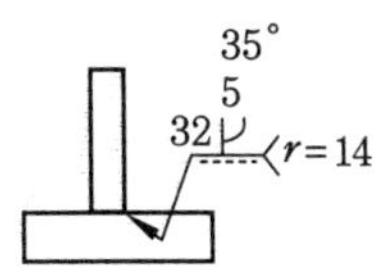

해설 ④는 그루브 깊이이다.

15. 다음 용접기호에 설명한 것으로 틀린 것은?

① 목두께가 a인 지그재그 단속 필릿용접이다.
② n은 용접부의 개수를 말한다.
③ l은 용접부의 길이로 크레이터 부분을 포함한다.
④ (e)는 인접한 용접부 간의 거리를 표시한다.

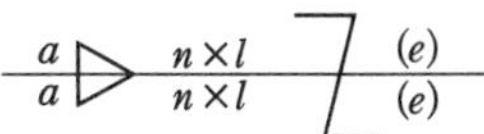

해설 l은 용접길이로 크레이터를 제외한다.

16. 다음 그림이 나타내는 용접 명칭으로 옳은 것은?

① 플러그 용접
② 점용접
③ 심용접
④ 단속 필릿용접

해설 플러그 용접부의 도시 및 정의 및 기호
(e): 간격, d: 구멍 지름

17. 다음 용접기호를 설명한 것으로 옳지 않은 것은?

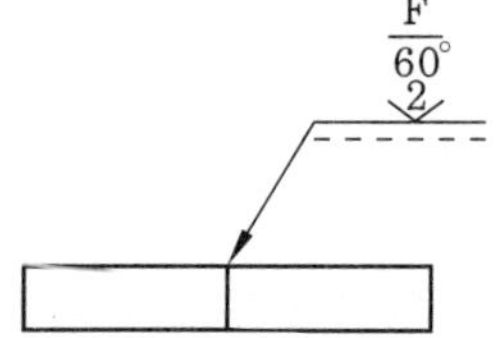

① 용접부의 다듬질 방법은 연삭으로 한다.
② 루트 간격은 2mm로 한다.
③ 개선 각도는 60°로 한다.
④ 용접부의 표면 모양은 평탄하게 한다.

해설 그림의 용접기호는 아래보기 자세이며 화살표 방향으로 평면(동일 평면으로 다듬질), 개선 각도는 60°, 루트 간격은 2mm로 한다.

정답 1. ① 2. ③ 3. ④ 4. ③ 5. ④ 6. ③ 7. ④ 8. ③ 9. ④ 10. ② 11. ② 12. ③ 13. ③ 14. ④ 15. ④ 16. ① 17. ①

6-4 판금제관 도면의 해독

1 투상법

(1) 회화적 투상법

하나의 도면에 물체의 형태나 크기를 나타내는 방법으로 투시도, 등각 투상도, 부등각 투상도, 사투상도가 있다.

(2) 정투상도

회화적 투상도는 물체의 한 면만 투상하여 전체는 알 수 없으므로 4군데에서 투상하여 물체 전체를 한 도면에 나타내는 방법으로 기계제도에서 많이 사용되며 1각법과 3각법이 있다.

(3) 점 투상

두 화면(입화면, 평화면)을 대하는 위치에 따라 다음과 같다.

즉 다음 [그림 (a)]에 나타낸 바와 같이 점 A를 제3각법으로 투상하였을 때 점 A에서 평화면까지의 수직거리(Aa)는 입화면에 a, ao로 나타나고, 입화면까지의 수평거리(Aa′)는 평화면에 a, ao로 나타난다. [그림 (b)]는 점 A, B, C, D, E의 위치와 투상도의 관계를 나타낸 것이다.

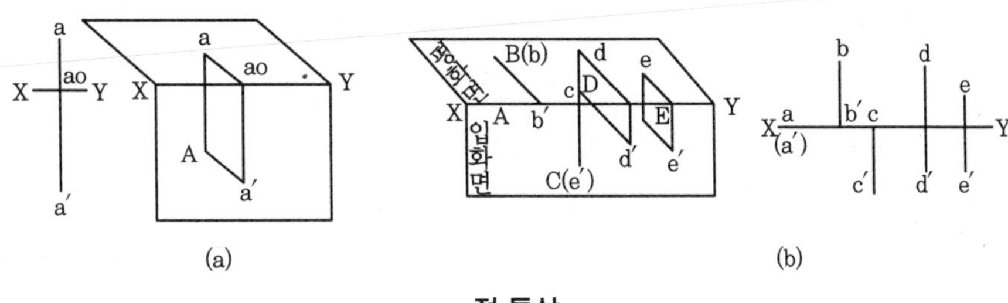

점 투상

(4) 직선 투상

직선 양끝 점(A, B점)의 정투상으로 나타낸다.

① 평화면에 투상된 선 ab 또는 입화면의 a′b′는 실 직선 AB의 위치에 따라 그 길이를 다르게 한다.

② [그림 (a)]는 실 직선 AB가 입화면과 수직으로 위치하여 그 투상도가 입화면에 점으로 나타나고, 평화면에는 실제 길이로 나타난다.

③ [그림 (b)]는 실 직선 AB가 평화면과 수직으로 위치하여 그 투상도가 (a)와 반대로 평화면 점으로 나타나고, 입화면에는 실제 길이로 나타난다.

④ [그림 (c)]는 실 직선 AB가 평화면과 입화면에 모두 나란히 위치하여, 그 투상도는 양화면에 실제 길이로 기선 XY와 나란하게 나타난다.

⑤ [그림 (d), (e)]는 실 직선이 한 화면과 평행하고 또 다른 화면과는 경사져 있으며 경사진 직선 길이가 실 직선 길이로 나타난다.

⑥ [그림 (f)]는 실직선이 두 화면과 경사지게 위치하며 경사진 직선 길이는 실 직선 길이보다 짧다. 따라서 실제 길이를 구하려면 한 직선을 기선과 평행하게 옮긴 후 다른 화면의 높이와 직각으로 대입하면 된다.

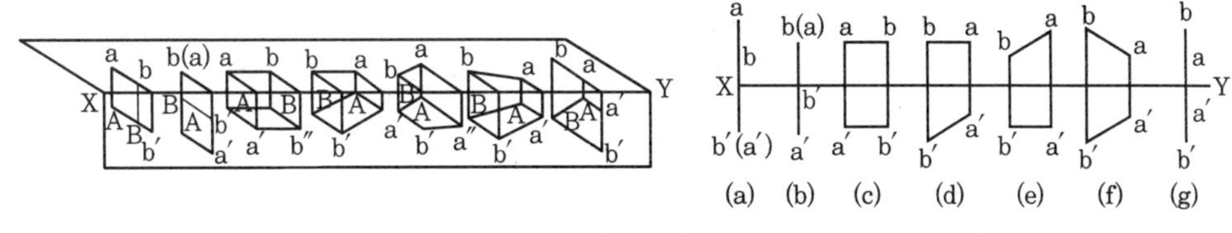

직선 투상도

(5) 직선 실장

판금 공작에서 전개도를 그릴 때 공작도에 실장으로 나타나 있지 않은 직선의 실장을 구해야 할 경우가 자주 생긴다. 직선의 실장을 구하는 방법은 여러 가지가 있으나 그 기본 원리는 일반적으로 같다.

다음 [그림 (a)]에서 직선 a′b′는 직선 AB의 정면도이고, 직선 ab는 직선 AB의 평면도이다. 이때 직선 AB의 실장을 구하는 방법은 [그림 (b), (c)]에 나타나 있다.

① 직선 AB의 평면도 ab에서 a를 중심으로 하고, ab를 반지름으로 하여 원호를 그리고 a를 지나 기선 XY와 나란한 직선 ab_1과의 교점을 b_1이라 한다[그림 (b)].

② b_1에서 기선과 수직을 이루게 그린 직선 b_1, b_1'와 b′에서 기선과 나란하게 그린 직선 $b'b_1'$와의 교점을 b_1'라 한다.

③ $a'b_1'$와의 직선 $a'b_1'$가 구하려는 직선 AB의 실장이 된다. [그림 (c)]는 직선 AB의 실장을 평화면에 나타내는 작도법이다.

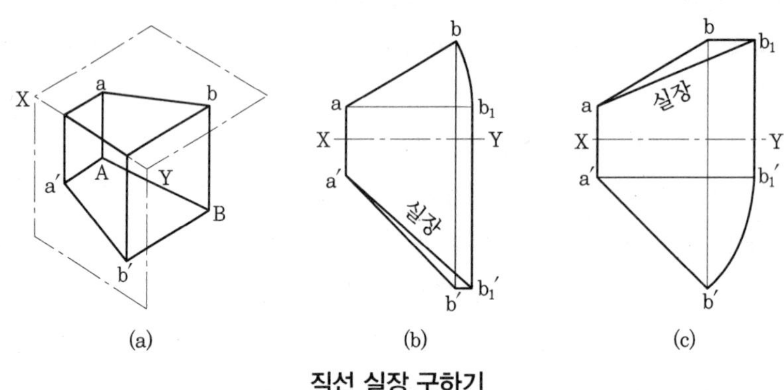

직선 실장 구하기

2 전개법

(1) 평행선 전개법

원기둥, 각기둥 등과 같이 중심축과 나란한 직선을 물체 표면에 그을 수 있는 물체(평행체)의 판뜨기 전개도를 그릴 때는 평행선법을 주로 사용한다.

능선이나 직선 면소와 직각 방향으로 전개하는 방법이며, 전개도의 능선이나 면소는 실제 길이로 서로 나란하고 이 간격은 능선이나 면소를 점으로 보는 투영도에서의 점 사이의 길이와 같다.

① 전개도의 정면도와 평면도를 현척으로 그린다.

② 평면도를 임의로 등분하고(그림에서는 12등분 함) 각 등분점에서 정면도에 수선을 내려 경사선과 교점을 그림과 같이 1′, 2′, 3′, ……7′로 나타낸다.

③ 정면도의 기선을 연장하여 전개도 기선을 그리고, 평면도상의 등분점을 디바이더(divider)로 옮긴다. 이때 $L-\pi \cdot D$의 식을 이용하여 L 길이를 정하면 더 정확해진다. 여기서 D는 원통의 지름이다.

④ 전개도 기선 1–1상의 각 점에서 올린 수직선과 정면도의 각 1′, 2′, 3′, ……7′에서

기선과 나란하게 그은 선과의 교점 1″, 2″, 3″……을 각각 구하여 차례로 이으면 전개도가 완성된다.

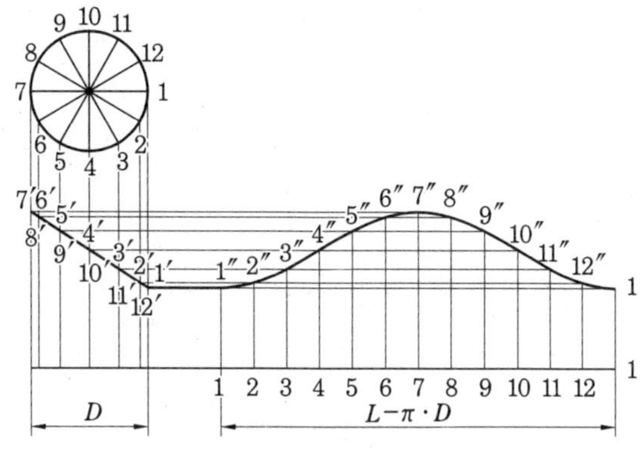

비스듬한 평면으로 잘린 원통 전개도

(2) 방사선 전개법

원뿔, 각뿔, 깔때기 등과 같은 전개도는 꼭짓점을 중심으로 방사상으로 전개한다(측면의 2등변 3각형의 빗변 실장은 정면도에, 밑변의 실장은 평면도에 나타낸다).

① 꼭짓점을 중심으로 빗변 길이 $\overline{VO}$를 반지름으로 하는 원을 그린다.

② 원을 평면도의 길이로 12등분한다.

③ 첫 번째 0점과 마지막 0점을 꼭짓점과 연결한다.

(3) 삼각형 전개법

삼각형법이란 입체 표면을 몇 개의 삼각형으로 나누어 전개도를 그리는 방법이며, 원뿔에서 꼭짓점이 지면 밖으로 나가거나 또는 큰 컴퍼스가 없을 때에는 두 원의 등분선을 서로 연결하여 4변형을 만들고 대각선을 그어 2개의 삼각형으로 2등분하여 작도한다.

① 원뿔평면 위에 12개의 등분선을 긋는다.

② 이웃한 등분선과 연결된 원호를 4변형이라 생각하여 대각선을 긋고 같은 방법으로 12핀을 긋는다.

③ 평면도의 등분선에 길이와 대각선의 길이를 높이에 직각으로 대입하여 실장을 구한다. (직원뿔의 전개도 참조)

④ 등분선의 실장과 대각선의 실장 큰 원호의 1/12의 길이로 삼각형을 작도하고 큰 원호와 만난 점 B를 중심으로 등분선의 실장을 돌린 후 0을 중심으로 다시 작은 원호의 1/12 길이로 만나는 점 1을 구한다.

⑤ 같은 방법으로 작도한 후 각 점을 원활한 곡선으로 연결한다.

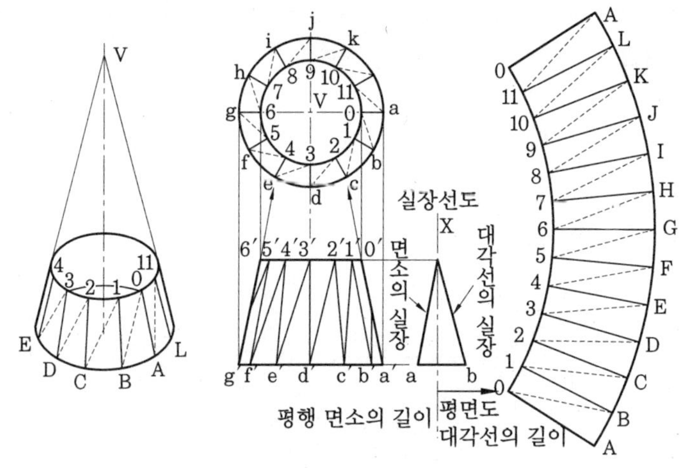

직원뿔의 전개도

3 상관선 그리는 법

앞에서 설명한 바와 같이 2개 이상의 입체가 서로 교차하여 하나의 입체를 이룬 것을 상관체라 하고, 이 상관체에 나타난 각 입체의 경계선을 상관선(교선)이라 한다.

(1) 직선 교점법

① 평면도에서 수직원통의 반을 12등분하고 중심선과 평형하게 연장하여 원기둥과 만나는 점을 구한다.

② 정면도의 수평원통을 12등분하고 중심선과 평행하게 연장한다.

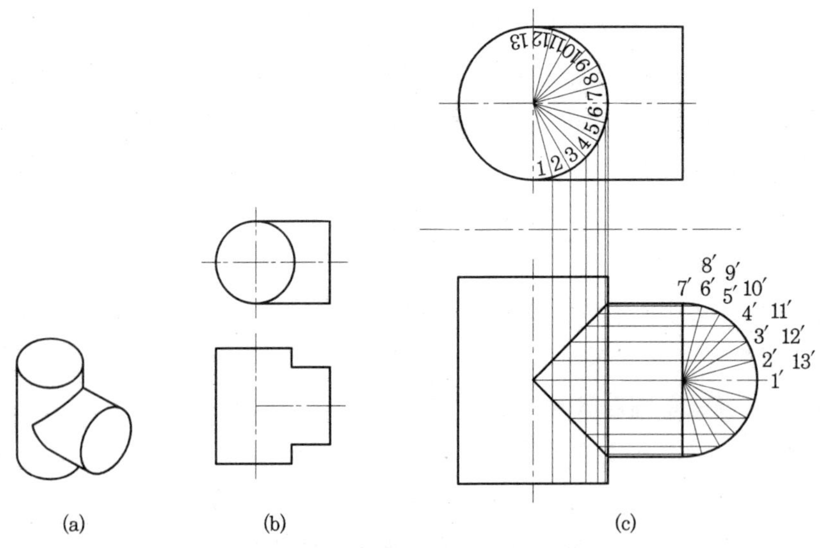

지름이 같은 투원통으로 이루어진 상관체

③ 평면도의 교점을 큰 원기둥의 정면도 중심선과 나란하게 긋고 정면도의 같은 번호와 만나는 점을 구한다.

④ 각 교점을 원활한 곡선으로 연결한다.

(2) 공통 절단법

곡면일 때는 입체를 공통으로 절단하는 보조절단 평면을 사용하여 양 입체 위에 동시에 존재하는 점을 구한 후 곡선으로 연결한다.

① 정면도의 CP를 절단하고 평면도에 원을 돌리어 만나는 점 P, P를 구한다.

② $\overline{PP}$를 연장하여 정면도의 절단면과 만나는 점 P_1을 구한다.

③ 같은 방법으로 h와 I점을 구하고 원활한 곡선으로 연결한다.

※ 가능한 절단을 많이 하여 많은 점을 구해 정확한 곡선을 연결한다.

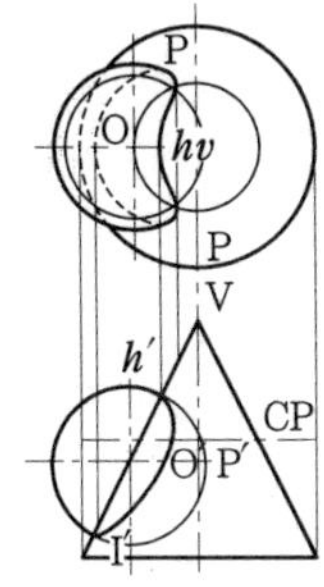

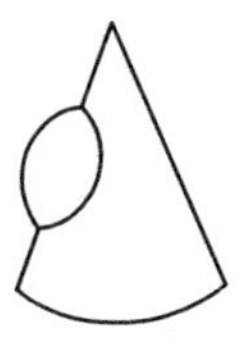

공통절단법

단원 예상문제

1. 일반적인 판금전개도를 그릴 때 전개방법이 아닌 것은?

① 사각형 전개법 ② 평행선 전개법
③ 방사선 전개법 ④ 삼각형 전개법

해설 판금전개도의 전개방법은 평행선, 방사선, 삼각형 등이 있다.

2. 다음은 평면도법에서 인벌류트 곡선에 대한 설명이다. 올바른 것은?

① 원기둥에 감긴 실의 한 끝을 늦추지 않고 풀어나갈 때 이 실의 끝이 그리는 곡선이다.
② 1개의 원이 직선 또는 원주 위를 굴러갈 때 그 구르는 원의 원주 위의 1점이 움직이며 그려나가는 자취를 말한다.
③ 전동원이 기선 위를 굴러갈 때 생기는 곡선을 말한다.
④ 원뿔을 여러 가지 각도로 절단하였을 때 생기는 곡선이다.

해설 감긴 실의 한끝을 잡아당기면서 풀어나갈 때 실의 끝점이 그리는 곡선을 인벌류트 곡선(involute curve)이라 하며, 원주를 12등분하여 원주의 길이와 같게 직선을 그어 각 점을 원활한 곡선으로 연결하는 것을 사이클로이드 곡선(cycloid curve)이라 한다.

3. 대상물을 구성하는 면을 평면으로 펼쳐서 그린 그림은?

① 외형도 ② 전개도

③ 곡선면도 ④ 선도

해설 전개도는 덕트, 철판을 굽히거나 접어서 만드는 물체 등을 제작할 때 입체 표면을 평면 위에 전개하여 그리는 도면이다.

4. 그림과 같이 판재를 90°로 중립면의 변화없이 구부리려고 한다. 판재의 총길이는 몇 mm인가? (단, π는 3.14로 하고, 단위는 mm임)

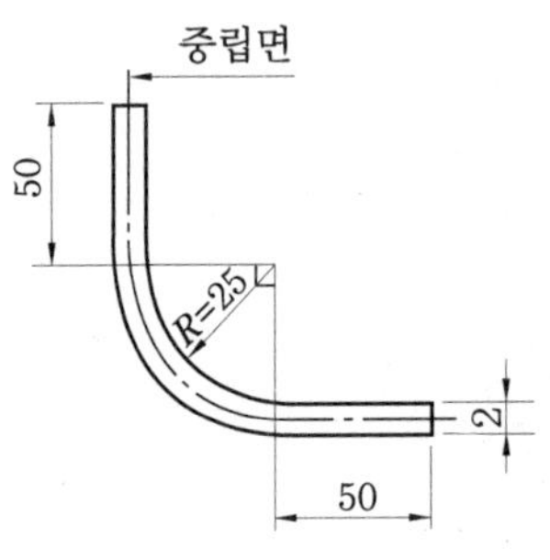

① 135.42 ② 137.68

③ 140.82 ④ 142.39

해설 $L=L_1+L_2+\dfrac{(90\times2\times\pi\times R)}{360}=50+50+\dfrac{(2\times3.14\times26)}{360}=140.82$

5. 전개도를 그리는 방법에 속하지 않는 것은?

① 평행선 전개법 ② 나선형 전개법

③ 방사선 전개법 ④ 삼각형 전개법

해설 전개도를 그리는 방법에는 평행선, 방사선, 삼각형, 타출 전개법이 있다.

6. 판금 제관도면에 대한 설명으로 틀린 것은?

① 주로 정투상도는 1각법에 의하여 도면이 작성되어 있다.

② 도면 내에는 각종 가공 부분 등이 단면도 및 상세도로 표시되어 있다.

③ 중요 부분에서 치수공차가 주어지며, 평면도, 직각도, 진원도 등이 주로 표시된다.

④ 일반공차는 KS 기준을 적용한다.

해설 판금 제관의 전개도는 투상도를 기본으로 하여 작도하며 2개 이상의 입체가 결합하여 있을 때는 상관성을 구하여 작도한다.

7. 다음 그림과 같은 원뿔을 단면 M-N으로 경사지게 잘랐을 때 원뿔에 나타난 단면 형태는?

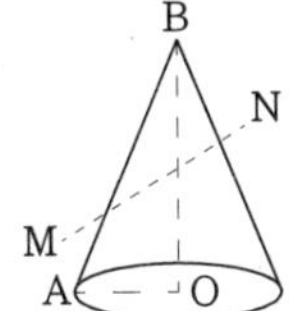

① 원
② 타원
③ 포물선
④ 쌍곡선

해설 전개도에서 원뿔의 단면을 경사지게 잘랐을 경우에는 타원으로 나타난다.

8. 전개도를 그리는 기본적인 방법 3가지에 해당하지 않은 것은?

① 평행선 전개법
② 삼각형 전개법
③ 장사선 전개법
④ 원통형 전개법

해설 전개도를 그리는 기본적인 방법은 평행선, 방사선, 삼각형 전개법의 3가지이다.

9. 판금, 제관의 전개방식에서 그 종류가 아닌 것은?

① 방사선법
② 삼각형법
③ 평행선법
④ 사각형법

해설 전개도는 평행선법, 삼각형법, 방사선법 등의 방식이 있다.

10. 1개의 원이 직선 또는 원주 위를 굴러갈 때, 그 구르는 원의 원주 위 1점이 움직이며 그려나가는 선은?

① 타원(ellipse)
② 포물선(parabola)
③ 쌍곡선(hyperbola)
④ 사이클로이드 곡선(cycloid curve)

해설 전개도에서 원의 곡선을 연결할 때에는 인벌류트 곡선과 사이클로이드 곡선의 두 가지가 이용되며, 사이클로이드 곡선은 원주를 12등분하여 원주 길이와 같게 직선을 그어 각 점을 원활한 곡선으로 연결하는 방법이다.

정답 1. ① 2. ① 3. ② 4. ③ 5. ② 6. ① 7. ② 8. ④ 9. ④ 10. ④

Industrial Engineer Welding 

제3편

용접구조 설계 및 용접시공

제 1 장 용접설계

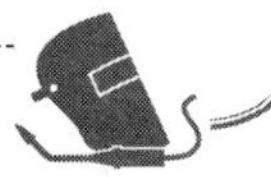

1-1 용접 이음부의 종류

1 용접설계의 의의

용접설계(design in welding)란 용접을 이용하여 기계 또는 구조물 등을 제작하는 경우 그 제품이 사용 목적에 적합하고 경제성이 높도록 시공 순서 및 방법 등과 제품의 모양, 크기 등을 기초적으로 결정하는 것이다.

(1) 용접설계자가 갖추어야 할 지식

① 각종 용접재료에 대한 용접성 및 물리 화학적 성질
② 용접이음의 강도와 변형 등 모든 특성
③ 용접구조물에 가해지는 여러 조건에 의한 응력
④ 각종 용접 시공법에 따른 특성
⑤ 정확한 용접비용(적산)의 산출
⑥ 정확한 용접시공의 사후처리 방법(예열, 후열, 검사법 등)의 선정

(2) 용접설계의 기본 순서 및 고려사항

① **기본 계획(구조, 제품계획):** 용접구조물의 사용 조건과 목적, 재료, 경제성, 구조 형식, 공사 기간 등의 기본 사항을 결정한다.
② **강도 계산:** 기본 계획에 의한 구조 및 제품의 사용 조건에 따른 강도 및 응력 등을 계산한다.
③ **구조 설계:** 강도계산 결과 및 시공 조건 등을 고려하여 시공이 가능하도록 시공법의 세부 사항을 지시한 설계도면을 작성한다.
④ **적산표 작성:** 설계도면에 따른 소요재료 및 인력 등에 대한 비용을 계산한다.
⑤ **시방서(사양서) 작성:** 설계, 제작, 설치, 작업 방법 등과 기타 지정할 사항에 대해 자세한 명세서를 만든다.

단원 예상문제

1. **용접구조물의 재료 절약 설계 요령으로 틀린 것은?**

① 가능한 표준 규격의 재료를 이용한다.
② 재료는 쉽게 구입할 수 있는 것으로 한다.
③ 고장이 났을 경우 수리할 때의 편의도 고려한다.
④ 용접할 조각의 수를 가능한 많게 한다.

해설 용접설계 요령에서 가능한 용접할 조각의 수는 적게 하는 것이 좋다.

정답 1. ④

2 용접이음의 종류

(1) 용접이음의 기본 형식

① 덮개판 이음(한 면, 양면 strap joint)
② 겹치기 이음(lap joint)
③ 변두리 이음(edge joint)
④ 모서리 이음(corner joint)
⑤ T이음(Tee joint)
⑥ 맞대기 이음(한 면, 양면 butt joint)

(2) 용접(부) 형상에 따른 종류

① 맞대기용접

I형, V형, ⊬형, L형, U형, J형, 양면 J형, K형, H형 등

② 필릿용접(fillet weld)

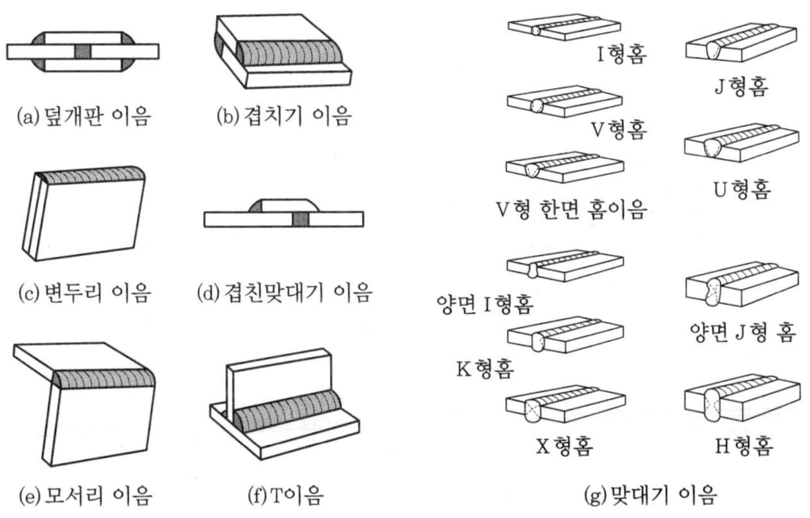

용접이음의 종류

겹쳐 놓은 T형 이음의 필릿 부분을 용접하는 것으로, 연속, 단속 필릿용접이 있다.

③ **플러그 용접(plug weld)**

접합하려는 한쪽 부재에 원형 또는 타원형의 구멍을 뚫고 판의 표면까지 가득 차게 용접하여 다른 쪽 모재와 접합하는 용접이다.

④ **슬롯 용접(slot weld)**

접합하기 위하여 겹쳐 놓은 두 부재의 한쪽에 둥근 구멍 대신 좁고 긴 홈을 만들어 놓고 그곳을 용접하는 이음이다.

⑤ **플레어 용접(휨홈 용접, flare groove weld)**

두 부재 사이의 휨 부분을 용접하는 이음이다.

⑥ **플랜지 용접(flanged weld)**

플레어부 뒤쪽에 해당되는 부분을 용접하는 것이다.

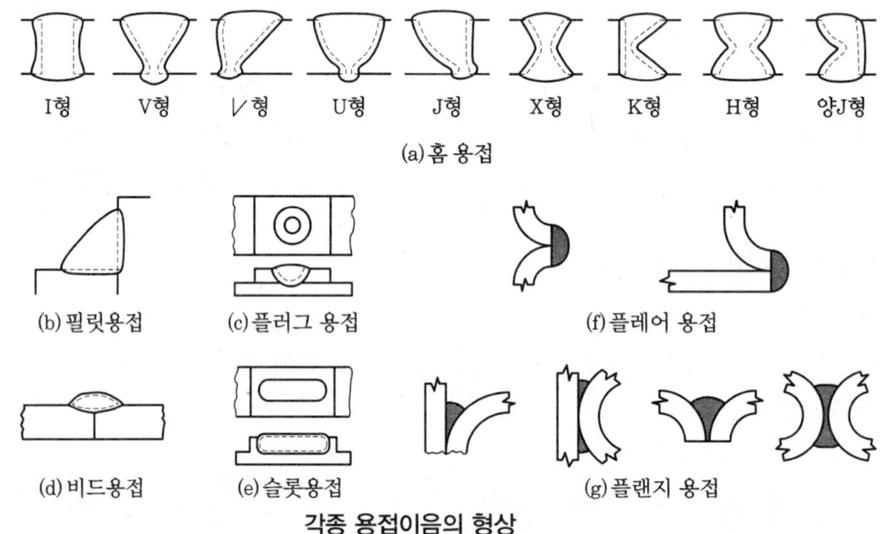

각종 용접이음의 형상

⑦ **용접선의 방향과 응력 방향에 따른 필릿용접 종류**

(가) 전면 필릿용접: 용접선 방향과 하중 방향이 직각인 것

(나) 측면 필릿용접: 용접선 방향과 하중 방향이 평행인 것

(다) 경사 필릿용접: 용접선과 하중의 방향이 경사진 것

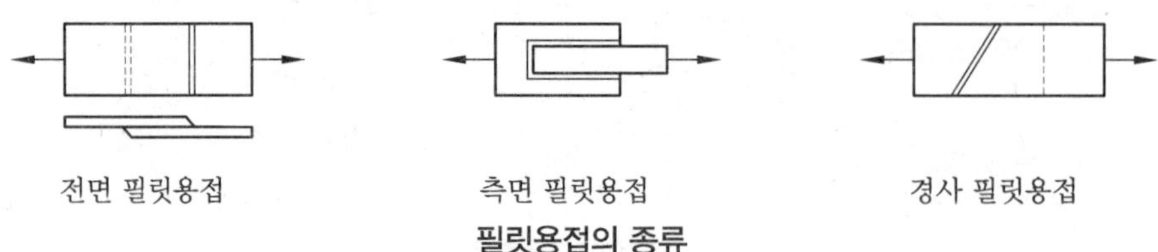

필릿용접의 종류

단원 예상문제

1. 겹쳐진 2부재의 한쪽에 둥근 구멍 대신에 좁고 긴 홈을 만들어 그곳을 용접하는 것을 어떤 용접이라고 하는가?

① 겹치기 용접　② 플랜지 용접　③ T형 용접　④ 슬롯용접

해설 슬롯용접은 둥근 구멍 대신 좁고 긴 홈을 만들어 그곳을 용접하는 이음이다.

2. 맞대기용접 이음홈의 종류가 아닌 것은?

① 양면 J 형　② C 형　③ K 형　④ H 형

해설 맞대기용접 이음홈의 형상은 I형, V형, 양면 V형(X), J형, 양면 J형, 베벨형, 양면 베벨형(K), U, 양면 U형(H) 등이 있다.

3. 다음 그림 중 필릿(용접) 겹치기이음은?

①　②　③ 　④ 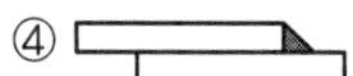

해설 ①는 맞대기, ②③는 T형, ④는 필릿 겹치기이음이다.

4. 주로 상하부재의 접합을 위하여 한편의 부재에 구멍을 뚫어, 이 구멍 부분을 채우는 형태의 용접방법은?

① 필릿용접　② 맞대기용접
③ 플러그 용접　④ 플래시 용접

해설 용접이음에서 상하부재의 접합을 위하여 한편(주로 상부모재)의 부재에 구멍을 뚫어 이 구멍을 채우는 용접방법은 플러그와 슬로트 용접방법이 있다.

① 필릿용접　② 플러그 용접　③ 비드용접　④ 슬롯용접

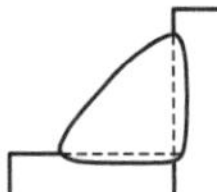
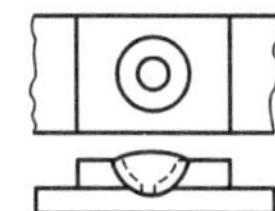
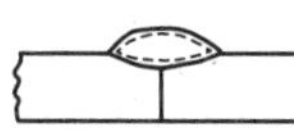
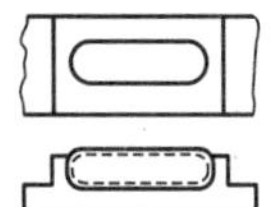

5. 다음 그림과 같은 용접이음 명칭은?

① 겹치기 용접　② T용접
③ 플레어 용접　④ 플러그 용접

해설 플레어 용접을 나타내며 두 부재 사이의 휨 부분을 용접하는 것을 말한다. 아래 그림은 플레어 용접부의 형상이다.

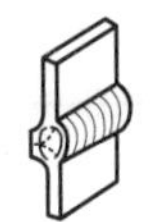
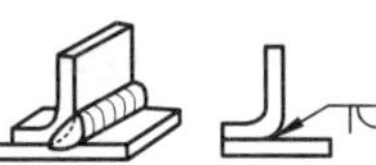
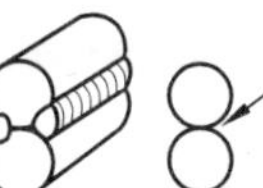

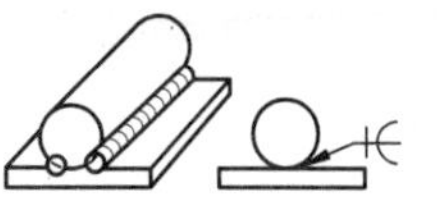

V형　レ형　X형　K형

6. 맞대기용접에서 변형이 가장 적은 홈의 형상은 어느 것인가?

① V형 홈 ② U형 홈 ③ X형 홈 ④ 한쪽 J형 홈

해설 대칭적 양면 V형 홈인 X형(H형)이 변형이 가장 적다.

정답 1. ④ 2. ② 3. ④ 4. ③ 5. ③ 6. ③

1-2 용접구조물의 설계

홈의 형상은 모재의 두께가 약 6mm 이상부터는 판 두께에 따라 알맞은 홈을 설계하여야 한다.

θ: 홈각, ϕ: 베벨각, r: 루트 반지름, g: 루트 간격, t: 판 두께, s: 홈 깊이, f: 루트면 길이라고 할 때

① 박판에 대하여는 $\theta=0$, $r=0$, $s=0$, $g=1\sim3$mm이다.

② 모재의 판 두께가 두꺼운 것은 r을 크게 하고 $\theta\neq0$인 완전한 U자형 홈이 되게 한다.

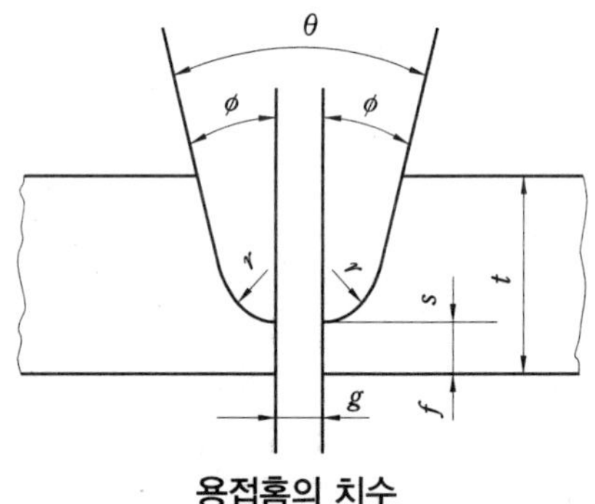

용접홈의 치수

1 용접홈 설계의 요점

① 홈의 단면적은 가능한 작게 한다(즉, 홈각도 θ를 작게 한다).

② 용접봉을 전후좌우로 최소 10° 정도는 움직일 수 있는 홈각도가 필요하다.

③ 루트의 반지름 r은 가능한 크게 한다.

④ 적당한 루트의 간격과 루트면을 만들어 준다.

⑤ 일반적으로 판 두께에 따른 맞대기용접의 홈 형상은 다음과 같다.

홈 형상	I형	V형	X형	⩗, J형	K, 양면 J형	U형	H형
판 두께	6mm 이하	6~20mm	12mm 이상	6~20mm	12mm 이하	16~50mm	20mm 이상

단원 예상문제

1. 다음 그림에서 용접 홈(groove)의 각부 명칭을 올바르게 설명한 것은 ?

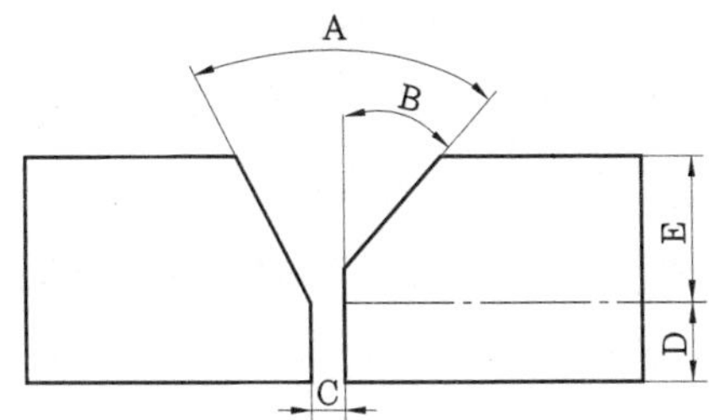

① A: 베벨 각도, B: 홈각도, C: 루트간격, D: 루트면, E: 홈깊이
② A: 홈각도, B: 베벨 각도, C: 루트면, D: 루트간격, E: 홈깊이
③ A: 홈각도, B: 베벨 각도, C: 루트면, D: 루트각도, E: 홈깊이
④ A: 홈각도, B: 베벨 각도, C: 루트간격, D: 루트면, E: 홈깊이

2. 다음 중 가장 얇은 판에 적용하는 용접 홈 형상은 ?

① H형 ② I형 ③ K형 ④ V형

해설 홈 형상과 판 두께

홈 형상	I형	V형	X형	⩗, J형	K, 양면 J형	U형	H형
판 두께	6mm 이하	6~20mm	12mm 이상	6~20mm	12mm 이하	16~50mm	20mm 이상

정답 1. ④ 2. ②

2 용접설계 채택 시의 장단점

(1) 장점

① 리벳이음 및 주조, 단조품에 비해 재료가 절약되어 중량을 줄일 수 있다.
② 다른 이음법보다 이음효율이 높다(리벳이음효율 80%, 용접이음효율 100%).
③ 수밀(watertight), 기밀(gastight), 유밀(oiltight)도가 높다(리벳이음 40%, 용접이음 100%).
④ 주조, 단조품에 비해 설비비가 적게 들고 다른 이음보다 제조 공정이 짧다.
⑤ 다른 이음에 비해 소음이 적다.

(2) 단점

① 열영향부의 재질변화와 재료의 수축 및 변형이 일어난다.
② 용접부는 응력집중에 인한 파괴 위험성이 있고, 노치부는 균열발생 우려가 있다.

3 용접이음의 선택

용접이음을 선택할 때에는 용접부의 구조 및 판두께, 용접법 등을 고려해야 한다. 실제 구조물에 적용할 정확한 용접이음 방법을 선택한다는 것은 결코 간단한 일이 아니다. 예로 홈 가공 및 용접작업을 쉽게 하려면 I형홈, V형홈 등이 좋으나 판두께가 두꺼우면 완전한 용입을 얻을 수 없고(I형) 또 V형홈에서는 용접금속의 양이 늘어나 변형을 일으킬 위험이 있어 비경제적이므로 홈 가공이 약간 복잡하지만 U형, H형 등을 선택할 때도 있다. 그러므로 용접설계 시에는 용접부의 구조 및 하중의 종류, 용접시공법 등을 충분히 검토해야 한다.

※ 용접이음을 설계할 때 주의사항은 다음과 같다.

① 안전하게 용접할 수 있는 구조여야 한다.

② 아래보기 용접을 많이 하도록 한다.

③ 용접봉이 용접부에 접근하는 정도도 작업의 쉽고 어려움에 영향을 주므로 용접작업에 지장을 주지 않는 홈각도를 유지해야 한다[그림(a)(b)(c)].

④ 필릿용접은 가능한 피하고 맞대기용접으로 한다.

⑤ 판두께가 다른 2장의 모재를 직접 용접하면[그림 (d)], 열용량이 서로 달라 작업이 곤란하므로 두꺼운 판 쪽에 구배를 두어 단면이 갑자기 변하지 않게 한다[그림 (e)(f)].

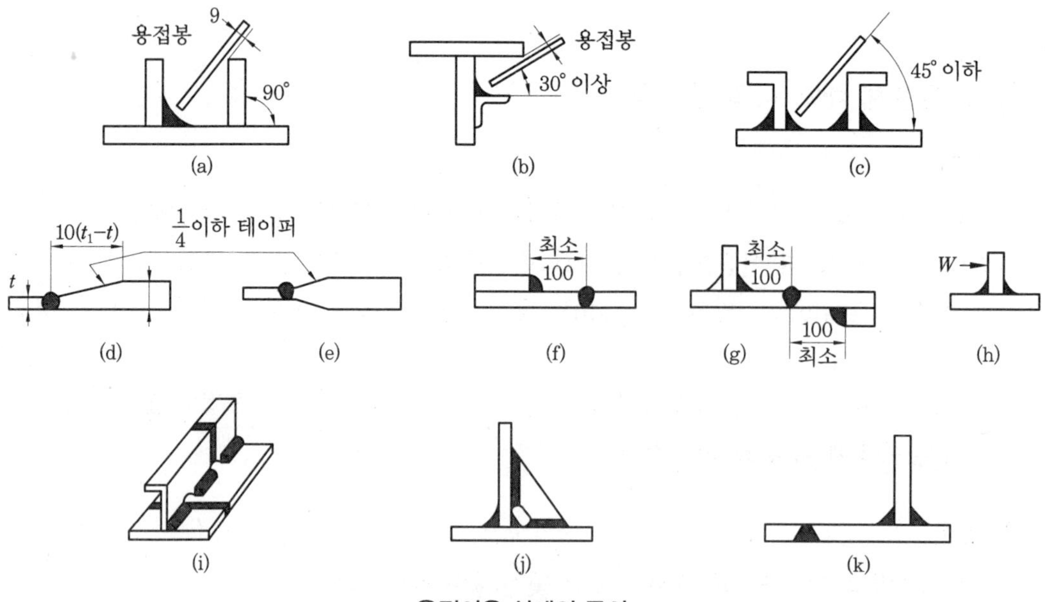

용접이음 설계의 주의

⑥ 용접부에 모멘트(moment)가 작용하지 않게 한다[그림 (i)(j)].

⑦ 맞대기용접에는 이면 용접을 하여 용입부족이 없도록 한다.

⑧ 잔류응력과 열응력이 집중되는 것을 피해 용접 이음부가 한곳에 모이지 않도록 한다[그림 (g)(h)(k)].

용접의 종류별 용도

구분	용도
홈 용접	조직의 연속체로 정하중 및 동하중을 받고, 수·기밀을 요하는 구조
필릿용접	구조 조립
플레어 용접	박판 또는 환봉구조
플러그 용접	국부 접합
변두리 용접	변두리 공작
덧붙이 용접	수리보강, 경질표면
저항 용접	미소 정밀 접합

단원 예상문제

1. 용접 이음설계에 관한 설명 중 옳지 않는 것은?

① 이음부의 홈 모양은 응력 및 변형을 억제하기 위하여 될 수 있는 한 용착량이 적게 할 수 있는 모양을 선택하여야 한다.

② 용접이음의 형식과 응력집중의 관계를 항상 고려하여 될 수 있는 한 이음을 대칭으로 하여야 한다.

③ 용접물의 중립축을 생각하고, 그 중립축에 대하여 용접으로 인한 수축 모멘트의 합이 1이 되게 한다.

④ 국부적으로 열이 집중하는 것을 방지하고 재질의 변화를 적게 한다.

해설 ㉠ 안전하게 용접할 수 있는 구조로 하고, 아래보기 용접을 많이 하도록 한다. ㉡ 용접봉이 용접부에 접근하는 정도도 작업이 쉽고 어려움에 영향을 주므로 용접작업에 지장을 주지 않는 홈각도를 유지한다. ㉢ 필릿용접은 가능한 피하고 맞대기용접으로 한다. ㉣ 판 두께가 다른 2장의 모재를 직접 용접하면 열용량이 서로 달라 작업이 곤란하므로 두꺼운 판 쪽에 구배를 두어 단면이 갑자기 변하지 않게 한다. ㉤ 맞대기용접에는 이면 용접을 하여 용입부족이 없도록 한다. ㉥ 잔류응력과 열응력이 집중되는 것을 피해 용접 이음부가 한곳에 모이지 않도록 한다. ③은 용접시공의 용접작업 순서로 모멘트의 합이 "0"이 되게 한다.

2. 용접부의 냉각속도에 관한 설명 중 맞지 않는 것은?

① 예열은 냉각속도를 완만하게 한다.
② 동일 입열에서 판두께가 두꺼울수록 냉각속도가 느리다.
③ 동일 입열에서 열전도율이 클수록 냉각속도가 빠르다.
④ 맞대기이음보다 T형 이음용접이 냉각속도가 빠르다.

해설 용접부의 냉각속도
① 열의 확산방향 수가 많으면 냉각속도가 빠르다.
② 얇은 판보다 두꺼운 판이 열의 확산방향이 많고 판보다 T형이 방향이 많아 냉각속도가 빠르다.
③ 열전도율이 크면 열확산방향 수가 많아 냉각속도가 빠르다.

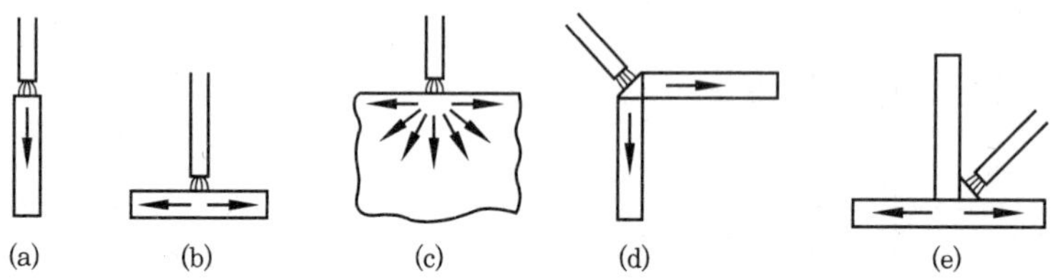

이음 형상에 따른 열의 확산방향(냉각속도 순서: (c) > (e) > (b)(d) > (a))

3. 용접지그(welding jig)에 대한 설명 중 틀린 것은?

① 용접물을 용접하기 쉬운 상태로 놓기 위한 것이다.
② 용접제품의 치수를 정확하게 하기 위해 변형을 억제하는 것이다.
③ 작업을 용이하게 하고 용접 능률을 높이기 위한 것이다.
④ 잔류응력을 제거하기 위한 것이다.

해설 용접지그의 사용 효과
① 아래보기 자세로 용접할 수 있다.
② 용접조립의 단순화 및 자동화가 가능하고 제품의 정밀도가 향상된다.
③ 작업을 용이하게 하고 용접 능률과 신뢰성을 높인다.

4. 용접 접합면에 경사 홈을 만드는 이유는?

① 재료 절약과 무게 경감을 위하여
② 용입을 충분하게 하고 강도를 높이기 위하여
③ 용접금속의 냉각속도를 빠르게 하기 위하여
④ 용접변형이 적게 일어나도록 하기 위하여

해설 용접 접합면에 홈가공은 용입을 충분하게 하고 강도를 높이고자 하는 가공으로 용입이 허용하는 한 홈각도는 작은 것이 좋다.

5. 똑같은 두께의 재료를 다음 보기와 같이 용접할 때 냉각속도가 가장 빠른 이음은?

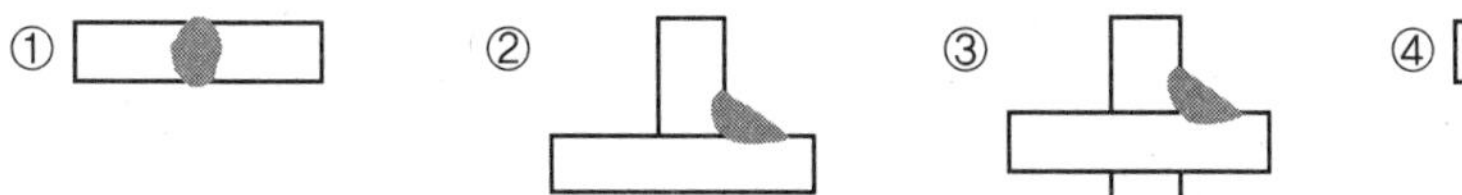

해설 열의 확산방향이 많을수록 열전도율이 커 냉각속도도 빠르므로 맞대기용접보다는 T형 이음, 얇은 판보다는 두꺼운 판의 냉각속도가 빠르다.

6. 설계단계에서의 일반적인 용접변형 방지법으로 틀린 것은?

① 용접길이가 감소될 수 있는 설계를 한다.
② 용착금속을 증가시킬 수 있는 설계를 한다.
③ 보강재 등 구속이 커지도록 구조설계를 한다.
④ 변형이 적어질 수 있는 이음 부분을 배치한다.

해설 용접시공에서 용착금속을 증가시키면 용접 열영향부가 커져 용접변형이 더욱 커질 수 있고 열영향부의 조직도 조대화할 수 있다.

7. 용접봉의 선택 기준으로 가장 거리가 먼 것은?

① 모재의 재질　　② 제품의 형상
③ 용접자세　　④ 사용 보호구

해설 용접봉은 모재의 재질, 제품의 형상, 용접자세 등에 따라 선택이 달라질 수 있다.

정답 1. ③ 2. ② 3. ④ 4. ② 5. ③ 6. ② 7. ④

1-3 용접 이음부의 강도 계산

1 하중

재료에 외부로부터 작용하는 힘을 하중(load)이라 한다.

① **인장하중(tensile load)**: 재료의 축 방향으로 늘어나게 하려는 하중
② **압축하중(compressive load)**: 재료를 축 방향으로 눌러 수축시키려는 하중
③ **전단하중(shearing load)**: 재료를 세로방향으로 자르려는 하중
④ **휨하중(deflection load)**: 재료를 구부려 꺾으려는 하중
⑤ **비틀림하중(twisting load)**: 재료를 비틀어 꺾으려는 하중

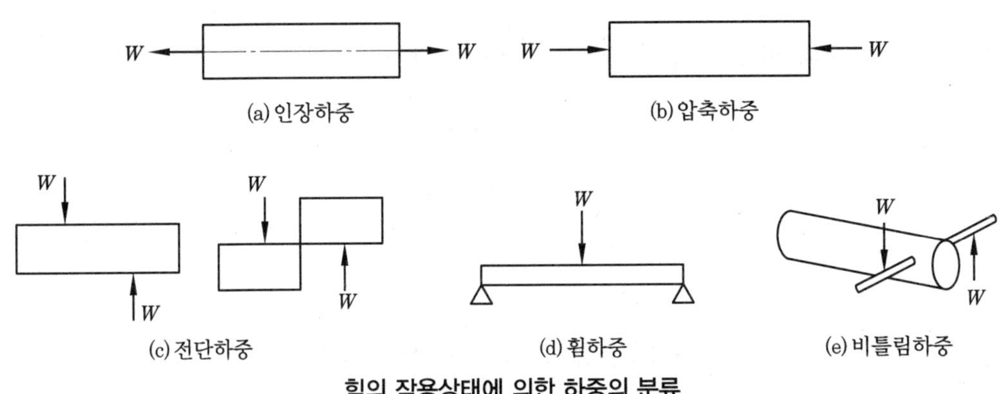

힘의 작용상태에 의한 하중의 분류

(1) 하중의 속도에 의한 분류

① **정하중(static load, dead load)**: 정지 상태에서 힘이 가해져 변화하지 않는 하중

② **동하중(dynamic load)**: 하중의 크기와 방향이 시간과 더불어 변화하게 되는 하중

- 반복하중(repeated load), 교번하중(alternate load), 충격하중(impact load) 등

2 응력

물체에 하중이 작용하면 물체 내에는 그 외력에 저항하여 내력이 생겨 균형을 이루게 되는데 이 저항력을 응력(stress)이라 하고, 크기는 하중과 같고 보통 단위면적당의 크기로 나타내며 kg/cm²의 단위를 쓴다.

(1) 응력의 종류

① **수직응력(normal stress)**: 물체에 작용하는 응력이 단면과 직각 방향으로 작용하는 것을 말하며, 인장응력(σ_t)과 압축응력(σ_c)이 있다.

$$\sigma_t = \frac{W}{A} \ [\mathrm{kg/cm^2}]$$

$$\sigma_c = \frac{W}{A} \ [\mathrm{kg/cm^2}]$$

W: 하중(kg), A: 단면적(cm²)

② **전단응력(shearing stress)**: 물체를 절단하려는 방향으로 물체 단면과 평행하게 작용하는 외력을 전단하중이라 하고, 이에 대하여 평행하게 발생하는 응력을 전단응력이라 한다.

$$\tau = \frac{W}{A} \ [\mathrm{kg/cm^2}]$$

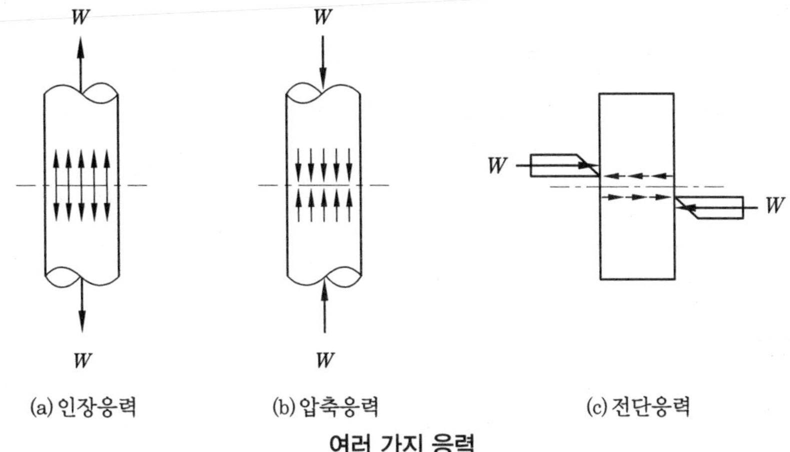

여러 가지 응력

③ **경사응력(inclined stress)**: 단면 XX와 θ(단 $0 \leqq \theta \leqq 90°$)의 각도를 이루는 경사단면 xx에 작용하는 응력을 말한다.

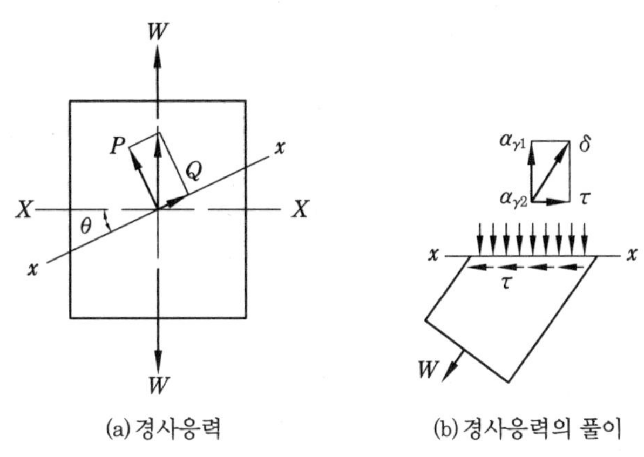

경사응력 및 경사응력의 풀이

㉠ 인장하중 W를 xx단면에 수직한 분력 P와 평행한 분력 Q로 나누면 다음과 같다.

$\left(\text{단 } xx\text{단면에 응력 } \frac{W}{A_0}\right)$ P: $W\cos\theta\, Q = W\sin\theta$

㉡ xx단면적을 A라 하면 $A = \frac{A_0}{\cos\theta}$이므로, P에 의하여 xx단면에 생기는 인장응력을 σ_n, Q에 의하여 생기는 전단응력을 r이라 하면 다음과 같이 된다.

$$\sigma_n = \frac{P}{A} = \frac{W\cos\theta}{A_0/\cos\theta} = \frac{W}{A_0}\cos^2\theta = \sigma\cos^2\theta$$

$$r = \frac{Q}{A} = \frac{W\sin\theta}{A_0/\cos\theta} = \frac{W}{A_0}\sin\theta\cos\theta = \frac{\sigma}{2}\sin 2\theta$$

㉢ 위 식에서 σ_n이 최대로 되는 것은 $\cos^2\theta=1$, 즉 $\theta=0°$일 때이므로, 그때의 σ_n을 최대응력(σ_{max})이라 하면 $(\sigma_{max})=\sigma$이고 또 τ가 최대로 되는 것은 $\sin 2\theta=1$, 즉 $\theta=45°$일 때이고 그 때의 전단응력(τ)을 최대전단응력(τ_{max})이라 하면 $\tau_{max}=\frac{1}{2}\sigma$이며 이때 xx단면의 인장응력은 $\sigma_n=\sigma(\cos 45°)^2=\frac{1}{2}\sigma$이다. 그러므로 경사단면은 수직응력과 전단응력이 동시에 발생하고, 특히 $\theta=45°$의 단면에서 전단응력이 최대가 되므로 단면에 따라 재료가 파괴되는 이유가 된다.

3 변형률

재료에 하중이 작용하면 변형이 일어나는데 그 변형량의 원치수에 대한 비율을 변형률(strain)이라 하고, 방향 및 형태에 따라 가로변형률(lateral strain), 세로변형률(longitudinal strain), 전단변형률, 체적변형률 등이 있다.

l: 재료의 처음 길이(cm 또는 mm)
l': 재료의 늘어난 길이나 줄어든 길이(cm)
λ: 세로변형량
d: 재료의 처음 직경
d': 재료가 변형된 길이
σ: 가로변형량
λ_s: 전단변형량
V: 처음의 체적
V': 변형된 체적
Δ_v: 체적의 변형량
ε: 세로변형률
ε': 가로변형률
r: 전단변형률
ε_v: 체적변형률

※ 변형률은 단위를 갖지 않는 무명수이고 때로 100을 곱한 백분율(%)로 나타내며 연신율 또는 신장률이라 한다(인장변형률의 경우).

① $\varepsilon=\frac{\lambda}{l}=\frac{l'-l}{l}$ ② $\varepsilon'=\frac{d'-d}{d}=\frac{\sigma}{d}$ ③ $r=\frac{\lambda_s}{l}=\tan\theta$ ④ $\varepsilon_v=\frac{V'-V}{V}=\frac{\Delta V}{V}$

4 허용응력과 안전율

용접구조물 및 기계를 사용할 때 실제 각 부분에 발생하는 응력을 사용응력이라 하고 이에 대하여 재료의 안전성을 고려하여 안전할 것이라고 허용되는 최대 응력을 허용응력(allowable stress)이라 한다.

※ 응력의 크기: 극한강도(인장강도) > 허용응력 ≥ 사용응력

안전율(safety factor)은 인장강도와 허용응력의 비로 나타낸다.

$$\text{안전율}=\frac{\text{인장강도}}{\text{허용응력}},\ \text{인장강도}=\text{허용응력}\times\text{안전율}$$

5 응력집중

단면이 균일한 재료에 구멍, 노치, 홈 때문에 국부적으로 큰 응력이 생기는 현상을 응력집중(stress concentration)이라 하고, 평균응력과의 비를 형상계수(form factor) 또는 응력집중계수(stress concentration factor)라 한다.

6 크리프

고온으로 달구어진 재료가 일정한 하중을 받게 되었을 때 시간이 흐름에 따라 변형률이 조금씩 증가하는데 이러한 현상을 크리프(creep)라고 한다.

7 용접 이음효율

$$\text{이음효율} = \frac{\text{용접 시험편의 인장강도}}{\text{모재의 인장강도}} \times 100 = 100\%$$

8 용접이음의 설계

용접이음을 설계할 때는 이음에 작용하는 응력을 산정하고, 이것을 일정 허용응력 이하로 유지해야 하며 맞대기이음 같은 경우 설계의 강도 계산 시에 덧살(0.25×판두께) 부분을 무시하는 것과 같이 이론상으로 계산한다.

용접의 기본강도 계산식

σ: 인장응력(kg/mm^2) σ_b: 휨응력(kg/mm^2) τ: 전단응력(kg/mm^2)	W: 하중(kg) t: 용접치수(mm) L: 용접길이(mm)
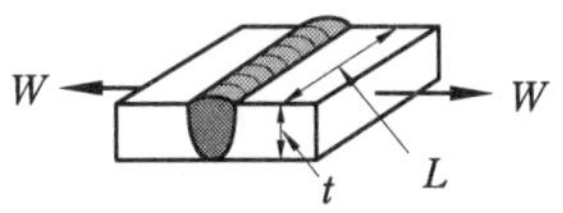 W, W, t, L	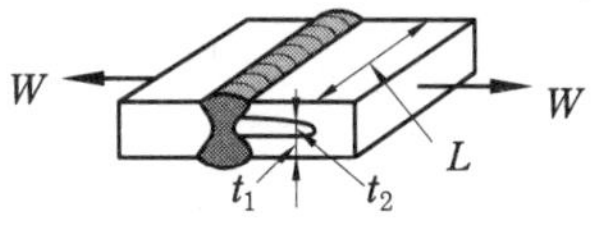 W, W, L, t_1, t_2
$\sigma = \dfrac{W}{tL}$	$\sigma = \dfrac{W}{(t_1+t_2)L}$
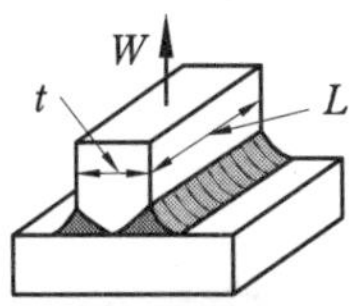 W, t, L	L, t, W
$\sigma = \dfrac{W}{tL}$	$\sigma_b = \dfrac{6Wl}{t^2L}$, $\tau_{max} = \dfrac{6W}{tL}$

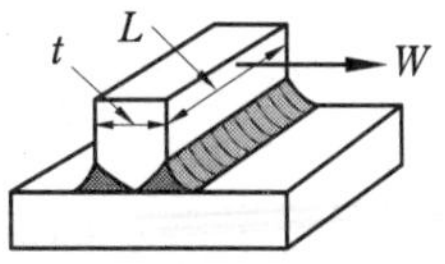

용접이음의 적정 강도(연강의 평균값)

이음의 형식	이음의 강도(kg/mm²)		비고
맞대기	σ_{tw}	45	
전면 필릿	$\fallingdotseq 0.90\sigma_{tw}$ $\fallingdotseq 0.80\sigma_{tw}$	40 36	덮개판 이음
측면 필릿	$\fallingdotseq 0.70\sigma_{tw}$	32	겹치기 이음
플러그	$0.60 \sim 0.70\sigma_{tw}$	27~32	T이음

용접이음의 안전율(연강)

하중의 종류	정하중	동하중		충격하중
		단진응력	교번응력	
안전율	3	5	8	12

㈜ 이음효율을 처음부터 주어 놓고, 모재의 허용응력에 이것을 곱한 값을 이음의 허용응력으로 하는 방법도 있다.

(1) 용접구조물의 치수 결정

블로젯(O.W.Blodgett)은 용접 이음부를 용접선이라고 생각했을 때의 필릿용접 이음에 대한 계산법을 발표하였으며 가장 간단한 방법은 용접부를 하나의 단위 너비를 갖는 선으로 간주하고 재료역학 공식을 이용하여 응력을 구하는 것이다.

다음은 부호 해석을 나타낸다.

부호 해석

부호	해석
b	접합부의 너비(mm)
d	접합부의 높이(mm)
A	수평 전단력을 용접부에서 전하는 플랜지 단면적(mm²)
y	전단면의 중립축과 플랜지 단면의 중심과의 거리(mm)
I	전단면의 단면 2차 모멘트(mm²)
c	중립축과 용접부 바깥 끝과의 거리(mm)
t	판 두께(mm)
J	비틀림 전단면의 단면 2차 모멘트(mm²)
P	인장 또는 압축 하중(kgf)
V	수직 전단력(kgf)
M	굽힘 모멘트(kgf-mm)

부호	해석
T	비틀림 모멘트(kgf−mm)
A_W	용접부를 선이라 생각했을 때의 면적(mm)
Z_W	용접부를 선이라 생각했을 때의 단면계수(mm^2)
J_W	용접부를 선이라 생각했을 때의 단면 극 2차 모멘트($kgf-mm^2$)
f	용접부를 선이라 생각했을 때의 용접부의 응력(kgf/mm)
n	용접부의 수
N_x	X축에서 용접부까지의 거리(mm)
N_y	Y축에서 용접부까지의 거리(mm)

용접부를 선이라 생각했을 때의 용접선의 응력

구분		하중 형식	용접선의 응력
주요 접합부	인장 또는 압축	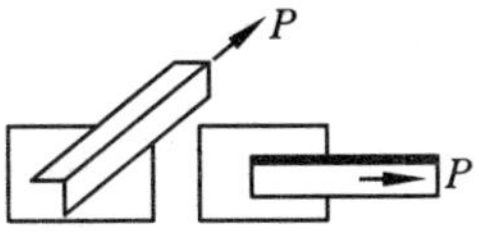 P, P	$f=\frac{P}{A_W}$
	수직전단	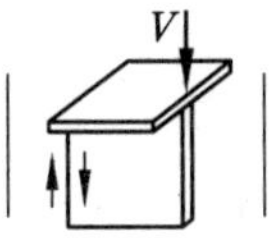 V	$f=\frac{V}{A_W}$
	굽힘	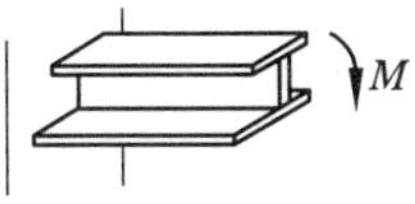 M	$f=\frac{M}{Z_W}$
	비틀림	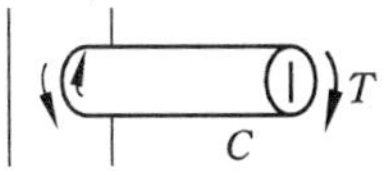 T, C	$f=\frac{TC}{J_W}$
2차적 접합부	수평전단	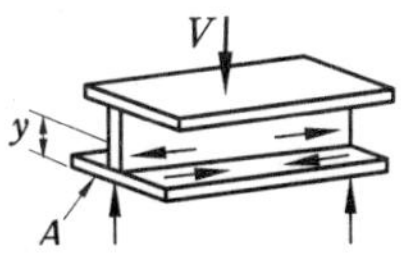 V, y, A	$f=\frac{VA_y}{I_n}$
	비틀림 수평 전단	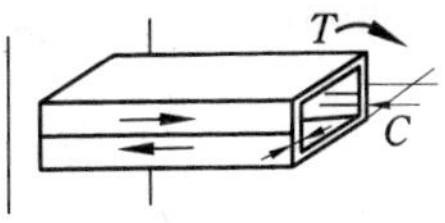 T, C	$f=\frac{TC_t}{J}$

제닝(Jenning)의 응력계산도표

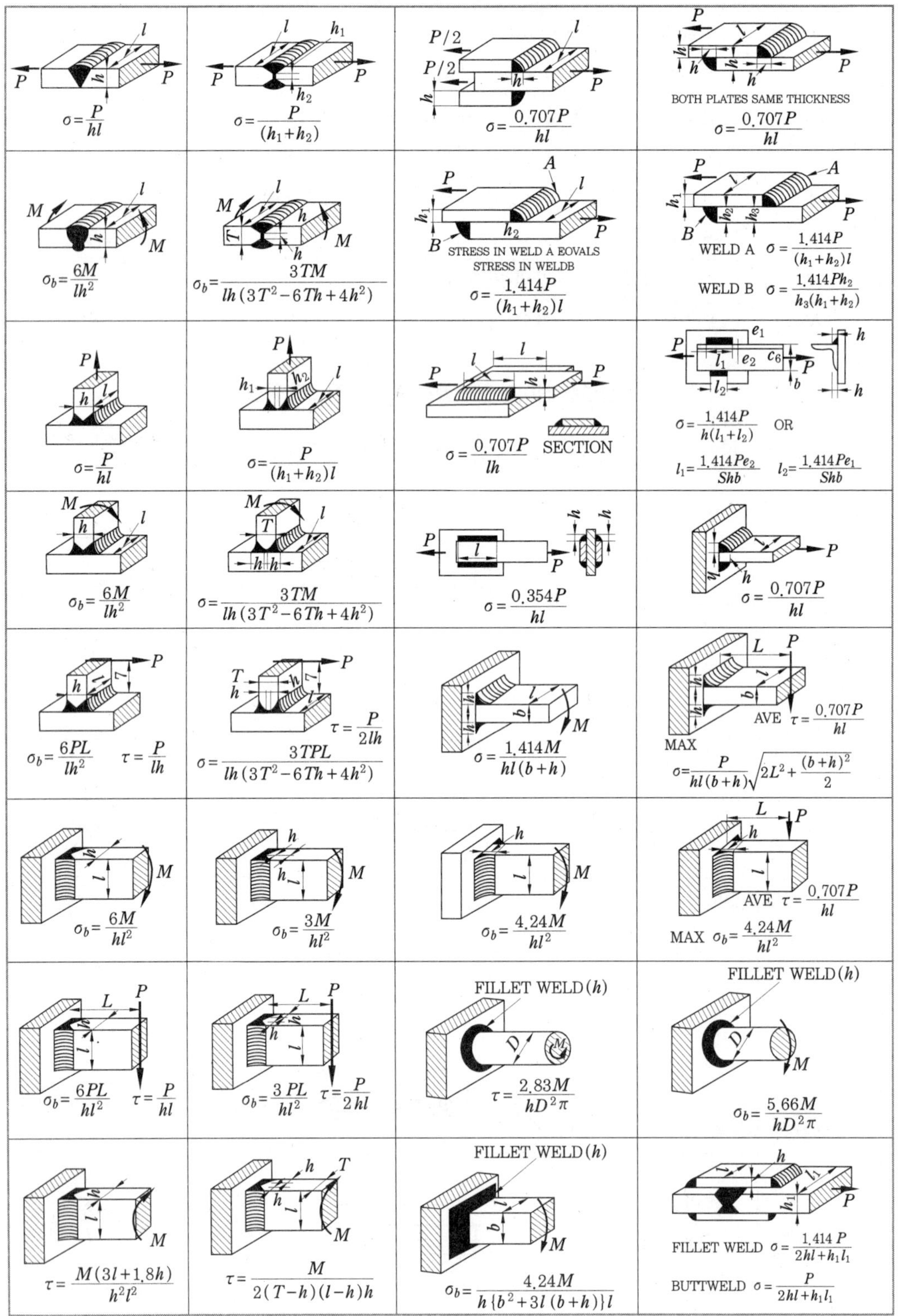

단원 예상문제

1. 용접부 이음효율 공식으로 옳은 것은?

① 이음효율 $= \frac{\text{모재의 인장강도}}{\text{용접시험편의 인장강도}} \times 100$

② 이음효율 $= \frac{\text{용접시험편의 충격강도}}{\text{모재의 인장강도}} \times 100$

③ 이음효율 $= \frac{\text{모재의 인장강도}}{\text{용접시험편의 충격강도}} \times 100$

④ 이음효율 $= \frac{\text{용접시험편의 인장강도}}{\text{모재의 인장강도}} \times 100$

해설 용접부의 이음효율 공식은 이음효율 $= \frac{\text{용접시험편의 인장강도}}{\text{모재의 인장강도}} \times 100$

2. 필릿용접의 이음강도를 계산할 때, 각장이 10mm라면 목두께는?

① 약 3mm ② 약 7mm
③ 약 11mm ④ 약 15mm

해설 이음의 강도 계산에는 이론 목두께(theoretical throat)를 이용하고 목 단면적은 목두께 ×용접의 유효 길이로 하며 목두께 각도가 60~90°는 0.7로 계산하여 0.7×10=7이다.

3. 단면이 가로 7mm, 세로 12mm인 직사각형의 용접부를 인장하여 파단시켰을 때 최대 하중이 3444 kgf이었다면 용접부의 인장강도는 몇 kgf/mm²인가?

① 31 ② 35 ③ 41 ④ 46

해설 용접의 인장강도 $= \frac{\text{최대하중}}{\text{단면적}} = \frac{3444}{7 \times 12} = 41$

4. 다음 그림과 같이 두께 12 mm의 연강판을 겹치기 용접이음을 하고, 인장하중 8000 kgf을 작용시키고자 할 경우 용접선의 길이 l[mm]는? (단, 용접부의 허용응력은 4.5 kgf/mm²이다.)

① 224.7
② 184.7
③ 104.7
④ 204.7

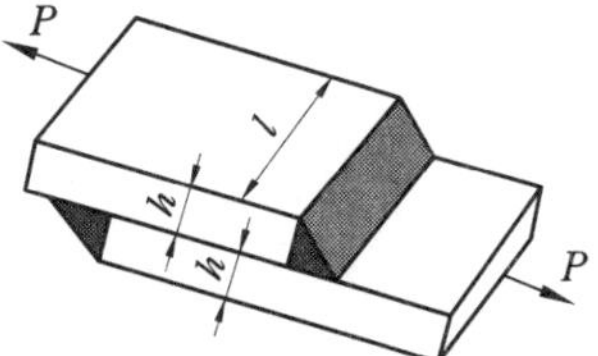

해설 허용응력을 구하는 식에 의해 허용응력 $= \frac{\text{인장하중(최대하중)}}{\text{단면적}}$ 에서

$4.5 = \frac{8000}{12 \times l} = \frac{0.707 \times 8000}{4.5 \times 12} = 104.74$

5. 그림과 같이 완전용입 T형 맞대기용접 이음에 굽힘 모멘트 M_b=9000kgf · cm가 작용할 때 최대 굽힘응력(kgf/cm²)은? (단, L=400mm, l=300mm, t=20mm, P[kgf]는 하중이다.)

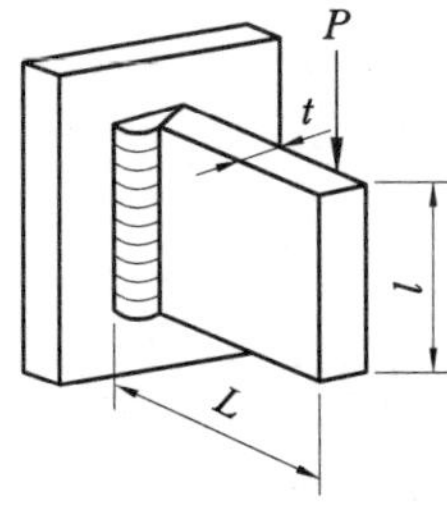

① 30
② 300
③ 45
④ 450

해설 T형 맞대기용접 이음의 공식에 의거하여 $\sigma=6M/tl^2=(6\times9000)$/mm를 cm로 환산하면 $(2\times30^2)=30$

6. 재료의 내부에 남아 있는 응력은?

① 좌굴응력 ② 변동응력
③ 잔류응력 ④ 공칭응력

해설 재료 내부에 남아 있는 잔류응력은 이음형성, 용접입열, 판두께 및 모재의 크기, 용착 순서, 용접 순서, 외적구속 등의 인자 및 불균일한 가공에서 나타나며 박판인 경우 변형을 일으키기도 한다.

7. 용착금속의 인장강도를 구하는 옳은 식은?

① 인장강도 $=\dfrac{\text{인장하중}}{\text{시험편의 단면적}}$ ② 인강강도 $=\dfrac{\text{시험편의 단면적}}{\text{인장하중}}$

③ 인장강도 $=\dfrac{\text{표점거리}}{\text{연신율}}$ ④ 인장강도 $\dfrac{\text{연신율}}{\text{표점거리}}$

해설 용접부에 작용하는 하중은 (용착금속의 인장강도×판두께×목두께)로 구하며 단위 면적당 작용하는 하중을 인장강도 또는 최대 극한강도라고 한다.

8. 용접부의 인장시험에서 최초의 표점 사이의 거리를 l_0로 하고, 파단 후의 표점 사이의 거리를 l_1으로 할 때 파단까지의 변형률 δ를 구하는 식으로 옳은 것은?

① $\delta=\dfrac{l_1+l_0}{2l_0}\times100\%$ ② $\delta=\dfrac{l_1-l_0}{2l_0}\times100\%$

③ $\delta=\dfrac{l_1+l_0}{l_0}\times100\%$ ④ $\delta=\dfrac{l_1-l_0}{l_0}\times100\%$

해설 변형률 $=\dfrac{\text{파단 후의 표점사이 거리}-\text{최초의 표점사이 거리}}{\text{최초의 표점사이 거리}}\times100\%$

9. V형 맞대기용접(완전한 용입)에서 판두께가 10mm인 용접선의 유효길이가 200mm일 때, 여기에 50kgf/mm²의 인장(압축) 응력이 발생한다면 용접선에 직각 방향으로 몇 kgf의 인장(압축) 하중이 작용하겠는가?

① 2000kgf　　② 5000kgf
③ 10000kgf　　④ 15000kgf

해설 인장하중 = 인장응력 × 판두께 × 용접선의 유효길이
= 5 × 10 × 200 = 10,000

10. 두께가 6.4mm인 두 모재의 맞대기이음에서 용접 이음부가 4536kgf의 인장하중이 작용할 경우 필요한 용접부의 최소 허용길이(mm)는? (단, 용접부의 허용 인장응력은 14.06kg/mm²이다.)

① 50.4　　② 40.3
③ 30.1　　④ 20.7

해설 용접부의 최소 허용길이는 인장하중 구하는 공식으로 인장하중 = 인장응력 × 판두께 × 용접선의 유효길이의 공식에서

$$\text{용접의 최소 허용길이(유효길이)} = \frac{\text{인장하중}}{\text{허용 인장응력} \times \text{두께}} = \frac{4536}{6.4 \times 14.06} = 50.4$$

11. 다음 그림과 같은 필릿 이음의 용접부 인장응력(kgf/mm²)은 얼마 정도인가?

① 약 1.4
② 약 3.5
③ 약 5.2
④ 약 7.6

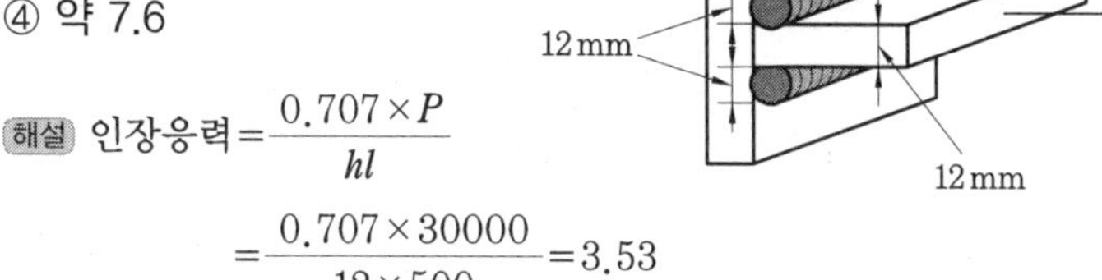

해설 $$\text{인장응력} = \frac{0.707 \times P}{hl}$$
$$= \frac{0.707 \times 30000}{12 \times 500} = 3.53$$

12. 연강의 맞대기용접 이음에서 용착 금속의 인장강도가 40kgf/mm², 안전율이 8이면, 이음의 허용응력은?

① 5kgf/mm²　　② 8kgf/mm²
③ 40kgf/mm²　　③ 48kgf/mm²

해설 $$\text{허용응력} = \frac{\text{인장강도}}{\text{안전율}} = \frac{40}{8} = 5$$

13. V형 맞대기용접(완전 용입)에서 용접선의 유효길이가 300mm이고, 용접선에 수직하게 인장하중 13500kgf이 작용하면 연강판의 두께는 몇 mm인가? (단, 인장응력은 5kgf/mm²이다.)

① 25 ② 16 ③ 12 ④ 9

해설 응력은 $\frac{\text{인장하중}}{\text{두께}\times\text{유효길이}}=\frac{\text{인장하중}}{\text{유효길이}\times\text{인장응력}}=\frac{13500}{300\times5}=9$

14. 그림과 같은 용접이음에서 굽힘응력을 σ_b라 하고, 굽힘 단면계수를 M_b라 할 때, 굽힘 모멘트 M_b를 구하는 식은?

① $M_b=\sigma_b\cdot W_b$ ② $M_b=\frac{\sigma_b}{W_b}$

③ $M_b=\frac{\sigma_b\cdot W_b}{l}$ ④ $M_b=\frac{\sigma_b\cdot W_b}{t}$

해설 최대 굽힘응력$=\frac{\text{최대 굽힘 모멘트}}{\text{굽힘 단면계수}}$에서, 모멘트=응력×단면계수

단위는 [kPa]나 [MPa]이다.

15. 용접설계에서 허용응력을 올바르게 나타낸 공식은?

① 허용응력$=\frac{\text{안전율}}{\text{이완력}}$ ② 허용응력$=\frac{\text{인장강도}}{\text{안전율}}$

③ 허용응력$=\frac{\text{이완력}}{\text{안전율}}$ ④ 허용응력$=\frac{\text{안전율}}{\text{인장강도}}$

해설 용접설계에서 허용응력$=\frac{\text{인장강도}}{\text{안전율}}$

16. 필릿용접 이음부의 강도를 계산할 때 기준으로 삼아야 하는 것은?

① 루트 간격 ② 각장 길이 ③ 목의 두께 ④ 용입 깊이

해설 용접설계에서 필릿용접의 단면과 내접하는 이등변 삼각형의 루트부터 빗변까지의 수직거리는 이론 목두께라 하여 보통 설계할 때에 사용되고, 용입을 고려한 루트부터 표면까지의 최단거리는 실제 목두께라 하여 이음부의 강도를 계산할 때 기준이 된다.

17. 동일한 탄소강판으로 두께가 서로 다른 V형 맞대기용접 이음에서 얇은 쪽의 강판 두께 T_1, 두꺼운 쪽의 강판 두께 T_2, 인장응력 σ_t이고, 용접길이 L이라면 용접부의 인장하중 P를 구하는 식은?

① $P=\sigma_t\cdot T_2\cdot L$ ② $P=2\sigma_t\cdot T_2\cdot L$ ③ $P=\sigma_t\cdot T_2\cdot L$ ④ $P=2\sigma_t\cdot T_1\cdot L$

해설 판 두께가 다른 이음의 허용응력을 계산할 때에는 일반적으로 얇은판을 기준으로 단면적을 구한다. 즉 인장하중 = 인장응력 × 얇은판 두께 × 용접길이

18. 연강을 용접이음할 때 인장강도가 21 kgf/mm²이다. 정하중에서 구조물을 설계할 경우 안전율은 얼마인가?

① 1 ② 2 ③ 3 ④ 4

해설 $허용응력 = \frac{인장강도}{허용응력} = \frac{21}{7} = 3$

19. 다음 그림과 같은 용접부에 인장하중 P = 5000 kgf가 작용할 때 인장응력(kgf/mm²)은?

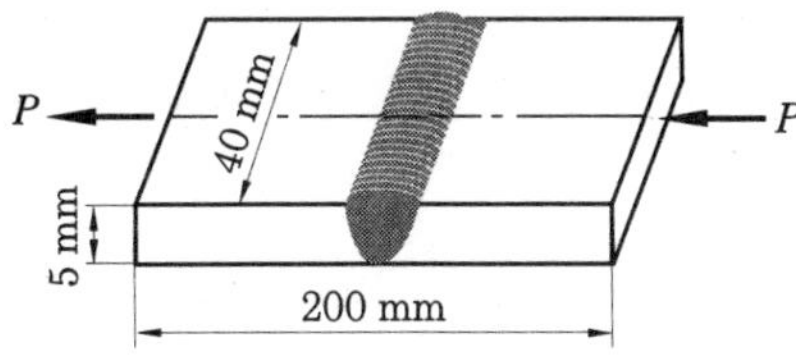

① 20 ② 25 ③ 30 ④ 35

해설 $인장응력 = \frac{인장하중}{모재의\ 단면적} = \frac{5000}{(5 \times 40)} = 25$

20. 그림과 같은 V형 맞대기용접에서 굽힘 모멘트(M_b)가 10000 kgf · cm 작용하고 있을 때, 최대 굽힘응력은 얼마인가? (다만, l = 150 mm, t = 20 mm)

① 10 kgf/cm² ② 100 kgf/cm² ③ 1000 kgf/cm² ④ 10000 kgf/cm²

해설 해결 포인트는 cm와 mm단위 환산이다.

$$\frac{굽힘응력\ 6M}{1h^2} = 6 \times \frac{굽힘모멘트}{(단면적)^2} = \frac{6 \times 10000}{(15 \times 2^2)} = 1000$$

21. 측면 필릿용접 이음에서 필릿용접의 크기 h와 이론 목두께 h_t와의 관계식으로 옳은 것은?

① $h = \frac{h_t}{\cos 45°}$ ② $h = h_t \cdot \cos 45°$ ③ $h = \frac{\cos 45°}{h_t}$ ④ $h = h_t \cdot \sin 30°$

해설 측면 필릿용접 이음에는 cos45로 용접 목두께를 계산하여 실제크기의 값은 이론 목두께의 cos45(0.17)를 나누는 값이다.

정답 1. ④ 2. ② 3. ③ 4. ③ 5. ① 6. ③ 7. ① 8. ④ 9. ③ 10. ① 11. ② 12. ① 13. ④ 14. ① 15. ② 16. ③ 17. ③ 18. ③ 19. ② 20. ③ 21. ①

제 2 장 용접시공 및 결함

2-1 용접시공, 경비 및 용착량 계산

1 용접경비의 개요

용접경비를 산출할 때는 임금, 재료비, 전력비, 공사 기간에 따른 일체 경비, 장비비, 세금 이익과 같은 직·간접비와 이익 등을 고려하여야 한다. 용접경비를 줄이기 위해서는 다음 사항에 주의하도록 한다.

① 적당한 용접봉을 선택하고 경제적인 방법을 이용한다.

② 이음방법 등 재료를 절약할 수 있는 방법을 조사하여 채용한다.

③ 고정구(fixture)를 사용하여 작업능률을 높인다.

④ 용접지그(welding jig)의 사용에 의한 아래 보기자세를 채용하여 용접공의 작업능률을 향상시킨다.

⑤ 종합 품질관리와 검사 및 안전 작업을 적절하게 실행하여 보수경비를 절감한다.

⑥ 적절한 공사 방법으로 공사기간을 단축한다(적절한 용접법 선택).

2 용접봉 소요량

이음의 용착금속 단면적에 용접길이를 곱하여 얻어지는 용착금속 중량에 스패터(spatter) 또는 연소에 의한 손실량과 홀더 물림부의 폐기량을 가산한다.

① 용착률

용착금속 중량과 사용 용접봉 전중량(피복 포함)의 비를 용착률(deposition efficiency)이라고 한다.

② 용접봉 가격 $= \dfrac{1}{\text{용접봉 사용률} \times \text{용착률}} \times \text{용접봉 단가}$

3 용접작업 시간

용접작업 시간은 제품의 종류나 형상, 용접봉의 종류 및 지름, 용접자세에 따라 달라진다. 특히 용접자세는 아래보기 자세가 수직자세나 위보기 자세보다 단위길이 용접시간이 반 정도 적게 소요된다.

① $\text{용접시간} = \dfrac{\text{아크시간}}{\text{아크시간율}}$

② 노임＝작업시간×노임단가

4 상각비와 보수비

(1) 상각비

용접작업 1시간당 비용으로 계산하며 상각연수는 보통 8년이나 수요가의 사정에 따라 5~7년으로 한다.

$$\text{상각비} = \frac{\text{용접기 가격}}{\text{상각시간}}$$

(2) 보수비

일반적으로 연간에 기계대금의 10%라고 가정하여 계산하나 실적에 따라 다르다.

$$\text{보수비} = \frac{\text{연간 보수비}}{\text{연간 사용시간}}$$

단원 예상문제

1. 용접봉의 용융속도는 무엇으로 나타내는가?

① 단위시간당 용융되는 용접봉의 길이 또는 무게
② 단위시간당 용착된 용착금속의 양
③ 단위시간당 소비되는 용접기의 전력량
④ 단위시간당 이동하는 용접선의 길이

해설 용접봉의 용융속도는 단위시간당 소비되는 용접봉의 길이 또는 무게로 나타낸다.

2. 용접지그(welding jig)에 대한 설명 중 틀린 것은?

① 용접물을 용접하기 쉬운 상태로 놓기 위한 것이다.

② 용접제품의 치수를 정확하게 하기 위해 변형을 억제하는 것이다.
③ 작업을 용이하게 하고 용접 능률을 높이기 위한 것이다.
④ 잔류응력을 제거하기 위한 것이다.

해설 용접지그 사용 효과
① 아래보기 자세로 용접을 할 수 있다.
② 용접조립의 단순화 및 자동화가 가능하고 제품의 정밀도가 향상된다.
③ 작업을 용이하게 하고 용접 능률 및 신뢰성을 높인다.

3. 용접봉의 소요량 계산에 사용하는 용착효율이란?

① $\frac{\text{용착금속의 중량}}{\text{용접봉의 사용중량}} \times 100\%$　② $\frac{\text{용접봉의 사용중량}}{\text{용착금속의 중량}} \times 100\%$
③ $\frac{\text{용착금속의 중량}}{\text{용접봉의 전중량}} \times 100\%$　④ $\frac{\text{용접봉의 전중량}}{\text{용착금속의 중량}} \times 100\%$

해설 용착효율(용착률)은 용착금속 중량을 사용 용접봉 총중량으로 나누어 준 것을 말한다.

4. 단위시간당 소비되는 용접봉의 길이 또는 중량으로 표시되는 것은?

① 용접길이　② 용융속도　③ 용접입열　④ 용접효율

해설 용접봉의 용융속도는 단위시간당 소비되는 용접봉의 길이 또는 중량으로 표시한다.
• 용융속도＝아크전류×용접봉 쪽 전압강하
• 용융속도는 아크전압 및 심선의 지름과 관계없이 용접전류에만 비례한다.

5. 용접경비를 줄이고자 할 때 유의할 사항으로 가장 관계가 먼 것은?

① 용접봉의 적절한 선정과 그 경제적 사용 방법
② 재료 절약을 위한 방법
③ 용접지그의 사용에 의한 위보기 자세의 이용
④ 용접사의 직업 능률의 향상

해설 용접지그 사용 목적과 효과
① 아래보기 자세로 용접을 할 수 있다.
② 용접조립의 단순화 및 자동화가 가능하고, 제품의 정밀도가 향상된다.

6. AW-400인 용접기 50대를 설치하고자 할 때 전원 변압기는 어느 정도 용량을 설비해야 하는가? (단, 용접기의 평균전력은 200A, 무부하 전압은 80V, 사용률은 70%이다.)

① 320 kVA　② 420 kVA　③ 460 kVA　④ 560 kVA

해설 전원변압기 용량은

- 용접기의 부하율 $=\frac{200}{400}=0.5$
- 용접기 1대당 최대 용량 $=400\times80=32$ kVA
- 전원변압기 용량(Q) $=50\times0.7\times0.5\times32=560$ kVA

7. 용접에 의한 용착효율을 구하는 식으로 옳은 것은?

① $\frac{\text{용접봉의 총사용량}}{\text{용착금속의 중량}}\times100\%$ ② $\frac{\text{피복제의 중량}}{\text{용착금속의 중량}}\times100\%$

③ $\frac{\text{용착금속의 중량}}{\text{용접봉의 사용중량}}\times100\%$ ④ $\frac{\text{피복제의 중량}}{\text{용접봉의 사용중량}}\times100\%$

해설
- 용착금속의 중량 $=\frac{\text{용착률}}{\text{용접속도}}$
- 용착효율(용착률) $=\frac{\text{용착금속 중량}}{\text{사용 용접봉 총중량}}$
- 용접봉 소요량 $=\frac{\text{단위 용접길이당 용착금속 중량}}{\text{용착효율}}$

8. 현장용접으로 판두께 15mm를 위보기 자세로 20m 맞대기용접할 경우 환산 용접길이는 몇 m인가? (단 위보기 맞대기용접 환산계수는 4.8이다)

① 4.1 ② 24.8 ③ 96 ④ 152

해설 용접길이 × 환산계수 $=20\times4.8=96$

정답 1. ① 2. ④ 3. ① 4. ② 5. ③ 6. ④ 7. ③ 8. ③

2-2 용접 준비

1 용접시공과 계획

용접시공 전에 설계에 의한 공사량과 설비 능력을 바탕으로 공사일정과 비용을 계획하고 관리하기 위하여 공정 및 설비계획을 수립하는 것이 보통으로 계획에 사용되는 방법은 과거에는 테일러 방법(Flow Taylor Process chart)이나 간트의 막대그래프 방법(H.L.Gantt Chart) 등이 이용되었으나 근래에 들어 PERT, CPM법(Program Evaluation and Review Technique, Critical Path Method)이 사용되고 있다.

(1) 일반적 용접구조물의 제작 과정[단, ( ) 안의 사항은 생략할 수도 있다.]

계획 → 설계 → 제작도 → 재료 조정 → 시험 → 원형 본뜨기 → 금긋기 → 재료 절단 → (변형 교정) → (홈가공) → 조립 → 가접 → (예열) → 용접 → (열처리) → (변형 교정) → 다듬질 → 검사 → (가조립) → (도장) → 수송 → 현장 가설 → 현장 용접 → 검사 → (도장) → 완성 → 준공 검사

단원 예상문제

1. 용접시공 시 관리의 기본 회로(circle)를 설명한 것으로 가장 적당한 것은?

① 확인 → 계획 → 실시 → 행동
② 계획 → 확인 → 실시 → 행동
③ 계획 → 실시 → 행동 → 확인
④ 계획 → 실시 → 확인 → 행동

해설 용접시공 관리의 기본회로(제작 과정)는 계획 → 설계 → 작업 실시 → 검사(확인) → 행동이다.

2. 용접작업이 다음과 같은 과정으로 진행되는 경우에 ( ) 안에 가장 적합한 것은?

용접재료 준비 → 절단 및 가공 → 용접부 청소 → ( ) → 본용접 → 검사 및 판정 → 완성

① 가접 ② 용접자세
③ 도장 ④ 전개도

해설 용접부 청소가 끝난 뒤에 본용접을 하기 전에 가접을 하여야 한다.

3. 건설 또는 제조에 필요한 정보를 전달하기 위한 도면으로 제작도가 사용되는데, 이 종류에 해당되는 것으로만 조합된 것은?

① 계획도, 시공도, 견적도
② 설명도, 장치도, 공정도
③ 상세도, 승인도, 주문도
④ 상세도, 시공도, 공정도

해설 용접구조물 공사를 능률적으로 하기 위해 ①계획 → ②설계 → ③제작도 작성(상세도, 시공도, 공정도) → 현장 가설, 용접, 준공, 검사 등의 순서로 면밀하게 진행한다.

정답 1. ④ 2. ① 3. ④

2 용접 준비

(1) 일반 준비

① 모재 재질의 확인 ② 용접법 선택 ③ 용접기 선택 ④ 용접봉 선택 ⑤ 용접공의 선임 ⑥ 용접지그의 결정

단원 예상문제

1. 용접작업에서 지그 사용시 얻어지는 효과로 틀린 것은?

① 대량생산의 경우 용접 조립 작업을 단순화시킨다.
② 제품의 마무리 정밀도를 향상시킨다.
③ 용접변형을 억제하고 적당한 역변형을 주어 정밀도를 높인다.
④ 용접작업은 용이하나 작업능률이 저하된다.

해설 용접지그 사용 효과
① 아래보기 자세로 용접을 할 수 있다.
② 용접조립의 단순화 및 자동화가 가능하고 제품의 정밀도가 향상된다.

2. 용접제품을 제작하기 위한 조립 및 가접에 대한 일반적인 설명으로 틀린 것은?

① 강도상 중요한 곳과 용접의 시점과 종점이 되는 끝부분을 주로 가접한다.
② 조립 순서는 용접 순서 및 용접작업의 특성을 고려하여 계획한다.
③ 가접 시에는 본용접보다는 지름이 약간 가는 용접봉을 사용하는 것이 좋다.
④ 불필요한 잔류응력이 남지 않도록 미리 검토하여 조립 순서를 정한다.

해설 용접제품을 제작하기 위한 조립과 가접은 용접 결과에 직접 영향을 주므로 조립 순서는 용접 순서와 용접 작용의 특성을 고려하여 결정하고, 용접할 수 없는 부분이 생기지 않게 하며, 변형이나 잔류응력을 되도록 최소화하고 가접은 본용접을 하기 전에 좌우의 홈 부분을 일시적으로 고정하기 위해 짧은 용접으로 한다. 이때 가공이나 균열이 생기기 쉬우므로 본용접을 하는 홈을 피하여 작업한다.

3. 특수강 용접시 용접봉의 선택에서 가장 먼저 고려해야 할 것은?

① 작업성(사용하기 쉬운가의 여부)
② 용접성(용접한 부분의 기계적 성질)
③ 환경성(작업 조건 및 안전한가 여부)
④ 경제성(제반 경비 단가)

해설 특수강은 용접할 때 경도가 증가하여 균열, 가공 등의 결함이 발생할 수 있으므로 용접성을 가장 먼저 고려해야 한다.

4. 용접부의 시작점과 끝점에 충분한 용입을 얻기 위해 사용되는 것은?

① 엔드 태브 ② 포지셔너 ③ 회전지그 ④ 고정지그

해설 엔드 태브(end tab)란 용접결함이 생기기 쉬운 용접비드의 시작과 끝에 부착하는 강판을 말한다. 수동 35mm, 반자동 40mm, 자동 70mm이며, 엔드 태브를 사용할 시에는 용접길이를 모두 인정한다.

정답 1. ④ 2. ① 3. ② 4. ①

(2) 이음의 준비

① 홈 가공

(가) 피복아크용접의 홈각도는 54~70° 정도가 적합하다.

(나) 루트간격을 작게 설정하여 용접균열을 방지한다.

(다) 용입이 허용되는 한 홈각도를 작게 하고 용착금속량을 줄이는 것이 능률면에서 효과적이다.

(라) 서브머지드 아크용접(submerged arc welding)의 준비

㉠ 루트간격: 0.8mm 이하

㉡ 루트면: 7~16mm

㉢ 표면 및 뒷면 용접: 3mm 이상 겹치도록 용접(용입)하는 것이 좋다.

② 조립 및 가접

(가) 조립(assembly) 순서

㉠ 수축이 큰 맞대기용접 이음을 먼저 실시한 후에 필릿용접을 하는 순으로 진행한다.

㉡ 구조물이 큰 경우에는 구조물의 중앙에서 끝으로 용접을 실시하며 대칭으로 용접한다.

(나) 가접(tack welding, 가용접)

㉠ 용접 결과의 좋고 나쁨에 직접 영향을 준다.

㉡ 본용접 작업을 하기 전에 좌우의 홈 부분을 임시로 고정하기 위한 짧은 용접이다.

㉢ 균열, 기공, 슬래그 잠입 등의 결함을 수반하기 쉬우므로 본용접을 실시할 홈 안에 가접하는 것은 바람직하지 못하며, 만일 불가피하게 홈 안에 가접한 경우에는 본용접 전에 갈아내는 것이 좋다.

㉣ 본용접을 하는 용접사와 비등한 기량을 가진 용접사가 실시하여야 한다.

㉤ 가접에는 본용접보다 지름이 약간 가는 봉을 사용하는 것이 좋다.

단원 예상문제

1. 가용접에 대한 설명으로 잘못된 것은?

① 가용접은 2층 용접을 말한다.
② 본용접봉보다 가는 용접봉을 사용한다.
③ 루트간격을 가능한 작게 설정하도록 유의한다.
④ 본용접과 비등한 기량을 가진 용접공이 작업한다.

해설 용접에서 가접이란 ① 용접 결과의 좋고 나쁨에 직접 영향을 준다. ② 본용접 작업을 하기 전에 좌우의 홈 부분을 임시로 고정하기 위한 짧은 용접이다. ③ 균열, 기공, 슬래그 잠입 등의 결함을 수반하기 쉬우므로 본용접을 실시할 홈 안에 가접하는 것은 바람직하지 못하며, 만일 불가피하게 홈 안에 가접한 경우에는 본용접 전에 갈아내는 것이 좋다. ④ 본용접을 하는 용접사와 비등한 기량을 가진 용접사가 가접을 실시한다. ⑤ 가접에는 본용접보다 지름이 약간 가는 용접봉을 사용하는 것이 좋다.

2. 용접 준비에서 조립 및 가용접에 관한 설명으로 옳은 것은?

① 변형 혹은 잔류응력을 될 수 있는 대로 크게 해야 한다.
② 가용접은 본용접을 실시하기 전에 좌우의 홈 부분을 임시로 고정하기 위한 짧은 용접이다.
③ 조립 순서는 수축이 큰 이음을 나중에 용접한다.
④ 용접물의 중립축에 대하여 용접으로 인한 수축력 모멘트의 합이 100이 되도록 한다.

3. 본용접을 시행하기 전에 좌우의 이음 부분을 일시적으로 고정하기 위한 짧은 용접은?

① 후용접　② 가용접　③ 점용접　④ 선용접

정답 1. ① 2. ② 3. ②

③ 루트 간격

가접을 할 때는 루트간격을 가능한 작게 설정하도록 유의한다. 루트간격이 너무 좁거나 클 때는 용접결함이 생기기 쉽고, 또한 루트간격이 너무 크면 용접입열 및 용착량이 커져 모재의 재질 변화 및 굽힘응력 등이 생기므로 허용한도 이내로 설정하고, 서브머지드 아크용접에서는 용착을 방해하기 때문에 엄격히 제한한다.

㈎ 맞대기이음 홈의 보수

㉠ 루트간격이 6mm 이하인 경우에는 한쪽 또는 양쪽에 덧살올림 용접을 하여 깎아 내고, 규정 간격으로 홈을 만들어 용접한다[그림(a)].

㉡ 루트간격이 6~16mm 이하인 경우에는 두께 6mm 정도의 뒤판을 대어서 용

접한다[그림(b)].

㉢ 루트간격 16mm 이상인 경우에는 판의 전부 또는 일부(길이 약 30mm)를 교체한다.

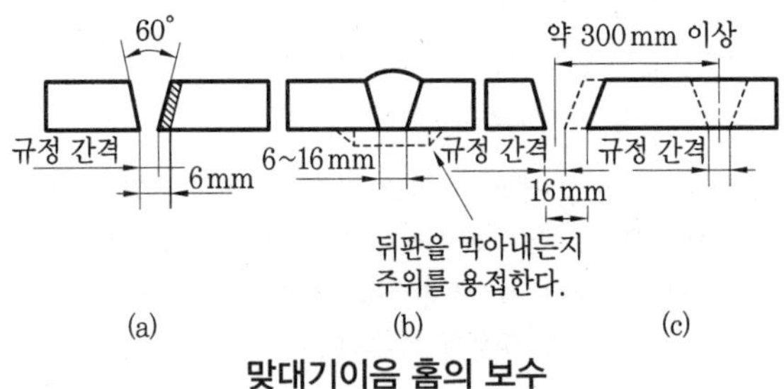

맞대기이음 홈의 보수

㈏ 필릿용접 이음 홈의 보수

㉠ 루트간격이 1.5mm 이하인 경우에는 그대로 규정된 다리 길이로 용접한다. [그림 (a)]

㉡ 루트간격이 1.5~4.5mm인 경우에는 그대로 용접하여도 무방하나 넓혀진 만큼 다리 길이를 증가시킬 필요가 있다[그림 (b)].

㉢ 루트간격이 4.5mm 이상인 경우에는 삽입쇠(liner)를 끼우거나 [그림 (d)]와 같이 300mm 이상을 잘라내고 부족한 판을 교체한다[그림 (c), (d)].

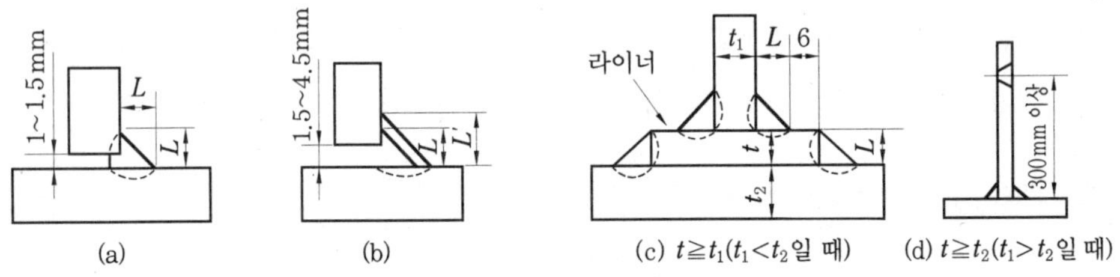

필릿용접 이음 홈의 보수

㈐ 서브머지드 아크용접 홈의 정밀도

서브머지드 아크용접과 같은 자동 용접은 이음 홈의 정밀도가 중요한데 높은 용접전류를 사용하여 용입이 깊다. 이음홈의 정밀도가 불충분하면 일정한 용접 조건하에서 용입이 불균일하거나 기공 및 균열을 발생시킨다.

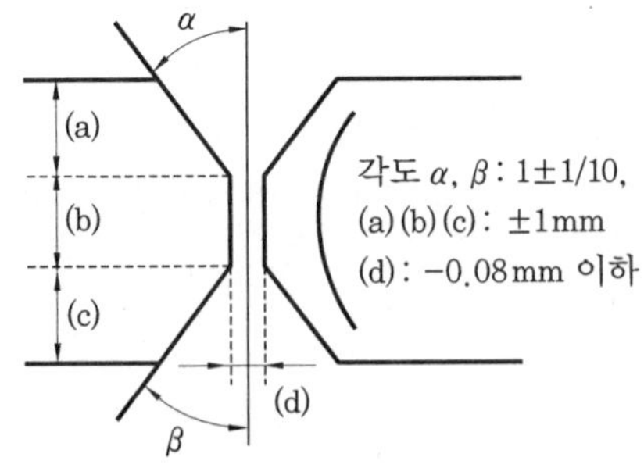

서브머지드 아크용접 홈의 정밀도

④ **이음 부분의 청소**

이음 부분에 존재하는 수분, 녹, 스케일(scale), 페인트, 기름, 그리스(grease), 먼지, 슬래그 등은 기공이나 균열의 원인이 되므로 이를 제거하기 위해서는 와이어 브러시(wire brush), 연삭기, 숏 블라스트(shot blast), 화학약품 등을 사용하면 편리하다. 자동용접 시에는 큰 전류로 고속용접을 하기 때문에 불순물의 영향이 커서 용접 전에 가스불꽃으로 홈 면을 80℃ 정도로 가열하여 수분, 기름기를 제거한다.

단원 예상문제

1. 용접작업 전 홈의 청소 방법이 아닌 것은?

① 와이어브러시 작업 ② 연삭 작업
③ 숏 블라스트 작업 ④ 기름 세척작업

해설 용접작업 전 홈의 청소 방법은 와이어 브러시, 연삭기, 숏 블라스트 등을 사용하거나 화학약품을 사용한다.

2. 길이가 긴 대형의 강관 원주부를 연속 자동용접을 하고자 한다. 이때 사용하고자 하는 지그로 가장 적당한 것은?

① 엔드 태브(end tab) ② 터닝롤러(turning roller)
③ 컨베이어(conveyor) 정반 ④ 용접 포지셔너(welding positioner)

해설 ①는 아크쏠림(arc blow)을 방지하고 모재의 시작점과 끝부분에 결함을 방지하기 위해 길이 150mm 정도로 모재의 양쪽에 덧붙이 하는 탭이다. ②는 아래보기 자세에 의한 작업 능률과 품질을 향상시키기 위한 목적으로 파이프의 원주속도와 용접속도를 같게 조정하여 용접을 자동 용접으로 시공할 수 있다. ④는 회전 테이블로 전자세 용접을 할 수 있고 테이블에 고정 구속시켜 변형을 적게 하는 방법도 있다.

정답 1. ④ 2. ②

2-3 본용접 및 후처리

1 용착법과 용접 순서

(1) 용착법 시험 포인트

용착법은 용접하는 방향에 따라 전진법(forward welding), 후진법(backhand welding), 대칭법(symmetric method), 비석법(스킵법, skip method), 교호법(skip block method) 등이 있고, 또 다층 용접에는 덧살올림법, 캐스케이드법, 점진 블록법 등이 있다.

① 전진법은 수축이나 잔류응력이 용접의 시작 부분보다 끝나는 부분이 크므로 용접이음이 짧거나 변형 및 잔류응력이 별로 문제가 되지 않을 때에 사용하도록 한다.

② 잔류응력을 최소화하기 위해서는 비석법이 효과적이다.

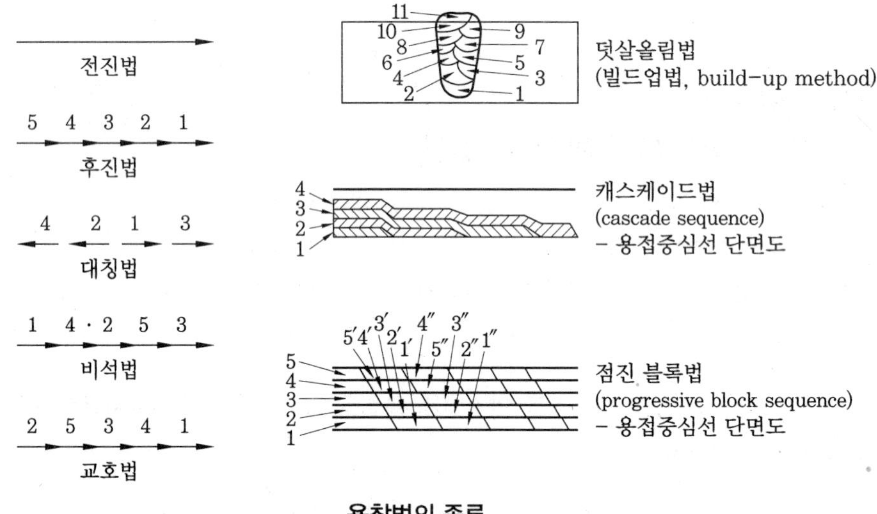

용착법의 종류

(2) 용접 순서

① 같은 평면 안에 많은 이음이 있을 때 수축은 가능한 자유단으로 보낸다.

② 용접물 중심과 항상 대칭으로 용접을 진행시킨다.

③ 수축이 큰 이음을 가능한 먼저 용접하고, 수축이 작은 이음을 나중에 용접한다.

④ 용접물의 중립축에 대하여 수축력 모멘트의 합이 제로(0)가 되도록 한다.

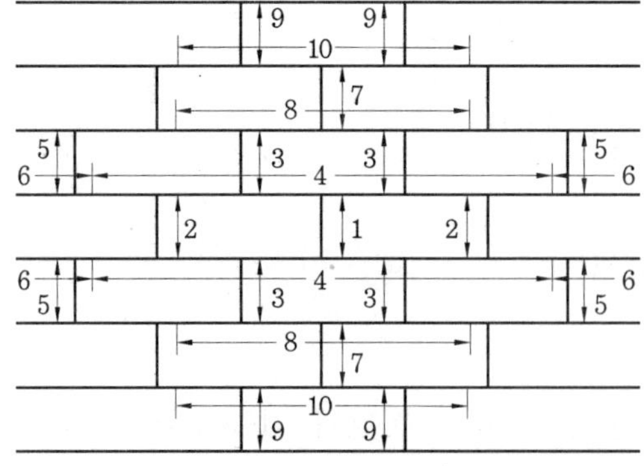

복잡한 강판의 용접순서 예

단원 예상문제

1. 용접시공 시 용접 순서에 관한 설명으로 가장 옳은 것은?

① 용접물 중립축에 대하여 수축력 모멘트의 합이 최대가 되도록 한다.
② 동일 평면 내에 많은 이음이 있을 때에는 수축은 가능한 한 중앙으로 보낸다.
③ 용접물의 중심과 항상 대칭으로 용접을 진행시킨다.
④ 수축이 작은 이음을 가능한 한 먼저 용접하고, 수축이 큰 이음은 나중에 용접한다.

2. 용접구조물의 조립 시 일반적인 고려사항이 아닌 것은?

① 변형 제거가 쉽게 되도록 하여야 한다.
② 구조물의 형상을 유지할 수 있어야 한다.
③ 경제적이고 고품질을 얻을 수 있는 조건을 설정한다.
④ 용접변형 및 잔류응력을 상승시킬 수 있어야 한다.

해설 용접구조물을 조립할 때 일반적인 고려사항은 다음과 같다.
① 구조물의 형상을 허용오차 범위 내에서 유지할 수 있어야 한다.
② 용접변형 및 잔류응력을 경감시킬 수 있어야 한다.
③ 큰 구속 용접을 피해야 하며 적용 용접법, 이음 형상을 고려해야 한다.
④ 변형을 제거하기 쉬워야 하며 작업 환경의 개선 및 용접자세 등을 고려한다.
⑤ 장비의 취급과 지그의 활용을 고려하며 경제적이고 고품질을 얻을 수 있는 조건을 설정한다.

3. 내마멸성을 가진 용접봉으로 보수 용접을 하고자 할 때 사용하는 용접봉으로 적합하지 않은 것은?

① 망가니즈강 계통의 심선 ② 크로뮴강 계통의 심선
③ 규소강 계통의 심선④ 크로뮴–코발트–텅스텐 계통의 심선

해설 내마멸성이 있는 것은 보통 육성용접봉으로 규소를 첨가하게 되면 경도, 강도, 탄성한계, 주조성(유동성)이 증가하고 연신율과 충격치, 단접성이 감소되어 단접성(결정입자의 성장, 조대화) 및 냉간가공성을 해치므로 저탄소강에는 0.2%로 제한한다.

4. 한 개의 용접봉으로 살을 붙일 만한 길이로 구분해서, 홈을 한 부분씩 여러 층으로 쌓아올린 다음, 다른 부분으로 진행하는 용착법은?

① 캐스케이드법 ② 빌드업법
③ 점진 블록법 ④ 스킵법

해설 용착법에서 점진 블록법은 한 개의 용접봉으로 살을 붙일 만한 길이로 구분해서 홈을 한 부분에 여러 층으로 완전히 쌓아올린 다음에 점차 다음 부분으로 진행하는 방법이다.

정답 1. ③ 2. ④ 3. ③ 4. ③

2-4 용접 시의 온도분포, 잔류응력, 변형, 결함 및 그 방지법

1 온도분포

용접은 고온의 열원으로 금속을 용융시켜 짧은 시간에 구조물을 접합하기 때문에 용접부 부근의 온도가 매우 높아 상온에서 냉각할 때 온도 기울기(temperature gradient)가 급하면 급랭으로 인한 열영향을 받게 된다.

① 온도 기울기가 급할수록 용접부 근방은 급랭된다.

② 급랭한 열영향부는 경화되어 이음 성능에 나쁜 영향을 준다.

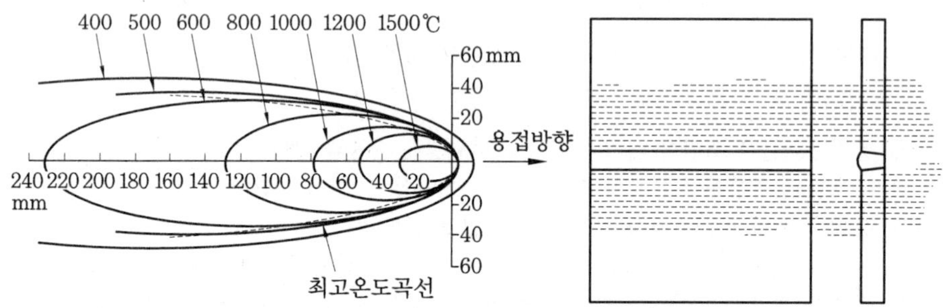

연강판 용접 온도분포(연강판 두께 5mm, 용접전류 200A, 용접속도 200mm/min)

2 열의 확산

용접시 금속의 모양, 두께 등 여러 조건에 따라 가열시간과 냉각속도가 달라지므로 가열은 열의 확산방향에 따라 적절하게 실시해야 한다.

① 열의 확산방향 수가 많으면 냉각속도가 빠르다.

② 두꺼운 판이 얇은 판보다 열의 확산방향이 많아 냉각속도가 빠르다.

③ 열전도율(thermal conductivity)이 크면 열확산방향 수가 많아 냉각속도도 빠르다.

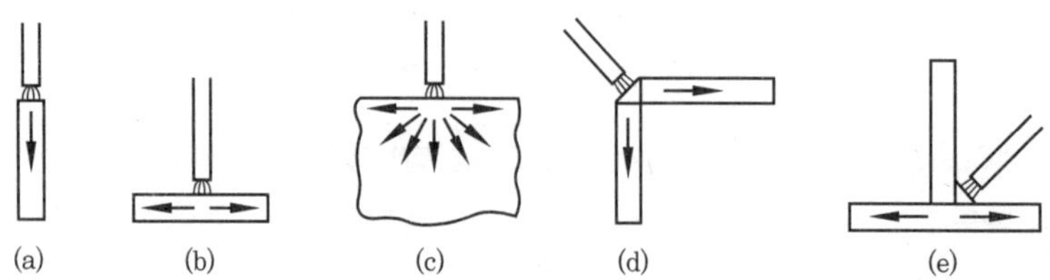

이음 형상에 따른 열의 확산방향(냉각속도 순서: (c) > (e) > (b)(d) > (a))

단원 예상문제

1. 두께와 폭, 길이가 같은 판을 용접시 냉각속도가 가장 빠른 경우는?

① 1개의 평판 위에 비드를 놓는 경우
② T형이음 필릿용접의 경우
③ 맞대기용접 하는 경우
④ 모서리이음 용접의 경우

2. 다음 중 열영향부의 냉각속도에 영향을 미치는 용접 조건이 아닌 것은?

① 용접전류
② 아크전압
③ 용접속도
④ 무부하 전압

해설 열영향부의 냉각속도는 용접입열과 관계가 있으며 용접부에 주어지는 열은 아크전류와 전압에 비례하여 증가하나 용접속도에는 반비례한다.

3. 용접부의 냉각속도에 관한 설명 중 맞지 않는 것은?

① 예열은 냉각속도를 완만하게 한다.
② 동일 입열에서 판두께가 두꺼울수록 냉각속도가 느리다.
③ 동일 입열에서 열전도율이 클수록 냉각속도가 빠르다.
④ 맞대기이음보다 T형 이음용접이 냉각속도가 빠르다.

해설 용접부의 냉각속도
① 열의 확산방향 수가 많으면 냉각속도가 빠르다.
② 두꺼운 판이 얇은 판보다 열의 확산방향이 많고 T형이 판보다 방향이 많아 냉각속도가 빠르다.
③ 열전도율이 크면 열확산방향 수가 많아 냉각속도도 빠르다.

정답 1. ② 2. ④ 3. ②

2-5 용접 후처리

1 잔류응력의 영향

잔류응력은 후판(thick plate)의 용접이음에서 항복점에 가까운 큰 값을 나타낸다. 강구조물의 허용응력이 정하중에 대하여 10~14 kgf/mm^2 정도이고 동하중에 대하여는 더 작아 잔류응력은 허용응력보다 훨씬 값이 크므로 구조물의 안정성에 미치는 영향이 문제가 된다.

(1) 정적 강도(static strength)

재료가 연성이 있어 파괴되기 전 얼마간의 소성변형이 일어난 경우는 항복점에 가까운 잔류응력이 남아 있어도 강도에 미치는 영향이 별로 없는 것으로 알려져 있다.

(2) 취성파괴(brittle fracture)

① 재료가 연성이 부족하여 거의 소성변형을 하지 않고 파괴되는 경우는 잔류응력의 영향이 나타나며, 전단면이 항복하기 전에 파괴가 발생되면 잔류응력이 클수록 작은 하중에도 파괴가 된다.

② 연강은 저온에서 연성이 상실되어 압력용기, 저장탱크, 송급관 등이 동계의 저온, 정하중 조건하에 갑자기 유리나 도자기와 같이 취성파괴가 될 수 있으며, 연강판 중에 취성파괴가 전파하는데 온도가 일정 값, 즉 전파 정지 온도보다 낮아야 하고 응력도 일정 값, 즉 전파 한계 응력보다 높아야 한다. 전파 응력의 크기는 항복점보다 훨씬 낮고 설계응력보다도 더 낮은 값이다.

(3) 피로강도(fatigue strength)

① 용접부에 균열, 언더컷, 슬래그 혼입 등과 같이 예리한 노치가 형성될 수 있는 용접 결함이 존재할 때는 응력이 항복점보다 훨씬 작게 작용하여도 피로파괴가 발생하는데, 또 하중이 작으면 잔류응력이 별로 줄어들지 않아 결국 잔류응력으로 인한 피로강도가 감소할 가능성이 있다.

② 잔류응력의 영향을 검사할 때에 용접 후처리를 하지 않는 것과 응력제거풀림 처리를 한 것을 비교하면 연강의 용접이음에서는 응력제거풀림으로 인해 피로강도가 약간 증가하는 것이 보통이다.

(4) 부식

① 응력이 존재하는 상태에서는 용접재료의 부식이 현저하게 촉진되는데 이것을 응력부식(stress corrosion)이라고 하며, 용접부의 잔류응력이 항복점에 가까운 높은 값을 나타내면 인장응력이 존재하여 응력부식의 원인이 될 위험성이 크다.

② 금속재료를 현미경으로 관찰하면 부식되기 쉬운 부분이 있는데 그곳에 침식으로 인한 작은 노치가 형성된다. 이때 재료에 인장응력이 가해지면 노치부로 집중된 응력은 선단에 작은 균열을 일으키고 그 균열 끝이 다시 선택적으로 부식되어 어느 정도 약해지면 응력집중에 의해 다시 새로운 균열이 진행되어 응력부식이 생긴다. 이에 영향을 미치는 인자로는 재질(알루미늄 합금, 마그네슘 합금, 구리합금, 연강 등), 부식 매질, 응력의 크기와 유지시간 및 온도 등이 있다.

단원 예상문제

1. 맞대기용접 이음에서 각변형이 가장 크게 나타날 수 있는 홈의 형상은?

① H형 ② V형 ③ X형 ④ I형

해설 V형 홈은 홈 가공은 비교적 쉬우나 판의 두께가 두꺼워지면 용착금속의 양이 증가하고 각변형이 발생할 위험이 있으므로 판재의 두께에 따라 홈 선택에 신중을 기하여야 한다.

2. 맞대기용접 이음의 피로강도 값이 가장 크게 나타나는 경우는?

① 용접부 이면 용접을 하고 용접 그대로인 것
② 용접부 이면 용접을 하지 않고 표면용접 그대로인 것
③ 용접부 이면 및 표면을 기계 다듬질한 것
④ 용접부 표면의 덧살만 기계 다듬질한 것

해설 용접부에 균열, 언더컷, 슬래그 혼입 등과 같이 예리한 노치가 형성될 수 있는 용접 결함이 존재할 때는 응력이 항복점보다 훨씬 낮아도 피로파괴가 일어나므로 피로강도를 높이기 위해서는 노치가 없는 용접부를 만들어야 한다.

정답 1. ② 2. ③

2 응력제거

(1) 노내 풀림법

응력제거 열처리법 중에 가장 일반적인 방법이며 효과적이다. 가열로 안에 제품 전체를 넣고 적정 온도에서 일정 시간을 유지한 다음, 노내에서 서랭하는 것이다.

① 일정 한계 내에서 유지온도가 높고 유지시간이 길수록 잔류응력의 제거효과가 크다.

② 연강 종류는 노내를 출입시키는 온도가 300℃를 넘지 말아야 한다.
300℃ 이상에서 가열 및 냉각속도 R은 다음 식을 만족시켜야 한다.

$$R \leqq 200 \times \frac{25}{t} [℃/h] \qquad t: \text{가열부의 용접부 최대두께(mm)}$$

③ 판 두께가 25mm 이상인 탄소강은 일단 600℃에서부터 온도가 10℃ 내려갈 때마다 유지시간을 20분씩 길게 잡으면 된다(온도를 너무 높이지 못할 경우).

④ 구조물의 온도가 250~300℃ 이내로 냉각되면 대기 중에서 방랭(放冷)하는 것이 일반적이다.

(2) 국부 풀림법

현장 용접되었거나 제품이 커서 노내에 넣어 풀림을 하지 못할 경우, 용접선의 좌우 양측 250 mm의 범위 혹은 판두께의 12배 이상 범위를 유도가열 및 가스불꽃으로 가열 국부적으로 풀림 작업함으로써 잔류응력이 발생할 염려가 있다.

(3) 저온응력 완화법

용접선의 양측 너비 60~130 mm를 정속으로 이동하는 가스불꽃에 의하여 150~200℃로 가열한 다음 곧 수랭하는 방법이며, 주로 용접선 방향의 잔류응력이 완화된다.

(4) 기계적 응력완화법

잔류응력이 있는 제품에 하중을 주어 용접부에 약간의 소성변형을 일으킨 다음, 하중을 제거하는 방법으로 큰 구조물에서는 한정된 조건하에서 사용할 수 있다.

(5) 피닝법

치핑 해머(chipping hammer)로 용접부를 연속적으로 타격하여 용접 표면상에 소성변형을 주는 방법으로 잔류응력을 완화하여 변형을 줄이고 용접금속의 균열을 방지하는 데 효과적이다.

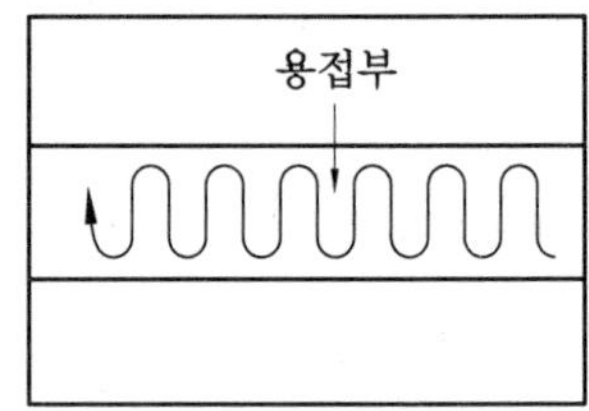

피닝의 이동 방법

단원 예상문제

1. 용접부의 풀림처리 효과는?

① 잔류응력이 감소된다. ② 잔류응력이 증가된다.
③ 조직이 조대화한다. ④ 취성화가 증대된다.

해설 풀림처리는 용접 후의 잔류응력을 제거하는 효과가 있으며 응력제거 방법에는 노내 풀림법, 국부 풀림법, 저온응력 완화법, 기계적 응력 완화법, 피닝법 등이 있다.

2. 일반구조용 압연강재의 응력제거 방법 중 노내의 국부풀림 유지온도는?

① 350±25℃ ② 550±25℃ ③ 625±25℃ ④ 725±25℃

해설 노내 및 국부풀림의 유지온도와 시간

보일러용 압연강재, 일반구조용 압연강재, 용접구조용 압연강재, 탄소강 단강품, 탄소강 주강품 등은 625±25℃의 유지온도와 판두께 25mm에 대해 1h(시간)이며 보일러용 강관, 고압고온 배관용 강관, 화학공업용 강관 등은 625±25℃는 판두께 25 mm에서 1시간, 725±25℃는 판두께 25 mm에서 2시간을 유지해야 한다.

3. **용접선의 양측 너비 약 150mm를 정속으로 이동하는 가스불꽃에 의하여 150~200℃로 가열한 다음 곧 수랭하여 주로 용접선 방향의 응력을 제거하는 방법은 무엇인가?**

① 피닝법　　② 기계적 응력완화법
③ 저온 응력완화법　　④ 국부 풀림법

해설 저온 응력 완화법에 대한 설명으로 용접선 방향의 잔류응력이 완화된다.

4. **특수한 구면상의 선단을 갖는 해머(hammer)로서 용접부를 연속적으로 타격해 줌으로써 용접 표면에 소성변형을 생기게 하는 것은?**

① 노내 풀림법　　② 국부 풀림법
③ 저온 응력완화법　　④ 피닝법

해설 피닝법은 용접부의 응력을 제거하여 변형을 줄이기 위한 것이며 응력제거 방법으로는 풀림법, 저온 응력완화법 등이 함께 사용되고 있다.

5. **용접부의 잔류응력 제거방법에 해당되지 않는 것은?**

① 노내 풀림법　　② 국부 풀림법
③ 피닝　　④ 코킹

해설 잔류응력 제거방법으로는 노내 풀림법, 국부 풀림법, 저온응력 완화법, 기계적 응력 완화법, 피닝법 등이 있다.

정답 1. ①　2. ③　3. ③　4. ④　5. ④

3 변형 경감 및 교정

용접 후에 발생하는 잔류응력과 변형이 가장 문제가 되며 용접 전에 변형을 방지하는 것을 변형 경감(방지)이라 하고 용접 후 변형된 것을 정상대로 회복시키는 것을 변형 교정이라고 한다.

(1) 변형의 경감

① **용접 전 변형방지 방법:** 억제법, 역변형법 등
② **용접시공에 의한 방법:** 대칭법, 후퇴법, 교호법, 비석법 등
③ **모재로의 입열을 막는 방법:** 도열법
④ **용접부의 변형과 응력제거 방법:** 피닝법

㉠ 억제법(control method): 피용접물을 가접, 지그(jig)나 볼트 등으로 조여 변형 발생을 억제하는 방법으로 잔류응력이 커지는 결함이 있어 용접 후 풀림을 하면 좋고 얇은 판 구조에 적당하다.

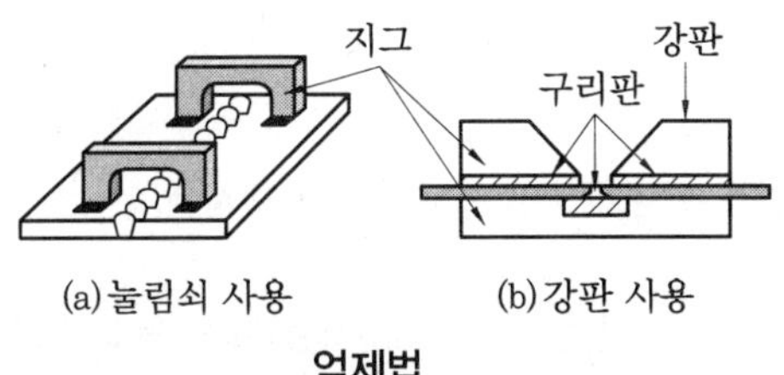

억제법

㉡ 역변형법(predistortion method): 용접에 의한 변형(재료 수축)을 예측하여 용접 전에 미리 반대쪽으로 변형을 주고서 용접하는 방법으로 탄성(elasticity) 및 소성(plasticity) 역변형의 두 종류가 있다.

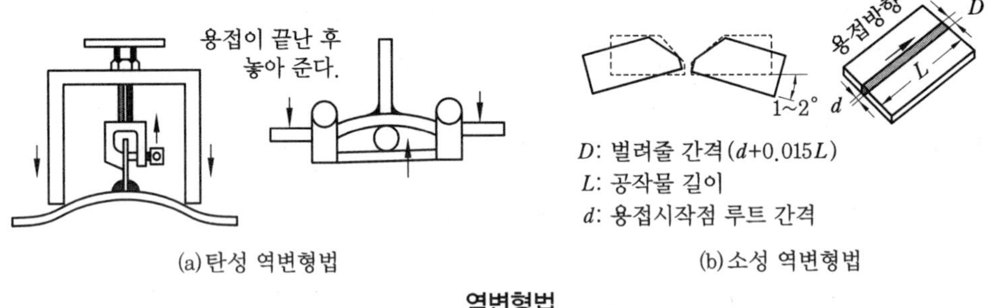

역변형법

㉢ 교호법(skip block method), 비석법(skip method): 구간 용접방향과 전체 용접방향이 같게 모재의 냉각된 부분을 찾아서 용접하는 방법으로 용접비드의 선에서 용접열이 비교적 균일하게 분포된다.

㉣ 도열법: 용접열이 모재로 흡수되는 것을 막아 변형을 방지하는 방법으로, 용접부에 직접 구리제 덮개판을 대거나 용접부 뒷면에서 수랭시키고, 또는 용접부 주위에 물기 있는 석면이나 천 등을 덮기도 한다.

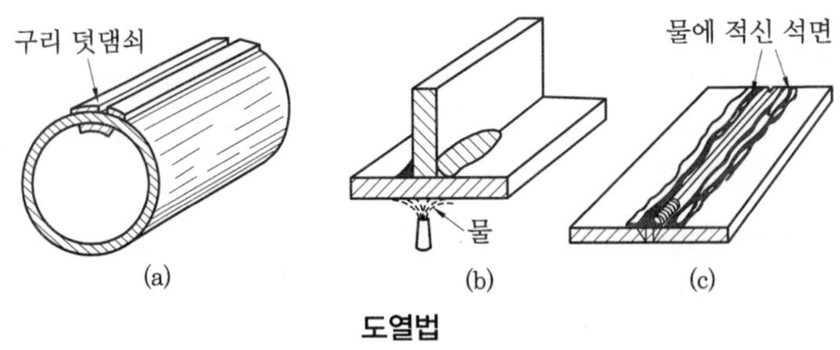

도열법

(2) 변형 교정방법

① 얇은 판에 이용하는 점 수축법
② 금속재료에 이용하는 직선 수축법
③ 가열 후 해머질하는 방법
④ 두꺼운 판을 가열한 후 압력을 가하고 수랭하는 방법
⑤ 롤러에 거는 방법
⑥ 피닝법
⑦ 절단하여 변형시켜 재용접하는 방법

[변형교정의 시공 조건]
㈎ 최대 가열온도는 600℃ 이내로 한다(위 방법에서 ①~④가 해당된다).
㈏ 점 수축법의 시공 조건
㉠ 가열온도: 500~600℃
㉡ 가열시간: 약 30초
㉢ 가열점의 지름: 20~30mm
㉣ 실제 판두께가 2.3mm인 경우 가열점의 중심거리: 60~80mm
㉤ 주의할 점: 용접선 위를 가열하면 가열부의 열량이 전도되므로 주의한다.

단원 예상문제

1. 용접작업 시 발생한 변형을 교정할 때 가열하여 열응력을 이용하고 소성변형을 일으키는 방법은?

① 박판에 이용하는 점 수축법 ② 숏 피닝법
③ 롤러에 거는 방법 ④ 절단 성형 후 재용접법

해설 박판에 이용하는 점 수축법은 용접할 때 발생한 변형을 교정하는 방법이다. 가열할 때 열응력을 이용하여 소성변형을 일으켜 변형을 교정한다.

2. 맞대기이음 용접부의 굽힘 변형 방지법 중 부적당한 것은?

① 스트롱 백(strong back)에 의한 구속 ② 주변 고착
③ 이음부에 역각도를 주는 방법 ④ 수냉각법

해설 용접작업에서 변형 방지법
① 용접 전 변형방지 방법: 억제법, 역변형법 ② 용접시공에 의한 방법: 대칭법, 후퇴법, 교호법, 비석법 ③ 모재로의 입열을 막는 방법: 도열법 ④ 용접부의 변형과 응력제거 방법: 피닝법 등

3. 엔드 태브(end tab)의 설명 중 틀린 것은?

① 모재를 구속시킨다.
② 엔드 태브는 모재와 다른 재질을 사용해야 한다.
③ 용접이 불량해지는 것을 방지한다.
④ 용접 끝단부에서의 자기쏠림 방지 등에도 효과가 있다.

해설 엔드 태브란 용접결함이 생기기 쉬운 용접 비드의 시작 부분과 끝 부분에 부착하는 강판이다. 결함을 효과적으로 방지하기 위해서는 용접선 양 끝에 모재와 같은 두께의 동일 재질로 된 크기 150mm 정도의 엔드 태브 혹은 맞대기 홈형과 같은 홈형 보조판을 부착해야 한다.

4. 용접변형 교정법의 종류가 아닌 것은?

① 금속재료에 이용하는 직선 수축법 ② 얇은 판에 이용하는 곡선 수축법
③ 가열 후 해머질하는 법 ④ 롤러에 의한 법

해설 • 용접작업에서의 변형 방지법
① 용접 전 변형방지 방법: 억제법, 역변형법 ② 용접시공에 의한 방법: 대칭법, 후퇴법, 교호법, 비석법 ③ 모재로의 입열을 막는 방법: 도열법 ④ 용접부의 변형과 응력제거 방법: 피닝법
• 용접작업에서의 교정법
① 얇은판에 이용하는 점 수축법 ② 금속재료에 이용하는 직선 수축법 ③ 가열 후 해머링하는 방법 ④ 두꺼운 판을 가열 후 압력을 가하고 수랭하는 방법 ⑤ 롤러에 거는 방법 ⑥ 피닝법 ⑦ 절단하여 변형시켜 재용접하는 방법 등

5. 용접물을 용접하기 쉬운 상태로 위치를 자유자재로 변경하기 위해 만든 지그는?

① 스트롱 백(strong back) ② 워크 픽스처(work fixture)
③ 포지셔너(positioner) ④ 클램핑 지그(clamping jig)

해설 포지셔너는 용접지그의 종류이며 아래보기 자세로 용접하기 편리하도록 제작되었다.

6. 용접변형의 경감 및 교정 방법에서 용접부에 구리로 된 덮개판을 두든지 뒷면에서 용접부를 수랭시키고 또는 용접부 근처에 물기 있는 석면, 천 등을 두고 모재에 용접입열을 막음으로써 변형을 방지하는 방법은?

① 롤링법 ② 피닝법 ③ 도열법 ④ 억제법

해설 도열법이란 용접열이 모재로 흡수되는 것을 막아 변형을 방지하는 방법으로, 용접부에 직접 구리제 덮개판을 대거나 용접부 뒷면에서 수랭시키고, 또는 용접부 주위에 물기 있는 석면이나 천 등을 덮기도 한다. 변형 방지법은 억제법, 역변형법, 도열법, 피닝법 이외에 용접시공에 의한 교정 방법으로 대칭법, 후퇴법, 교호법, 비석법 등이 있다.

7. 다음 중 용접입열에 미치는 중요 인자가 아닌 것은?

① 아크전압 ② 용접전류
③ 용접속도 ④ 용접봉의 길이

해설 용접입열 = $\frac{60초 \times 아크전압 \times 아크전류}{용접속도}$

정답 1. ① 2. ④ 3. ② 4. ② 5. ③ 6. ③ 7. ④

4 결함의 보수

(1) 언더컷 보수

가는 용접봉을 사용하여 보수용접한다.

(2) 오버랩 보수

용접금속 일부분을 깎아 내고 재용접한다.

(3) 결함 부분을 깎아 내고 재용접한다.

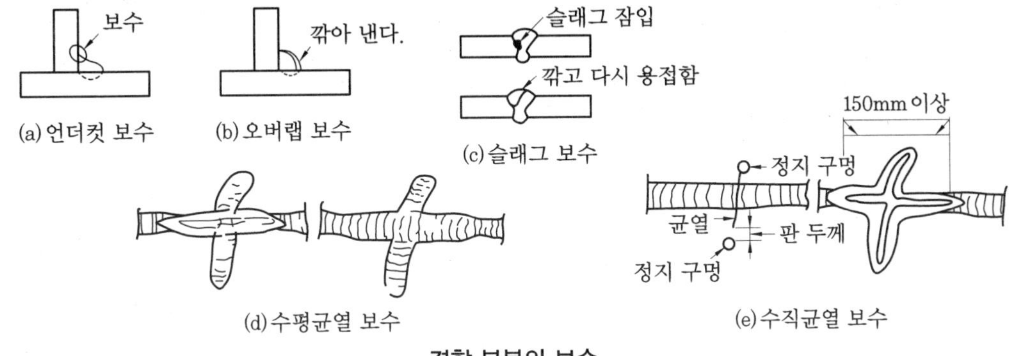

(a) 언더컷 보수 (b) 오버랩 보수 (c) 슬래그 보수 (d) 수평균열 보수 (e) 수직균열 보수

결함 부분의 보수

(4) 균열 보수

균열이 끝난 양쪽 부분에 드릴로 정지 구멍을 뚫고 균열 부분을 깎아 내어 홈을 만들고, 조건이 되면 근처의 용접부도 일부 절단하여 가능한 자유로운 상태로 한 다음, 균열 부분을 재용접한다.

5 보수 용접

기계부품, 차축, 롤러 등에 마모가 발생한 경우 덧살붙임 용접을 하여 재생, 수리하는 것을 보수 용접(repair welding)이라 한다. 이때 용접봉에는 탄소강 계통의 망가니즈강 또는 크로뮴강의 심선이 사용되고 비철합금계 계통의 크로뮴-코발트-텅스텐 용접봉도 사용된다. 덧살올림을 할 때에는 용접봉을 사용하지 않고, 용융금속을 고속기류로 분사시키는 용사법도 있다. 덧살올림 용접방식은 서브머지드 아크용접에서도 많이 이용된다.

6 여러 가지의 용접결함

용접은 짧은 시간에 고온의 열을 사용하는 야금학적 접합법이므로 일정 조건에 이상이 생기면 [그림]과 같은 용접결함이 발생하므로 시공 시에 정확한 작업 조건을 갖추어야 좋은 용접부를 얻을 수 있다.

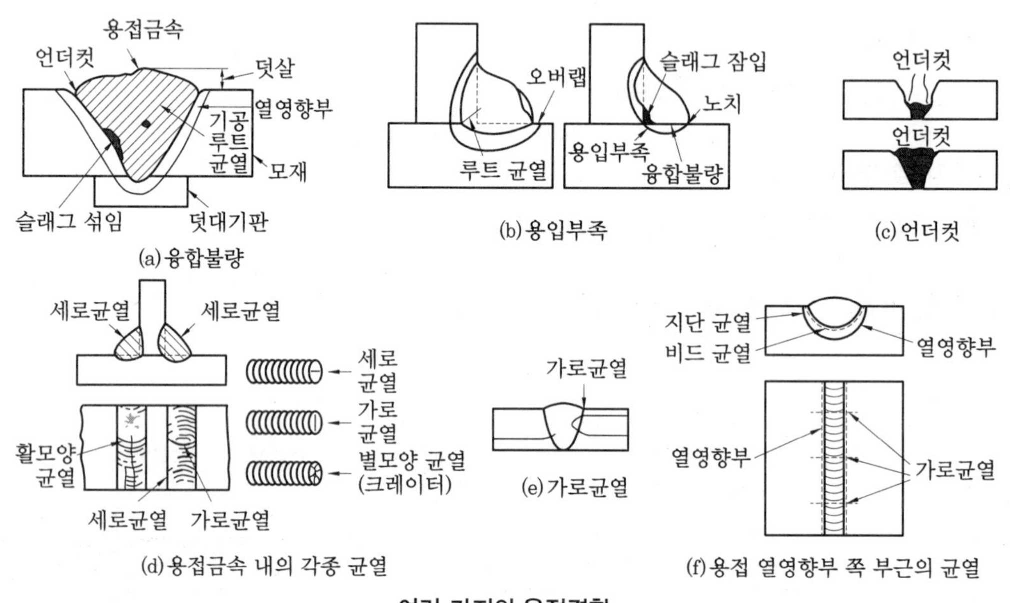

여러 가지의 용접결함

단원 예상문제

1. 주철 보수용접시 균열의 연장을 방지하기 위하여 용접 전에 균열의 끝에 하는 조치로 다음 중 가장 적합한 것은?

① 정지 구멍을 뚫는다. ② 가접을 한다.
③ 직선 비드를 쌓는다. ④ 리베팅을 한다.

해설 주철의 보수용접 시에 균열이 끝난 양쪽 부분에 드릴로 정지 구멍을 뚫고 균열 부분을 깎아 내어 홈을 만들며, 조건이 되면 근처의 용접부도 일부 절단하여 가능한 자유로운 상태로 한 다음, 균열 부분을 재용접한다.

2. 용접 후 언더컷의 결함보수 방법으로 적합한 것은?

① 단면적이 작은 용접봉을 사용하여 보수용접한다.
② 정지 구멍을 뚫어 보수용접한다.
③ 절단하여 다시 용접한다.
④ 해머링하여 준다.

해설 언더컷 결함은 지름이 작은 용접봉으로 보수를 하든가, 균열은 정지구멍을 뚫어 보수하는 방법을 이용한다.

3. 맞대기용접에서 제1층부에 결함이 생겨 밑면 따내기를 하고자 할 때 이용되지 않는 방법은?

① 선삭(turning) ② 핸드 그라인더에 의한 방법
③ 아크 에어 가우징(arc air gouging) ④ 가스 가우징(gas gouging)

해설 맞대기용접에서 제1층 부위에 결함이 생겨 밑면 따내기를 하고자 할 때 사용되는 방법은 아크 에어 가우징, 가스 가우징, 핸드 그라인더(portable electric grinder) 등이 있으며 선삭은 개선 홈을 가공할 때에 사용된다.

정답 1. ① 2. ① 3. ①

2-6 용접 잔류응력

1 잔류응력의 발생 및 영향

용접이음에서는 외력이 작용하지 않아도 용접부의 온도변화로 응력이 발생하며, 특히 냉각 시에 수축응력이 크므로 완전히 실온으로 냉각했을 때는 일정 크기의 응력이 잔류하게 된다. 이 응력을 잔류응력(residual stress)이라 하며 이음형상, 용접입열, 모재의 두께 및 크기, 용착 순서, 외적구속 등의 인자에 크게 영향을 받고, 특히 모재 변형이 거의 없는 후판이나 외적구속이 큰 경우 잔류응력이 커져 이 잔류응력으로 용접부에 균열이 생기기도 한다.

한편 모재가 쉽게 변형되는 박판은 잔류응력은 적지만 대신 용접변형이 커져 실제 제품상 곤란한 문제가 발생한다.

용착부에서는 용접선 방향으로 강하게 수축되는 힘이 용접응고 부분에 의하여 방해를 받고 있으므로 용접선과 직각을 이루는 단면에서는 용착부가 거의 항복응력과 같은 응력에 의하여 용접선 방향으로 되고 있으며 수배인 약 60mm의 영역 중에서 인장응력

이 작용하고 그 양측은 반대로 수축응력이 작용하여 인장응력의 1/4 정도이며 비드의 주변 약 100mm 부분에서는 용접선 방향의 인장응력이 급격히 감소되고 용접선 길이가 약 200mm보다 짧아지면 모재의 구속력이 감소하게 되어 용접선에 접한 인장잔류응력이 항복점보다 낮아진다.

이와 같은 잔류응력으로 인해 후판 구조에서 취성파괴가 발생하고 박판구조에서는 국부좌굴(buckling)이 발생하며 기계부품에서는 사용 중에 서서히 해방되어 변형이 생긴다.

(1) 잔류응력의 측정법

① 측정법의 분류

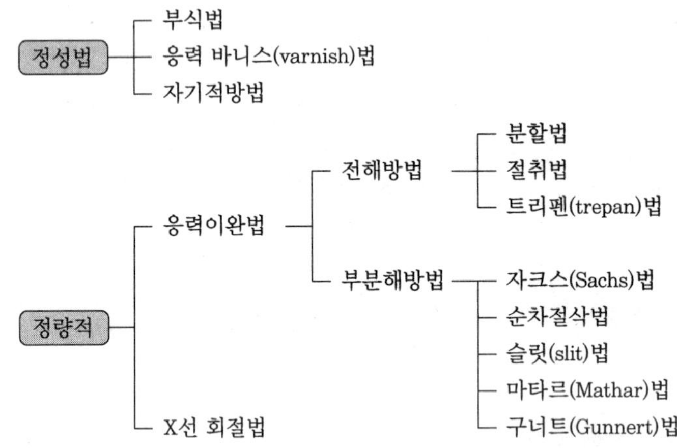

② 응력이완법은 정량적으로 측정하는 X선을 이용하는 경우를 제외하고는 절삭, 천공 등 기계 가공에 의하여 응력 해방을 함으로써 발생하는 탄성 변형을 전기적 또는 기계적변형도기를 써서 측정하며 주로 저항선 스트레인 게이지가 많이 사용된다.

③ X선을 이용해 잔류응력을 측정하면 시험물을 전혀 손상시키지 않고 매우 작은 면적의 응력까지 측정할 수 있으므로 다른 기계적 또는 전기적인 방법에 비해 뛰어나다.

(2) 잔류응력의 영향

잔류응력은 후판의 용접이음에서 항복점에 가까운 값을 나타내고 연강에서는 20~30 kgf/mm^{2}에 이르며 강구조물의 허용응력은 정하중에 대해서 10~14kgf/mm^2 정도이고 동하중에 대해서는 더 작다. 잔류응력은 허용응력보다 훨씬 값이 커지므로 이것이 구조물의 안정성에 미치는 영향이 문제가 된다.

① **정적강도:** 앞에서도 설명했듯이, 재료가 연성이 있어서 파괴되기 전 얼마간에 소성변형이 일어난 경우에는 항복점에 가까운 잔류응력이 남아 있어도 강도에 미치는 영향이 없다.

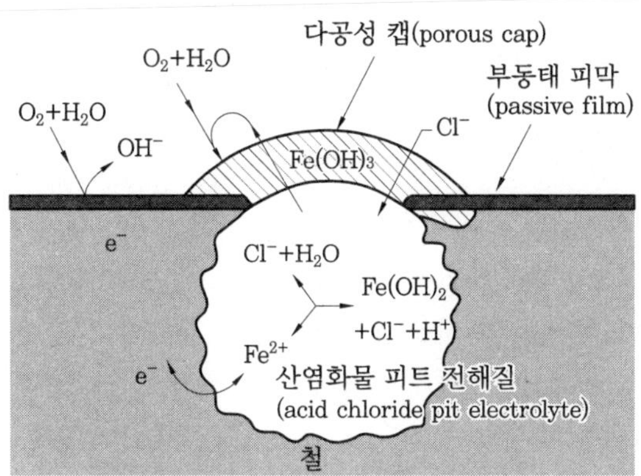

철(Fe) 표면에서 공식이 발생하는 모식도

② **취성파괴:** 모재가 연성이 부족하여 거의 소성변형을 하지 않고 파괴되는 경우에는 잔류응력의 영향이 나타나며, 전단면이 항복하기 전에 파괴가 일어나면 잔류응력이 클수록 작은 하중에서 파괴된다. 유리나 도자기와 같이 경화된 담금질강, 주철 등이 이러한 예에 해당된다.

③ **피로강도:** 잔류응력이 용접이음의 피로강도에 영향을 미치는 여부에 대해서는 아직 확실한 결론이 없는데 이는 실험을 하기가 어렵기 때문이다.

앞에서도 말했지만, 용접부에 균열, 언더컷, 슬래그 혼입 등과 같이 예리한 노치가 형성될 수 있는 용접결함이 존재하고 있을 때는, 응력이 항복점보다 훨씬 작게 작용하여도 피로파괴가 일어나는데, 작은 하중으로는 잔류응력이 별로 줄어들지 않아 결국 잔류응력으로 인한 피로강도가 감소할 가능성이 있다.

응력 제거처리에 의하여 잔류응력이 거의 소멸하는 것은 사실이지만 이와 동시에 용접 열영향부가 연화되어 연성이 증가한다는 야금학적 재질 개선의 효과가 크게 영향을 미치므로 단순히 잔류응력의 존재가 피로강도를 감소시키는 것으로 판단해서는 안 된다.

④ **부식:** 용접부의 잔류응력이 항복점에 가까운 높은 값을 나타내면 인장응력이 존재하여 응력부식의 원인이 될 위험이 크다. 금속재료를 현미경으로 관찰하면 부식되기 쉬운 부분이 있는데 그곳에 침식으로 인한 작은 노치가 형성된다. 이때 재료에 인장응력이 가해지면 이 노치로 응력이 집중되어 선단에 작은 균열이 발생하고 그 균열 끝이 다시 선택적으로 부식되어 어느 정도 약해지면 응력집중에 의해 다시 새로운 균열이 진행되어 응력부식이 생긴다. 이에 영향을 크게 미치는 인자로는 재질, 부식매질, 응력의 크기와 유지시간 및 온도 등이 있다.

응력부식이 생기기 쉬운 재질은 알루미늄 합금, 마그네슘 합금, 구리합금, 오스테나이트계 스테인리스강 및 연강을 들 수 있으며 동, 마그네슘, 아연을 함유하는 알루미늄 합금은 응력부식을 일으키기 쉽다.

(4) 잔류응력의 경감과 완화

① 용접 시공법에 의한 경감

㈎ 용착금속의 양을 가능한 줄일 것

㈏ 적당한 용착법과 용접 순서를 선정할 것

㈐ 적당한 포지셔너(용접지그)를 이용할 것

㈑ 예열을 이용할 것

용착금속의 양을 줄이면 수축과 변형량이 감소되어 잔류응력을 경감시킬 수 있다.

② 잔류응력의 완화

용접시공법에 아무리 주의를 기울여도 잔류응력을 현저하게 낮추기란 어렵다. 따라서 용접 잔류응력을 제거 또는 경감해야 할 때는 용접 후 인위적인 응력제거 방법을 채용하여야 한다. 이에는 용접부를 가열하는 방법 및 기계적 처리의 두 방법이 있다. 구체적 예로는 노내풀림법, 국부 풀림법, 저온응력 완화법, 피닝법 등이 있다(2-5 용접후처리 **2** 응력제거 참조).

참고 응력제거풀림의 효과

① 용접 잔류응력의 제거

② 치수 틀림의 방지

③ 열영향부의 템퍼링 연화

④ 응력부식에 대한 저항력의 증대

⑤ 충격저항 증대

⑥ 용착금속 중의 수소 제거에 의한 연성 증대

⑦ 크리프 강도의 향상

⑧ 강도 증대(석출경화)

단원 예상문제

1. 용접부에 수소가 미치는 영향에 대하여 설명한 것 중 틀린 것은?

① 저온균열 원인

② 언더 비드 크랙(under-bead crack) 발생

③ 은점 발생

④ 슬래그 발생

해설 수소가 용접부 성질에 미치는 영향은 비드밑 균열, 은점, 수소취성, 미세 균열, 선상조직 등이며, 슬래그는 용접부를 보호하기 위해 피복아크 용접봉의 피복제에 여러 가지 성분과 혼합되어 있고, 급랭을 방지하기 위해서 비드 표면에 덮여 있다.

2. **스테인리스강(stainless steel)이나 고장력강의 용접에서 잔류응력에 의해 결정 입계에 따라 발생되는 균열은?**

① 응력부식 균열 ② 재열균열 ③ 횡균열 ④ 종균열

해설 용접에서 발생한 잔류응력으로 응력이 집중되면 재료의 부식이 촉진되는 경우가 많은데 이를 응력부식이라 하고, 이때 발생하는 균열은 응력부식 균열이다.

3. **오스테나이트계 스테인리스강을 용접할 때 고온균열(hot crack)이 발생하기 쉬운 원인이 아닌 것은?**

① 아크길이가 너무 길 때 ② 크레이터 처리를 하지 않았을 때
③ 모재가 오염되어 있을 때 ④ 자유로운 상태에서 용접할 때

해설 오스테나이트계 스테인리스강은 ①, ②, ③항 이외에 구속력이 가해진 상태에서 용접할 때에 고온균열이 쉽게 발생한다.

4. **T이음 등에서 강의 내부에 강판 표면과 평행하게 층상으로 발생되는 균열로 주요 원인은 모재의 비금속개재물인 것은?**

① 재열균열 ② 루트 균열(root crack)
③ 라멜라 테어(lamellar tear) ④ 라미네이션 균열(lamination crack)

해설 라멜라 테어란 필릿 다층용접 이음부 및 십자형 맞대기 이음부와 같이 모재표면에 직각방향으로 강한 인장구속 응력이 형성되는 경우 용접열영향부 및 그 인접부에 모재표면과 평행하게 계단형상으로 발생하는 균열이다.

5. **용접부의 고온균열 원인으로 가장 적합한 것은?**

① 낮은 탄소 함유량 ② 응고 조직의 미세화
③ 모재에 과다 함유된 유황성분 ④ 결정입자 내의 금속간화합물

해설 적열취성(red shortness, 고온취성)
유황(S)이 원인으로 강중에 0.02%만 존재해도 인장강도, 연신율, 충격치 등이 감소한다. FeS은 융점(1193℃)이 낮고 고온에 약하여 900~950℃에서 파괴되어 균열을 발생시킨다.

6. **용접부의 내부결함 중 용착금속의 파단면에 물고기 눈 모양의 은백색 파단면을 나타내는 것은?**

① 피트(pit) ② 은점(fish eye)
③ 슬래그 섞임(slag inclusion) ④ 선상조직(ice flower structure)

해설 용착금속의 파단면에 나타나는 물고기 눈 모양의 결함은 수소가 원인으로 은점과 헤어 크랙(hair crack), 기공의 예가 있다.

7. 용접균열은 고온균열과 저온균열로 구분된다. 크레이터 균열과 비드밑 균열에 대하여 옳게 나타낸 것은?

① 크레이터 균열 – 고온균열, 비드밑 균열 – 고온균열
② 크레이터 균열 – 저온균열, 비드밑 균열 – 저온균열
③ 크레이터 균열 – 저온균열, 비드밑 균열 – 고온균열
④ 크레이터 균열 – 고온균열, 비드밑 균열 – 저온균열

해설 용접균열은 용접을 끝낸 직후 크레이터 부분에 생기는 크레이터 균열, 외부에서 볼 수 없는 비드밑 균열 등이 있으며 크레이터 균열은 고온균열이고, 비드밑 균열은 저온균열이다.

8. 재료의 크리프 변형은 일정 온도의 응력하에서 진행하는 현상이다. 크리프 곡선의 영역에 속하지 않는 것은?

① 강도 크리프 ② 천이 크리프
③ 정상 크리프 ④ 가속 크리프

해설 재료의 인장시험으로부터 얻은 크리프 곡선에서 제1크리프 또는 천이 크리프라고도 부르는 이 구간은 크리프 속도가 시간에 따라 감소한다. 속도가 감소하는 이유는 일정 하중으로 인해 소성변형이 발생함으로써 전위가 형성되어(소성변형이 생기면 무조건 전위가 생성된다. 이는 재료강도학에서 매우 중요한 부분으로, 좀 더 깊이 공부해보길 바란다) 이동하면서 서로 엉켜 가공경화가 발생하기 때문이며, 이는 저온과 저응력에서의 주된 크리프이다.

제2크리프는 크리프 속도가 일정한 구간이기 때문에 정상상태 크리프라고도 부른다. 이 구간에서 크리프 속도가 일정한 이유는 앞서 설명한 소성변형에 의한 가공경화와 전위가 소멸되어 재배열이 균형을 이루기 때문이다. 즉 쉽게 말하면 엉킨 전위만큼 풀려 정상상태를 유지한다는 것이다. 이때의 속도 평균값을 최소 크리프속도라고 하며 크리프 곡선에서 가장 중요한 설계 자료이다.

제3크리프는 가속 크리프라고도 부르며 말 그대로 크리프속도가 빨라지는 구간이다. 그 이유는 국부 수축과 내부공간 형성으로 단면적이 실질적으로 감소했기 때문이다. 고온과 고응력 하에서 발생한다.

9. 용접비드 부근이 특히 잘 부식되는 이유는 무엇인가?

① 과다한 탄소함량 때문에
② 담금질 효과의 발생 때문에
③ 소려효과의 발생 때문에
④ 잔류응력의 증가 때문에

해설 잔류응력이 증가하면 부식과 변형이 발생한다.

10. 재료의 내부에 남아 있는 응력은?

① 좌굴응력 ② 변동응력 ③ 잔류응력 ④ 공칭응력

해설 재료 내부의 잔류응력은 이음형성, 용접입열, 판두께 및 모재의 크기, 용착순서, 용접순서, 외적구속 등의 인자 및 불균일한 가공에 의해 나타나며 이로 인해 박판은 변형을 일으키기도 한다.

11. 필릿용접에서 모재가 용접선과 각을 이루는 경우의 변형은?

① 종수축 ② 좌굴변형 ③ 회전변형 ④ 횡굴곡

해설 횡굴곡, 즉 각변형이란 용접부재에 생기는 가로방향의 굽힘변형을 말하며 필릿용접에서는 수평판의 상부가 오므라드는 것을 가리킨다. 각변형을 줄이기 위해서는 용접층 수를 가능한 적게 한다.

12. 용접에서 수축변형의 종류에 해당되지 않는 것은?

① 횡굴곡 ② 역변형 ③ 종굴곡 ④ 좌굴변형

해설 역변형법은 변형의 크기 및 방향을 예측하여 용접 전에 미리 반대로 변형시키는 변형방지법이며 탄성, 소성역변형의 두 종류가 있다.

13. 용접시 발생하는 각변형의 방지 대책을 잘못 설명한 것은?

① 용접 개선각도는 작업에 지장이 없는 한 작게 한다.
② 구속 지그를 활용하고 속도가 빠른 용접법을 이용한다.
③ 판 두께와 개선현상이 일정할 때 용접봉 지름이 작은 것을 이용하여 패스(pass)의 수를 많게 한다.
④ 역변형의 시공법을 사용하도록 한다.

해설 용접결함 중 각변형이란 용접부재에 생기는 가로방향의 굽힘변형을 말하며 필릿용접에서는 수평판의 상부가 오므라드는 것을 가리킨다. 각변형을 방지하려면 용접층수를 가능한 적게 한다.

14. 용접구조물에서 잔류응력의 영향을 설명한 것 중 잘못된 것은?

① 구속하여 용접을 하면 잔류응력이 감소한다.
② 용접구조물에서 취성파괴의 원인이 된다.
③ 용접구조물에서 응력부식의 원인이 된다.
④ 기계부품에서는 사용 중에 변형이 발생한다.

해설 용접구조물을 용접할 때에 변형을 방지하기 위해 재료를 고정하여 구속을 하면 오히려 잔류응력을 증가시킬 수 있다.

15. 필릿용접 이음의 수축 변형에서 모재가 용접선과 각을 이루는 경우를 각(角) 변형이라고 하는데, 각(角) 변형과 같이 쓰이는 용어는?

① 가로 굽힘 ② 세로 굽힘 ③ 회전 굽힘 ④ 원형 굽힘

해설 각변형은 다른 용어로 횡굴곡이라 한다.

16. 용접이음의 충격강도에서 취성파괴의 일반적인 특징이 아닌 것은?

① 항복점 이하의 평균응력에서도 발생한다.
② 온도가 낮을수록 쉽게 발생한다.
③ 파괴의 기점은 각종 용접결함, 가스절단부 등에서 발생된 예가 많다.
④ 거시적 파면상황은 판 표면에 거의 수평으로 평탄하게 나타나며 연성이 큰 상태에서 파괴된다.

해설 용접이음의 노치에 의한 취성파괴는 노치가 파단되면서 거의 횡(수평)으로 수축하여 연성파면이 생기게 된다.

17. 용접이음의 피로강도는 다음의 어느 것을 넘으면 파괴되는가?

① 연신율 ② 최대하중 ③ 응력의 최댓값 ④ 최소하중

해설 응력의 최댓값을 초과할 때 파괴된다.

18. 오스테나이트계 스테인리스강을 용접할 때, 용접하여 가열한 후 급랭시키는 이유로 가장 적합한 것은?

① 고온 크랙(crack)을 예방하기 위하여
② 기공의 확산을 막기 위하여
③ 용접 표면에 부착한 피복제를 쉽게 털어내기 위하여
④ 입계부식을 방지하기 위하여

해설 오스테나이트 스테인리스강(18-8)을 용접할 때의 주의사항
① 예열하지 않고 층간 온도가 320℃ 이상을 넘지 말아야 한다.
② 낮은 전류로 용접하여 용접입열을 억제하고 짧은 아크길이를 유지한다.
③ 용접봉은 모재와 동일 재질을 사용하며 가능한 가는 것을 사용 후 크레이터 처리를 한다.
④ 용접 후에 급랭으로 입계부식을 방지한다

정답 1. ④ 2. ① 3. ④ 4. ③ 5. ③ 6. ② 7. ④ 8. ① v9. ④ 10. ③ 11. ④ 12. ② 13. ③ 14. ① 15. ① 16. ④ 17. ③ 18. ④

제 3 장 용접 시험 및 검사

3-1 용접 시험

1 용접작업 전에 실시하는 검사

① 용접기기, 부속기구, 보호기구, 지그(jig) 및 고정구 등의 용접설비에 대한 적합성을 검사한다.
② 용접봉의 겉모양과 치수, 용착금속의 성분과 성질, 모재 및 조립한 이음부의 성질, 피복제의 편심률, 특히 작업성(usability) 검사 및 균열시험을 실시한다.
③ 재료의 화학조성, 물리적 성질, 화학적 성질, 기계적 성질, 개재물의 분포, 라미네이션(lamination), 열처리법 등을 검사한다.
④ 홈각도, 루트간격, 이음부의 표면 상태(스케일, 유지 등의 부착, 가접 등) 등을 검사한다.
⑤ 용접조건, 예열 및 후열과 같은 처리 등을 검사한다.
⑥ 용접공의 기량을 확인한다.

2 용접작업 중에 실시하는 검사

① 각 층(용접 비드층)의 융합 상태, 슬래그 섞임, 비드 겉모양, 크레이터의 처리, 변형 상태(모재 외관) 등을 검사한다.
② 용접봉의 건조 상태, 용접전류, 용접순서, 운봉법, 용접자세 등에 주의한다.
③ 예열이 필요한 재료는 예열온도, 층간온도를 점검한다.

3 용접작업 후에 실시하는 검사

후열처리 및 변형교정 작업을 점검하고 균열, 변형, 치수 등을 확인한다.

4 완성 검사

용접구조물 전체의 결함 여부를 조사하는 검사로 시험편(test piece)을 만들기 위해 용접물을 파괴하는 파괴 시험(destructive testing)과 용접물을 파괴하지 않고 결함 유무를 조사하는 비파괴 시험(NDT: non-destructive testing)이 있다.

5 검사법의 분류

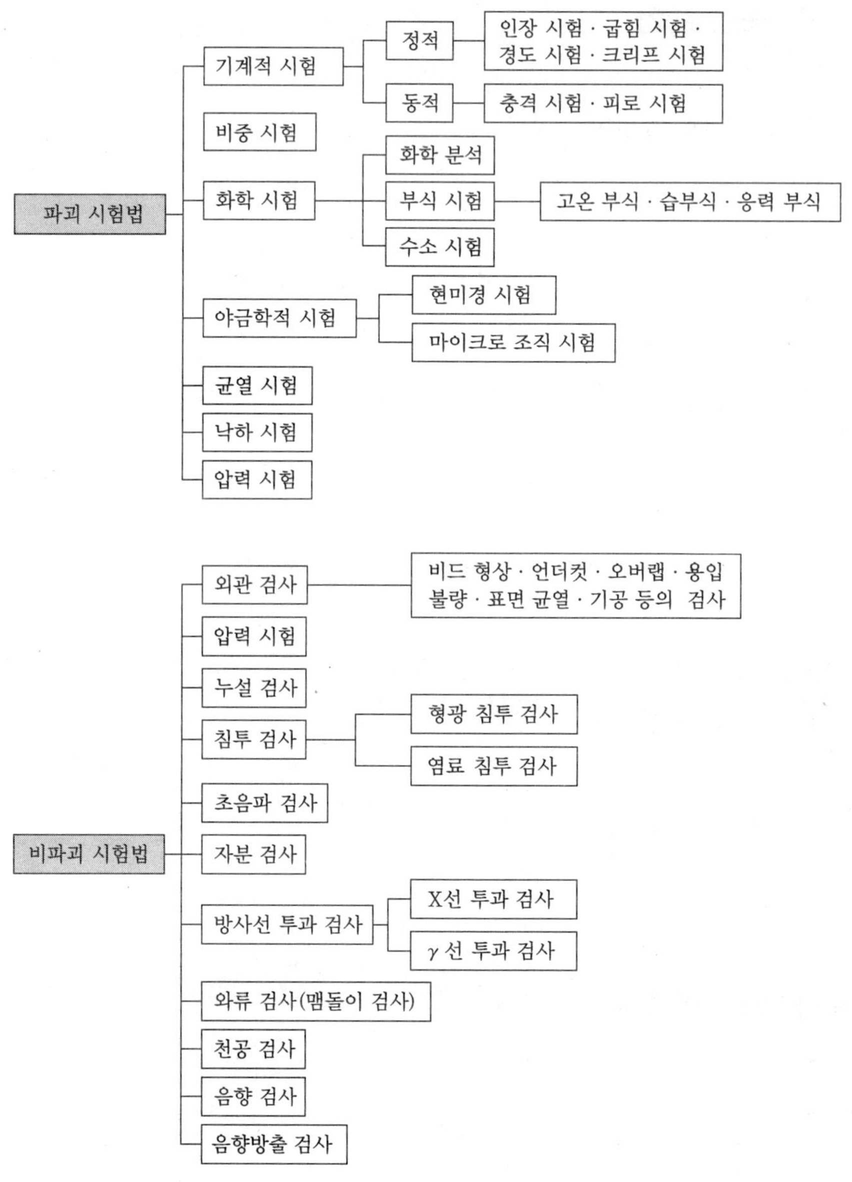

6 용접결함의 종류별 원인 및 검사법

구분	원인	시험과 검사법
수치상 결함	변형	적당한 게이지를 사용한 외관 육안검사
	용접 금속부의 크기 부적당	용접 금속용 게이지를 사용한 육안검사
	용접 금속부의 형상 부적당	용접 금속용 게이지를 사용한 육안검사
구조상 결함	기공	방사선 검사, 전자기 검사, 와류 검사, 초음파 검사, 파단 검사, 현미경 검사, 마이크로 조직 검사
	비금속 또는 슬래그 섞임	현미경 검사, 마이크로 조직 검사
	융합불량	현미경 검사, 마이크로 조직 검사
	용입불량	현미경 검사, 마이크로 조직 검사
	언더컷	외관 육안검사, 방사선 검사, 굽힘시험
	균열	외관 육안검사, 방사선 검사, 초음파 검사, 현미경 검사, 마이크로 조직 검사, 전자기 검사, 침투검사, 형광 검사, 굽힘시험
	표면결함	외관 육안검사, 기타
성질상 결함	인장강도 부족	전용착 금속의 인장시험, 맞대기용접의 인장시험, 필릿용접의 전단 시험, 모재의 인장시험
	항복강도 부족	전용착금속의 인장시험, 맞대기용접의 인장시험, 모재의 인장시험
	연성 부족	전용착금속의 인장시험, 굽힘시험, 모재의 인장시험
	경도 부적당	경도시험
	피로강도 부족	피로시험
	충격에 의한 파괴	충격시험
	화학성분 부적당	화학분석
	내식성 불량	부식시험

단원 예상문제

1. 용접부의 시험 및 검사법의 분류에서 전기, 자기 특성시험은 무슨 시험에 속하는가?

① 기계적 시험　② 물리적 시험
③ 야금학적 시험　④ 용접성 시험

2. 용접부의 검사법 중 비파괴 검사(시험)법에 해당되지 않는 것은?

① 외관검사 ② 침투검사 ③ 화학시험 ④ 방사선 투과시험

해설 화학시험은 파괴시험으로 부식시험, 화학분석, 수소시험이 해당된다.

3. 용접결함의 종류 중 구조상 결함에 속하지 않는 것은?

① 슬래그 섞임 ② 기공 ③ 융합불량 ④ 변형

해설 용접결함의 종류

① 치수상 결함: 변형, 치수 및 형상불량 등
② 구조상 결함: 기공, 슬래그 섞임, 언더컷, 균열, 용입불량 등
③ 성질상 결함: 인장강도의 부족, 연성의 부족, 화학성분의 부적당 등

4. 파괴시험에 해당되는 것은?

① 음향시험 ② 누설시험 ③ 형광 침투시험 ④ 함유수소시험

해설 파괴시험에서 화학시험 종류인 함유수소시험법으로는 글리세린 치환법, 진공 가열법, 확산성 수소량 측정법 등이 있다.

5. 피복아크용접에서 발생한 용접결함 중 구조상의 결함이 아닌 것은?

① 기공 ② 변형 ③ 언더컷 ④ 오버랩

해설 구조상의 결함에는 기공, 비금속 또는 슬래그 섞임, 융합불량, 용입불량, 언더컷, 오버랩, 균열, 표면결함 등이 있으며 변형은 치수상의 결함이다.

정답 1. ② 2. ③ 3. ④ 4. ④ 5. ②

3-2 파괴시험 및 검사

1 용접부의 기계적 시험

(1) 인장시험

인장시험(tensile test)은 시험편에 인장 하중을 가해서 하중과 변형의 관계 등을 조사하여 재료의 비례한도(proportional limit), 탄성한도, 인장강도, 연신율, 항복점, 단면수축률 등을 구하는 재료 시험이다.

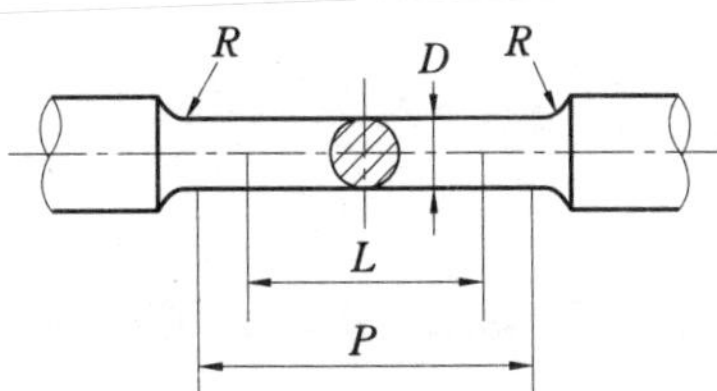

표점거리 $L=50$ mm, 평행 부분의 크기 $P≒60$ mm,
지름 $D=14$ mm, 어깨 부분의 반지름 $R=15$ mm 이상

인장 시험편(원봉형)

① **탄성한도:** [그림]에서 점 B의 하중을 시험편의 원단면적으로 나눈 값이 탄성한도이고 점 B 이하에서는

$$\frac{\text{응력}(\delta)}{\text{연신율}(\varepsilon)}=\text{상수}(E) \qquad ※\text{연신율}=\text{변형률}$$

여기서, 상수 E를 세로탄성률 또는 영률(Young's modulus)이라 한다.

② **응력과 연신율:** 하중 P[kg]을 최초의 단면적 A[mm^2]로 나눈 값을 응력이라 하고 연신율은 표점 사이의 거리 변화를 나타낸다(제1장 용접설계 참조).

③ **인장강도:** [그림]에서 점 E로 표시되는 최대하중(P_{max})을 시험편의 원단면적(A[mm^2])으로 나눈 값을 인장강도(δ_m)라 한다.

$$\sigma M=\frac{P_{max}}{A}\,[\text{kg/mm}^2]$$

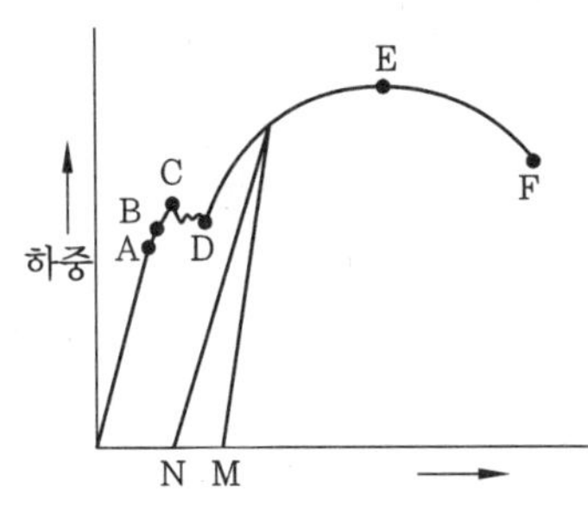

A: 비례한도
B: 탄성한도
ON: 영구변형(소성변형)
C: 항복점(내력 yield point)
E: 최대 인장강도
F: 파단점

하중변형 선도

단원 예상문제

1. 용접부의 인장시험에서 모재의 인장강도가 45 kgf/mm²이고 용접부의 인장강도가 31.5 kgf/mm²로 나타났다면 이 재료의 이음효율은 얼마 정도인가?

① 62 % ② 70 % ③ 78 % ④ 90 %

해설 이음효율 공식에 의해 이음효율$=\frac{\text{용접시험편 인장강도}}{\text{모재 인장강도}}\times 100\%=\frac{31.5}{45}\times 100=70$

2. **용접부 인장시험에서 최초의 길이가 40 mm이고, 인장시험편의 파단 후의 거리가 50 mm일 경우에 변형률 ε는?**

① 10 % ② 15 % ③ 20 % ④ 25 %

해설 재료의 최초 길이를 l, 파단 후의 길이를 k라고 할 때,

변형률$=\frac{k-l}{l}=\frac{50-40}{40}=25\%$

3. **처음길이가 340 mm인 용접재료를 길이방향으로 인장시험 한 결과 390 mm가 되었다. 이 재료의 연신율은 약 몇 %인가?**

① 12.8 ② 14.7 ③ 17.2 ④ 87.2

해설 연신율$=\frac{390-340}{340}\times 100\%=0.147\times 100=14.7$

정답 1. ② 2. ④ 3. ②

(2) 굽힘시험

굽힘시험(bending test)은 모재 및 용접부의 연성, 결함의 유무를 조사하기 위한 방법으로 적정 크기의 시험편에 적당한 지그를 사용하여 굽힘시험을 한다. 굽힘시험 방법으로는 자유굽힘, 형틀굽힘(KS B 0832), 롤러 굽힘(KS B 0835)이 있으며 굽힘에 따라 용접부 표면(이면)에 나타나는 균열의 유무와 크기로 용접부의 상태를 판단하게 된다.

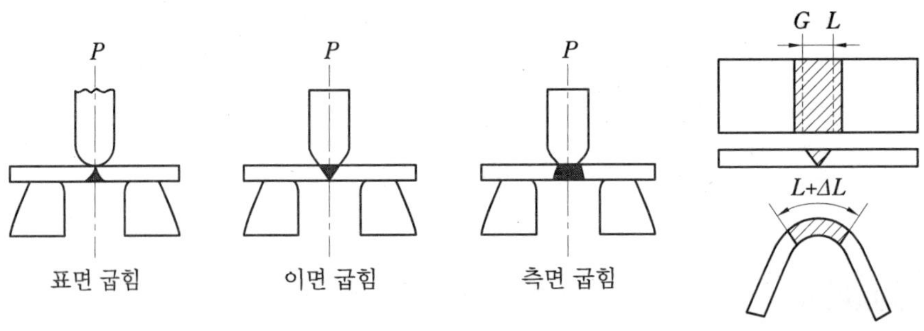

굽힘시험 방법

① **형틀 굽힘시험:** 용접기능검정시험에 출제되고 있는 굽힘방법은 자유굽힘과 형틀굽힘으로 분류되고 다시 표면상태의 조건에 따라 표면 굽힘시험(surface bend test),

이면 굽힘시험(root bend test), 측면 굽힘시험(side bend test) 등으로 나뉜다. 형틀 굽힘시험에서는 시험편을 보통 180° 이내로 굽히며 시험편과 시험형틀의 크기는 다음 그림과 같다.

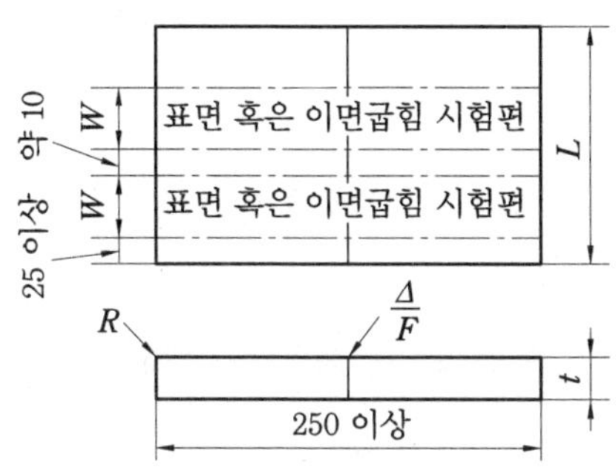

형틀굽힘 시험편

형틀굽힘 시험편의 크기

(단위: mm)

시험편	1호	2호	3호
판 두께(t)	3.0~3.5	5.5~6.5	8.5~9.5
길이(L)	약 150	약 200	약 250
폭(W)	19~38	19~38	19~38
측면라운딩(R)	<0.5	<1.0	<1.5

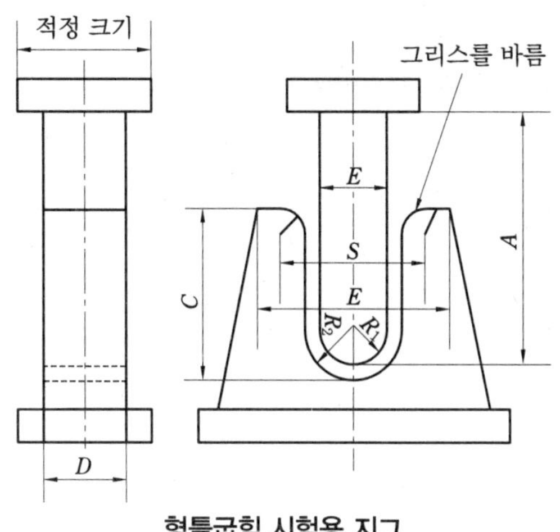

형틀굽힘 시험용 지그

형틀굽힘 시험용 지그의 치수

(단위: mm)

형틀 치수	A1형	A2형	A3형
R	7	13	19
S	38	68	98
A	100	140	170
B	14	26	38
C	60	85	110
D	50	50	50
E	52	94	136
R	12	21	30
사용 시험편	1호	2호	3호

② 롤러 굽힘시험

롤러 굽힘시험(roller bend test)에서는 시험용 지그를 사용하지 않고 판 두께가 3~19 mm인 시험편을 그대로 굽힐 수 있으며 굽힘 방법은 자유굽힘 방법과 같다. 용접금속과 모재의 경도 차이가 너무 크면 시험에 부적합하다.

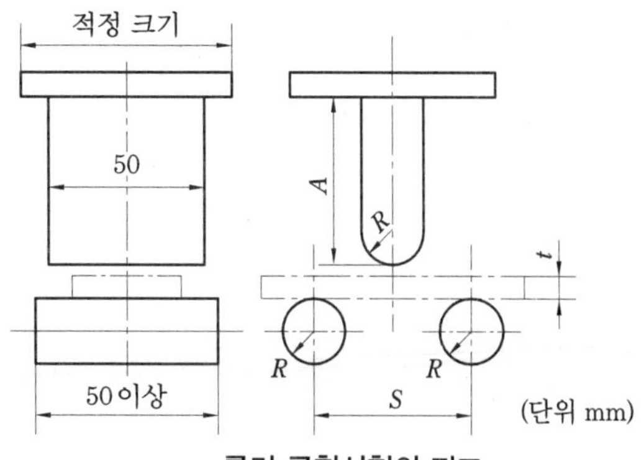

롤러 굽힘시험의 지그

롤러 굽힘시험의 지그 치수

(단위: mm)

기호	R	S	A	굽힘 각도
N−1p	1.5′	$\frac{16}{3}R+3$	$5R+100$ 이상	90°
G−1p	2.0′	$5R+3$	$5R+80$ 이상	90°

단원 예상문제

1. 형틀 굽힘시험은 다음과 같은 시험 방법으로 용접부의 연성과 안전성을 조사하는 것인데, 형틀 굽힘시험의 내용에 해당되지 않는 것은?

① 표면 굽힘시험 ② 이면 굽힘시험 ③ 롤러 굽힘시험 ④ 측면 굽힘시험

해설 파괴시험 중 굽힘시험의 종류로는 표면 굽힘, 이면 굽힘, 측면 굽힘시험 등이 해당된다.

2. 용접부의 연성 결함을 조사하기 위하여 주로 사용되는 시험법은?

① 인장시험 ② 굽힘시험 ③ 피로시험 ④ 충격시험

해설 연성 결함을 조사하기 위하여 파괴시험 중 굽힘시험은 모재 및 용접부의 연성, 결함의 유무를 시험하는 방법으로 표면, 이면, 측면 굽힘시험이 있다.

3. 연강을 인장시험으로 측정할 수 없는 것은?

① 항복점 ② 연신율 ③ 재료의 경도 ④ 단면 수축률

해설 인장시험으로는 항복점, 연신율, 단면 수축률을 측정할 수 있고 경도시험은 브리넬 경도, 로크웰 경도, 비커스 경도, 쇼어 경도 시험 등이 있다.

4. 용착금속의 인장 또는 굽힘시험했을 경우 파단면에 생기며 은백색 파면을 갖는 결함은?

① 기공 ② 크레이터 ③ 오버랩 ④ 은점

해설 굽힘시험을 했을 경우 수소로 인한 헤어 크랙과 생선 눈처럼 은백색으로 빛나는 은점 결함이 생기며 취성파면이다.

정답 1. ③ 2. ② 3. ③ 4. ④

(3) 경도시험

경도란 물체의 기계적인 단단함의 정도를 나타내는 수치로서, 금속의 인장강도에 대한 간단한 척도가 된다. 시험방법으로는 브리넬 경도시험기(Brinell hardness tester),

로크웰 경도시험기(Rockwell hardness tester), 비커스 경도시험기(Vickers hardness tester), 쇼어 경도시험기(Shore hardness tester) 등이 사용된다.

① 브리넬 경도

지름 D[mm]인 강구를 일정한 하중 P(3000, 1000, 750, 500kg)로 시험편 표면에 압입한 다음, 하중을 제거한 후에 강구의 압입 자국의 표면적으로 하중을 나눈 값이며 H_B로 표시한다.

$$H_B = \frac{P}{\pi dt} [\text{kg/mm}^2]$$

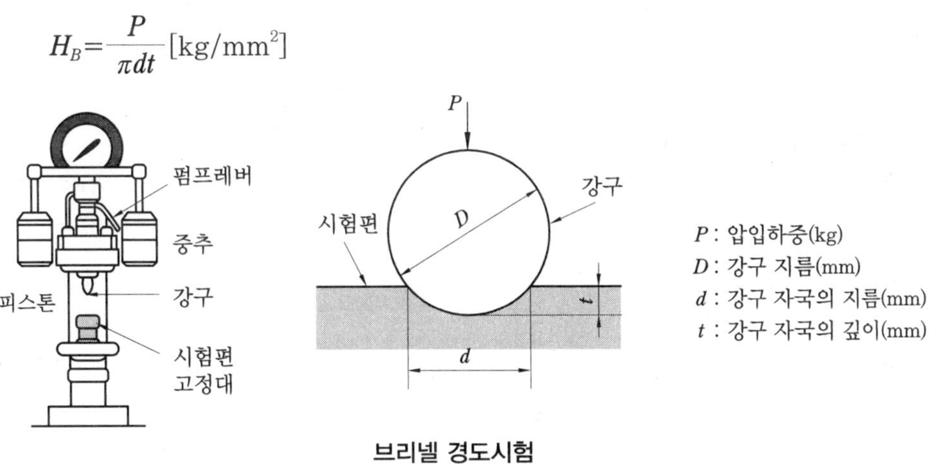

브리넬 경도시험

② 로크웰 경도

로크웰 경도시험은 압입 형태에 따라 B스케일과 C스케일로 구분된다.

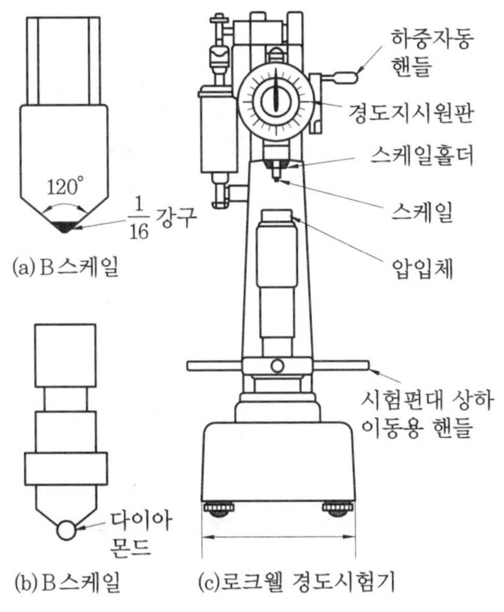

로크웰 경도시험기의 구조

로크웰 경도시험기

㉠ B스케일(H_{RB}): 지름 1,588 mm$\left(\frac{1}{16''}\right)$의 강구를 압입하는 방법으로 연한 재료에 이용되고 시험방법은 기준하중 10 kg을 작용시키고 다시 100 kg을 걸어 놓은 후에 10 kg의 기준하중으로 되돌렸을 때 자국의 깊이를 다이얼게이지로 표시한다.

$$H_{RB} = 130 - 500h \quad h\text{: 압입 깊이(mm)}$$

㉡ C스케일(H_{RC}): 꼭지각 120°의 다이아몬드 원뿔을 압입자로 이용해 굳은 재료의 경도시험에 사용되는 방법으로 시험 하중 150 kg에서 시험한 후 다음 식으로 계산한다.

$$H_{RC} = 100 - 500h \quad h\text{: 압입 깊이(mm)}$$

③ 비커스 경도

꼭지각이 136°인 사각뿔 모양의 다이아몬드 압입자를 사용해 1~120 kg의 하중으로 시험하여 생긴 압입자국을 측정한 후 가해진 하중을 압입자국의 표면적으로 나눈 값을 비커스 경도라고 한다. 브리넬 경도시험에 비해 압입자에 가하는 하중이 매우 작으며 홈 역시 매우 작아 0.025 mm 정도의 박판이나 정밀가공품, 단단한 강(표면경화된 재료) 등에 사용되며 재료가 균질할 때 비커스 경도는 특수한 경우를 제외하고 인장강도의 약 3배 값으로 보아도 상관없다.

$$Hv = \frac{\text{하중(kg)}}{\text{압입자국의 표면적(mm}^2\text{)}} = \frac{2P\sin\frac{\theta}{2}}{d^2} = \frac{1.8544P}{d^2}\,[\text{kg/mm}^2]$$

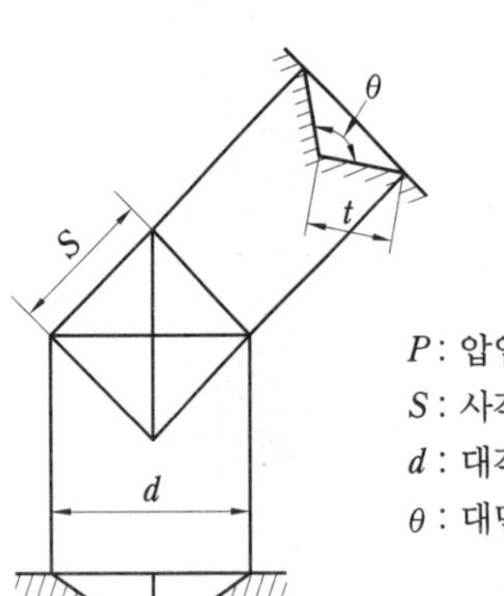

비커스 경도시험기의 자국

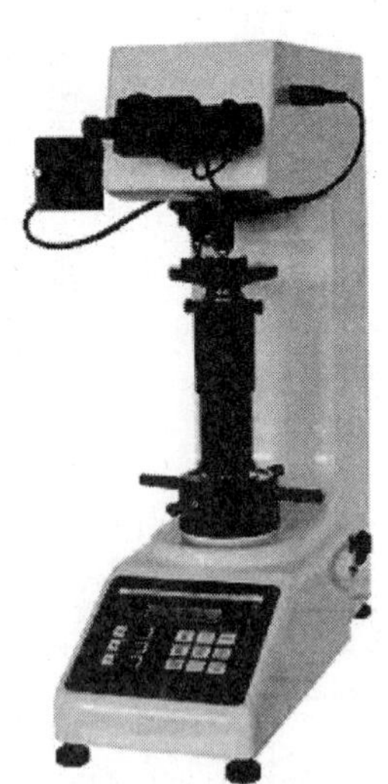

비커스 경도시험기

④ **쇼어 경도**

쇼어 경도는 압입 시험과 달리 작은 다이아몬드(끝단이 둥근)를 선단에 고정시킨 낙하추(2.6g)를 일정한 높이 h_0(25cm)에서 시험편 표면에 낙하시켰을 때 튀어오른 높이 h로 쇼어 경도 H_s를 측정하는 것이며 압입자국이 남지 않아 정밀품의 경도시험에 널리 사용된다. 쇼어 경도계는 다이얼 게이지로 읽는 D형과 육안으로 보는 C형 등이 있다.

$$H_s = \frac{10,000}{65} \times \frac{h}{h_0}$$

⑤ **에코 방식 경도 측정**

에코 방식(echo type)의 경도 측정은 탄화텅스텐(tungsten carbide)으로 된 둥근 테스트팁(test tip)이 장착된 임팩트 보디(impact body)가 충격스프링에 의해 시험편 표면을 때리고 다시 튀어오른다. 이때 충격속도와 반발속도가 정밀하게 측정되는데 이러한 측정은 임팩트 보디 속에 내장된 영구자석이 테스트하는 과정에서 코일 속을 통과하면서 통과속도와 정비례하는 양의 전기전압을 전진하고 후진할 때에 발생시켜 이루어지며 충격 시와 반발 시의 속도로 추출된 측정치는 디지털에 경도값 수치로 나타나며 이 값을 환산표에 따라 환산하여 경도를 측정한다. 측정 범위는 H_B 0~440, H_V 0~940, H_{RC} 20~68 정도이다.

쇼어 경도시험기

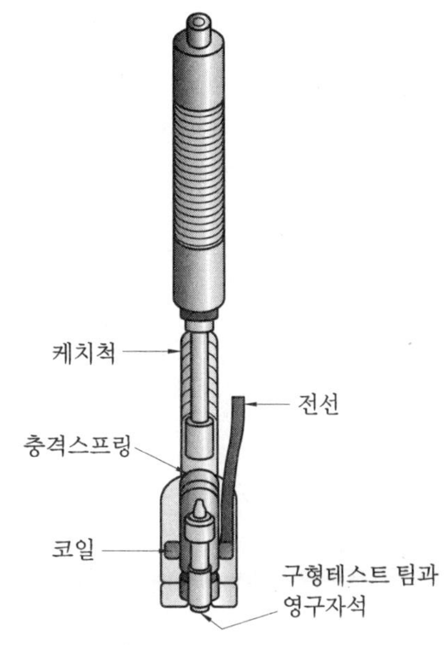

에코 방식의 임팩트 보디

단원 예상문제

1. 약 2.5g의 강구를 25cm 높이에서 낙하시켰을 때 20cm 튀어올랐다면 쇼어 경도(H_S) 값은 약 얼마인가?[단, 계측통은 목측형(C형)이다.]

① 112.4 ② 192.3 ③ 123.1 ④ 154.1

해설 쇼어 경도 $=\dfrac{10000}{65}\times\dfrac{\text{튀어오른 높이}}{25\,\text{mm}}$

$=\dfrac{10000}{65}\times\dfrac{20}{25}=153.8\times0.8=192.25\fallingdotseq192.3$

2. 쇼어 경도(H_S)를 측정할 때 산출 공식으로 맞는 것은?(단, h_0: 해머의 낙하높이, h_1: 해머의 반발높이)

① $H_S=\dfrac{10000}{65}\times\dfrac{h_0}{h_1}$ ② $H_S=\dfrac{65}{10000}\times\dfrac{h_1}{h_0}$

③ $H_S=\dfrac{65}{10000}\times\dfrac{h_0}{h_1}$ ④ $H_S=\dfrac{10000}{65}\times\dfrac{h_1}{h_0}$

해설 쇼어 경도는 압입시험과 달리 작은 다이아몬드를 선단에 고정시킨 낙하추를 일정한 높이에서 시험편에 낙하시킨 후 튀어오른 높이로 측정된다.

3. 작은 강구나 다이아몬드를 붙인 소형 추를 일정한 높이에서 시험편 표면에 낙하시켜 튀어오르는 반발 높이로 경도를 측정하는 시험은?

① 쇼어경도시험 ② 브리넬 경도시험

③ 로크웰 경도시험 ④ 비커스 경도시험

해설 쇼어 경도는 압입시험과 달리 작은 다이아몬드(끝단이 둥근)를 선단에 고정시킨 낙하추(2.6g)를 일정한 높이 h_0(25cm)에서 시험편 표면에 낙하시켰을 때 튀어오른 높이 h로 쇼어 경도 H_s를 측정하는 것으로 압입자국이 남지 않아 정밀품의 경도시험에 널리 사용된다. 쇼어 경도계는 다이얼 게이지로 읽는 D형과 육안으로 보는 C형 등이 있다.

4. 꼭지각이 136°인 사각뿔 모양의 다이아몬드 압입자를 시험하중으로 시험편에 압입한 후 측정하여 환산표에 따라 경도를 표시하는 시험법은?

① 로크웰 경도시험 ② 브리넬 경도시험

③ 비커스 경도시험 ④ 쇼어 경도시험

해설 비커스 경도시험은 꼭지각이 136°인 사각뿔 모양의 다이아몬드 압입자를 1~120kgf의 하중으로 시험편에 압입한 후에 생긴 압입자국의 대각선을 측정하여 미리 계산된 환산표에 따라 경도를 표시한다.

정답 1. ② 2. ④ 3. ① 4. ③

(4) 충격 시험

충격 시험(impact test)은 시험편에 V형 또는 U형 등의 노치를 만들고 충격적으로 하중을 주어서 파단시키는 시험법이다. 이때 시험편이 파괴 없이 충격을 흡수할 수 있는 에너지를 그 재료의 충격값(impact value)이라 하고 충격적인 힘이 작용했을 때 충격에 견디는 질긴 성질을 인성이라고 한다. 파괴되기 쉬운 여린 성질을 메짐 또는 취성이라 하고 인성을 알아보는 방법으로는 보통 시험편을 단순보(simple beam) 상태에서 시험하는 샤르피식(Charpy type)과 내다지보(overhanging beam) 상태에서 시험하는 아이조드식(Izod type)이 있다.

또한 시험편의 파단에 대한 충격 흡수에너지가 클수록 인성이 크고, 작을수록 취성이 큰 재료이며 우리나라에서는 샤르피 충격시험기(KS B 0809에 규정)를 많이 사용하고 있다.

시험편의 흡수에너지 E는 다음 식과 같다.

$$\text{흡수에너지 } E = WR(\cos\beta \times \cos\alpha)[\text{kg} \cdot \text{m}]$$

$$\text{충격값 } U = \frac{WR(\cos\beta \times \cos\alpha)}{A}[\text{kg} \cdot \text{m/cm}^2]$$

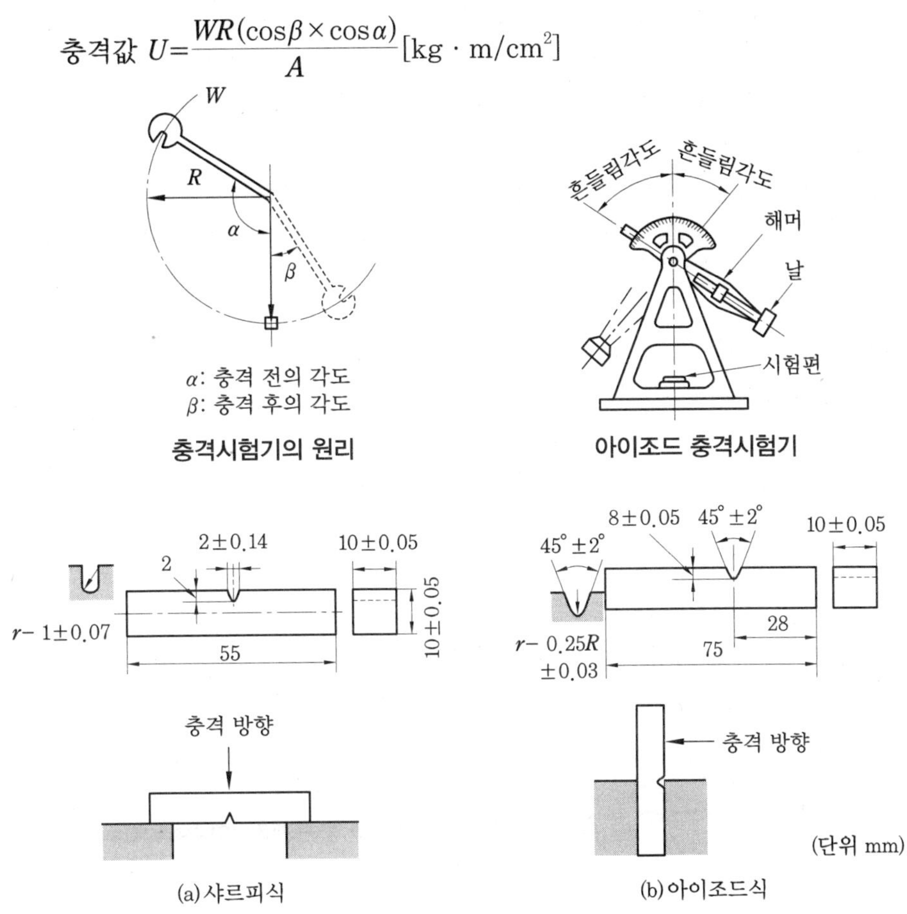

충격시험기의 원리

아이조드 충격시험기

(a) 샤르피식

(b) 아이조드식

충격시험 편 및 규격

(a) 일반 (b) 플라스틱

샤르피 충격시험기 아이조드 충격시험기

단원 예상문제

1. 강의 충격시험 시의 천이온도에 대해 가장 올바르게 설명한 것은?

① 재료가 연성파괴에서 취성파괴로 변화하는 온도 범위를 말한다.
② 충격시험한 시편의 평균온도를 말한다.
③ 시험시편 중 충격값이 가장 크게 나타난 시편의 온도를 말한다.
④ 재료의 저온사용한계 온도이나 각 기계장치 및 재료 규격집에서는 이 온도의 적용을 불허하고 있다.

해설 용접부의 천이온도는 금속재료가 연성파괴에서 취성파괴로 변하는 온도 범위를 말한다. 철강 용접의 천이온도는 최고 가열온도가 400~600℃이며 이 범위는 조직의 변화가 없으나 기계적 성질은 나쁜 곳이다.

2. 용접부의 시험법에서 시험편에 V형 또는 U형 등의 노치(notch)를 만들고, 하중을 주어 파단시키는 시험 방법은?

① 경도시험 ② 인장시험 ③ 굽힘시험 ④ 충격시험

해설 파괴시험법 중 충격시험은 샤르피식[U형 노치에 단순보(수평면)]과 아이조드식[V형 노치에 내다지보(수직면)]이 있고 충격적인 하중을 주어서 파단시키는 시험법으로 흡수에너지가 클수록 인성이 크다.

3. 용착금속의 충격시험에 대한 설명 중 옳은 것은?

① 시험편의 파단에 필요한 흡수 에너지가 크면 클수록 인성이 크다.
② 시험편의 파단에 필요한 흡수 에너지가 작으면 작을수록 인성이 크다.
③ 시험편의 파단에 필요한 흡수 에너지가 크면 클수록 취성이 크다.
④ 시험편의 파단에 필요한 흡수 에너지는 취성과 상관관계가 없다.

정답 1. ① 2. ④ 3. ①

(5) 피로시험

재료의 인장강도 및 항복점으로부터 계산한 안전하중 상태에서도 작은 힘이 지속적으로 반복해 작용하였을 때 재료가 파괴되는 일이 있는데 이와 같은 파괴를 피로파괴(fatigue failure)라 하고, 시험편에 규칙적인 주기를 가지는 교번하중을 걸고 하중의 크기와 파괴가 될 때까지의 되풀이 횟수에 따라 피로강도를 측정하는 것을 피로시험(fatigue test)이라고 한다.

용접이음 시험편에서는 매우 평탄한 끝머리가 나타나기 어려우므로 2×10^6회 내지 2×10^7회 정도에 견디어 내는 최대하중을 구하는 예가 많다.

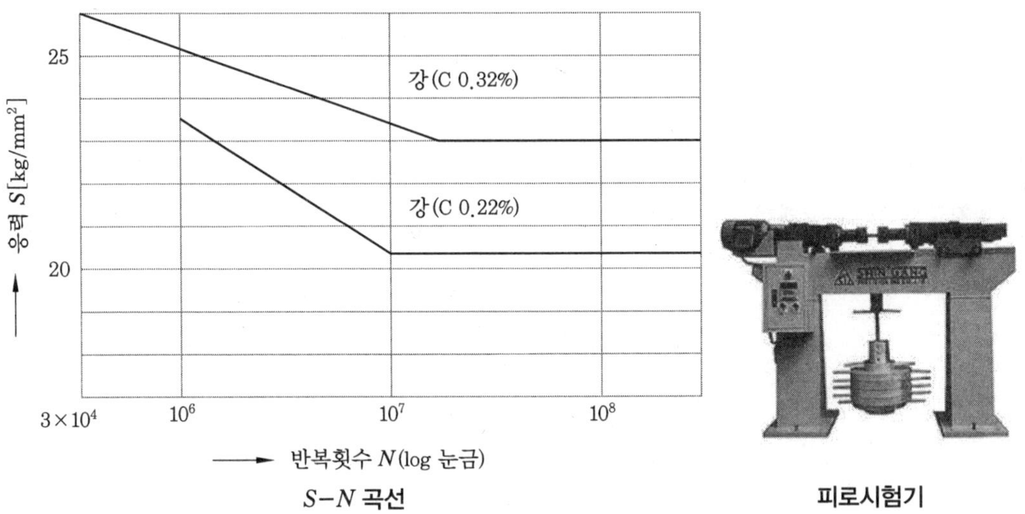

S–N 곡선　　　　피로시험기

단원 예상문제

1. 용접이음의 피로강도는 다음 중 어느 것을 넘으면 파괴되는가?

① 연신율　　② 최대하중　　③ 응력의 최댓값　　④ 최소하중

해설 응력의 최댓값을 초과할 때 파괴된다.

2. 용접이음의 피로강도를 시험할 때 사용되는 S–N 곡선에서 S와 N을 옳게 표시한 항목은?

① S: 스트레인, N: 반복하중　　② S: 응력, N: 반복횟수
③ S: 인장강도, N: 전단강도　　④ S: 비틀림 강도, N: 응력

해설 용접이음의 시험편에서는 매우 평탄한 끝머리가 나타나기 어려우므로 2×10^6회 내지 2×10^7회 정도에 견디는 최대하중을 구하는 수가 있고 곡선에서는 S는 응력 N은 반복횟수를 나타낸다.

정답 1. ③　2. ②

2 용접부의 화학적 시험

(1) 화학분석

모재, 용착금속 등의 금속 또는 합금 중에 함유되어 있는 성분을 알아내기 위해 금속을 분석하는 것으로 시험편으로부터 재료를 채취하여 화학분석을 실시한다.

① 금속 중에 포함된 불순물, 가스조성의 종류, 양, 슬래그, 탄소강의 탄소, 규소망가니즈 등을 시험 대상으로 한다.

② **특징**

㈎ 시료 중에 함유되어 있는 금속의 조성 평균값을 알 수 있다.

㈏ 재료의 금속학적 성질(현미경 조직, 설퍼 프린트 등)을 판단하는 기초 자료이다.

㈐ 시료 중의 조성 분포 상태(편석 등)는 알 수 없다.

(2) 부식 시험

용접물의 부식 상태를 조사하기 위하여 실제 환경과 같거나 비슷한 상태에서 부식액을 사용하여 시험하는 방법이다.

부식 시험의 종류별 시험대상

구분	시험대상
습부식 시험	청수, 해수, 유기산, 무기산, 알칼리에 의한 부식상태 시험
고온부식 시험(건부식)	고온의 증기, 가스에 의한 부식상태 시험
응력부식 시험	응력에 의한 부식상태 시험

(3) 수소 시험

용접부에 용해된 수소는 기공, 비드 균열, 은점, 선상조직 등의 결함을 일으키는 큰 요인이 되므로, 용접방법 또는 용접봉을 이용해 용접금속에 용해되어 있는 수소량을 측정하는 것은 주요한 시험법 중 하나이다. 수소량을 측정하는 방법에는 45℃ 글리세린 치환법과 진공가열법이 있다.

단원 예상문제

1. 용접부의 시험에서 확산성 수소량을 측정하는 방법은?

① 기름치환법 ② 글리세린 치환법 ③ 수분치환법 ④ 충격치환법

해설 용접 파괴시험에서 화학적 시험 중 수소 시험법은 글리세린 치환법, 진공 가열법, 확산성 수소량 측정법 등이 있다.

2. 용접부의 파괴 시험법 중에서 화학적 시험 방법이 아닌 것은?

① 함유수소시험 ② 비중 시험 ③ 화학분석시험 ④ 부식 시험

해설 파괴 시험법 중 화학적 시험의 종류로는 화학분석시험, 부식 시험, 함유수소시험 등이 있으며 비중 시험은 물리적 시험의 종류이다.

3. 용접부 검사법에서 파괴 시험방법 중 기계적 시험 방법이 아닌 것은?

① 인장 시험(tensile test) ② 부식 시험(corrosion test)
③ 굽힘 시험(bending test) ④ 경도 시험(hardness test)

해설 부식 시험은 화학적 시험 방법이며, 용접부가 바닷물, 유기산, 무기산, 알칼리 등과 접촉하여 부식되는 상태를 시험하는 습부식 시험과 고온의 증기, 가스 등과 반응하여 부식되는 건부식(고온부식) 시험, 일정 응력하의 부식 상태를 알 수 있는 응력부식 시험 등이 있다.

정답 **1.** ② **2.** ② **3.** ②

3 용접부의 금속학적 시험

(1) 파면 시험

용착금속이나 모재의 파단면에 나타나는 결정조직, 균열, 슬래그 섞임, 기공, 선상조직, 은점 등을 육안으로 관찰하는 검사 방법이다.

① 인장, 파면, 충격시험편의 파면, 모서리 용접 또는 필릿용접의 파면 등을 시험 대상으로 한다.

② **파면색채 판정법:** 결정의 파면은 보통 은백색을 나타내는데 여기에 빛을 띠면 취성 파면이고 쥐색에 조직이 치밀하면 연성 파면이다.

(2) 매크로조직 시험

용접부에서 용입의 상태, 다층용접시 각층의 양상, 열영향부의 범위, 결함 유무 등을 알기 위해 용접부 단면을 연삭기나 샌드페이퍼(sand paper) 등으로 연마하고, 적당한 매크로 에칭(macro-etching)을 해서 육안 또는 저배율 확대경으로 관찰하는 것이며, 에칭을 한 다음 부식성 액체를 사용하므로 곧바로 물로 세척하고 건조시켜 시험한다.

(3) 현미경 시험

샌드페이퍼로 연마한 시험편은 그 위에 연마포로 충분히 매끈하게 광택, 연마한 다음 적당한 부식액으로 부식시키고, 50~200배의 광학현미경으로 조직이나 미소결함 등을 관찰하며, 또 2000배 이상의 전자현미경으로 조직을 정밀 관찰할 수도 있다.

단원 예상문제

1. 용접부 시험에는 파과 시험과 비파괴 시험이 있다. 파괴시험 중에서 야금학적 시험 방법이 아닌 것은?

① 파면 시험 ② 물성 시험
③ 매크로 시험 ④ 현미경 조직시험

해설 파괴 시험에서 야금학적 시험법에 속하는 것은 육안조직 시험, 현미경 조직시험, 파면 시험, 설퍼 프린트 시험 등이며 물성 시험은 물리적 시험이다.

정답 1. ②

4 용접성 시험

(1) 용접균열 시험

① **T형 용접균열 시험:** 연강, 고장력강, 스테인리스강 용접봉의 고온균열을 조사할 때 사용되며 T이음의 한쪽을 필릿용접으로 구속한 후 반대 측에 시험 비드를 놓고 균열의 정도를 조사하는 방법이다.

② **겹치기이음 용접균열 시험:** CTS(controlled thermal severity 영국 코트렐) 시험이라고도 하며 시험재에서 6개의 시험편을 채취하여 연마한 뒤에 현미경으로 단면 내 균열의 유무 등을 조사하는 시험이며, 저합금재의 열영향부와 연강용 저수소계 용접봉 및 고장력강 용접봉의 용착금속 균열의 강도 등을 조사한다.

③ **슬릿형 용접균열 시험:** 시험재에 가스절단이나 기계절삭으로 Y형 홈을 만들고 이 슬릿(slit)에 시험 비드를 놓은 뒤 일정 시간이 경과하고 나서 균열의 유무나 길이를 조사하는 시험이며, 시험편은 원칙으로는 SB41 또는 이에 상당하는 강재를 사용하도록 규정되어 있고 슬릿이 비스듬하여 루트에 응력집중이 큰 매우 민감한 시험이다.

④ **환봉형 용접균열 시험(KS B 0860):** 연강 용접봉을 대상으로 한 시험이며, 환봉형 시험편을 용접으로 구속한 뒤 중앙부에 아래보기 자세로 비드를 놓고 비드에 발생하는 균열의 정도로 균열 감도를 비교한다.

⑤ **C형 지그 구속 맞대기용접 균열시험:** 시험편을 볼트로 고정하고 4곳에 시험 비드를 형성한 뒤 냉각시켜 용접부를 접어 파단해 그 파단면에서 균열 여부를 조사하는 시험이며, 용착금속의 고온균열의 경향을 알아내는 데 사용하고 시험 재료로는 연강, 스테인리스강, 비철 합금용 용접봉 등을 들 수 있다.

⑥ **기타 용접균열 시험**

(가) 리하이형 구속 균열시험(lehigh type cracking test): 맞대기용접 균열시험법, 용접

봉 시험에 이용되는 저온균열 시험법이다.

(나) 피스코 균열시험(Fisco cracking test): 스위스 슈나트에서 시작된 고온균열 시험법으로 맞대기 구속균열시험법이다.

(다) CTS 균열시험(영국의 코트렐): 겹치기이음의 비드밑 균열시험(열적구속도 균열시험)이다.

(라) 바텔 비드밑 균열시험(Battelle underbead cracking test)

※ 구머너트법: 국제용접학회에서 권장하는 응력 측정법이다.

(2) 용접부의 연성 시험

① **용접부의 최고 경도시험:** 용접 열영향부가 경화되는 정도를 조사하는 경도시험 방법으로 용접모재로부터 채취한 시험편을 경도시험기로 측정하여 최고 경도를 구한다. 이 최고 경도는 용접조건을 설정하는 데 중요한 요소의 하나로 가령 용접시의 예열과 후열의 필요성을 결정하는 데 사용된다.(KS B 0893)

② **용접비드의 굽힘시험:** 코머렐 시험(kommerell bend test, 오스트리아 시험)이라고도 하며 시험편을 굽혀 용접금속이나 열영향부에 발생하는 균열 상태 등으로 연성을 비교하는 시험 방법이다. 균열발생 시의 굽힘 각도가 중요하며 시험온도가 낮을수록 이 각도는 작다.(KS B 0861)

③ **용접비드의 노치 굽힘시험:** 킨젤 시험(Kinzel test)이라고도 하며 시험편으로 굽힘을 행하여 연성 및 균열의 전파를 조사하는 시험이며, 용접한 모재를 그대로 시험할 수 있는 장점이 있다.(KS B 0862)

④ **T형 필릿용접의 굽힘시험:** 시험재로부터 채취한 시험편(KS B 0844)을 규정에 따라 지그로 일정 각도까지 굽혀 굽힘에 필요한 최대하중과 균열 등으로 시험재나 용접부의 적정 여부를 조사하는 방법이며 만일 파단했을 때는 파단 시의 굽힘 각도로 연성의 상태를 평가한다.

⑤ **용접 열영향부의 연성 시험**

(가) 재현 열열향부 시험: 환봉 형태의 시험편을 실제 아크용접으로 열영향부가 받는 가열 및 냉각의 열 사이클과 같이 조작할 수 있는 장치 내에서 열처리하여 인장시험을 실시해 열영향부의 기계적 성질을 알아내는 시험이다.

(나) 연속 냉각 변태 시험: 시험편을 일정 온도까지 급속히 가열한 후 다양한 속도로 냉각하여 생성과 종료온도를 구하고 실온에서 경도와 조직시험 및 굽힘시험을 하는 방법으로 CCT(continuous cooling transformation) 곡선을 작성하기 위하여 실행하는 시험이다. 이 방법으로는 저합금강의 용접 열영향부의 연성을 쉽게 조사할 수 있다.

(3) 용접 취성 검사

① **용접부의 노치 충격시험(KS B 0865):** 용접부의 충격값, 연성 파면율을 조사하여 용접성을 판단하는 시험으로 샤르피 충격시험기를 사용하며 시험편의 노치는 V형으로 한정되어 있다.

② **로버트슨 시험(Robertson test):** 시험편의 좌측 노치부를 액체 질소로 냉각하고 우측을 가열(가스불꽃)하여 거의 직선적인 온도 기울기를 부여해 시험편 양단에 하중을 건 채로 노치부에 충격을 가하여 균열을 발생시킨다. 이 균열 시험법은 시험편에 전파되는 균열의 정지 온도를 구하여 취성 균열의 정지 온도를 정하고 각각의 인장응력에 따른 온도를 알아내는 시험이다. 일정 응력점에 도달하여 더 이상의 응력을 가해도 균열이 정지하는 한계의 온도를 로버트슨 시험의 천이온도라고 하며, 이 온도 이상으로 사용할 때는 취성파괴를 피할 수 있다.

③ **칸 인렬시험(Kahn tear test, Kahn 引裂試驗):** 노치를 만들 시험편을 종이 찢듯 찢어서 파면 상태를 조사해 파면의 천이온도를 구하는 시험 방법이며, 일명 미해군 찢기 시험이라고도 한다.

④ **밴더 빈 시험(Vander Veen test):** 노치 굽힘시험의 일종으로 유럽에서 처음 시작되었으며 판 측면에 프레스 노치(press notch)를 붙여 굽힘시험을 한다. 최대하중일 때 시험편 중앙 부위의 최대 6mm 지점을 연성 천이온도라 하고 연성파면 길이 32mm의 온도를 파면 천이온도(fracture transition temperature)라 한다.

⑤ **티퍼 시험(Tipper test):** 영국에서 처음 시작된 시험으로 양면에 V노치가 붙은 시험편을 여러 저온에서 정적 하중을 가하여 인장 파단시켜 천이온도를 구하는 방법이다. 연강 용접선에서는 취성파괴가 티퍼 시험의 천이온도보다 낮은 온도에서 일어나기 어렵다.

⑥ **에소 시험(Esso test):** 시험편을 균일한 온도로 유지하고 인장응력(설계응력)을 가한 상태로 쐐기를 때려 취성균열을 유발하여 이것을 여러 온도에 적용해 천이온도를 구하는 방법으로 균열이 정지하는 온도는 그 강재의 설계응력에 허용되는 최저 온도이다.

⑦ **이중 인장시험:** 취성균열의 전파 장치의 천이온도를 구하는 시험이며, 전파부에 소정의 인장하중을 가한 상태에서 저온으로 냉각한 균열 발생부를 다른 장치로 잡아당겨 이 부분에서 발생한 균열을 전파부로 전한다. 이와 같은 상황에서 전파된 균열이 어느 부분에서 정지하는지를 조사하여 그 부분의 온도와 인장응력의 관계를 구하여 강재의 성질을 알아낸다.

⑧ **기타 용접취성 시험**

㈎ 낙하 시험: 추를 시험편에 낙하시켜 시험편이 취성파괴를 일으키는 굽힘 각도 및 한계 온도를 조사하는 방법이다.

(나) 폭파 시험: 화약의 폭발력으로 시험편을 파괴하여 균열의 발생과 전파 상태를 조사하는 방법이다.

(다) 대형 인장용접 시험: 시험편 용접에 의해 잔류응력과 인공 노치를 시험편에 만들어 놓고 용접의 열영향에 의한 취화와 잔류응력과의 효과를 정적 인장하중을 가하는 것으로 취성 균열을 발생시켜 전파하는 시험이다. 응력제거풀림 등의 효과를 조사할 때도 사용되며 실제 구조물에서 볼 수 있는 취성파괴의 발생 조건을 잘 재현하고 있다.

단원 예상문제

1. 용접사에 의해 발생될 수 있는 결함이 아닌 것은?

① 용입불량 ② 스패터 ③ 라미네이션 ④ 언더필

해설 라미네이션(lamination) 균열은 모재의 재질결함으로 설퍼 밴드와 같이 층상으로 편재되어 있고 내부에 노치를 형성하여 두께 방향의 강도를 감소시킨다. 층간 박리(delamination)는 응력이 걸려 라미네이션이 갈라지는 것을 말하며 방지 방법으로는 킬드강이나 세미킬드강을 이용하여야 한다.

2. 다음 중 균열이 가장 많이 발생할 수 있는 용접이음은?

① 십자이음 ② 응력제거풀림 ③ 피닝법 ④ 냉각법

해설 용접이음 부분이 많을수록 열의 냉각이 빨라 균열이 쉽게 생긴다.

3. 용접균열은 고온균열과 저온균열로 구분된다. 크레이터 균열과 비드밑 균열에 대하여 옳게 나타낸 것은?

① 크레이터 균열 – 고온균열, 비드밑 균열 – 고온균열
② 크레이터 균열 – 저온균열, 비드밑 균열 – 저온균열
③ 크레이터 균열 – 저온균열, 비드밑 균열 – 고온균열
④ 크레이터 균열 – 고온균열, 비드밑 균열 – 저온균열

해설 용접균열에는 용접을 끝낸 직후 크레이터 부분에 생기는 크레이터 균열, 외부에서는 볼 수 없는 비드밑 균열 등이 있고, 크레이터 균열은 고온균열이고 비드밑 균열은 저온균열이다.

4. 용접변형의 종류에 해당되지 않는 것은?

① 좌굴변형 ② 연성변형 ③ 비틀림 변형 ④ 회전변형

해설 용접변형(welding distortion)의 종류 중 면내의 수축 변형에는 수축 변형(가로방향 수축, 세로방향 수축)과 회전변형이 있고, 면 외의 디프렉션(deflection) 변형에는 굽힘 변형[가로방향 굽힘 변형(각변형), 세로방향 굽힘 변형]과 좌굴변형, 비트림 변형 등이 있다.

5. **다음 중 용접 균열성 시험이 아닌 것은?**

① 리하이 구속 시험 ② 휘스코 시험 ③ CTS 시험 ④ 코머렐 시험

해설 코머렐 시험은 용접연성시험법의 종류이며 세로비드 굽힘시험으로서 매우 중요하다. 일명 오스트리아 시험(Austrian test)이라고도 한다. 구조용 강재의 시험편은 굽힘에 수반하여 용접금속 또는 열영향부에 균열이 발생한다.

6. **용접부의 피로강도 향상법으로 맞는 것은?**

① 덧붙이 크기를 가능한 최소화한다.
② 기계적 방법으로 잔류응력을 강화한다.
③ 응력 집중부에 용접 이음부를 설계한다.
④ 야금적 변태에 따라 기계적인 강도를 낮춘다.

해설 용접부의 피로강도 향상법
① 냉간가공 또는 야금적 변태 등에 의해 기계적 강도를 높일 것
② 표면가공 또는 표면처리, 다듬질 등에 의해 당면이 급변하는 부분을 피할 것
③ 열처리 또는 기계적 방법으로 용접부의 잔류응력을 완화시킬 것
④ 응력 집중부에는 가능한 용접부가 위치하는 것을 피할 것
⑤ 국부 항복법 등에 의해 외력과 반대 방향 부호의 응력을 잔류시켜야 한다.

7. **용접성 시험 중 용접부 연성시험에 해당하는 것은?**

① 로버트슨 시험 ② 칸 인렬시험 ③ 킨젤 시험 ④ 슈나트 시험

해설 용접 연성시험에는 코머렐 시험, 킨젤 시험, T굽힘시험, 재현열영향부 시험, 연속냉각변태 시험, HW최고경도 시험 등이 있다.

8. **용접부 잔류응력 측정 방법 중에서 응력 이완법에 대한 설명으로 옳은 것은?**

① 초음파 탐상시험 장치로 응력 측정을 한다.
② 와류 실험장치로 응력 측정을 한다.
③ 만능 인장시험 장치로 응력 측정을 한다.
④ 저항선 스트레인 게이지로 응력 측정을 한다.

해설 최근 잔류응력 측정법은 800℃ 정도의 고온까지 응력을 측정할 수 있는 변형도계가 발달하였으며 정석 방법(부식법, 응력 와니스법, 자기적 방법)과 정량적 방법이 있고, 저항선 스트레인 게이지로 응력을 측정한다.

9. **용착금속 내부에 균열이 발생되었을 때 방사선투과검사 필름에 나타나는 것은?**

① 검은 반점 ② 날카로운 검은 선 ③ 흰색 ④ 검출이 안 됨

해설 균열에 대한 방사선 투과검사 결과는 그 파면이 투과 방향과 거의 평행할 때는 필름상에 날카로운 검은 선으로 밝게 보이나 직각일 때에는 거의 알 수 없다.

정답 1. ③ 2. ① 3. ④ 4. ② 5. ④ 6. ① 7. ③ 8. ④ 9. ②

3-3 비파괴 시험 및 검사(non-destructive test and inspection)

1 외관시험(육안시험, VT: visual test)

용접부의 상태를 외관에 나타나는 비드의 형상에 의하여 육안으로 관찰하는 검사법이며 간편하여 널리 사용되고 있다. 비드 외관, 비드의 폭 및 높이, 용입, 언더컷, 오버랩, 표면균열 등을 관찰한다.

2 누설시험(누수시험, LT: leak test)

탱크, 용기 등의 기밀, 수밀, 유밀을 요구하는 제품에 정수압 또는 공기압을 가해 누수 유무를 확인하는 방법이며, 특수한 경우 할로겐가스, 헬륨가스를 사용하기도 한다.

3 침투 탐상시험(PT: penetrant test)

제품의 표면에 발생된 미세균열이나 작은 구멍을 검출하기 위해 여기에 침투액을 표면 장력의 작용으로 침투시킨 후에 세척액으로 세척한 다음 현상액을 사용하여 결함부로 스며든 침투액을 표면에 나타나게 하는 방법이다.

(1) 형광 침투 검사(fluorescent penetrate inspection)

형광 침투액은 표면장력이 작으므로 미세한 균열이나 작은 구멍의 흠집에 잘 침투시킨 후 약 30분이 경과한 다음에 표면을 세척하고 탄산칼슘, 규사 가루, 산화마그네슘, 알루미나 등의 혼합분말 또는 알코올에 녹인 현탁 현상액을 사용하여 형광물질을 표면으로 노출시킨 후 초고압 수은등(black light)으로 검사한다.

○ 검사 순서

형광침투액 침투 → 물 세척 → 현상액 침투 (최소 30분) → 예비청정 → 건조 → 검사(초고압 수은등)

(2) 염료 침투 검사(dye penetrant inspection)

형광염료 대신 적색 염료를 이용한 침투액을 사용하며 일반 전등이나 햇빛 아래에서도 검사가 가능하고 방법이 간단하여 현장 검사에 널리 사용되고 있다.

○ **검사 순서(스프레이 염료통 사용)**

세척액으로 표면의 오염물을 제거한다. → 침투액을 도포한 후 5~20분간 방치한다. → 세척액으로 표면의 침투액을 세척한다. → 현상액을 표면에 균일하게 도포한다. → 현상액을 건조시켜 결함을 검출한다.

단원 예상문제

1. 탱크나 용기의 용접부에 기밀 · 수밀을 검사하는 데 가장 적합한 검사 방법은?

① 외관검사 ② 누설검사 ③ 침투검사 ④ 초음파 검사

해설 용접부의 검사 중 누설검사(LT)는 기밀, 수밀, 유밀 및 일정한 압력을 요하는 제품에 이용하는 검사이며, 주로 수압, 공압을 사용하나 때로는 할로겐, 헬륨가스 및 화학적 지시약을 사용하기도 한다.

2. 모세관 현상을 이용하여 표면 결함을 검사하는 방법은?

① 육안검사 ② 침투검사 ③ 자분검사 ④ 전자기적 검사

해설 모세관 현상을 이용하여 표면 결함을 검사하는 방법으로는 표면에 침투액을 뿌려 침투시킨 후 형광을 이용한 침투액을 뿌려서 결함을 나타내는 침투검사가 있다.

정답 1. ② 2. ②

4 초음파 탐상시험(UT: ultrasonic test)

사람이 실제 귀로 들을 수 없는 짧은 파장의 초음파(0.5~15MHz)를 검사물 내부에 침입시켜 내부 결함이나 불균일층의 존재를 전파 상태로 나타냄으로써 검사가 이루어지는 방법이다.

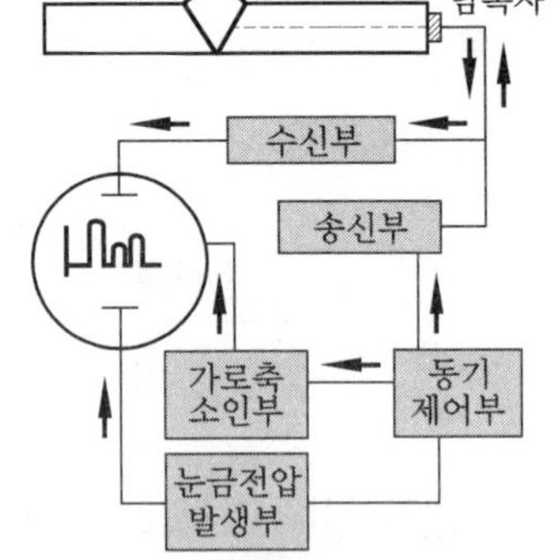

초음파 탐상기의 원리

(1) 초음파의 속도

① 공기: 약 330m/s

② 물속: 약 1500m/s

③ 강: 약 6000m/s

(2) 초음파의 강중에 침투조건

① 강의 표면이 매끈하여야 한다.

② 초음파 발진자와 강 표면 사이에 물, 기름, 글리세린 등을 넣어서 발진자를 강 표면에 밀착시킨다.

(3) 탐촉자(probe)의 종류

① **2탐촉자법:** 입사탐촉자와 수파탐촉자가 분리된 2개로 사용

② **1탐촉자법:** 입사탐촉자와 수파탐촉자가 겸용인 1개로 사용

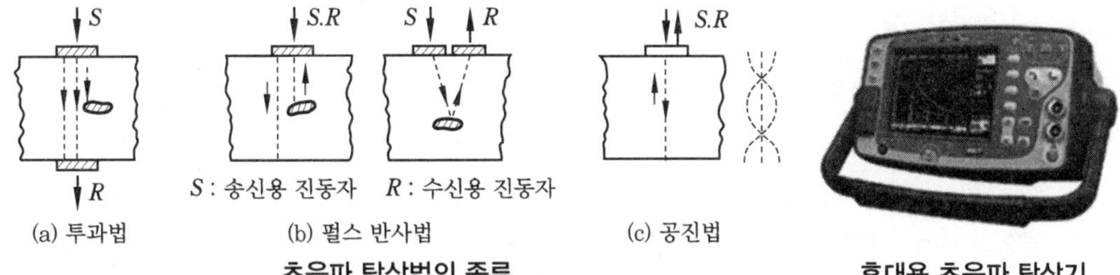

초음파 탐상법의 종류

휴대용 초음파 탐상기

(4) 초음파 검사법의 종류

① **펄스 반사법**(pulse reflection method): 지속 시간이 0.5~5[μs] 정도인 초음파 펄스(pulse)를 탐촉자를 통해 물체의 한 면에 입사시켜 다른 단면 및 내부 결함에서 방출되는 반사파를 수신해 브라운관으로 관찰하는 방법이다. 초음파의 입사각도에 따라 수직 탐상법과 사각 탐상법으로 분류되며 일반적으로 많이 사용되는 방법이다.

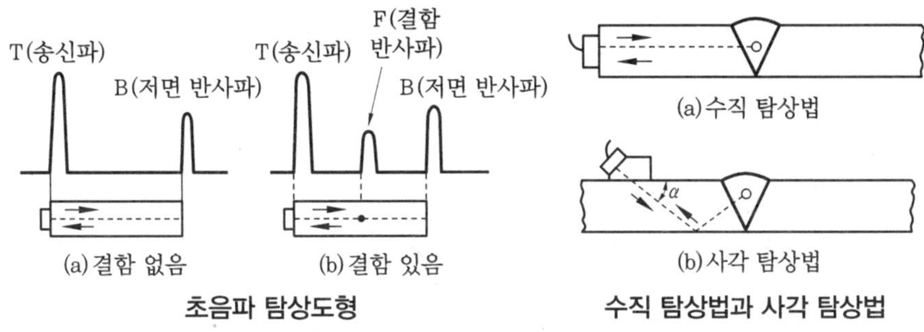

초음파 탐상도형

수직 탐상법과 사각 탐상법

② **투과법**(transmission method): 시험물에 초음파의 연속파 또는 펄스를 송신하고 뒷면에서 이를 수신하며 내부에 결함이 있을 때 초음파가 산란되어 그 세기로 검출하는 방법이다.

③ **공진법**(resonance method): 시험물에 송신하는 초음파를 연속적으로 교환시켜 반파장의 정수가 판 두께와 동일해질 때 송신파와 반사파가 공진하여 정상파가 되는 원리를 이용한 것으로서 판두께 측정, 부식 정도, 내부 결함, 라미네이션 등을 검사할 수 있다.

단원 예상문제

1. 초음파 탐상법 중 가장 많이 사용되는 검사법은?

① 투과법 ② 펄스 반사법
③ 공진법 ④ 자기검사법

해설 초음파 검사는 0.5~15 MHz의 초음파를 물체 내부에 침투시켜 내부의 결함, 불균일층의 유무를 알아내는 검사로 투과법, 펄스 반사법, 공진법이 있으며 펄스 반사법이 가장 일반적이다.

2. 용접부 검사에서 초음파 탐상 시험법에 속하는 것은?

① 펄스 반사법 ② 코머렐 시험법
③ 킨젤 시험법 ④ 슈나트 시험법

해설 비파괴 시험의 종류인 초음파 검사는 0.5~15MHz의 초음파를 물체 내부에 침투시켜 내부의 결함, 불균일층의 유무를 알아내는 검사이다.

3. 초음파 탐상법의 종류에 속하지 않는 것은?

① 투과법 ② 펄스반사법
③ 공진법 ④ 관통법

해설 초음파 검사법의 종류는 펄스반사법, 투과법, 공진법 등이 있다.

4. 탐촉자를 이용하여 결함의 위치 및 크기를 검사하는 비파괴 시험법은?

① 방사선 투과시험 ② 초음파 탐상시험
③ 침투 탐상시험 ④ 자분 탐상시험

해설 초음파 탐상법

• 장점

① 강도가 높으므로 미세한 결함을 검출할 수 있다.
② 초음파의 투과 능력이 크므로 수 미터 정도의 두꺼운 부분도 검사가 가능하다.
③ 결함의 위치와 크기를 비교적 정확히 알 수 있다.
④ 탐상 결과를 즉시 알 수 있으며 자동 탐상이 가능하다.
⑤ 검사 시험체의 한 면에서도 검사가 가능하다.

• 단점

① 검사 시험체의 형상이 탐상을 할 수 없는 조건, 즉 표면 거칠기, 형상의 복잡함 등으로 인해 탐상이 불가능한 경우가 있다.
② 검사 시험체의 내부 조직의 구조 및 결정입자가 조대하거나 전체가 다공성일 경우는 정량적인 평가가 어렵다

※초음파 파장(0.5~15 MHz) 초음파 속도: 공지 중(330 m/s, 물 1500, 강 6000 m/s)

정답 1. ② 2. ① 3. ④ 4. ②

5 자기 검사(magnetic inspection)

시험물을 자화시킨 상태에서 표면 및 표층에 결함이 있을 때 자력선이 교란되어 생기는 누설자속을 자분(철분) 또는 탐사코일을 사용하여 결함의 존재를 파악하는 방법으로, 이것을 자분 탐상시험(MT: magnetic particle testing)이라 하여 자기 검사법을 대표하고 있다.

이 검사법은 비자성체(알루미늄, 구리, 오스테나이트계 스테인리스강 등)에는 사용할 수 없고 자화전류에는 500~5000A 정도의 교류(3~5초 통전) 또는 직류(0.2~0.5초 통전)를 단시간 흐르게 한 후에 잔류자기를 이용하는 것이 보통이다.

직류 · 교류 겸용 Yoke 장비

자외선 조사등

이동형 간이 자분탐상기

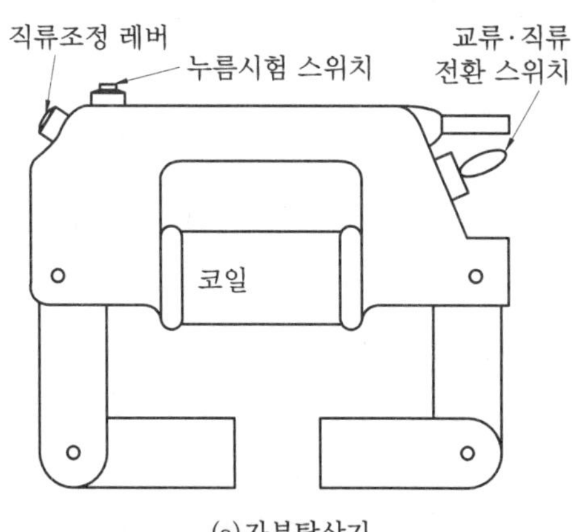

(a) 자분탐상기

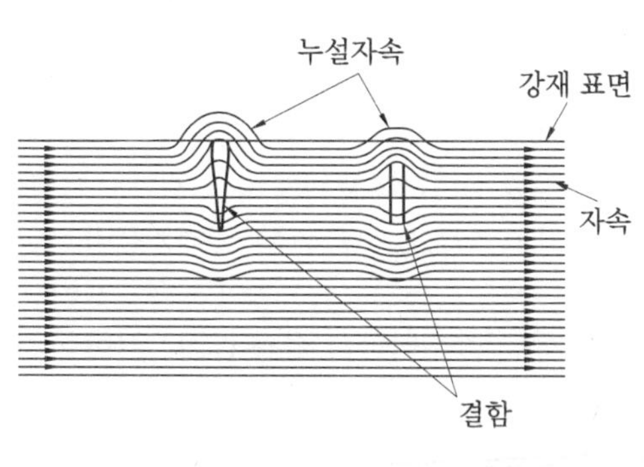

(b) 자기 검사의 원리

자분탐상기 및 자기 검사의 원리

(1) 자화 방법의 종류

자화 방법	축통전법	직각통전법	관통법	전류통전법
자장	원형 자장			
자화 종류	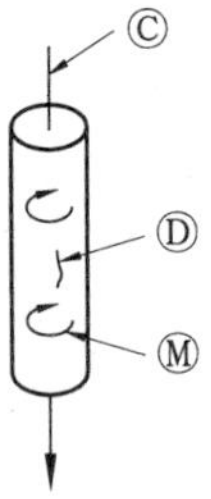 Ⓒ Ⓓ Ⓜ	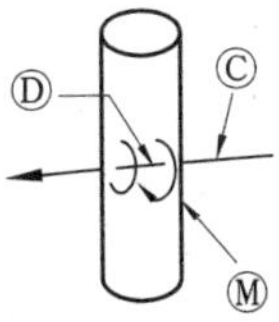 Ⓓ Ⓒ Ⓜ	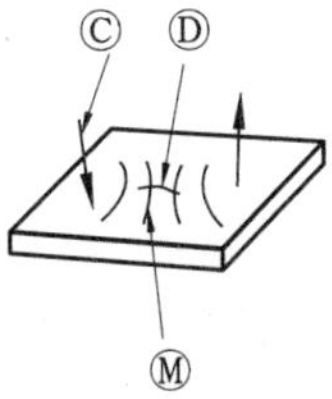 Ⓒ Ⓓ Ⓜ	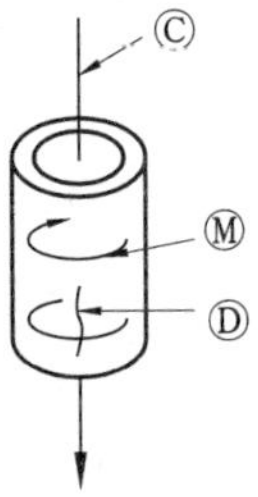 Ⓒ Ⓜ Ⓓ

자화 방법	코일법	극간법	자속관통법
자장	곡선 자장		원형 자장
자화 종류	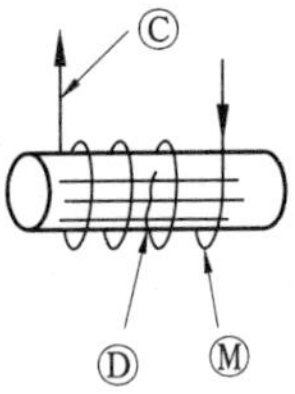 Ⓒ Ⓓ Ⓜ	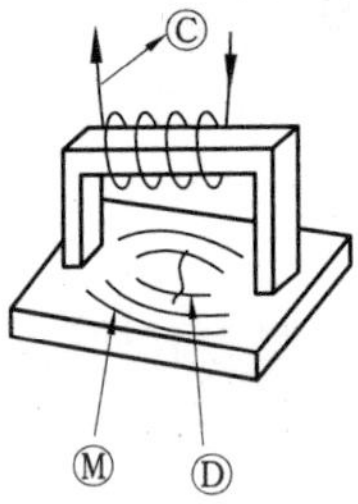 Ⓒ Ⓜ Ⓓ	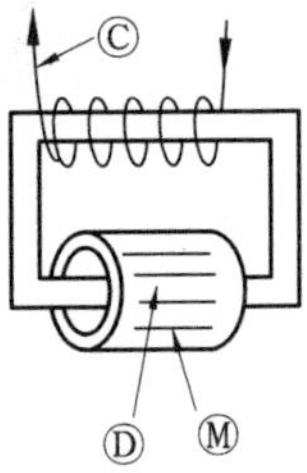 Ⓒ Ⓓ Ⓜ

Ⓒ: 전류, Ⓜ: 자장, Ⓓ: 결함

단원 예상문제

1. 비파괴 검사 중 자기검사법을 적용할 수 없는 것은?

① 오스테나이트계 스테인리스강　② 연강
③ 고속도강　④ 주철

해설 자기검사(MT)는 자성이 있는 물체만을 검사할 수 있으며 비자성체는 검사가 불가능하다. 오스테나이트 스테인리스강(18-8)은 비자상체이다.

2. 용접부의 비파괴 검사(NDT) 기본 기호 중에서 잘못 표기된 것은?

① RT: 방사선 투과시험　② UT: 초음파 탐상시험
③ MT: 침투 탐상시험　④ ET: 와류 탐상시험

해설 비파괴 검사의 종류는 방사선 투과시험(RT), 초음파 탐상시험(UT), 자분 탐상시험(MT), 침투 탐상시험(PT), 와류 탐상시험(ET), 누설시험(LT), 변형도 측정시험(ST), 육안시험(VT), 내압시험(PRT)이 있다.

3. 자기검사(MT)에서 피검사물의 자화 방법이 아닌 것은?

① 코일법 ② 극간법 ③ 직각 통전법 ④ 펄스 반사법

해설 자기검사 종류에는 축통전법, 직각통전법, 관통법, 코일법, 극간법이 있고 펄스 반사법은 초음파 검사 방법이다.

4. 다음 중 자분 탐상시험을 의미하는 것은?

① UT ② PT ③ MT ④ RT

해설 시험의 종류는 방사선 투과시험(RT), 초음파 탐상시험(UT), 자분 탐상시험(MT), 침투 탐상시험(PT), 와류 탐상시험(ET), 누설시험(LT), 변형도 측정시험(ST), 육안시험(VT), 내압시험(PRT)이 있다.

5. 자기검사에서 피검사물의 자화 방법은 물체의 형상과 결함의 방향에 따라서 여러 가지가 사용된다. 그중 옳지 않은 것은?

① 투과법 ② 축 통전법 ③ 직각 통전법 ④ 극간법

해설 자화 방법에는 축 통전법, 직각 통전법, 관통법, 전류 통전법, 코일법, 극간법, 자속 관통법 등이 있다.

6. 자기 탐상검사가 되지 않는 금속재료의 용접부 표면 검사법으로 가장 적합한 것은?

① 외관검사 ② 침투 탐상검사 ③ 초음파 탐상검사 ④ 방사선 투과검사

해설 표면검사법은 자기검사(MT)는 자성이 있는 물체만을 검사할 수 있으며 비자성체는 검사가 불가능하다. 오스테나이트 스테인리스강(18-8)은 비자성체이며 침투 탐상검사가 가능하다.

7. 자분탐상법의 특징 설명으로 틀린 것은?

① 시험편의 크기, 형상 등에 구애를 받는다.
② 내부 결함의 검사가 불가능하다.
③ 작업이 신속 간단하다.
④ 정밀한 전처리가 요구되지 않는다.

해설 비파괴 검사의 종류인 자분탐상법의 장점은 검사가 신속 정확하고, 결함 지시 모양이 표면에 직접 나타나기 때문에 육안으로 관찰할 수 있으며, 검사 방법이 쉽고 비자성체는 사용할 수 없다.

정답 1. ① 2. ③ 3. ④ 4. ③ 5. ① 6. ② 7. ①

6 방사선 투과시험(RT: radiographic testing)

방사선 투과시험은 X선 또는 γ선을 검사물에 투과시킨 뒤 검사물 투과 반대편에 부착한 필름에 감광된 것을 현상하여 결함의 유무를 조사하는 방법[현재는 모니터를 통해 방사선 투과시험 결과를 볼 수 있고 저장도 가능함(필름 등)]으로 용접 내부에 결함 사항이 있을 때는 필름 현상 시 결함 부분에 감광량이 많아 그 모양대로 검게 나타난다. 매크로적 결함의 검출로서는 가장 확실한 방법이며 널리 사용되고 있다.

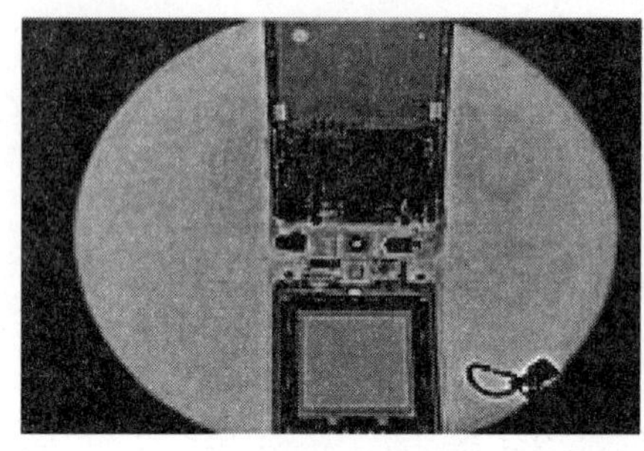

(a) 휴대폰 결과물

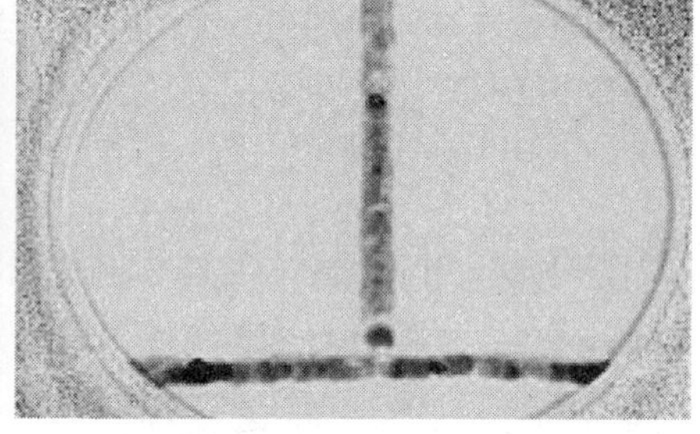

(b) GTAW의 T자형 맞대기용접

방사선 투과시험의 모니터에 나타난 결과물

(1) X선 투과 검사(X-ray radiography)

X선이란 쿨리지관(coolidge tube) 내에 있는 음극으로부터 열전자를 튀어나오게 하여 고전압으로 양극의 타겟트(텅스텐)에 가속으로 부딪치면 파장이 매우 짧은[0.01~100 Å (10^{-8}cm)] 전자파가 발생하는데 이것을 X선 또는 발견자(W. C. Röntgen)의 이름을 따서 뢴트겐선이라 한다.

직진하는 X선을 용접부에 투과시켜 필름에 감광된 강도로 결함을 조사하여 검사할 때 X선 전체가 투과되는 것이 아니라 검사물에 일부가 흡수되며 검사물 두께가 두꺼울수록 흡수량이 커지므로 판두께의 2% 이상의 결함을 검출하려면 가는 줄 10개 이상이 고정된 투과도계를 검사물 위에 놓고 검사하고 시험 후 필름에 감광된 투과도계(penetramater)를 결함 검출의 기준으로 삼는다.

X선 투과법으로는 균열, 융합불량, 용입불량, 기공, 슬래그 섞임, 비금속개재물, 언더컷 등의 결함을 검출할 수 있다.

① X선 검사방법

㈎ 보통법: X선을 단순히 수직 방향으로 투과시키므로 평면적의 위치 및 크기는 정확히 검출되나 재료의 결함을 파악할 수 있는 두께에 제한이 있다.

(나) 스테레오 법: 평면적의 크기와 두께의 제한 없이 결함 위치를 검출할 수 있다.

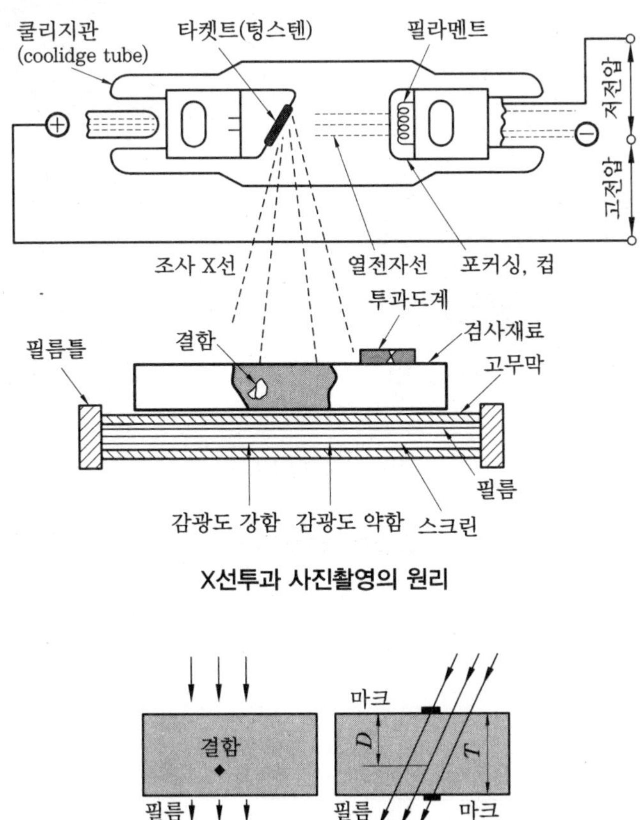

X선투과 사진촬영의 원리

(a)보통법 (b)스테레오법

X선 검사방법

(2) γ선 투과 검사

X선으로는 투과하기 어려운 두꺼운 판에 대하여 X선보다 투과력이 강한 γ선을 사용하며 보통 천연의 방사선 동위원소(라듐 등)가 사용되는데 최근에는 인공방사선 동위원소(코발트 60, 세슘 134 등)도 사용된다.

이 방법은 장치뿐만 아니라 운반이나 취급도 간단하여 현장에서 널리 사용된다.

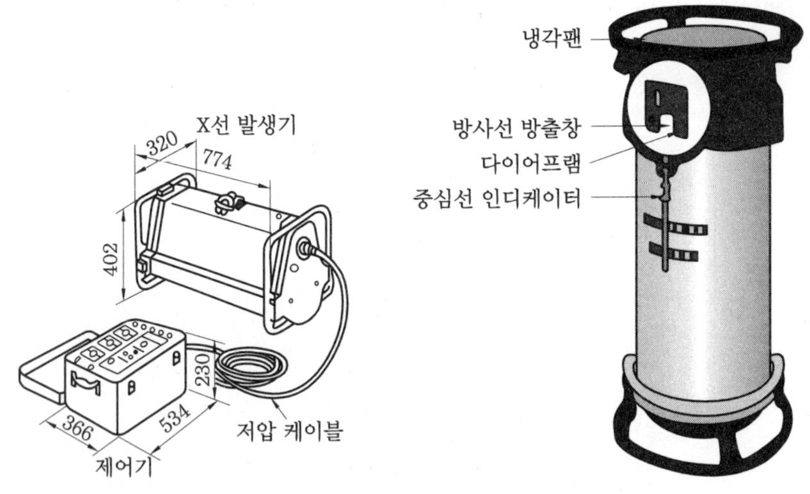

가반식 X선 발생기

용접부 결함의 등급

시험부의 최대두께(mm) / 등급	5.0 이하	5.1~10.0	10.1~20.0	20.1~50.0	50.1 이상
1	0	0	≦1	≦1	≦1
2	≦2	≦3	≦4	≦5	≦6
3	≦4	≦6	≦8	≦10	≦12
4	≦8	≦12	≦15	≦18	≦20
5	≦12	≦18	≦25	≦30	≦40
6	결함 수가 5등급보다 많은 것				

결함 크기(mm)	2.0 이하	2.1~4.0	4.1~6.0	6.1~8.0	8.1~10.0	10.1~12.0
개수	1	4	6	10	15	20

[비고] 표에서 숫자는 결함이 가장 조밀한 $10 \times 50\,mm^2$ 내에 존재하는 결함의 수를 나타낸 것이다. 또한, 결함 크기는 길이 2mm 이하를 기준으로 하고, 2mm 이상의 결함에 대해서는 다음의 계수를 곱한다. 다만, 결함 크기가 12mm를 넘거나 균열이 존재하는 경우에는 6등급으로 분류한다.

단원 예상문제

1. **용접부의 기공검사는 어느 시험법으로 가장 많이 하는가?**

① 경도시험 ② 인장시험 ③ X선 시험 ④ 침투 탐상시험

해설 비파괴 시험중 X선 투과시험은 균열, 융합불량, 슬래그 섞임, 기공 등의 내부 결함을 파악하는 데 사용된다.

2. **방사선 투과검사에 대한 설명 중 틀린 것은?**

① 내부 결함의 검출이 용이하다.
② 라미네이션(lamination) 검출도 쉽게 할 수 있다.
③ 미세한 표면 균열은 검출되지 않는다.
④ 현상이나 필름을 판독해야 한다.

해설 라미네이션은 모재의 재질 결함으로 강괴일 때 기포가 압연되어 생기는 결함이며 설퍼 밴드(sulfur band)와 같이 층상으로 편재해 있고 강재의 내부적 노치를 형성하여 방사선 투과시험으로는 검출되지 않는다.

3. **용착금속에서 기공의 결함을 찾아내는 데 가장 좋은 비파괴 검사법은?**

① 누설검사 ② 자기 탐상검사 ③ 침투 탐상검사 ④ 방사선 투과시험

해설 방사선 투과시험에 의해 검출되는 결함은 균열, 융합불량, 용입불량, 기공, 슬래그 섞임, 비금속개재물, 언더컷 등으로 용착금속부 내부에 발생된 결함발견에 좋은 검사법이며 자기 탐상검사, 침투 탐상검사는 표면에 결함을 검사한다.

4. **전 용접길이에 방사선 투과검사를 하여 결함이 1개도 발견되지 않았을 때 용접이음의 효율은?**

① 70% ② 80% ③ 90% ④ 100%

해설 방사선 투과시험에서 결함이 발견되지 않았을 때 용점이음의 효율은 100%이다.

정답 1. ③ 2. ② 3. ④ 4. ④

7 와류 탐상시험(맴돌이전류 시험, ECT: eddy current test, ET: electro-magnetic testing)

금속 내에 유기되는 와류전류(맴돌이전류)의 작용을 이용하여 검사하는 방법으로 적용 재료는 자기 탐상검사가 불가능한 비자성 금속, 즉 오스테나이트 스테인리스강 등에 사용되며 검출되는 결함은 표면 및 표면에 가까운 내부결함으로 균열, 기공, 개재물, 피트, 언더컷, 오버랩, 용입불량, 융합불량, 조직 변화 및 기계적, 열적 변화 등을 조사한다.

(a) ECATANE

(b) MIZ-28

(c) 전도도 측정기

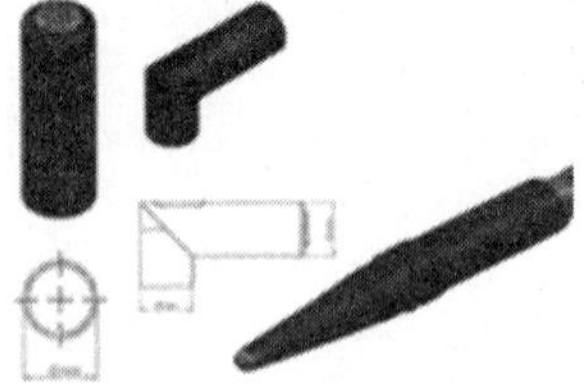
(d) 표면 검사용 탐촉자

(e) 용접부 검사용 탐촉자

(f) Coil(외삽형) 탐촉자

단원 예상문제

1. 미세한 결함이 있어 응력의 이상 집중에 의하여 성장하거나, 새로운 균열이 발생될 경우 변형 개방에 의한 초음파가 방출하게 되는데 이러한 초음파를 AE검출기로 탐상함으로서 발생장소와 균열의 성장 속도를 감지하는 용접시험 검사법은?

① 누설 탐상검사법　　② 전자초음파법
③ 진공검사법　　④ 음향방출 탐상검사법

해설 AE(acoustic emission) 시험 또는 음향방출 시험이라고도 하며 고체의 변형 및 파괴에 수반하여 해방된 에너지가 음향펄스로 전환되어 진행하는 현상을 검출기, 증폭기와 필터, 진폭변별기, 신호처리 등으로 탐상하는 검사법이다.

2. 일반적으로 사용되는 용접부의 비파괴 시험의 기본기호를 나타낸 것으로 잘못 표기한 것은?

① UT: 초음파 탐상시험　　② PT: 와류 탐상시험
③ RT: 방사선 투과시험　　④ VT: 육안시험

해설 용접부의 비파괴시험 기본기호
① VT: 육안시험(외관시험)　　② LT: 누설시험(누수시험)
③ PT: 침투 탐상시험　　④ UT: 초음파 탐상시험
⑤ MT: 자분 탐상시험　　⑥ RT: 방사선 투과시험
⑦ ET(ETC): 와류 탐상(맴돌이전류) 시험

정답 1. ④ 2. ②

제4편 용접일반 및 안전관리

Industrial Engineer Welding 

제 1 장 용접일반

1-1 용접의 개요

1 용접의 원리

접합하려는 2개 이상의 금속재료를 일정 열원으로 가열하여 용융, 반용융된 부분에 용가재(용접봉)를 첨가하여 금속 원자가 인력이 작용할 수 있는 거리(Å =10^{-8}cm)로 충분히 접근시켜 접합한다.

(1) 용접의 목적 및 방법

① 용접 작업은 금속 표면의 산화피막(10~1000 Å)을 제거하여 산화를 방지하기 위해 실시한다.

② 용접의 목적을 충족시키려면, 금속 표면을 충분히 가열하여 요철을 제거하고 인력이 작용할 수 있는 거리로 충분히 접근시킨다.

2 용접법의 분류 및 용도

용접법은 크게 나누어 융접(融接, fusion welding), 압접(壓接, pressure welding), 납땜(brazing and soldering)의 세 종류가 있다.

① 융접은 접합부에 용융 금속을 생성 혹은 공급하여 용접하는 방법으로 모재도 용융되나 가압은 필요하지 않다.

② 압접은 국부적으로 모재가 용융하나 가압력(welding force)이 필요하다.

③ 납땜은 모재가 용융되지 않고 땜납이 녹아서 접합면 사이에 표면장력의 흡인력이 작용하여 접합되며, 경납땜(brazing)과 연납땜(soldering)으로 구분된다.

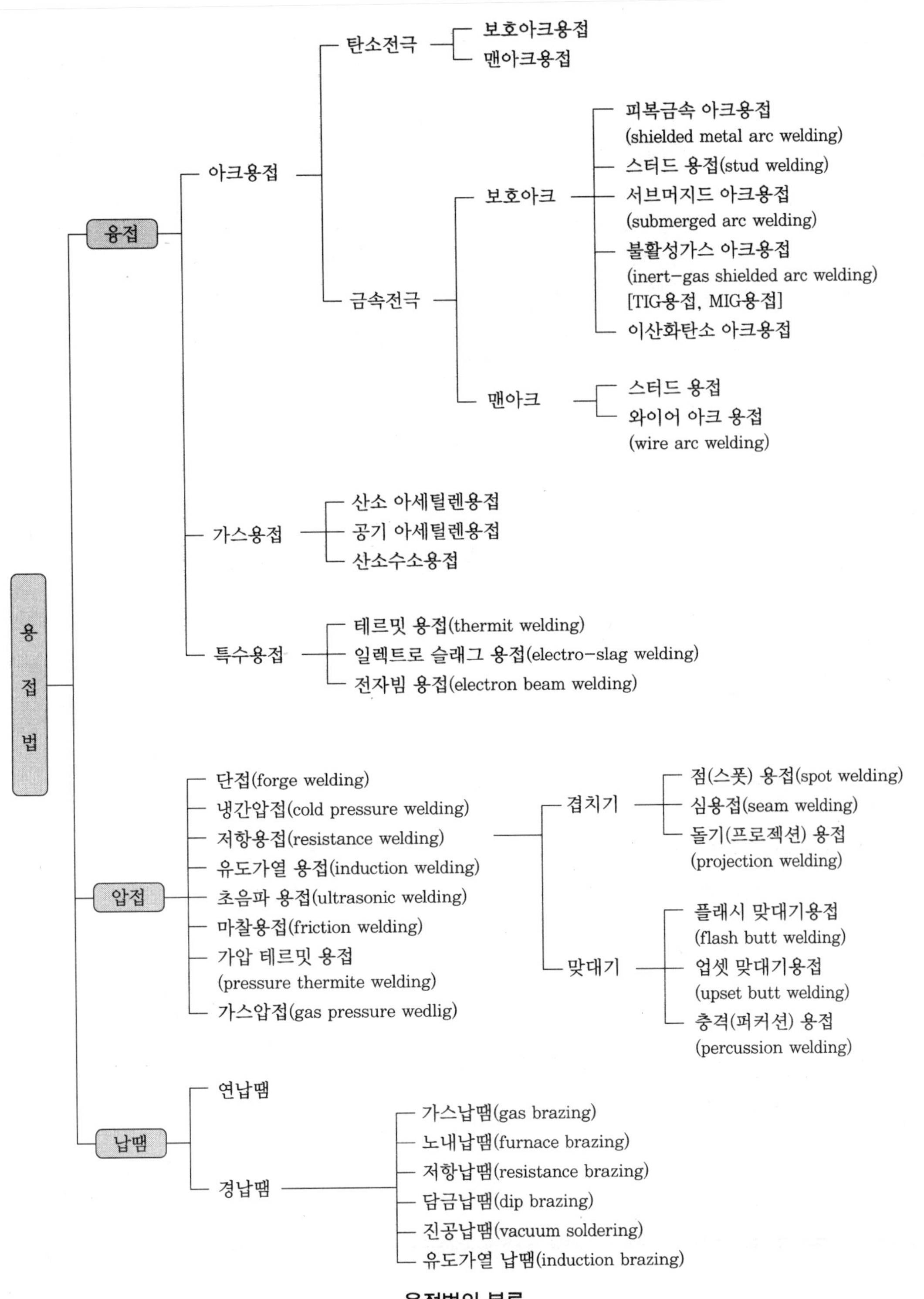
용접법
용접
아크용접
탄소전극
보호아크용접
맨아크용접
금속전극
보호아크
피복금속 아크용접
(shielded metal arc welding)
스터드 용접(stud welding)
서브머지드 아크용접
(submerged arc welding)
불활성가스 아크용접
(inert-gas shielded arc welding)
[TIG용접, MIG용접]
이산화탄소 아크용접
맨아크
스터드 용접
와이어 아크 용접
(wire arc welding)
가스용접
산소 아세틸렌용접
공기 아세틸렌용접
산소수소용접
특수용접
테르밋 용접(thermit welding)
일렉트로 슬래그 용접(electro-slag welding)
전자빔 용접(electron beam welding)
압접
단접(forge welding)
냉간압접(cold pressure welding)
저항용접(resistance welding)
유도가열 용접(induction welding)
초음파 용접(ultrasonic welding)
마찰용접(friction welding)
가압 테르밋 용접
(pressure thermite welding)
가스압접(gas pressure wedlig)
겹치기
점(스폿) 용접(spot welding)
심용접(seam welding)
돌기(프로젝션) 용접
(projection welding)
맞대기
플래시 맞대기용접
(flash butt welding)
업셋 맞대기용접
(upset butt welding)
충격(퍼커션) 용접
(percussion welding)
납땜
연납땜
경납땜
가스납땜(gas brazing)
노내납땜(furnace brazing)
저항납땜(resistance brazing)
담금납땜(dip brazing)
진공납땜(vacuum soldering)
유도가열 납땜(induction brazing)

용접법의 분류

⊙ **기계적 접합법:** 볼트, 리벳, 나사, 핀 등을 사용하여 금속을 결합하는 접합법으로 분해이음이라 하며 영구이음은 리벳, 심(접어잇기), 확관법, 가입 끼우기 등이 있다.

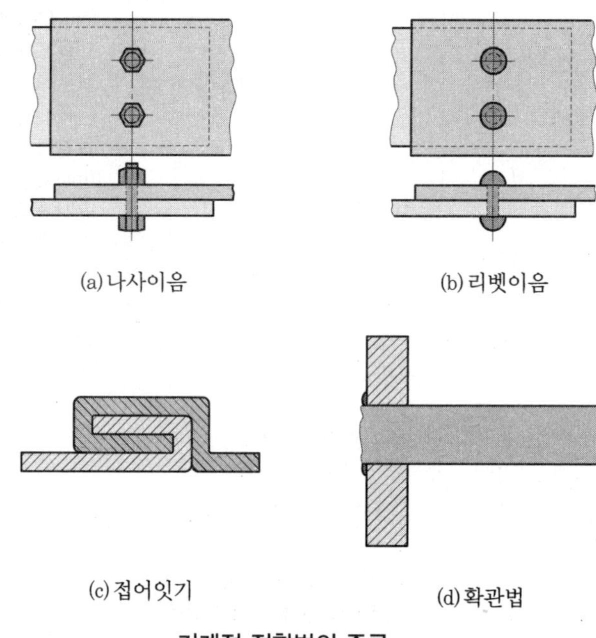

기계적 접합법의 종류

단원 예상문제

1. 용접을 기계적 이음과 비교할 때 그 특징에 대한 설명으로 틀린 것은?

① 이음효율이 대단히 높다.　② 수밀, 기밀을 얻기 쉽다.
③ 응력집중이 생기지 않는다.　④ 재료의 중량을 절약할 수 있다.

해설 용접의 단점으로는 재질의 변화, 재료의 변형과 수축, 잔류응력의 존재, 품질검사의 어려움, 저온취성 균열 발생, 용접공 기능도에 의한 강도 여부 등이 있다.

2. 2개의 물체를 충분히 접근시키면 그들 사이에 원자 사이의 인력이 작용하여 결합하는데 이때 원자 사이의 거리는 어느 정도 접근해야 하는가?

① 0.001 μm　② 10^{-6}cm
③ 10^{-8}cm　④ 0.001 mm

해설 물체가 용접의 조건을 만족시키려면 인력이 작용하는 거리에 접근시키면 두 물체가 결합이 되는 것으로 1옹스트롬(Å) 또는 10^{-8}(cm)이다.

정답 1. ③ 2. ③

3 용접의 특징(장단점)

[장점]

① 재료의 절약으로 중량이 감소한다.

② 작업공정이 단축되어 경제적이다.

③ 재료 두께에 제한이 없다.

④ 이음효율이 향상된다(기밀 · 수밀 유지).

⑤ 이종 재료의 접합이 가능하다.

⑥ 용접의 자동화가 용이하다.

⑦ 보수 및 수리가 용이하다.

⑧ 형상의 자유화를 추구할 수 있다.

[단점]

① 품질검사가 곤란하다.

② 제품의 변형과 잔류응력이 발생 및 존재한다.

③ 저온취성이 생길 우려가 있다.

④ 유해광선 및 가스 폭발의 위험이 있다.

⑤ 용접사의 기량에 따라 용접부의 품질이 좌우된다.

단원 예상문제

1. 용접의 특성을 설명한 것 중 틀린 것은?

① 공정이 절감된다.

② 재료가 절약된다.

③ 기밀, 수밀성을 얻을 수 있다.

④ 용접부는 응력집중에 둔감하다.

해설 용접부는 용접 중 또는 용접 후에 응력집중, 잔류응력 및 변형에 민감하다.

2. 주조품에 비교한 용접이음의 장점 설명으로 틀린 것은?

① 이종 재료의 접합이 가능하다.

② 용접변형을 교정할 때에는 시간과 비용이 필요치 않다.

③ 목형이나 주형이 불필요하고 설비의 소규모가 가능하여 생산비가 적게 된다.

④ 제품의 중량을 경감시킬 수 있다.

해설 주조품에 비교한 용접이음의 장점으로는 ①, ③, ④항 이외에 강도가 크고 수밀, 유밀, 기밀성이 좋고 변형교정은 시간과 비용이 많이 든다.

3. **단조에 비교하여 용접의 장점이 아닌 것은?**

① 재료의 두께에 제한이 없다.
② 시설비가 적게 든다.
③ 수축변형 및 잔류응력이 발생한다.
④ 서로 다른 금속을 접합할 수 있다.

해설 변형 및 잔류응력은 단점이다.

4. **용접의 장점에 대한 설명으로 틀린 것은?**

① 이음효율이 높다.
② 수밀, 기밀, 유밀성이 우수하다.
③ 저온취성이 생길 우려가 없다.
④ 재료의 두께에 제한이 없다.

해설 ①, ②, ④항 이외에 공정수의 감소, 중량 경감, 성능과 수명 향상, 강도 증가 등의 장점이 있다.

5. **다음 중 용접에 속하지 않는 용접은?**

① 아크용접 ② 가스 용접
③ 초음파 용접 ④ 스터드 용접

해설 초음파 용접은 압접이다.

6. **용접법의 분류에서 용접에 속하는 것은?**

① 테르밋 용접 ② 단접
③ 초음파 용접 ④ 마찰 용접

해설 테르밋 용접을 제외한 3가지 용접법은 압접의 종류이다.

7. **용접법을 분류한 것 중 용접에 해당되지 않는 것은?**

① 아크용접 ② 가스 용접 ③ MIG 용접 ④ 마찰 용접

해설 마찰 용접은 압접이다.

8. **용접법의 분류에서 압접, 단접, 전기저항 용접을 압접이라고 하는데, 아크용접, 가스 용접 및 테르밋 용접을 무엇이라 하는가?**

① 가압접 ② 에네르기법 ③ 열용접 ④ 융접

정답 1. ④ 2. ② 3. ③ 4. ③ 5. ③ 6. ① 7. ④ 8. ④

4 용접자세

(1) 아래보기 자세(F: flat position)

모재를 수평으로 놓고 용접봉을 아래로 향해 용접하는 자세(용접선을 수평면에서 15°까지 경사시킬 수 있음)

(2) 수직 자세(V: vertical position)

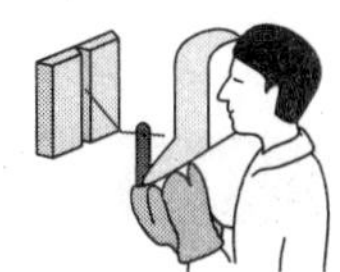

모재가 수평면과 90° 또는 45° 이상 경사지고, 용접선은 수직 또는 수직면과 45° 이하의 경사를 유지하며 상진 또는 하진으로 용접하는 자세

(3) 수평 자세(H: horizontal position)

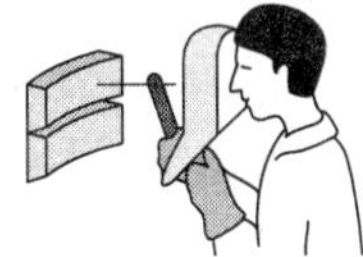

모재가 수평면과 90° 또는 45° 이상 경사지고, 용접선이 수평을 이루는 용접자세

(4) 위보기 자세(O: overhead position)

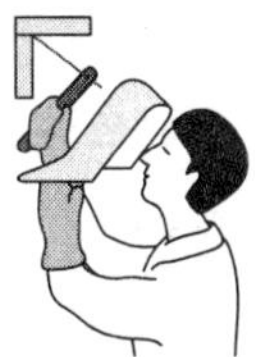

모재가 눈 위로 들려 있는 수평면 아래쪽에서 용접봉을 위로 향하여 용접하는 자세

(5) 전자세(AP: all position)

아래보기, 수직, 수평, 위보기 자세 중 2가지 자세를 조합하여 용접하거나 4가지 자세 전부를 응용하는 용접자세

단원 예상문제

1. 용접자세에 사용되는 기호 중 "F"가 나타내는 것은?

① 아래보기 자세　② 수직 자세
③ 위보기 자세　④ 수평 자세

해설 용접자세에는 아래보기 자세(F), 수직 자세(V), 수평 자세(H), 위보기 자세(O), 전자세(AP)가 있다.

정답 1. ①

제 2 장 피복아크용접

2-1 개요

1 원리

피복아크용접(SMAW: shield metal arc welding)은 피복금속 아크용접이라고도 한다.

피복아크 용접봉과 모재간에 직류 또는 교류의 전압을 걸고 용접봉 끝을 모재에 접근시켰다가 떼면 강한 빛과 열을 내는 아크가 발생한다. 아크열(5,000℃)에 의하여 용접봉은 모재 일부를 용융시키면서 녹아 금속 증기 또는 용적(globule) 형태로 아크 속을 지나 용융지(molten weld pool)로 이동해 녹은 모재와 융합하여 용착금속(weld metal)을 만든다.

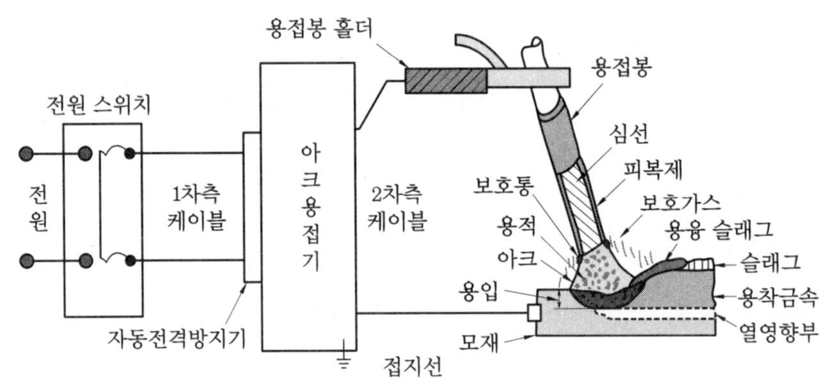

피복아크용접의 원리

① **용적**: 아크열에 의하여 용접봉이 녹아 물방울처럼 떨어지는 것

② **용착**: 용접봉이 용융지에 녹아 들어가는 것

③ **용착금속**: 용접봉이 용융지로 녹아 들어가 응고된 금속

④ **용융지**: 용접할 때 아크열에 의하여 용융된 모재 부분

⑤ **용입(penetration)**: 모재가 녹아 들어간 깊이

2 용접회로

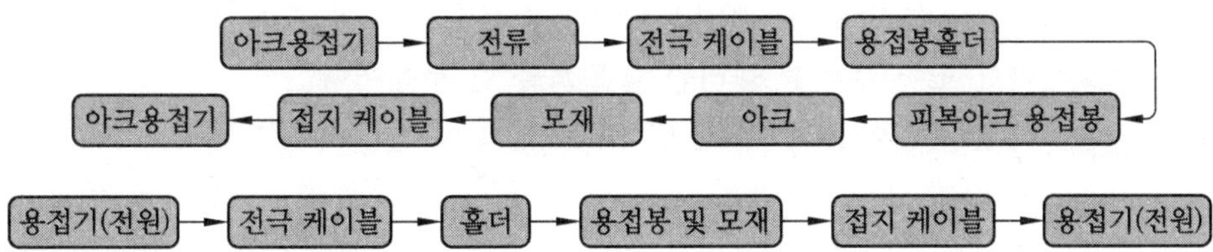

3 용접의 장단점

장점	단점
① 이용되는 열효율이 높다. ② 열 집중으로 효율적 용접이 가능하다. ③ 폭발의 위험이 없다. ④ 가스용접에 비해 용접변형이 적고, 기계적 강도가 양호하다.	① 감전의 위험이 크다. ② 유해광선이 발생한다.

4 아크

음극과 양극의 두 전극을 일정한 간격으로 유지하고, 여기에 전류를 통하게 하면 두 전극 사이에 원호 모양의 불꽃 방전이 일어나는데 이 호상(弧狀)의 불꽃을 아크(arc)라고 한다.

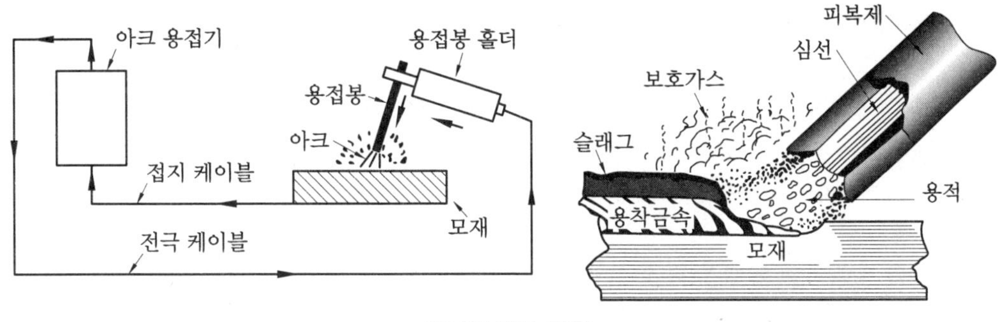

아크의 각부 명칭

① **아크전류:** 약 10~500A

② **아크 현상:** 아크전류는 금속 증기와 주위 기체 분자가 해리하여 양전기를 띤 양이온(positive ion)과 음전기를 띤 전자(electron)로 분리되고, 양이온은 음극으로, 전자

는 양극으로 고속도로 이동하여 아크전류가 흐른다.

③ **아크 코어(arc core):** 아크 중심이며 용접봉과 모재가 녹고 온도가 가장 높다.

④ **아크 흐름:** 아크 코어 주위를 둘러싼 담홍색을 띤 부분이다.

⑤ **아크 불꽃:** 아크 흐름의 바깥 둘레에 불꽃으로 싸여 있는 부분이다.

단원 예상문제

1. 용접 용어에 대한 정의를 설명한 것으로 틀린 것은?

① 모재: 용접 또는 절단되는 금속
② 다공성: 용착금속 중 기공이 밀집한 정도
③ 용락: 모재가 녹은 깊이
④ 용가재: 용착부를 만들기 위하여 녹여서 첨가하는 금속

해설 용락은 아크 발생에 의하여 운봉속도가 느리거나 용접전류가 높을 때 홈의 반대쪽으로 녹아 흘러 떨어지는 것을 말한다.

2. 용접용어 중 용착부를 만들기 위하여 녹여서 첨가하는 금속을 무엇이라고 하는가?

① 용제 ② 용접금속
③ 용가재 ④ 덧살

해설 용착부를 만들기 위하여 녹여서 첨가하는 금속은 용가재이다.

3. 아크 기둥의 전압을 올바르게 설명한 것은?

① 아크 기둥의 전압은 아크길이에 거의 관계가 없다.
② 아크 기둥의 전압은 아크길이에 거의 정비례하여 증가한다.
③ 아크 기둥의 전압은 아크길이에 거의 반비례하여 감소하다.
④ 아크 기둥의 전압은 아크길이에 거의 반비례하여 증가한다.

해설 아크 기둥의 전압은 아크길이에 정비례하여 증가하므로 전극 물질이 일정하면 아크전압은 아크길이와 같이 증가한다.

4. 직류 아크용접 중의 전압 분포에서 양극 전압강하 V_1, 음극 전압강하 V_2, 아크기둥 전압 강하 V_3로 분류할 때, 아크전압 V_a는 어떻게 표시되는가?

① $V_a = V_1 - V_2 + V_3$ ② $V_a = V_1 - V_2 + V_3$
③ $V_a = V_1 + V_2 + V_3$ ④ $V_a = V_1 + V_2 - V_3$

해설 아크전압=양극전압강하+음극전압강하+아크기둥 전압강하

정답 1. ③ 2. ③ 3. ② 4. ③

(6) 아크의 특성

① **일반 전압전류 특성:** 옴 법칙(Ohm's law)에 따라 동일 저항이 흐르는 전류는 그 전압에 비례한다.

② **부저항 특성 또는 부특성:** 아크전류 밀도가 작을 때 전류가 크면 전압이 낮아지고, 아크전류 밀도가 크면 아크길이에 따라 상승되는 특성이다.

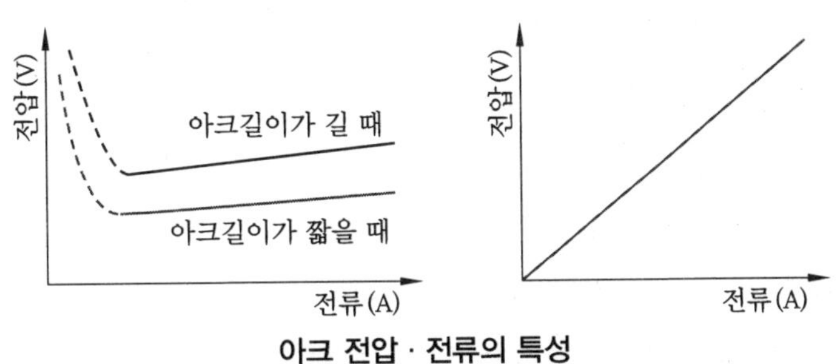

아크 전압 · 전류의 특성

③ **아크길이 자기제어 특성**(arc length self-regulation characteristics)

㈎ 아크전류가 일정할 때 아크전압이 높으면 용접봉의 용융속도를 느리게 하고, 아크전압이 낮으면 용접봉의 용융속도를 빠르게 하여 아크길이를 일정하게 유지하는 성질이다.

㈏ 자동용접의 와이어 자동 송급시 다음 [그림]과 같이 아크 제어가 이루어진다.

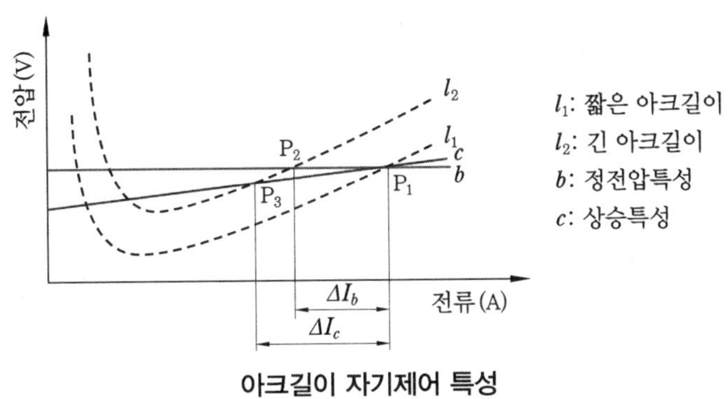

아크길이 자기제어 특성

④ **절연회복 특성**

교류 용접시 용접봉과 모재가 절연되어 순간적으로 꺼졌던 아크를 보호가스에 의하여 절연을 막고 아크가 재발생하는 특성

⑤ **전압회복 특성**

아크가 중단된 순간에 아크 회로의 높은 전압을 급속히 상승하여 회복시키는 특성(아크의 재발생)

⑥ **극성(polarity)**: 용접봉과 모재로 이루어지는 아크 용접의 전극에 관련된 성질

㉠ 직류 아크용접(DC arc welding)

㉡ 교류 아크용접(AC arc welding)

⑦ **극성 선택**: 전극, 보호가스, 용제의 성분, 모재의 재질과 모양, 두께 등

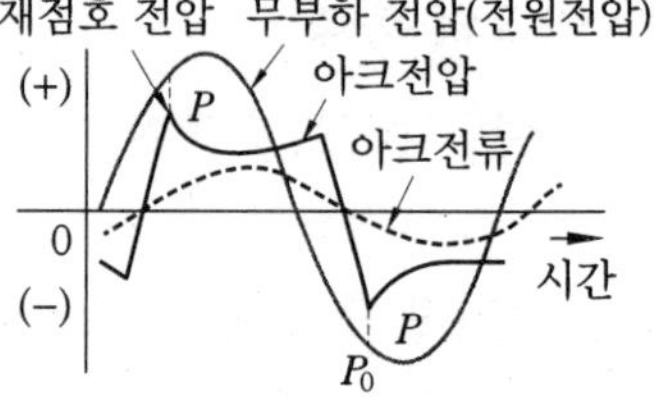

교류 아크와 무부하 전압

⑧ **온도분포**

㈎ 직류 아크용접

㉠ 양극: 발생열의 60~70%

㉡ 음극: 발생열의 30~40%

㈏ 교류 아크용접: 두 극에서 거의 같다.

⑨ **정극성(straight polarity)과 역극성(reverse polarity)**

㉠ 정극성: 직류 아크용접의 접속 방법이며 용접봉 또는 전극(電極)을 전원의 마이너스 측에, 피용접물을 플러스 측에 접속한 경우를 말한다.

㉡ 역극성: 직류 아크용접의 접속 방법이며 피용접물을 전원의 마이너스 전극에 용접봉을 플러스 전극에 접속한 경우를 말한다.

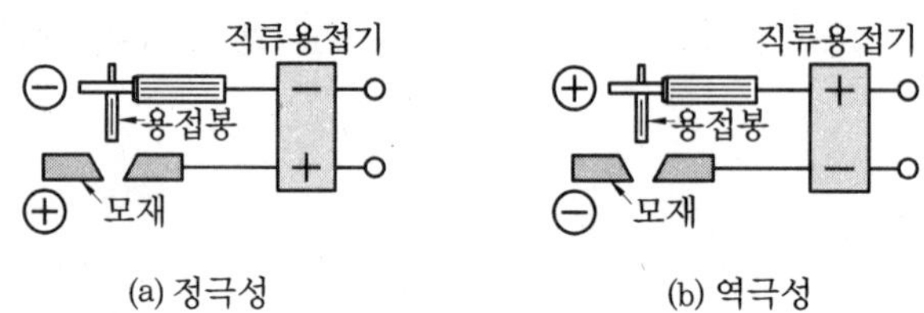

(a) 정극성 (b) 역극성

정극성과 역극성

구분	용접부	특징
직류정극성 (DCSP)	− +	• 모재의 용입이 깊다. • 용접봉이 늦게 녹는다. • 비드폭이 좁다. • 일반적으로 많이 사용된다.
직류역극성 (DCRP)	+ −	• 모재의 용입이 얕다. • 용접봉이 빠르게 녹는다. • 비드폭이 넓다. • 박판, 주강, 고탄소강, 합금강, 비철 금속 등에 사용된다.

㉢ 교류 용접

- 1초간에 상용 주파수 2배수의 아크전압은 0이다.
- 1초 60Hz는 120번 아크전압이 0이다.
- 비피복봉을 사용하면 아크가 불안정하여 용접하기 어렵다.
- 피복봉 사용하면 피복제의 이온 발생이 쉬워 안정된 아크를 얻을 수 있다.

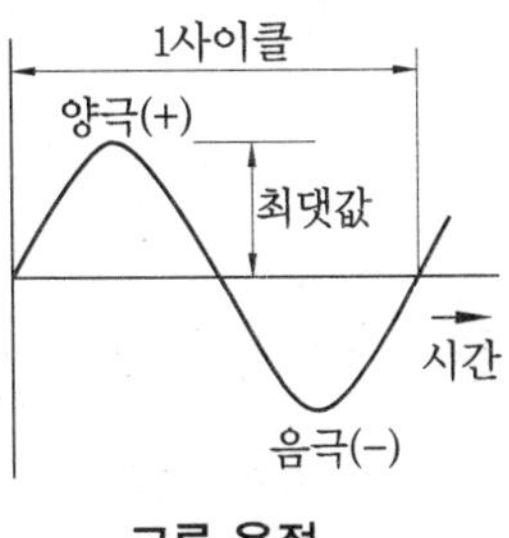

교류 용접

단원 예상문제

1. 직류정극성(DCSP)에 대한 설명으로 올바르지 못한 것은?

① 모재를 (+)극에, 용접봉을 (−)극에 연결한다.
② 용접봉의 용융이 느리다.
③ 모재의 용입이 깊다.
④ 용접 비드의 폭이 넓다.

해설 정극성은 모재에 양극(+), 전극봉에 음극(−)이 연결되어 발열량이 양극에서 70~80%, 음극에서는 20~30%로 모재 측의 열 발생이 많아 용입이 깊어지고 음극인 전극봉(용접봉)은 천천히 녹는다. 역극성은 반대로 모재가 천천히 녹고 용접봉은 빨리 용융되어 비드의 용입이 얕고 넓다.

2. 직류역극성(direct current reverse polarity) 용접에 대한 설명이 옳은 것은?

① 용접봉을 음극(−), 모재를 양극(+)에 설치한다.
② 용접봉의 용융속도가 느려진다.
③ 모재의 용입(penetration)이 깊다.
④ 얇은 판의 용접에서 용락을 피하기 위하여 사용한다.

해설 직류역극성(DCRP)은 용접봉이 양극(+), 모재가 음극(−)으로 연결되어 열량은 용접봉이 70%, 모재가 30%이며 용입이 얕고 비드폭이 넓다.

정답 1. ④ 2. ④

5 용접입열

① 용접입열(welding heat input)은 외부로부터 용접부에 주어지는 열량이다.

② 아크가 단위길이 1cm당 발생하는 전기적 에너지, 즉 용접입열 H는 아크전압 E, 아크전류 I, 용접속도 V[cm/min]라 하면 다음 식과 같다.

$$H = \frac{60EI}{V} \text{ [J/cm]}$$

③ 모재에 흡수된 열량은 입열의 75~85%이다.

6 용접봉의 용융속도

① 단위시간당 소비되는 용접봉의 길이 또는 중량으로 표시한다.

② 용융속도=아크전류×용접봉 쪽 전압강하

[탄산가스 아크용접에서 콘택트 팁부터의 돌출 부분에서의 저항가열에 의해 지배되는 용접의 용융속도 $V=\alpha I$(전류)$+\beta l$(아크 돌출길이) I^2(전류^2)이며, 단 α, β는 비례정수이다(전극재질, 아크의 성질에 의해 정해진다).]

③ 용융속도는 아크전압 및 심선 지름과 관계없이 용접전류에만 비례한다.

단원 예상문제

1. 용접전류 120A, 용접전압이 12V, 용접속도가 분당 18cm인 경우에 용접부의 입열량(J/cm)은?

① 3500 ② 4000 ③ 4800 ④ 5100

해설 용접입열량은 공식 $H=\frac{60EI}{V}$ [J/cm] {H: 용접입열, E: 아크전압(V), I: 아크전류(A), V: 용접속도(cm/min)}에 대입하면 $\frac{60 \times 120 \times 2}{18} = 4800$

2. 용접부에 외부로부터 주어지는 열량을 용접입열이라고 한다. 피복아크용접에서 아크가 용접의 단위길이 1cm당 발생하는 전기적 에너지 H는 아크전압 E[V], 아크전류 I[A], 용접속도 V[cm/min]라 할 때, 어떤 관계식으로 주어지는가?

① $H=\frac{EI}{60V}$ [J/cm] ② $H=\frac{60EI}{V}$ [J/cm]

② $H=\frac{60V}{EI}$ [J/cm] ④ $H=\frac{V}{60EI}$ [J/cm]

해설 아크가 용접 단위길이 1cm당 발생하는 전기적 에너지 H는 $H=\frac{60EI}{V}$ [J/cm]

E[V]: 아크전압, I[A]: 아크전류, V[cm/min]: 용접속도

3. 단위시간당 소비되는 용접봉의 길이 또는 중량으로 표시되는 것은?

① 용접길이 ② 용융속도 ③ 용접입열 ④ 용접효율

해설 용접봉의 용융속도는 단위시간당 소비되는 용접봉의 길이 또는 중량으로 표시한다.
- 용융속도=아크전류×용접봉 쪽 전압강하
- 용융속도는 아크전압 및 심선의 지름과 관계없이 용접전류에만 비례한다.

4. 용착속도(rate of deposition)를 올바르게 설명한 것은?

① 용접심선이 10분간에 용융되는 길이
② 용접심선이 1분간에 용융되는 중량
③ 용접봉 혹은 심선의 소모량
④ 단위시간에 용착되는 용착금속의 양

해설 용착속도에 대한 설명은 ④항이며 용착률은 용착금속 중량과 사용 용접봉 전중량(피복 포함)의 비이다.

정답 1. ③ 2. ② 3. ② 4. ④

7 용적이행 시험포인트

용융금속이 용접봉에서 모재로 옮겨가는 상태를 말하며 다음과 같이 세 가지의 이행 형식이 있다.

① **단락형**(short circuit type)

용적이 용융지와 접촉하여 단락되면서 표면장력에 의해 모재로 옮겨가는 방식이다.

② **입상형**(globuler transfer type, **글로뷸러형**)

흡인력에 의해 용접봉이 오므라들어 용융금속의 비교적 큰 용적이 단락되지 않고 모재로 옮겨가는 방식이며 일명, 핀치 효과형이라고도 한다.

③ **분무형**(spray transfer type, **스프레이형**)

피복제에서 발생되는 가스가 폭발하여 미세한 용적이 옮겨가는 방식이다.

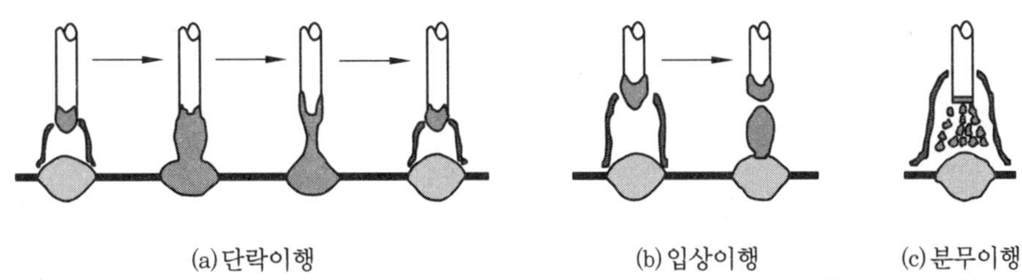

(a) 단락이행 (b) 입상이행 (c) 분무이행

용적이행의 종류

● 참고

1. **표면장력(表面張力, surface tension)**: 액체가 겉넓이를 가능한 한 적게 차지하기 위하여 그 표면을 자체 수축시키는 힘이다.
2. **핀치 효과(pinch effect)**: 플라스마(plasma)에 흐르는 전류와 그로 인해 생기는 자기장의 상호 작용으로 플라스마가 수축되어 가늘게 좁아지는 현상이며, 핀치 효과에는 전자기핀치 효과와 열 핀치 효과의 2종류가 있다.

단원 예상문제

1. 피복아크용접에서 용융금속의 이행 형식에 속하지 않는 것은?

① 단락형 ② 스프레이형 ③ 글로뷸러형 ④ 리액터형

해설 아크용접봉에서 용융금속은 ①, ②, ③의 형식으로 이행된다.

2. 용융금속의 용적이행 형식인 단락형에 관한 설명으로 옳은 것은?

① 표면장력의 작용으로 이행하는 형식
② 전류소자 간의 흡인력으로 이행하는 형식
③ 비교적 미세 용적이 단락되지 않고 이행하는 형식
④ 미세한 용적이 스프레이와 같이 날려 이행하는 형식

해설 용적이행 방식에서 단락형은 용적이 용융지와 접촉하여 단락되면서 표면장력에 의해 모재로 옮겨가서 용착되는 형식이다.

정답 1. ④ 2. ①

2-2 피복아크 용접기

1 피복아크 용접기의 분류

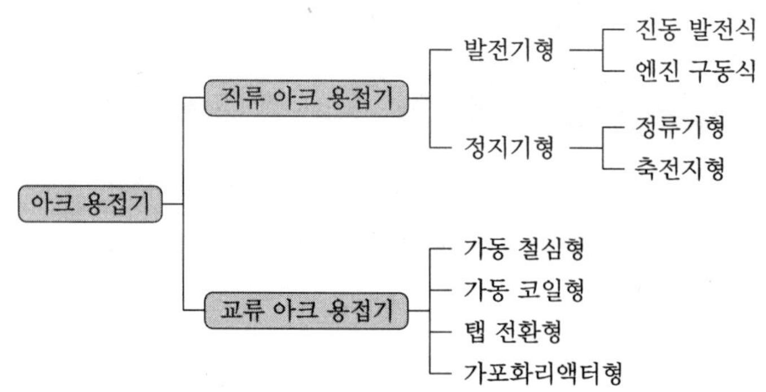

2 용접기에 필요한 조건

(1) 용접기의 특성

① **수하특성(drooping characteristic)**

㈎ 부하 전류가 증가하면 단자 전압이 저하하는 특성이다.

㈏ 아크길이에 따라 아크전압이 다소 변하여도 전류는 별로 변하지 않는다.

㈐ 피복아크용접, TIG용접, 서브머지드 아크용접 등에 응용된다.

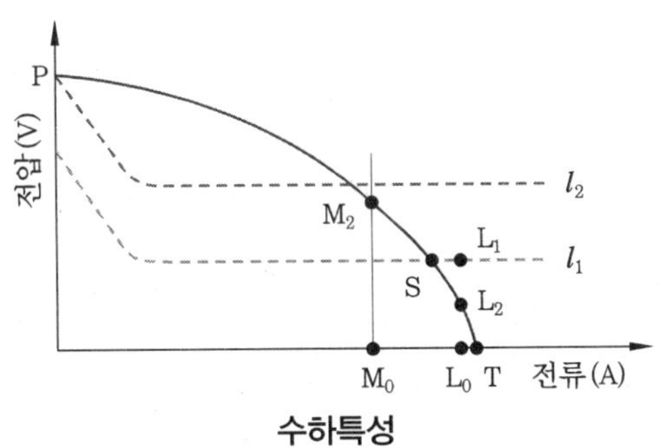

수하특성

② **정전류 특성(constant current characteristic)**

㈎ 수하특성 곡선에서 아크길이에 따라 전압이 변동하여도 아크전류는 거의 변하지 않는 특성이다.

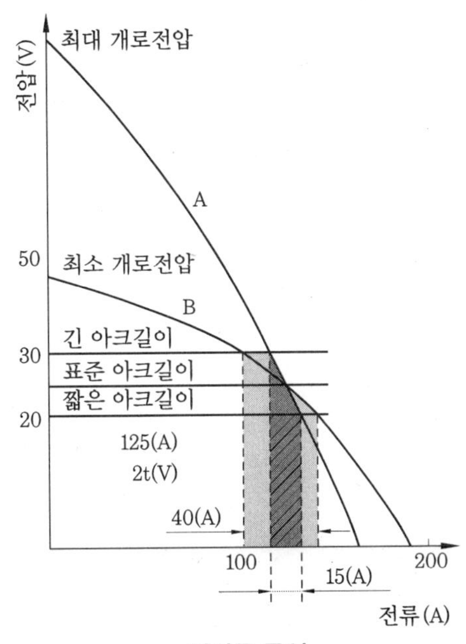

정전류 특성

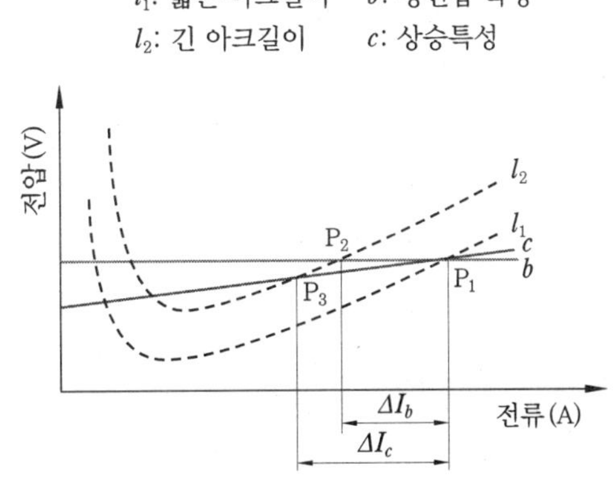

아크길이 자기제어 특성(정전압 특성, 상승특성)

(나) 수동 아크 용접기는 수하특성인 동시에 정전류 특성이다.

(다) 균일한 비드로 용접 불량, 슬래그 잠입 등의 결함을 방지한다.

③ **정전압 특성과 상승특성(constant voltage characteristic and rising characteristics)**

(가) 정전압 특성(cp 특성): 부하전류가 변하여도 단자전압이 거의 변하지 않는 특성이다.

(나) 상승특성: 부하 전류가 증가할 때 전압이 다소 높아지는 특성이다.

(다) 자동 또는 반자동 용접기는 정전압 특성이나 상승특성을 채택한다.

(2) 용접기의 구비 조건

① 구조 및 취급 방법이 간단해야 한다.

② 전류가 일정하게 흐르고, 조정하기 쉬워야 한다.

③ 아크 발생이 용이하도록 무부하 전압을 유지해야(교류 70~80V, 직류 50~60V) 한다.

④ 아크 발생 및 유지가 용이하고, 아크가 안정되어야 한다.

⑤ 용접기는 완전 절연과 무부하 전압이 필요 이상 높지 않아야 한다.

⑥ 사용 중에 온도 상승이 적고, 역률 및 효율이 좋아야 한다.

⑦ 가격이 저렴해야 한다.

단원 예상문제

1. 아크 용접기의 구비 조건으로 틀린 것은?

① 구조 및 취급이 간단해야 한다.
② 용접 중에 온도 상승이 커야 한다.
③ 아크 발생 및 유지가 용이하고 아크가 안정되어야 한다.
④ 역률 및 효율이 좋아야 한다.

해설 용접기는 용접 중에 온도 상승이 가능한 한 적어야 한다.

2. 아크 용접기의 수하특성이란?

① 부하전압 감소 시 단자전압이 감소하는 것이다.
② 부하전류 증가 시 단자전압이 저하하는 것이다.
③ 부하전압 증가 시 단자전압이 증가하는 것이다.
④ 부하전류 감소 시 단자전압이 증가하는 것이다

3. 아크 용접기의 특성 중 아크길이에 따라 전압이 변동하여도 전류값은 거의 변하지 않는다는 특성은?

① 정전압 특성　② 부하특성　③ 정전류 특성　④ 상승특성

해설 수하특성 중, 특히 전원 특성 곡선에서 작동점 부근의 경사가 상당히 급격한 것을 정전류 특성이라 하고, 아크길이에 따라 전압이 변동하여도 아크전류가 거의 변하지 않는 특성은 정전류 특성이다.

정답 1. ② 2. ② 3. ③

3 직류 아크 용접기(DC arc welder)

안정된 아크가 필요한 박판, 경금속, 스테인리스강의 용접에 많이 사용된다.

(1) 발전기형 용접기

① 전동 발전형(MG형)

3상 유도 전동기로 용접용 직류 발전기 구동을 거의 사용하지 않는다.

② 엔진 구동형(EG형)

㈎ 가솔린, 디젤엔진 등을 이용한 용접용 직류 발전기 구동 방식이다.

㈏ 전원 설비가 없는 곳이나 이동 공사에 이용된다.

DC 전원이나 AC 110V, 220V 전력을 얻는다.

(a) 전동 발전형

(b) 엔진 구동형

발전기형 용접기

(2) 정류기형 직류아크용접기(rectifier type DC arc welding machine)

① **전원별:** 3상 정류기, 단상 정류기 등

② **정류기별:** 셀레늄(80℃), 실리콘(150℃), 게르마늄 등

③ **전류조정별:** 가동 철심형, 가동 코일형, 가포화 리액터형

④ **2차측 무부하전압:** 40~60V 정도

⑤ **변류과정**

⑥ **정류기형 직류 아크용접기 회로**

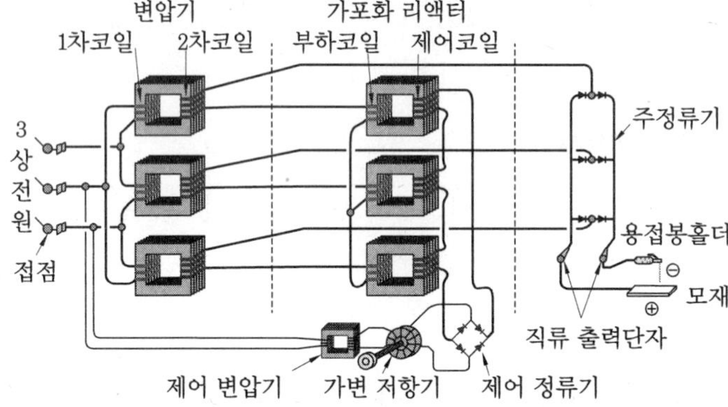

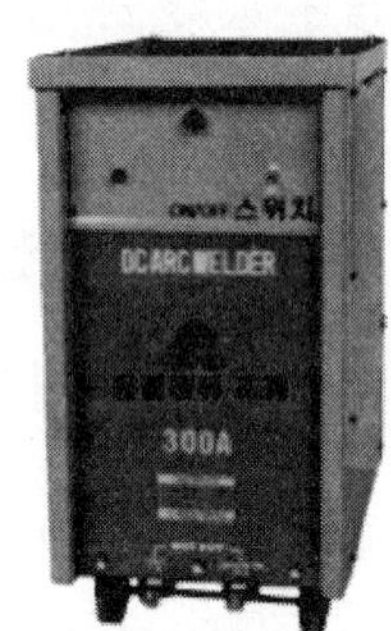

정류기형 용접기

참고 인버터 용접기의 원리

- **인버터:** 직류전원을 가변전압, 가변주파수의 교류전원으로 변환해주는 장치이다. 통상적으로 상용 교류전원을 직류전원으로 변화시켜주는 컨버터부를 포함하여 인버터(invert)라 한다.

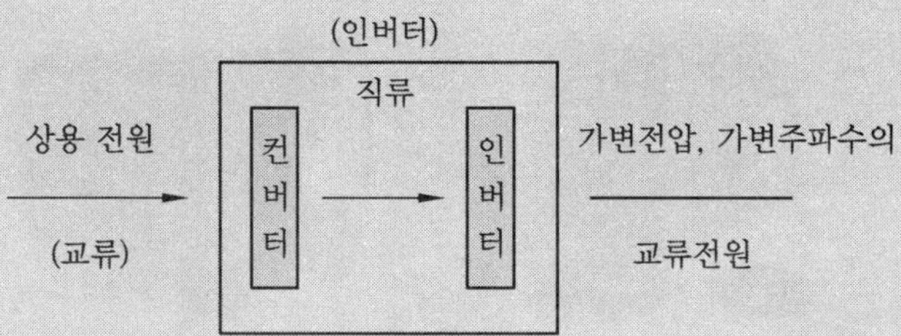

- **인버터 용접기:** 인버터부에서 상용 전원을 수 kHz~수십 kHz의 고주파 교류로 변환하여 변압기로 입력하고 변압기의 출력을 다시 직류로 정류해서 용접용 전원을 얻는 장치이며, 용접전원의 출력제어는 변압기 1차측의 인버터부에서 하고, 2차측은 단지 정류작용만을 한다.

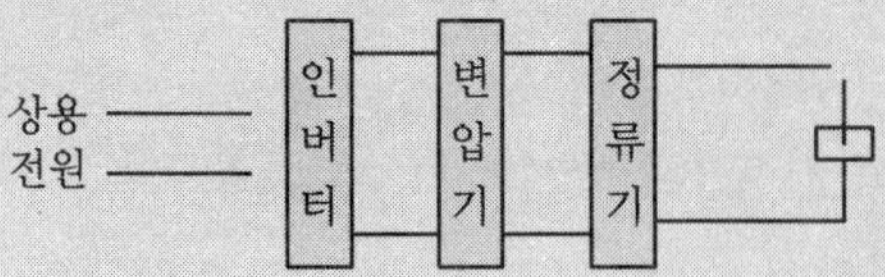

(3) 축전지형 직류용접기

① 전원이 없는 곳에 자동차용 축전지를 이용한다.

② 축전지의 전압은 48V이며 직렬로 연결한다.

축전지형 직류용접기

(4) 직류 아크 용접기의 특징

종류	특징
발전형 (모터형, 엔진형)	• 완전한 직류를 얻으나 가격이 고가이다. • 옥외나 전원이 없는 장소에 사용한다(엔진형). • 고장 나기 쉽고 소음이 크며, 보수 점검이 어렵다.
정류기형, 축전지형	• 취급이 간단하고 가격이 싸다. • 완전한 직류를 얻을 수 없다(정류기형). • 정류기 파손에 주의해야 한다(셀레늄 80℃, 실리콘 150℃). • 소음이 없고 보수 점검이 간단하다.

단원 예상문제

1. 직류 아크 용접기의 장점이 아닌 것은?

① 아크 쏠림의 방지가 가능하다.

② 감전의 위험이 적다.

③ 아크가 안정하다.

④ 극성의 변화가 가능하다.

해설 아크 쏠림은 직류에서 자장 때문에 발생하며 방지책으로는 후퇴법, 엔드 태브와 교류를 사용하는 방법이 있다. 근본적으로 교류를 이용한다.

정답 1. ①

4 교류 아크 용접기

(1) 교류 아크 용접기의 특징

교류 아크 용접기는 1차측 전원이 220~380V로, 2차측의 무부하 전압은 70~80V가 되도록 만든다. 누설변압기 구조이며 리액턴스(reactance)에 의해 수하특성을 얻고, 누설자속에 의해서 전류를 조정한다. 조작 방법에 따라 가동 철심형, 가동 코일형, 탭 전환형, 가포화 리액터형으로 분류된다.

[장점]

① 자기쏠림 방지 효과가 있다.

② 구조가 간단한다.

③ 가격이 싸고, 보수가 용이하다.

(2) 교류 변압기의 원리

① **변압기:** 전압값을 변화시키는 전기기계이다.

② **변압비와 권수비, 전압전류 사이의 관계**

$$\frac{E_1}{E_2}=\frac{n_1}{n_2} \quad \therefore E_1 n_2=E_2 n_1$$

$$\frac{1\text{차 전류}(I_1)}{2\text{차 전류}(I_2)}=\frac{E_2}{E_1}=\frac{n_2}{n_1}$$

$\therefore E_1 I_1=E_2 I_2$ 또는 $n_1 I_1=n_2 I_2$

③ **리액턴스:** 교류에만 작용하는 저항이다.

④ **임피던스:** 본래 리드선이 가지고 있는 저항과 용접변압기의 리액턴스를 합한 것이다.

$$Z=\sqrt{R^2+Y^2}$$

$$I=\frac{Er}{Zr}$$

Z: 임피던스 R: 저항 Y: 리액턴스 I: 전류 E: 전압

(3) 교류 아크용접기의 종류

① **가동 철심형 용접기(movable core type welder)**

㈎ 원리: 가동철심의 이동으로 누설자속을 가감하여 전류의 크기를 조정한다.

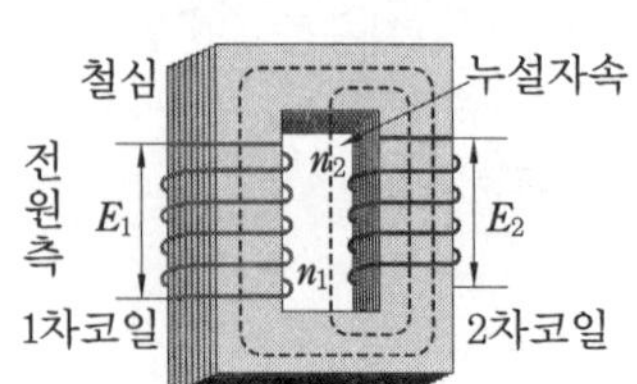

(나) 장점: 전류를 세부적으로 연속해서 조정할 수 있다.

(다) 단점: 누설자속 경로에 영향을 주어 아크가 불안정해지고 또 가동 부분의 마모에 의해 가동철심이 진동할 수 있다.

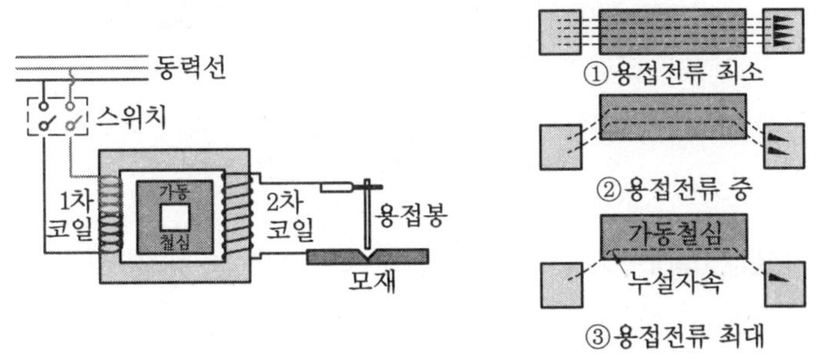

(a) 가동 철심형 용접기의 원리 (b) 가동 철심형의 위치

가동 철심형 용접기의 원리와 위치

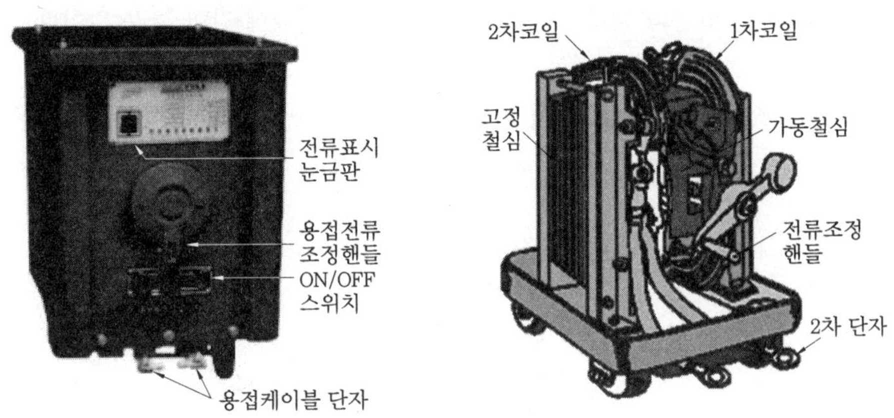

가동 철심형 용접기와 그 구조

② **가동 코일형 용접기(movable coil type welder)**

(가) 원리: 2차코일을 고정하고, 1차코일을 이동시켜 코일 간의 거리를 조정함으로써 누설자속에 의해 전류를 세밀하게 연속적으로 조정하는 형식이다.

(나) 특징: 안정된 아크를 얻으며, 가동부의 진동 잡음이 생기지 않는다.

(다) 전류 조정: 양쪽 코일을 접근시키면 전류가 높아지고, 멀어지면 작아진다.

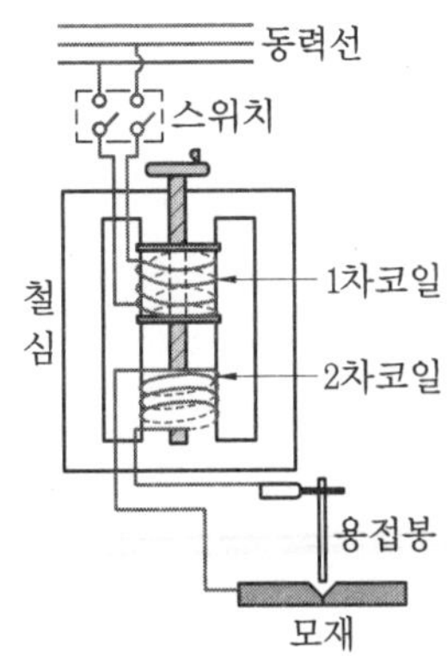

가동 코일형 용접기의 원리

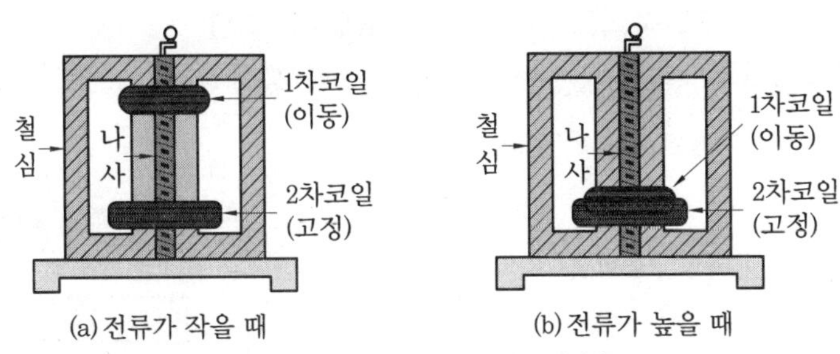

가동 코일형 용접기의 전류 조정

③ **탭 전환형 용접기(tapped secondary coil control type welder)**

(가) 구조가 간단하여 주로 소형 용접기에 쓰인다.

(나) 전류는 탭을 전환하여 단계적으로 조정한다.

(다) 탭 전환 부분은 마모 손실에 의한 접촉 불량이 쉽게 발생한다.

④ **가포화 리액터형 용접기(saturable reactor type welder)** 시험 포인트

(가) 원리: 변압기와 직류여자 코일을 가포화리액터 철심에 감아 놓은 것이다.

(나) 장점

㉠ 전류 조정을 전기적으로 하기 때문에 마멸 부분이 없고 조작이 간단하다.

㉡ 소음이 없으며 원격조정(remote control)과 핫 스타트(hot start)가 용이하다.

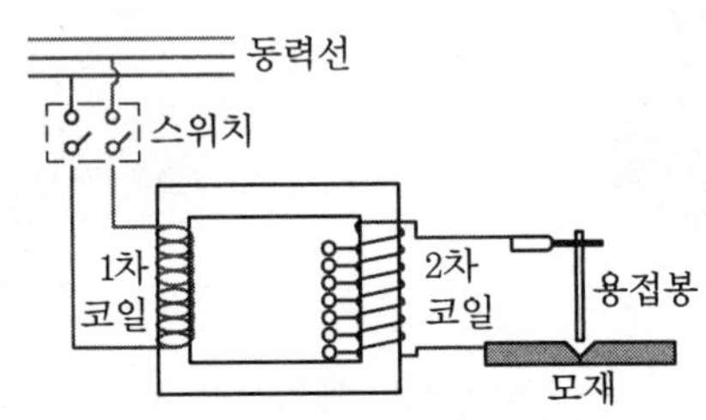

탭전환형 용접기의 원리

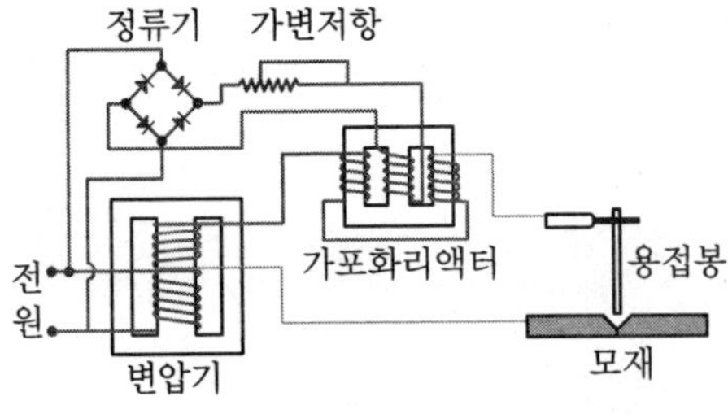

가포화 리액터형 용접기의 원리

교류 아크용접기의 종류별 특징

구분	특징
가동 철심형	• 가동철심을 이동시켜 누설자속의 변화로 전류를 조정한다. • 미세한 전류 조정이 가능하나, 아크가 불안정하다.
가동 코일형	• 1차코일을 이동시켜 누설자속의 변화로 전류를 조정한다. • 아크 안정도가 높고 소음이 없으며 가격이 비싸다.
탭 전환형	• 코일 감는 횟수로 전류를 조정한다. • 탭 전환 부분의 소손이 심하고, 전류의 폭넓은 조정이 어렵다.
가포화 리액터형	• 가변저항의 변화로 용접전류를 조정한다. • 전기적으로 전류를 조정하여 소음이 없고 수명이 길다. • 조작이 간단하고 원격 제어가 가능하다.

단원 예상문제

1. 피복아크용접에 필요한 특성으로 아크를 안정시키는 데 필요한 특성은? (단, 부하전류 증가로 단자전압이 저하함)

① 자기제어 특성 ② 수하 특성 ③ 정전압 특성 ④ 회로 특성

해설 수하특성은 부하전류가 증가하면 단자전압이 저하하는 특성으로 수동용접 및 아크 용접기에 필요한 특성이다.

2. 일반적인 교류 아크 용접기의 2차측 무부하전압은?

① 50~60V ② 70~80V ③ 90~100V ④ 100~110V

해설 피복아크 용접기의 무부하 전압은 직류가 40~60V이고, 교류가 70~80V이므로 직류보다 교류가 감전의 위험이 크다.

3. 교류 아크 용접기와 비교한 직류 아크 용접기에 관한 설명 중 틀린 것은?

① 아크가 안정되어 있다.
② 전격의 위험이 많다.
③ 아크 블로가 발생한다.
④ 보수관리 등 손질을 자주 해야 한다.

해설 직류용접기는 무부하 전압(40~60V)이 교류(85~95V)보다 낮아 전격의 위험이 교류에 비하여 적다.

4. 아크 용접기의 규격 표시 중 AW 300은 어느 것인가?

① 1차 전압이 300V임을 나타낸다.
② 2차 전압이 300V임을 나타낸다.
③ 정격 1차전류가 300A임을 나타낸다.
④ 정격 2차전류가 300A임을 나타낸다.

해설 피복아크 용접기에 AW 300은 정격 2차전류가 300A라는 것을 의미하며 AW는 Arc Welder의 준말이고 정격 2차전류의 조정 범위는 20~110%이다.

정답 1. ② 2. ② 3. ② 4. ④

(4) 용접기의 사용률

① 사용률(duty cycle)

용접기의 사용률을 규정하는 목적은 높은 전류를 계속해서 사용함으로써 용접기 내부의 온도가 상승하여 소손되는 것을 방지하기 위해서이다.

(가) 정격 사용률: 정격 2차전류(예 AW 300, 정격 사용률 40%)를 사용하는 경우의 사용률

$$\text{사용률}(\%) = \frac{\text{아크 발생시간}}{\text{아크 발생시간} + \text{휴식시간}} \times 100$$

※ 전체 시간: 10분

(나) 허용 사용률: 실제 용접작업에서 정격 2차전류 이하의 전류를 사용하는 경우 허용되는 사용률

$$\text{허용 사용률}(\%) = \frac{(\text{정격 2차전류})^2}{(\text{실제 용접전류})^2} \times \text{정격 사용률}(\%)$$

(다) 역률(power factor): 전원입력에 대한 소비전력의 비율

$$\therefore \text{역률} = \frac{\text{소비전력(kW)}}{\text{전원입력(kVA)}} = \frac{(\text{아크전압} \times \text{아크전류}) + \text{내부손실}}{(\text{2차 무부하전압} \times \text{아크전류})} \times 100(\%)$$

㉠ 전원입력(2차 무부하전압×아크전류) ㉡ 아크입력(아크전압×아크전류)
㉢ 2차측 내부손실(kW) ㉣ 역률이 높을수록 용접기는 나쁨

(라) 효율(efficiency): 소비전력에 대한 아크출력의 비율

$$\therefore \text{효율} = \frac{\text{아크출력(kW)}}{\text{소비전력(kW)}} = \frac{(\text{아크전압} \times \text{아크전류})}{(\text{아크출력} + \text{내부손실})} \times 100(\%)$$

용접기의 절연 종류

절연 종류	A	B	C	E	F	H	Y
온도상승 허용 온도(℃)	60	70	180≤	80	155	150	60

단원 예상문제

1. 용접기의 통전시간을 6분, 휴식시간을 4분이라 할 때 이 용접기의 사용률은 몇 %나 되겠는가?

① 20% ② 40% ③ 60% ④ 80%

해설 사용률(%) $= \frac{\text{아크 발생시간}}{\text{아크 발생시간} + \text{휴식시간}} \times 100 = \frac{\text{아크 발생시간}}{\text{전체 작업시간}} \times 100 = \frac{6}{10} \times 100 = 60$

2. 정격 2차전류가 600A인 용접기의 정격 사용률이 40%, 허용 사용률이 57.6%였다면 실제 용접작업 시의 용접전류는 몇 A인가?

① 500 ② 600 ③ 700 ④ 800

해설 허용 사용률(%) $= \frac{(\text{정격 2차전류})^2}{(\text{실제 용접전류})^2} \times$ 정격 사용률(%) $\Rightarrow 40 \times (600)^2 \div 57.6 = 500\text{A}$

3. 정격 2차전류 300A, 정격 사용률 50%인 아크 용접기로 실제 200A의 전류로 용접할 경우 허용 사용률은 몇 %인가?

① 200 ② 156 ③ 112.5 ④ 98.7

해설 허용 사용률(%) $= \frac{(\text{정격 2차전류})^2}{(\text{실제 용접전류})^2} \times$ 정격 사용률(%) $\Rightarrow 50 \times (300)^2 \div (200) = 112.5\%$

4. 아크 용접기의 사용률 공식으로 옳은 것은?

① $\frac{\text{아크 발생시간} + \text{휴식시간}}{\text{아크시간}} \times 100$ ② $\frac{\text{아크시간}}{\text{아크시간} + \text{휴지시간}} \times 100$

③ $\frac{\text{휴지시간}}{\text{아크시간}} \times 100$ ④ $\frac{\text{아크시간}}{\text{휴지시간}} \times 100$

해설 아크 용접기의 사용률 공식은 사용률(%) $= \frac{\text{아크 발생시간}}{\text{아크 발생시간} + \text{휴식시간}} \times 100$

5. 교류 용접기의 아크 출력이 9.0kW이고, 내부 손실이 4.0kW일 때 용접기의 효율은?

① 약 54.1% ② 약 69.2% ③ 약 74.3% ④ 약 89.5%

해설 교류 아크 용접기의 ① 역률$=\frac{(\text{아크쪽 입력})+(\text{손실})}{\text{전원입력}}\times 100\%$

② 효율$=\frac{(\text{아크 쪽 입력})}{(\text{아크 쪽 입력})+(\text{손실})}\times 100\%=\frac{9}{(9+4)}\times 100=69.2\%$

6. 정격 2차 전류가 300A, 정격 사용률이 40%인 아크 용접기로 200A의 용접전류를 사용하여 용접하는 경우의 허용 사용률(%)은?

① 60 ② 70 ③ 80 ④ 90

해설 허용 사용률(%)$=\frac{(\text{정격 2차 전류})^2}{(\text{실제 용접전류})^2}\times$정격 사용률(%) ⇒ $40\times(300)^2\div(200)^2=90\%$

7. 피복아크 용접기에서 AW300, 무부하 전압 70V, 아크전압 30V를 사용할 때 역률과 효율은 각각 얼마인가?

① 역률 75.8%, 효율 57.2% ② 역률 72.3%, 효율 64.7%
③ 역률 67.4%, 효율 71% ④ 역률 57.1%, 효율 75%

해설 역률$=\frac{(\text{아크 쪽 입력})+(\text{손실})}{\text{전원입력}}\times 100\%$, 효율$=\frac{(\text{아크 쪽 입력})}{(\text{아크 쪽 입력})+(\text{손실})}\times 100\%$

8. 정격 2차전류가 300A, 정격 사용률 50%인 용접기를 사용하여 100A의 전류로 용접을 할 때 허용 사용률은?

① 250% ② 350% ③ 450% ④ 500%

해설 허용 사용률(%)$=\frac{(\text{정격 2차전류})^2}{(\text{실제 용접전류})^2}\times$정격 사용률(%)$=\frac{300^2}{100^2}\times 50\%=450\%$

9. AW300 용접기의 정격 사용률이 40%일 때 200A로 용접을 하면 10분 작업 중 몇 분까지 아크를 발생해도 용접기에 무리가 없는가?

① 3분 ② 5분 ③ 7분 ④ 9분

해설 정격 사용률: 정격 2차전류(예 AW300, 정격 사용률 40%)를 사용하는 경우

사용률$=\frac{\text{아크 발생시간}}{\text{아크 발생시간}+\text{휴식시간}}\times 100\%$ ⇒ $40=\frac{\text{아크 발생시간}}{\text{아크 발생시간}+\text{휴식시간}}$=10분으로

즉, 아크 용접기의 사용률$=\frac{\text{아크 발생시간}}{\text{아크 발생시간}+\text{휴식시간}}\times 100\%=40\%$일 때 허용 사용률 공식에 의거 $\frac{(\text{정격 2차전류})^2}{(\text{실제 용접전류})^2}\times$정격 사용률(%)$=\frac{(300\text{A})^2}{(200\text{A})^2}\times 40\%=9$와 같이 계산되어 9분간 휴식이다.

정답 1. ③ 2. ① 3. ③ 4. ② 5. ② 6. ④ 7. ④ 8. ③ 9. ④

(5) 아크 용접기의 부속장치

① 전격방지기

용접기의 무부하 전압을 25~30V 이하로 유지하고, 아크 발생 시에 통상 전압(무부하전압 또는 부하전압)이 되며, 아크가 소멸된 후에는 자동적으로 전압을 저하시켜 감전을 방지하는 장치이다.

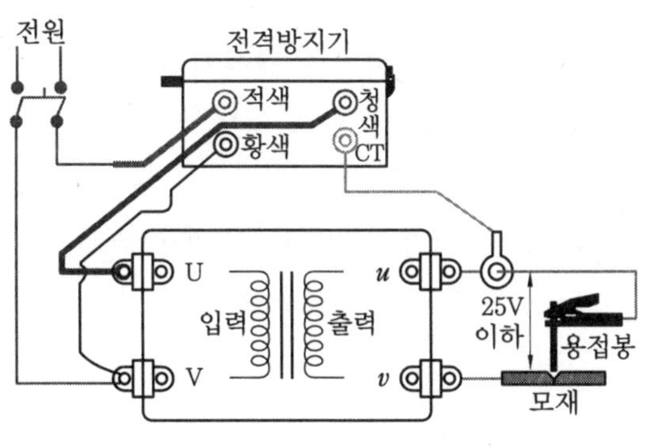

전격방지기의 작동 원리

② 원격 제어 장치(remote control)

㈎ 용접작업 위치가 멀리 떨어져 있는 용접전류를 조정하는 장치이다.

㈏ 종류

㉠ 유선식

- 전동기 조작형(모터 방식)
- 가포화 리액터형(조정기 방식)

가포화 리액터형

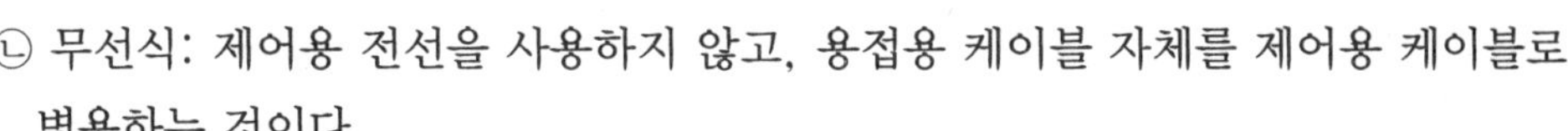

㉡ 무선식: 제어용 전선을 사용하지 않고, 용접용 케이블 자체를 제어용 케이블로 병용하는 것이다.

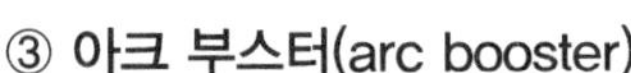

③ 아크 부스터(arc booster)

핫 스타트(hot start) 장치라고도 하며, 아크 발생 시에만(약 1/4~1/5초) 용접전류를 크게 하여 용접 시작점에 생길 수 있는 기공이나 용입불량의 결함을 방지하는 장치이다. 이외에도 고주파 발생장치가 있다.

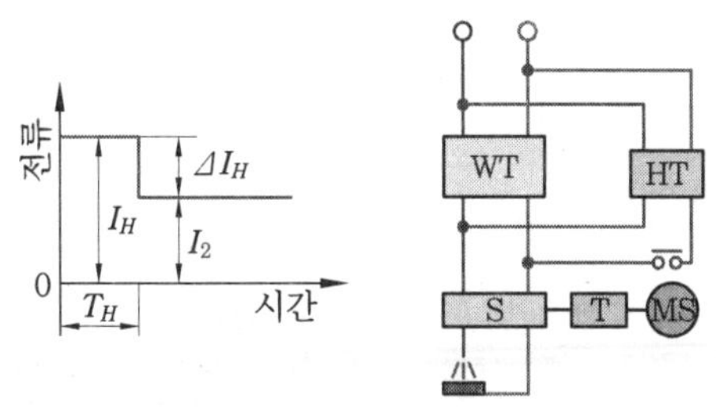

핫 스타트 장치

④ **고주파 발생장치(high frequency generation device)**

아크를 쉽게 발생시키기 위하여 용접전류에 고전압(약 3,000V), 고주파수(300~1,000KC), 저출력의 전류를 이용하는 주파수이다.

(가) 장점

- 전극을 모재에 접촉시키지 않아도 아크가 손쉽게 발생하여 전극의 수명이 길어진다.
- 아크가 안정되므로 아크가 길어져도 끊어지지 않는다. 일정 지름의 전극에 대하여 광범위한 전류를 사용할 수 있다.

(나) 작용

용접부에 고주파전류(보통 전압 3,000V, 주파수 300~1,000KC 정도)가 모재와 전극 사이에 흘러 모재 표면의 산화물을 부수고 용접전류의 회로를 형성하는 것이다.

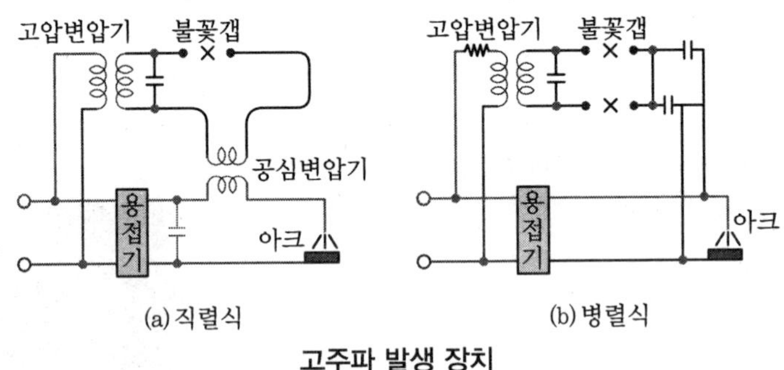

고주파 발생 장치

(7) 용접기의 보수 및 점검

① **용접기 점검**

(가) 용접작업 전 또는 작업 후에 실시한다.

(나) 용접기 안팎 점검 및 고장 유무를 확인한다.

(다) 전기 접속 및 케이블의 파손 여부를 확인한다.

(라) 정류자면의 불순물 여부를 확인한다.

② **용접기 보수**

(가) 2차측 단자 한쪽과 용접기 케이스는 접지한다.

(나) 가동 부분, 냉각 팬(fan)의 점검 및 주유를 실시한다.

(다) 탭 전환 등 전기적 접속부는 샌드페이퍼 등으로 자주 잘 닦아준다.

(라) 용접케이블 등의 파손된 부분은 절연 테이프로 감는다.

(8) 용접기를 설치할 때 피해야 할 장소

① 먼지가 매우 많은 곳
② 수증기 또는 습도가 높은 곳
③ 옥외의 비바람이 치는 곳
④ 진동 및 충격을 받는 곳
⑤ 휘발성 기름이나 가스가 있는 곳
⑥ 유해한 부식성 가스가 존재하는 곳
⑦ 폭발성 가스가 존재하는 곳
⑧ 주위 온도가 −0℃ 이하인 곳

단원 예상문제

1. 교류 아크 용접기로서 용접전류의 원격조정이 가능한 용접기는?

① 탭 전환형 ② 가포화 리액터형
③ 가동 철심형 ④ 가동 코일형

해설 교류 아크 용접기의 종류 중 원격조정이 가능한 것은 가포화 리액터형이며, 가변저항으로 전류를 조절하여 실시할 수 있다.

2. 다음 중 용접기를 설치해서는 안 되는 장소는?

① 진동이나 충격이 없는 장소 ② 휘발성 가스가 있는 장소
③ 기름이나 증기가 없는 장소 ④ 주위 온도가 −5℃인 장소

해설 휘발성 가스가 있는 곳은 스패터 혹은 온도 등에 의한 화재 및 폭발의 위험이 있다. 이외에도 먼지가 매우 많은 곳, 수증기 또는 습도가 높은 곳, 옥외의 비바람이 치는 곳, 진동 및 충격을 받는 곳, 유해한 부식성 가스가 존재하는 곳, 폭발성 가스가 존재하는 곳, 주위 온도가 −0℃ 이하인 곳 등은 피해서 설치해야 한다.

3. 용접기의 보수 및 점검 시 지켜야 할 사항으로 틀린 것은?

① 2차측 단자의 한쪽과 용접기 케이스는 접지해서는 안 된다.
② 각종 부분 냉각팬을 점검하고 주유해야 한다.
③ 탭 전환의 전기적 접속부는 자주 샌드페이퍼 등으로 잘 닦아준다.
④ 용접 케이블 등의 파손된 부분은 절연 테이프로 감아야 한다.

해설 2차측 단자의 한쪽과 용접기 케이스는 안전상 반듯이 접지를 해야 감전을 방지할 수 있다.

정답 1. ② 2. ② 3. ①

2-3 피복아크용접 작업용 기구

(1) 용접용 홀더

용접봉 끝을 꼭 잡고 용접전류를 용접케이블에서 용접봉으로 전달하는 기구이다.

① **종류**

스프링 로드형, 듀로형, 크램프형, 스크류형 등이 있으며 A형과 B형으로 분류된다. A형(안전홀더)은 전체가 완전 절연된 것으로 무겁고, B형은 손잡이만 절연된 것이다.

(2) 용접용 케이블

① **1차 케이블(리드용 케이블)**

전원에서 용접기까지 연결하는 케이블이다.

② **2차 케이블(홀더용 케이블)**

용접기와 홀더(접지 클램프) 사이의 케이블이며, 유연하도록 지름 0.2~0.5mm의 가느다란 구리선을 수백 내지 수천 개를 꼬아서 튼튼한 종이로 감고 그 위에 고무를 피복한 것이다.

③ **규격**

용접기 용량(A)	모양	200	300	400
1차케이블 지름(mm)		5.5	8	14
2차케이블 단면적(mm^2)		38	50	60

(3) 케이블 커넥터 및 러그

① **케이블 커넥터(cable connector)**

케이블을 길게 연결할 때 사용한다.

② **케이블 러그(cable rug)**

케이블 커넥터 중 케이블과 용접기 단자를 연결한다.

케이블 커넥트　　케이블 러그　　수동 밀착기　　유압 밀착기

(4) 접지 클램프 및 퓨즈

① **접지 클램프(ground clamp, earth clamp)**

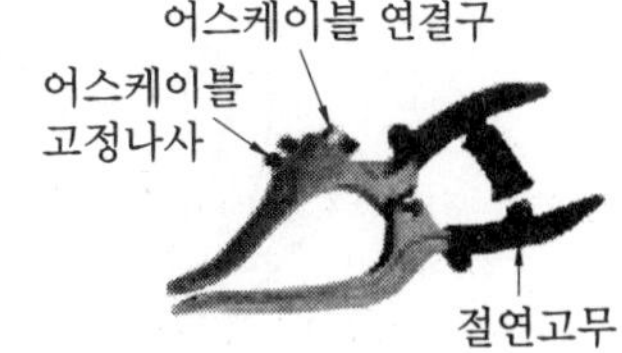

- 용접기의 2차 측 케이블과 모재를 연결한다.
- 접지 케이블을 용접물에 손쉽게 연결 혹은 분리할 수 있는 클램프이다.

② **퓨즈(fuse)**

- 안전 스위치에 설치한다.
- 퓨즈의 용량 결정식: 2차 전류의 40%

$$\text{퓨즈의 용량[A]} = \frac{\text{1차 입력}(kVA)}{\text{전원 전압}(V)}$$

(5) 용접 헬멧 및 핸드실드

① **용도:** 아크로부터 발생하는 해로운 자외선과 적외선, 스패터(spatter) 등으로부터 작업자의 눈, 얼굴 및 머리를 보호하기 위하여 착용한다.

② **용접 헬멧:** 머리에 쓰고 양손으로 작업이 가능하다.

③ **환기 헬멧:** 헬멧 내에 공기호스가 있어 공기를 환기시킬 수 있다.

④ **핸드실드(hand shield, face shield):** 손으로 들고 작업한다.

용접 헬멧　　핸드실드

(6) 차광유리 및 보호유리

① **차광유리(filter lens)**

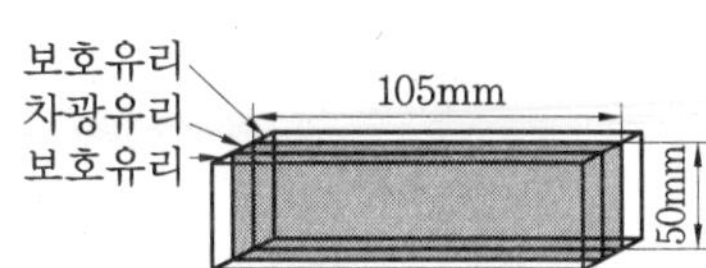

- 해로운 광선으로부터 눈을 보호하기 위하여 착색된 유리이다.
- 필터 렌즈의 차광도 번호가 높을수록 차광능력이 우수하다(용접전류가 높으면 복사선도 강하다).

② **보호유리**

차광유리를 보호하기 위해 앞뒤 양쪽에 끼워 사용하는 투명유리이다.

(7) 차광막 및 환기장치

(8) 장갑, 앞치마, 발덮개

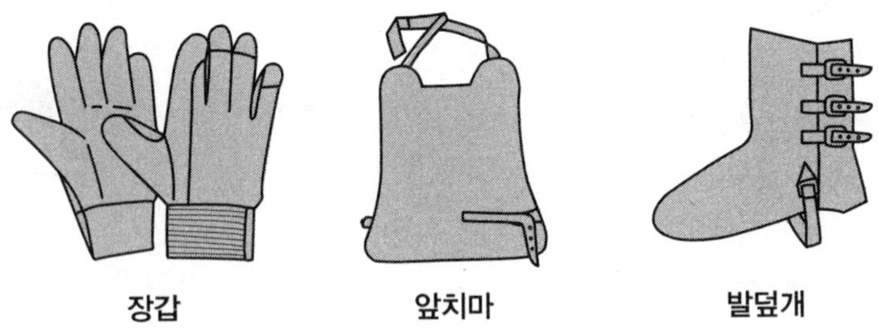

(9) 기타 용접공구

치핑 해머(chipping hammer), 와이어 브러시, 용접부 치수를 측정하는 데 필요한 용접 게이지, 필릿 용접의 각장을 측정하는 데 사용되는 맞대기 및 필릿 용접 게이지, 프라이어 등이 필요하다.

단원 예상문제

1. 핸드실드나 헬멧의 차광유리 앞에 보통 유리를 끼우는 이유로 가장 적합한 것은?

① 차광유리를 강하게 하기 위해
② 차광유리를 보호하기 위해
③ 자외선을 방지하기 위해
④ 작업 상황을 쉽게 보이기 위해

해설 보호유리는 저가로 고가인 차광유리가 용접열 및 스패터 등으로부터 깨지는 것을 보호하기 위해 앞뒤 양쪽에 끼워서 사용된다.

2. 40kVA의 교류 아크용접기의 전원 전압이 200V일 때 전원 스위치에 넣을 퓨즈의 용량은 몇 A인가?

① 50 ② 100
③ 150 ④ 200

해설 $\text{퓨즈용량} = \dfrac{\text{용접기의 용량}}{\text{용접기의 전원전압}} = \dfrac{40{,}000\,\text{VA}}{200\,\text{V}} = 200\,\text{A}$

3. 핸드실드 차광유리의 규격에서 100~300 A 미만의 아크용접 시 다음 중 가장 적합한 차광도 번호는?

① 1~2
② 5~6
③ 7~9
④ 10~12

해설 차광도 번호와 용접전류

차광도 번호	용접전류(A)	용접봉 지름(mm)
8	45~75	1.2~2.0
9	75~130	1.6~2.6
10	100~200	2.6~3.2
11	150~250	3.2~4.0
12	200~300	4.8~6.4
13	300~400	4.4~9.0
14	400 이상	9.0~9.6

4. 아크용접 시 작업자에게 가장 위험한 부분은?

① 배전관
② 용접봉 홀더 노출부
③ 용접기
④ 케이블

해설 용접작업 중에 용접봉 홀더의 노출부가 있으면 감전될 수 있다.

5. 용접봉 홀더 200호로 접속할 수 있는 최대 홀더용 케이블의 도체 공칭 단면적은 몇 mm^2인가?

① 22
② 30
③ 38
④ 50

해설

용접용량	200 A	300 A	400 A
1차 케이블	5.5 mm	8 mm	14 mm
2차 케이블	38 mm^2	50 mm^2	60 mm^2

6. 피복아크용접 시 안전홀더를 사용하는 이유로 옳은 것은?

① 고무장갑 대용
② 유해가스 중독 방지
③ 용접작업 중 전격예방
④ 자외선과 적외선 차단

해설 용접작업 중이나 휴식시간에도 전격(감전) 예방을 위해서 노출부가 절연되어 있는 안전홀더를 사용한다.

7. 용접용 케이블 이음에서 케이블을 홀더 끝이나, 용접기 단자에 연결하는 데 쓰이는 부품의 명칭은?

① 케이블 티그(tig) ② 케이블 태그(tag) ③ 케이블 러그(lug) ④ 케이블 래그(lag)

해설 케이블 커넥터는 케이블을 길게 연결할 때, 케이블 러그는 케이블 커넥터 중 케이블과 용접기 단자를 연결할 때 사용한다.

8. 용접기에 사용되는 전선(cable) 중 용접기에서 모재까지 연결하는 케이블은?

① 1차 케이블 ② 입력 케이블 ③ 접지 케이블 ④ 비닐코드 케이블

해설 용접기에서 모재로 연결되는 선은 접지 케이블이며, 직류에서 정극성과 역극성을 연결할 때에만 (+)와 (−)로 바뀐다.

정답 1. ② 2. ④ 3. ④ 4. ② 5. ③ 6. ③ 7. ③ 8. ③

2-4 피복아크 용접봉

1 개요

① 용접봉

㈎ 용접할 모재 사이의 틈(gap)을 채울 때 사용한다.

㈏ 용가재(filler metal) 또는 전극봉(electrode)이라고 한다.

㈐ 맨 용접봉은 자동, 반자동에 사용한다.

② 피복아크 용접봉

㈎ 수동 용접에 사용한다.

㈏ 심선 노출부는 25mm이고, 심선 끝은 3mm 이하를 노출한다.

㈐ 심선의 지름은 1~10mm이고, 길이는 350~900mm이다.

③ 용접부의 보호 방식

가스 발생식(gas shield type), 슬래그 생성식(slag shield type), 반가스 발생식(semi gas shield type)이 있다.

④ 용적 이행의 형식

스프레이형(분무형), 글로뷸러형(입상형), 단락형의 세 종류가 있다.

⑤ 재질에 따른 용접봉의 종류

연강 용접봉, 저합금강(고장력강) 용접봉, 동합금 용접봉, 스테인리스강 용접봉, 주철 용접봉 등이 있다.

⑥ 용접봉의 심선은 전기로나 평로에서 강괴를 열간압연 및 냉간인발(cold drawing)하여 제작된다.

⑦ 심선의 성분

용접에서 심선은 중요한 역할을 하므로 용접봉 선택 시에 심선의 성분을 알아야 한다. 심선은 대체로 모재와 동일한 재질을 사용하며, 용착금속의 균열을 방지하기 위한 저탄소, 유황, 인, 구리 등의 불순물과 규소량이 적은 저탄소 림드강을 사용한다.

⑧ 피복제의 작용

(가) 중성 또는 환원성 분위기로 공기에 의한 산화, 질화 등의 해를 방지하여 용융금속을 보호한다.

(나) 아크를 안정시킨다.

(다) 용착금속의 탈산, 정련작용을 한다.

(라) 용적을 미세화하고 용착효율을 높인다.

(마) 용융점이 낮은 적당한 점성의 가벼운 슬래그를 만들고, 용착금속의 급랭을 방지한다.

(바) 용접금속에 필요한 원소를 보충하고 전기절연 작용을 한다.

(사) 용착금속의 흐름을 원활하게 하고 슬래그 제거가 용이하다.

(아) 피복통(cup of coating)을 형성한다.

(자) 수직자세나 위보기 자세와 같은 어려운 자세를 쉽게 해준다.

⑨ 용접봉의 아크분위기

(가) 피복제의 유기물, 탄산염, 습기 등이 아크열에 의하여 많은 가스를 발생시킨다.

(나) CO, CO_2, H_2, H_2O 등의 가스가 용융금속과 아크를 대기로부터 보호한다.

(다) H_2가 적고 CO_2가 많이 포함된 저수소계 용접봉을 사용한다.

(라) 저수소계 외 용접봉의 경우 CO_2와 H_2O는 약간 포함된 반면, CO와 H_2가 대부분을 차지한다.

(마) 아크분위기를 생성한다.

⑩ 피복 배합제의 종류

(가) 아크 안정제

- 피복제의 안정제 성분은 아크열에 의한 이온화로 아크를 안정시켜 부드럽게 하고, 재점호 전압을 낮추어 아크가 잘 꺼지지 않게 한다.
- 안정제로는 규산칼륨(K_2SiO), 규산나트륨(Na_3SiO_3), 이산화타이타늄(TiO_2), 석회석($CaCO_3$) 등이 사용된다.

(나) 탈산제

탈산제는 용융금속의 산소와 결합하여 산소를 제거하는 역할을 하며, 망가니즈철, 규소철, 타이타늄철, 금속망가니즈, Al분말 등이 이용된다.

㈐ 가스 발생제

아크열에 의해 분해되어 발생하는 유기물, 탄산염, 습기 등의 가스로 환원성 분위기를 만들어 용융금속과 아크를 대기로부터 차단한다.

㉠ 발생제

발생제는 다음과 같이 세 종류가 있다.

- 유기물: 셀룰로오스(cellulose, 섬유소), 전분(녹말), 펄프, 톱밥 등
- 탄산염: 석회석, 마그네사이트, 탄산바륨($BaCO_3$) 등
- 발생가스: CO, CO_2, H_2, 수증기 등

㉡ 합금제

용착금속의 화학적 성분으로부터 원하는 성질을 얻기 위한 것이며, Mn, Si, Ni, Mo, Cr, Cu 등이 이용된다.

㈑ 슬래그 생성제

- 슬래그를 생성시켜 용융금속 및 금속 표면을 덮어 산화나 질화를 방지하고 냉각속도를 느리게 한다. 그 밖에 탈산작용, 용융금속의 금속학적 반응, 용접작업의 용이함 등에 영향을 준다.
- 슬래그 생성제로는 산화철, 이산화타이타늄, 일미나이트, 규사, 이산화망가니즈, 석회석, 규사, 장석, 형석 등이 사용된다.

㈒ 고착제

심선에 피복제를 고착시키는 역할을 하며, 물유리(규산나트륨: Na_2SiO_3), 규산칼륨(K_2SiO_2) 등이 사용된다.

※ 피복제의 종류

산 · 산화물(A), 산-루틸(AR), 염기(B), 셀룰로오스(C), 산화(O), 루틸 · 중간피복(R), 루틸 · 두꺼운 피복(RR), 기타 종류(S)로 표시한다.

⑪ 연강용 피복아크 용접봉의 규격

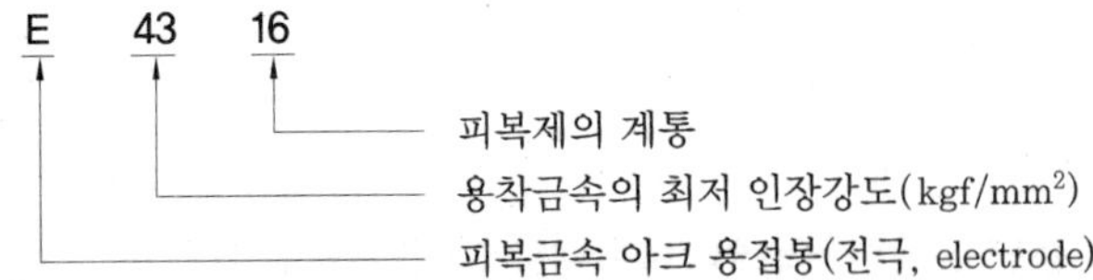

※ KS D 7004의 규정

미국 단위는 파운드법에 따라 E43 대신에 E60을 사용한다.

[60은 60,000 lbs/in^2(=psi)]

심선 지름의 허용오차는 ±0.05mm이고, 길이 허용오차는 ±3mm이며, 용접봉의 비피복 부위의 길이는 25±5mm이고, 용접봉 길이가 700mm 및 800mm일 때는 30±5mm이다.

2 연강용 피복아크 용접봉의 종류 및 특성

① **일미나이트계(ilmenite type)**: E4301

㈎ 일미나이트(TiO_2, FeO)를 30% 이상 함유하고 있다.

㈏ 슬래그 보호식 및 전자세 용접봉으로 우리나라와 일본에서 많이 생산되고 있다.

㈐ 슬래그의 유동성이 좋으며, 용입 및 기계적 성질이 양호하다.

㈑ 내부 결함이 적고 X선 시험 성적도 양호하다.

㈒ 일반공사, 각종 압력용기, 조선, 건축 등에 사용된다.

② **라임티타니아계(lime titania type)**: E4303

㈎ 30% 이상을 차지하는 산화타이타늄(TiO_2)에 이어 석회석을 주성분으로 한다.

㈏ 슬래그 보호식 및 전자세 용접봉으로 피복이 두껍다.

㈐ 슬래그는 유동성과 박리성이 좋다.

㈑ 언더컷이 잘 생기지 않고, 작업성이 양호하다.

㈒ 비드 표면이 평면적이고, 겉모양이 곱다.

㈓ 용입이 얕아 박판에 적합하고, 기계적 성질이 양호하다.

③ **고셀룰로오스계(high cellulose type)**: E4311

㈎ 셀룰로오스를 약 30% 이상 함유한 가스 보호식이다.

㈏ 셀룰로오스가 연소하여 다량의 환원가스(CO_2, H_2)를 발생시킨다.

㈐ 피복제의 두께가 얇고 슬래그 양이 적어 수직 하진이나 위보기 자세로 파이프라인, 철골 등 좁은 틈을 용접하기에 좋다.

㈑ 용융금속의 이행은 중간 또는 큰 입상의 스프레이형으로 용입이 깊고 스패터가 많으며, 비드 파형이 거칠다.

㈒ 다른 용접봉보다 약간 낮은 전류를 사용한다.

④ **고산화타이타늄계(high titanium oxide type)**: E4313

㈎ 산화타이타늄을 30% 이상 포함한 루틸(rutile)계이다.

㈏ 아크는 안정되고 스패터가 적으며, 슬래그 박리성도 좋고, 비드 겉모양이 곱고 언더컷이 발생하지 않는다.

㈐ 전자세와 수직하진 자세 및 접촉 용접이 가능하다.

㈑ 작업성이 좋고 용입이 얇아 박판에 사용하기 좋으나 고온에서 균열이 일어나는

결점 때문에 기계적 성질이 약간 좋지 못하여 주요 부분에는 용접하지 않는다.

⑤ **저수소계(low hydrogen type)**: E4316

(가) 아크분위기 중의 수소량을 감소시킬 목적으로 피복제의 유기물을 줄이고, 탄산칼슘과 같은 염기성 탄산염에 형석(CaF_2, 불화칼슘), 페로실리콘 등을 배합한 용접봉이다.

(나) 탄산염이 분해되어 이산화탄소 분위기를 형성함으로써 용착금속 중에 용해되는 수소의 함유량은 다른 용접봉에 비해 적다(약 1/10).

(다) 강력한 탈산작용으로 용착금속의 인성 등 기계적 성질이 좋다.

(라) 피복제는 다른 계통에 비해 두껍다.

(마) 건조는 300~350℃로 1~2시간 정도 실시한다.

(바) 저수소계 피복아크 용접봉의 장단점

㉠ 장점

- 균열에 대한 감수성이 좋아서 두꺼운 판의 구조물을 1층으로 용접할 수 있기 때문에 효율적이다.
- 구속도(력)가 큰 구조물 용접에 적합하다.
- 고장력강이나 탄소 및 유황을 많이 함유한 강 용접이 가능하다.

㉡ 단점

- 아크가 불안정하여 쉽게 끊어지므로 아크길이를 짧게 해야 한다(직선 비드의 결함이 적다).
- 비드 파형이 거칠고 볼록하며, 시작점과 끝점에 기공이 쉽게 생긴다.
- 다른 종류보다 습기의 영향을 많이 받는다(흡습).

⑥ **철분 산화타이타늄계(iron powder titania type)**: E4324

(가) E4313과 철분으로 조성되어 작업성이 우수한 고능률 용접봉이다.

(나) 아크가 부드럽고 스패터가 적으며 용입이 얕아 접촉 용접이 가능하다.

(다) 아래보기 자세(F) 및 수평필릿 용접(horizontal fillet welding)에 사용된다.

⑦ **철분 저수소계(iron powder iron low hydrogen type)**: E4326

E4316과 철분으로 조성된 고능률 봉으로, 아래보기 자세 및 수평필릿 용접에 사용된다.

⑧ **철분 산화철계(iron powder iron oxide type)**: E4327

(가) 산화철 및 철분이 주성분으로 아래보기 자세 및 수평필릿 용접에 사용된다.

(나) 아크는 스프레이형으로 스패터가 적고 용입도 E4324보다 좁고 깊다.

(다) 기계적 성질이 좋으며, 슬래그는 무겁고 비드 표면을 완전히 덮는다. 또 슬래그의 박리성이 좋고 비드 표면이 곱다.

⑨ **특수계(E4340)**

사용 특성이나 용접 결과가 특수한 용접봉이다.

용접봉 종류	철분(%)	지름(mm)	용착속도(g/min) (20, 40, 60, 80, 100)
일미나이트계	0	4	
	30		
라임티타니아계	0	4	
	30		
타이타늄계	0	5	
	30		
	50		
저수소계	0	4	
	30		
	45		
산화철계	0	6	
	40		
	50		

철분 첨가에 의한 용착속도 향상

3 연강용 용접봉의 작업성 및 용접성

(1) 작업성

직접 작업성에는 아크 상태, 아크 발생, 용접봉의 용융 상태, 슬래그 상태, 스패터 등이, 간접 작업성에는 부착 슬래그의 박리성, 스패터 제거의 난이도, 기타 용접작업의 난이도 등이 해당된다.

(2) 용접성

용접성이란 내균열성, 용접 후의 변형, 내부의 용접결함, 용착금속의 기계적 성질 등을 말한다. 피복제의 염기도가 높을수록 내균열성은 양호하나 작업성이 저하된다.

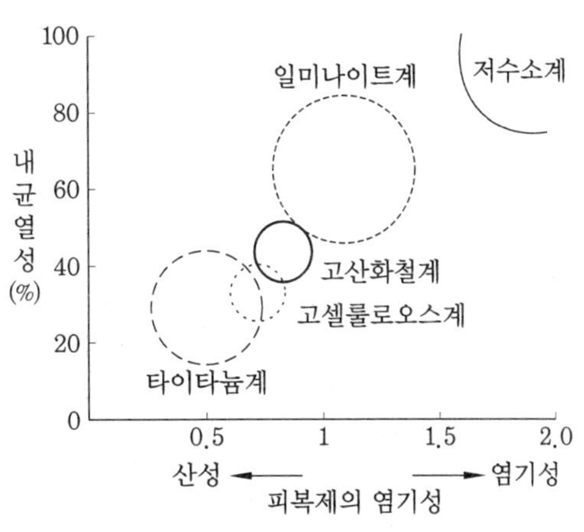

용접봉의 내균열성 비교

4 피복아크 용접봉의 선택과 관리

(1) 피복아크 용접봉을 취급할 때의 유의사항

① 보관 방법

(가) 용접봉이 습기를 흡수하면 용착금속에 기공이나 균열이 발생하므로 건조한 장소에 보관한다.

(나) 2~3일분은 미리 건조하여 사용한다.

(다) 건조온도 및 시간 시험 포인트

일반봉은 70~100℃에서 30분~1시간, 저수소계 용접봉은 300~350℃에서 1~2시간을 건조한다.

② 취급 방법

(가) 과대전류를 사용하지 말고, 작업 중에 이동식 건조로에 넣고 사용한다.

(나) 편심률(%)$=\frac{D'-D}{D}\times 100$ (편심률은 3% 이내)

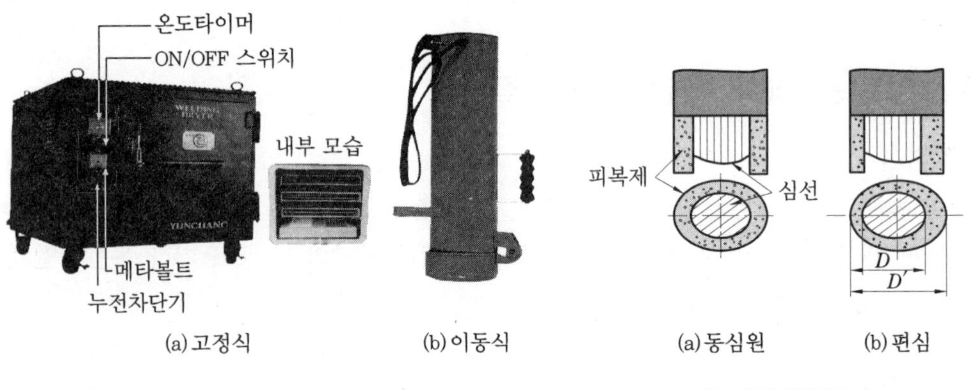

(a) 고정식 (b) 이동식

용접봉 건조로

(a) 동심원 (b) 편심

피복제의 편심상태

단원 예상문제

1. 연강용 피복아크 용접봉의 종류가 E4340이라고 할 때, 이 용접봉의 피복제 계통은?

① 철분 산화철계 ② 철분 저수소계

③ 특수계 ④ 저수소계

해설 E4340에서 43은 최저 인장강도, 40은 피복제 계통을 말하며 특수계로 제작방법에 따라 다르다.

2. **보기와 같은 아크 용접봉이 있다. 용접봉의 지름은 얼마인가?**

| 보기 |

E4316－AC－5－400

① 5 mm ② 43 mm
③ 400 mm ④ 16 mm

해설 E4316은 저수소계 용접봉, AC는 교류용접기, 5는 용접봉 지름, 400은 용접봉 길이를 말한다.

3. **용접 피복제의 성분 중 아크 안정제의 역할을 하는 것은?**

① 알루미늄 ② 마그네슘
③ 니켈 ④ 석회석

해설 아크 안정제로는 규산칼륨, 규산나트륨, 산화타이타늄, 석회석 등이 있으며 이온화하기 쉬운 물질을 만들어 재점호 전압을 낮추고 아크를 안정시킨다.

4. **아크용접에서 피복제의 주요 작용으로 가장 알맞은 설명은?**

① 용착금속의 합금원소 제거
② 용융점이 높은 적당한 점성의 무거운 슬래그 생성
③ 용착금속의 탈산, 정련 작용
④ 용착금속의 응고와 냉각속도 증가

해설 피복아크 용접봉의 피복제 작용은 ③ 외에 ㉠ 중성 또는 환원성 분위기로 용융금속을 보호한다. ㉡ 아크를 안정시킨다. ㉢ 용적을 미세화하고 용착효율을 높인다. ㉣ 용융점이 낮은 적당한 점성의 가벼운 슬래그를 만들고, 용착금속의 급랭을 방지한다. ㉤ 용접금속에 필요한 원소를 보충하고 전기절연 작용을 한다. ㉥ 용착금속의 흐름을 원활하게 하고 슬래그 제거가 용이하다. ㉦ 피복통을 형성한다.

5. **저수소계 용접봉으로 용접 작업하기 직전에 어떻게 하는 것이 가장 좋은가?**

① 구매할 때 들어온 포장 박스(box) 그대로 뜯지 않고 보관한 후 바로 용접한다.
② 용접봉 관리 창고에서 포장 박스를 뜯어서 불출하기 쉽게 한곳에 모아둔 후 바로 용접한다.
③ 습기를 제거하기 위하여 건조로 속에 넣어 일정시간 일정온도를 유지시킨 후 바로 용접한다.
④ 포장 박스를 뜯어 용접봉을 끄집어낸 후 비닐로 용접봉을 덮어 둔 후 바로 용접한다.

해설 저수소계 용접봉은 피복제가 습기를 쉽게 흡수하기 때문에 사용 전에 건조로에서 300～350℃ 정도로 1～2시간 건조한다.

6. 아크 발생열에 의하여 피복제가 분해되어 일산화탄소, 이산화탄소, 수증기 등의 가스 발생제가 되는 가스 실드식 피복제의 성분은?

① 규산나트륨
② 셀룰로오스
③ 규사
④ 일미나이트

해설 피복아크 용접봉의 피복제 중 가스 발생제는 셀룰로오스, 탄산바륨, 석회석, 톱밥, 녹말 등이다.

7. 피복아크용접에서 사용되는 피복제의 성분을 작용 면에서 분류한 것이다. 그 설명으로 틀린 것은?

① 가스 발생제: 가스를 발생시켜 냉각속도를 빠르게 한다.
② 아크 안정제: 아크 발생은 쉽게 하고, 아크를 안정시킨다.
③ 합금 첨가제: 용강 중에 합금원소를 첨가하여 그 화학성분을 조성한다.
④ 고착제: 피복제를 단단하게 심선에 고착시킨다.

해설 피복아크 용접봉의 피복제 중 가스 발생제는 녹말, 톱밥, 석회석, 셀룰로오스, 탄산바륨 등이 있고 아크열에 분해되어 일산화탄소, 이산화탄소 등의 가스로 환원성 분위기를 만들어 용융금속을 보호한다.

8. 피복아크 용접봉의 선택 시 고려해야 할 사항으로 거리가 먼 것은?

① 아크의 안정성
② 용접봉의 내균열성
③ 스패터링
④ 용착금속 내의 슬래그 양

해설 아크 안정, 용접봉의 내균열성, 스패터링, 작업성 등을 고려하여 선택한다.

9. 피복 배합제의 성분에서 슬래그 생성제로 사용되는 것이 아닌 것은?

① 탄산바륨($BaCO_3$)
② 이산화망가니즈(MnO_2)
③ 석회석($CaCO_3$)
④ 산화타이타늄(TiO_2)

해설 피복제 중 슬래그 생성제로는 ②, ②, ④ 외에 산화철, 일미나이트(TiO_2, FeO), 규사(SiO_2), 장석(K_2O, Al_2O_2, 6SiO), 형석(CaF_2) 등이 있다.

10. 피복아크 용접시 용융금속 중에 침투한 산화물을 제거하는 탈산제로 쓰이지 않는 것은?

① 망가니즈철
② 규소철
③ 산화철
④ 타이타늄철

해설 피복아크 용접봉 피복제의 탈산제는 Mn, Si, Ti, Al 등이 있다.

11. 피복아크 용접봉의 단면적 $1mm^2$에 대한 적당한 전류 밀도는?

① 6~9A ② 10~13A
③ 14~17A ④ 18~21A

해설 작업표준 용접전류에 용접봉 단면적을 나누면 약 11.40A가 나온다.

12. 그림은 피복아크 용접봉에서 피복제의 편심 상태를 나타낸 도면이다. D'=3.5mm, D=3mm일 때 편심률은 약 몇 %인가?

① 14% ② 17%
③ 18% ④ 20%

해설 편심률 산출식$=\frac{D'-D}{D}\times 100$

$=\frac{3.5-3}{3}\times 100=0.166\times 100=16.6\fallingdotseq 17\%$

13. 피복아크 용접봉에 탄소(C)량을 적게 하는 가장 주된 이유는?

① 스패터 방지 ② 용락 방지
③ 산화 방지 ④ 균열 방지

해설 피복아크 용접봉에 탄소량이 많으면 용융온도가 낮아지고 경도가 증가하며 연성이 감소하는 등으로 취성이나 균열이 발생한다.

14. 아크용접시 용접이음의 용융부 밖에서 아크를 발생시킬 때 모재표면에 결함이 생기는 것은?

① 아크 스트라이크(arc strike) ② 언더 필(under fill)
③ 스캐터링(scattering) ④ 은점(fish eye)

해설 ①: 용접이음의 용접부위 밖에서 아크를 발생시킬 때 아크열로 모재에 결함이 생기는 것으로, 때로는 스패터보다 용접결함이 훨씬 더 심해져 주위의 모재로 열을 급격히 빼앗겨 급랭되어 단단하고 취약해져 균열의 원인이 된다. 쉽게 관찰될 수 있는 결함으로 모재 표면에 존재해서는 안 된다.
②: 용접부 뒷면이나 아랫면이 모재의 표면보다 낮아진 것을 말하며, 용접사가 용착금속을 충분히 채우지 못하였을 때 생긴다.
③: 초음파가 파장보다 작은 입자에 부딪혔을 때 여러 방향으로 반사, 분산되는 것이다.
④: 용접금속의 파단면에 나타나는 은백색을 띤 물고기 눈 모양의 결함이다.

정답 1. ③ 2. ① 3. ④ 4. ③ 5. ③ 6. ② 7. ① 8. ④ 9. ① 10. ③ 11. ② 12. ② 13. ④ 14. ①

제 3 장 가스용접

3-1 개요

(1) 원리

가스용접(gas welding)은 가연성가스와 조연성가스인 산소 혼합물의 연소열을 이용하여 용접하는 방법으로 산소-아세틸렌 용접, 산소-수소 용접, 산소-프로판 용접, 공기-아세틸렌 용접 등의 종류가 있다. 산소-아세틸렌 용접은 가장 많이 사용되는 용접법으로 간단히 가스용접이라고 한다.

(2) 가스용접의 장단점

장점	단점
• 응용범위가 넓고 전원설비가 필요 없다. • 가열 및 조정이 자유롭다. • 운반이 편리하고 설비비가 싸다. • 아크용접에 비해 유해광선의 발생이 적다. • 박판 용접에 적당하다.	• 열집중성이 나빠 효율적인 용접이 어렵다. • 불꽃의 온도와 열효율이 낮다. • 폭발 위험성이 크며 용접금속의 탄화 및 산화의 가능성이 많다. • 아크용접에 비해 일반적으로 신뢰성이 적다.

단원 예상문제

1. 아크용접과 비교한 가스 용접법의 특징으로 틀린 것은?

① 열원의 온도가 아크용접에 비하여 낮다.
② 열에너지의 집중이 나쁘다.
③ 설비비가 비싸고, 운반이 불편하다.
④ 가열 범위가 커서 용접응력이 크고 가열시간이 오래 걸린다.

해설 가스용접의 특징 〈①, ②, ④ 외〉
㉠ 전기가 필요없고 가열, 조정이 자유롭다. ㉡ 운반이 편리하고 설비비가 싸다. ㉢ 아크용

접에 비해 유해광선의 발생이 적다. ㉣ 박판 용접에 적당하다. ㉤ 폭발 위험성이 크며 용접 금속의 탄화 및 산화의 가능성이 높다. ㉥ 아크용접에 비해 일반적으로 신뢰성이 적다.

2. 가스용접용 가스가 갖추어야 할 성질에 해당되지 않는 것은?

① 불꽃의 온도가 높을 것
② 연소속도가 빠를 것
③ 발열량이 적을 것
④ 용융금속과 화학반응을 일으키지 않을 것

해설 가스용접에 사용되는 가스가 갖추어야 할 성질
① 불꽃 온도가 금속의 용융점 이상으로 높을 것(순철 1540℃, 일반철강 1230~ 1500℃).
② 연소속도가 빠르고 발열량이 클 것
③ 용융금속과 산화 및 탄화 등의 화학반응을 일으키지 않을 것

3. 피복아크용접에 비해 가스용접의 장점이 아닌 것은?

① 가열할 때 열량 조절이 비교적 자유롭다.
② 가열범위가 커서 용접응력이 크다.
③ 전원설비가 없는 곳에서도 쉽게 설치할 수 있다.
④ 유해 광선의 발생이 적다.

해설 가스용접의 장점으로는 ①, ③, ④항 외에 운반이 편리하고 박판 용접에 적당하다는 등이 있다. 단점은 열 집중성이 나빠 효율적인 용접이 어렵다는 것이다.

정답 1. ③ 2. ③ 3. ②

3-2 가스 및 불꽃

(1) 수소가스

① 비중이 0.695로 작아 확산속도가 빠르고 쉽게 누설된다.
② 백심(inner cone)이 있는 뚜렷한 불꽃을 얻을 수 없고 무광의 불꽃으로 불꽃조절이 육안으로 어렵다.
③ 수중절단 및 납(Pb)의 용접에만 사용되고 있다.

(2) LP가스(liquefied petroleum gas, 액화석유가스)

① 프로판(propane, C_3H_8) 외에 부탄(butane, C_4H_{10}), 에탄(ethane, C_2H_6), 펜탄

(pentane, C_5H_{12}) 등으로 구성된 혼합기체이다.

② 공기보다 무겁고(비중 1.5) 연소시 필요 산소량은 1:4.5이다.

③ 액체에서 기체가스로 바뀌면 체적이 250배로 팽창한다.

(3) 천연가스

유전지대에서 분출되는 가스로서 메탄을 주성분으로 하며, 그 조성비율은 산지와 분출시기에 따라 약간씩 다르나 보통 메탄이 80~90%를 차지하고 나머지는 에탄, 프로판 등의 불활성가스를 포함한다. 천연가스는 발열량이 높고 황 성분을 거의 함유하지 않는 무독성이며 폭발 범위가 좁고 가스 비중이 작아 확산되기 쉬우므로 위험성이 적은 특징이 있다.

단원 예상문제

1. 유전, 습지대에서 분출되며 메탄을 주성분으로 하나, 그 조성은 산지 또는 분출시기에 따라 다른 용접용 가스는?

① 수소가스 ② 천연가스 ③ 도시가스 ④ LP 가스

해설 천연가스는 메탄이 80~90%를 차지한다.

2. 연료 가스 중 실제 발열량(kcal/m²)이 가장 많은 것은?

① 아세틸렌 ② 프로판 ③ 메탄 ④ 수소

해설 실제 발열량은 ①는 12,753.7kcal/m², ②는 20,550.1kcal/m², ③는 8,132.8kcal/m², ④는 2,446.4kcal/m²이다.

3. 가스용접의 연료가스 중 불꽃 온도가 가장 높은 것은?

① 아세틸렌 ② 수소 ③ 프로판 ④ 천연가스

해설 불꽃온도는 ①는 3092℃, ② 2982.2℃, ③ 2926.7℃, ④ 2537.8℃이다.

정답 1. ② 2. ② 3. ①

(4) 산소(Oxygen, O_2)

① 무색, 무미, 무취의 기체로 비중 1.105, 융점 −219℃, 비점 −182℃로서 공기보다 약간 무겁고 대부분 원소와 화합하여 산화물을 만든다.

② 다른 물질의 연소를 돕는 조연성가스이고 타기 쉬운 기체와 혼합 시 점화하면 폭발적으로 연소한다.

(5) 아세틸렌(acetylene, C_2H_2)

① 비중이 0.906으로 공기보다 가벼워 1L의 무게가 15℃ 0.1MPa에서 1.176g이다.

② 순수한 것은 일종의 에테르와 같은 냄새가 나며 연소 불꽃색은 푸르스름하다.

③ 불순물로는 인화수소(PH_3), 유화수소(H_2S), 암모니아(NH_3)를 포함하고 있어 악취를 내며 연소 시 색은 붉고 누르스름하다.

④ 각종 액체에 잘 용해된다. 15℃ 1기압에서 보통 물에는 1.1배(같은 양), 석유에는 2배, 벤젠에는 4배, 순수한 알코올에는 6배가 용해된다. 특히 아세톤(acetone, CH_3COCH_3)에는 25배가 용해되는데 12기압에서는 아세톤의 300배나 용해되어 그 용해량은 온도가 낮고 압력이 높아질수록 증가하지만, 단 염분을 함유한 물에는 거의 용해되지 않는다. 이렇게 아세톤에 잘 녹는 성질을 이용하여 용해 아세틸렌을 만들어 용접에 이용하고 있다.

⑤ 1기압 −82℃에서 액화하고 −85℃에서 고체로 바뀐다.

⑥ 아세틸렌을 500℃ 정도로 가열된 철관에 통과시키면 3분자가 중합반응을 일으켜 벤젠(benzene)으로 변한다.

⑦ 아세틸렌가스의 폭발성

㈎ 온도의 영향

㉠ 406~408℃에서 자연발화한다.

㉡ 505~515℃가 되면 폭발한다.

㉢ 산소가 없어도 780℃가 되면 자연폭발한다.

㈏ 압력의 영향

㉠ 15℃ 0.2MPa 이상의 압력에서 폭발위험이 있다.

㉡ 산소 없이도 0.3MPa(게이지 압력 0.2MPa) 이상에서 폭발위험이 있다.

㉢ 실제 불순물을 함유시켜 0.15MPa로 압축하면 충격, 진동 등에 의해 분해폭발의 위험이 있다.

㈐ 혼합가스의 영향

㉠ 아세틸렌 15%, 산소 85%일 때 가장 폭발위험이 크고, 아세틸렌 60%, 산소 40%일 때 가장 안전하다(공기 중에 10~20%의 아세틸렌가스가 포함될 때 가장 위험하다).

㉡ 인화수소 함유량이 0.02% 이상일 때 폭발성을 가지며, 0.06% 이상일 때는 대부분 자연발화로 폭발한다.

㈑ 외력의 영향

외력이 가해진 아세틸렌가스에 마찰, 진동, 충격 등의 외력이 작용하면 폭발할 위험이 있다.

(마) 화합물 생성

아세틸렌가스는 구리, 구리합금(62% 이상의 구리), 은, 수은 등과 접촉하면 서로 화합하여 폭발성 있는 화합물을 생성한다. 또 폭발성 화합물은 습기나 암모니아가 존재하는 곳에서 쉽게 생성된다.

※ 각종 가스 불꽃의 최고온도

㉠ 산소-아세틸렌 불꽃: 3,430℃

㉡ 산소-수소 불꽃: 2,900℃

㉢ 산소-프로판 불꽃: 2,820℃

㉣ 산소-메탄 불꽃: 2,700℃

단원 예상문제

1. 아세틸렌가스를 가장 잘 녹일 수 있는 용제는?

① 휘발유 ② 벤젠

③ 아세톤 ④ 석유

해설 아세틸렌가스는 용해 아세틸렌을 제조하기 위해 아세톤을 사용하며 아세틸렌가스가 각종 액체에 잘 녹는 성질을 이용한다.

2. 이론적으로 순수한 카바이드 5kg에서 발생할 수 있는 아세틸렌 양은 약 몇 리터인가?

① 3480L ② 1740L

③ 348L ④ 34.8L

해설 순수한 카바이드 1kg에서 이론적으로 348L의 아세틸렌이 발생하므로 5×348=1740L이다.

3. 가스용접에서 산소에 대한 설명으로 틀린 것은?

① 산소는 산소용기에 35℃, 150kgf/cm^2 정도의 고압으로 충전되어 있다.

② 산소병은 이음매 없이 제조되며 인장강도는 약 57kgf/cm^2 이상, 연신율은 18% 이상의 강재가 사용된다.

③ 산소를 다량으로 사용하는 경우에는 매니폴드(manifold)를 사용한다.

④ 산소의 내압시험 압력은 충전압력의 3배 이상으로 한다.

해설 가스용접에서 내압시험 압력은 충전압력의 5/3배(충전압력×5/3)이며 가연성가스는 충전압력의 3배 이상으로 한다.

정답 1. ③ 2. ② 3. ④

3-3 가스용접의 설비 및 기구

(1) 산소용기(oxygen cylinder or bombe)

① 산소용기는 보통 35℃에서 15MPa(150kg/cm^2)의 고압산소가 충전된 속이 빈 원통형으로, 크기는 일반적으로 기체용량 5000, 6000, 7000L의 3종류가 많이 사용된다.

② 산소병은 본체, 밸브, 캡의 3부분으로 구성되며 용기 밑부분의 형상은 볼록형, 오목형, 스커트형이 있고 병의 강 두께는 7~9mm 정도이며, 산소병 밸브의 안전장치는 파열판식이다.

③ 산소용기의 정기검사는 내용적 500L 미만은 3년마다 실시하여 외관, 질량, 내압(수조식, 비수조식) 등을 검사하고 내압시험 압력은 (충진압력$\times\frac{5}{3}$배) 250kg/cm^{2}이 사용된다.

[산소병을 취급할 때의 주의사항]

㉠ 산소병에 충격을 주지 말고 반드시 세워 둔다.

㉡ 고압가스는 인화성 물질이 닿으면 쉽게 발화하므로 밸브에 그리스와 기름기 등을 묻히지 않는다.

㉢ 안전캡으로 병 전체를 들려고 하지 않는다.

㉣ 산소병은 직사광선을 피하고 화기로부터 5m 이상 떨어진 곳에 보관한다.

㉤ 항상 40℃ 이하로 유지하고 용기내 압력이 17MPa(170kg/cm^2)를 초과하지 않도록 한다.

㉥ 밸브의 개폐는 조심해서 하고 산소 누설검사에는 비눗물을 사용한다.

(2) 안전기(safety device)

가스용접 작업 중 토치에서 역류, 역화, 인화로 발생하는 가스 및 불꽃이 미치지 않게 중간에 차단하여 발생기의 폭발을 방지하는 데 사용되는 장치이며, 중압식(스프링식)과 저압식(수봉식)이 있다. 중압식은 중압수봉식 또는 스프링식이라 하며 안전기에 유효수주는 저압식이 25mm 이상, 중압식이 50mm 이상이어야 한다.

(3) 아세틸렌 용기(acetylene cylinder & bombe)

아세틸렌 병 안에는 아세톤을 흡수시킨 목탄, 규조토, 석면 등의 다공성 물질이 가득 차 있고 이 아세톤에 아세틸렌가스가 용해되어 있다. 용기의 구조는 밑부분이 오목하며 보통 2개의 퓨즈 플러그(fuse plug)가 있고 이 퓨즈 플러그의 중앙에는 105±5℃에서 녹는 퓨즈 금속(Bi 53.9%, Sn 25.9%, Cd 20.2%)이 채워져 있다. 또한 용해 아세틸렌은 15℃에서 15kg/cm^{2}으로 충전되며 용기 크기는 15, 30, 50L의 3종류 중에 30L가 가장 많이 사용된다.

① 용해 아세틸렌 용기의 검사

㈎ 내압시험: 시험압력 46.5kg/cm^{2}의 기체 N_2CO_2를 사용하여 시험하며 질량감량 5% 이하, 항구 증가율 10% 이상이면 불합격이다.

㈏ 검사기간

- 제조 후 15년 미만은 3년마다 실시한다.
- 제조 후 15년 이상 20년 미만은 2년마다 실시한다.
- 제조 후 20년 이상은 1년마다 실시한다.

② 용해 아세틸렌병의 아세틸렌양의 측정 공식

$$c=905(A-B)$$

A: 병 전체의 무게(빈병 무게+아세틸렌 무게) (kg)
B: 빈병 무게
c: 15℃ 1기압에서의 아세틸렌가스의 용접(L)

단원 예상문제

1. **용해 아세틸렌을 안전하게 취급하는 방법이다. 잘못된 것은?**

① 아세틸렌병은 반드시 세워서 사용한다.
② 아세틸렌가스의 누설은 폭발을 초래하기 쉬우므로 반드시 성냥불로 검사해야 한다.
③ 아세틸렌 밸브가 얼었을 때는 더운물로 데워야 하며 불꽃을 사용해서는 안 된다.
④ 밸브 고장으로 아세틸렌 누출 시는 통풍이 잘되는 곳으로 병을 옮겨 놓아야 한다.

해설 아세틸렌가스 등의 가스 누설검사에는 안전하게 비눗물을 사용하고 충전온도 이상이 되지 않도록 하여야 한다.

2. **산소용기의 용량이 30리터이다. 최초의 압력 150kgf/cm^{2}이고, 사용 후 100kgf/cm^{2}로 되면 몇 리터의 산소가 소비되는가?**

① 1020 ② 1500
③ 3000 ④ 4500

해설 ① 산소용기의 총 가스량=내용적×기압(게이지 압력)
② 소비량=내용적 30×현재 사용된 기압(150−100)=1,500

3. 아세틸렌 용기에 화염이 싸였을 때 가장 먼저 조치해야 할 사항은?

① 젖은 거적으로 용기를 덮는다.
② 소화기로 소화한다.
③ 용기를 실외로 내놓는다.
④ 아세틸렌 밸브를 열어버린다.

해설 아세틸렌은 가연성가스로 화염이 처음 발생했을 때 질식소화 방법이 적당하나, 화염에 싸여 있을 때는 전용 소화기로 소화하는 것이 적당하다.

4. 산소용기의 취급에서 잘못된 사항은?

① 운반이나 취급에서 충격을 주지 않는다.
② 가연성가스와 함께 저장하여 누설되어도 인화되지 않게 한다.
③ 기름이 묻은 손이나 장갑을 끼고 취급하지 않는다.
④ 운반 시 가능한 한 운반 기구를 이용한다.

해설 가스용접에서 산소용기를 취급할 때의 주의사항〈①, ③, ④ 외에〉
㉠ 산소병은 반드시 세워 둔다.
㉡ 안전캡으로 병 전체를 들려고 하지 않는다.
㉢ 산소병은 직사광선을 피하고 화기로부터 5m 이상 떨어진 곳에 보관한다.
㉣ 항상 40℃ 이하로 유지하고 용기내 압력(170kg/cm^2)이 너무 상승하지 않도록 한다.
㉤ 누설검사에는 비눗물을 사용한다.

5. 15℃ 15기압에서 아세톤 1리터에 대하여 아세틸렌가스 몇 리터가 용해되는가?

① 285　　② 325　　③ 375　　④ 420

해설 15℃ 15기압에서 아세틸렌이 아세톤의 25배가 용해되므로, 15기압×25배=375

6. 다음 설명에서 A, B에 들어갈 값으로 맞는 것은?

용해 아세틸렌가스는 15℃에서 (A)kgf/cm^2로 충전하며, 15℃, 1kgf/cm^2에서 1L의 아세톤은 (B)L의 아세틸렌가스를 용해한다.

① A: 1.5, B: 10　　② A: 25, B: 35　　③ A: 15, B: 25　　④ A: 10, B: 15

해설 용해 아세틸렌은 15℃ 15기압으로 충전하며 아세톤의 2.5배가 용해된다.

7. 아세틸렌이 접촉하면 화합물을 만들어 맹렬한 폭발성을 가지게 되는 것아 아닌 것은?

① Fe　　② Cu　　③ Ag　　④ Hg

해설 화합물에서 62% 이상의 Cu와 Hg, Ag 등과 화합할 때는 폭발할 수 있다.

8. 아세틸렌가스의 성질에 대한 설명으로 틀린 것은?

① 순수한 아세틸렌가스는 무색, 무취의 기체이다.
② 각종 액체에 잘 용해되며 알코올에는 25배가 용해된다.
③ 비중이 0.906으로 공기보다 약간 가볍다.
④ 산소와 적당히 혼합하여 연소시키면 3000~3500℃의 높은 열을 낸다.

해설 아세틸렌가스는 15℃ 1기압에서 보통 물에는 1.1배, 석유에는 2배, 벤젠에는 4배, 순수한 알코올에는 6배, 아세톤에는 25배가 용해된다.

9. 용해 아세틸렌가스를 충전하였을 때 용기 전체의 무게가 34 kgf이고 사용 후 빈병의 무게가 31 kgf이면, 15℃, 1 kgf/cm^2 하에서 충전된 아세틸렌가스의 양은 약 몇 L인가?

① 465 L ② 1054 L ③ 1581 L ④ 2715 L

해설 아세틸렌가스의 양 = 905(전체 병무게 − 빈병 무게) = 905(34 − 31) = 2715

10. 내용적 40리터의 산소용기에 140 kgf/cm^{2}의 산소가 들어 있다. 350번 팁을 사용하여 혼합비 1:1의 표준불꽃으로 작업하면 몇 시간이나 작업할 수 있는가?

① 10시간 ② 12시간 ③ 14시간 ④ 16시간

해설 가스용접에서 산소용기에 들어 있는 가스의 양은 내용적×고압 게이지의 현재 기압, 그리고 프랑스식 토치의 팁 번호는 1시간에 소비되는 아세틸렌 양을 나타내므로 혼합비가 1:1이면 산소도 아세틸렌과 같은 양으로

$$\frac{40\times140}{350}=\frac{5600}{350}=16\text{시간}$$

11. 가스용접에서 충전가스 용기의 도색을 표시한 것으로 틀린 것은?

① 산소 – 녹색 ② 수소 – 주황색 ③ 프로판 – 회색 ④ 아세틸렌 – 청색

해설 가스용접에 사용되는 충전가스 용기의 색은 아세틸렌이 황색, 탄산가스가 청색, 알코올이 회색, 암모니아가 백색, 염소는 갈색이다.

정답 1. ② 2. ② 3. ② 4. ② 5. ③ 6. ③ 7. ① 8. ② 9. ④ 10. ④ 11. ④

(4) 압력 조정기(pressure regulator)

산소나 아세틸렌 용기 내의 압력은 실제 작업에서 필요로 하는 압력보다 매우 높으므로 이 압력을 실제 작업 종류에 따라 필요한 압력으로 감압하고 용기 내의 압력 변화와 관계없이 필요한 압력과 가스양을 계속 유지시키는 기기를 압력 조정기라 한다. 압력 조

정기는 산소용 1단식 조정기와 아세틸렌용 압력 조정기로 크게 나뉜다.

① **산소용 1단식 조정기**

㈎ 프랑스식(스템형; stem type): 작동이 스템(stem)과 다이어프램(diaphragm)으로 예민하게 시행되며 토치 산소밸브를 연 상태에서 압력을 조정한다.

㈏ 독일식(노즐형; nozzle type): 에보나이트계 밸브시트(valve seat) 조정 스프링에 의해 작동되며 프랑스식보다 예민하지 않다.

② **아세틸렌용 압력 조정기**

구조 및 기구는 산소용 스템형과 흡사하며, 낮은 압력 조정스프링을 사용한다.

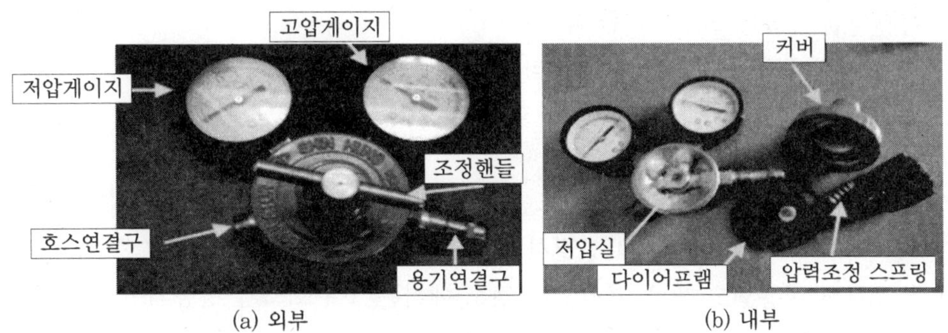

(a) 외부 (b) 내부

압력조정기의 구조

(5) 토치(welding torch)

용기 또는 발생기에서 공급된 아세틸렌가스와 산소를 일정한 혼합가스로 만들어 이 혼합가스를 연소시켜 불꽃을 형성해 용접 작업에 사용하는 기구를 가스 용접기 또는 토치라 하며, 주요 부분은 산소 및 아세틸렌 밸브, 혼합실, 팁으로 구성되어 있다.

① **토치의 종류**

㈎ 저압식[인젝터(injector)식] 토치: 사용압력이 낮으며[발생기 0.007MPa(0.07kg/cm^2) 이하, 용해 아세틸렌 0.02MPa(0.2kg/cm^2) 미만], 인젝터 부분에 니들밸브가 있어 유량과 압력을 조정할 수 있는 가변압식(프랑스식, B형)과 1개의 팁에 1개의 인젝터로 구성되어 있는 불변압식(독일식, A형)이 있다.

㈏ 중압식(등압식, 세미 인젝터식) 토치: 아세틸렌 압력 0.007~0.105MPa(0.07~1.05kg/cm^2) 범위에서 사용되는 토치로 아세틸렌 압력이 높아 역류, 역화의 위험이 적고 불꽃의 안전성이 좋다.

㈐ 고압식

② **팁의 능력**

㈎ 프랑스식: 1시간 동안 중성불꽃으로 용접하는 경우 아세틸렌의 소비량을 리터(L)

로 나타낸다. 보기로서 팁 번호가 100, 200, 300이라는 것은 중성불꽃으로 용접할 때 시간당 소비되는 아세틸렌 양이 100L, 200L, 300L라는 의미이다.

(나) 독일식: 연강판을 용접할 때 용접 가능한 판 두께를 기준으로 팁의 능력을 표시하는데, 예를 들면 1mm 두께의 연강판 용접에 적합한 팁 크기를 1번, 두께 2mm판에는 2번팁 등으로 표시한다.

[역류, 역화의 원인]

㉠ 토치를 잘못 취급하였거나 팁이 과열되었을 때
㉡ 토치 성능이 불완전하거나 체결나사가 풀렸을 때
㉢ 아세틸렌 공급가스가 부족할 때
㉣ 팁이 석회가루, 먼지, 스패터, 기타 잡물로 막혔을 때

(6) 용접용 호스(hose)

가스용접에 사용되는 도관은 산소 또는 아세틸렌가스를 용기 또는 발생기에서 청정기, 안전기를 거쳐 토치까지 보내게 연결시킨 관을 말하며, 강관과 고무호스가 있다. 먼 거리에는 강관이 이용되고 짧은 거리(5m 정도)에서는 고무호스가 사용되며 그 크기를 안지름으로 나타내며 6.3mm, 7.9mm, 9.5mm의 3종류가 있는데 보통 7.9mm가 널리 사용되고 소형 토치에는 6.3mm가 이용되며 호스 길이는 5m 정도가 적당하다.

또한 고무호스는 산소용은 9MPa(90kg/cm^2), 아세틸렌 1MPa(10kg/cm^2)의 내압시험에 합격한 것이어야 하며 구별할 수 있게 산소는 흑색 · 녹색, 아세틸렌은 적색으로 된 것을 사용한다.

(7) 필터유리(filter glass)의 차광번호와 용도

작업	종류	차광번호
연납땜	공기 – 아세틸렌	2
토치 경납땜	산소 – 아세틸렌	2 또는 4
산소절단 25.4mm 이하	산소 – 아세틸렌	3 또는 4
25.4~152.4mm	산소 – 아세틸렌	4 또는 5
152.4mm 이상	산소 – 아세틸렌	5 또는 6
가스용접 3.2mm 이하	산소 – 아세틸렌	4 또는 5
3.2~12.7mm	산소 – 아세틸렌	5 또는 6
12.7mm 이상	산소 – 아세틸렌	6 또는 9

(8) 기타 공구

팁 클리너(tip cleaner), 토치 라이터(torch lighter), 와이어 브러시(wire brush), 스패너(spanner), 단조집게 등이 사용된다.

단원 예상문제

1. 가스용접 시 사용되는 불변압식(A형) 토치의 종류가 아닌 것은?

① A1호 ② A2호 ③ A3호 ④ A4호

해설 KS 규격에 A형(불변압식, 독일식)은 A1, A2, A3 등, B형(가변압식, 프랑스식)은 B00, B0, B1, B2로 규정되어 있다.

2. 가스용접에서 역화의 원인이 될 수 없는 것은?

① 아세틸렌의 압력이 높을 때
② 팁 끝이 모재에 부딪혔을 때
③ 스패터가 팁의 끝부분에 덮혔을 때
④ 토치에 먼지나 물방울이 들어갔을 때

해설 역화란 폭음이 나면서 불꽃이 꺼졌다가 다시 나타나는 현상을 말한다. 역화의 원인은 ②, ③, ④항 이외에 산소압력의 과다로 팁 끝이 모재에 닿아 순간적으로 팁 끝이 막히거나, 팁 끝의 가열 및 조임불량 등이 있다.

3. 독일식 가스용접 토치의 팁 번호가 7번일 때 용접할 수 있는 가장 적당한 강판의 두께는 몇 mm인가?

① 4~5 ② 6~8
③ 9~12 ④ 13~15

해설 독일식 팁은 팁 번호가 용접 가능한 판 두께를 나타내고, 프랑스식은 팁 번호가 1시간에 소비되는 아세틸렌의 양을 표시한다. 독일식(B형) 팁 번호가 7번이면 KS 규격에서는 산소압력 2.3kg/cm^2, 판 두께 6~8mm 모재에 사용할 수 있다.

4. 아세틸렌 압력조정기의 구비 조건에 대한 설명으로 틀린 것은?

① 가스의 방출량이 많아도 유량이 안정되어 있어야 한다.
② 조정압력은 용기 내의 가스양이 변해도 항상 일정해야 한다.
③ 조정압력과 방출압력의 차이가 클수록 좋다.
④ 얼어붙지 않고 동작이 예민해야 한다.

해설 압력조정기의 저압 측에 나타나는 조정압력과 방출압력의 차이가 없어야 한다.

5. 가스용접 시 팁 끝이 순간적으로 막히면 가스 분출이 나빠지고 토치의 가스 혼합실까지 불꽃이 그대로 전달되어 토치가 빨갛게 달구어지는 현상은?

① 역류 ② 난류 ③ 인화 ④ 역화

해설 부적당한 가스압력이 팁 끝을 막는 원인이 되므로 가스유량을 적당하게 조정하고, 팁 끝은 깨끗이 청소해야 한다.

6. 가스용접 토치에 대한 설명 중 틀린 것은?

① 토치는 손잡이, 혼합실, 팁으로 구성되어 있다.
② 가스용접 토치는 사용되는 산소 가스의 압력에 따라 저압식, 중압식, 고압식으로 분류된다.
③ 토치의 구조에 따라 불변압식과 가변압식으로 분류한다.
④ 불변압식 토치는 분출 구멍의 크기가 일정하고 팁의 능력도 일정하기 때문에 불꽃의 능력을 변경할 수 없다.

해설 중압식 토치는 아세틸렌과 산소의 압력이 이론상으로는 1:2.5이나, 산소의 1.5는 실제 공기 중에 있는 것을 사용하여 혼합실에는 1:1로 혼합된다.

7. 역류, 역화, 인화 등을 막기 위해 사용하는 수봉식 안전기의 취급 시 주의사항이 아닌 것은?

① 수봉관에 규정된 선까지 물을 채운다.
② 안전기가 얼었을 경우 가스 토치로 해빙시킨다.
③ 한 개의 안전기에는 반드시 한 개의 토치를 설치한다.
④ 수봉관의 수위는 작업 전에 반드시 점검한다.

해설 수봉식 안전기는 저압식(25 mm)과 중압식(50 mm)으로 나뉘어 내부가 물로 채워져(겨울에는 부동액을 사용) 있으므로 겨울철 얼었을 경우에는 35℃ 이하의 따뜻한 물로 해빙한다.

8. B형 가스용접 토치의 팁 번호 250을 바르게 설명한 것은? (단, 불꽃은 중성불꽃일 때)

① 판두께 250 mm까지 용접한다.
② 1시간에 250 L의 아세틸렌가스를 소비하는 것이다.
③ 1시간에 250 L의 산소가스를 소비하는 것이다.
④ 1시간에 250 cm까지 용접한다.

해설 가스용접 토치와 팁 번호는 B형이 프랑스식으로 팁 번호는 1시간에 소비되는 아세틸렌가스 양을 나타내며, A형은 독일식으로 팁 번호가 용접 가능한 연강판의 두께를 표시한다.

9. 가스용접에서 산소압력조정기의 압력조정나사를 오른쪽으로 돌리면 밸브는 어떻게 되는가?

① 닫힌다. ② 고정된다. ③ 열린다. ④ 중립상태가 된다.

해설 가스용접에서 압력조정기는 오른쪽으로 돌리면 열리고 왼쪽으로 돌리면 잠긴다.

10. 가스용접 토치의 취급상 주의사항으로 틀린 것은?

① 토치를 망치 등 다른 용도로 사용해서는 안 된다.
② 팁 및 토치를 작업장 바닥이나 흙 속에 방치하지 않는다.
③ 팁을 바꿔 끼울 때에는 반드시 양쪽 밸브를 모두 열고 팁을 교체한다.
④ 작업 중 발생하기 쉬운 역류, 역화, 인화에 항상 주의하여야 한다.

해설 가스용접 토치의 취급상의 주의사항 〈①, ②, ④항 외〉
㉠ 점화되어 있는 토치를 아무 곳에나 방치하지 않는다. ㉡ 팁이 과열되었을 때는 아세틸렌 밸브를 닫고 산소 밸브만 약간 열어 물속에서 냉각한다. ㉢ 팁을 바꿔 끼울 때는 반드시 양쪽 밸브를 모두 닫은 다음에 행한다.

정답 1. ④ 2. ① 3. ② 4. ③ 5. ③ 6. ② 7. ② 8. ② 9. ③ 10. ③

3-4 가스용접 재료

(1) 용접봉

KS D 7005에 규정된 가스 용접봉(gas welding rods for mild steel)은 보통 맨용접봉이지만, 아크 용접봉과 같이 피복된 용접봉도 있고 때로는 용제를 관의 내부에 넣은 복합심선을 사용할 때도 있다. 보통 시중에 판매되는 것은 길이가 1,000mm이다.

(2) 가스 용접봉과 모재의 관계

모재의 두께에 따라 용접봉 지름은 $D=\frac{T}{2}+1$이다.

D: 용접봉 지름(mm), T: 모재 두께(mm)

(3) 용제

연강 이외의 모든 합금, 즉 알루미늄, 크로뮴 등과 주철 등은 모재표면에 형성된 산화피막의 용융점이 모재의 용융점보다 높아 여러 결함사항이 발생되므로 용제(flux)를 사용해야 한다.

모재 재질	용제
연강	사용하지 않는다.
고탄소강, 특수강, 주철	중조, 탄산나트륨, 황혈염, 붕사, 붕산(H_3BO_3) 등
구리 및 구리합금	붕사, 붕산, 플루오린화나트륨, 규산나트륨, 인산화물 등
경합금	염화칼륨(45%), 염화나트륨(30%), 염화리튬(15%), 플루오린화칼륨(7%), 황산칼륨(3%) 등

단원 예상문제

1. **연강용 가스 용접봉에 GA 46이라고 표시되어 있을 경우, 46이 나타내는 의미는?**

① 용착금속의 최대 인장강도 ② 용착금속의 최저 인장강도
③ 용착금속의 최대 중량 ④ 용착금속의 최소 두께

해설 가스용접봉 기호 GA에서 G는 GAS의 첫 단어, A는 용접봉 재질이 높은 연성 · 전성인 것, B는 용접봉 재질이 낮은 연성 · 전성인 것, 46은 용착금속의 최저 인장강도이다.

2. **두께 3.2mm의 연강판을 가스용접하려고 한다. 모재 두께가 1mm 이상일 때 용접봉의 지름을 결정하는 방법에 의한 가스 용접봉의 지름은?**

① 1.0mm ② 2.6mm ③ 3.2mm ④ 4.0mm

해설 가스 용접봉의 두께는 $D=\frac{T}{2}+1$(D: 지름, T: 판두께)$=\frac{3.2}{2}+1=2.6$

3. **가스 용접봉 및 용제에 관한 각각의 설명으로 틀린 것은?**

① 용제는 건조한 분말, 페이스트 또는 용접봉 표면에 피복한 것도 있다.
② 용제의 융점은 모재의 융점보다 낮은 것이 좋다.
③ 연강의 가스용접에는 용제를 필요로 하지 않는다.
④ 가스용접은 탄화불꽃이 되기 쉬운 데다 공기 중의 탄소를 흡수하여 용융금속이 탄화되는 경우가 많다.

해설 가스용접은 탄화불꽃보다 산화불꽃이 되기 쉬우므로 모재가 산화되어 메짐(취성)을 갖는 경우가 많다.

4. **가스 용접봉을 선택할 때 고려하여야 할 조건에 대한 설명으로 맞지 않은 것은?**

① 가능한 모재와 동일한 재질로서 모재를 강화시킬 수 있어야 한다.
② 용접부의 용융온도가 모재보다 높아야 한다.
③ 용접부의 기계적 성질에 나쁜 영향을 주어서는 안 된다.
④ 용접봉의 재질 중에 불순물을 포함하지 않아야 한다.

해설 ①, ③, ④ 외에 용접부의 용융온도가 모재와 동일해야 한다.

정답 1. ② 2. ② 3. ④ 4. ②

3-5 산소-아세틸렌 불꽃

불꽃과 피용접 금속의 관계

구분	용접 가능한 금속
탄화불꽃	스테인리스강, 스텔라이트, 모넬메탈 등
표준불꽃	연강, 반연강, 주철, 구리, 청동, 알루미늄, 아연, 납, 은 등
산화불꽃	황동

단원 예상문제

1. 산소 아세틸렌 불꽃에서 아세틸렌이 이론적으로 완전 연소하는 데 필요한 산소 : 아세틸렌의 연소비는?

① 1.5 : 1 ② 1 : 1.5 ③ 2.5 : 1 ④ 1 : 2.5

해설 산소와 아세틸렌 비율은 이론상으로 2.5 : 1이나 실제 공기 중의 산소는 1.5이기 때문에 비율 1 : 1로 혼합하여 사용한다.

2. 가스용접에서 산화불꽃은 어떤 금속 용접에 가장 적합한가?

① 황동 ② 연강 ③ 모넬메탈 ④ 스텔라이트

해설 산화불꽃은 구리, 황동, 청동 등에 사용한다.

3. 가스용접에서 아세틸렌이 과잉된 불꽃은?

① 중성산화불꽃 ② 탄화불꽃 ③ 산화불꽃 ④ 중성불꽃

해설 아세틸렌의 과잉으로는 탄화불꽃이 나타난다.

정답 1. ③ 2. ① 3. ②

3-6 산소-아세틸렌 용접법

(1) 전진법(좌진법, forehand method)

토치팁 앞으로 용접봉을 진행시키는 방법이다. 토치팁을 오른쪽에서 왼쪽으로 이동시켜 불꽃이 용융지 앞쪽을 가열하므로 용접부가 쉽게 과열되어 변형이 많아 3mm 이하의 얇은 판이나 변두리 용접에 사용된다. 토치의 이동 각도는 전진방향 반대쪽이 45~70°,

용접봉 첨가 각도는 30~45°로 이동한다.

(2) 후진법(우진법, backhand method)

토치팁을 먼저 진행하고 그 뒤로 용접봉과 용융풀이 따라가는 방식이다. 토치팁이 왼쪽에서 오른쪽으로 이동하므로 용융지의 가열시간이 짧아서 과열되지 않아 용접 변형이 적고 속도가 빨라 두꺼운 판 및 다층 용접에 사용되며 위보기 자세에 많이 사용한다.

전진법과 후진법의 비교

항목	전진법	후진법
열 이용률	나쁘다.	좋다.
비드 모양	보기 좋다.	매끈하지 못하다.
용접속도	느리다.	빠르다.
홈 각도	크다. (예 80~90°)	작다. (예 60°)
용접변형	크다.	작다.
산화 정도	심하다.	약하다.
모재 두께	얇다.	두껍다.
용착금속의 냉각	급랭	서랭

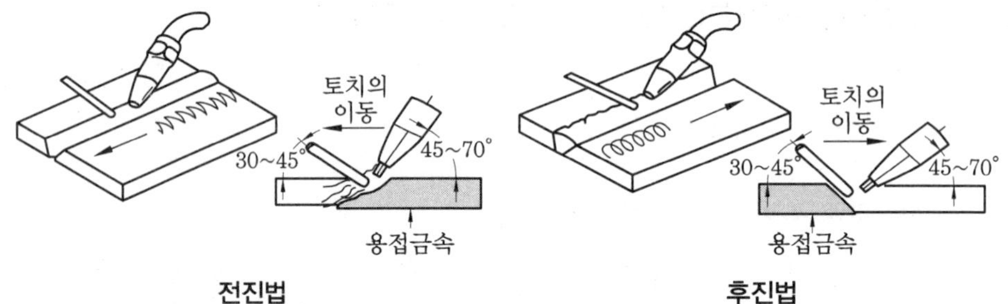

전진법　　　　후진법

단원 예상문제

1. 가스용접에서 전진법과 후진법을 비교할 때 각각의 설명으로 옳은 것은?

① 후진법에서 용접변형이 작다.　② 후진법에서 용착금속이 급랭한다.
③ 전진법에서 열 이용률이 좋다.　④ 전진법에서 용접속도는 빠르다.

해설 ㉠ 전진법(좌진법): 토치팁 앞으로 용접봉을 진행시키는 방법으로, 불꽃이 용융지 앞쪽을 가열하므로 용접부가 쉽게 과열되어 변형이 많아 얇은 판이나 변두리 용접에 사용된다.
㉡ 후진법(우진법): 토치팁을 먼저 진행하고 그 뒤로 용접봉과 용융풀이 따라가는 방식이며, 용융지의 가열시간이 짧아서 과열되지 않아 변형이 적고 속도가 빠르므로 후판이나 다층 용접에 사용된다.

정답 1. ①

제 4 장 절단 및 가공

4-1 개요

용접 작업과 병용하여 사용되는 절단법은 가스절단(gas cutting)과 아크절단(arc cutting), 즉 용단(fusion cutting) 조작은 용접재료의 절단, 용접 홈의 가공, 접합부의 가열 및 가우징(gauging) 등의 작업에서 매우 중요한 공작법이다.

1 절단 및 가스가공의 종류

절단 및 가스가공에는 산화반응을 이용한 것, 전기에너지를 이용한 것, 이 두 가지를 모두 이용하는 방법으로 구분되며 다음과 같은 종류가 있다.

2 절단의 원리

강의 가스절단은 고온의 철이 산소 중에서 쉽게 연소되는 화학반응을 이용한 것으로, 절단 부분을 예열하여 약 850~900℃에 도달했을 때 고압산소가 팁의 중심으로부터 뿜어져 나와 철을 연소시켜 저용융점 산화철에 의해 산소기류로 분출되어 약 2~4mm 정도의 홈이 패여 절단이 이루어진다. 다만 주철, 10% 이상의 크로뮴(Cr)을 함유한 스테인리스강이나 비철금속은 절단하기 어렵다.

단원 예상문제

1. 가스용접 및 가스절단에 사용되는 가연성가스가 갖추어야 할 성질 중 틀린 것은?

① 불꽃의 온도가 높을 것
② 발열량이 클 것
③ 연소속도가 느릴 것
④ 용융금속과 화학반응을 일으키지 않을 것

해설 가연성가스는 연소속도가 빨라야 한다.

2. 가스절단 되기 위한 조건 중에서 틀린 것은?

① 모재가 산화연소하는 온도는 그 금속의 용융점보다 높을 것
② 생성된 금속산화물의 용융온도는 모재의 용융온도보다 낮을 것
③ 생성된 산화물은 유동성이 좋을 것
④ 금속의 화합물 중에 연소되지 않는 물질이 적을 것

해설 금속 산화철(산화물)의 용융온도가 모재의 용융점보다 높으면 절단이 어렵다.

3. 강의 가스절단(gas cutting) 시 화학반응에 의하여 생성되는 산화철의 융점에 관한 설명 중 가장 알맞은 것은?

① 금속산화물의 융점이 모재의 융점보다 높다.
② 금속산화물의 융점이 모재의 융점보다 낮다.
③ 금속산화물의 융점과 모재의 융점이 같다.
④ 금속산화물의 융점은 모재의 융점과 관련이 없다.

해설 강의 가스절단에서 금속산화물의 융점이 낮으므로 용융과 동시에 절단되기 시작한다.

정답 1. ③ 2. ① 3. ②

4-2 가스절단 장치

1 가스절단 장치의 구성

가스절단 장치는 절단 토치(팁 포함), 산소와 연료가스용 호스, 압력조정기, 가스병 등으로 구성되나, 반자동 및 자동가스 절단 장치는 절단팁, 전기시설, 주행대차, 안내레일, 축도기, 추적장치 등 다수의 부속 및 주장치가 사용되고 있다.

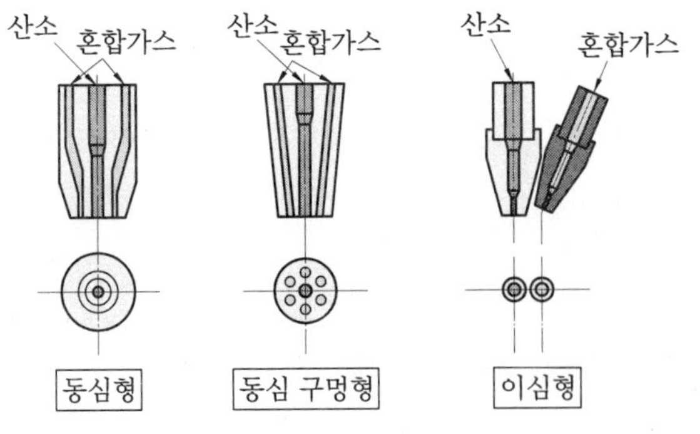

2 절단 토치와 팁

절단 토치(cutting torch)는 저압식 절단 토치와 중압식 절단 토치로 분류한다.

(1) 저압식 절단 토치

아세틸렌의 게이지 압력이 $0.07 kg/cm^2$ 이하에서 사용되는 인젝터식으로, 니들 밸브가 있는 가변압식과 니들 밸브가 없는 불변압식이 있다.

① **동심형 팁:** 두 가지 가스를 이중으로 된 동심원의 구멍으로부터 분출하는 형식으로 전후좌우 및 곡선을 자유로이 절단한다.

② **이심형 팁:** 예열불꽃과 절단 산소용 팁이 분리되어 있으며 예열 팁이 붙어 있는 방향으로만 절단되어 직선절단은 능률적이고 절단면이 아름다워 자동 절단기용으로 개발되었으나 곡선이 작으면 절단하기 어렵다.

절단 토치 형태에 따른 특징

구분	동심형	동심 구멍형	이심형
특징	직선의 전후좌우 절단 및 곡선절단에 능률적이다.	팁 끝 손상이 적다. 동심형과 비슷하다.	직선절단에 능률적이다. 큰 곡선절단 시 절단면이 곱다. 작은 곡선절단에는 불가능하다.

(2) 중압식 절단 토치

아세틸렌의 게이지 압력이 $0.07 \sim 0.4 kg/cm^2$이며 가스 혼합이 팁에서 이루어지는 팁 혼합형으로, 팁에 예열용 산소, 아세틸렌가스 및 절단용 산소가 통하는 3개의 통로가 절단기 헤드까지 이어져 3단 토치라고도 한다. 한편 용접용 토치와 같이 토치에서 예열 가스가 혼합되는 토치 혼합형도 사용되고 있다.

3 가스절단 방법

(1) 절단에 영향을 주는 요소

팁의 크기와 모양, 산소 압력, 절단 주행속도, 절단재의 두께 및 재질, 사용가스(특히 산소)의 순도, 예열불꽃 세기, 절단재의 표면 상태, 팁의 거리 및 각도, 절단재 및 산소의 예열온도 등이 있다.

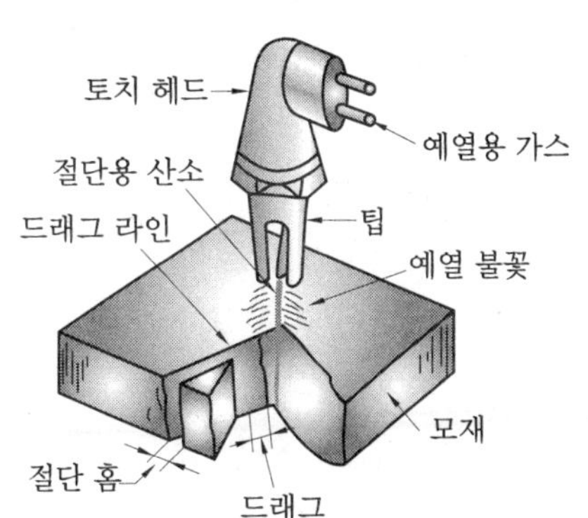

가스절단의 원리 및 드래그

(2) 드래그

가스 절단면에서 절단 가스기류의 입구점부터 출

구점까지의 수평거리를 드래그(drag) 길이로 하며 주로 절단속도, 산소 소비량 등에 의해 변하기 때문에 드래그는 판두께의 20%를 표준으로 한다.

표준 드래그 길이

절단모재 두께(mm)	12.7	25.4	51	51~152
드래그 길이(mm)	2.4	5.2	5.6	6.4

(3) 절단속도

절단속도는 절단 가스의 좋고 나쁨을 판단하는 주요한 요소 중 하나이다. 절단속도에 영향을 주는 인자로는 산소 압력, 산소의 순도, 모재 온도, 팁 모양 등이 있으며, 특히 절단속도의 압력이 높고, 산소 소비량이 많을수록 정비례하여 증가하며, 모재의 온도가 높을수록 고온 절단이 가능하다.

(4) 예열불꽃의 역할

① 절단 개시점을 급속도로 연소온도까지 가열한다.

② 절단 중에 복사와 전도로 인해 소실되는 절단부의 열을 보충한다.

③ 강재 표면에 부착되어 있는 융점이 높은 녹, 스케일을 제거하여 절단산소와 철이 쉽게 반응하게 한다(각 산화철의 융점은 FeO 1380℃, Fe 1536℃, FeO_4 1565℃, FeO_3 1539℃이다).

(5) 예열불꽃의 배치

(가) 예열불꽃의 배치는 절단산소를 기준으로 하여 그 앞면에 한정해 배치한 이심형, 동심원형과 동심원 구멍형 등이 있다.

(나) 피치 사이클이 작은 구멍 수가 많을수록 예열은 효과적으로 행해진다.

(다) 예열구멍이 1개인 이심형 팁에서는 동심형 팁보다 최대 절단모재의 두께를 고려한 절단 효율이 낮다.

※ 이심형 팁에서는 판두께가 50mm 정도로 제한되어 절단이 어렵다.

① 예열불꽃 세기의 영향

(가) 예열불꽃이 강할 때

절단면이 거칠고, 슬래그 중의 철 성분이 박리되기 어려우며, 모서리가 용융되어 둥글게 된다.

(나) 예열불꽃이 약할 때

절단속도가 느리고 절단이 쉽게 중단된다. 드래그가 증가하고 역화를 일으키기 쉽다.

(6) 팁 거리

팁 끝부터 모재표면까지의 간격으로 예열불꽃의 백심 끝이 모재표면에서 약 1.5~2.0mm 정도 위에 있으면 좋다.

가스절단 팁의 노즐로는 스트레이트 노즐, 다이버전트 노즐, 저속 다이버전트 노즐, 직선형 노즐 등의 종류가 사용이 된다.

(7) 가스절단의 조건

① 절단 모재의 산화, 연소하는 온도가 모재의 용융점보다 낮아야 한다.

② 생성된 산화물의 용융온도가 모재보다 낮고 유동성이 좋아 산소 압력에 잘 밀려 나가야 한다.

③ 절단 모재의 성분 중 불연성 물질이 적어야 한다.

단원 예상문제

1. 가스절단 작업 시 예열불꽃 세기의 영향을 맞게 설명한 것은?

① 예열불꽃이 강할 때 절단면이 거칠어진다.
② 예열불꽃이 강할 때 드래그가 증가한다.
③ 예열불꽃이 강할 때 절단속도가 늦어진다.
④ 예열불꽃이 강할 때 슬래그 중의 철 성분의 박리가 쉽다.

해설 가스절단에서 예열불꽃이 강할 때는 절단면이 거칠고, 슬래그 중의 철 성분이 박리가 어렵고, 변두리가 용융되어 둥글게 된다.

2. 연강의 가스절단 시 드래그(drag) 길이는 주로 어느 인자에 의해 변화하는가?

① 예열과 절단 팁의 크기
② 토치 각도와 진행 방향
③ 예열불꽃 및 백심의 크기
④ 절단속도와 산소소비량

해설 가스절단에서 드래그 길이는 주로 절단속도, 산소 소비량 등에 의하여 변화한다. 표준 드래그는 20%(1/5)이다.

3. 두께가 12.7mm인 강판을 가스절단하려 할 때 표준 드래그의 길이는 2.4mm이다. 이 때 드래그는 몇 %인가?

① 18.9
② 32.1
③ 42.9
④ 52.4

해설 표준 드래그는 판두께의 20%(1/5)로서 $\frac{2.4}{12.7} \times 100 = 18.89 = 18.9$

4. 최소에너지 손실속도로 변화되는 절단팁의 노즐 형태는?

① 스트레이트 노즐 ② 다이버전트 노즐
③ 원형 노즐 ④ 직선형 노즐

해설 가스절단에서 다이버전트 노즐의 지름은 절단팁보다 2배 정도 크고 끝부분이 약간(약 15~25°) 구부러져 있는 것이 많으며, 작업속도는 절단 때의 2~5배로 하며 홈의 폭과 깊이의 비는 1~3 : 1이다.

5. 가스절단 시 절단속도에 영향을 주는 것과 가장 거리가 먼 것은?

① 팁의 형상 ② 용기의 산소량
③ 모재의 온도 ④ 산소 압력

해설 가스절단의 절단속도는 모재의 온도가 높을수록 고속절단이 가능하다. 또 절단속도의 압력이 높고, 산소 소비량이 많을수록 정비례하여 증가하며, 팁의 형상에 따라 절단 산소의 고속분출을 얻음으로써 절단속도를 증가시킬 수 있다.

6. 가스절단의 예열불꽃이 너무 약할 때의 현상을 가장 적절하게 설명한 것은?

① 절단속도가 빨라진다. ② 드래그가 증가한다.
③ 모서리가 용융되어 둥글게 된다. ④ 절단면이 거칠어진다.

해설 가스절단에서 예열불꽃이 약할 때에는 절단속도가 느리고 절단이 쉽게 중단되며, 드래그가 증가하고 역화를 일으키기 쉽다.

정답 1. ① 2. ④ 3. ① 4. ② 5. ② 6. ②

4-3 산소-아세틸렌 절단

1 절단 조건

① 불꽃의 세기는 산소, 아세틸렌의 압력에 의해 정해지며 불꽃이 너무 세면 절단면의 모서리가 녹아 둥그스름하게 되므로 예열불꽃의 세기는 절단 가능한 최소가 좋다.
② 실험에 의하면 아름다운 절단면은 산소압력 0.3MPa(3kg/cm^2) 이하에서 얻어진다.

2 절단에 영향을 주는 인자

(1) 산소의 순도

절단 작업에 사용되는 산소의 순도는 99.5% 이상이어야 하며, 그 이하이면 작업능률이 저하된다.

(2) 절단팁의 절단산소 분출구멍 모양

절단속도는 절단산소의 분출 상태와 속도에 따라 크게 좌우된다. 다이버 전트 노즐의 경우는 고속 분출을 얻는 데 적합하며 보통 팁에 비해 절단속도가 같은 조건에서는 산소의 소비량이 25~40% 절약되며, 또 산소 소비량이 같을 때는 절단속도를 20~25% 증가시킬 수 있다.

단원 예상문제

1. 산소-아세틸렌가스로 절단이 가장 잘 되는 금속은?

① 연강　　② 구리

③ 알루미늄　　④ 스테인리스강

해설 가스절단에서 주철, 10% 이상의 크로뮴(Cr)을 함유한 스테인리스강이나 비철금속은 절단하기 어렵다.

2. 가스절단에서 산소 중의 불순물이 증가될 때 나타나는 결과에 대한 설명으로 틀린 것은?

① 절단속도가 느려진다.

② 산소의 소비량이 적어진다.

③ 절단면이 거칠어진다.

④ 슬래그이 이탈성이 나빠지다.

해설 가스절단에서 절단산소가 불량인 경우 〈①, ③, ④ 외〉
㉠ 산소의 소비량이 많아진다. ㉡ 절단 가능한 판의 두께가 얇아지며 절단 시작 시간이 길어진다. ㉢ 절단 홈의 폭이 넓어진다.

3. 절단산소의 순도가 낮은 경우 발생하는 현상이 아닌 것은?

① 산소 소비량이 증가된다.

② 절단속도가 저하된다.

③ 절단 개시 시간이 길어진다.

④ 절단홈 폭이 좁아진다.

해설 가스절단에서 절단산소의 순도가 낮으면 ①, ②, ③ 외에도 절단면이 거칠고, 슬래그의 이탈성이 나빠지며 절단 홈의 폭이 넓어지는 현상이 생긴다.

정답 1. ① 2. ② 3. ④

4-4 산소-LP가스 절단

1 LP 가스

LP가스는 석유나 천연가스를 적당한 방법으로 분류하여 제조한 석유계 저급 탄화수소의 혼합물로 공업용은 프로판이 대부분이며 이외에 부탄, 에탄 등이 혼입되어 있다.

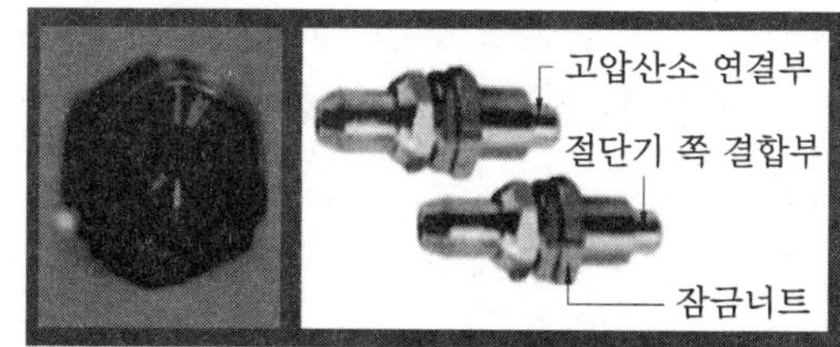

(1) LP가스의 성질

① 액화하기 쉽고, 용기에 넣어 수송하기가 쉽다.
② 액화된 것은 쉽게 기화하며 발열량도 높다.
③ 폭발 한계가 좁아서 안전도가 높고 관리도 쉽다.
④ 열효율이 높은 연소기구를 쉽게 제작할 수 있다.

(2) 프로판가스의 혼합비

산소 대 프로판가스의 혼합비는 프로판 1에 대하여 산소가 약 4.5배로 경제적인 면에서 프로판가스 자체는 아세틸렌에 비하여 대단히 저렴하나(약 $\frac{1}{3}$ 정도) 산소를 많이 필요로 하므로 절단에 필요한 총비용에서 차이가 별로 없다.

● 참고 n…탄소 m…수소

- 이론 산소량 공식 $n+\frac{m}{4}=C_3H_8 \rightarrow 3\frac{8}{4}=5$배 ∴ 5배
- 이론 공기량 공식 $\left(n+\frac{m}{4}\right)\times\frac{100}{21}=C_3H_8 \rightarrow \left(3+\frac{8}{4}\right)\times\frac{100}{21}=23.8$배

2 프로판가스용 절단팁

① 아세틸렌보다 연속속도가 느려 가스의 분출속도를 느리게 해야 하며, 또 많은 양의 산소가 필요하고 비중 차가 있어 토치의 혼합실을 크게 하고 팁에서도 혼합될 수 있게 설계한다.
② 예열불꽃의 구멍을 크게 하고 또 구멍 개수도 많이 하여 불꽃이 꺼지지 않도록 한다.
③ 팁 끝은 아세틸렌 팁 끝과 같이 평평하지 않고 슬리브(sleeve)를 1.5 mm 정도 가공

면보다 길게 하여 2차 공기와 완전히 혼합하여 잘 연소되게 하고 불꽃속도를 감소시켜야 한다.

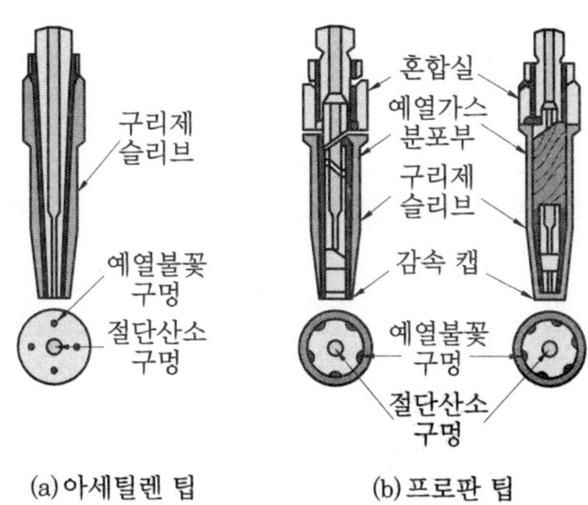

(a) 아세틸렌 팁 (b) 프로판 팁

단원 예상문제

1. 프로판가스 절단과 비교한 아세틸렌가스 절단의 장점이 아닌 것은?

① 점화하기 쉽다.
② 중성불꽃을 만들기 쉽다.
③ 슬래그 제거가 쉽다.
④ 박판 절단 시 절단속도가 빠르다.

해설 아세틸렌가스와 프로판가스의 비교

아세틸렌가스	프로판가스
① 점화하기 쉽다.	① 절단면 상부 모서리가 적게 녹는다.
② 불꽃 조정이 쉽다(혼합비 1:1).	② 절단면이 곱다(혼합비 1:4.5).
③ 절단 시 예열시간이 짧다.	③ 슬래그 제거가 쉽다.
④ 절단재 표면의 영향이 적다.	④ 포갬 절단 시 아세틸렌보다 절단속도가 빠르다.
⑤ 박판 절단 시 절단속도가 빠르다.	⑤ 후판 절단 시 절단속도가 빠르다.

2. 가스절단 작업에서 프로판가스와 아세틸렌가스를 사용하였을 경우를 비교한 사항 중 옳지 않은 것은?

① 포갬 절단속도는 프로판가스를 사용하였을 때가 빠르다.
② 슬래그 제거가 쉬운 것은 프로판가스를 사용하였을 경우이다.
③ 후판 절단 시 절단속도는 프로판가스를 사용하였을 때가 빠르다.
④ 산소는 아세틸렌가스가 프로판가스보다 약간 더 필요하다.

해설 완전 연소 시에 필요한 산소는 아세틸렌은 2.5배, 프로판은 4.5배이다.

3. **스테인리스나 알루미늄 합금의 납땜이 어려운 가장 큰 이유는?**

① 적당한 용제가 없기 때문에
② 강한 산화막이 있기 때문에
③ 융점이 높기 때문에
④ 친화력이 강하기 때문에

해설 강한 산화막과 산화막의 용융온도가 높기 때문에 납땜이 어렵다.

정답 1. ③ 2. ④ 3. ②

4-5 기타 절단 및 가스가공

1 특수 절단 및 가스가공

(1) 분말 절단(powder cutting)

절단부에 철분이나 용제 분말을, 토치 팁의 압축공기 또는 압축질소가스를 이용하여 연속적으로 절단 산소 속에 혼입 공급하여 예열불꽃에서 연소 반응시켜 그 반응열과 용제작용으로 절단하는 방식이다.

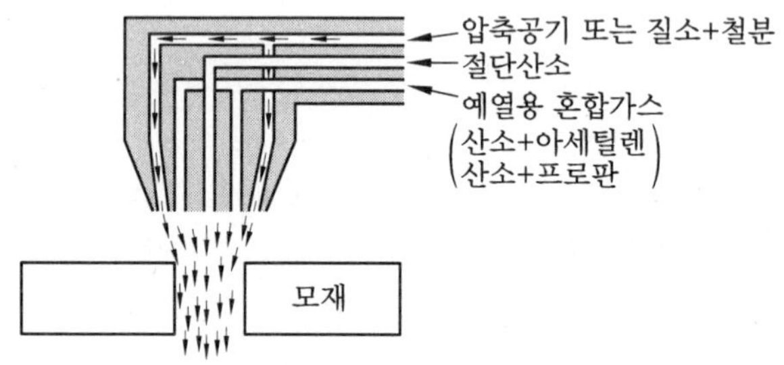

분말 절단의 원리

① **철분 절단**

200메시(mesh) 정도의 미세하고 순수한 철분, 또는 철분에 알루미늄 분말을 소량 배합하고 다시 첨가제를 적당히 혼입한 것이 사용된다. 주철, 스테인리스강, 구리, 청동 등의 절단에 효과적이지만, 오스테나이트계 스테인리스강의 절단면에는 철분이 함유될 위험성이 있어 절단 작업을 행하지 않는다.

② **용제 절단**

스테인리스강의 절단을 주목적으로 내산화성의 탄산소다, 중탄산소다를 주성분으로 하며, 직접 분말을 절단 산소에 삽입하므로 절단 산소가 손실되는 일이 없이 분출 모양이 정확히 유지되고 절단면이 깨끗하며 분말과 산소의 소비가 적다.

단원 예상문제

1. 가스절단이 곤란한 주철, 스테인리스강 및 비철금속의 절단부에 용제를 공급하며 절단하는 방법은?

① 특수절단　　② 분말절단
③ 스카핑　　④ 가스 가우징

해설 가스절단이 곤란한 주철, 비철금속 등의 절단부에 철분이나 용제의 미세한 분말을 토치 팁의 압축공기 또는 압축질소가스를 이용하여 연속적으로 절단 산소 속에 혼입 공급하여 예열불꽃에서 연소반응시켜 그 반응열과 용제작용으로 절단하는 것을 분말절단이라 한다.

2. 분말절단법 중 플럭스(flux) 절단에 주로 사용되는 재료는?

① 스테인리스 강판　　② 알루미늄 탱크
③ 저합금 강판　　④ 강관

해설 분말절단법 중 플럭스(용제) 절단은 스테인리스강의 절단을 주목적으로 내산화성인 탄산소다, 중탄산소다를 주성분으로 하는 분말을 직접 절단 산소에 삽입하여 산소가 허실되는 것을 방지하며 분출모양이 정확해 절단면이 깨끗하다.

정답 1. ② 2. ①

2 아크 절단

(1) 아크 에어 가우징

아크 에어 가우징(arc air gauging)은 탄소아크 절단 장치에 0.5~0.7MPa(5~7kg/cm^2) 정도의 압축공기를 병용하여 가우징, 절단 및 구멍뚫기 등의 작업에 적합하며, 특히 가우징으로 많이 사용된다. 전극봉은 흑연에 구리도금을 한 것이 사용되며 전원은 직류(직류역극성의 전원에 정전류 특성 용접기 사용)이고 아크 전압 25~45V(개로전압은 60V 이상), 아크 전류 200~500A 정도의 것이 널리 사용된다.

① 아크 에어 가우징의 특징

㈎ 가스 가우징법보다 작업능률이 2~3배 높다.
㈏ 모재에 악영향을 거의 주지 않는다.
㈐ 용접결함을 쉽게 발견할 수 있다.
㈑ 소음이 없고 조정하기 쉽다.

㈒ 적용 재료의 활용 범위가 넓어 비철금속(스테인리스강, 알루미늄, 동합금 등)과 철강금속 등에 사용이 가능하고 경비가 싸다.

㈓ 압축기는 압축력이 최소한 3마력 이상이고 압축 탱크의 크기가 충분한 것을 사용한다.

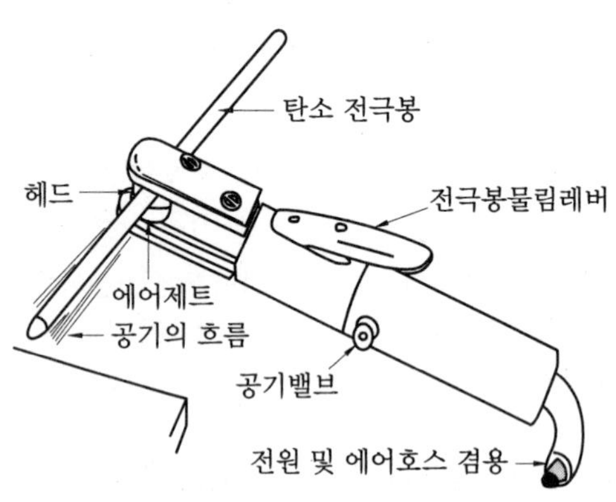

아크 에어 가우징 토치(홀더)

(2) 플라스마 제트 절단(plasma jet cutting)

기체가 수천 도의 고온일 때 기체 원자의 열 운동에 의해 전리되어 고온과 전자로 나누어져 서로 도전성을 갖고 혼합된 것을 플라스마라고 한다.

이러한 아크 플라스마의 외각을 가스로써 강제적 냉각시에 열손실을 최소한으로 되도록 그 표면적을 축소시키고 전류밀도가 증가하여 온도가 상승되며 아크 플라스마가 한 방향으로 고속으로 분출되는 것을 플라스마 제트라고 하며 이러한 현상을 열적 핀치효과라고 하여 플라스마 제트 절단에서는 주로 열적 핀치효과(thermal pinch effect)를 이용하여 고온 아크 플라스마로 절단을 한다.

이 절단법은 절단 토치와 모재와의 사이에 전기적인 접속을 필요로 하지 않으므로 금속재료는 물론 콘크리트 등의 비금속 재료도 절단할 수 있다.

단원 예상문제

1. 스테인리스강에 사용되는 플라스마 절단 작동가스로 가장 적합한 것은?

① 아세틸렌 ② 프로판
③ 아르곤+수소 ④ 질소+수소

해설 비이행형 플라스마 아크 절단은 비금속과 내화물의 절단이 가능하여 일반적으로 아르곤, 수소 가스가 사용되나 스테인리스강에는 질소, 수소 가스를 사용한다.

2. 아크 절단법이 아닌 것은?

① 금속아크 절단 ② 미그아크 절단
③ 플라스마 제트 절단 ④ 서브머지드 아크 절단

해설 아크 절단법으로는 탄소아크 절단, 금속아크 절단, 아크 에어 가우징, 산소아크 절단, 플라스마 제트절단, MIG아크 절단, TIG아크 절단 등이 있다.

3. 아크 에어 가우징(arc air gouging) 작업에서 탄소봉의 노출 길이가 길어지고, 외관이 거칠어지는 가장 큰 원인의 경우는?

① 전류가 높은 경우
② 전류가 낮은 경우
③ 가우징 속도가 빠른 경우
④ 가우징 속도가 느린 경우

해설 아크 에어 가우징에서는 공기압축기로 가우징 홀더를 통해 공기압을 분출하는 구조로 전류가 높을 경우 탄소봉의 노출 길이가 길어져 충분한 공기의 압력이 상쇄되어 외관이 거칠어진다.

4. 다음 중 아크 에어 가우징의 설명으로 가장 적합한 것은?

① 압축공기의 압력은 1~2 kgf/cm^{2}이 적당하다.
② 비철금속에는 적용되지 않는다.
③ 용접균열 부분이나 용접 결함부를 제거하는 데 사용한다.
④ 그라인딩이나 가스 가우징보다 작업 능률이 낮다.

해설 가우징(가스가우징, 아크 에어 가우징 등)은 용접균열 부분이나 용접 결함부를 제거하는 데 사용된다.

5. 절단하려는 재료에 전기적 접촉을 하지 않으므로 금속재료뿐만 아니라 비금속의 절단도 가능한 절단법은?

① 플라스마(plasma) 아크 절단
② 불활성가스 텅스텐(TIG) 아크 절단
③ 산소아크 절단
④ 탄소아크 절단

해설 플라스마 아크 절단은 전기적 접촉 없이 열적 핀치효과에 의한 고온 아크 플라스마로 금속재료뿐만 아니라 콘크리트 등의 비금속 재료도 절단이 가능하다.

정답 1. ④ 2. ④ 3. ① 4. ③ 5. ①

제 5 장 기타 용접 및 용접의 자동화

5-1 불활성가스 텅스텐 아크용접(TIG welding, inert-gas tungsten arc welding)

(1) TIG 용접의 특성 및 장치

① 전자는 음극(−, 약 30%)에서 양극(+, 약 70%)으로 가스이온은 양극에서 음극으로 흐르는데 양극이 전류의 강한 충격을 받아 음극보다 많이 가열되므로 직류역극성을 사용할 때 텅스텐 전극 소모가 많아진다.

② 아르곤가스를 사용한 직류역극성일 때는 청정효과(cleaning action)가 있어 강한 산화막이나 용융점이 높은 산화막이 존재하는 알루미늄(Al), 마그네슘(Mg) 등의 용접이 용제 없이 가능하다.

③ 직류정극성을 사용할 때는 폭이 좁고 용입이 깊은 용접부를 얻으나 청정효과가 없다.

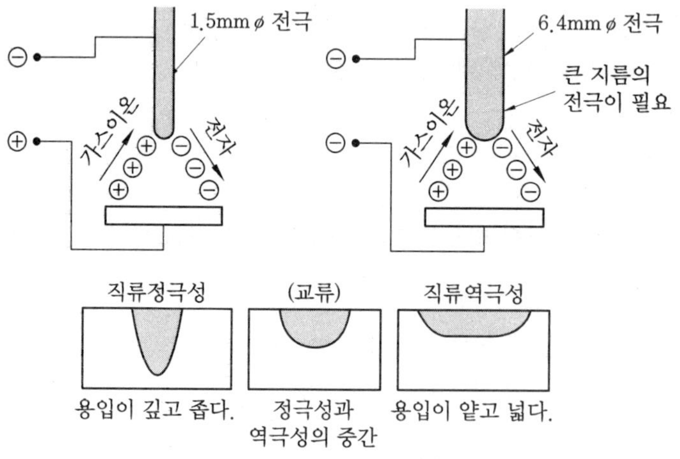

TIG 직류 용접의 극성

④ 교류를 사용할 경우 용입깊이는 직류역극성과 정극성의 중간 정도이고 청정효과가 있다.

⑤ 교류 사용 시 전극의 정류작용으로 아크가 불안정해지기 때문에 고주파전류나 2차

회로에 콘덴서를 장치한 평형 교류용접기(정전압형)를 사용한다.

⑥ 고주파전류를 사용하는 경우 아크 발생이 쉽고 안정되며, 전극의 소모가 적어 수명이 길고, 일정 지름의 전극에 대해 광범위한 전류의 사용이 가능하다.

⑦ TIG용접 토치는 150A 이하는 공랭식, 150A 이상은 수랭식을 사용한다(500A 이하는 공랭식을 사용한다).

⑧ 텅스텐 전극봉은 순수한 텅스텐봉과 토륨(Th) 1~2%를 포함한 토륨 텅스텐 전극이 있으며 후자가 전자방사 능력이 크고 접촉에 의한 오손이 적다.

⑨ 전극봉의 허용 전류는 +역극성이 −정극성보다 훨씬 값이 작다.

⑩ 아르곤가스 밸브는 전자밸브회로이고 냉각수 밸브는 자동 통수(通水) 밸브가 필요하다.

⑪ 주로 3mm 이하의 얇은 판 용접에 이용된다.

⑫ TIG 용접은 수동, 반자동, 자동의 용접장치가 있다.

⑬ 불활성가스인 아르곤가스와 헬륨가스의 특성은 비중이 아르곤 1.105, 헬륨 0.1785로 아르곤가스가 헬륨가스보다 무거워 비교적 넓은 범위의 용융금속을 보호할 수 있으며, 가벼운 헬륨가스는 노즐에서 가스가 나오는 즉시 위로 올라가 위보기 자세에는 유리하다.

⑭ 아르곤가스 속도는 2~3m/s 정도로 옥외 작업장의 풍속이 0.5m/s 이상이면 가스의 보호능력이 떨어져 방풍막을 설치하여야 한다.

⑮ 보호가스로는 아르곤가스가 헬륨가스보다 무거워 같은 능력이라면 2배 정도의 헬륨이 필요하다.

⑯ 용접시 사용되는 유량은 3~30L/min 정도이다.

⑰ 최근에는 산화란탄(La_2O_3), 산화이트륨(Y_2O_3), 산화세륨(CeO_2) 등을 첨가한 전극의 연구도 계속 진행되고 있다.

⑱ 퍼징(purging)은 이면비드의 산화나 질화를 방지하기 위하여 금속이나 세라믹 등으로 맞대기나 파이프 이음용접에서 보호가스를 별도로 연속적으로 공급하는 장치이다.

단원 예상문제

1. **TIG 용접으로 Al을 용접할 때, 가장 적합한 용접전원은?**

① DC SP ② DC RP ③ AC HF ④ AC

해설 불활성가스 텅스텐 아크용접에서 Al을 용접할 때는 표면에 존재하는 산화 알루미늄(용융온도 2050℃, 실제 용융온도 660℃)을 역극성으로 제거하기 위해 교류전원 중 고주파전류를 병용하며 초기 아크발생이 쉽고 텅스텐 전극의 오손이 적다.

2. TIG 용접시 교류용접기에 고주파전류를 사용할 때의 특징이 아닌 것은?

① 아크는 전극을 모재에 접촉시키지 않아도 발생된다.
② 전극의 수명이 길다.
③ 일정 지름의 전극에 대해 광범위한 전류의 사용이 가능하다.
④ 아크가 길어지면 끊어진다.

해설 TIG 용접에서 교류용접기에 고주파를 사용하면 ①, ②, ③ 외에 아크가 길어져도 끊어지지 않는 특징이 있다.

3. TIG 용접 중 직류정극성을 사용하여 용접했을 때 용접효율을 가장 많이 올릴 수 있는 재료는?

① 스테인리스강 ② 알루미늄 합금
③ 마그네슘 합금 ④ 알루미늄 주물

해설 TIG 용접 중 직류정극성[전극을 음극(−), 모재를 양극(+)에 연결하며, 비드 폭이 좁고 용접속도가 빠름]을 사용하여 용접했을 때 용접효율이 가장 좋은 재료는 스테인리스강이다.

4. TIG, MIG, 탄산가스 아크용접 시 사용하는 차광렌즈 번호는?

① 12~13 ② 8~10 ③ 6~7 ④ 4~5

해설

차광도 번호	용접전류(A)	용접봉 지름(mm)
8	45~75	1.2~2.0
9	75~130	1.6~2.6
10	100~200	2.6~3.2
11	150~250	3.2~4.0
12	200~300	4.8~6.4
13	300~400	4.4~9.0
14	400 이상	9.0~9.6

5. TIG 용접에서 아크 스타트를 쉽게 하고, 아크가 안정되도록 용접기에 설비하는 것은?

① 콘덴서 ② 가동철심
③ 고주파 발생기 ④ 리액터

해설 TIG 용접에서 모재에 닿지 않고 아크 발생을 쉽게 하도록 하며, Al 용접 시에는 고주파를 사용하는 것이 좋다.

6. 불활성가스 텅스텐 아크용접에서 일반 교류전원에 비해 고주파 교류전원이 갖는 장점이 아닌 것은?

① 텅스텐 전극봉이 많은 열을 받는다.
② 텅스텐 전극봉의 수명이 길어진다.
③ 전극을 모재에 접촉시키지 않아도 아크가 발생한다.
④ 아크가 안정되어 작업 중 아크가 약간 길어져도 끊어지지 않는다.

해설 TIG 용접에서 고주파전류를 사용하면 전극과 모재 사이에 고주파가 흘러 모재 표면의 산화막을 제거하여 원활한 용접 조건을 만들어준다. 장점은 텅스텐 전극이 오염되지 않고 많은 열을 받지 않아 수명이 길어지고 전극봉 지름에 비하여 전류의 사용범위가 크므로 저전류의 용접이 가능하고 전자제 용접이 가능하다.

7. 불활성가스 텅스텐 아크용접에 사용되는 뒷받침의 형식이 아닌 것은?

① 금속 뒷받침(metal backing)
② 배킹 용접(backing weld)
③ 플럭스 뒷받침(flux backing)
④ 용접부 뒤쪽에 불활성가스를 흐르게 하는 방법(inert gas backing)

해설 불활성가스 텅스텐 아크용접 뒷받침 방법에는 금속 뒷받침, 불활성가스 뒷받침, 용제(flux) 뒷받침 등이 있다.

정답 1. ③ 2. ④ 3. ① 4. ① 5. ③ 6. ① 7. ②

5-2 불활성가스 금속 아크용접(MIG welding, inert gas metal arc welding)

불활성가스 금속 아크용접은 용접봉인 전극 와이어를 연속적으로 보내어 아크를 발생시키는 방법으로서, 용극 또는 소모식 불활성가스 아크 용접법이라고도 한다.

상품명으로는 에어 코매틱(air comatic) 용접법, 시그마(sigma) 용접법, 필러 아크(filler arc) 용접법, 아르고노트(argonaut) 용접법 등이 있으며 전자동식과 반자동식이 있다.

(1) MIG 용접의 특성 및 장치

① MIG 용접은 직류역극성을 사용하며 청정 작용이 있다.
② 전극 와이어는 용접 모재와 같은 재질의 금속을 사용하며 판두께 3mm 이상(후판)에 적합하다.

③ 전류밀도가 매우 높아 피복아크용접의 4~6배, TIG 용접의 2배 정도이므로 서브머지드 아크용접과 비슷하다.
④ 전극 용융금속의 이행 형식은 주로 스프레이형으로 아름다운 비드가 얻어지나, 용접전류가 낮으면 입상이행(globular transfer)이 되어 비드 표면이 매우 거칠다.
⑤ MIG 용접은 자기 제어 특성이 있어 헬륨가스를 사용할 시에는 아르곤보다 아크 전압이 현저하게 높다.
⑥ MIG 용접기는 정전압 특성 또는 상승특성의 직류 용접기이다.
⑦ MIG용접 장치 중 와이어 송급방식은 푸시식(push type), 풀식(pull type), 푸시풀식(push-pull type)의 3종류가 사용된다.
⑧ MIG용접 토치는 전류밀도가 매우 높아 수랭식이 사용된다.
⑨ 용접에 영향을 주는 요인은 용접전류, 아크전압, 용접봉 돌출길이, 용접속도, 토치위치, 용접봉 지름 등이 있다.
⑩ 펄스 아크법: 실용적인 목표로서 최대 전류값은 임계 전류값의 1.5~2.5배로 설정되며, 알루미늄 합금에서는 퍼커링 현상을 피하기 위하여 다른 금속에 비하여 최댓값을 낮게 설정한다.
※ 퍼커링(puckering): MIG 용접에서 주로 용접전류가 과대할 때 용융풀 가장자리로부터 외기가 스며들어 비드 표면에 주름진 두터운 산화막이 생기는 것을 말한다.

단원 예상문제

1. 불활성가스 금속 아크용접의 특징에 대한 설명으로 틀린 것은?

① TIG 용접에 비해 용융속도가 느리고 박판 용접에 적합하다.
② 각종 금속 용접에 다양하게 적용할 수 있어 응용 범위가 넓다.
③ 보호가스의 가격이 비싸 연강 용접의 경우에는 부적당하다.
④ 비교적 깨끗한 비드를 얻을 수 있고 CO_2 용접에 비해 스패터 발생이 적다.

해설 MIG 용접은 TIG 용접에 비해 반자동, 자동 용접장치의 사용으로 용접속도와 용융속도가 빠르며 후판 용접에 적합하다.

2. 에어 코매틱(air comatic) 용접법, 시그마(sigma) 용접법, 필러 아크 용접법 등의 상품명으로 불리는 것은?

① TIG 용접법 ② 테르밋 용접법
③ MIG 용접법 ④ 심(seam) 용접법

해설 MIG 용접법의 상품명이다.

3. MIG용접 제어장치에서 용접 후에도 가스가 계속 흘러나와 크레이터 부위의 산화를 방지하는 제어 기능은?

① 가스 지연 유출 시간(post flow time)
② 번백 시간(burn back time)
③ 크레이터 충전 시간(crate fill time)
④ 예비가스 유출 시간(preflow time)

해설 ②: 크레이터 처리기능에 의해 낮아진 전류가 서서히 줄어들면서 아크가 끊어지는 기능으로 이면 용접부가 녹아내리는 것을 방지한다. ③: 크레이터 처리를 위해 용접이 끝나는 지점에서 토치 스위치를 다시 누르면 용접전류와 전압이 낮아져 쉽게 크레이터가 채워져 결함을 방지하는 기능이다. ④: 아크가 처음 발생되기 전 보호가스를 흐르게 하여 아크를 안정시켜 결함 발생을 방지하기 위한 기능이다.

4. MIG 용접 시 사용되는 전원은 직류의 무슨 특성을 사용하는가?

① 수하특성 ② 동전류 특성
③ 정전압 특성 ④ 정극성 특성

해설 MIG 용접은 용가재인 전극 와이어를 와이어 송급장치에 의해 연속적으로 아크를 발생시키는 소모식 또는 용극식 용접방식으로 직류역극성을 이용한 정전압 특성의 직류 용접기를 사용한다.

5. TIG, MIG, 탄산가스 아크용접 시 사용하는 차광렌즈 번호로 가장 적당한 것은?

① 12~13 ② 8~9
③ 6~7 ④ 4~5

해설 3가지 용접법은 사용 전류로 150~400A가 주로 이용되어 차광도는 용접전류 150~250A에 11번, 200~300A에는 12번, 300~400A에는 13번을 사용한다.

6. MIG 용접의 스프레이 용적이행에 대한 설명이 아닌 것은?

① 고전압 고전류에서 얻어진다.
② 경합금 용접에서 주로 나타난다.
③ 용착속도가 빠르고 능률적이다.
④ 와이어보다 큰 용적으로 용융 이행한다.

해설 MIG 용접의 스프레이 용접이행은 고전압, 고전류에서 얻어지며, 아르곤가스나 헬륨가스를 사용하는 경합금 용접에서 주로 나타나고 높은 전류 범위 내에서 용접되기 때문에 용착속도가 빠르고 능률적이다.

정답 1. ① 2. ③ 3. ① 4. ③ 5. ① 6. ④

5-3 서브머지드 아크용접(SAW: submerged arc welding)

1 개요

(1) 원리

서브머지드 아크용접은 용접하고자 하는 모재의 표면 위에 미리 입상의 용제를 공급관(flux hopper)을 통하여 살포한 뒤 그 용제 속으로 전극심선을 연속적으로 공급하여 용접하는 자동 아크 용접법(automatic arc welding)이다. 이 용접법은 아크나 발생가스가 용제 속에 잠겨 보이지 않으므로 잠호용접(潛弧鎔接)이라 하고, 또는 상품명으로 유니언 멜트 용접법(union melt welding), 링컨 용접법(Lincoln welding)이라고도 부르며 용제의 개발로 스테인리스강이나 일부 특수 금속에도 용접이 가능하다.

(2) 용접법의 비교

피복아크 수동용접과 서브머지드 아크용접의 비교

항목		피복아크 수동용접	서브머지드 아크용접
용접속도		1	10～20배
용입상태		1	2～3배
전체적인 작업능률	판두께 12mm	1	2～3배
	판두께 25mm	1	5～6배
	판두께 50mm	1	8～12배

2 용접장치

(1) 구성

용접전원(직류 또는 교류), 전압 제어상자(voltage control box), 심선을 보내는 장치(wire feed apparatus), 접촉팁(contact tip), 용접 와이어, 용제호퍼, 주행대차 등으로 되어 있으며 용접전원을 제외한 나머지를 용접헤드(welding head)라 한다.

(2) 용접 방식

① **용접 전원**

교류 또는 직류를 다 사용하나 교류는 시설비가 싸고 자기불림이 매우 적어 많이 사용되며, 최근에는 정전압 특성의 직류 용접기가 사용되고 있다.

② **다전극 용접기**

(가) 탠덤식(tandem process): 두 개의 전극 와이어를 각각 독립된 전원에 연결하고 전극의 간격을 10～30mm 정도로 하여 두 개의 전극 와이어를 동시에 녹여 한꺼번에 많은 양의 용착금속을 얻을 수 있다. 비드 폭이 좁고 용입이 깊다.

(나) 횡병렬식(parallel transverse process): 같은 종류의 전원에 두 개의 전극을 접속하며 비드 폭이 넓고 용입이 깊은 용접부가 얻어져 능률이 높다. 비교적 홈이 크거나 아래보기 필릿용접을 할 경우에 사용한다.

(다) 횡직렬식(series transverse process): 두 개의 와이어에 전류를 직렬로 흐르게 하여 아크 복사열에 의해 모재를 가열 용융시켜 용접하는 방식이다. 비교적 용접이 얕아 스테인리스강 등의 덧붙이 용접에 사용한다.

3 용접재료

(1) 와이어

와이어(wire)는 비피복선이 코일 모양으로 와이어 릴(wire reel)에 감겨 있는 것을 외부의 한끝을 조정하여 사용하며, 와이어의 표면은 접촉팁과의 전기적 접촉을 원활하게 하고 녹을 방지하기 위하여 구리로 도금하는 것이 보통이다. 와이어의 지름은 2.4, 3.2, 4.0, 5.6, 6.4, 8.0mm 등으로 분류되고, 코일의 표준 무게도 작은 코일(약칭 S)은 12.5kg, 중간 코일(M)은 25kg, 큰 코일(L)은 75kg으로 구별된다.

(2) 용제

용제(flux)는 용접용융부를 대기로부터 보호하고, 아크의 안정 또는 화학 · 금속학적 반응으로서의 정련 및 합금첨가 작용 등의 대상이 되는 광물성 분말 형태의 피복제이다. 상품명으로는 콤퍼지션(Composition)이라고 부르며, 용융형, 소결형, 혼성형이 있다.

(가) **용융형 용제(fusion type flux)**

원료 광석을 아크로에서 1300°C 이상으로 가열 융해하여 응고시킨 다음, 부수어 적당하게 입자를 고르게 만든 것이며 유리와 같은 광택을 가지고 있다. 사용 시에는 낮은 전류에서 입도가 큰 것을, 높은 전류에서는 입도가 작은 것을 사용하면 기공의 발생이 적다.

(나) **소결형 용제(sintered type flux)**

광물성 원료 분말, 합금 분말 등을 규산나트륨과 같은 점결제와 더불어 원료가 용해되지 않을 정도의 비교적 저온 상태에서(300~1000°C) 소정의 입도로 소결한 것이다.

(다) **혼성형 용제(bonded type flux)**

분말상의 원료에 점결제를 첨가해 비교적 저온에서(300~400℃) 소결하여 응고시킨 것으로 스테인레스강 등의 특수강 용접 시에 사용된다.

(라) **용제가 갖추어야 할 성질**

㉠ 아크를 잘 발생시켜 지속적으로 유지하여 안정된 용접이 가능해야 한다.

㉡ 용착금속에 합금 성분을 첨가하여 탈산, 탈황 등의 정련작업으로 양호한 용착금속을 얻을 수 있어야 한다.

㉢ 적당한 용융온도와 점성온도의 특성을 가지며 슬래그의 이탈성이 좋고 비드의 형성이 양호해야 한다.

단원 예상문제

1. 서브머지드 아크용접에서 와이어 돌출길이는 와이어 지름의 몇 배 전후가 적당한가?

① 2배 ② 4배 ③ 6배 ④ 8배

해설 와이어의 돌출길이는 팁 선단에서부터 와이어 선단까지의 거리로 이 길이가 길어지면 와이어의 저항열이 많이 발생하여 와이어의 용융량이 증가하고, 용입은 불균일해지고 다소 감소되기 때문에 와이어 지름의 8배 전후로 해주어야 적당하다.

2. 모재 표면 위로 전극 와이어보다 앞에 미세한 입상의 용제를 살포하면서 이 용제 속에 용접봉을 연속적으로 공급하여 용접하는 방법은?

① 서브머지드 아크용접 ② 불활성가스 아크용접
③ 탄산가스 아크용접 ④ 플러그 용접

해설 서브머지드 아크용접은 용제 속으로 전극심선을 연속적으로 공급하여 용접하는 자동 용접으로 아크나 발생가스가 용제 속에 잠겨 보이지 않으므로 잠호용접이라고도 한다.

3. 서브머지드 아크용접의 용제에 대한 설명이다. 용융형 용제의 특성이 아닌 것은?

① 비드 외관이 아름답다.
② 흡습성이 높아 재건조가 필요하다.
③ 용제의 화학적 균일성이 양호하다.
④ 용융 시 분해되거나 산화되는 원소를 첨가할 수 있다.

해설 용융형 용제는 ①, ③, ④의 특성이 있다.

4. 잠호용접의 장점에 속하지 않는 것은?

① 대전류를 사용하므로 용입이 깊다.

② 비드 외관이 아름답다.
③ 작업능률이 피복금속 아크용접에 비하여 판두께 12mm에서 2~3배 높다.
④ 용접 시 아크가 잘 보여 확인할 수 있다.

해설 잠호용접은 용접 아크가 플럭스 내부에서 발생하여 외부로 노출되지 않아 붙여진 이름이다.

5. 다전극 서브머지드 아크용접시 두 개의 전극 와이어를 각각 독립된 전원에 연결하는 방식은?

① 횡병렬식 ② 횡직렬식 ③ 퓨즈식 ④ 탠덤식

해설 ①는 같은 종류의 전원에 두 개의 전극을 연결하는 방식이고 ②는 두 개의 와이어에 전류를 직렬로 연결하여 두 전극 사이의 복사열을 이용하여 용접한다. ④는 두 개의 전극 와이어를 각각 독립된 전원에 연결하는 방식이다.

6. 서브머지드 아크용접에서 용접선의 전후에 약 150mm×150mm×판두께 크기의 엔드 태브(end tab)를 붙여 용접비드를 이음끝에서 약 100mm를 연장시켜 용접완료 후 절단하는 경우가 있다. 그 이유로 가장 적당한 것은?

① 용접 후 모재의 급랭을 방지하기 위하여
② 루트간격이 너무 클 때 용락을 방지하기 위하여
③ 용접시점 및 종점에서 일어나는 결함을 방지하기 위하여
④ 용접선의 길이가 너무 짧을 때 용접시공 하기가 어려워 원활하게 용접하기 위하여

해설 용접의 시작점과 끝 부분에 결함이 많이 발생되므로 이것을 효과적으로 방지하기 위해 모재와 같은 재질과 두께의 엔드 태브를 붙여서 용접한 후 절단하거나, 보일러 등 중요한 이음에서는 엔드 태브를 300~500mm 정도 크게 하여 기계적 성질 시험용 시편으로 사용한다.

7. 서브머지드 용접에서 소결형 용제의 사용 전 건조온도와 시간은?

① 150~300℃에서 1시간 정도 ② 150~300℃에서 3시간 정도
③ 400~600℃에서 1시간 정도 ④ 400~600℃에서 3시간 정도

해설 서브머지드 용접에 사용되는 용제의 종류는 용융형, 소결형, 혼성형이 있으며 소결형은 흡습성이 용융형보다도 높으므로 사용 전에 150~300℃에서 1시간 정도 건조하여야 한다.

8. 서브머지드 아크용접의 특징으로 틀린 것은?

① 유해광선 발생이 적다.
② 용착속도가 빠르며 용입이 깊다.
③ 전류밀도가 낮아 박판용접에 용이하다.

④ 개선각을 작게 하여 용접의 패스 수를 줄일 수 있다.

해설 서브머지드 용접법의 특징

- 장점 시험 포인트

㉠ 용접이 대기와 차단되어 행해지므로 대기 중의 산소와 질소 등에 의한 영향을 적게 받는다.
㉡ 용접속도가 수동 용접의 10~20배나 되므로 능률적이다.
㉢ 용제의 보호(shield) 작용에 의해 열에너지가 발산되는 것을 방지하여 용입이 깊고 용접 능률이 매우 높다.
㉣ 대전류(약 200~4,000A)를 사용한 비약적인 고능률화 용접기술이다.
㉤ 용접금속의 품질이 양호하다.
㉥ 용접홈의 크기가 작아도 용접이 가능하기 때문에 용접재료의 소비가 적어 경제적이고, 용접 변형도 적다.
㉦ 용접 조건을 일정하게 유지하면 용접공의 기술 차이에 의한 용접품질의 격차가 없고, 강도가 좋아서 이음의 신뢰도가 높다.

- 단점

㉠ 아크가 보이지 않으므로 용접의 좋고 나쁨을 확인하면서 용접할 수가 없다.
㉡ 일반적으로 용입이 깊으므로 요구되는 용접홈 가공의 경도가 심하다[루트 간격이 0.3mm 이상일 때는 용락(burn through, metal down)의 위험성이 있다].
㉢ 용입이 깊어 모재의 재질을 신중하게 선택해야 한다.
㉣ 용접선의 길이가 짧거나 복잡한 곡선에는 비능률적이다.
㉤ 특수한 장치를 사용하지 않는 한 용접자세가 아래보기나 수평 필릿에 한정된다.
㉥ 용제가 습기를 쉽게 흡수하여 건조나 취급이 매우 어렵다.
㉦ 시설비가 비싸다.

정답 1. ④ 2. ① 3. ② 4. ④ 5. ④ 6. ③ 7. ① 8. ③

5-4 탄산가스 아크용접(CO_2 gas arc welding)

(1) 원리

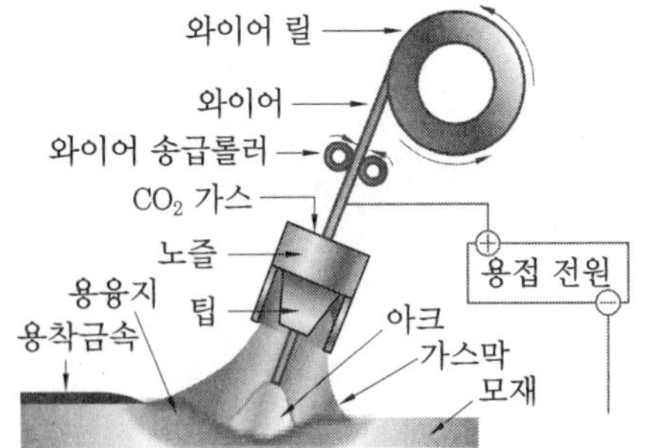

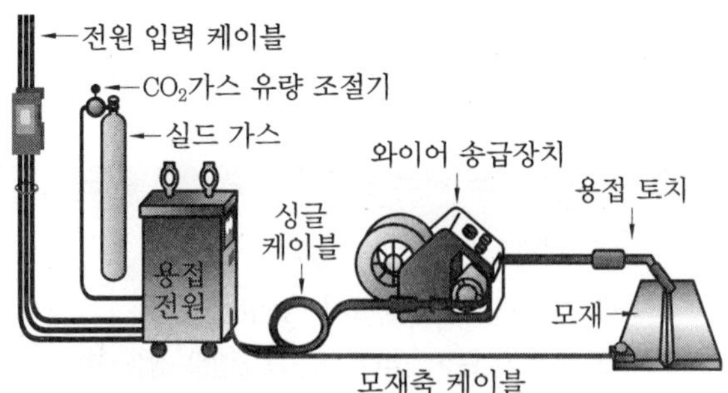

탄산가스 아크용접의 원리

탄산가스 아크용접은 MIG 용접의 불활성가스 대신에 가격이 저렴한 탄산가스(CO_2)를 사용하는 것으로 용접장치의 기능과 취급은 MIG 용접장치와 거의 동일하며 주로 탄소강의 용접에 사용된다.

(2) 종류

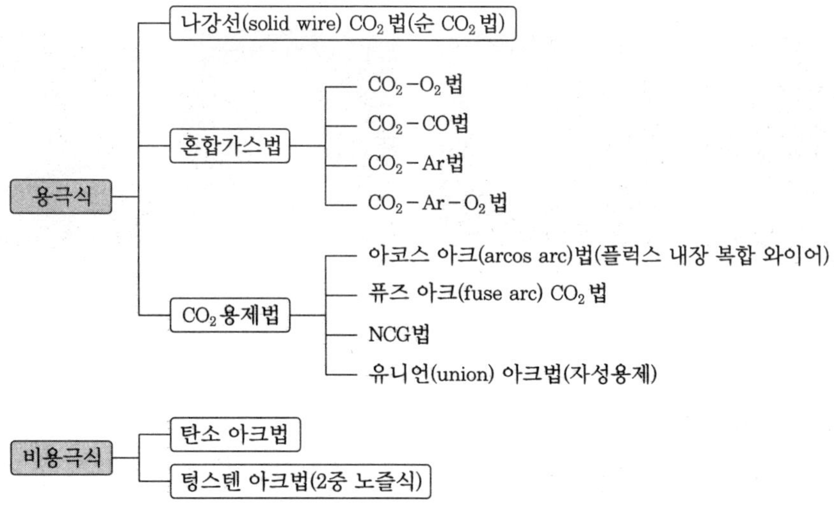

실드 가스와 용극 방식에 의한 분류

(3) 탄산가스 아크 용접법의 특징

① 산화나 질화가 없고 수소량이 적어 기계적, 금속학적 성질이 좋은 용착금속을 얻는다.

② 값싼 탄산가스를 사용하고 가는 와이어로 고속도 용접이 가능하므로 다른 용접법에 비하여 비용이 싸다.

③ 용입이 깊어 아크 점용접이 가능하고 제품의 무게 경감에 도움이 된다.

④ 가시(可視) 아크이므로 시공이 편리하다.

⑤ 서브머지드 아크 용접법에 비하여 모재 표면의 녹과 오물 등에 둔감하다.

⑥ 필릿 용접이음의 적정 강도, 피로강도 등이 수동 용접에 비하여 매우 좋다.

⑦ 킬드강, 세미킬드강은 물론 림드강에도 용접이 되므로 기계적 성질이 좋다.

⑧ 용제를 사용하지 않으므로 용접부에 슬래그 섞임이 없고 용접 후의 처리가 간단하다.

⑨ 전자세 용접이 가능하고 조작도 간단하므로 기술에 숙련을 별로 요구하지 않는다.

⑩ 솔리드 와이어(solid wire)를 사용할 경우 전류밀도가 크므로(100~300A/mm^2) 피복 용접봉(10~20A/mm^2)에 비하여 용입이 깊은 고속도의 용접이 행해진다.

⑪ 스프레이 이행보다 입상 이행일 때 스패터가 많고 비드 외관이 거칠다.
⑫ 탄산가스 아크용접에서 허용되는 바람의 한계속도는 1~2 m/s이다.
⑬ 병에서 탄산가스의 유출량이 많을 시 압력조정기와 유량계가 얼기 때문에 압력조정기에는 가열 히터를 달아서 사용한다.
⑭ 적용 재질이 철 계통으로 한정되어 있다.

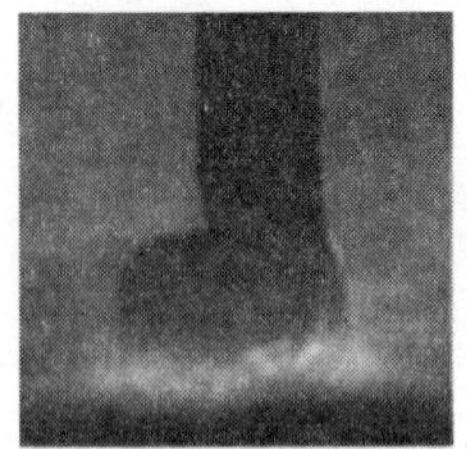
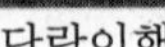
단락이행

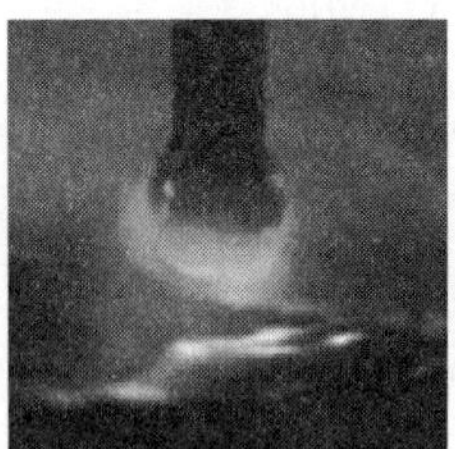
글로뷸러 이행

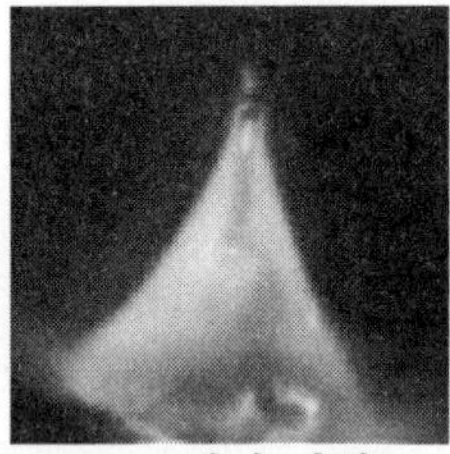
스프레이 이행

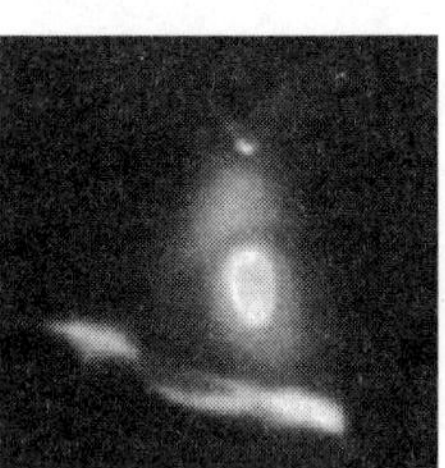
펄스(pulse) 이행

용적이행 형식

단원 예상문제

1. MIG 용접이나 CO_2 아크용접과 같이 반자동 용접에 사용되는 용접기의 특성은?

① 정전류 특성과 맥동전류 특성 ② 수하특성과 정전류 특성
③ 정전압 특성과 상승특성 ④ 수하특성과 맥동전류 특성

해설 MIG, MAG, CO_2의 반자동 용접은 정전압 특성과 상승특성의 직류 용접기이다.

2. 탄산가스 아크용접의 특징에 대한 설명으로 틀린 것은?

① 전류밀도가 높아 용입이 깊고 용접속도를 빠르게 할 수 있다.
② 적용 재질이 철 계통으로 한정되어 있다.
③ 가시 아크이므로 시공이 편리하다.
④ 일반적인 바람의 영향을 받지 않으므로 방풍장치가 필요 없다.

해설 일반적인 탄산가스 아크용접에서는 바람의 영향을 크게 받으므로 풍속 2(m/s) 이상이면 방풍장치가 필요하다.

3. 탄산가스 아크용접 장치에 해당되지 않는 것은?

① 제어 케이블 ② CO_2 용접 토치 ③ 용접봉 건조로 ④ 와이어 송급장치

해설 탄산가스 아크용접 장치
① 용접장치는 자동, 반자동 장치의 2가지가 있고 용접용 전원은 직류 정전압 특성이 사용된다.
② 용접장치는 주행대차 위에 용접 토치와 와이어 등이 설치된 전자동식과 토치만 수동으

로 조작하고 나머지는 기계적으로 조작하는 반자동식이 있다.

③ 와이어 송급장치는 푸시(push)식, 풀(pull)식, 푸시풀(push-pull)식 등이 있다.

④ 용접제어장치로는 감속기 송급롤러 등의 전극 와이어의 송급제어와 전자밸브로 조정되는 보호가스 그리고 냉각수의 송급제어의 두 계열이 있다.

4. 탄산가스 아크용접에 대한 설명으로 틀린 것은?

① 용착금속에 포함된 수소량은 피복아크 용접봉의 경우보다 적다.

② 박판 용접은 단락이행 용접법에 의해 가능하고, 전자세 용접도 가능하다.

③ 피복아크용접처럼 용접봉을 갈아 끼우는 시간이 필요 없으므로 용접 생산성이 높다.

④ 용융지의 상태를 보면서 용접할 수가 없으므로 용접진행의 양 · 부 판단이 곤란하다.

해설 탄산가스 아크용접은 솔리드 와이어(solid wire)와 플럭스 충전 와이어(flux-cored wire)의 두 가지를 이용하여 용접작업을 하는데 다른 용접법(TIG, MIG, MAG, 피복아크용접 등)과 마찬가지로 용융지의 상태가 잘 보여 용융지를 보면서 용접을 진행한다.

5. 탄산가스(CO_2) 아크용접에 대한 설명 중 틀린 것은?

① 전자세 용접이 가능하다.

② 용착금속의 기계적, 야금적 성질이 우수하다.

③ 용접전류의 밀도가 낮아 용입이 얇다.

④ 가시(可視)이므로, 시공이 편리하다.

해설 탄산가스 아크용접의 특징 〈①, ②, ④ 외〉

① 가시광선이므로 시공이 편리하고 용입이 깊어 아크점용접이 가능하고 제품 무게의 경감에 도움이 된다.

② 솔리드 와이어를 사용할 경우 전류밀도가 크므로 피복용접봉에 비하여 고속도의 용접이 행해진다.

6. CO_2 가스에 O_2(산소)를 첨가한 효과가 아닌 것은?

① 슬래그 생성량이 많아져 비드 외관이 개선된다.

② 용입이 낮아 박판 용접에 유리하다.

③ 용융지의 온도가 상승된다.

④ 비금속개재물의 응집으로 용착강이 청결해진다.

해설 CO_2 가스에 산소를 첨가한 것은 용융지의 온도가 상승하여 용입이 깊어져 후판 용접에 유리하다.

7. CO_2 용접 와이어에 대한 설명 중 옳지 않은 것은?

① 심선은 대체로 모재와 동일한 재질을 많이 사용한다.

② 심선 표면에 구리 등의 도금을 하지 않는다.
③ 용착금속의 균열을 방지하기 위해서 저탄소강을 사용한다.
④ 심선은 전 길이에 걸쳐 균일해야 된다.

해설 CO_2 용접 와이어의 심선은 탄소강으로 부식을 방지하기 위하여 표면에 구리도금을 한다.

8. 탄산가스(CO_2) 아크용접에서 O_2의 해를 방지하기 위하여 와이어에 Mn을 첨가하여 용접한다. 이때의 반응식 중 올바른 것은?

① $2FeO+Mn=Fe+MnO_2$ ② $Mn+2FeO_3=2Fe+MnO_2$
③ $Mn+FeO=Fe+MnO$ ④ $FeO_2+Mn=FeO+MnO$

해설 산소를 제거하기 위해 망가니즈와 규소를 첨가한다.

9. 탄산가스 아크용접의 용접전류가 400A 이상일 때 다음 중 가장 적합한 차광도 번호는 어느 것인가?

① 8 ② 10 ③ 5 ④ 14

해설

차광도 번호	용접전류(A)	용접봉 지름(mm)
8	45~75	1.2~2.0
9	75~130	1.6~2.6
10	100~200	2.6~3.2
11	150~250	3.2~4.0
12	200~300	4.8~6.4
13	300~400	4.4~9.0
14	400 이상	9.0~9.6

정답 1. ③ 2. ④ 3. ③ 4. ④ 5. ③ 6. ② 7. ② 8. ③ 9. ④

5-5 플라스마 제트 용접(plasma jet welding)

(1) 원리

기체에 열을 가하여 온도를 높여 주면 기체 원자가 열 운동에 의해 양이온과 음이온(전자)으로 전리되어 혼합된 도전성을 띤 가스체를 형성하는데 이것을 플라스마(plasma)라 하며, 약 10,000℃ 이상 되는 고온의 플라스마를 적당한 방법으로 한 방향으로 고속 분출시키는 것을 플라스마 제트(plasma jet)라 부른다. 각종 금속을 용접, 절단하는 경우 열원으로 하거나 또는 용사에 사용한다. 이 플라스마 제트를 용접열원으로 하는 용접법을 플라스마 제트 용접이라 한다.

(2) 용접장치와 특징

① 용접전원으로는 수하특성의 직류가 사용된다.

② 이행형 아크는 전극과 모재 사이에서 아크가 발생하여 핀치효과를 일으키며, 냉각에는 아르곤(Ar) 또는 아르곤-수소(Ar-H)의 혼합가스를 사용하여 열효율이 높아 모재가 도전성 물질이어야 한다.

③ 비이행형 아크는 아크의 안정도가 양호하여 토치를 모재로부터 멀리해도 아크에 영향이 없다. 또 비전도성 물질의 용융이 가능하나 효율이 낮다.

④ 장단점은 다음과 같다.

장점	단점
• 플라스마 제트는 에너지 밀도가 크고, 안정도가 높으며 보유 열량이 크다. • 비드 폭이 좁고 용입이 깊다. • 용접속도가 빨라 용접변형이 적다.	• 용접속도가 빨라 가스의 보호가 불충분하다. • 보호가스가 2중으로 필요하여 토치의 구조가 복잡하다. • 일반 아크 용접기에 비하여 높은 무부하 전압이 필요하다(약 2~5배).

단원 예상문제

1. 다음 중 가장 높은 열을 발생시킬 수 있는 용접 방법은?

① 테르밋 용접 ② 일렉트로 슬래그 용접
③ 플라스마 용접 ④ 원자수소 용접

해설 플라스마 용접은 기체(가스)에 열을 가하여 온도를 높여주면 기체 원자가 열 운동에 의해 양이온과 음이온(전자)으로 전리되어 혼합된 도전성을 띤 가스체를 형성하는데 이것을 플라스마라고 하며 이때의 온도는 10,000~ 30,000℃ 정도이다.

2. 플라스마 아크용접 장치의 구성 요소가 아닌 것은?

① 제어장치 ② 토치
③ 공기 압축기 ④ 가스 공급장치

해설 플라스마 아크용접 장치는 제어장치, 플라스마토치, 가스 공급장치 등으로 구성되어 있다.

3. 플라스마 아크 용접법의 종류에 해당되지 않는 것은?

① 중간형 아크법　　② 이행형 아크법
③ 용적형 아크법　　④ 비이행형 아크법

해설 플라스마 아크 용접법에는 이행형, 중간형, 비이행형의 3가지 종류가 있다.

4. 핀치효과에 의해 열에너지의 집중도가 좋고 고온이 얻어지므로 용입이 깊고 비드 폭이 좁은 접합부가 형성되며, 용접속도가 빠른 것이 특징인 용접은?

① 플라스마 아크용접　　② 테르밋 용접
③ 전자빔 용접　　④ 원자수소 아크용접

해설 플라스마 아크용접에서 이행형 아크는 전극과 모재 사이에서 아크가 발생하여 핀치효과를 일으키며, 냉각에는 아르곤 또는 아르곤-수소의 혼합가스를 사용하여 열효율이 높아 모재가 전도성 물질이어야 한다.

정답 1. ③ 2. ③ 3. ③ 4. ①

5-6 일렉트로 슬래그 용접(electro-slag welding)

(1) 원리와 분류

일렉트로 슬래그 용접은 용융용접의 일종으로서 아크열이 아닌 와이어와 용융슬래그 사이에 통전된 전류의 저항열을 이용하여 용접하는 방법이며, 용융슬래그와 용융금속이 용접부에서 흘러나오지 않도록 모재의 용접부 양쪽에 수랭된 구리판을 붙여 수직으로 밀어 올리면서 용융슬래그 속의 와이어를 연속적으로 공급하여 용융슬래그 안에서 흐르는 전류의 저항 발열로서 와이어와 모재가 용융되어 용접되는 연속주조식 단층 상진 용접법이라 한다.

(2) 특징

① 와이어를 하나 사용하는 경우는 판두께 120mm, 와이어 2개를 사용하면 판두께 100~250mm, 3개 이상을 사용하면 250mm 이상의 후판 용접에도 가능하다(전극 와이어의 지름은 보통 2.5~3.2mm 정도이다).
② 용접홈 가공을 하지 않은 상태로 수직 용접을 하는 경우 서브머지드 아크용접에 비하여 준비시간, 본용접시간, 본경비, 용접공수 등을 1/3~1/5로 감소시킬 수 있다.
③ 수동 용접에 비하여 아크 시간은 4~6배의 능률향상이 있으며, 경제적으로는 준비시간을 포함하여 1/2~1/4의 경비가 절약된다.

④ 용접장치는 용접헤드, 와이어 릴, 제어장치 등이 용접기의 중심을 이루고 구리로 만든 수랭판이 있다.

⑤ 두꺼운 판 용접에는 전극진동, 진폭 조절 장치 등을 갖춘 것이 좋다(두꺼운 판에서는 전극을 좌우로 흔들어 주며 흔들 때에는 냉각판으로부터 10mm의 거리까지 접근시켜 약 5초간 정지한 후 반대방향으로 움직이고, 흔드는 속도는 40~50mm/min 정도가 좋다).

⑥ 냉각속도가 느려 기공 및 슬래그 섞임이 없고 변형이 적다.

⑦ 용접부의 기계적 성질, 특히 노치인성이 나쁜 단점을 개선하는 것이 문제이다.

⑧ 용접전원은 정전압형의 교류가 적합하다.

⑨ 용제 소비량은 서브머지드 아크 용접법과 비교하면 와이어 소비량의 약 1/20 정도로 매우 적다.

⑩ 용융 슬래그의 최고 온도는 1925℃ 내외이며, 용융금속의 온도는 용융 슬래그의 접촉 부분이 가장 높은데 약 1650℃ 정도이다.

⑪ 장치의 기종은 안내 레일형, 무 레일형, 원둘레 이음 전용형, 간이 경량형 등 다양하며 표준형은 안내 레일형이다.

단원 예상문제

1. 일렉트로 슬래그 용접(electro-slag welding)에서 사용되는 수랭식 판의 재료는?

① 알루미늄 ② 니켈 ③ 구리 ④ 연강

해설 수랭식 판의 재료로는 열전도가 좋은 구리(동)판이 사용된다.

2. 아크열이 아닌 와이어와 용융 슬래그 사이에 통전된 전류의 전기저항열을 주로 이용하여 모재와 전극 와이어를 용융시켜 연속 주조방식에 의한 단층 상진용접을 하는 것은?

① 플라스마 용접 ② 전자빔 용접
③ 레이저 용접 ④ 일렉트로 슬래그 용접

해설 일렉트로 슬래그 용접를 설명한 것으로 와이어를 하나 사용하는 경우는 판두께 120mm, 와이어 2개를 사용하면 판두께 100~250mm, 3개 이상을 사용하는 경우는 250mm 이상의 후판 용접에도 가능한 용접이다 .

3. 일렉트로 슬래그 용접법의 원리는?

① 가스 용해열을 이용한 용접법 ② 전기 저항열을 이용한 용접법
③ 수증 압력을 이용한 용접법 ④ 비가열식을 이용한 압접법

해설 일렉트로 슬래그 용접은 전기 저항열을 이용하는 용접으로 용접부에 주어지는 열의 입열이 너무 높으면 열영향부가 커져 기계적 성질이 나빠질 수 있다.

4. 일렉트로 슬래그 용접의 특징으로 틀린 것은?

① 용접입열이 낮다.
② 후판 용접에 적당하다.
③ 용접 능률과 용접품질이 우수하다.
④ 용접 진행 중 직접 아크를 눈으로 관찰할 수 없다.

해설 일렉트로 슬래그 용접의 특징(②, ③, ④ 외): ㉠ 용접부의 기계적 성질, 특히 노치인성이 나쁘다. ㉡ 용접전원은 정전압형의 교류가 적합하다.

정답 1. ③ 2. ④ 3. ② 4. ①

5-7 테르밋 용접(thermit welding)

(1) 원리 및 특징

산화철 분말(FeO, Fe_2O_3, Fe_3O_4 금속철)과 미세한 알루미늄 분말을 약 3~4:1의 중량비로 혼합한 테르밋제(thermit mixture)에 점화제(과산화바륨, 마그네슘 등의 혼합분말)를 알루미늄 가루에 혼합해 점화하여 테르밋 반응(thermit reaction)이라는 화학반응에 의해 발생하는 약 2800℃에 달하는 열을 이용하는 용접법이다. 철도레일 등의 용접에 이용한다.

테르밋 용접은 용접가격이 싸고, 용접 후 변형이 적으며, 용접시간이 짧고 설비비가 싸다는 특징이 있다.

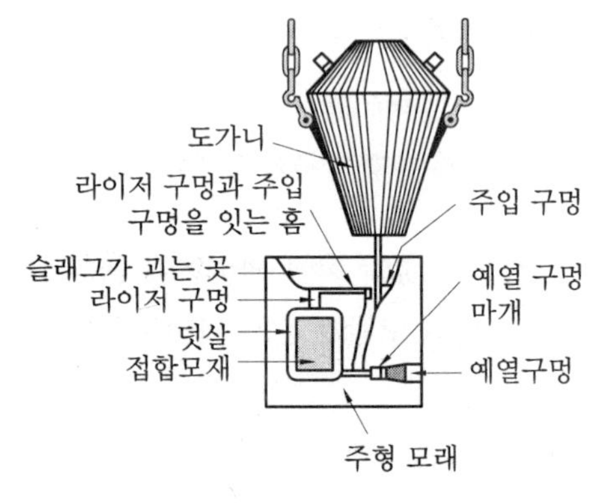

테르밋 용접의 원리

(2) 분류

테르밋 용접법은 용접 방법에 따라 용융 테르밋 용접법(fusion thermit welding)과 가압 테르밋 용접법(pressure thermit welding)으로 분류된다.

단원 예상문제

1. 테르밋 용접에서 테르밋제란 무엇과 무엇의 혼합물인가?

① 탄소와 붕사 분말
② 탄소와 규소의 분말
③ 알루미늄과 산화철의 분말
④ 알루미늄과 납의 분말

해설 테르밋제란 산화철 분말과 미세한 알루미늄 분말을 약 3~4:1의 중량비로 혼합한 물질이다.

2. 테르밋 용접 이음부의 예열 온도는 약 몇 ℃가 적당한가?

① 400~600　② 600~800　③ 800~900　④ 1000~1100

해설 용융테르밋 용접법은 미리 준비된 용접이음에 적당한 간격을 주고 그 주위에 주형을 짜서 예열구로부터 나오는 불꽃(프로판, 가솔린 불꽃)에 의해 보재를 적당한 온도까지(강의 경우 800~900℃) 가열한 후 도가니 안에서 테르밋 반응을 일으켜 용접하는 방법이다.

3. 산화철 분말과 알루미늄 분말의 혼합제에 점화시켜 화학반응을 이용한 용접법은?

① 스터드 용접　② 전자빔 용접　③ 테르밋 용접　④ 아크 점 용접

해설 테르밋 용접은 산화철 분말과 미세한 알루미늄 분말을 약 3~4:1의 중량비로 혼합한 테르밋제에 점화제(과산화바륨, 마그네슘 등의 분말)를 알루미늄 가루에 혼합해 점화하여 발생하는 테르밋 반응이라는 화학반응에 의한 열을 이용하는 용접법이다.

정답 1. ③　2. ③　3. ③

5-8 전자빔 용접(electronic beam welding)

(1) 원리

전자빔 용접은 고진공[10^{-4}~10^{-6}mmHg(torr) 이상] 용기 내에서 음극 필라멘트를 가열하여 방출된 전자를 양극전압으로 가속하고, 전자코일에 수속하여 용접물에 전자 빔을 고속으로 충돌시켜 이 충돌에 의한 열로 용접물을 고온으로 용융 용접하는 것이다.

(2) 특징

① 고용융점 재료 및 이종금속의 금속 용접 가능성이 크다.
② 용접입열이 적고 용접부가 좁으며 용입이 깊다.

③ 진공 중에서 용접하므로 불순가스에 의한 오염이 적다.
④ 활성금속의 용접이 용이하고 용접부에 열영향부가 매우 적다.
⑤ 시설비가 많이 들고 용접물의 크기에 제한을 받는다.
⑥ 얇은 판에서 두꺼운 판까지 모두 용접이 가능하다.
⑦ 대기압형 용접기를 사용할 경우 X선 방호가 필요하다.
⑧ 용접부의 기계적, 야금적 성질이 양호하다.
⑨ 용접금속의 성분변화: 합금 성분으로 모재 금속의 용접 부근에서 높은 증기압을 나타내며 용접에 의하여 증발하는 결점이 있다(알루미늄 합금 중에 함유된 마그네슘, 철강 중의 망가니즈, 아연 합금 중의 주석 등이 전리현상이 일어나 방전의 위험이 있어 성분 변화에 의하여 용접부의 기계적 성질이나 내식성이 저하될 위험성이 있다).

단원 예상문제

1. 전자빔 용접의 장점에 해당되지 않는 것은?

① 예열이 필요한 재료를 예열 없이 국부적으로 용접할 수 있다.
② 잔류응력이 적다.
③ 용접입열이 적으므로 열영향부가 적어 용접변형이 적다.
④ 시설비가 적게 든다.

해설 전자빔 용접기는 시설비가 고가이다.

2. 고진공 중에서 높은 전압에 의한 열원을 이용하여 행하는 용접법은?

① 초음파 용접법
② 고주파 용접법
③ 전자빔 용접법
④ 심 용접법

해설 전자빔 용접은 높은 진공실 속에서 음극으로부터 방추된 전자를 고전압으로 가속시켜 피용접물과의 충돌에 의한 에너지로 용접을 행하는 방식이다.

3. 전자빔 용접의 일반적인 특징으로 틀린 것은?

① 불순가스에 의한 오염이 적다.
② 용접입열이 적으므로 용접변형이 적다.
③ 텅스텐 몰리브덴 등 고용점 재료의 용접이 가능하다.
④ 에너지 밀도가 낮아 용융부나 열영향부가 넓다.

정답 1. ④ 2. ③ 3. ④

5-9 레이저 용접(laser welding)

(1) 원리

레이저 용접은 증폭 발진방식으로 원자와 분자의 유도 방사 현상을 이용하여 얻은 빛, 즉 레이저로부터 얻은 강렬한 에너지를 가진 접속성이 강한 단색광선을 이용한 용접이다. 루비레이저(ruby laser)와 가스레이저(gas laser, 탄산가스레이저)의 두 종류가 있다.

(2) 특징

① 광선이 열원으로 진공이 필요하지 않다.
② 용접장치는 고체 금속형, 가스방전형, 반도체형 등이 있다.
③ 아르곤, 질소, 헬륨으로 냉각하여 레이저 효율을 높일 수 있다.
④ 에너지 밀도가 크고 고융점을 가진 금속에 사용된다.
⑤ 정밀 용접과 원격 조작이 가능하고 육안으로 확인하면서 용접이 가능하다.
⑥ 부도체 및 접근하기 곤란한 물체도 용접이 가능하고, 열의 영향 범위가 좁다.

단원 예상문제

1. 레이저 용접의 특징 설명으로 틀린 것은?

① 좁고 깊은 용접부를 얻을 수 있다.
② 예입열 용접이 가능하다.
③ 고속용접과 용접공정의 융통성을 부여할 수 있다.
④ 접합하여야 할 부품의 조건에 따라서 한 방향의 용접으로 접합이 가능하다.

해설 레이저용접의 특징은 ①, ③, ④ 외에 정밀 용접과 원격 조작이 가능하고 육안으로 확인하면서 용접이 가능하다는 등이 있다.

2. 열원이 광선이며 진공 중에서 용접이 가능하고 원격 조작이 가능하며 열의 영향 범위가 좁은 용접법은?

① 레이저 용접 ② 원자수소 용접 ③ 플라스마 용접 ④ 테르밋 용접

3. 레이저 용접장치의 기본형에 속하지 않는 것은?

① 고체 금속형 ② 가스 방전형 ③ 반도체형 ④ 에너지형

4. 아크 용접법과 비교할 때 레이저 하이브리드 용접법의 특징으로 틀린 것은?

① 용접속도가 빠르다. ② 용입이 깊다.
③ 입열량이 높다. ④ 강도가 높다.

해설 레이저는 고온을 내는 광선으로 모재에 입열량이 낮고 용입이 깊고 용접속도가 빠르다.

5. 레이저 용접의 설명으로 틀린 것은?

① 모재의 열변형이 거의 없다. ② 이종금속의 용접이 가능하다.
③ 미세하고 정밀한 용접을 할 수 있다. ④ 접촉식 용접방법이다.

해설 레이저 용접은 ①, ②, ③ 외에 비접촉식 용접방식으로 모재에 손상을 주지 않는다는 특징이 있다.

정답 1. ② 2. ① 3. ④ 4. ③ 5. ④

5-10 압접(pressure welding)

(1) 마찰용접(friction welding)

① 원리

용접하고자 하는 모재를 맞대어 접합면의 고속회전에 의해 발생된 마찰열을 이용하여 압접하는 방법이다.

② 특징

㈎ 접합부의 변형 및 재질의 변화가 적다.
㈏ 고온균열 발생이 없고 기공이 없다.
㈐ 소요 동력이 적게 들어 경제성이 높다.
㈑ 이종 금속의 용접이 가능하고 접합면의 끝손질이 필요하지 않다.
㈒ 취급과 조작이 간단하고 용접시간이 짧고, 작업능률이 높으며 변형의 발생이 적다.
㈓ 국부 가열이므로 열영향부가 좁고 이음 성능이 좋다.
㈔ 치수의 정밀도가 높고, 재료가 절약된다.
㈕ 단점으로는 피용접물의 형상 치수, 단면 모양, 길이, 무게 등의 제한을 받으며 상대운동을 필요로 하는 것은 용접이 곤란하다.

단원 예상문제

1. 두 개의 모재에 압력을 가해 접촉시킨 후 회전시켜 발생하는 열과 가압력을 이용하여 접합하는 용접법은?

① 스터드 용접 ② 마찰용접 ③ 단조용접 ④ 확산용접

해설 마찰용접으로 자동화가 용이하여 숙련이 필요 없고, 접합재료의 단면은 원형으로 제한하여 상대운동을 필요로 하는 것은 곤란하다.

2. 용접법을 분류한 것 중 용접에 해당되지 않는 것은?

① 아크용접 ② 가스용접 ③ MIG 용접 ④ 마찰용접

해설 마찰용접은 압접이다.

3. 아크열을 이용한 용접 방법이 아닌 것은?

① 티그 용접 ② 미그 용접 ③ 플라스마 용접 ④ 마찰용접

해설 아크열을 이용하는 것은 융접이고, 마찰용접은 압접으로 두 개의 모재에 압력을 가하여 접촉시킨 후 접촉면에 압력을 주면서 상대운동을 시키면 마찰로 인한 열이 발생되어 그 열로 산화물을 녹여 내리면서 압력으로 접합시키는 방식이다.

정답 1. ② 2. ④ 3. ④

5-11 전기 저항 용접(electric resistance welding)

1 개요

전기 저항 용접법은 용접하려고 하는 2개의 재료를 서로 맞대어 놓고 적당한 기계적 압력을 주어 전류를 통하면 접촉면에서 접촉저항 및 금속고유저항에 의하여 저항열이 발생되어 적정 온도로 높아졌을 때 압력을 가하여 용접하는 방법이다. 이때의 저항열을 줄(Joule)의 법칙에 의해 계산하며, 이 식에서 발생하는 열량은 전도에 의해서 약간 줄어들게 된다.

$$H = 0.238 I^2 R t$$

H: 열량[cal], I: 전류[A], R: 저항[Ω], t: 시간[s]

[용접조건의 3대 요소] ① 용접전류 ② 통전시간 ③ 가압력

단원 예상문제

1. 점(spot) 용접의 3대 요소로 옳지 않은 것은 어느 것인가?

① 용접전압 ② 용접전류 ③ 통전시간 ④ 가압력

해설 점용접은 전기저항 용접의 종류로, 저항용접의 3대 요소는 용접전류, 통전시간, 가압력이다.

2. 전기저항 용접에서 발생하는 열량 Q[cal]와 전류 I[A] 및 전류가 흐르는 시간 t[s]일 때 다음 중 올바른 식은? (단, R은 저항 (Ω)임)

① $Q=0.24IRt$ ② $Q=0.24I^2Rt$ ③ $Q=0.24IR^2t$ ④ $Q=0.24I^2R^2t$

해설 전기저항 용접에서 줄열(Joule' heat)은 전류의 제곱과 도체저항 및 전류가 흐르는 시간에 비례한다는 법칙으로 저항용접에 응용되고 열량은 $Q=0.24I^2RT$

정답 1. ① 2. ②

2 저항 용접법의 종류

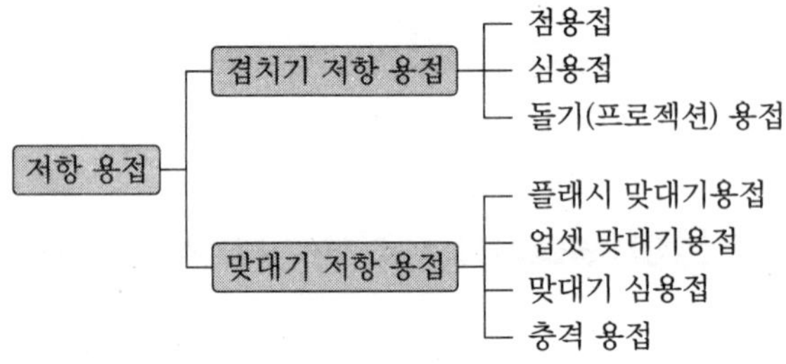

(1) 점용접(spot welding)

① 원리

점용접은 용접하려 하는 2개 또는 그 이상의 금속을 두 구리 및 구리 합금제의 전극 사이에 끼워 가압하면서 전류를 통하면 접촉면에서 줄의 법칙에 의하여 저항열이 발생하여 접촉면을 가열 용융시켜 용접하는 방법으로, 이때 접합부의 일부가 녹아 바둑알 모양의 단면으로 용접이 되는데 이 부분을 너겟(nugget)이라고 한다.

② 특징(장점)

㈎ 조작이 간단하여, 특히 얇은 판(0.4~3.2mm)을 능률적으로 작업할 수 있다.

㈏ 얇은 판에서 한 점을 잇는 데 필요한 시간은 1초 이내이다.

㈐ 표면이 평편하고 작업속도가 빠르다.

㈑ 구멍 가공이 필요 없고 재료가 절약된다.

(마) 변형이 없고 숙련이 필요 없다.
(바) 용접부 표면에 돌기가 발생하지 않는다.
(사) 작업의 공정수가 감소하며 가압력에 의하여 조직이 치밀해진다.

③ **점용접의 종류**
(가) 단극식 점용접(single spot welding)
(나) 맥동 용접(pulsation welding)
(다) 직렬식 점용접(series spot welding)
(라) 인터랙 점용접(interact spot welding)
(마) 다전극 점용접(multi spot welding)

④ **전극의 종류:** R형 팁, P, C, E, F형 팁이 사용된다.

⑤ **점용접의 적용 재료:** 연강, 고탄소강, 저합금강, 스테인리스강, 알루미늄과 알루미늄 합금, 구리와 구리합금 등이다.

단원 예상문제

1. 점(spot) 용접 시의 안전사항 중 틀린 것은 어느 것인가?

① 장갑을 착용하여야 한다.
② 점 용접기에 반드시 어스를 하여야 한다.
③ 판재의 기름을 제거한 후 용접한다.
④ 작업시 보호안경은 착용하지 않는다.

해설 저항용접이라도 상하 접점이 이루어질 때 산화철 등에 의한 스패터 발생이 있어 보호안경은 반드시 착용해야 한다.

2. 점용접에서 사용하는 전극형상의 종류가 아닌 것은?

① R형 ② P형 ③ C형 ④ T형

해설 점용접의 전극의 종류는 R, P, C, E형이 사용되고 있다.

3. 다음 중 맞대기 저항 용접이 아닌 것은?

① 점용접 ② 플래시 용접 ③ 업셋버트 용접 ④ 충격 용접

해설 저항용접 중에 맞대기용접은 업셋, 플래시, 버트 심, 포일 심(foil seam), 충격 용접 등이며, 겹치기 용접은 점, 돌기, 심용접 등이다.

정답 1. ④ 2. ④ 3. ①

(2) 심 용접(seam welding)

① **원리**

원판형의 롤러 전극 사이에 용접물을 끼워 전극에 압력을 주면서 전극을 회전시켜 연속적으로 점용접을 반복하는 방법으로 주로 수밀, 유밀, 기밀을 필요로 하는 용기 등의 이음에 이용된다.

② **특징**

㈎ 전류의 통전 방법에는 단속(intermittent) 통전법, 연속(contnuous) 통전법, 맥동(pulsation) 통전법 등이 있으며, 그중 단속 통전법이 가장 많이 사용된다.

㈏ 같은 재료의 용접시 점용접보다 용접 전류는 1.5~2.0배, 전극 가압력은 1.2~1.6배 정도 증가시킬 필요가 있다.

㈐ 적용되는 모재의 종류는 탄소강, 알루미늄 합금, 스테인레스강, 니켈 합금 등이다.

㈑ 판 두께는 대체로 0.2~0.4mm 정도의 얇은 판에 사용된다.

③ **심 용접의 종류**

㈎ 매시 심용접(mash seam welding)

㈏ 포일 심용접(foil seam welding)

㈐ 맞대기 심용접(butt seam welding)

단원 예상문제

1. **이음부의 겹침을 판 두께 정도로 하고 겹쳐진 폭 전체를 가압하여 심용접을 하는 방법은?**

① 매시 심용접(mash seam welding)
② 포일 심용접(foil seam welding)
③ 맞대기 심용접(butt seam welding)
④ 인터랙트 심용접(interact seam welding)

해설 설명은 매시 심용접의 설명이다.

2. **맞대기 압접의 분류에 속하지 않는 것은?**

① 플래시 맞대기용접 ② 충격 용접
③ 업셋 맞대기용접 ④ 심용접

해설 저항용접 중에 맞대기 용접법은 업셋 용접, 플래시 용접, 버트 심용접, 포일 심용접, 충격 용접 등이다.

정답 1. ① 2. ④

(3) 플래시 용접(flash welding)

① 원리

불꽃 맞대기용접이라고도 하며 용접할 2개의 금속 단면을 가볍게 접촉시켜 여기에 대전류를 통하여 접촉점을 집중적으로 가열하면 접촉점이 과열, 용융되어 불꽃으로 흩어지나, 그 접촉이 끊어지면 다시 용접재를 전진시켜 계속 접촉과 불꽃 비산을 반복시키면서 용접면을 고르게 가열하여, 적정온도에 도달하였을 때 강한 압력을 주어 압접하는 방법이다.

② 특징

㈎ 가열 범위, 열영향부가 좁고 신뢰도가 높고 용접강도가 크다.
㈏ 용접작업 전 용접면의 끝맺음 가공에 주의하지 않아도 된다.
㈐ 용접면의 플래시로 인하여 산화물의 개입이 적다.
㈑ 이종 재료의 용접이 가능하고, 용접시간 및 소비전력이 적다.
㈒ 업셋량이 적고, 능률이 매우 높아 강재, 니켈, 니켈합금에서 좋은 용접 결과를 얻을 수 있다.

③ 용접기의 종류

수동 플래시 용접기, 공기 가압식 플래시 용접기, 전동기 플래시 용접기, 유압식 플래시 용접기 등이 있다.

④ 플래시 용접의 용도

제철 공업의 스트립의 접속, 전선관용 코일의 접속, 자동차 공장에서 스티어링 축, 프레임, 철도용 레일, 형강, 파이프, 공구류, 기계류의 접합에 이용된다.

단원 예상문제

1. 플래시 버트(flash butt) 용접에서 3단계 과정만으로 조합된 것은?

① 예열, 플래시, 업셋　　② 업셋, 플래시, 후열
③ 예열, 플래시, 검사　　④ 업셋, 예열, 후열

해설 저항용접 중 플래시 버트 용접은 예열→플래시→업셋 순으로 진행되며, 열영향부 및 가열 범위가 좁아 이음의 신뢰도가 높고 강도가 좋다.

2. 플래시 용접의 특징 설명으로 틀린 것은?

① 가열 범위가 좁고 열영향부가 좁다.
② 용접면을 아주 정확하게 가공할 필요가 없다.
③ 서로 다른 금속의 용접은 불가능하다.

④ 용접시간이 짧고 전력소비가 적다.

해설 플래시 용접은 이종 재료의 용접이 가능하고, 용접시간 및 소비전력이 적다.

3. **업셋(up set) 용접과 비슷한 것으로 용접할 2개의 금속 단면을 가볍게 접촉시켜 대전류를 통하여 집중적으로 접촉점을 가열하여 용접면에 강한 압력을 주어 압접하는 것은?**

① 가스용접 ② 플래시 용접 ③ 레이저 용접 ④ 스터드 용접

해설 문제의 설명은 플래시용접이다.

정답 **1.** ① **2.** ③ **3.** ②

5-12 납땜

(1) 원리

납땜법은 접합할 모재를 용융시키지 않고, 금속의 이음면 틈에 모재보다 용융점이 낮은 다른 금속(땜납)을 용융시켜 첨가하여 용접하는 방법이므로 땜납의 대부분은 합금으로 되어 있으나 단체금속도 사용이 가능하다. 땜납은 용융점의 온도에 따라 연납(solders)과 경납(brazing)으로 구분되는데 용융점이 450℃(KS)보다 높으면 경납, 그보다 낮으면 연납이며 용접용 땜납으로는 경납을 사용한다.

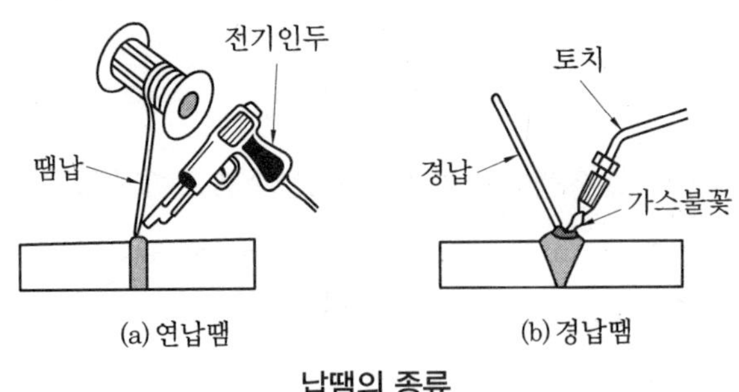

(a) 연납땜 (b) 경납땜

납땜의 종류

(2) 땜납의 구비 조건

① 모재보다 용융점이 낮고 유동성이 좋으며 금속과의 친화력이 있어야 한다.

② 표면장력이 적어 모재의 표면에 잘 퍼져야 하며 접합 강도가 우수해야 한다.

③ 강인성, 내식성, 내마멸성, 화학적 성질 등이 사용 목적에 적합해야 한다.

단원 예상문제

1. 접합할 모재를 용융시키지 않고 모재보다 용융점이 낮은 금속을 사용하여 두 모재간의 모세관 현상을 이용하여 금속을 접합하는 것은?

① 특수 용접 ② 납땜 ③ 아크용접 ④ 압접

해설 모재보다 저용융점인 금속을 사용하여 두 모재 간의 모세관 현상을 이용하여 접합하는 방법을 납땜이라 한다.

2. 스테인리스나 알루미늄 합금의 납땜이 어려운 가장 큰 이유는?

① 적당한 용제가 없기 때문에
② 강한 산화막이 있기 때문에
③ 융점이 높기 때문에
④ 친화력이 강하기 때문에

해설 합금에서 스테인리스강은 표면에 고용융점을 가진 산화크롬이 생성되며 알루미늄(용융점 660℃)은 산화알루미늄(용융점 2050℃)이 순수 알루미늄의 용융점보다 훨씬 높아 납땜의 어려움이 있다.

정답 1. ② 2. ②

1 연납(solders)

일반적으로 연납은 인장강도 및 경도가 낮고 용융점이 낮기 때문에 납땜 작업이 쉽다. 연납 중에서 주석-아연계가 가장 많이 사용되는데 아연이 0%부터 거의 100%까지 포함되어 있는 합금이다.

기타 연납은 구리, 황동, 아연, 납, 알루미늄 등의 납땜에 사용되며, 강력한 이음강도가 요구될 때 사용되는 납-카드뮴과 아연-카드뮴 납 등의 카드뮴계 땜납, 낮은 온도에서 금속을 접합할 때 사용되는 저용융점의 비스무트(Bi)-카드뮴-납-주석의 합금으로 이루어진 것, 납-주석-아연으로 이루어진 자기용 납 등이 있다.

단원 예상문제

1. 연납땜에 주로 사용되는 연납의 성분은?

① 아연+납 ② 주석+납 ③ 구리+납 ④ 알루미늄+납

해설 연납의 주성분은 주석과 납이다.

2. 납땜 작업에서 연납땜과 경납땜을 구분하는 온도는 몇 ℃인가?

① 500 ② 350 ③ 400 ④ 450

해설 연납과 경납은 용융점 450℃로 구분한다.

3. 연납땜의 설명으로 다음 중 가장 적합한 것은?

① 땜납의 융점이 450℃ 이하
② 땜납의 융점이 300℃ 이하
③ 땜납의 융점이 150℃ 이하
④ 땜납의 융점이 100℃ 이하

해설 연납은 납땜의 용융온도 450℃ 이하를 말한다.

4. 다음 중 연납의 종류가 아닌 것은?

① 주석-납 ② 인-구리 ③ 납-카드뮴 ④ 카드뮴-아연

해설 연납의 주성분은 주석-납이고 그 외에는 용도에 따라 비스무트, 아연납, 카드뮴 등이 있다.

5. 연납에 대한 설명 중 틀린 것은?

① 연납은 인장강도 및 경도가 낮고 용융점이 낮으므로 납땜 작업이 쉽다.
② 연납의 흡착작용은 주로 아연의 함량에 의존되며 아연 100%의 것이 가장 좋다.
③ 대표적인 것은 주석 40%, 납 60%의 합금이다.
④ 전기적인 접합이나 기밀, 수밀을 필요로 하는 장소에 사용된다.

해설 연납의 흡착작용은 주석의 함유량에 따라 좌우되고 주석 100%일 때 가장 좋다.

정답 1. ② 2. ④ 3. ① 4. ② 5. ②

2 경납(brazing)

경납은 연납보다 강력하므로 높은 강도가 필요할 때 사용되며, 은납(silver solder)과 놋쇠납(brass hard solder) 등이 대표적이다.

① 동납과 황동납

일반적으로 동납은 Cu 86.5% 이상의 납을 말하며, 철강, 니켈 및 구리-니켈 합금의 납땜에 사용된다. 황동납은 Cu와 Zn이 주성분으로 아연 60% 이하를 함유한 것이 실용되고 있으며 아연이 증가함에 따라 인장강도가 증가된다. 황동납은 은납에 비하여 값이 싸므로 공업용으로 많이 사용되고 있다.

② 인동납

인동납은 Cu-P 또는 Cu-Ag-P으로 조성된 합금으로, 구리와 구리합금, 또는 은, 몰리브덴 등의 땜납으로 사용된다.

③ **망가니즈납**

망가니즈납은 Cu-Mn 또는 Cu-Zn-Mn으로 조성되어 있으며, 저망가니즈는 동이나 동합금에, 고망가니즈는 철강의 납땜에 사용된다.

④ **양은납**

Cu-Zn-Ni의 합금으로 동 및 동합금의 납땜에 사용된다.

⑤ **은납**

Ag과 Cu를 주성분으로 하며 이외에 Zn, Cd, Ni, Sn 등을 첨가한 땜납이다. 이 땜납은 융점이 비교적 낮고 유동성이 좋으며 인장강도, 전연성 등의 성질이 우수하고 색채가 아름다워 응용범위는 넓으나 가격이 비싼 것이 결점이다.

⑥ **알루미늄납**

알루미늄, 규소를 주성분으로 구리와 아연을 첨가한 것이다.

단원 예상문제

1. 납땜부를 용제가 들어 있는 용융땜 조에 침지하여 납땜하는 방법과 이음면에 땜납을 삽입하여 미리 가열된 염욕에 침지하여 가열하는 두 방법이 있는 납땜법은?

① 가스 납땜 ② 담금 납땜 ③ 노내 납땜 ④ 저항 납땜

해설 담금 납땜은 이음면에 땜납을 삽입하여 미리 가열된 염욕에 침지하여 가열하는 방법과 납땜부를 용제가 들어 있는 용융땜 조에 침지하여 납땜하는 두 방법이 있다.

2. 경납땜은 융점이 몇 도(℃) 이상인 용가재를 사용하는가?

① 300℃ ② 250℃ ③ 450℃ ④ 120℃

해설 용융점이 450℃보다 낮은 것을 연납이라 하고, 그보다 높은 것을 경납이라고 한다.

3. 납땜에서 경납용으로 쓰이는 용제는?

① 붕사 ② 인산 ③ 염화아연 ④ 염화암모니아

해설 경납용 용제는 붕사, 붕산, 붕산염, 알칼리 등이다.

4. 브레이징(Brazing)은 용가재를 사용하여 모재를 녹이지 않고 용가재만 녹여 용접을 이행하는 방식인데, 몇 ℃ 이상에서 이행하는 방식인가?

① 150℃ ② 250℃ ③ 350℃ ④ 450℃

해설 연납과 경납을 구분하는 온도는 450℃이며, 브레이징은 연납으로 450℃ 이하에서 이행된다.

정답 1. ② 2. ③ 3. ① 4. ④

3 용제

① 연납용 용제

종류	성질	용도
염산(HCl)		진한 염산을 물로 묽게 하여 아연, 도금 강판용 등에 사용된다.
염화아연($ZnCl_2$)	염산을 아연에 넣어 포화액으로 한 것으로 흡습성, 내식성이 강하다.	연납용에 주로 사용된다. 특수처리하여 양은 납땜이나 스테인리스강 납땜에도 사용된다.
염화암모니아(NH_4Cl)	산화물을 염화물로 바꾼다.	염화아연에 혼합하여 사용된다.
수지(동물성유)	목재수지보다 부식성이 크다.	다른 용제와 혼합하여 응고 상태로 사용된다.
인산		인산, 알코올 등의 용액으로 구리와 구리합금용 등에 사용된다.
목재수지	용제작용이 약하나 부식성이 없다.	전기부품, 식품 용기용 등에 사용된다.

② 경납용 용제

붕사, 붕산, 붕산염, 알칼리 등

단원 예상문제

1. 납땜에서 주로 경납용 용제로 사용되는 것은 어느 것인가?

① 수지 ② 붕산
③ 염화암모니아 ④ 염화아연

해설 납땜에서 사용하는 연납용 용제의 경우 부식성 용제는 염화아연, 염화암모늄, 염산 등이, 비부식 용제는 송진, 수지 등이 사용되고, 경납용 용제로는 붕사, 붕산, 염화리튬, 산화제1동 등이 사용된다.

2. 납땜에서 용제가 갖추어야 할 조건으로 틀린 것은?

① 청정한 금속면의 산화를 방지할 것
② 모재와 땜납에 대한 부식 작용이 최소한 일 것
③ 전기저항 납땜에 사용되는 것은 비전도체일 것
④ 납땜 후 슬래그의 제거가 용이할 것

해설 납땜에서 용제로서의 조건

㉠ 모재의 산화피막과 같은 불순물을 제거하고 유동성이 좋을 것, ㉡ 청정한 금속면의 산화물을 방지할 것, ㉢ 땜납의 표면장력에 걸맞게 모재와의 친화력이 있을 것, ㉣ 용제의 유효온도 범위와 납땜 온도가 일치할 것, ㉤ 납땜 후 슬래그의 제거가 용이할 것, ㉥ 모재나 땜납에 대한 부식작용이 최소한일 것, ㉦ 전기저항 납땜에 사용되는 것은 전도체일 것, ㉧ 침지땜에 사용되는 것은 수분을 함유하지 않을 것, ㉨ 인체에 해가 없을 것 등

정답 1. ② 2. ③

5-13 용접의 자동화 및 로봇용접

(1) 자동화의 목적

① 단순한 반복작업과 위험으로부터 작업자를 안전하게 보호한다.

② 무인 생산화(로봇, PLC를 이용한 콘베이어 시스템 등)를 통해 원가 절감 및 균일한 품질 유지를 도모한다.

③ 부족한 인력(숙련 작업자)을 대체한다.

④ 다품종 소량생산에 대응하여 재고를 줄인다.

⑤ 정보를 집중하여 체계적으로 관리한다.

(2) 자동제어의 분류

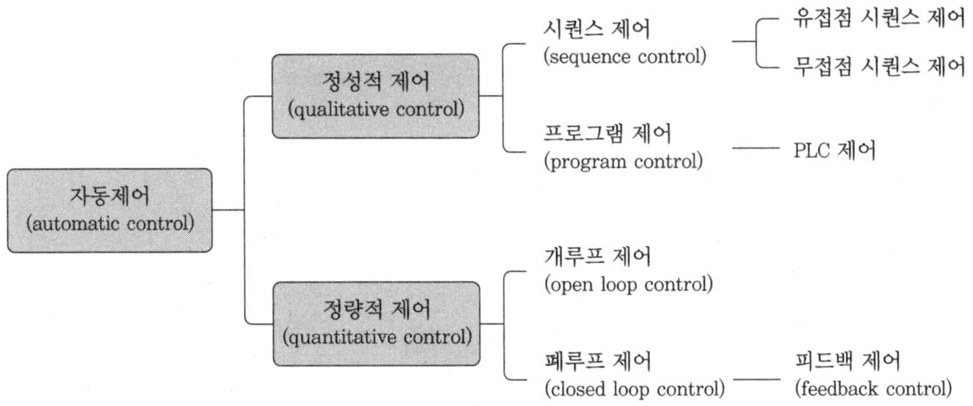

(3) 좌표계의 장단점

형상	장점	단점
직각 좌표계	• 선형축(직선운동)이 3개이다. • 사각화가 용이하다. • 강성구조이다. • 오프라인 프로그래밍이 용이하다. • 직선 축에 기계정지가 용이하다.	• 로봇 앞에만 접근이 가능하다. • 큰 설치공간이 필요하다. • 밀봉(seal)이 어렵다.
원통좌표계	• 선형축이 2개이고 회전축이 1개이다. • 로봇 주위에 접근이 가능하다. • 강성구조의 선형축이 2개이다. • 밀봉이 용이한 회전축이다.	• 로봇 위에는 접근이 불가능하다. • 장애물 주위에 접근이 불가능하다. • 밀봉이 어려운 선형축이 2개이다.
극 좌표계	• 선형축이 1개이고 회전축이 2개이다. • 긴 수평 접근이 가능하다.	• 장애물 주위에 접근이 불가능하다. • 짧은 수직 접근이다.
관절 좌표계	• 회전축이 3개이다. • 장애물 아래위에 접근이 가능하다. • 설치공간은 작지만 작업 영역이 크다.	• 복잡한 머니퓰레이터(manipulator) 구조이다.

(4) 로봇의 종류

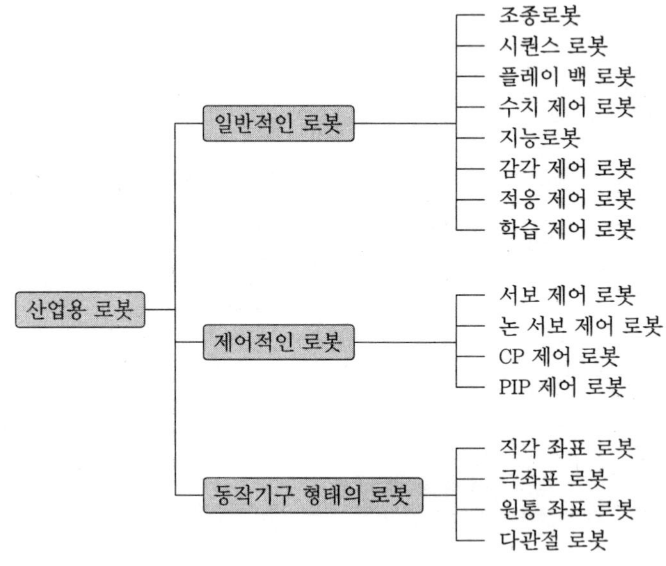

단원 예상문제

1. 아크용접용 로봇에 사용되는 동작기구가 인간의 팔꿈치나 손목 관절에 해당하는 부분의 움직임으로 회전 → 선회 → 선회운동을 하는 로봇은?

① 극 좌표 로봇 ② 관절 좌표 로봇 ③ 원통 좌표 로봇 ④ 직각 좌표 로봇

해설 로봇의 움직임을 회전 및 선회할 수 있는 것은 관절 좌표 로봇이다.

2. 아크용접용 로봇에서 용접작업에 필요한 정보를 사람이 로봇에게 기억(입력)시키는 장치는?

① 전원장치 ② 조작장치 ③ 교시장치 ④ 머니퓰레이터

해설 아크로봇의 경로 제어에는 PTP(point to point) 제어와 CP(continuous path) 제어, 교시방법의 3가지가 있으며, 수행할 작업을 사람이 머니퓰레이터로 미리 교시한 뒤 다시 재생시키면 그 작업을 반복하게 된다.

3. 산업용 용접 로봇의 일반적인 분류에 속하지 않는 것은?

① 지능 로봇 ② 시퀀스 로봇 ③ 평행좌표 로봇 ④ 플레이백 로봇

해설 로봇은 일반적으로 지능 로봇, 시퀀스 로봇, 플레이백 로봇 등으로 분류되며, 용접용으로는 저항 용접용과 아크 용접용이 있고, 직교좌표형과 관절형이 있다.

4. 용접 자동화에 대한 설명으로 틀린 것은?

① 생산성이 향상된다. ② 외관이 균일하고 양호하다.
③ 용접부의 기계적 성질이 향상된다. ④ 용접봉 손실이 크다.

해설 용접을 자동화하면 생산성 증대, 품질향상, 원가절감 등의 효과가 있으며, 또 용접 와이어가 릴에서 연속적으로 송급되어 용접봉의 손실을 막아 아크길이, 속도 및 여러 용접조건에 따른 공정수를 줄일 수 있다.

5. 사람의 팔꿈치나 손목의 관절에 해당하는 움직임을 갖는 로봇으로 아크용접용 다관절 로봇은?

① 원통 좌표 로봇(cylindrical robot)
② 직각 좌표 로봇(rectangular coordinate robot)
③ 극 좌표 로봇(polar coordinate robot)
④ 관절 좌표 로봇(crticulated robot)

해설 동작기구가 사람의 팔꿈치나 손목의 관절에 해당하는 부분이 움직이는 관절형 형식으로 회전 → 선회 → 선회운동을 하는 로봇은 작은 아크용접용 다관절 로봇이 대표적이다.

정답 1. ② 2. ③ 3. ② 4. ④ 5. ④

제 6 장 안전관리

6-1 용접안전관리

1 아크 가스 및 기타 용접의 안전장치

(1) 보호구

① **안전점검 대상 보호구**: 노동부 장관의 검정(노동부 국립노동과학연구소장이 행함)을 받아야 할 보호구이며, 방진 마스크, 안전모, 안전대, 안전신발, 보안경, 보안면, 안전장갑, 귀마개 등이 해당된다.

② **보호구의 선택시 주의사항**

㈎ 사용 목적에 적합할 것

㈏ 공업규격에 합격하고 보호성능이 보장되는 것

㈐ 작업행동에 불편을 주지 않는 것

㈑ 착용이 용이하고 중량이 가벼우며 크기 등 사용자에게 편리한 것

③ **머리보호구**

㈎ 안전모(safety helmet)

- 안전모의 규격은 높이 1.5m에서 무게 3.5kg의 쇠공을 자유낙하시켰을 때 파손 또는 심한 균열이 생기지 않아야 하고, 또 무게 1.8kg의 뾰족한 강철추를 높이 0.6mm에서 떨어뜨려 모자의 정수리에 꽂히지 않아야 한다.

(a)외피

(b)내피

안전모

- 완비된 안전모의 무게는 400g 이하여야 한다.
- 안전모의 모체는 흡수성이 낮고 내열성, 내한성, 난연성, 대전성 등이 높아야 한다.
- 모자를 쓸 때 모자와 머리끝 부분의 간격은 25mm 이상 되도록 조절해 놓아야 한다.

(나) 작업모

㉠ 작업모는 땀의 흡수성이 좋고 불에 잘 타지 않는 재료로 세탁이나 소독에 충분히 견딜 수 있어야 한다.

㉡ 작업모는 쉽게 세탁할 수 있어야 한다.

④ 차음 보호구

귀마개, 귀덮개 등이 있다.

(가) 귀마개는 저음까지 모두 차음하는 제1종과 고음만 차음하는 제2종이 있는데 작업장에 따라 적당한 것을 선택한다.

(나) 귀마개는 2,000 CPS에서 20 dB 이상, 4,000 CPS에서 25 dB 이상의 차음력을 가져야 한다.

(다) 귓구멍에 적합하고 오랜 시간 사용해도 압박감이 없어야 한다.

(라) 안경이나 안전모에 방해가 되지 않고 좁은 장소에서 작업시 사용할 수 있어야 한다.

⑤ 안전화(safety shoes)

(가) 안전화의 앞에 들어가는 철 캡은 내압 1000 kg 전면의 정하중에 원재료의 형태가 변형되면 불량품으로 취급된다.

(나) 안전화 밑창에는 미끄럼방지 장치가 되어야 한다.

(다) 구두창에 발이 찔리지 않아야 한다.

(라) 부식성 약품을 사용할 시에는 고무제품 장화를 착용해야 한다.

⑥ 눈의 보호구

(가) 방진안경

- 선반, 연삭 등의 작업 중에 작은 비산물이 눈에 상해를 주는 것을 방지하기 위한 보호구로 작업에 적합한 것을 선택하여야 한다.
- 렌즈의 빛 투과율은 신품의 경우에는 적어도 투사광선의 약 90%를 투과하고, 보통은 70% 이상이어야 한다.
- 안경테는 렌즈가 깨져도 와편을 보존할 만큼의 힘이 있어야 한다.

(나) 차광안경

- 가시광선을 적당히 투과하고 눈부심을 느끼지 않아야 한다.
- 자외선 및 적외선을 허용치 이하로 낮추어야 한다.
- 렌즈 색은 흑색, 황적색, 황록색, 녹색, 청록색 등의 수수한 것이 좋다.

⑦ 호흡용 보호구

(가) 방진마스크

- 여과 효율은 특급이 99% 이상, 1급 95% 이상, 2급 85% 이상으로 구분되고 있다.

- 방진마스크는 여과 효율이 좋고 흡배기 저항이 낮아야 한다.

(나) 방독마스크, 송풍마스크

- 유해작업장에서 작업할 때는 방독마스크를 사용하고, 공기 중에 산소가 부족하면(18% 미만) 송풍마스크를 사용한다.
- 흡수제는 유해물의 종류에 따라 잘 선택해야 한다.

⑧ 기타 보호구

작업에 따라 피부보호 및 추락방지 등을 위해 보호장갑, 작업복, 안전대 등을 착용한다.

2 아크용접의 안전

(1) 용접기의 안전

① 용접기의 모든 설치 및 수리는 전기기능자격이 있는 자가 해야 한다.

② 용접기에는 감전사고 방지를 위하여 자동전격 방지장치를 설치하여야 한다.

③ 자동전격 방지장치는 도전체에 둘러싸인 장소, 현저하게 좁은 장소 또는 높이가 2m 이상의 장소에서 작업할 경우 필히 설치해야 한다.

※ 자동전격 방지장치로서 갖추어야 할 성능

㉠ 용접기의 출력축 무부하 전압은 1.5초에 30V 이하가 되도록 하여야 한다.

㉡ 전원전압의 변동 허용범위에서 정격전류전압은 85~110% 이내여야 한다.

㉢ 장치의 정격전류는 접속하는 점, 즉 전원 및 출력축 전류의 최대치 이상이어야 한다.

㉣ 정격사용률은 용접기의 정격사용률 이상이어야 한다.

㉤ 장치의 충격 시험은 표시 등을 떼고 돌기물이 없는 면을 아래로 하고, 높이 30cm의 위치에서 콘크리트 위 또는 강판 위에 3회 낙하시켰을 때 변형 또는 파손된 부분이 없어야 한다.

④ 용접기는 항상 접지되어 있어야 한다.

⑤ 용접기의 단자와 케이블의 접속부는 반드시 절연물로 보호되어 있어야 한다.

⑥ 용접기의 케이스 상부나 외부에는 무거운 물건 등을 놓지 말아야 한다.

⑦ 용접기 내부는 건조한 압축공기로 1년에 1회 이상 청소한다.

⑧ 용접기는 비나 눈이 오는 옥외나 습기가 많은 곳, 부식성 기체나 액체가 있는 장소에는 설치하지 말아야 한다.

⑨ 용접기 내부의 회전 부분이나 작동 부분은 주기적으로 적당한 주유를 해야 한다.

(2) 아크용접 작업의 안전

① 안전홀더와 보호구를 착용한다.

② 보호구는 건조된 것을 착용한다.

③ 아크광선을 맨 눈으로 보지 말아야 한다.

④ 차광유리는 적합한 번호를 사용해야 한다.

⑤ 전선 및 케이블은 전류 용량에 맞는 것을 사용해야 한다.

⑥ 작업의 이동시 용접케이블을 땅에 끌거나 하여 피복이 벗겨지는 일이 없도록 한다.

⑦ 아크 광선 속의 적외선은 열을 동반하므로 피부가 노출시 화상을 입게 된다.

⑧ 홀더는 파손 없이 절연 및 연결 부분이 온전한 것을 사용한다.

⑨ 높은 장소에서의 용접작업 시 추락방지를 위해 반드시 안전대를 착용한다.

⑩ 작업장은 통풍과 환기를 충분히 실시하여 유해가스를 흡입하지 않도록 한다.

⑪ 아연도금한 철판 및 관을 용접할 때는 유해가스가 발생되므로 마스크를 가성소다 (NaOH) 액에 적시어 사용하거나 방독마스크를 착용한다.

⑫ 폭발성 또는 인화성 물질을 충전하였거나 인화성 가스가 발생하였던 용기를 용접이나 절단작업 할 경우에는 작업 전에 다음과 같이 조치해야 한다.

㈎ 용기 내부를 증기 및 기타 효과적인 방법으로 완전히 세척해야 한다.

㈏ 용기 내부의 공기를 채취하여 검사한 결과 혼합가스나 증기가 전혀 없어야 한다.

㈐ 용기 내부의 완전세척이 부득이 어려운 경우 용기 내부의 불활성 공기를 가스로 바꿔두어야 한다.

㈑ 불활성가스를 사용할 시는 작업 중에 용기 안으로 계속 불활성가스를 서서히 유입시킨다.

⑬ 밀폐된 용기나 커다란 탱크를 용접이나 절단작업 할 경우 다음의 조치를 취하여야 한다.

㈎ 배풍기나 강압통풍장치 등으로 계속 적당한 환기를 해야 한다.

㈏ 환기 목적으로 산소를 사용해서는 안 된다.

㈐ 필요에 따라서는 보조자(안전담당자)가 탱크 밖에서 용접공을 보호 감시해야 한다.

㈑ 근로자가 입었던 작업복의 먼지 등을 제거할 때는 압축가스나 압축공기를 사용해서는 안 된다.

⑭ 아크로 인한 전기성 안염(ophthalmia electrica)이 발생했을 때 의사의 진찰을 받기 어려우면 붕산수 2% 수용액으로 눈을 닦고 냉습포를 하면 효과가 있다.

⑮ 용접케이블을 터미널을 이용하여 연결할 때는 터미널 압착공구로 완전히 압착시켜서 사용 도중에 발열 저항이 일어나지 않게 한다.

⑯ 모재에 용접봉이 단락되었을 때는 홀더에서 분리시킨 뒤에 용접봉을 떼어내어야 한다.
⑰ 용접작업 중에 텝전환을 하지 말아야 한다.
⑱ 작업을 중단할 때는 항상 용접기의 스위치를 꺼야 한다.
⑲ 용접 작업장 주위에는 인화성 및 폭발성 물질이 없도록 한다.
⑳ 작업자 이외에는 아크광선을 보지 않도록 용접 작업장에 차폐물을 설치한다.

단원 예상문제

1. 용접기의 유지보수 및 점검 시에 지켜야 할 사항으로 틀린 것은?

① 용접기는 습기나 먼지가 많은 곳에 가급적 설치하지 말아야 하다.
② 2차측 단자의 한쪽과 용접기 케이스는 접지를 확실히 해둔다.
③ 탭 전환의 전기적 접속부는 자주 샌드페이퍼 등으로 잘 닦아준다.
④ 용접기는 어떤 부분에도 주유해서는 안 된다.

해설 용접기에서 회전하는 부위와 냉각팬 부위에는 주유를 한다.

정답 1. ④

3 가스용접 및 절단의 안전

(1) 산소 및 아세틸렌 용기의 취급 안전

① 아세틸렌 용기는 반드시 세워서 사용해야 한다. 만약 눕혀서 저장 및 사용하면 용기 안의 아세톤이 흘러나와 기구를 부식시키고 불꽃을 나쁘게 한다.
② 아세틸렌 용기는 구리 및 구리합금(구리 62% 이상), 은, 수은 등과의 접촉을 피해 폭발을 방지하여야 한다.
③ 아세틸렌 용기의 밸브는 1.5회전 이상 열지 말아야 한다.
④ 산소 및 아세틸렌가스의 누출 검사는 반드시 비눗물로 한다.
⑤ 아세틸렌 용기에 진동이나 충격을 주어서는 안 된다.
⑥ 아세틸렌 용기를 이동할 때에는 반드시 밸브 보호캡을 씌운다.
⑦ 가스용기는 직사광선을 피해 저장한다.
⑧ 가스용기는 항시 40℃ 이하로 유지한다.
⑨ 가스용기의 밸브가 얼었을 때는 끓지 않는 더운 물로 녹인다.
⑩ 가스용기는 작업장의 화기에서 5m 이상 떨어지게 한다.
⑪ 용기밸브 및 압력조정기가 고장 나면 전문가에게 수리를 의뢰한다.

⑫ 산소용기의 밸브 및 접촉기구에 그리스나 기름이 묻어 있으면 화재의 우려가 있다.
⑬ 산소용기는 밸브 보호캡을 씌워 운반한다.
⑭ 가스용기를 운반할 때는 반드시 세워서 하고, 끌거나 옆으로 뉘어 굴리지 않는다.
⑮ 용기는 가연성가스와 함께 두지 말고 충전용기와 빈 용기를 구분하여 보관한다.

(2) 가스용접 및 절단작업 안전

① 작업장 부근에 인화물이 없어야 한다.
② 토치의 점화에는 반드시 점화용 라이터를 사용한다.
③ 작업에 적합한 차광안경을 선택하여 필히 착용한다.
④ 가스용기는 반드시 세워서 고정시켜 둔다.
⑤ 산소 및 아세틸렌 호스를 바꿔 사용하지 않도록 한다.
⑥ 소화기는 작업장 가까이 눈에 잘 띄는 곳에 설치한다.
⑦ 작업장에는 유해한 가스가 많이 발생하므로 항상 환기를 시킨다.
⑧ 토치에 점화하거나 불을 끌 때는 항상 아세틸렌 밸브를 먼저 조작한다.
⑨ 압력조정기가 조작된 상태에서 용기밸브를 열면 압력조정기가 파괴될 위험이 많다.
⑩ 아세틸렌의 사용 압력은 1.3 kg/cm^2을 초과하지 않아야 한다.
⑪ 토치의 팁구멍이 막히거나 이물질이 있을 때는 팁구멍 크기보다 한 단계 낮은 팁크리너를 사용하여 팁구멍이 커지지 않게 청소한다.
⑫ 역류, 역화 현상이 발생했을 때는 우선 토치의 아세틸렌 밸브를 잠그고 적절한 조치를 한다.
⑬ 토치의 팁이 과열되어 물에 냉각할 때는 산소만 분출시켜 냉각한다.

단원 예상문제

1. 아세틸렌과 접촉하면 화합물을 만들어 맹렬한 폭발성을 가지게 되는 것이 아닌 것은?

① Fe ② Cu ③ Ag ④ Hg

해설 화합물에서 62% 이상의 Cu와 Hg, Ag 등과 화합 시에는 폭발할 수 있다.

정답 1. ①

(3) 가스용접의 기타 안전대책

① 산소용기 밸브의 안전밸브는 내압시험압력의 80% 이하 압력에서 작동할 수 있어야 한다(170 kg/cm^3 이상에서 작동한다).

② 아세틸렌 용기에 설치된 퓨즈 플러그 내의 퓨즈 금속(B 53.9%, Sn 25.9%, Cd 20.2%의 조성합금)은 약 105±5℃에 도달하면 녹아야 한다.

③ 만약 산소 및 아세틸렌가스가 용기에서 새어나올 때는 바람이 통하는 옥외로 빨리 대피시킨 뒤에 전문가에게 수리를 의뢰한다.

④ 안전기의 주요 부분에는 두께 2mm 이상의 강판 또는 강관을 사용한다.

⑤ 안전기의 도입부는 수봉배기관을 갖춘 수봉식으로 하고, 유휴수주는 정압용이 25mm 이상, 중압용이 50mm 이상을 유지한다.

⑥ 안전기는 수위를 용이하게 점검할 수 있는 점검창의 수면계 등을 갖춘다.

⑦ 중압용 안전기의 수봉배기관은 안전기의 압력이 1.5kg/cm^{2}에 도달하기 전에 배기시킬 수 있는 기능을 갖춘다.

⑧ 중압용 수봉식 안전기의 과열판은 안전기 내의 압력이 5kg/cm^{2}에 도달하기 전에 파열하는 것이어야 한다. 단, 안전기 내의 압력이 3kg/cm^{2}을 넘기 전에 작동하는 자동배기 밸브가 갖추어진 구조일 때는 과열판의 과열압력이 10kg/cm^2 이하여야 한다.

⑨ 용해 아세틸렌 및 LP 가스에서는 건식 안전기를 사용하는 것이 좋다.
※ 건식 안전기는 소결금속식과 우회로식이 사용된다.

⑩ 아세틸렌 용접장치의 토치 1개마다 안전기를 1개 설치해야 하며, 토치에서 발생기까지의 가스집합 장치인 경우는 하나의 토치에 안전기가 2개 이상 설치되어야 한다.

⑪ 발생기 물의 온도가 60℃ 이상일 때는 환수시키도록 한다. 단, 습식 아세틸렌 발생기의 경우는 무압식으로 다년간 사용시 부식이 심하고 반응열도 심하여 70℃를 넘지 않도록 주의하여 분해 폭발을 미연에 방지하여야 한다.

⑫ 아세틸렌 용접장치 및 가스집합 용접장치는 매설 부분을 제외하고 연 1회 자체적으로 장치의 손상 및 변형, 부식의 유무와 기능 상태 등의 사항을 정기검사하고, 자체검사결과를 기록하여 기록 문서를 3년간 보관해야 한다.

단원 예상문제

1. 피복아크용접 작업시 주의할 사항으로 옳지 못한 것은?

① 용접봉은 건조시켜 사용할 것
② 용접전류의 세기는 적절히 조절할 것
③ 앞치마는 고무복으로 된 것을 사용할 것
④ 습기가 있는 보호구를 사용하지 말 것

해설 피복아크용접 시에 앞치마가 고무복이면 스패터 및 높은 온도 때문에 녹아 화상을 입을 수 있다.

2. 가연성가스 등이 있다고 판단되는 용기를 보수 용접하고자 할 때 안전사항으로 가장 적당한 것은?

① 고온에서 점화원이 되는 기기를 갖고 용기 속으로 들어가서 보수 용접한다.
② 용기 속을 고압산소를 사용하여 환기하며 보수 용접한다.
③ 용기 속의 가연성가스 등을 고온의 증기로 세척한 후 환기를 시키면서 보수 용접한다.
④ 용기 속의 가연성가스 등이 다 소모되었으면 그냥 보수 용접한다.

해설 가연성가스의 용기를 보수 용접할 때의 안전사항
㉠ 용기 내부를 증기 및 기타 효과적인 방법으로 완전히 세척할 것
㉡ 용기 내부의 공기를 채취하여 검사한 결과 혼합가스나 증기가 조금도 없을 것
㉢ 용기 내부의 완전 세척이 부득이 어려운 경우 용기 내부의 불활성 공기를 가스로 바꾸어 둘 것
㉣ 불활성가스를 사용할 때는 작업 중에 용기 안으로 계속 불활성가스를 서서히 유입시킨다.

3. 가스도관(호스) 취급에 관한 주의사항 중 틀린 것은?

① 고무호스에 무리한 충격을 주지 말 것
② 호스 이음부에는 조임용 밴드를 사용할 것
③ 급랭 시 호스가 얼면 더운물로 녹일 것
④ 호스의 내부 청소에는 고압수소를 사용할 것

해설 가스용접에 사용되는 호스는 내부에 고압산소가 존재하여 압축공기로 청소하면 위험하므로 절대로 사용해서는 안 된다.

4. 피복아크용접 시 안전홀더를 사용하는 이유로 맞는 것은?

① 자외선과 적외선 차단
② 유해가스 중독 방지
③ 고무장갑 대용
④ 용접작업 중 전격예방

해설 안전홀더는 작업 중 전격의 위험이 적어 주로 사용된다.

5. 아크용접작업 중의 전격에 관련된 설명으로 옳지 않은 것은?

① 습기 찬 작업복, 장갑 등을 착용하지 않는다.
② 오랜 시간 작업을 중단할 때에는 용접기의 스위치를 끄도록 한다.
③ 전격 받은 사람을 발견하였을 때에는 즉시 손으로 잡아당긴다.
④ 용접홀더를 맨손으로 취급하지 않는다.

해설 아크용접작업 중 전격 받은 사람을 발견했을 때에는 먼저 전원스위치를 차단하고 바로 의사에게 연락하여야 하며, 때에 따라서는 인공호흡 등 응급처치를 해야 한다.

6. 탱크 등 밀폐용기 속에서 용접작업을 할 때 주의사항으로 적합하지 않은 것은?

① 환기에 주의한다.
② 감시원을 배치하여 사고의 발생에 대처한다.
③ 유해가스 및 폭발가스의 발생을 확인하다.
④ 위험하므로 혼자서 용접하도록 한다.

해설 탱크 등 밀폐용기 속에서 용접작업을 할 때는 안전상 반드시 감시인 1인 이상을 배치시켜 안전사고를 예방하고 사고가 발생하면 즉시 사고에 대한 조치를 하도록 한다.

7. 용접에 관한 안전 사항으로 틀린 것은?

① TIG 용접시 차광렌즈는 12~13번을 사용한다.
② MIG 용접시 피복아크용접보다 1 m가 넘는 거리에서도 공기 중의 산소를 오존(O_3)으로 바꿀 수 있다.
③ 전류가 인체에 미치는 영향에서 50 mA는 위험을 수반하지 않는다.
④ 아크로 인한 염증을 일으켰을 경우 붕산수(2% 수용액)로 눈을 닦는다.

해설 산업안전에서 교류전류가 인체에 통했을 때의 영향

전류값(mA)	증세
1	감전을 느낄 정도이다.
5	상당한 고통을 느낀다.
10	참기 어려울 정도의 고통이다.
20	심한 고통을 느끼고 근육 수축이 일어난다.
50	상당히 위험하다.
100	치명적인 결과를 초래한다(사망 위험).

8. TIG 용접시 안전사항에 대한 설명으로 틀린 것은?

① 용접기 덮개를 벗기는 경우 반드시 전원스위치를 켜고 작업한다.
② 제어장치 및 토치 등 전기계통의 절연 상태를 항상 점검해야 한다.
③ 전원과 제어장치의 접지 단자는 반드시 지면과 접지되도록 한다.
④ 케이블 연결부와 단자의 연결 상태가 느슨해졌는지 확인하여 조치한다.

해설 용접기 덮개를 벗기는 경우 반드시 전원스위치를 끄고(off) 작업을 하여야 감전을 예방할 수 있다.

9. 교류아크 용접시 비안전형 홀더를 사용할 때 가장 발생하기 쉬운 재해는?

① 낙상 재해 ② 협착 재해 ③ 전도 재해 ④ 전격 재해

해설 교류아크 용접시 비안전형 홀더를 사용할 때에는 홀더의 노출부에 전기가 통할 때 감전 상해를 입을 수 있으며 이를 전격 재해라고 한다.

10. 교류아크 용접기에 감전사고를 방지하기 위해서 설치하는 것은?

① 전격방지 장치 ② 2차권선 장치 ③ 원격제어 장치 ④ 핫 스타트 장치

해설 교류아크 용접기의 2차측의 무부하 전압이 70~80V가 되도록 만들어져 있어 안전전압이 24V로 전격의 위험이 있어서 아크 발생 시에만 무부하 전압이 되고 휴식시간은 항상 안전전압이 되도록 하는 전격방지 장치를 산업안전보건법에서는 반드시 장착하도록 하고 있다.

정답 1. ③ 2. ③ 3. ④ 4. ④ 5. ③ 6. ④ 7. ③ 8. ① 9. ④ 10. ①

6-2 화재, 폭발, 전기, 전격사고의 원인 및 방지대책

1 안전교육 및 환경 관리

(1) 안전교육계획

교육목표, 과정요약, 강의 개요의 3가지 요소가 포함되어야 한다.

(2) 작업환경조건 시험 포인트

① **소음**

소음이 미치는 영향과 장해로는 청력장해, 혈압상승 및 호흡억제 등의 생체기능장해, 불쾌감, 작업능률의 저하 등이며, 소음평가수 기준은 85dB, 지속음 기준 폭로한계는 90dB(8시간 기준)이다. 소음장해 예방대책으로는 소음원 통제, 공정변경, 음의 흡수장치, 귀마개 및 귀덮개의 보호구 착용 등이 있다.

② **온도**

안전 적정온도 18~21℃보다 높거나 낮을 때 사고 발생의 원인이 된다.

③ **조명**

직접조명, 간접조명, 반간접조명, 국부조명 등의 종류가 있고, 단위는 럭스(Lux)로 각 작업에 따른 조명도는 다음 [표]와 같다.

각 작업에 알맞은 조명도

작업 종류	이상적인 조명도
초정밀 작업	600 Lux 이상
정밀 작업	300 Lux 이상
보통 작업	150 Lux 이상
기타 작업	70 Lux 이상

④ **분진**

분진의 허용기준은 유리규산(SiO_2)의 함량에 좌우되며, 흡입성 분진 중 폐포 먼지 침착률이 가장 높은 것은 0.5~5.0μ이다.

⑤ **환기**

실내 작업시 발생되는 유해가스, 증기, 분진 등의 화학적 근로환경과 온도, 습도 등의 물리적 근로환경에 의해 근로자가 피해를 입는 것을 방지하기 위하여 창문, 환기통 및 후드(hood), 덕트(duct), 송풍기(blower) 등의 장치를 통하여 근로조건을 개선하는 방법이다.

환기법은 자연 환기법과 기계 환기법(강제환기법)으로 크게 나뉘며, 자연 환기법에는 온도차 환기(중력환기), 풍력환기가 속하고, 기계 환기법에는 흡출식, 압입식, 병용식이 해당된다.

㈎ 후드

기류 특성 및 송풍량에 따라 여러 종류가 있으며 용접 작업에서는 원형(측방배출), 장방형(측방배출) 등이 사용된다.

㈏ 덕트

유해물질이 포함된 후드에서 집진장치까지, 또는 집진장치에서 최종 배출관까지 운반하는 유도관이며 주관과 분관으로 구성되어 제진(집진)장치에서 외부로 배출하는 송풍관을 주관이라 한다. 또한 후드에 직접 연결되는 송풍관이 분관으로 1개 또는 2개 이상을 연결하여 집진장치로 모여진 공기를 운반해 주는 장치이다.

※ 단 산업안전표지 속의 그림 또는 부호의 크기는 표지와 비례하여 선업안전표지 전체 규격의 30% 이상이 되어야 한다.

⑥ 안전표찰은 작업복 또는 보호복의 우측 어깨, 안전모의 좌우면, 안전완장에 부착한다.

안전표찰

산업안전표지의 종류별 기본모형 및 색채

종류	기본모형	색채
금지표시	원형	바탕–흰색, 기본모형–빨강, 관련부호 및 그림–검은색
경고표시	삼각형	바탕–노랑, 기본모형 · 부호 · 그림–검은색
지시표시	원형	바탕–파랑, 관련그림–흰색
안내표시	사각형	바탕–흰색(녹색), 기본모형 · 관련부호–녹색(흰색)

[산업안전 색채의 종류]

- 빨강 → 금지
- 노랑 → 경고, 주의
- 파랑 → 지시
- 녹색 → 안내
- 흰색 → 파랑, 녹색에 대한 보조색
- 검은색 → 문자 및 빨강, 노랑에 대한 보조색

2 재료의 취급, 운반, 저장에 대한 안전

(1) 물건의 취급 중량은 원칙적으로 단독 시험시 55kg 이하로 제한한다.

(2) 물건의 중량은 장시간 작업시는 일반적으로 체중의 40%를 한도로 한다.

(3) 물건에 최대한 접근하여 중심을 낮게 한다.

(4) 중량이 무거운 물건을 2인 이상이 운반할 때는 서로 잘 알고 있는 신호에 맞추어 한다.

(5) 경사면으로 물건을 운반할 시는 멈춤틀이나 쐐기, 이동 조절용 루프(rope) 및 기타 고패(tackle)를 사용한다.

(6) 용접봉의 보관 및 취급

① 전기용접봉의 피복제는 습기를 잘 흡수하므로 지면보다 높고 건조된 장소에 저장해야 한다.

② 용접봉 저장장소는 진동이나 충격을 받지 말고 하중을 많이 받지 않게 한다.

③ 현장용접에서는 건조기를 설치하여 2~3일 분의 용접봉을 항상 건조시켜 둔다.

④ 용접봉은 사용 전에 저수소계 300~350℃로 2시간 정도, 그 외의 것은 70~100℃에서 30 ~60분간 건조시켜야 한다.

(7) 용기의 보관 및 취급

① 산소와 가연성가스의 용기는 각각 구분하여 용기보관 장소에 저장할 것.

② 용기보관 장소에는 게이지(계량기) 등 작업에 필요한 물건 이외에는 두지 아니할 것.

③ 용기보관 장소의 주위 2m 이내에는 화기 또는 인화성 물질이나 발화성 물질을 두지 아니할 것(단, 아세틸렌 발생장치는 발생기로부터 5m 이내, 발생실로부터 3m 이내의 장소에서 흡연, 화기의 사용 또는 불꽃을 발할 우려가 있는 행위를 금지한다).

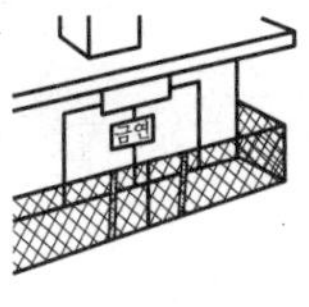

위험물 창고 부근에서는 금연

④ 이동식 아세틸렌 용접장치의 발생기는 고온의 장소, 통풍 또는 환기가 불충분한 장소, 진동이 많은 장소에 보관을 금지한다.

⑤ 충전용기는 항상 40℃ 이하의 온도를 유지하고 직하광선을 받지 아니하도록 조치할 것.

⑥ 충전용기(내용적 5L 이하는 제외)에는 넘어짐 등으로 인한 충격 및 밸브의 손상을 방지하는 등의 조치를 하고 난폭하게 취급하지 아니할 것.

⑦ 가연성가스 용기 보관장소에는 휴대용 손전등 외에 등화를 휴대하고 들어가지 아니할 것.

⑧ 용기를 운반할 때에는 눕혀 굴리는 것을 금하며 항시 세워 한 손으로 밸브 쪽을 잡고 한 손으로 굴리거나 전용의 운반차 등을 이용한다.

⑨ 차에 실을 때는 산소와 가연성가스를 같이 싣지 말아야 하며 용기가 끼일 정도의 충격을 주지 말아야 한다.

⑩ 크레인으로 운반 시에는 용기를 청상자에 넣어서 올리며, 체인, 로프로 용기를 밸브나 캡을 묶어서 올리지 말아야 한다.

⑪ 마그넷트 크레인을 사용하지 말아야 한다.

⑫ 용기의 운반 중 발이나 손가락에 부상당할 우려가 있으니 장갑, 안전화를 착용한다.

⑬ 용기는 사용 후나 공병 상태로 저장하는 경우 반드시 밸브를 잠가 두어야 한다.

⑭ 용기를 사용하지 않거나 운반 시에는 반드시 보호캡을 씌운다.

⑮ 용기의 저장시설 외부의 보기 쉬운 곳에 경고 및 금지 등의 안전표지를 설치한다.

단원 예상문제

1. KS 안전색채에서 "주황"색이 표시하는 사항은 어느 것인가?

① 위생 ② 방사능 ③ 위험 ④ 구호

해설 산업안전보건법에서 안전색채

• 빨강 → 금지

• 노랑 → 경고, 주의
• 파랑 → 지시
• 녹색 → 안내
• 흰색 → 파랑, 녹색에 대한 보조색
• 검정색 → 문자 및 빨강, 노랑에 대한 보조색

2. 중량물의 안전운반에 관한 설명 중 잘못된 것은?

① 힘이 센 사람과 약한 사람이 조를 짜며 키가 큰 사람과 작은 사람이 한 조가 되게 한다.
② 화물의 무게가 여러 사람에게 평균적으로 걸리게 한다.
③ 긴 물건은 작업자의 같은 쪽 어깨에 메고 보조를 맞춘다.
④ 정해진 자의 구령에 맞추어 동작한다.

해설 중량물을 운반할 때는 힘이 같고 키가 비슷한 사람과 한 조가 되어 평행을 맞출 수 있어야 한다.

정답 1. ③ 2. ①

3 화재 및 폭발재해

(1) 연소

① 연소란 적당한 온도의 열과 일정 비율의 가연성 물질과 산소가 결합하여 그 반응으로 발열 및 발광현상을 수반하는 것을 말한다.
② 연소의 3요소는 가열물, 산소공급원, 점화원이다.
③ **발화점의 정의**

(가) 인화점

가연성 액체 또는 고체가 공기 중에서 그 표면 부근에 인화하는 데에 필요한 충분한 농도의 증가를 발생하는 최저 온도이다.

(나) 연소점

계속 연소시키기 위한 온도로, 대체로 인화점보다 10℃ 정도 높다.

(다) 착화점

가연물이 공기 중에서 가열되었을 때 다른 것으로 점화하지 않고 그 반응열로 스스로 발화되는 최저 온도로, 발화점 또는 자연발화온도라고 한다.

※ 발화원은 충격마찰, 나화(裸火, naked flame), 고온표면, 단열압축, 전기불꽃(아크 등), 정전기 불꽃, 자연발열, 광선열선 등의 종류가 있다.

(2) 폭발

① 폭발은 급격한 고압력의 발생 또는 해방으로 에너지가 증대되어 평형 상태를 유지하지 못할 때 소리를 내며 파열되거나 팽창하는 현상이다.

② 폭발은 화학적 폭발, 압력의 폭발, 분해 폭발, 중합 폭발 등의 종류가 있다.

(3) 화재 및 폭발의 방지

① 인화성 액체의 작업실 내에 보관 또는 저장할 때는 그 용량을 20L 이하로 제한하며 승인된 형식의 용기를 사용하고 안전장치를 철저히 해야 한다.

② 작업장과 인화성 및 폭발성 물질의 부근에서는 흡연을 금한다.

③ 인화성 및 폭발성 물질은 폭발범위 이내의 농도로 취급하며, 발화원의 원인이 발생하지 않게 사전에 안전대책을 마련해야 한다.

④ 폭발성 물질을 취급할 때는 작업복에 철제류의 각종 장식(단추, 버클, 신발바닥 등)을 사용하지 말아야 한다.

⑤ 작업장 부근에는 화재 발생의 원인이 되는 인화성 물질이 없도록 한다.

⑥ 필요한 장소에 방화설비 및 경보설비를 설치해야 한다.

(4) 작업장의 화재 및 폭발의 방지

① 용접 작업장 부근에는 원칙적으로 가연성 물질이 없어야 한다.

② 전기용접 시설은 방호장치 및 안전장치를 철저히 갖추어야 한다.

③ 전선 및 용접기의 2차 케이블선은 적절한 것을 선택하여 작업 중에 저항발열 및 누전 등이 없어야 한다.

④ 전원 스위치는 되도록 안전한 자동브라켓트 스위치를 사용하고 카바나이프 스위치 등을 사용할 때는 안전한 적정 퓨즈를 사용한다.

⑤ 용접 작업장 내에 인화 물질이 있을 때는 기화되지 않게 용기에 잘 보관하고 불연성 커버로 덮어 그 위에 물을 뿌려 놓는 등의 방법을 취한다.

⑥ 용접작업 시에는 불꽃이 튀어 가연성 물질의 마룻바닥, 벽, 창 등의 틈에 들어가거나 용접호스 또는 전선 등에 닿지 않게 한다.

⑦ 용접기의 외부나 전선의 피복이 벗겨진 부분에 철편 등이 닿아 합선과 같은 현상이 발생되지 않게 한다.

(5) 화재의 소화대책

① 소화 조건

– 가연물의 제거

– 발화점의 냉각
– 공기(산소)의 차단
– 연속적 연소의 차단

② 화재의 종류별 적용 소화제

– A급 화재(일반 화재): 수용액
– B급 화재(유류 화재): 화학 소화액(포말, 사염화탄소, 탄산가스, 드라이케미컬)
– C급 화재(전기 화재): 유기성 소화액(분말, 탄산가스, 탄산칼륨+물)
– D급 화재(금속 화재): 건조사

소화기의 종류별 용도

화재 / 소화기	보통 화재	유류 화재	전기 화재
분말 소화기	양호	적합	양호
분말 소화기	적합	적합	부적합
탄산가스 소화기	양호	양호	적합

③ 소화기의 관리 및 취급 요령

㈎ 포말 소화기(A, B급 화재): 유류 화재에 효과적이며, 동절기에는 얼지 않게 보온장치를 하고 전기나 알코올류 화재에는 사용하지 못하며 소화액은 1년에 한 번 이상 교체한다.

㈏ 분말 소화기(B, C급 화재): 화점부에 접근시켜 방사하여 시계를 흐리지 않게 하며, 고압가스용기는 연 2회 이상 중량을 점검하여 새 용기로 교체한다.

㈐ 탄산가스소화기(B, C급 화재): 전기의 불량도체이기 때문에 전기화재에 유효하며, 인체에 접촉하면 동상의 위험이 있어 취급시 주의가 필요하다. 탄산가스의 중량이 2/3 이하일 경우 즉시 재충전해야 한다. 또한 탄산가스 용기는 6개월마다 내압시험을 실시하여 안전을 도모해야 한다.

㈑ 강화액 소화기(A, B, C급 화재): 물에 탄산칼륨 등을 용해시킨 수용액을 사용하며, 물에 의한 소화효과에 탄산칼륨 등을 첨가한 것으로 소화 후 재연소를 방지하는 효과가 크다.

④ 소화기를 사용할 때의 주의사항

㈎ 방사시간이 짧고(15~50초 정도) 방출거리가 짧아 초기 화재에만 사용된다.
㈏ 소화기는 적용되는 화재에만 사용해야 한다.
㈐ 소화 작업은 바람을 등지고 풍상에서 풍하로 향해 방사한다.
㈑ 비로 쓸 듯이 골고루 소화해야 한다.

단원 예상문제

1. D급 화재에 해당하는 것은?

① 목재, 종이 등에 의한 화재
② 유류에 의한 화재
③ 전기 화재
④ 금속 화재

해설 화재는 A~D급까지 4단계로 분류하며 A급 일반화재, B급 유류화재, C급 전기화재, D급 금속화재이다.

2. 소화작업에 대한 설명 중 틀린 것은?

① 화재가 발생하면 화재경보를 한다.
② 화재 시에는 가스밸브를 조이고 전기스위치를 끈다.
③ 전기배선 시설을 수리 시는 전기가 통하는지 여부를 확인한다.
④ 유류 및 카바이드에 붙은 불은 물로 끄는 것이 좋다.

해설 소화작업에서 A급 일반화재는 수용액을 소화제로 사용하고, B급 유류화재는 화학소화액(포말, 사염화탄소, 탄산가스, 드라이케미컬), C급 전기화재는 분말, 탄산가스, 탄산칼륨+물, D급 금속화재는 건조사를 소화제로 사용한다.

정답 1. ④ 2. ④

4 사고 응급조치

(1) 구급용품

작업현장에 구비해야 할 구급용품으로는 삼각건, 붕대, 탈지면, 솜, 반창고, 거즈, 핀셋, 가위, 작은칼, 지혈관, 지혈봉, 부목, 들것, 알코올, 옥도정기, 머큐로크롬액, 암모니아수, 붕산수 등이 있다.

(2) 응급조치

① 응급조치는 지혈 → 기도유지 → 상처보호 → 쇼크방지 및 치료의 4단계로 진행한다.

② **창상(절창, 극창, 열창, 찰과상 등)**

㈎ 더러운 손, 종이, 수건 등을 직접 상처에 대지 말아야 한다.
㈏ 먼지, 흙 등이 상처에 붙어 있을 때 무리하게 떼어내지 말아야 한다.
㈐ 통증이 심할 때에는 건습포를 하고 상처 부위를 심장보다 높게 한다.
㈑ 상처 주위를 깨끗이 소독한다.

㈒ 머큐로크롬액을 바른 후 붕대로 감는다.

③ 타박상과 염좌

㈎ 요오드팅크를 바른다.

㈏ 냉찜질을 한다.

㈐ 머리, 배, 가슴부분에 타박상을 입었을 때는 빨리 의사의 진단을 받아야 한다.

④ 출혈

㈎ 혈액은 체중의 약 1/13(7.7%) 정도인데 그중 30% 이상을 잃으면 위험하고 50% 이상을 흘리면 사망한다.

㈏ 모세관 출혈: 작은 상처에서 피가 스며 나오거나 방울방울 새어 나오는 정도로 머큐로크롬액을 바르고 붕대로 감아 세균 감염만 방지하면 된다.

㈐ 정맥출혈(검붉은색): 상처 부위에 거즈를 대고 붕대로 세게 감아 압박하여 지혈을 한다.

㈑ 동맥출혈(진분홍색): 지혈대나 압박붕대, 지압지혈법, 긴급 지혈법 등으로 지혈하여 응급조치를 한 후 의사의 조치를 받는다.

㈒ 피하 출혈 시에는 냉습포를 하여 출혈을 막고 나서 약을 바르고 온습포를 댄다.

⑤ 화상

㈎ 제1도 화상(피부가 붉어지고 약간 아픈 정도): 냉수나 붕산수로 찜질한다.

㈏ 제2도 화상(피부가 빨갛게 부풀어 물집이 생긴다): 제1도 화상 때와 같은 조치를 하되, 특히 물집을 터트리면 감염되므로 소독 거즈를 덮고 가볍게 붕대로 감아 둔다.

㈐ 제3도 화상(피하조직의 생명력 상실): 제2도 화상 시와 같은 치료를 한 후, 즉시 의사에게 치료를 받는다.

㈑ 제1도 화상이라도 신체의 1/3(30%) 이상이 화상을 입으면 생명이 위험하다.

⑥ 감전

㈎ 감전사고가 발생하면 우선 전원을 끊는다.

㈏ 전원을 끊을 수 없는 경우 구조자가 보호구(고무장화, 고무장갑 등)를 착용한 후 감전된 전선을 떼어놓는다.

㈐ 감전자가 호흡을 중지했을 때는 인공호흡을 실시한다.

※ 인공호흡법으로는 불어넣기법, 흉부압박 상지거상법, 배부압박 상지거상법, 배수법 등이 이용된다.

㈑ 의식을 잃었을 때는 마른 수건으로 전신을 마사지한다.

㈒ 환자를 보온시키고 비틀비틀할 때는 조심해서 눕혀 머리를 식힌 후 포도주나 냉수를 먹인다.

단원 예상문제

1. 지혈 및 출혈 시 응급조치 방법으로 옳지 않은 것은?

① 정맥출혈 시는 압박붕대나 가제를 대고 손으로 누르면서 상처 부위를 높게 한다.
② 동맥출혈 시는 응급조치로 지혈대나 압박붕대, 지압법 등으로 지혈시킨 후 의사의 조치를 받는다.
③ 피하 출혈 시에는 냉습포를 한 뒤에 온습포를 댄다.
④ 신체의 다른 부분보다 부상당한 팔과 다리를 낮게 쳐들어야 한다.

해설 정맥출혈 시는 압박붕대나 가제를 대고 손으로 누르면서 상처 부위를 높게 해야 한다. 모든 지혈 및 출혈 시에는 상처 부위를 높게 하여야 출혈이 방지된다.

정답 1. ④

6-3 용접에 의한 장해 원인과 그 방지대책

(1) 아크광선에 의한 재해

① 재해의 원인

아크광선에는 다량의 자외선과 소량의 적외선이 존재하므로 보호구 없이 작업하여 눈이 아크빛에 직접 노출되거나 반사를 받게 되면 전기성 안염 또는 전안구염을 일으켜 눈안에서 모래알이 굴러다니듯 통증을 느끼고 눈이 충혈되며 눈곱이 생기는 증상이 발생한다. 급성은 아크빛을 받은 지 4~8시간 후 발병하여 24~29시간 만에 회복되지만, 이런 일이 빈번하면 만성 결막염을 일으키고 심하면 실명하기도 한다.

② 방지대책 및 치료법

(가) 용접작업 시에는 보호장비인 헬멧이나 핸드실드 등을 착용하고 아크빛을 보든가 전기성 안염이 발생한 경우 냉수로 얼굴과 눈을 닦은 후 냉습포를 얹거나, 병원에 가서 치료를 받아야 한다.

(나) 용접작업 시 고온의 열 때문에 더워 보호구를 착용하지 않거나 작업복을 벗고 작업하면 강력한 아크빛과 열에 의해 마치 해수욕을 하고 며칠이 지나 피부가 붉어지며 벗겨지는 것과 같은 일이 일어나므로 덥더라도 반드시 보호장구를 착용해야 한다.

(2) 전격에 의한 재해

① 재해의 원인 및 방지대책

용접작업 시에 용접기 등은 높은 전압과 전류를 사용하여 접지를 완벽하게 하여도

비가 내리는 날이나 습도가 높을 날, 혹은 몸에 습기가 있을 때에는 감전될 우려가 있으므로 보호구를 사용하며 항상 건조하여야 한다. 즉 전격의 방지대책은 올바른 접지와 보호구 착용과 건조한 환경을 조성하는 것이다.

㈎ 일반 용접 작업시 감전으로 인한 사망재해의 조사 결과

용접작업 중 부주의로 홀더가 신체에 접촉되었을 때, 홀더에 용접봉을 물릴 때, 피용접물에 붙어 있는 용접봉을 떼려다 몸에 접촉되었을 때, 1차측과 2차측 케이블의 피복 손상부에 접촉되었을 때 등에 감전사고가 발생한다.

② 감전사고가 발생했을 때의 조치

㈎ 감전사고가 발생하면 우선 전원을 끊는다.

㈏ 전원을 끊을 수 없는 경우 구조자가 보호구(고무장화, 고무장갑 등)를 착용한 후 감전된 전선을 떼어놓는다.

㈐ 감전자의 호흡이 중지되었을 때 인공호흡을 한다.

※ 인공호흡법으로는 불어넣기법, 흉부압박 상지거상법, 배부압박 상지거상법, 배수법 등이 이용된다.

㈑ 의식을 잃었을 때는 마른 수건으로 전신을 마사지한다.

㈒ 환자를 보온시키고 비틀비틀할 때는 조심해서 눕혀 머리를 식힌 후 포도주나 냉수를 먹인다.

(3) 가스 중독에 의한 재해

- **재해의 원인:** 논가스 와이어, 탄산가스 아크용접 및 복합와이어, 피복아크 용접봉 등의 용제에는 산화철, 규산석회, 이산화망가니즈, 셀룰로오스 등이 쓰이는데 이것들은 용접 중에 가스 또는 퓸(fume)을 발생시켜 환기가 잘되지 않는 장소에서는 호흡기를 통하여 인체 내부로 들어가 여러 가지 질병의 원인이 된다.

일산화탄소(CO) 농도에 따른 신체 증상(허용량)

일산화탄소(ppm)	증상
100 이상	건강에 유해
200~500 이상	중독 시작
100 이상	수 시간 호흡하면 위험
200 이상	30분 이상 호흡하면 매우 위험

단원 예상문제

1. 아크용접 시, 감전 방지에 관한 내용 중 틀린 것은?

① 비가 내리는 날이나 습도가 높은 날에는 특히 감전에 주의를 하여야 한다.
② 전격 방지장치는 매일 점검해야 한다.
③ 홀더의 절연 상태가 충분하면 전격 방지장치는 필요 없다.
④ 용접기의 내부에 함부로 손을 대지 않는다.

해설 홀더의 절연 상태는 안전홀더인 A형을 사용하고, 전격방지 장치는 인체에 전격을 방지할 수 있는 안전한 장치로 홀더와는 무부하 전압에 전격을 방지하기 위한 안전전압인 24V를 유지시키는 전격방지 장치는 산업안전보건법으로 필요한 장치이다.

2. 아크용접 중 방독 마스크를 쓰지 않아도 되는 용접재료는?

① 주강 ② 황동 ③ 아연 도금판 ④ 카드뮴 합금

해설 황동, 아연 도금판, 카드뮴 합금 등은 가열할 때 과열에 의한 증발로 중독을 일으키기 쉬우므로 방독 마스크를 착용하고 용접작업을 해야 한다

3. 용접작업 중 정전이 되었을 때, 취해야 할 가장 적절한 조치는?

① 전기가 오기만을 기다린다.
② 홀더를 놓고 송전을 기다린다.
③ 홀더에서 용접봉을 빼고 송전을 기다린다.
④ 전원을 끊고 송전을 기다린다.

해설 전기안전에서 정전이 되었다면 모든 전원 스위치를 내려 전원을 끊고 다시 전기가 송전될 때까지 기다린다.

4. 용접 퓸(fume)에 대하여 서술한 것 중 올바른 것은?

① 용접 퓸은 인체에 영향이 없으므로 아무리 마셔도 괜찮다.
② 실내 용접 작업에서는 환기설비가 필요하다.
③ 용접봉의 종류와 무관하며 전혀 위험은 없다.
④ 용접 퓸은 입자상 물질이며, 가제 마스크로 충분히 차단이 가능해 인체에 해가 없다.

해설 용접 퓸에는 각종 유해가스가 있어 실내 용접작업에서는 환기설비가 필요하다.

5. 아크용접에서 전격 방지를 위한 주의사항으로 틀린 것은?

① 협소한 장소에서 작업할 때 신체를 노출하지 않는다.
② 무부하 전압이 높은 교류 아크 용접기를 사용한다.
③ 작업을 중지할 때는 반드시 스위치를 끈다.
④ 홀더는 반드시 정해진 장소에 놓는다.

해설 전격(감전) 위험은 무부하 전압이 높은 교류일수록 높기 때문에 산업안전보건법에서는 교류 아크 용접기에 반드시 전격방지기를 달아서 사용하게끔 되어 있다.

6. CO_2 가스 아크용접에서, CO_2 가스가 인체에 미치는 영향으로 매우 위험상태에 해당하는 CO_2 가스의 농도는 몇 %인가?

① 0.4% 이상 ② 30% 이상 ③ 20% 이상 ④ 10% 이상

해설 CO_2 농도는 3~4%이면 두통, 15% 이상은 위험, 30% 이상은 치명적 영향을 미친다.

7. 아크빛으로 혈안이 되고 눈이 부었을 때 우선 조치해야 할 사항으로 가장 옳은 것은?

① 온수로 씻은 후 작업한다.
② 소금물로 씻은 후 작업한다.
③ 심각한 사안이 아니므로 계속 작업한다.
④ 냉습포를 눈 위에 얹고 안정을 취한다.

해설 아크광선은 가시광선, 자외선, 적외선으로 이루어져 아크광선에 노출되면 자외선으로 인한 전기성 안염 및 결막염을 일으킬 수 있다. 그러므로 광선에 노출되면 응급조치로 냉습포를 눈 위에 얹고 안정을 취하는 것이 좋다.

8. 아크용접 작업에서 전격의 방지대책으로 가장 거리가 먼 것은?

① 절연 홀더의 절연부분이 파손되면 즉시 교환할 것
② 접지선은 수도배관에 할 것
③ 용접작업을 중단 혹은 종료 시에는 즉시 스위치를 끊을 것
④ 습기 있는 장갑, 작업복, 신발 등을 착용하고 용접작업을 하지 말 것

해설 수도배관에 접지를 할 경우는 전격의 위험이 있으니 용접기의 2차측 단자의 한쪽과 케이스는 반드시 땅속(표면지하)에 접지할 것

9. 아크용접과 절단 작업에서 발생하는 복사에너지 중 눈에 백내장을 일으키고, 맨살에 화상을 입힐 수 있는 것은?

① 적외선 ② 가시광선 ③ 자외선 ④ X선

해설 태양광선(아크광선)은 가시광선, 적외선, 자외선 등으로 구성되어 있으며 눈으로 볼 수 있는 것은 가시광선이다. 열과 복사에너지를 동반하는 적외선에는 근적외선, 중간 적외선, 원적외선이 있으며, 원직외선은 의학용, 발열량이 많은 근적외선은 난방용으로 사용된다. 자외선은 피부에 화상을 일으키고 피부색을 검게 변화시키며 피부염이나 피부 노화를 유발한다.

정답 1. ③ 2. ① 3. ④ 4. ② 5. ② 6. ② 7. ④ 8. ② 9. ①

부록

Industrial Engineer Welding 

최근 기출문제

2012년도 시행 문제

2012년 3월 4일 시행

용접산업기사

제1과목 용접야금 및 용접설비제도

1. 용접부의 노내 응력제거 방법에서 가열부를 노에 넣을 때 및 꺼낼 때의 노내 온도는 몇 ℃ 이하로 하는가?

① 180℃ ② 200℃
③ 250℃ ④ 300℃

해설 노내 응력제거 풀림법에서 연강 종류는 제품의 노내를 출입시키는 온도가 300℃를 넘어서는 안 된다.

2. 용접금속의 파단면에 매우 미세한 주상정(柱狀晶)이 서릿발 모양으로 병립하고, 그 사이에 현미경으로 보이는 정도의 비금속 개재물이나 기공을 포함한 조직이 나타나는 결함은?

① 선상조직 ② 은점
③ 슬래그 혼입 ④ 용입 불량

해설 선상조직[상주상(霜柱狀) 조직]은 아크 용접부에 생기는 결함으로, 특히 용접금속을 파단시켰을 때 조직의 일부가 아주 미세한 주상정으로 보이는 것이다.

3. 슬립에 의한 변형에서 철(Fe)의 슬립면과 슬립방향이 맞지 않는 것은?

① {110}, {111} ② {112}, {111}
③ {123}, {111} ④ {111}, {111}

해설 밀러 지수라고도 하는 결정면의 지수는 결정의 좌표축을 X, Y, Z로 하고 이 3축을 적당한 길이로 자른 면을 나타내는 것으로 원자 간격의 배수, 즉 각 축을 2, 3, 1의 길이로 자른 면은 역수 $\frac{1}{2}$, $\frac{1}{3}$, 1이며 이것을 통분해서 정수로 표시하면 (3, 2, 6)이 된다.

4. 합금공구강 강재 종류의 기호 중 주로 절삭 공구강용에 적용되는 것은?

① STS11 ② SM55
③ SS330 ④ SC360

해설 합금공구강의 기호는 STS이고 STS1은 바이트, 커터, 드로잉다이 등 공구강용에 적용되고 STS2는 탭, 드릴, 커터, 쇠톱날, 다이 등에, STS3은 게이지, 다이, 탭 등에 이용된다.

5. 황(S)의 해를 방지할 수 있는 적합한 원소는 어느 것인가?

① Mn(망가니즈) ② Si(규소)
③ Al(알루미늄) ④ Mo(몰리브덴)

해설 황이 강 중에 0.02% 정도 함유되면 강도, 연신율, 충격치를 저하시켜 고온가공성이 나빠지므로 Mn을 첨가하여 고온가공성을 개선한다.

6. 레데부라이트(ledeburite)를 옳게 설명한 것은?

① δ 고용체의 석출을 끝내는 고상선

정답 1. ④ 2. ① 3. ④ 4. ① 5. ① 6. ④

② cementite의 용해 및 응고점
③ γ 고용체로부터 α 고용체와 cementite가 동시에 석출되는 점
④ γ 고용체와 Fe_3C와의 공정주철

해설 공정점(1130℃) 4.3%C의 용액에서 고용체와 시멘타이트가 동시에 정출하는 점으로 이 조직을 레데부라이트라 하며 공정조직이다.

7. 스테인리스강 중에서 내식성, 내열성, 용접성이 우수하며 대표적인 조성이 18Cr-8Ni인 계통은?

① 마텐자이트계 ② 페라이트계
③ 오스테나이트계 ④ 소르바이트계

해설 오스테나이트계는 비자성체이고 담금질이 안 되며 내식, 내열, 내충격성이 크다. 용접하기가 쉽고 입계부식에 의한 입계균열이 쉽게 발생한다.

8. 대상 편석인 고스트 라인(ghost line)을 형성시키고, 상온취성의 원인이 되는 원소는?

① Mn ② Si ③ S ④ P

해설 고스트 라인으로 인해 취성이 일어나는데 그 해를 가장 크게 주는 원소는 P이다.

9. Fe-C 평형상태도에서 순철의 용융온도는?

① 약 1530℃ ② 약 1495℃
③ 약 1145℃ ④ 약 723℃

해설 순철의 용융온도는 약 1530℃이다.

10. 용접금속에 수소가 침입하여 발생하는 결함이 아닌 것은?

① 언더비드 크랙 ② 은점
③ 미세균열 ④ 언더필

해설 수소에 의한 결함은 ①, ②, ③ 외에 기공, 다공성 등이 있다.

11. 도면 크기의 치수가 "841×1189"인 경우 호칭 방법은?

① A0 ② A1
③ A2 ④ A3

해설 A0(841×1189), A1(594×841), A2(420×594), A3(297×420), A4(210×297)

12. 용접 보조기호 중 토(toe)를 매끄럽게 하는 것을 의미하는 것은?

① ⌒ ② (toe symbol)
③ [MR] ④ [M]

해설 ①: 볼록형이다.
②: 끝단부를 매끄럽게 한다.
③: 제거 가능한 덮개판을 사용한다.
④: 영구적인 덮개판을 사용한다.

13. 그림과 같이 대상물의 사면에 대항하는 위치에 그린 투상도는?

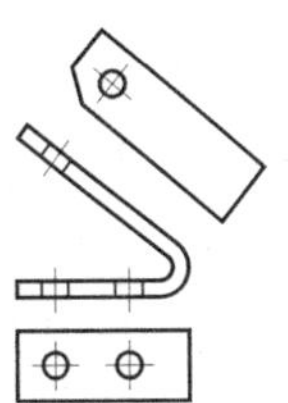

① 회전 투상도 ② 보조 투상도
③ 부분 투상도 ④ 국부 투상도

해설 부분 투상도는 그림 일부의 도시로도 충분한 경우 필요한 부분만을 투상하여 도시하는 것으로 생략한 부분과의 경계는 파단선으로 나타내고 명확할 때에는 파단선을 생략해도 좋다.

정답 7. ③ 8. ④ 9. ① 10. ④ 11. ① 12. ② 13. ②

14. 다음 그림이 나타내는 용접 명칭으로 옳은 것은?

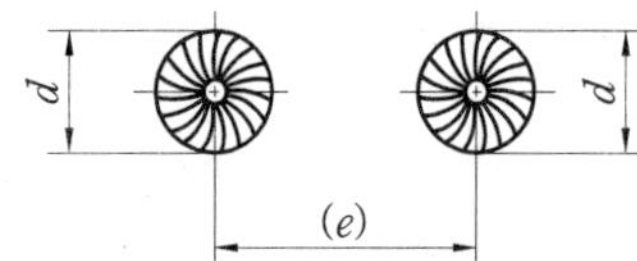

① 플러그 용접 ② 점용접
③ 심용접 ④ 단속 필릿용접

15. 치수문자를 표시하는 방법에 대하여 설명한 것 중 틀린 것은?

① 길이 치수문자는 mm 단위를 기입하고 단위기호를 붙이지 않는다.
② 각도 치수문자는 도(°)의 단위만 기입하고 분(′), 초(″)는 붙이지 않는다.
③ 각도 치수문자를 라디안으로 기입하는 경우 단위 기호 rad 기호를 기입한다.
④ 치수문자의 소수점은 아래쪽의 점으로 하고 약간 크게 찍는다.

해설 각도의 치수문자는 일반적으로 도의 단위로 기입하고 필요한 경우에는 분 및 초를 병용할 수 있다. 도, 분, 초를 표시할 때에는 숫자의 오른쪽에 각각 °, ′, ″를 기입한다.

16. 물체의 모양을 가장 잘 나타낼 수 있는 것으로 그 물체의 가장 주된 면, 즉 기본이 되는 면의 투상도 명칭은?

① 평면도 ② 좌측면도
③ 우측면도 ④ 정면도

17. 도형 내의 특정한 부분이 평면이라는 것을 표시할 경우 맞는 기입방법은?

① 가는 2점쇄선으로 대각선을 기입
② 은선으로 대각선을 기입
③ 가는 실선으로 대각선을 기입
④ 가는 1점쇄선으로 사각형을 기입

18. 다음 용접기호 표시를 올바르게 설명한 것은?

c ⊖ $n \times l(e)$

① 지름이 c이고 용접길이 l인 스폿용접이다.
② 지름이 c이고 용접길이 l인 플러그 용접이다.
③ 용접부 너비가 c이고 용접개수 n인 심용접이다.
④ 용접부 너비가 c이고 용접개수 n인 스폿용접이다.

해설 ㉠ c: 용접부의 너비
㉡ ⊖: 심용접
㉢ n: 용접부 수
㉣ l: 용접부 길이
㉤ (e): 간격의 수

19. 전개도를 그리는 방법에 속하지 않는 것은 어느 것인가?

① 평행선 전개법
② 나선형 전개법
③ 방사선 전개법
④ 삼각형 전개법

해설 전개도는 평행선, 방사선, 삼각형, 타출 전개법이 있다.

20. 한국산업표준(KS)의 분류기호와 해당 부문의 연결이 틀린 것은?

① KS K: 섬유 ② KS B: 기계
③ KS E: 광산 ④ KS D: 건설

해설 KS D: 금속 부문

정답 14. ① 15. ② 16. ④ 17. ③ 18. ③ 19. ② 20. ④

제 2 과목 용접구조설계

21. 쇼어 경도(H_S) 측정 시 산출 공식으로 맞는 것은? (단, h_0: 해머의 낙하높이, h_1: 해머의 반발높이)

① $H_S = \frac{10000}{65} \times \frac{h_0}{h_1}$

② $H_S = \frac{65}{10000} \times \frac{h_1}{h_0}$

③ $H_S = \frac{65}{10000} \times \frac{h_0}{h_1}$

④ $H_S = \frac{10000}{65} \times \frac{h_1}{h_0}$

22. 용접부 인장시험에서 최초의 길이가 50 mm이고, 인장시험편의 파단 후의 거리가 60 mm일 경우에 변형률은?

① 10 % ② 15 %
③ 20 % ④ 25 %

23. 미소한 결함이 있어 응력의 이상 집중에 의하여 성장하거나, 새로운 균열이 발생될 경우 변형 개방에 의한 초음파가 방출하게 되는데 이러한 초음파를 AE 검출기로 탐상함으로써 발생장소와 균열의 성장 속도를 감지하는 용접시험 검사법은?

① 누설 탐상검사법
② 전자초음파법
③ 진공검사법
④ 음향방출 탐상검사법

24. 다음 그림과 같이 두께(h) = 10mm인 연강판에 길이(l) = 400 mm로 용접하여 1000 N의 인장하중(P)을 작용시킬 때 발생하는 인장응력(σ)은?

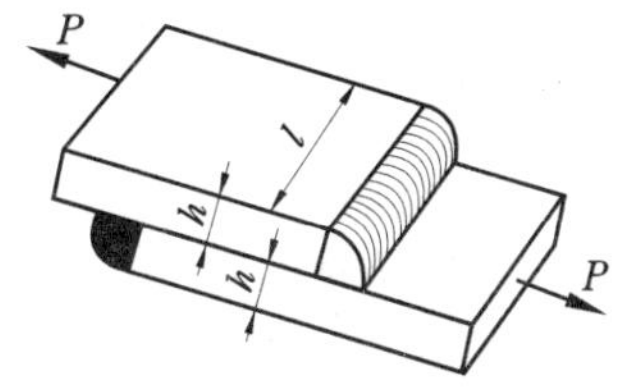

① 약 177 MPa ② 약 125 MPa
③ 약 177 kPa ④ 약 125 kPa

25. 맞대기용접 이음에서 모재의 인장강도가 50 N/mm²이고 용접 시험편의 인장강도가 25 N/mm²으로 나타났을 때 이음효율은?

① 40 % ② 50 % ③ 60 % ④ 70 %

해설 이음효율 = $\frac{\text{용접시험편 인장강도}}{\text{모재 인장강도}} \times 100\%$

$\frac{25}{50} \times 100 = 50$

26. V형 홈에 비해 홈의 폭이 좁아도 되고 루트 간격을 "0"으로 해도 작업성과 용입이 좋으나 홈 가공이 어려운 단점이 있는 이음 형상은?

① H형 홈 ② X형 홈
③ I형 홈 ④ U형 홈

27. 용접이음의 내식성에 영향을 미치는 인자로서 틀린 것은?

① 이음 형상 ② 플럭스(flux)
③ 잔류응력 ④ 인장강도

28. 기계나 용접구조물을 설계할 때 각 부분에 발생되는 응력이 어떤 크기 값을 기준으로 하여 그 이내이면 인정되는 최대 허

정답 21. ④ 22. ③ 23. ④ 24. ③ 25. ② 26. ④ 27. ④ 28. ③

용치를 표현하는 응력은?

① 사용 응력 ② 잔류응력
③ 허용 응력 ④ 극한 강도

29. 설계 단계에서 용접부 변형을 방지하기 위한 방법이 아닌 것은?

① 용접길이가 감소될 수 있는 설계를 한다.
② 변형이 적어질 수 있는 이음 부분을 배치한다.
③ 보강재 등 구속이 커지도록 구조설계를 한다.
④ 용착금속을 증가시킬 수 있는 설계를 한다.

30. 피복아크용접 결함 중 용입불량의 원인으로 틀린 것은?

① 이음 설계의 불량
② 용접속도가 너무 빠를 때
③ 용접전류가 너무 높을 때
④ 용접봉 선택 불량

31. 용접이음 설계에서 홈의 특징을 설명한 것으로 틀린 것은?

① I형 홈은 홈가공이 쉽고 루트간격을 좁게 하면 용착금속의 양도 적어져서 경제적인 면에서 우수하다.
② V형 홈은 홈가공이 비교적 쉽지만 판의 두께가 두꺼워지면 용착금속량이 증대한다.
③ X형 홈은 양쪽에서의 용접에 의해 완전한 용입을 얻는 데 적합한 것이다.
④ U형 홈은 두꺼운 판을 양쪽에서 용접에 의해서 충분한 용입을 얻으려고 할 때 사용한다.

32. 노내 풀림법으로 잔류응력을 제거하고자 할 때 연강재 용접부 최대 두께가 25mm인 경우 가열 및 냉각속도 R이 만족시켜야 하는 식은?

① $R \leq 500$(deg/h) ② $R \leq 200$(deg/h)
③ $R \leq 300$(deg/h) ④ $R \leq 400$(deg/h)

33. 겹쳐진 두 부재의 한 쪽에 둥근 구멍 대신에 좁고 긴 홈을 만들어 놓고 그곳을 용접하는 용접법은?

① 겹치기 용접 ② 플랜지 용접
③ T형 용접 ④ 슬롯용접

34. 용접시 탄소량이 높아지면 어떤 대책을 세우는 것이 가장 적당한가?

① 지그를 사용한다.
② 예열온도를 높인다.
③ 용접기를 바꾼다.
④ 구속 용접을 한다.

35. 용접설계에 있어 일반적인 주의사항으로 틀린 것은?

① 용접에 적합한 구조의 설계를 할 것
② 반복하중을 받는 이음에서는 특히 이음 표면을 볼록하게 할 것
③ 용접이음을 한곳으로 집중 근접시키지 않도록 할 것
④ 강도가 약한 필릿용접은 가급적 피할 것

해설 용접이음의 설계 시 유의사항
㉠ 안전하게 용접할 수 있는 구조로 한다.
㉡ 가급적 아래보기 용접을 많이 하도록 한다.
㉢ 용접봉의 용접부에 대한 접근성도 작업이 쉽고 어려움에 영향을 주므로 용접작업에 지장을 주지 않도록 간격을 유지해

정답 29. ④ 30. ③ 31. ④ 32. ② 33. ④ 34. ② 35. ②

야 한다.

㉣ 용접부에 잔류응력과 열응력의 집중을 피하기 위해 용접 이음부가 한곳에 집중되지 않도록 한다.

㉤ 맞대기용접에는 이면 용접을 하여 용입부족이 없도록 한다.

㉥ 필릿용접을 가급적 피하고 맞대기용접을 하도록 한다.

㉦ 용접부에 모멘트(moment)가 작용하지 않게 한다.

36. **용접부에 균열이 있을 때 보수하려면 균열이 더 이상 진행되지 못하도록 균열 진행방향의 양단에 구멍을 뚫는다. 이 구멍을 무엇이라 하는가?**

① 스톱 홀(stop hole)
② 핀 홀(pin hole)
③ 블로 홀(blow hole)
④ 피트(pit)

37. **용접변형의 종류 중 박판을 사용하여 용접하는 경우 다음 그림과 같이 생기는 물결 모양의 변형으로 한 번 발생하면 교정하기 힘든 변형은?**

① 좌굴변형 ② 회전변형
③ 가로 굽힘 변형 ④ 가로 수축

38. **다음 중 용접 균열성 시험이 아닌 것은?**

① 리하이 구속 시험
② 피스코 시험
③ CTS 시험
④ 코머렐 시험

39. **용접부에 발생한 잔류응력을 완화시키는 방법에 해당되지 않는 것은?**

① 기계적 응력 완화법
② 저온 응력 완화법
③ 피닝법
④ 선상 가열법

40. **용접 구조 설계자가 알아야 할 용접작업 요령으로 틀린 것은?**

① 용접기 및 케이블의 용량을 충분하게 준비한다.
② 용접보조기구 및 장비를 사용하여 작업 조건을 좋게 만든다.
③ 용접 진행은 부재의 자유단에서 고정단으로 향하여 용접하게 한다.
④ 열의 분포가 가능한 부재 전체에 일정하게 되도록 한다.

제3과목 용접일반 및 안전관리

41. **피복아크용접 작업 중 스패터가 발생하는 원인으로 가장 거리가 먼 것은?**

① 전류가 너무 높을 때
② 운봉이 불량할 때
③ 건조되지 않은 용접봉을 사용했을 때
④ 아크길이가 너무 짧을 때

42. **납땜부를 용제가 들어 있는 용융땜 조에 참지하여 납땜하는 방법과 이음면에 땜납을 삽입하여 미리 가열된 염욕에 참지하여 가열하는 두 방법이 있는 납땜법은?**

① 가스 납땜 ② 담금 납땜
③ 노내 납땜 ④ 저항 납땜

정답 36. ① 37. ① 38. ④ 39. ④ 40. ③ 41. ④ 42. ②

43. 이론적으로 순수한 카바이드 5kg에서 발생할 수 있는 아세틸렌 양은 몇 리터인가?

① 3480L ② 1740L
③ 348L ④ 34.8L

44. 100A 이상 300A 미만의 아크용접 및 절단에 사용되는 차광유리의 차광도 번호는?

① 4~6 ② 7~9
③ 10~12 ④ 13~14

45. 탄산가스(CO_2) 아크용접에 대한 설명 중 틀린 것은?

① 전자세 용접이 가능하다.
② 용착금속의 기계적, 야금적 성질이 우수하다.
③ 용접전류의 밀도가 낮아 용입이 얕다.
④ 가시(可視) 아크이므로 시공이 편리하다.

46. 아크용접 작업에서 전격의 방지 대책으로 틀린 것은?

① 절연 홀더의 절연 부분이 노출되면 즉시 교체한다.
② 홀더나 용접봉은 절대로 맨손으로 취급하지 않는다.
③ 밀폐된 공간에서는 자동 전격 방지기를 사용하지 않는다.
④ 용접기의 내부에 함부로 손을 대지 않는다.

47. 가스절단에 영향을 미치는 인자 중 절단속도에 대한 설명으로 틀린 것은?

① 절단속도는 모재의 온도가 높을수록 고속절단이 가능하다.
② 절단속도는 절단산소의 압력이 높을수록 정비례하여 증가한다.
③ 예열불꽃의 세기가 약하면 절단속도가 늦어진다.
④ 절단속도는 산소 소비량이 적을수록 정비례하여 증가한다.

48. 전기저항 용접시 발생되는 발열량 를 나타내는 식은? (단, I: 전류[A], R: 저항[Ω], t: 통전시간[초])

① $Q=0.24I^2Rt$ ② $Q=0.24IR^2t$
③ $Q=0.24I^2R^2t$ ④ $Q=0.24IRt$

해설 전기저항 용접의 법칙은 줄의 전류세기의 제곱과 도체 저항 및 전류가 흐르는 시간에 비례한다는 법칙으로 $Q=0.24I^2Rt$이다.

49. 절단하려는 재료에 전기적 접촉을 하지 않으므로 금속재료뿐만 아니라 비금속의 절단도 가능한 절단법은?

① 플라스마(plasma) 아크 절단
② 불활성가스 텅스텐(TIG) 아크 절단
③ 산소 아크 절단
④ 탄소 아크 절단

50. 인체에 흐르는 전류의 값에 따라 나타나는 증세 중 근육운동은 자유로우나 고통을 수반한 쇼크(shock)를 느끼는 전류량은?

① 1mA ② 5mA ③ 10mA ④ 20mA

해설 전격의 위험은 교류전원이며 단위는 mA로 1(전기를 약간 느낄 정도), 5(상당한 고통을 느낀다), 10(견디기 어려울 정도의 고통), 20(심한 고통을 느끼고 강한 근육수

정답 43. ② 44. ③ 45. ③ 46. ③ 47. ④ 48 ① 49. ① 50 ③

축이 일어난다), 50(상당히 위험한 상태), 100[치명적인 결과 초래(사망)]과 같이 전류값에 따라 증상이 다르다.

51. 상하 부재의 접합을 위해 한편의 부재에 구멍을 내어, 이 구멍 부분을 채워 용접하는 것은?

① 플레어 용접 ② 플러그 용접
③ 비드 용접 ④ 필릿용접

52. 실드 가스로서 주로 탄산가스를 사용하여 용융부를 보호하여 탄산가스 분위기 속에서 아크를 발생시켜 그 아크열로 모재를 용융시켜 용접하는 것은?

① 테르밋 용접
② 실드 용접
③ 전자빔 용접
④ 일렉트로 가스 아크용접

53. 가스 실드계의 대표적인 용접봉으로 피복이 얇고, 슬래그가 적어 좁은 홈의 용접이나 수직상진·하진 및 위보기 용접에서 우수한 작업성을 가진 용접봉은?

① E4301 ② E4311
③ E4313 ④ E4316

54. 산소-아세틸렌 불꽃에 대한 설명으로 틀린 것은?

① 불꽃은 불꽃심, 속불꽃, 겉불꽃으로 구성되어 있다.
② 불꽃의 종류는 탄화, 중성, 산화불꽃으로 나눈다.
③ 용접작업은 백심불꽃 끝이 용융금속에 닿도록 한다.
④ 구리를 용접할 때 중성불꽃을 사용한다.

55. 아크 용접법과 비교할 때 레이저 하이브리드 용접법의 특징으로 틀린 것은?

① 용접속도가 빠르다.
② 용입이 깊다.
③ 입열량이 높다.
④ 강도가 높다.

56. 피복아크용접에서 자기쏠림을 방지하는 대책은?

① 접지점은 가능한 한 용접부에 가까이 한다.
② 용접봉 끝을 아크쏠림 방향으로 기울인다.
③ 직류용접 대신 교류용접으로 한다.
④ 긴 아크를 사용한다.

해설 자기쏠림(아크쏠림, arc blow)은 직류전원에서 일어나는 자기현상 때문에 발생하므로 교류전원을 이용하여 방지한다.

57. 테르밋 용접에 관한 설명으로 틀린 것은?

① 테르밋 혼합제는 미세한 알루미늄 분말과 산화철의 혼합물이다.
② 테르밋 반응시 온도는 약 4000℃이다.
③ 테르밋 용접시 모재가 강일 경우 약 800~900℃로 예열시킨다.
④ 테르밋은 차축, 레일, 선미프레임 등 단면이 큰 부재 용접시 사용한다.

58. 스터드 용접(stud welding)법의 특징에 대한 설명으로 틀린 것은?

① 아크열을 이용하여 자동적으로 단시간에 용접부를 가열 용융하여 용접하는 방법으로 용접변형이 극히 적다.
② 탭 작업, 구멍 뚫기 등이 필요 없이 모

정답 51. ② 52. ④ 53. ② 54. ③ 55. ③ 56. ③ 57. ② 58. ③

재에 볼트나 환봉 등을 용접할 수 있다.
③ 용접 후 냉각속도가 비교적 느리므로 용착금속부 또는 열영향부가 경화되는 경우가 적다.
④ 철강 재료 외에 구리, 황동, 알루미늄, 스테인리스강에도 적용이 가능하다.

59. **가스도관(호스) 취급에 관한 주의사항 중 틀린 것은?**

① 고무호스에 무리한 충격을 주지 말 것
② 호스 이음부에는 조임용 밴드를 사용할 것
③ 한랭 시 호스가 얼면 더운물로 녹일 것
④ 호스의 내부 청소는 고압수소를 사용할 것

60. **피복아크 용접봉의 피복제 작용을 설명한 것으로 틀린 것은?**

① 아크를 안정시킨다.
② 점성을 가진 무거운 슬래그를 만든다.
③ 용착금속의 탈산정련 작용을 한다.
④ 전기절연 작용을 한다.

해설 피복제의 작용
㉠ 중성, 환원성가스를 발생시켜 용융금속을 보호한다.
㉡ 아크를 안정시키고, 용착금속의 탈산·정련 작용을 한다.
㉢ 용적을 미세화하고 용착효율을 높인다.
㉣ 용융점이 낮은 가벼운 슬래그를 생성시키고, 용착금속의 급랭을 방지한다.
㉤ 이외에 전기절연 작용, 용접금속에 필요한 원소 보충, 피복통의 형성 등이 있다.

정답 59. ④ 60. ②

2012년 5월 20일 시행

용접산업기사

제1과목 용접야금 및 용접설비제도

1. 순철은 상온에서 어떤 조직을 갖는가?

① γ−Fe의 오스테나이트
② α−Fe의 페라이트
③ α−Fe의 펄라이트
④ γ−Fe의 마텐자이트

해설 Fe−C계 평형상태도에서 α고용체의 탄소 최대 함유량이 0.025%로 페라이트 조직을 갖는다.

2. 용접제품의 열처리 선택조건과 가장 관련이 적은 것은?

① 용접부의 치수
② 용접부의 모양
③ 용접부의 재질
④ 가공경화

해설 용접제품의 열처리 선택조건은 열과 관련이 있으므로 용접부의 크기 및 모양(냉각속도), 판두께, 용접 방법(예 아크용접과 가스용접) 등이 해당된다.

3. 2종 이상의 금속원자가 간단한 원자비로 결합되어 본래의 물질과는 전혀 다른 결정격자를 형성할 때 이것을 무엇이라고 하는가?

① 동소변태　② 금속간화합물
③ 고용체　④ 편석

해설 금속간화합물이란 금속과 금속 사이에 친화력이 클 경우 화학적으로 결합하여 성분 금속과는 성질이 다른 독립된 화합물을 만드는 것을 말한다.

4. 냉간가공한 강을 저온으로 뜨임하면 질소의 영향으로 경화가 되는 경우를 무엇이라 하는가?

① 질량효과　② 저온경화
③ 자기확산　④ 변형시효

해설 냉간가공한 강의 슬립으로 전위가 증가한 곳에 산소나 질소가 집적되어 전위이동을 방해하며 시효현상이 일어나는 것을 변형시효(strain aging)라 한다.

5. 피복아크용접 시 용융금속 중에 침투한 산화물을 제거하는 탈산제로 쓰이지 않는 것은?

① 망가니즈철　② 규소철
③ 산화철　④ 타이타늄철

해설 탈산제는 망가니즈<규소<알루미늄<타이타늄 순으로 탈산력이 강하며 가격도 비싸다.

6. 저탄소강 용접금속의 조직에 대한 설명으로 맞는 것은?

① 용접 후 재가열하면 여러 가지 탄화물 또는 α상이 석출하여 용접성질을 저하시킨다.
② 용접금속의 조직은 대부분 페라이트이고 다층용접의 경우는 미세 페라이트이다.
③ 용접부가 급랭되는 경우는 레데부라이트가 생성한 백선조직이 된다.
④ 용접부가 급랭되는 경우는 시멘타이트 조직이 생성된다.

정답 1. ② 2. ④ 3. ② 4. ④ 5. ③ 6. ②

해설 용접 열영향부는 오스테나이트 영역에서 너무 오랫동안 가열하면 오스테나이트의 입자로 성장하는데 이것을 냉각한 경우 페라이트로 먼저 입자경계에 석출되고 이어서 입자의 결정면을 따라 석출된다. 이 조직은 취약하여 풀림처리를 하면 상부와 하부의 임계온도 사이에서 본래의 펄라이트가 미세한 오스테나이트로 변태하여 냉각 후에 미세한 펄라이트와 페라이트로 바뀐다.

7. 응력제거풀림의 효과를 나타낸 것 중 틀린 것은?

① 용접 잔류응력의 제거
② 치수 비틀림 방지
③ 충격 저항 증대
④ 응력부식에 대한 저항력 감소

해설 용접 후 응력제거풀림의 효과
㉠ 노내풀림법: 잔류응력 제거 효과가 크다.
㉡ 국부풀림법: 잔류응력이 발생할 염려가 있다.
㉢ 저온응력완화법: 용접선 방향의 잔류응력이 완화된다.
㉣ 기계적 응력완화법: 잔류응력이 있는 제품에 하중을 주어 약간의 소성변형으로 응력을 완화한다.
㉤ 피닝법: 용접표면상 소성변형을 주어 잔류응력의 경감, 변형의 교정 및 용접균열 방지 등의 효과를 기대할 수 있으며, 용접 이음부에 잔류응력 등 인장응력이 걸리거나 존재하면 응력부식이 많이 발생하고, 치수 비틀림이 나타나는 경우도 있어 잔류응력 제거법을 사용한다.

8. 용접 후 열처리의 목적이 아닌 것은?

① 용접 잔류응력 제거
② 용접 열영향부 조직개선
③ 응력부식 균열방지
④ 아크열량 부족보충

해설 용접 후 열처리 목적
풀림은 잔류응력 제거에 이용되고, 담금질, 불림, 뜨임, 풀림 등은 용접 열영향부의 조직개선, 응력부식 균열방지 등에 이용된다. 부족한 아크열량에 대한 보충은 용접작업 시에 행한다.

9. 탄소강의 A_2, A_3 변태점이 모두 옳게 표시된 것은?

① A_2=723℃, A_3=1400℃
② A_2=768℃, A_3=910℃
③ A_2=723℃, A_3=910℃
④ A_2=910℃, A_3=1400℃

해설 탄소강의 변태점
A_2=768℃(또는 780℃), A_3=910℃(912℃), A_4=1400℃

10. 다음 중 적열취성을 일으키는 유화물 편석을 제거하기 위한 열처리는?

① 재결정 풀림 ② 확산 풀림
③ 구상화 풀림 ④ 항온 풀림

해설 풀림의 방법으로는 완전풀림, 연화, 구상화, 항온, 응력제거, 재결정, 확산풀림이 있으며, 특히 유화물의 편석을 제거하면 니켈강에서 망상으로 석출한 유해물은 적열취성의 원인이 되므로 1100~1150℃에서 확산풀림 한다.

11. 다음 그림과 같은 원뿔을 단면 M-N으로 경사지게 잘랐을 때 원뿔에 나타난 단면 형태는?

① 원
② 타원
③ 포물선
④ 쌍곡선

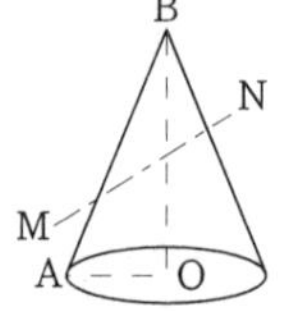

정답 7. ④ 8. ④9. ② 10. ② 11. ②

해설 원뿔의 단면을 경사지게 자르면 타원으로 나타난다.

12. 다음 중 치수 보조기호의 설명으로 옳은 것은?

① $S\phi$－원통의 지름
② C－45°의 모따기
③ R－구의 지름
④ □－직사각형의 변

해설 ㉠ ϕ: 지름 치수의 치수문자 앞에 붙인다.
㉡ R: 반지름 치수의 치수문자 앞에 붙인다.
㉢ $S\phi$: 구의 지름 치수의 치수문자 앞에 붙인다.
㉣ SR: 구의 반지름 치수의 치수문자 앞에 붙인다.
㉤ □: 정사각형의 한 변 치수의 치수문자 앞에 붙인다.
㉥ t: 판두께의 치수문자 앞에 붙인다.
㉦ ⌒: 원호의 길이 치수와 치수문자 위에 붙인다.
㉧ C: 45° 모따기 치수와 치수문자 앞에 붙인다.

13. 다음의 용접 보조기호에 대한 명칭으로 옳은 것은?

① 블록 필릿용접
② 오목 필릿용접
③ 필릿용접 끝단부를 매끄럽게 다듬질
④ 한쪽 면 V형 맞대기용접 평면 다듬질

해설 그림은 오목비드 필릿용접 기호이다.

14. 일반적으로 사용되는 용접부의 비파괴 시험의 기본기호를 나타낸 것으로 잘못 표기한 것은?

① UT: 초음파 시험
② PT: 와류 탐상시험
③ RT: 방사선 투과시험
④ VT: 육안시험

해설 ㉠ VT: 육안검사(외관시험), ㉡ LT: 누수시험, ㉢ PT: 침투 탐상시험, ㉣ UT: 초음파 탐상시험, ㉤ MT: 자분 탐상시험, ㉥ RT: 방사선 투과시험, ㉦ ET: 와류 탐상(맴돌이전류) 시험

15. 용접부 및 용접부 표면의 형상 보조기호 중 영구적인 이면 판재를 사용할 때 기호는?

① ――――　② [M]
③ [MR]　④ ◡◡

해설 ①: 평면, ②: 영구적인 덮개판을 사용, ③: 제거 가능한 덮개판을 사용, ④: 끝단부를 매끄럽게 함

16. 다음 그림은 용접 실제 모양을 표시한 것이다. 기호 표시로 올바른 것은?

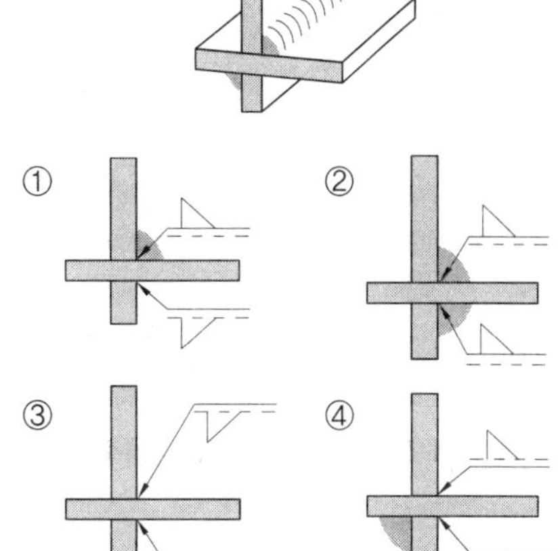

해설 그림은 필릿용접이 X형상으로 용접된 것으로서 위쪽은 화살표방향으로 실선에 필릿용접 기호를, 반대편에는 뒷면(화살표

정답 12. ② 13. ② 14. ② 15. ② 16. ①

방향의 반대편)으로 쇄선에 필릿 기호를 사용한다.

17. **다음 용접기호 설명 중 틀린 것은?**

① ╲╱는 V형 맞대기용접을 의미한다.
② ◺는 필릿용접을 의미한다.
③ ○는 점용접을 의미한다.
④ ╱╲는 플러그 용접을 의미한다.

해설 ④항은 양 플랜지 이음 맞대기용접을 뜻한다.

18. **다음 중 "복사도를 재단할 때의 편의를 위해서 원도(原圖)에 설정하는 표시"를 뜻하는 용어는?**

① 중심마크 ② 비교눈금
③ 재단마크 ④ 대조번호

해설 재단마크는 인쇄, 복사, 또는 플로터로 출력된 도면을 규격 크기에 맞추어 자르기 편리하도록 하는 마크이다.

19. **한국산업규격에서 냉간압연 강판 및 강대 종류의 기호 중 "드로잉용"을 나타내는 것은?**

① SPCC ② SPCD
③ SPCE ④ SPCF

해설 S(강), P(판), CF(원심력 주강판), CR(제어 압연한 강판), D(무광택 마무리)

20. **선의 종류에 따른 용도에 의한 명칭으로 틀린 것은?**

① 굵은 실선-외형선
② 가는 실선-치수선
③ 가는 1점 쇄선-기준선
④ 가는 파선-치수보조선

해설 가는 파선 또는 굵은 파선은 대상물이 보이지 않는 부분의 모양을 표시하는 데 사용하며 보통 숨은선이라고 한다.

제2과목 용접구조설계

21. **필릿 용접부의 내력(단위 길이당 허용력)=1700 kgf/cm의 작용을 견디어 낼 수 있는 용접 치수(다리 길이)는 약 몇 mm인가? (단, 용접부의 허용응력 σ_a =1000 kgf/cm²이다.)**

① 12 ② 17 ③ 21 ④ 25

해설 $\text{허용응력} = \dfrac{\text{내력}}{(\text{다리길이} \times \text{길이})}$

$$1000\,\text{kgf/cm}^2 = \frac{1700\,\text{kgf/cm}}{(\text{높이} \times \text{길이})}$$

$$= \frac{1.414 \times 1700\,\text{kgf/cm}}{1000\,\text{kgf/cm}^2} = 2.4$$

22. **서브머지드 아크용접에서 용접선의 전·후에 약 150 mm×150 mm×판두께 크기의 엔드 태브(end tab)를 붙여 용접비드를 이음끝에서 약 100 mm 정도 연장시켜 용접완료 후 절단하는 경우가 있다. 그 이유로 가장 적당한 것은?**

① 용접 후 모재의 급랭을 방지하기 위하여
② 루트간격이 너무 클 때 용락을 방지하기 위하여
③ 용접시점 및 종점에서 일어나는 결함을 방지하기 위하여
④ 용접선의 길이가 너무 짧을 때 용접시공하기가 어려우므로 원활한 용접을 하기 위하여

해설 용접의 시작점과 끝부분에 결함이 많이

정답 17. ④ 18. ③ 19. ② 20. ④ 21. ④ 22. ③

발생되어 이것을 효과적으로 방지하기 위해 모재와 같은 재질과 두께의 엔드 태브를 붙여서 용접 후 절단하거나 보일러 등 중요한 이음에서는 300~500 mm 정도 엔드 태브를 크게 하여 기계적성질 시험용 시편으로 사용한다.

23. 용접부를 연속적으로 타격하여 표면층에 소성 변형을 주어 잔류응력을 감소시키는 방법은?

① 저온 응력 완화법 ② 피닝법
③ 변형 교정법 ④ 응력제거 어닐링

해설 변형의 방지 및 잔류응력 제거법으로 사용하는 피닝법은 끝이 구면인 특수한 피닝(볼핀) 해머로써 용접부를 연속적으로 타격하여 용접 표면상에 소성변형을 주는 방법이다.

24. 용접구조물의 재료 절약 설계 요령으로 틀린 것은?

① 가능한 표준 규격의 재료를 이용한다.
② 재료는 쉽게 구입할 수 있는 것으로 한다.
③ 고장이 났을 경우 수리할 때의 편의도 고려한다.
④ 용접할 조각의 수를 가능한 많게 한다.

해설 용접할 조각의 수는 가급적 적게 하는 것이 좋다.

25. 구조물 용접에서 용접선이 만나는 곳 또는 교차하는 곳에 응력 집중을 방지하기 위해 만들어 주는 부채꼴 오목부를 무엇이라 하는가?

① 스캘럽(scallop)
② 포지셔너(positioner)
③ 머니퓰레이터(manipulator)
④ 원뿔(cone)

해설 용접이 교차하는 곳에는 스캘럽을 붙여 가급적 용접 열영향부를 멀리한다.

26. 탄소함유량이 약 0.25%인 탄소강을 용접할 때 예열온도는 약 몇 ℃ 정도가 적당한가?

① 90~150℃ ② 150~260℃
③ 260~420℃ ④ 420~550℃

해설 탄소강은 탄소함유량에 따라 저탄소강(0.3% 이하), 중탄소강(0.3~0.5%), 고탄소강(0.5~1.3%)으로 분류되는데 저탄소강에 대한 문제이므로 용접이음의 양쪽 100 mm 정도씩을 40~75℃로 예열하는 것이 좋아 답은 ①번이 적당하다.

27. 용착금속의 인장강도가 40 kgf/mm^{2}이고 안전율이 5라면 용접이음의 허용응력은 얼마인가?

① 8 kgf/mm^2 ② 20 kgf/mm^2
③ 40 kgf/mm^2 ④ 200 kgf/mm^2

해설 $\text{안전율} = \dfrac{\text{허용응력}}{\text{사용응력}} = \dfrac{\text{인장강도}}{\text{허용응력}}$ 이므로

$$\frac{\text{인장강도}}{\text{안전율}} = \text{허용응력} \rightarrow \frac{40}{5} = 8\text{kgf/mm}^2$$

28. 용접이음의 충격강도에서 취성파괴의 일반적인 특징이 아닌 것은?

① 항복점 이하의 평균응력에서도 발생한다.
② 온도가 낮을수록 발생하기 쉽다.
③ 파괴의 기점은 각종 용접결함, 가스절단부 등에서 발생된 예가 많다.

정답 23. ② 24. ④ 25. ① 26. ① 27. ① 28. ④

④ 거시적 파면상황은 판 표면에 거의 수평이고 평탄하게 연성이 큰 상태에서 파괴된다.

해설 노치에 의한 취성파괴는 노치가 파면되어 거의 횡(수평)으로 수축하므로 연성파면이 생겨 취성을 갖게 된다.

29. **용접구조의 설계상 주의사항에 대한 설명 중 틀린 것은?**

① 용접이음의 집중, 접근 및 교차를 피한다.
② 용접 치수는 강도상 필요한 치수 이상으로 하지 않는다.
③ 두꺼운 판을 용접할 경우에는 용입이 얕은 용접법을 이용하여 층수를 늘인다.
④ 판면에 직각방향으로 인장하중이 작용할 경우에는 판의 이방성에 주의한다.

해설 두꺼운 판을 용접할 경우에는 용입이 깊은 용접법을 이용하여 층수를 줄일 것

30. **그림과 같은 용접 이음의 종류는?**

① 전면 필릿용접
② 경사 필릿용접
③ 양쪽 덮개판 용접
④ 측면 필릿용접

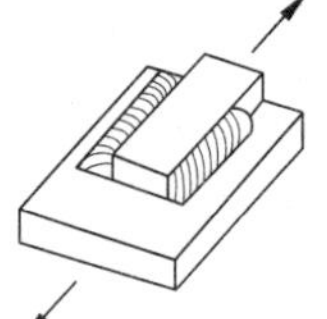

31. **잔류응력이 있는 제품에 하중을 주고 용접부에 약간의 소성 변형을 일으킨 다음 하중을 제거하는 잔류응력 제거법은?**

① 저온응력 완화법
② 기계적 응력 완화법
③ 고온응력 완화법
④ 피닝법

해설 기계적 응력 완화법은 잔류응력이 존재하는 구조물에 인장이나 압축하중을 걸어 용접부를 약간 소성변형시킨 후 하중을 제거하면 잔류응력이 감소되는 현상을 이용하는 것을 말한다.

32. **용접 후 열처리(PWHT) 중 응력제거 열처리의 목적과 가장 관계가 없는 것은?**

① 응력부식균열 저항성의 증가
② 용접변형을 방지
③ 용접 열영향부의 연화
④ 용접부의 잔류응력 완화

해설 응력제거의 목적은 응력을 완화 및 제거하는 것이며 용접변형을 방지하는 것은 아니다.

용접 이음부에 잔류응력 등 인장응력이 걸리거나 존재하면 응력부식이 많이 발생하므로 응력부식의 저항성을 증가시키고 용접 열영향부를 연화하기 위하여 잔류응력 제거법을 사용한다.

33. **방사선 투과검사에 대한 설명 중 틀린 것은?**

① 내부결함 검출이 용이하다.
② 라미네이션(lamination) 검출도 쉽게 할 수 있다.
③ 미세한 표면 균열은 검출되지 않는다.
④ 현상이나 필름을 판독해야 한다.

해설 라미네이션은 모재의 재질 결함으로 강괴에서 기포가 압연되어 발생하며 설퍼 밴드(sulfur band)와 같이 층상으로 편재되어 강재의 내부적 노치를 형성한다.

34. **용접이음의 부식 중 용접 잔류응력 등 인장응력이 걸리거나 특정의 부식 환경으로 될 때 발생하는 부식은?**

① 입계부식 ② 틈새부식

정답 29. ③ 30. ④ 31. ② 32. ② 33. ② 34. ④

③ 접촉부식　　④ 응력부식

해설 용접이음의 부식에는 ㉠ 입계부식: 용접 열영향부의 오스테나이트 입계에 크로뮴 탄화물이 석출될 때, ㉡ 틈새부식: 오버랩이나 언더컷 등의 틈 사이 부식, ㉢ 응력부식: 용접 잔류응력 등 인장응력이 걸리거나 특정의 부식 환경으로 될 때, ㉣ 이외에 구멍부식, 이중금속과의 접촉부식, 부식피로, 침식 등이 있다.

35. **용접금속의 균열에서 저온균열의 루트크랙은 실험에 의하면 약 몇 ℃ 이하의 저온에서 일어나는가?**

① 200℃ 이하　　② 400℃ 이하
③ 600℃ 이하　　④ 800℃ 이하

36. **용접 잔류응력의 완화법인 응력제거 풀림에서 적정온도는 625±25℃(탄소강)를 유지한다. 이때 유지시간은 판두께 25mm에 대하여 약 몇 시간이 적당한가?**

① 30분　　② 1시간
③ 2시간 30분　　④ 3시간

해설 판두께 25mm인 보일러용 압연강재, 용접구조용 압연강재, 일반구조용 압연강재, 탄소강의 경우에는 설명의 온도에서 1시간 정도 노내 풀림을 유지하며 600℃부터는 10℃ 내려갈 때마다 20분씩 길게 잡으면 된다.

37. **그림과 같은 맞대기용접 이음 홈의 각부 명칭을 잘못 설명한 것은?**

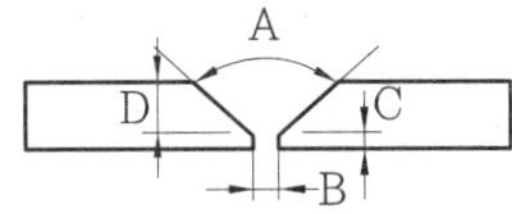

① A－홈 각도　　② B－루트간격
③ C－루트면　　④ D－홈 길이

해설 그림의 D는 홈 깊이를 나타낸다.

38. **용접제품의 설계자가 알아야 하는 용접작업 공정의 제반사항 중 맞지 않는 것은?**

① 용접기 및 케이블의 용량은 충분하게 준비한다.
② 홈 용접에서 용접 품질상 첫 패스는 뒷댐판 없이 용접한다.
③ 가능한 높은 전류를 사용하여 짧은 시간에 용착량을 많게 용접한다.
④ 용접 진행은 부재의 자유단으로 향하게 한다.

해설 용접작업 공정의 제반사항
㉠ 안전하게 용접할 수 있는 구조로 아래보기 용접을 많이 하도록 한다.
㉡ 용접봉의 용접부에 대한 접근성도 작업이 쉽고 어려움에 영향을 주므로 용접작업에 지장을 주지 않는 간격을 유지할 것.
㉢ 필릿용접은 가급적 피하고 맞대기용접을 하도록 한다.
㉣ 중립축에 대하여 모멘트 합이 "0"이 되도록 한다.
㉤ 용접물 중심과 대칭으로 용접하여 변형을 방지한다.
㉥ 동일 평면 내에 이음이 많을 때에는 수축이 가능한 자유단으로 보낸다.
㉦ 용접기 및 케이블의 용량은 저항이 낮게 충분히 준비한다.
㉧ 가급적 높은 전류를 사용하여 열영향부가 적게, 짧은 시간에 용착량을 많게 용접한다(단, 높은 전류를 이용하면 언더컷 외에도 급랭 시 균열이 우려된다).

39. **용접성 시험 중 용접부 연성시험에 해당하는 것은?**

① 로버트슨 시험　　② 칸 인렬시험

정답 35. ①　36. ②　37. ④　38. ②　39. ③

③ 킨젤 시험　　　④ 슈나트 시험

해설 용접부 연성시험에는 코머렐 시험, 킨젤 시험, T굽힘 시험, 재현 열영향부 시험, 연속 냉각 변태 시험, HW 최고 경도시험 등이 있다.

40. 용적 40리터의 아세틸렌 용기의 고압력계에서 60기압이 나타났다면, 가변압식 300번 팁으로 약 몇 시간을 용접할 수 있는가?

① 4.5시간　　　② 8시간
③ 10시간　　　④ 20시간

해설 가변압식 팁은 1시간 동안 표준불꽃으로 용접할 경우에 소비되는 아세틸렌가스의 양을 나타내는 것으로 용적 40×고압력계 60=2400의 아세틸렌가스 양을 300으로 나누면 8시간이다.

제3과목 용접일반 및 안전관리

41. 연강용 피복아크 용접봉 종류 중 특수계에 해당하는 용접봉은?

① E4301　　　② E4311
③ E4324　　　④ E4340

42. 점용접(spot welding)의 3대 요소에 해당되는 것은?

① 가압력, 통전시간, 전류의 세기
② 가압력, 통전시간, 전압의 세기
③ 가압력, 냉각수량, 전류의 세기
④ 가압력, 냉각수량, 전압의 세기

43. 탄산가스 아크용접의 특징에 대한 설명으로 틀린 것은?

① 전류밀도가 높아 용입이 깊고 용접속도를 빠르게 할 수 있다.
② 적용 재질이 철 계통으로 한정되어 있다.
③ 가시(可視) 아크이므로 시공이 편리하다.
④ 일반적인 바람의 영향을 받지 않으므로 방풍장치가 필요 없다.

해설 탄산가스 아크용접에서는 바람의 영향을 크게 받으므로 풍속 2m/s 이상이면 방풍장치가 필요하다.

44. 연강용 피복아크 용접봉의 피복제 계통에 속하지 않는 것은?

① 철분산화철계　　　② 철분저수소계
③ 저셀룰로오스계　　④ 저수소계

해설 셀룰로오스계는 가스발생식으로 고셀룰로오스계라고 한다.

45. 용접용 케이블 이음에서 케이블을 홀더 끝이나, 용접기 단자에 연결하는 데 쓰이는 부품의 명칭은?

① 케이블 티그(tig)　② 케이블 태그(tag)
③ 케이블 러그(lug)　④ 케이블 래그(lag)

46. 가스용접에서 전진법에 비교한 후진법의 설명으로 틀린 것은?

① 열 이용률이 좋다.
② 용접속도가 빠르다.
③ 용접 변형이 크다.
④ 후판에 적합하다.

47. 연납에 대한 설명 중 틀린 것은?

① 연납은 인장강도 및 경도가 낮고 용융점이 낮으므로 납땜작업이 쉽다.
② 연납의 흡착작용은 주로 아연의 함량에 의존되며 아연 100%의 것이 가장 좋다.

정답 40. ② 41. ④ 42. ① 43. ④ 44. ③ 45. ③ 46. ③ 47. ②

③ 대표적인 것은 주석 40%, 납 60%의 합금이다.
④ 전기적인 접합이나 기밀, 수밀을 필요로 하는 장소에 사용된다.

해설 흡착작용은 주석의 함유량에 따라 좌우되고 주석 100%일 때가 가장 좋다.

48. 테르밋 용접에서 테르밋제란 무엇과 무엇의 혼합물인가?

① 탄소와 붕사 분말
② 탄소와 규소의 분말
③ 알루미늄과 산화철의 분말
④ 알루미늄과 납의 분말

해설 테르밋제란 미세한 알루미늄 분말과 산화철 분말을 약 3~4:1의 중량비로 혼합한다.

49. 피복아크용접에서 피복제의 주된 역할 중 틀린 것은?

① 전기 절연작용을 한다.
② 탈산 정련작용을 한다.
③ 아크를 안정시킨다.
④ 용착금속의 급랭을 돕는다.

해설 피복제는 용착금속의 급랭을 방지하는 역할을 한다.

50. 피복아크 용접봉에서 피복제의 편심률은 몇 % 이내여야 하는가?

① 3% ② 6% ③ 9% ④ 12%

해설 편심률(%) = $\frac{D' - D}{D} \times 100$이며 3% 이내여야 한다.

51. 직류와 교류 아크용 접기를 비교한 것으로 틀린 것은?

① 아크 안정: 직류용접기가 교류용접기보다 우수하다.
② 전격의 위험: 직류용접기가 교류용접기보다 많다.
③ 구조: 직류용접기가 교류용접기보다 복잡하다.
④ 역률: 직류용접기가 교류용접기보다 매우 양호하다.

52. 직류 아크 용접기에서 발전형과 비교한 정류기형의 특징 설명으로 틀린 것은?

① 소음이 적다.
② 취급이 간편하고 가격이 저렴하다.
③ 교류를 정류하므로 완전한 직류를 얻는다.
④ 보수 점검이 간단하다.

53. 아크 용접기의 사용률을 구하는 식으로 옳은 것은?

① 사용률(%) = $\frac{\text{아크시간} + \text{휴식시간}}{\text{아크시간}} \times 100$

② 사용률(%) = $\frac{\text{아크시간}}{\text{아크시간} + \text{휴식시간}} \times 100$

③ 사용률(%) = $\frac{\text{휴식시간}}{\text{아크시간}} \times 100$

④ 사용률(%) = $\frac{\text{아크시간}}{\text{휴식시간}} \times 100$

해설 사용률(%) = $\frac{\text{아크시간}}{\text{아크시간} + \text{휴식시간}} \times 100$

허용 사용률(%) = $\frac{(\text{정격 2차전류})^2}{(\text{실제의 용접전류})^2} \times \text{정격 사용률}(\%)$

54. MIG 용접시 사용되는 전원은 직류의 무슨 특성을 사용하는가?

① 수하 특성 ② 동전류 특성
③ 정전압 특성 ④ 정극성 특성

정답 48. ③ 49. ④ 50. ① 51. ② 52. ③ 53. ② 54. ③

해설 MIG 용접은 용가재인 전극 와이어를 와이어 송급장치에 의해 연속적으로 아크를 발생시키는 소모식 또는 용극식 용접방식으로 직류역극성을 이용한 정전압 특성의 직류용접기를 사용한다.

55. 아크 용접용 로봇(robot)에서 용접작업에 필요한 정보를 사람이 로봇에게 기억(입력)시키는 장치는?

① 전원장치
② 조작장치
③ 교시장치
④ 머니퓰레이터

해설 로봇의 경로제어에는 PTP(point to point) 제어와 CP(continuous path) 제어, 교시방법의 3가지가 있으며, 수행하여야 할 작업을 사람이 머니퓰레이터를 움직여 미리 교시하고 재생시키면 그 작업을 반복하게 된다.

56. 구리 및 구리합금의 가스용접용 용제에 사용되는 물질은?

① 중탄산소다 ② 염화칼슘
③ 붕사 ④ 황산칼륨

해설 가스용접에서 구리합금에 적당한 용제는 붕사 75%, 염화리튬 25%이고 반경강은 중탄산소다+탄산소다, 주철은 탄산나트륨 15%, 붕사 15%, 중탄산나트륨 70%의 용제를 사용한다.

57. TIG, MIG, 탄산가스 아크용접 시 사용하는 차광렌즈 번호로 가장 적당한 것은?

① 12~13 ② 8~9
③ 6~7 ④ 4~5

해설 TIG, MIG, 탄산가스 아크 용접법에서 사용전류는 150~400A가 주로 이용되므로 차광도의 경우 용접전류 150~250A에는 11번, 200~300A에는 12번, 300~400A에는 13번을 사용한다.

58. TIG 용접기에서 직류 역극성을 사용하였을 경우 용접 비드의 형상으로 맞는 것은?

① 비드 폭이 넓고 용입이 깊다.
② 비드 폭이 넓고 용입이 얕다.
③ 비드 폭이 좁고 용입이 깊다.
④ 비드 폭이 좁고 용입이 얕다.

해설 TIG 용접에서 직류역극성(DCRP)을 사용하면 용접기의 음극(−)에 모재를, 양극(+)에 토치를 연결하는 방식으로 비드 폭이 넓고 용입이 얕으며 산화피막을 제거하는 청정작용이 있다.

59. 피복아크용접에서 아크길이가 긴 경우 발생하는 용접결함에 해당되지 않는 것은?

① 선상조직 ② 스패터
③ 기공 ④ 언더컷

해설 아크길이가 길면 언더컷, 기공, 스패터 등의 결함이 발생한다. 선상조직은 용착금속의 냉각속도가 빠를 때 생기는 결함으로 모재의 재질 불량 등의 원인이 된다.

60. 피복아크용접 시 안전홀더를 사용하는 이유로 맞는 것은?

① 자외선과 적외선 차단
② 유해가스 중독 방지
③ 고무장갑 대용
④ 용접작업 중 전격예방

해설 안전홀더는 작업 중 전격의 위험이 적어 일반적으로 많이 사용된다.

정답 55. ③ 56. ③ 57. ① 58. ② 59. ① 60. ④

2012년 8월 26일 시행

용접산업기사

제1과목 용접야금 및 용접설비제도

1. 맞대기용접 이음의 가접 또는 첫 층에서 루트 근방의 열영향부에서 발생하여 점차 비드 속으로 들어가는 균열은?

① 토 균열　② 루트 균열
③ 세로 균열　④ 크레이터 균열

해설 저온균열에서 가장 주의해야 하는 것은 맞대기용접 이음의 가접 또는 첫 층 용접의 루트 근방 열영향부에 발생하는 루트균열이며, 비드 속으로 점차 성장하면서 며칠 동안 진행되는 경우가 많다.

2. 2성분계의 평형상태도에서 액체, 고체, 어떤 상태에서도 두 성분이 완전히 융합하는 경우는?

① 공정형　② 전율포정형
③ 편정형　④ 전율고용형

해설 2성분계의 평형상태도는 전율가용 고용체와 한율가용 고용체가 있으며 액체, 고체 어떤 용질 원자 간의 모든 비율, 즉 전 농도에 걸쳐 고용체를 만든다.

3. 용접결함 중 비드밑(under bead) 균열의 원인이 되는 원소는?

① 산소　② 수소
③ 질소　④ 탄산가스

해설 비드밑 균열은 용접비드 바로 밑에서 용접선과 아주 가까이 거의 평형하게 모재 열영향부에 생기는 균열로 용착금속 중의 수소, 용접응력 등이 원인이다.

4. 일반적으로 고장력강은 인장강도가 몇 N/mm^2 이상일 때를 말하는가?

① 290　② 390
③ 490　④ 690

해설 일반적으로 고장력강은 50~60 kgf/mm^2이므로 50에다 중력가속도 9.8을 곱하면 50×9.8=490 N/mm^2이다.

5. 오스테나이트계 스테인리스강의 용접시 유의사항으로 틀린 것은?

① 예열을 한다.
② 짧은 아크길이를 유지한다.
③ 아크를 중단하기 전에 크레이터 처리를 한다.
④ 용접입열을 억제한다.

해설 오스테나이트계 스테인리스강의 용접시 유의사항

㉠ 예열하지 말아야 한다.
㉡ 층간온도가 320℃ 이상을 넘어서는 안 된다.
㉢ 짧은 아크길이를 유지한다.
㉣ 아크를 중단하기 전에 크레이터 처리를 한다.
㉤ 용접봉은 모재의 재질과 동일한 것을 쓰며 될수록 가는 용접봉을 사용한다.
㉥ 낮은 전류값으로 용접하여 용접입열을 억제한다.

6. 응력제거 열처리법 중에서 노내 풀림 시 판두께가 25 mm인 일반구조용 압연강재, 용접구조용 압연강재 또는 탄소강의 경우 일반적으로 노내 풀림 온도로 가장 적당한 것은?

정답 1. ② 2. ④ 3. ② 4. ③ 5. ① 6. ④

① 300±25℃ ② 400±25℃
③ 525±25℃ ④ 625±25℃

해설 노내 풀림 시 연강류는 노내에서 출입시키는 온도가 300℃ 이상을 넘지 말아야 하며 300℃ 이상에서는 가열 및 냉각속도가 다음 식을 충족해야 한다.

$$냉각속도 \leq 200 \times \frac{25}{t} [deg/h]$$

t: 가열부에서의 용접부 최대두께(mm)

이때 판두께 25mm인 보일러 압연강재, 용접구조용 압연강재, 일반구조용 압연강재, 탄소강인 경우에는 625±25℃에서 1시간 정도 풀림을 유지한다.

7. 다음 중 산소에 의해 발생할 수 있는 가장 큰 용접결함은?

① 은점 ② 헤어크랙
③ 기공 ④ 슬래그

해설 탄소강 중에 산소가 함유되면 페라이트 중에 고용되는 것 외에 FeO, MnO, SiO_2 등 산화물로 존재하여 기계적 성질을 저하시키고 적열취성, 또는 수소와 함께 기공의 원인이 된다.

8. 제품이 너무 크거나 노내에 넣을 수 없는 대형 용접구조물은 노내 풀림을 할 수 없으므로 용접부 주위를 가열하여 잔류응력을 제거하는 방법은?

① 저온 응력 완화법
② 기계적 응력 완화법
③ 국부 응력 제거법
④ 노내 응력 제거법

해설 국부 풀림법은 제품이 커서 노내에 넣을 수 없을 때, 현장 용접된 것으로서 노내 풀림을 하지 못할 때에 용접선의 좌·우 양측 250mm의 범위 혹은 판두께 12배 이상의 범위를 가스불꽃 등으로 노내 풀림과 같은 온도 및 시간을 유지한 다음 서랭한다.

9. 주철의 용접시 주의사항으로 틀린 것은?

① 용접전류는 필요 이상 높이지 말고 지나치게 용입을 깊게 하지 않는다.
② 비드의 배치는 짧게 해서 여러 번의 조작으로 완료한다.
③ 용접봉은 가급적 지름이 굵은 것을 사용한다.
④ 용접부를 필요 이상 크게 하지 않는다.

해설 주철의 용접시 주의사항
㉠ 용접봉은 가급적 지름이 가는 것을 사용한다.
㉡ 보수용접을 행하는 경우는 본바닥이 나타날 때까지 잘 깎아낸 후 용접한다.
㉢ 균열의 보수는 균열 성장을 방지하기 위해 균열의 끝에 정지구멍을 뚫는다.
기타는 ①, ②, ④항 등이다.

10. 동일 강도의 강에서 노치 인성을 높이기 위한 방법이 아닌 것은?

① 탄소량을 적게 한다.
② 망가니즈를 될수록 적게 한다.
③ 탈산이 잘 되도록 한다.
④ 조직이 치밀하도록 한다.

해설 일종의 흠집을 영어로 노치(notch)라 하고 노치 부분의 질긴 정도의 성질을 노치 인성이라 한다. 노치 부분에 질긴 성질을 부여하기 위해 니켈이나 망가니즈 등의 특수 원소를 첨가하게 되며, 이와 같이 노치가 존재해도 특수 원소를 첨가하여 다른 강재보다 강하고 질기게 하는 것을 노치 인성을 개선했다고 한다. 특히 저탄소강의 노치인성이 요구되는 경우에는 저수소계 용접봉이 사용된다.

정답 7. ③ 8. ③ 9. ③ 10. ②

11. 용접의 기본기호 중 가장자리 용접을 나타내는 것은?

① ② ③ ④

해설 ①은 겹침 이음, ②는 급경사면 한 쪽면 V형홈 맞대기 이음 용접, ③은 가장자리 용접, ④는 서페이싱 이음이다.

12. 건설 또는 제조에 필요한 정보를 전달하기 위한 도면으로 제작도가 사용되는데, 이 종류에 해당되는 것으로만 조합된 것은?

① 계획도, 시공도, 견적도
② 설명도, 장치도, 공정도
③ 상세도, 승인도, 주문도
④ 상세도, 시공도, 공정도

해설 도면에서 제작에 필요한 모든 정보를 전달하기 위한 도면으로는 상세도, 시공도, 공정도 등이 있다.

13. 용접 도면에서 기호의 위치를 설명한 것 중 틀린 것은?

① 화살표는 기준선이 한쪽 끝에 각을 이루며 연결된다.
② 좌·우 대칭인 용접부에서는 파선은 필요 없고 생략하는 편이 좋다.
③ 파선은 연속선의 위 또는 아래에 그을 수 있다.
④ 용접부(용접면)가 이음의 화살표 쪽에 있으면 기호는 파선 쪽의 기준선에 표시한다.

해설 용접도면에서 화살표 쪽은 실선 위에, 반대편 쪽은 파선 위에 기호를 표시한다.

14. 다음 중 도면용지 A0의 크기로 옳은 것은?

① 841×1189 ② 594×841
③ 420×594 ④ 297×420

해설 도면용지의 치수는 A0는 841×1189, A1(594×841), A2(420×594), A3(297×420), A4(210×297)이며 수직 길이가 그 다음 용지의 수평 크기에 해당된다.

15. 용접부 및 용접부 표면의 형상 보조기호 중 제거 가능한 이면 판재를 사용할 때 기호는?

① ② ③ M ④ MR

해설 ①은 끝단부를 매끄럽게 한다, ②는 오목형 용접, ③은 영구적인 덮개판 사용, ④는 제거 가능한 덮개판 사용을 의미한다.

16. 용접부의 비파괴시험 기호로서 "RT"로 표시하는 비파괴 시험 기호는?

① 초음파 탐상시험
④ 자분 탐상시험
③ 침투 탐상시험
④ 방사선 투과시험

해설 비파괴 시험 기호로는 외관시험(VT), 누수시험(LT), 침투 탐상시험(PT), 초음파 탐상시험(UT), 자분 탐상시험(MT), 방사선 투과시험(RT), 맴돌이전류 시험(와류탐상 시험, ET) 등이다.

17. 그림과 같이 치수를 둘러싸고 있는 사각틀(□)이 뜻하는 것은?

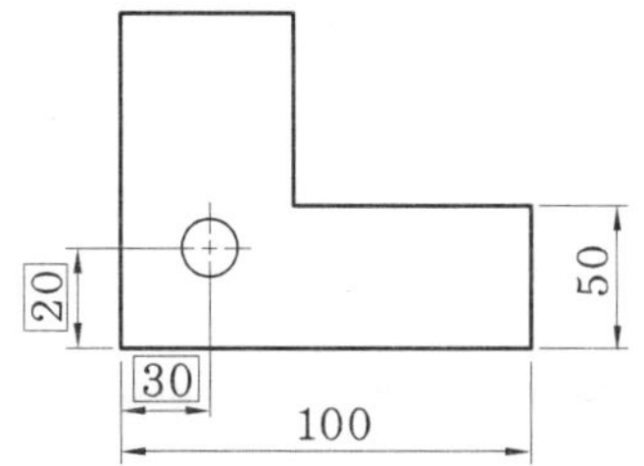

정답 11. ③ 12. ④ 13. ④ 14. ① 15. ④ 16. ④ 17. ②

① 정사각형의 한 변 길이
② 이론적으로 정확한 치수
③ 판두께의 치수
④ 참고치수

18. **제도에서 사용되는 선의 종류 중 가는 2 점쇄선의 용도를 바르게 나타낸 것은?**

① 물체의 가공 전 또는 가공 후의 모양을 표시하는 데 쓰인다.
② 도형의 중심선을 간략하게 나타내는 데 쓰인다.
③ 특수한 가공을 하는 부분 등 특별한 요구사항을 적용할 수 있는 범위를 표시하는 데 쓰인다.
④ 대상물의 실제 보이는 부분을 나타낸다.

해설 제도에서 가는 2점쇄선은 가상선을 표시하는 것으로 ㉠ 인접부분을 참고로 표시하거나, ㉡ 공구, 지그 등의 위치를 참고로 나타내는 데 사용하며, ㉢ 가동부분을 이동 중의 특정한 위치 또는 이동한계의 위치로 표시하는 데 사용한다. ㉣ 가공 전 또는 가공 후의 모양을 표시하거나 ㉤ 되풀이하는 것을 표시하는 데 사용하고, ㉥ 도시된 단면의 앞쪽 부분을 표시하는 데 사용한다.

19. **도면을 그리기 위해 도면에 설정하는 양식에 대하여 설명한 것 중 틀린 것은?**

① 윤곽선: 도면으로 사용된 용지의 안쪽에 그려진 내용을 확실히 구분되도록 하기 위함
② 도면의 구역: 도면을 축소 또는 확대했을 경우, 그 정도를 알기 위함
③ 표제란: 도면 관리에 필요한 사항과 도면 내용에 관한 중요한 사항을 정리하여 기입하기 위함
④ 중심 마크: 완성된 도면을 영구적으로 보관하기 위하여 도면을 마이크로필름을 사용하여 사진촬영을 하거나 복사하고자 할 때 도면의 위치를 알기 쉽도록 하기 위하여 표시하기 위함

해설 도면에 반드시 설정해야 되는 양식은 윤곽선, 표제란, 중심 마크이며 도면을 읽거나 관리하기 위한 양식으로는 비교눈금, 도면의 구역을 표시하는 구분기호, 재단 마크를 표시하는 것이 바람직하다.

20. **주로 대칭 모양의 물체를 중심선을 기준으로 내부 모양과 외부 모양을 동시에 표시하는 단면도는?**

① 회전 단면도 ③ 부분 단면도
③ 한쪽 단면도 ④ 전단면도

해설 한쪽 단면도는 주로 대칭을 이루는 물체의 중심선을 기준으로 내부 모양과 외부 모양을 동시에 표시하는 방법으로 이를 반쪽 단면도라고도 한다.

제2과목 용접구조설계

21. **맞대기용접 이음에서 이음효율을 구하는 식은?**

① 이음효율 = $\dfrac{\text{모재의 인장강도}}{\text{용접시험편의 인장강도}} \times 100(\%)$

② 이음효율 = $\dfrac{\text{용접시험편의 인장강도}}{\text{모재의 인장강도}} \times 100(\%)$

③ 이음효율 = $\dfrac{\text{허용능력}}{\text{사용능력}} \times 100(\%)$

④ 이음효율 = $\dfrac{\text{사용능력}}{\text{허용능력}} \times 100(\%)$

정답 18. ① 19. ② 20. ③ 21. ②

해설 연강판 맞대기용접에서 현재의 연강 용접봉은 용착금속의 기계적 성질이 모재보다도 약간 높게 만들어져 용입이 완전한 이음에서는 덧살을 제거하여 인장시키면 용착금속 이외의 모재부분이 절단되는 경우가 많으므로 용접부의 이음효율은 100%가 된다.

22. 용접이음을 설계할 때 주의사항으로 옳은 것은?

① 용접길이는 되도록 길게 하고, 용착금속도 많게 한다.
② 용접이음을 한 군데로 집중시켜 작업의 편리성을 도모한다.
③ 결함이 적게 발생하는 아래보기 자세를 선택한다.
④ 강도가 강한 필릿용접을 주로 선택한다.

해설 용접설계상의 주의점으로는 ㉠ 용접에 적합한 구조로 설계할 것, ㉡ 용접길이는 될 수 있는 한 짧게 하고, 용착금속은 강도상 필요한 최소량으로 할 것, ㉢ 용접이음의 특성을 고려하여 용접하기 쉽도록 설계할 것, ㉣ 용접이음이 한곳으로 집중되거나 너무 근접하지 않도록 할 것, ㉤ 결함이 생기기 쉬운 용접 방법은 피하고 강도가 약한 필릿용접은 가급적 피할 것, ㉥ 반복하중을 받는 이음에서는 특히 이음표면을 평평하게 할 것, ㉦ 구조상의 노치부를 피할 것 등이다.

23. 다음 그림과 같은 용접이음 명칭은?

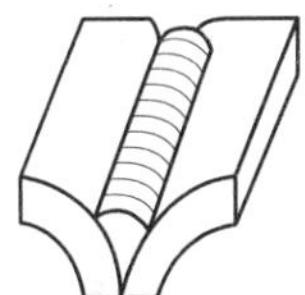

① 겹치기 용접 ② T 용접
③ 플레어 용접 ④ 플러그 용접

24. 응력제거 열처리법 중에서 가장 잘 이용되고 있는 방법으로써 제품 전체를 가열로 안에 넣고 적당한 온도에서 일정시간 유지한 다음 노내에서 서랭시킴으로써 잔류응력을 제거하는데 연강류 제품을 노내에서 출입시키는 온도는 몇 도를 넘지 않아야 하는가?

① 100℃ ② 300℃ ③ 500℃ ④ 700℃

해설 노내 풀림법에서 연강류 제품을 노내에서 출입시키는 온도는 300℃를 넘어서는 안 되며 300℃ 이상에서는 가열 및 냉각 속도 R이 다음 식을 만족시켜야 한다.

$$R \leq 200 \times \frac{25}{t}\ [\mathrm{deg/h}]$$

t: 가열부에서의 용접부 최대두께(mm)

25. 꼭지각이 136°인 다이아몬드 사각추의 압입자를 시험하중으로 시험편에 압입한 후 측정하여 환산표에 의해 경도를 표시하는 시험법은?

① 로크웰 경도시험
② 브리넬 경도시험
③ 비커스 경도시험
④ 쇼어 경도시험

해설 비커스 경도시험은 꼭지각이 136°인 다이아몬드 사각추의 압입자를 1~120 kgf의 하중으로 시험편에 압입한 후에 생긴 오목자국의 대각선을 측정해서 미리 계산된 환산표에 의하여 경도를 표시한다.

26. 용접부의 피로강도 향상법으로 맞는 것은?

① 덧붙이 크기를 가능한 최소화한다.

정답 22. ③ 23. ③ 24. ② 25. ③ 26. ①

② 기계적 방법으로 잔류응력을 강화한다.
③ 응력 집중부에 용접 이음부를 설계한다.
④ 야금적 변태에 따라 기계적인 강도를 낮춘다.

해설 피로강도 향상법: ㉠ 냉간가공 또는 야금적 변태 등에 의해 기계적인 강도를 높일 것. ㉡ 표면가공 또는 표면처리, 다듬질 등에 의하여 단면이 급변하는 부분을 피할 것. ㉢ 열처리 또는 기계적인 방법으로 용접부의 잔류응력을 완화할 것. ㉣ 가능한 응력 집중부는 용접부가 되지 않도록 피한다. ㉤ 국부 항복법 등에 의하여 외력과 반대 방향 부호의 응력을 잔류시킬 것이 필요하다.

27. 용접 열영향부에서 생기는 균열에 해당되지 않는 것은?

① 비드밑 균열(under bead crack)
② 세로 균열(longitudinal crack)
③ 토 균열(toe crack)
④ 라멜라테어 균열(lamella tear crack)

해설 용접방향과 같거나 평행하게 발생하는 균열을 세로 균열이라 하며 용접금속 내에서 가장 많이 발견되는데 보통 용접선의 중심에 나타나며 주로 크레이터 균열의 확장 때문에 발생하고 표면으로의 확장은 용접부가 냉각될 때 발생한다.

28. 용접이음에서 취성파괴의 일반적 특징에 대한 설명 중 틀린 것은?

① 온도가 높을수록 발생하기 쉽다.
② 항복점 이하의 평균응력에서도 발생한다.
③ 파괴의 기점은 응력과 변형이 집중하는 구조적 및 형상적인 불연속부에서 발생하기 쉽다.
④ 거시적 파면상황은 판 표면에 거의 수직이다.

해설 용접이음에서 취성파괴는 천이온도라는 특정 온도보다 지나치게 높으면 연성파괴가 된다.

29. 다음 그림과 같은 순서로 하는 용착법을 무엇이라고 하는가?

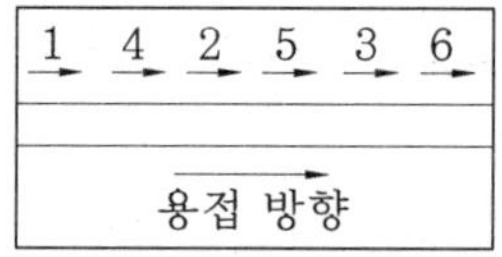

① 전진법 ② 후퇴법
③ 캐스케이드법 ④ 스킵법

30. 용접구조물의 수명과 가장 관련이 있는 것은?

① 작업 태도 ② 아크 타임률
③ 피로강도 ④ 작업률

해설 용접구조물의 수명과 가장 관련이 있는 것은 피로강도이다. 작업률과 아크 타임률은 작업과 관계가 있으며, 작업태도는 사람의 심리적인 면으로 안전 관리자나 관리자가 조치를 취하면 된다.

31. 잔류응력을 제거하는 방법이 아닌 것은?

① 저온응력 완화법
② 기계적 응력 완화법
③ 피닝법(peening)
④ 담금질 열처리법

해설 잔류응력을 제거하는 방법은 노내 풀림법, 국부 풀림법, 저온 응력 완화법, 기계적 응력 완화법, 피닝법 등이 있다.

32. 그림과 같은 필릿용접에서 목두께를 나타내는 것은?

정답 27. ② 28. ① 29. ④ 30. ③ 31. ④ 32. ②

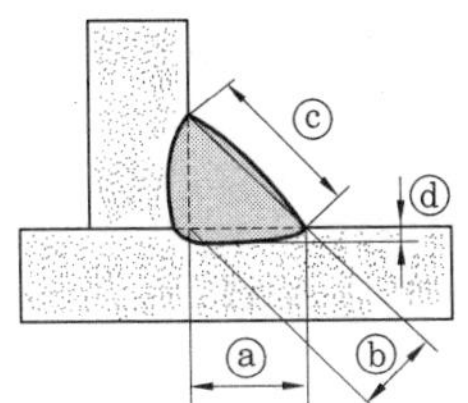

① ⓐ ② ⓑ ③ ⓒ ④ ⓓ

해설 그림에서 ⓐ는 각장, ⓑ는 목두께, ⓒ는 비드 폭, ⓓ는 용입 깊이이다.

33. 용접부의 파괴시험법 중에서 화학적 시험 방법이 아닌 것은?

① 함유수소시험 ② 비중시험
③ 화학분석시험 ④ 부식시험

해설 화학적 시험의 종류는 화학분석시험, 부식시험, 함유수소시험 등이며 비중시험은 물리적 시험의 종류이다.

34. 2매의 판이 100°의 각도로 조립되는 필릿용접 이음의 경우 이론 목두께는 다리 길이의 약 몇 %인가?

① 70.7% ② 65%
③ 50% ④ 55%

해설 목두께의 결정방법: 필릿의 다리 길이로 결정되는 이등변 삼각형의 이음부 루트에서 측정한 높이이다.

35. 연강을 0℃ 이하에서 용접할 경우 예열하는 방법은?

① 이음의 양쪽 폭 100mm 정도를 40~75℃로 예열하는 것이 좋다.
② 이음의 양쪽 폭 150mm 정도를 150~200℃로 예열하는 것이 좋다.
③ 비드 균열을 일으키기 쉬우므로 50~350℃로 용접 홈을 예열하는 것이 좋다.
④ 200~400℃ 정도로 홈을 예열하고 냉각속도를 빠르게 용접한다.

해설 각종 금속의 예열온도: ㉠ 고장력강, 저합금강, 두께 25t 이상의 연강, 주철의 경우 용접 홈을 50~350℃로 예열하고, ㉡ 열전도가 좋은 알루미늄합금, 구리합금은 200~400℃의 예열이 필요하고 나머지는 ①항과 같다.

36. 용접부의 시점과 끝나는 부분에 용입 불량이나 각종 결함을 방지하기 위해 주로 사용되는 것은?

① 엔드 태브 ② 포지셔너
③ 회전 지그 ④ 고정 지그

해설 엔드 태브(end tab): 용접결함이 생기기 쉬운 용접비드의 시작과 끝에 부착하는 강판을 말한다. 수동 35mm, 반자동 40mm, 자동 70mm이며, 엔드 태브를 사용하는 경우 용접길이를 모두 인정한다.

37. 65%의 용착효율을 가지고 단일의 V형 홈을 가진 20mm 두께의 철판을 3m 맞대기용접 했을 때, 필요한 소요 용접봉의 중량은 약 몇 kgf인가? (단, 20mm 철판의 용접부 단면적은 2.6cm²이고, 용착금속의 비중은 7.85이다.)

① 7.42 ② 9.42 ③ 11.42 ④ 13.42

해설 ㉠ 용착률(용착효율)

$$= \frac{\text{용착금속 중량}}{\text{사용 용접봉 총 중량}}$$

㉡ 용착금속 중량 $= \dfrac{\text{용착률}}{\text{용접속도}}$

㉢ 용접봉 소요량 = 단위 용접길이당 $\dfrac{\text{용착금속 중량}}{\text{용착률}}$의 공식에서

$$\frac{(2.6 \times 7.85 \times 300\text{cm})}{0.65} = 9.42$$

38. **용접제품을 제작하기 위한 조립 및 가접에 대한 일반적인 설명으로 틀린 것은?**

① 강도상 중요한 곳과 용접의 시점과 종점이 되는 끝부분을 주로 가접한다.
② 조립 순서는 용접 순서 및 용접작업의 특성을 고려하여 계획한다.
③ 가접 시에는 본용접보다도 지름이 약간 가는 용접봉을 사용하는 것이 좋다.
④ 불필요한 잔류응력이 남지 않도록 미리 검토하여 조립 순서를 정한다.

해설 조립과 가접은 용접결과에 직접 영향을 주므로 조립순서는 용접순서와 용접작용의 특성을 고려하여 결정하고 용접할 수 없는 부분이 생기지 않게 하고 변형이나 잔류응력을 줄이도록 하며 가접은 본용접을 하기 전에 좌·우의 홈 부분을 일시적으로 고정하기 위해 짧은 용접으로 한다. 이때 기공이나 균열이 생기기 쉬우므로 본용접을 하는 홈을 피하여 작업한다.

39. **그림과 같이 강판 두께(t) 19mm, 용접선의 유효길이(l) 200mm, h_1, h_2가 각각 8mm, 하중(P) 7000kgf가 작용할 때 용접부에 발생하는 인장응력은 약 몇 kgf/mm인가?**

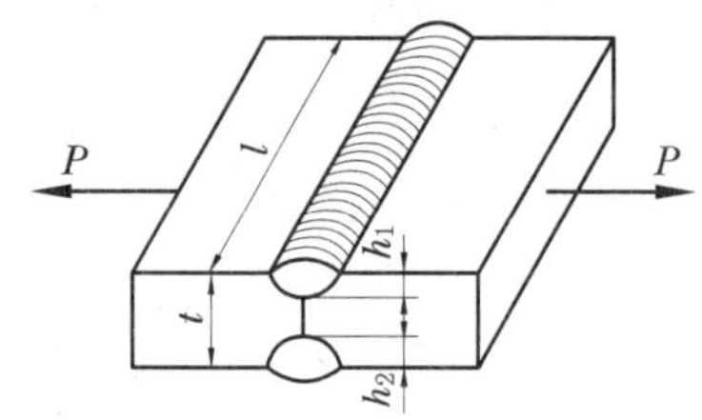

① 0.2 ② 2.2 ③ 4.8 ④ 6.8

해설 인장응력 $= \dfrac{\text{하중}}{(h_1 + h_2)}$

$$= \frac{7000}{\dfrac{8+8}{200}} = 2.1875 \fallingdotseq 2.2$$

40. **용접작업에서 지그 사용 시 얻어지는 효과로 틀린 것은?**

① 용접 변형을 억제하고 적당한 역변형을 주어 변형을 방지한다.
② 제품의 정밀도가 낮아진다.
③ 대량생산의 경우 용접조립 작업을 단순화시킨다.
④ 용접작업은 용이하고 작업능률이 향상된다.

해설 지그의 이점은 ㉠ 동일 제품을 대량생산할 수 있다. ㉡ 제품의 정밀도와 용접부의 신뢰성을 높인다. ㉢ 작업을 용이하게 하고 용접능률을 높인다. ㉣ 용접 변형을 억제하고 적당한 역변형을 주어 변형을 방지할 수 있다.

제3과목 용접일반 및 안전관리

41. **교류 아크 용접기의 용접전류 조정 방법에 의한 분류에 해당하지 않는 것은?**

① 가동 철심형 ② 가동 코일형
③ 탭 전환형 ④ 발전형

해설 교류 아크 용접기의 종류는 가동 철심형, 가동 코일형, 탭 전환형, 가포화 리액터형 등이며 발전형은 직류 아크 용접기이다.

42. **정격 2차 전류 300A의 용접기에서 실제로 200A의 전류로서 용접한다고 가정하면 허용사용률은 얼마인가?(단, 정격 사용률은 40%라고 한다.)**

① 80% ② 85% ③ 90% ④ 95%

해설 허용 사용률(%)

$$= \frac{(\text{정격 2차전류})^2}{(\text{실제의 용접전류})^2} \times \text{정격 사용률}(\%)$$

정답 38. ① 39. ② 40. ② 41. ④ 42. ③

$$= \frac{(300)^2}{(200)^2} \times 40\% = 90\%$$

43. 탄산가스 아크용접 장치에 해당되지 않는 것은?

① 용접 토치　② 보호가스 설비
③ 제어 장치　④ 플럭스 공급 장치

해설 탄산가스 아크용접 장치는 용접전원, 제어 장치, 용접 토치, 보호가스 설비 등이다.

44. 피복아크 용접법이 가스 용접법보다 우수한 점이 아닌 것은?

① 열의 집중성이 좋다.
② 용접 변형이 적다.
③ 유해 광선의 발생이 적다.
④ 용접부의 강도가 크다.

해설 가스 용접법보다 피복아크 용접법이 유해 광선의 발생이 많다.

45. 서브머지드 아크용접의 다전극 방식에 의한 분류 중 같은 종류의 전원에 두 개의 전극을 접속하여 용접하는 것으로 비드 폭이 넓고, 용입이 깊은 용접부를 얻기 위한 방식은?

① 탠덤식　② 횡병렬식
③ 횡직렬식　④ 종직렬식

해설 서브머지드 아크용접의 다전극 방식은 탠덤식, 횡병렬식, 횡직렬식 등이다.

46. 가스용접으로 주철을 용접할 때 가장 적당한 예열온도는 몇 ℃인가?

① 300~400℃　② 500~600℃
③ 700~800℃　④ 900~1000℃

해설 주철의 용접법으로는 모재 전체를 500~600℃의 고온에서 예열 및 후열을 할 수 있는 설비가 필요하다.

47. 용접기에서 떨어져 작업을 할 때 작업 위치에서 전류를 조정할 수 있는 장치는?

① 전자 개폐 장치　② 원격 제어 장치
③ 전류 측정기　④ 전격 방지 장치

해설 용접기에서 떨어져 작업을 할 때 작업 위치에서 전류를 조정할 수 있는 장치를 원격제어 장치라 하며 현재 사용되고 있는 대표적인 것은 전동기 조작형과 가포화 리액터형이 있다.

48. 공업용 아세틸렌가스 용기의 도색은?

① 녹색　② 백색　③ 황색　④ 갈색

해설 가스 용기의 색은 산소-녹색, 수소-주황색, 탄산가스-청색, 아세틸렌-황색, 프로판-회색, 아르곤-회색, 암모니아-백색, 염소-갈색 등이다.

49. 이음부의 루트간격 치수에 특히 유의하여야 하며, 아크가 보이지 않는 상태에서 용접이 진행된다고 하여 잠호용접이라고도 부르는 용접은?

① 피복아크용접
② 서브머지드 아크용접
③ 탄산가스 아크용접
④ 불활성가스 금속 아크용접

해설 서브머지드 아크용접은 고전류를 이용하므로 루트간격은 0.8mm 이하(뒤 받침이 없는 경우), 루트 면은 ±1mm를 허용한다.

50. 산소용기의 취급상의 주의사항으로 잘못된 사항은?

① 운반이나 취급에서 충격을 주지 않는다.
② 가연성 가스와 함께 저장하여 누설되어도 인화되지 않게 한다.
③ 기름이 묻은 손이나 장갑을 끼고 취급

정답 43. ④ 44. ③ 45. ② 46. ② 47. ② 48. ③ 49. ② 50. ②

하지 않는다.
④ 운반 시 가능한 한 운반 기구를 이용한다.

51. 중량물의 안전운반에 관한 설명 중 잘못된 것은?

① 힘이 센 사람과 약한 사람이 조를 짜며 키가 큰 사람과 작은 사람이 한 조가 되게 한다.
② 화물의 무게가 여러 사람에게 평균적으로 걸리게 한다.
③ 긴 물건은 작업자의 같은 쪽 어깨에 메고 보조를 맞춘다.
④ 정해진 자의 구령에 맞추어 동작한다.

해설 힘이 같고 키가 비슷한 사람과 한 조가 되어 평형을 맞출 수 있어야 한다.

52. 용접법의 분류에서 융접에 속하는 것은?

① 테르밋 용접 ② 단접
③ 초음파 용접 ④ 마찰 용접

해설 테르밋 용접을 제외한 3가지 용접법은 압접의 종류이다.

53. 피복아크 용접봉의 피복제 중에 포함되어 있는 주성분이 아닌 것은?

① 아크 안정제 ② 가스 억제제
③ 슬래그 생성제 ④ 탈산제

해설 피복제에는 가스 억제제가 존재하면 여러 가지 결함의 원인이 되므로 반대로 가스 발생제가 들어가 있다.

54. 냉간압접의 일반적인 특징으로 틀린 것은?

① 용접부가 가공경화된다.
② 압접에 필요한 공구가 간단하다.
③ 접합부의 열 영향으로 숙련이 필요하다.
④ 접합부의 전기저항은 모재와 거의 동일하다.

해설 냉간압접의 특징은 ①, ②, ④ 외에 접합부의 열 영향은 없고 숙련이 필요하며 용접부가 가공경화된다.

55. 용가재인 전극 와이어를 와이어 송급 장치에 의해 연속적으로 보내어 아크를 발생시키는 용극식 용접 방식은?

① TIG 용접
② MIG 용접
③ 탄산가스 아크용접
④ 마찰용접

56. 금속과 금속의 원자간 거리를 충분히 접근시키면 금속원자 사이에 인력이 작용하여 그 인력에 의하여 금속을 영구 결합시키는 것이 아닌 것은?

① 융접 ② 압접
③ 납땜 ④ 리벳 이음

해설 리벳이음은 기계적 접합법이다.

57. 연강용 피복아크 용접봉 중 내균열성이 가장 좋은 용접봉은?

① 고셀룰로오스계
② 일미나이트계
③ 고산화타이타늄계
④ 저수소계

해설 연강용 피복아크 용접봉에서 내균열성은 저수소계 > 일미나이트계 > 고산화철계 > 고셀룰로오스계 > 타이타늄계의 순서로 좋다.

58. 연강의 가스절단 시 드래그(drag) 길이는 주로 어느 인자에 의해 변화하는가?

정답 51. ① 52. ① 53. ② 54. ③ 55. ② 56. ④ 57. ④ 58. ④

① 예열과 절단 팁의 크기
② 토치 각도와 진행방향
③ 예열불꽃 및 백심의 크기
④ 절단속도와 산소소비량

해설 드래그 길이는 주로 절단속도와 산소소비량 등에 의하여 변한다.

59. **피복아크 용접봉의 단면적 $1mm^2$에 대한 적당한 전류 밀도는?**

① 6~9A ② 10~13A
③ 14~17A ④ 18~21A

해설 작업 표준 용접전류를 용접봉 단면적으로 나누면 약 11.40A가 나온다.

60. **이음 형상에 따른 저항 용접의 분류 중 맞대기용접이 아닌 것은?**

① 플래시 용접 ② 버트 심용접
③ 점용접 ④ 퍼커션 용접

해설 전기저항 용접법에서 맞대기용접은 업셋, 플래시, 버트 심, 포일 심, 퍼커션(충격) 용접 등이다.

정답 59. ② 60. ③

2013년도 시행 문제

2013년 3월 10일 시행

용접산업기사

제1과목 용접야금 및 용접설비제도

1. 적열취성의 원인이 되는 것은?

① 탄소 ② 수소
③ 질소 ④ 황

해설 강에 황을 0.02% 정도 첨가하면 강도와 연신율, 충격값이 감소하고 고온가공성은 저하되어(Mn을 첨가하여 고온가공성을 개선함) 적열취성 및 균열의 원인이 되며 용접성도 나쁘다.

2. 용접 중 용융된 강의 탈산, 탈황, 탈인에 관한 설명으로 적합한 것은?

① 용융 슬래그(slag)는 염기도가 높을수록 탈인율이 크다.
② 탈황 반응시 용융 슬래그는 환원성, 산성과 관계가 없다.
③ Si, Mn 함유량이 같을 경우 저수소계 용접봉은 타이타늄계 용접봉보다 산소함유량이 적어진다.
④ 관구이론은 피복아크 용접봉의 플럭스(flux)를 사용한 탈산에 관한 이론이다.

해설 용융 슬래그의 염기도가 높을수록 내균열성이 양호하다.
저수소계 용접봉은 다른 용접봉보다 수소함유량이 적으며 규소철, 망가니즈철 등에 의해 산소함유량도 적어진다.

3. 서브머지드 용접에서 소결형 용제의 사용 전 건조온도와 시간은?

① 150~300℃에서 1시간 정도
② 150~300℃에서 3시간 정도
③ 400~600℃에서 1시간 정도
④ 400~600℃에서 3시간 정도

해설 서브머지드 용접에 사용되는 용제의 종류는 용융형과 소결형이 있으며 소결형은 흡습성이 용융형보다도 높으므로 사용 전에 150~300℃에서 1시간 정도 건조한 후 사용하여야 한다.

4. 철강의 용접부 조직 중 수지상 결정조직으로 되어 있는 부분은?

① 모재 ② 열영향부
③ 용착금속부 ④ 융합부

해설 철강의 용접부는 용착금속부, 즉 용접금속은 수지상(dendrite) 조직을 나타내고 bond부는 모재의 일부가 녹고, 일부는 고체 그대로 조립(granulation)의 위드만스테텐(widmanstatten) 조직이 발달해 있다.

5. 금속재료의 일반적인 특징이 아닌 것은?

① 금속결합인 결정체로 되어 있어 소성가공이 유리하다.
② 열과 전기의 양도체이다.
③ 이온화하면 음(−) 이온이 된다.
④ 비중이 크고 금속적 광택을 갖는다.

정답 1. ④ 2. ③ 3. ① 4. ① 5. ③

해설 금속재료의 특징은 이온화하면 양(+) 이온이 된다.

6. 일반적으로 주철의 탄소함량은?

① 0.03% 이하
② 2.11~6.67%
③ 1.0~1.3%
④ 0.03~0.08%

해설 Fe-C 상태도에서 탄소함량 2.11~6.67% 이내는 주철로 분류한다.

7. 용접 후 강재를 연화하기 위해 기계적, 물리적 특성을 변화시켜 함유가스를 방출하는 것으로 일정시간 가열한 후 노안에서 서랭하는 금속의 열처리 방법은?

① 불림　② 뜨임
③ 풀림　④ 재결정

해설 강재를 연화하기 위해 노 안에서 서랭하여 가스와 불순물을 방출 및 확산시켜 내부 응력을 낮추고 조직을 균일화, 미세화, 표준화하는 열처리 작업은 풀림이다.

8. 큰 재료일수록 내·외부 열처리 효과의 차이가 생기는 현상으로 강의 담금질성에 의하여 영향을 받는 현상은?

① 시효경화　② 노치효과
③ 담금질 효과　④ 질량효과

해설 담금질에서 재질이 같을 때는 재료의 지름 크기에 따라 냉각속도가 달라서 내부와 외부의 경도차가 생기는데 이것을 담금질의 질량효과라고 한다. 질량효과가 큰 재료는 지름이 클수록 내부의 담금질 정도가 작고, 질량효과가 작은 강은 냉각속도를 늦추어도 담금질이 잘 되어 변형과 균열이 적다.

9. 오스테나이트계 스테인리스강 용접부의 입계부식 균열 저항성을 증가시키는 원소가 아닌 것은?

① Nb　② C　③ Ti　④ Ta

해설 오스테나이트계 스텐인리스강은 용접열에 의해 온도가 높아지면 탄소(C)가 크로뮴(Cr)과 결합하여 탄화크로뮴을 형성하는데 이를 카이바이드 석출이라 한다. 이것이 결정립계에 석출되어 입계부식을 쉽게 일으키므로 탄소량을 극히 소량(0.03% 이하)으로 제한하거나 타이타늄(Ti) 또는 니오브(Nb)를 첨가하여 안정된 탄화물을 만든다.

10. 철의 동소 변태에 대한 설명으로 틀린 것은?

① α-철: 910℃ 이하에서 체심입방격자이다.
② γ-철: 910~1400℃에서 면심입방격자이다.
③ β-철: 1400~1500℃에서 조밀육방격자이다.
④ δ-철: 1400~1538℃에서 체심입방격자이다.

해설 A_1부터 A_3까지는 α철로 체심입방격자, A_3부터 A_4변태점까지는 γ철로 면심입방격자, A_4부터 용융점까지는 δ철로 체심입방격자이다.

11. 선의 용도 중 가는 실선을 사용하지 않는 것은?

① 숨은선　② 지시선
③ 치수선　④ 회전단면선

해설 가는 실선은 치수선, 치수보조선, 지시선, 회전단면선, 중심선, 수준면선에 이용되고 숨은선은 가는 파선 또는 굵은 파선을 이용한다.

정답 6. ② 7. ③ 8. ④ 9. ② 10. ③ 11. ①

12. **전개도를 그리는 기본적인 방법 3가지에 해당하지 않는 것은?**

① 평행선 전개법 ② 삼각형 전개법
③ 방사선 전개법 ④ 원통형 전개법

해설 전개도를 그리는 방법에는 평행선, 방사선, 삼각형 전개법의 3가지 방법이 있다.

13. **도면에서 2종류 이상의 선이 같은 장소에서 중복될 경우 우선되는 선의 순서는?**

① 외형선 → 숨은선 → 중심선 → 절단선
② 외형선 → 중심선 → 절단선 → 숨은선
③ 외형선 → 중심선 → 숨은선 → 절단선
④ 외형선 → 숨은선 → 절단선 → 중심선

해설 도면에서 2종류 이상의 선이 같은 장소에서 중복될 경우에는 외형선 → 숨은선 → 절단선 → 중심선 → 무게 중심선 → 치수 보조선의 순서에 따라 그린다.

14. **도면의 분류 중 표현형식에 따른 설명으로 틀린 것은?**

① 선도: 투시 투상법에 의해서 입체적으로 표현한 그림의 총칭이다.
② 전개도: 대상물을 구성하는 면을 평면으로 전개한 그림이다.
③ 외관도: 대상물의 외형 및 최소한의 필요한 치수를 나타낸 도면이다.
④ 곡면선도: 선체, 자동차 차체 등의 복잡한 곡면을 여러 개의 선으로 나타낸 도면이다.

해설 도면을 표현형식에 따라 분류하면 외관도, 전개도, 곡면선도, 선도, 입체도 등이 있다. 선도는 기호와 선을 사용하여 장치, 플랜트의 기능, 그 구성 부분 사이의 상호 관계, 물건, 에너지, 정보의 계통 등을 나타낸 도면으로 계통도, 구조선도 등이 있다.

15. **면이 평면으로 가공되어 있고, 윤곽이 복잡한 부품인 경우에 그 면에 광명단 등을 발라 스케치 용지에 찍어 실형을 얻는 스케치 방법은?**

① 프리핸드법
② 프린트법
③ 본뜨기법
④ 사진촬영법

해설 스케치 방법 중 프린트법에는 윤곽이 복잡한 부품인 경우 그 면에 광명단 등을 발라 스케치 용지에 찍어 실제 모양을 얻는 직접법과 면에 용지를 대고 연필 등으로 문질러 도형을 얻는 간접법이 있다.

16. **재료기호 중 "SM400C"의 재료 명칭은?**

① 일반 구조용 압연강재
② 용접 구조용 압연강재
③ 기계 구조용 탄소강재
④ 탄소 공구 강재

해설 처음 문자는 재질을 표시하며 F는 철, S는 강, SM은 기계 구조용강을 나타낸다.

17. **KS 용접기호 중 그림과 같은 보조기호의 설명으로 옳은 것은?**

① 끝단부를 2번 오목하게 한 필릿용접
② K형 맞대기용접 끝단부를 2번 오목하게 함
③ K형 맞대기용접 끝단부를 매끄럽게 함
④ 매끄럽게 처리한 필릿용접

해설 그림의 보조기호는 필릿용접 끝단부를 매끄럽게 다듬질하는 기호이다.

정답 12. ④ 13. ④ 14. ① 15. ② 16. ③ 17. ④

18. KS 규격에 의한 치수기입 원칙의 설명 중 틀린 것은?

① 치수는 되도록 투상도에 집중한다.
② 각 형체의 치수는 하나의 도면에서 한 번만 기입한다.
③ 기능 치수는 대응하는 도면에 직접 기입해야 한다.
④ 치수는 되도록 계산으로 구할 수 있도록 기입한다.

해설 현장작업 시에 따로 계산하지 않고 치수를 볼 수 있어야 한다.

19. 투상도의 배열에 사용된 제1각법과 제3각법의 대표 기호로 옳은 것은?

① 제1각법: 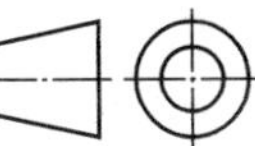
제3각법: 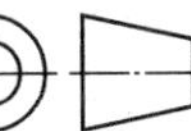

② 제1각법: 
제3각법: 

③ 제1각법: 
제3각법: 

④ 제1각법: 
제3각법: 

20. 다음 그림과 같은 형상을 한 용접기호에 대한 설명으로 옳은 것은?

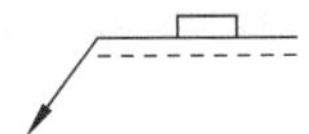

① 플러그 용접기호로 화살표 반대쪽 용접이다.
② 플러그 용접기호로 화살표 쪽 용접이다.
③ 스폿용접 기호로 화살표 반대쪽 용접이다.
④ 스폿용접 기호로 화살표 쪽 용접이다.

제2과목 용접구조설계

21. 용접부에서 발생하는 저온균열과 직접적인 관계가 없는 것은?

① 열영향부의 경화현상
② 용접 잔류응력의 존재
③ 용착금속에 함유된 수소
④ 합금의 응고 시에 발생하는 편석

해설 저온균열은 보통 수소에 의한 지연균열로 열영향부의 결정립 내 및 입계에서 주로 발생하여 진행된다. 저온균열은 고온균열과 달리 온도 300℃ 이하에서 많이 발생되는데 용접부에 잔류하는 수소가 주요 발생원인이다. 루트 균열, 비드밑 균열, 지단균열, 횡균열 등의 종류가 있다.

또한 저온균열은 열영향부의 조립부가 급열 급랭하고 소입 경화하여 발생하며 고장력강, 고탄소강, 저합금강 등에서 쉽게 발생하고 연강에서는 발생 빈도가 적다. 오스테나이트 스테인리스강이나 비철합금에서는 거의 드물다.

22. 용접 입열량에 대한 설명으로 옳지 않은 것은?

① 모재에 흡수되는 열량은 보통 용접 입열량의 약 98% 정도이다.
② 용접전압과 전류의 곱에 비례한다.

정답 18. ④ 19. ① 20. ② 21. ④ 22. ①

③ 용접속도에 반비례한다.

④ 용접부에 외부로부터 가해지는 열량을 말한다.

해설 일반적으로 모재에 흡수되는 열량은 입열의 75~85% 정도가 보통이다.

23. 필릿용접에서 목길이가 10mm일 때 이론 목두께는 몇 mm인가?

① 약 5.0 ② 약 6.1
③ 약 7.1 ④ 약 8.0

해설 이론 목두께×cos45°
= 0.707×이론 목두께 = 0.707×10mm
= 7.07mm ≒ 7.1mm

24. 용접작업 중 예열에 대한 일반적인 설명으로 틀린 것은?

① 수소의 방출을 용이하게 하여 저온균열을 방지한다.

② 열영향부와 용착금속의 경화를 방지하고 연성을 증가시킨다.

③ 물건이 작거나 변형이 많은 경우에는 국부 예열을 한다.

④ 국부 예열의 가열 범위는 용접선 양쪽에 50~100mm 정도로 한다.

해설 용접이음 홈의 양 끝 100mm 너비를 약 40~70℃로 예열한 후 용접하면 좋다.

25. 용접수축에 의한 굽힘 변형 방지법으로 틀린 것은?

① 개선각도는 용접에 지장이 없는 범위에서 작게 한다.

② 판 두께가 얇은 경우 첫 패스 측의 개선 깊이를 작게 한다.

③ 후퇴법, 대칭법, 비석법 등을 채택하여 용접한다.

④ 역변형을 주거나 구속 지그로 구속한 후 용접한다.

해설 변형 방지법

㉠ 용접 전 변형 방지책으로 억제법, 역변형법을 쓴다.

㉡ 용접 시공에 의한 경감법으로는 대칭법, 후진법, 스킵 블록법, 스킵법 등을 쓴다.

㉢ 모재의 열전도를 억제하여 변형을 방지하는 방법으로는 도열법을 쓴다.

㉣ 용접 금속부의 변형과 잔류응력을 경감하는 방법으로는 피닝을 쓴다.

26. 용접 후 잔류응력을 완화하는 방법으로 가장 적합한 것은?

① 피닝(peening)

② 치핑(chipping)

③ 담금질(quenching)

④ 노멀라이징(normalizing)

해설 잔류응력 제거법은 노내 풀림법, 국부 풀림법, 저온응력 완화법, 기계적 응력 완화법, 피닝법 등이 있다.

27. 중판 이상 두꺼운 판의 용접을 위한 홈 설계 시 고려사항으로 틀린 것은?

① 적당한 루트간격과 루트면을 만들어 준다.

② 홈의 단면적은 가능한 한 작게 한다.

③ 루트 반지름은 가능한 한 작게 한다.

④ 최소 10° 정도 전후좌우로 용접봉을 움직일 수 있는 홈각도를 만든다.

해설 용접홈을 설계할 때 루트 반지름은 가능한 한 크게 한다.

28. 응력제거풀림의 효과가 아닌 것은?

① 충격저항의 감소

정답 23. ③ 24. ④ 25. ② 26. ① 27. ③ 28. ④

② 용착금속 중 수소 제거에 의한 연성의 증대
③ 응력부식에 대한 저항력 증대
④ 크리프 강도의 향상

해설 장시간 가해진 하중에 의해 재료가 지속적으로 서서히 소성변형을 일으키는 것을 크리프(creep)라 하고, 파단되는 순간의 최대 하중을 크리프 강도(creep strength)라고 한다.

29. 강판의 맞대기용접이음에서 가장 두꺼운 판에 사용할 수 있으며 양면 용접에 의해 충분한 용입을 얻으려고 할 때 사용하는 홈의 종류는?

① V형 ② U형 ③ I형 ④ H형

해설 I형은 판두께 6 mm 이하, V형은 6~20 mm, U형은 16~50 mm, H형은 20 mm 이상 두꺼운 판의 맞대기이음에 이용한다.

30. 용접이음에서 피로강도에 영향을 미치는 인자가 아닌 것은?

① 용접기 종류 ② 이음 형상
③ 용접결함 ④ 하중 상태

해설 반복 횟수를 철합금에서 10^7회, 비철합금에서는 10^8회로 하며, 반복응력을 1 kg/mm^2만 늘리면 이 규정의 반복수 이하로써 파단하는 응력을 채용하며, 피로강도로 한다. 그러므로 용접기 종류와는 관계가 없다.

31. 용접부에 하중을 걸어 소성변형을 시킨 후 하중을 제거하면 잔류응력이 감소되는 현상을 이용한 응력제거 방법은?

① 기계적 응력 완화법
② 저온응력 완화법
③ 응력제거 풀림법
④ 국부응력 제거법

해설 잔류응력 제거법 중 기계적 응력 완화법은 잔류응력이 존재하는 구조물에 일정 하중을 주어 용접부를 약간 소성변형시킨 다음에 하중을 제거하면 잔류응력이 현저하게 감소되는 현상을 이용하는 방법이다.

32. 용접에 사용되고 있는 여러 가지 이음 중에서 다음 그림과 같은 용접이음은?

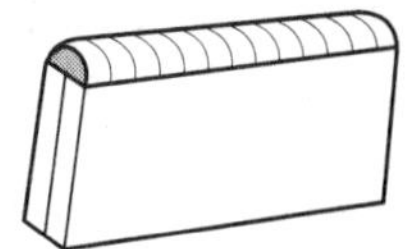

① 변두리 이음 ② 모서리 이음
③ 겹치기 이음 ④ 맞대기 이음

33. 용접구조 설계상 주의사항으로 틀린 것은?

① 용접 부위는 단면 형상의 급격한 변화 및 노치가 있는 부위로 한다.
② 용접치수는 강도상 필요한 치수 이상으로 크게 하지 않는다.
③ 용접에 의한 변형 및 잔류응력을 경감시킬 수 있도록 한다.
④ 용접이음을 감소시키기 위하여 압연 형재, 주단조품, 파이프 등을 적절히 이용한다.

해설 ㉠ 안전하게 용접할 수 있는 구조로 아래보기 용접을 많이 하도록 한다.
㉡ 용접부에 대한 용접봉의 접근성도 작업의 쉽고 어려움에 영향을 주므로 용접작업에 지장을 주지 않는 간격을 확보한다.
㉢ 필릿용접은 가급적 피하고 맞대기용접을 하도록 한다.
㉣ 중립축에 대하여 모멘트 합이 "0"이 되도록 한다.
㉤ 용접물 중심과 대칭으로 용접하여 변형

정답 29. ④ 30. ① 31. ① 32. ① 33. ①

을 방지한다.

ⓑ 동일 평면 내에 많은 이음이 있을 때는 수축이 가능한 자유단으로 보낸다.

ⓢ 구조상 노치부는 피한다.

34. **판두께가 같은 구조물을 용접할 경우 수축변형에 영향을 미치는 용접시공 조건으로 틀린 것은?**

① 루트간격이 클수록 수축이 크다.
② 피닝을 할수록 수축이 크다.
③ 위빙을 하는 것이 수축이 작다.
④ 구속력이 크면 수축이 작다.

35. **맞대기 용접부에 3960N의 힘이 작용할 때 이음부에 발생하는 인장응력은 약 몇 N/mm^2인가? (단, 판두께는 6mm, 용접선의 길이는 220mm로 한다.)**

① 2 ② 3 ③ 4 ④ 5

해설 인장응력 $= \dfrac{\text{인장하중}}{\text{단면적}}$

$$= \frac{3960}{(6\times 220)} = \frac{3960}{1320} = 3$$

36. **엔드 태브(end tab)에 대한 설명으로 틀린 것은?**

① 모재를 구속시키는 역할도 한다.
② 모재와 다른 재질을 사용해야 한다.
③ 용접이 불량해지는 것을 방지한다.
④ 피복아크 용접시 엔드 태브의 길이는 약 30mm 정도로 한다.

해설 모재와 같은 재질을 사용해야 한다.

37. **용접부의 잔류응력 경감과 변형 방지를 동시에 충족시키는 데 가장 적합한 용착법은?**

① 도열법 ② 비석법
③ 전진법 ④ 구속법

해설 잔류응력의 경감과 변형 방지를 동시에 충족시키는 데는 후진법, 비석법, 대칭법의 용착법이 있다.

38. **약 2.5g의 강구를 25cm 높이에서 낙하시켰을 때 20cm 튀어올랐다면 쇼어경도(HS) 값은 약 얼마인가? [단, 계측통은 목측형(C형)이다.]**

① 112.4 ② 192.3
③ 123.1 ④ 154.1

해설 쇼어경도 산출식

$$= \left(\frac{10000}{65}\right)\times\left(\frac{\text{튀어오른 높이}}{25\,\text{mm}}\right)$$

$$= \left(\frac{10000}{65}\right)\times\left(\frac{20}{25}\right)$$

$= 153.8\times 0.8 = 192.25 \fallingdotseq 192.3$

39. **다음 그림과 같은 다층 용접법은?**

5	5′	5″	5‴	5⁗
4	4′	4″	4‴	4⁗
3	3′	3″	3‴	3⁗
2	2′	2″	2‴	2⁗
1	1′	1″	1‴	1⁗

① 점진 블록법 ② 캐스케이드법
③ 덧살올림법 ④ 교호법

해설 점진 블록법은 한 개의 용접봉으로 살을 붙일만한 길이를 구분해서 홈을 한 부분씩 여러 층으로 쌓아올린 다음에 다른 부분으로 진행하는 방법이며, 변형과 잔류응력을 줄이기 위해 부분적 용접을 완료한 후에 용접 전체를 마무리한다.

40. **다음 그림과 같은 홈 용접은?**

정답 34. ② 35. ② 36. ② 37. ② 38. ② 39. ① 40. ②

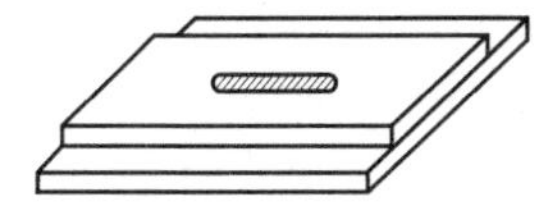

① 플러그 용접 ② 슬롯용접
③ 플레어 용접 ④ 필릿용접

제3과목 용접일반 및 안전관리

41. 일반적으로 용접의 단점이 아닌 것은?

① 품질검사가 곤란하다.
② 응력집중에 민감하다.
③ 변형과 수축이 생긴다.
④ 보수와 수리가 용이하다.

해설 용접의 단점
㉠ 재질의 변형 및 잔류응력이 발생한다.
㉡ 저온취성이 생길 우려가 있다.
㉢ 품질검사가 곤란하고 변형과 수축이 생긴다.
㉣ 용접사의 기량에 따라 용접부 품질이 좌우된다.

42. 서브머지드 아크용접에 대한 설명으로 틀린 것은?

① 용접전류를 증가시키면 용입이 증가한다.
② 용접전압이 증가하면 비드폭이 넓어진다.
③ 용접속도가 증가하면 비드폭과 용입이 감소한다.
④ 용접와이어 지름이 증가하면 용입이 깊어진다.

해설 서브머지드 아크용접은 전류 및 전압이 동일한 조건에서 용접와이어 지름이 작으면, 용입이 깊고 비드폭이 좁아진다.

43. 300A 이상의 아크용접 및 절단 시 착용하는 차광유리의 차광도 번호로 가장 적합한 것은?

① 1~2 ② 5~6
③ 9~10 ④ 13~14

해설 아크용접 및 절단

용접 종류	용접전류 (A)	용접봉 지름(mm)	차광도 번호
금속 아크	30 이하	0.8~1.2	6
금속 아크	30~45	1.0~1.6	7
금속 아크	45~75	1.2~2.0	8
헬리 아크	75~130	1.6~2.6	9
금속 아크	100~200	2.6~3.2	10
금속 아크	150~250	3.2~4.0	11
금속 아크	200~300	4.8~6.4	12
금속 아크	300~400	4.4~9.0	13
탄소 아크	400 이상	9.0~9.6	14

44. MIG 용접 제어장치에서 용접 후에도 가스가 계속 흘러나와 크레이터 부위의 산화를 방지하는 제어 기능은?

① 가스 지연 유출시간(post flow time)
② 번 백 시간(burn back time)
③ 크레이터 충전시간(crate fill time)
④ 예비 가스 유출시간(preflow time)

해설 ㉠ 번 백 시간: 크레이터 처리기능에 의해 낮아진 전류가 서서히 줄어들면서 아크가 끊어지는 기능으로 이면 용접부가 녹아내리는 것을 방지한다.
㉡ 크레이터 충전시간: 크레이터 처리를 위해 용접이 끝나는 지점에서 토치 스위치를 다시 누르면 용접전류와 전압이 낮아져 쉽게 크레이터가 채워져 결함을 방지하는 기능이다.

정답 41. ④ 42. ④ 43. ④ 44. ①

㉢ 예비 가스 유출시간: 아크가 처음 발생되기 전 보호가스를 흐르게 하여 아크를 안정시켜 결함 발생을 방지하기 위한 기능이다.

45. **교류 아크 용접기 중 전기적 전류 조정으로 소음이 없고 기계적 수명이 길며 원격제어가 가능한 용접기는?**

① 가동 철심형 ② 가동 코일형
③ 탭 전환형 ④ 가포화 리액터형

해설 교류 아크 용접기의 종류 중에 가포화 리액터형은 변압기와 가포화 리액터를 조합한 형태의 용접기이며, 직류여자 코일을 가포화 리액터에 감아놓아 용접전류의 조정은 직류여자 전류를 조정하면 되므로 소음이 없고 원격조정이 가능하다.

46. **아크 용접기의 구비 조건이 아닌 것은?**

① 구조 및 취급이 간단해야 한다.
② 가격이 저렴하고 유지비가 적게 들어야 한다.
③ 효율이 낮아야 한다.
④ 사용 중 용접기의 온도 상승이 작아야 한다.

해설 아크 용접기의 구비 조건은 ①, ②, ④항 외에 ㉠ 전류 조정이 용이하고 일정한 전류가 흘러야 한다. ㉡ 아크 발생이 잘 되도록 무부하 전압이 유지되어야 한다. ㉢ 역률 및 효율이 좋아야 한다.

47. **고진공 중에서 높은 전압에 의한 열원을 이용하여 행하는 용접법은?**

① 초음파 용접법 ② 고주파 용접법
③ 전자빔 용접법 ④ 심 용접법

해설 전자빔 용접은 높은 진공실 속에서 음극으로부터 방출된 전자를 고전압으로 가속시켜 피용접물과의 충돌에 의한 에너지로 용접을 행하는 방식이다.

48. **아크용접 작업 중의 전격에 관련된 설명으로 옳지 않은 것은?**

① 습기찬 작업복, 장갑 등을 착용하지 않는다.
② 오랜 시간 작업을 중단할 때에는 용접기의 스위치를 끄도록 한다.
③ 전격 받은 사람을 발견하였을 때에는 즉시 손으로 잡아당긴다.
④ 용접 홀더를 맨손으로 취급하지 않는다.

해설 전격 받은 사람을 발견했을 때에는 먼저 전원스위치를 차단하고 바로 의사에게 연락하여야 하며 때에 따라서는 인공호흡 등 응급처치를 해야 한다.

49. **연강용 피복아크 용접봉 중 저수소계(E43 16)에 대한 설명으로 틀린 것은?**

① 석회석($CaCO_3$)이나 형석(CaF_2)을 주성분으로 하고 있다.
② 용착금속 중의 수소 함유량이 다른 용접봉에 비해 $\frac{1}{10}$ 정도로 작다.
③ 용접 시점에서 기공이 생기기 쉬우므로 백 스탭(back step)법을 선택하면 해결할 수도 있다.
④ 작업성이 우수하고 아크가 안정하며 용접속도가 빠르다.

해설 아크가 약간 불안하고 용접속도가 느려 작업성이 별로 좋지 않다.

50. **탱크 등 밀폐용기 속에서 용접작업을 할 때 주의사항으로 적합하지 않은 것은?**

정답 45. ④ 46. ③ 47. ③ 48. ③ 49. ④ 50. ④

① 환기에 주의한다.
② 감시원을 배치하여 사고의 발생에 대처한다.
③ 유해가스 및 폭발가스의 발생을 확인한다.
④ 위험하므로 혼자서 용접하도록 한다.

해설 밀폐용기 속에서 용접작업을 할 때는 반드시 감시인 1인 이상을 배치시켜 안전사고를 예방하고 사고 발생 시에 즉시 조치를 취할 수 있게 한다.

51. **전자빔 용접의 일반적인 특징에 대한 설명으로 틀린 것은?**

① 불순가스에 의한 오염이 적다.
② 용접입열이 적으므로 용접변형이 적다.
③ 텅스텐, 몰리브덴 등 고융점 재료의 용접이 가능하다.
④ 에너지 밀도가 낮아 용융부나 열영향부가 넓다.

해설 전자빔 용접은 높은 진공실 속에서 음극으로부터 방출된 전자를 고전압으로 가속시켜 피용접물과의 충돌에 의한 에너지로 용접을 행하는 방식이며, 용융부가 깊고 열영향부가 대단히 적고 용접변형이 없어 완성 치수가 정확하다.

52. **저수소계 용접봉의 피복제에 30~50% 정도의 철분을 첨가한 것으로서 용착속도가 크고 작업능률이 좋은 용접봉은?**

① E4313 ② E4324
③ E4326 ④ E4327

53. **아크 용접기의 특성에서 부하전류(아크전류)가 증가하면 단자전압이 저하하는 특성을 무엇이라 하는가?**

① 수하 특성 ② 정전압 특성
③ 정전기 특성 ④ 상승 특성

54. **그림은 피복아크 용접봉에서 피복제의 편심 상태를 나타낸 단면도이다. D'=3.5mm, D=3mm일 때 편심률은 약 몇 %인가?**

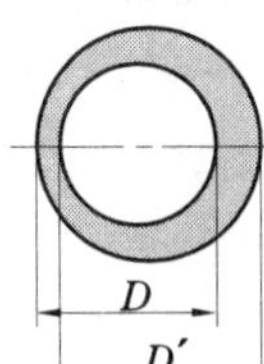

① 14%
② 17%
③ 18%
④ 20%

해설 편심률(%) $= \frac{D'-D}{D} \times 100$

$= \left(\frac{3.5-3}{3}\right) \times 100$

$= 0.166 \times 100$

$= 16.6 \fallingdotseq 17$

55. **정격 2차전류가 300A, 정격 사용률 50%인 용접기를 사용하여 100A의 전류로 용접을 할 때 허용 사용률은?**

① 250% ② 350%
③ 450% ④ 500%

해설 허용 사용률(%)

$= \frac{(\text{정격 2차전류})^2}{(\text{실제의 용접전류})^2} \times \text{정격 사용률}(\%)$

$= \frac{(300)^2}{(100)^2} \times 50\%$

$= 450\%$

56. **MIG 용접의 스프레이 용적이행에 대한 설명이 아닌 것은?**

① 고전압 고전류에서 얻어진다.
② 경합금 용접에서 주로 나타난다.
③ 용착속도가 빠르고 능률적이다.
④ 와이어보다 큰 용적으로 용융 이행한다.

정답 51. ④ 52. ③ 53. ① 54. ② 55. ③ 56. ④

해설 MIG 용접의 스프레이 용접이행은 고전압, 고전류에서 얻어지고, 아르곤 가스나 헬륨 가스를 사용하는 경합금 용접에서 주로 나타나며 높은 전류 범위 내에서 용접되기 때문에 용착속도가 빠르고 능률적이다.

57. 경납땜은 용점이 몇 도(℃) 이상인 용가재를 사용하는가?

① 300℃ ② 350℃
③ 450℃ ④ 120℃

58. 가스용접으로 알루미늄판을 용접하려 할 때 용제의 혼합물이 아닌 것은?

① 염화나트륨 ② 염화칼륨
③ 황산 ④ 염화리튬

59. 용접 자동화에 대한 설명으로 틀린 것은?

① 생산성이 향상된다.
② 외관이 균일하고 양호하다.
③ 용접부의 기계적 성질이 향상된다.
④ 용접봉 손실이 크다.

해설 용접을 자동화하면 생산성 증대와 품질 향상, 원가절감 등의 효과가 있고, 수동 용접법과 달리 용접와이어가 릴에서 연속적으로 송급되어 용접봉의 손실을 막아 아크 길이, 속도 및 여러 용접조건에 따른 공정 수를 줄일 수 있다.

60. 산소병 용기에 표시되어 있는 FP, TP의 의미는?

① FP: 최고 충전압력, TP: 내압시험압력
② FP: 용기중량, TP: 가스 충전 시 중량
③ FP: 용기 사용량, TP: 용기 내용적
④ FP: 용기 사용 압력, TP: 잔량

해설 산소병 용기에 표시되어 있는 기호에서 V는 내용적 , W는 용기중량 , FP는 최고 충전압력, TP는 내압시험압력을 의미한다.

정답 57. ③ 58. ③ 59. ④ 60. ①

2013년 6월 2일 시행

용접산업기사

제1과목 용접야금 및 용접설비제도

1. 루트(root) 균열의 직접적인 원인이 되는 원소는?

① 황 ② 인
③ 망가니즈 ④ 수소

해설 루트 균열은 열영향부의 경화성, 용접부에 함유된 수소량, 작용하는 응력 등에 의해 발생한다.

2. 용접금속의 변형시효(strain aging)에 큰 영향을 미치는 것은?

① H_2 ② O_2 ③ CO_2 ④ CH_4

해설 냉간가공의 슬립으로 전위가 증가한 곳에 O_2나 N_2가 집적되어 전위 이동을 방해하는 시효 현상을 변형시효라 한다.

3. 온도에 따른 탄성률의 변화가 거의 없어 시계나 압력계 등에 널리 이용되고 있는 합금은?

① 플래티나이트 ② 니칼로이
③ 인바 ④ 엘린바

해설 Ni-Fe계 합금으로 인바, 초인바, 엘린바, 플래티나이트, 니칼로이, 퍼멀로이, 초퍼멀로이, 슈퍼인바 등이 있으며 시계나 압력계로 이용되고 있는 것은 엘린바(Ni 36%, Cr 12%)로 탄성계수 불변이다.

4. 용접금속의 가스 흡수에 대한 설명 중 틀린 것은?

① 용융금속 중의 가스 용해량은 가스 압력의 평방근에 반비례한다.
② 용접금속은 고온이므로 극히 단시간 내에 다량의 가스를 흡수한다.
③ 흡수된 가스는 온도 강하에 수반하여 용해도가 감소한다.
④ 과포화된 가스는 기공, 균열, 취화의 원인이 된다.

해설 용융금속 중의 가스 용해량은 가스 압력의 평방근에 정비례하여 증가하며 또한 1기압의 가스 압력하에서는 온도의 증가에 정비례하여 용해도가 증가한다.

5. 강의 내부에 모재 표면과 평행하게 층상으로 발생하는 균열로서 주로 T이음, 모서리 이음에 잘 생기는 것은?

① 라멜라 테어(lamella tear) 균열
② 크레이터(crater) 균열
③ 설퍼(sulfur) 균열
④ 토(toe) 균열

해설 라멜라테어 균열은 모재의 비금속개재물에 의한 것으로, 이를 방지하려면 특별히 배려된 강재를 사용하는 것이 가장 유효하다.

6. 탄소강의 가공성을 탄소 함유량에 따라 분류할 때 옳지 않은 것은?

① 내마모성과 경도를 동시에 요구하는 경우: 0.65~1.2% C
② 강인성과 내마모성을 동시에 요구하는 경우: 0.45~0.65% C
③ 가공성과 강인성을 동시에 요구하는 경우: 0.03~0.05% C
④ 가공성을 요구하는 경우: 0.05~0.3% C

정답 1. ④ 2. ② 3. ④ 4. ① 5. ① 6. ③

해설 가공성과 강인성을 동시에 요구하는 경우에는 C를 0.45~0.65% 포함한다.

7. 용착 금속부에 응력을 완화할 목적으로 끝이 구면인 특수 해머로 용접부를 연속적으로 타격하여 소성변형을 주는 방법은?

① 기계해머법 ② 소결법
③ 피닝법 ④ 국부 풀림법

해설 피닝법: 끝이 구면인 치핑 해머(chipping hammer)로 용접부를 연속적으로 타격하여 용접 표면상에 소성변형을 주어 잔류응력의 경감, 변형의 교정 및 용접금속의 균열 방지 효과를 얻는 방법

8. 용접 후 용접강재의 연화와 내부응력 제거를 주목적으로 하는 열처리 방법은?

① 불림(normalizing)
② 담금질(quenching)
③ 풀림(annealing)
④ 뜨임(tempering)

해설 용접 후 용접강재의 연화와 내부응력 제거를 주목적으로 하는 열처리는 풀림으로 노내 풀림법, 국부 풀림법이 사용된다.

9. 다음 ( ) 안에 알맞은 것은?

철강은 체심입방격자를 유지한다. 910~1400℃에서 면심입방격자의 ( ) 철로 변태한다.

① 알파(α) ② 감마(γ)
③ 델타(δ) ④ 베타(β)

해설 철강은 3개의 동소변태가 있는데 912℃(A_3변태) 이하에서는 체심입방격자의 α철로, 912~1400℃에서는 면심입방격자의 γ철로, 1400℃(A_4변태) 이상에서는 체심입방격자의 β철로 변한다.

10. 다음 중 체심입방격자를 갖는 금속이 아닌 것은?

① W ② Mo ③ Al ④ V

해설 체임입방격자를 갖는 금속은 Ni, Na, Cr, Fe(α, δ), Mo, Ta, W, K, V 등이며 알루미늄(Al)은 면심입방격자이다.

11. 다음 용접기호를 설명한 것으로 옳지 않은 것은?

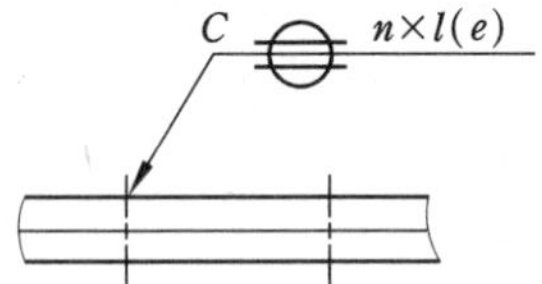

① n: 용접 개수
② l: 용접 길이
③ C: 심용접 길이
④ e: 용접 단속 거리

해설 C는 슬롯부의 폭이다.

12. 판금 제관 도면에 대한 설명으로 틀린 것은?

① 주로 점투상도는 1각법에 의하여 도면이 작성되어 있다.
② 도면 내에는 각종 가공 부분 등이 단면도 및 상세도로 표시되어 있다.
③ 중요 부분에는 치수 공차가 주어지며, 평면도, 직각도, 진원도 등이 주로 표시된다.
④ 일반공차는 KS기준을 적용한다.

해설 판금 제관의 전개도는 투상도를 기본으로 하며, 2개 이상의 입체가 결합되어 있을 때는 상관성을 구하여 작도한다.

13. 외형도에서 필요로 하는 요소의 일부분만을 오려 국부적으로 단면도를 표시한

정답 7. ③ 8. ③ 9. ② 10. ③ 11. ③ 12. ① 13. ③

것은?

① 한쪽 단면도 ② 온 단면도
③ 부분 단면도 ④ 회전도시 단면도

해설 단면도의 종류에는 온 단면도, 한쪽 단면도, 부분 단면도, 회전 단면도, 계단 단면도, 조합에 의한 단면도 등이 있다. 그 중 부분 단면도는 일부분을 잘라 내고 필요한 내부 모양을 그리기 위한 방법이며, 파선을 그어서 단면 부분의 경계를 표시한다.

14. 도면의 표제란에 표시하는 내용이 아닌 것은?

① 도명 ② 척도
③ 각법 ④ 부품 재질

해설 도면의 표제란에는 도면 관리에 필요한 사항, 도면 내용에 관한 중요한 사항을 정리한다. 즉 도면번호, 도면명칭, 기업명, 책임자의 서명, 도면작성 연월일, 척도, 투상법을 기입하고 필요시 제도자, 설계자, 검토자, 공사명, 결재란 등을 기입하는 칸도 만든다.

15. 다음 [보기]에서 기계용 황동 각봉 재료 표시방법 중 ⊏의 의미는?

| 보기 |
BS BM A D ⊏

① 강판 ② 채널
③ 각재 ④ 둥근강

해설 BS: 황동, BM: 비철금속 기계용 봉재, A: 연질(H: 경질), D: 무광택 마무리(B: 광택 마무리), ⊏: 채널(channel), P: 강판, I: I형강, □: 각재 등

16. KS의 분류와 해당 부분의 연결이 틀린 것은?

① KS A－기본 ② KS B－기계
③ KS C－전기 ④ KS D－건설

해설 KS의 부분별 분류기호
A－기본, B－기계, C－전기, D－금속, E－광산, F－토건, G－일용품, H－식료품, K－섬유, L－요업, M－화학, P－의료, R－수송기계, V－조선, W－항공, X－정보산업 등

17. 투상도의 명칭에 대한 설명으로 틀린 것은?

① 정면도는 물체를 정면에서 바라본 모양을 도면에 나타낸 것이다.
② 배면도는 물체를 아래에서 바라본 모양을 도면에 나타낸 것이다.
③ 평면도는 물체를 위에서 내려다본 모양을 도면에 나타낸 것이다.
④ 좌측면도는 물체의 좌측에서 바라본 모양을 도면에 나타낸 것이다.

해설 배면도는 물체의 뒤쪽에서 바라본 모양을 나타낸 도면을 말하며 사용하는 경우가 극히 적다.

18. 다음 중 도면의 용도에 따른 분류가 아닌 것은 어느 것인가?

① 계획도 ② 배치도
③ 승인도 ④ 주문도

해설 도면을 용도에 따라 계획도, 제작도, 주문도, 견적도, 승인도, 설명도 등으로 분류하며 배치도는 내용에 따른 분류이다.

19. 용접부의 기호 도시방법 설명으로 옳지 않은 것은?

① 설명선은 기선, 화살표, 꼬리로 구성되고, 꼬리는 필요가 없으면 생략해도 좋다.
② 화살표는 용접부를 지시하는 것이므로

정답 14. ④ 15. ② 16. ④ 17. ② 18. ② 19. ③

기선에 대하여 되도록 60°의 직선으로 한다.
③ 기선은 보통 수직선으로 한다.
④ 화살표는 기선의 한쪽 끝에 연결한다.

해설 기준선의 한쪽 끝에는 지시선(화살표)을 붙이는데 화살표는 용접부를 지시하는 것으로 기준선에 대하여 되도록 60°의 직선으로 하며 파선은 기준선의 위 또는 아래쪽 중 어느 한곳에 그을 수 있다.

20. 굵은 일점쇄선을 사용하는 것은?

① 기계가공 방법을 명시할 때
② 조립도에서 부품번호를 표시할 때
③ 특수한 가공을 하는 부품을 표시할 때
④ 드릴 구멍의 치수를 기입할 때

해설 굵은 일점쇄선은 특수한 가공을 하는 부분 등 특별한 요구사항을 적용할 수 있는 범위를 표시하는 데 사용한다.

제2과목 용접구조설계

21. 응력이 "0"을 통과하여 같은 양의 다른 부호 사이를 변동하는 반복응력 사이클은?

① 교번응력 ② 양진응력
③ 반복응력 ④ 편진응력

해설 일반적으로 피로한도는 응력 진폭으로 표시되고, 양진(평균응력=0, 응력비=−1)의 피로한도 σ_w를 기준으로 한다.

22. 단면적이 150 mm², 표점거리가 50 mm인 인장시험편에 20 kN의 하중이 작용할 때 시험편에 작용하는 인장응력(σ)은?

① 약 133 GPa ② 약 133 MPa
③ 약 133 kPa ④ 약 133 Pa

해설 인장응력 $= \dfrac{\text{하중}}{\text{단면적}} = \dfrac{20000}{150} = 133.33$

23. 본용접하기 전에 적당한 예열을 함으로써 얻어지는 효과가 아닌 것은?

① 예열을 하면 기계적 성질이 향상된다.
② 용접부의 냉각속도를 느리게 하면 균열 발생이 적어진다.
③ 용접부 변형과 잔류응력을 경감시킨다.
④ 용접부의 냉각속도가 빨라지고 높은 온도에서 큰 영향을 받는다.

해설 용접 전의 적당한 예열은 냉각속도를 저하시켜 균열 및 여러 가지 용접결함을 방지한다.

24. 용접 이음부의 홈 형상을 선택할 때 고려해야 할 사항이 아닌 것은?

① 완전한 용접부가 얻어질 수 있을 것
② 홈 가공이 쉽고 용접하기가 편할 것
③ 용착금속의 양이 많을 것
④ 경제적인 시공이 가능할 것

해설 용접홈을 선택할 때에는 용접이음이 한곳으로 집중되지 않아야 하고 용착금속의 양도 가능한 적어야 한다.

25. 용접변형을 최소화하기 위한 대책 중 잘못된 것은?

① 용착 금속량을 가능한 적게 할 것
② 용접부의 구속을 작게 하고 용접 순서를 일정하게 할 것
③ 포지셔너 지그를 유효하게 활용할 것
④ 예열을 실시하여 구조물 전체의 온도가 균형을 이루도록 할 것

해설 용접변형을 경감시키는 방법
㉠ 용접 전 변형 방지책: 억제법, 역변형법
㉡ 용접 시공: 대칭법, 후진법, 스킵 블록

정답 20. ③ 21. ② 22. ② 23. ④ 24. ③ 25. ②

법, 스킵법

㉢ 모재의 열전도 억제: 도열법

㉣ 용접 금속부의 변형과 잔류응력을 경감하는 방법: 피닝법

26. 강의 청열취성의 온도 범위는?

① 200~300℃ ② 400~600℃

③ 600~700℃ ④ 800~1000℃

해설 강의 청열취성은 200~300℃에서 질소가 원인이 되어 발생하며, 강도와 경도가 최대, 연신율과 단면수축률은 최소가 된다.

27. 다음 그림에서 실제 목두께는 어느 부분인가?

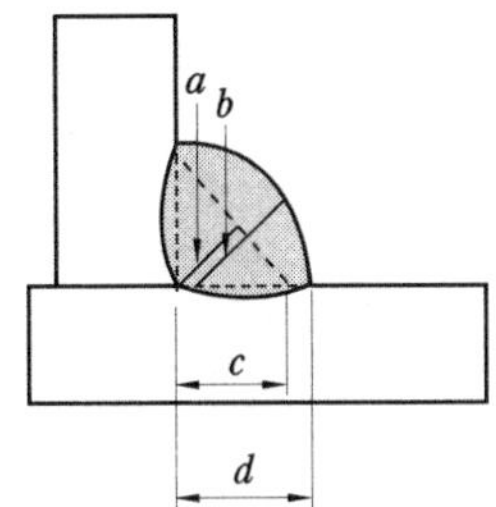

① a ② b ③ c ④ d

해설 a: 이론 목두께, b: 실제 목두께, c: 이론 다리길이, d: 실제 다리길이(각장)

28. 용접부의 이음효율을 나타내는 것은?

① $\text{이음효율} = \dfrac{\text{용접시험편의 인장강도}}{\text{모재의 굽힘강도}} \times 100(\%)$

② $\text{이음효율} = \dfrac{\text{용접시험편의 굽힘강도}}{\text{모재의 인장강도}} \times 100(\%)$

③ $\text{이음효율} = \dfrac{\text{모재의 인장강도}}{\text{용접시험편의 인장강도}} \times 100(\%)$

④ $\text{이음효율} = \dfrac{\text{용접시험편의 인장강도}}{\text{모재의 인장강도}} \times 100(\%)$

29. 다음 용접기호를 설명한 것으로 옳지 않은 것은?

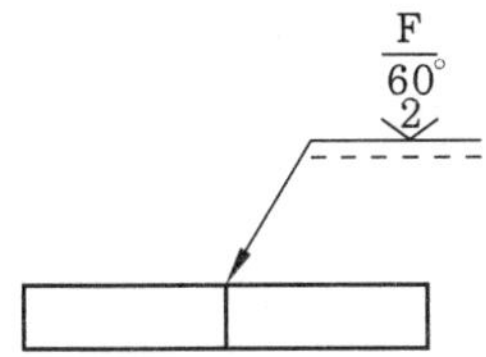

① 용접부의 다듬질 방법은 연삭으로 한다.

② 루트간격은 2mm로 한다.

③ 개선각도는 60°로 한다.

④ 용접부의 표면 모양은 평탄하게 한다.

해설 그림의 용접기호는 아래보기 자세에서 화살표 방향으로 평면(동일 평면으로 다듬질), 개선각도는 60°, 루트간격은 2mm로 한다.

30. 용접부의 잔류응력 측정 방법 중에서 응력이완법에 대한 설명으로 옳은 것은?

① 초음파 탐상 실험장치로 응력 측정을 한다.

② 와류 실험장치로 응력 측정을 한다.

③ 만능 인장시험 장치로 응력 측정을 한다.

④ 저항선 스트레인 게이지로 응력 측정을 한다.

해설 잔류응력 측정법은 최근 800℃ 정도의 고온까지 응력 측정이 가능한 변형도계가 발달하였으며, 정성적 방법(부식법, 응력 와니스법, 자기적 방법)과 정량적 방법이 있다.

31. 용접길이 1m당 종수축은 약 얼마인가?

① 1mm ② 5mm ③ 7mm ④ 10mm

해설 종수축은 용접길이의 약 $\dfrac{1}{1000}$ 정도로 횡수축에 비해 그 양이 적다.

32. 두께와 폭, 길이가 같은 판을 용접시 냉각속도가 가장 빠른 경우는?

정답 26. ① 27. ② 28. ④ 29. ① 30. ④ 31. ① 32. ②

① 1개의 평판 위에 비드를 놓는 경우
② T형 이음 필릿용접의 경우
③ 맞대기용접하는 경우
④ 모서리 이음 용접의 경우

33. 용접작업 전 홈의 청소 방법이 아닌 것은?

① 와이어 브러시 작업
② 연삭 작업
③ 숏블라스트 작업
④ 기름 세척 작업

해설 용접작업 전 홈을 청소할 때 와이어 브러시, 연삭기, 숏블라스트기 등을 사용하거나 화학약품을 사용한다.

34. 잔류응력 완화법이 아닌 것은?

① 기계적 응력 완화법
② 도열법
③ 저온응력 완화법
④ 응력제거 풀림법

해설 잔류응력 완화법에는 노내 풀림법, 국부 풀림법, 저온응력 완화법, 기계적 응력 완화법, 피닝법이 있으며 도열법은 변형의 경감법이다.

35. 용접 잔류응력을 경감하는 방법이 아닌 것은?

① 피닝을 한다.
② 용착 금속량을 많게 한다.
③ 비석법을 사용한다.
④ 수축량이 큰 이음을 먼저 용접하도록 용접 순서를 정한다.

해설 잔류응력을 경감하려면 용착금속의 양을 가능한 한 줄이고 예열을 이용한다.

36. 모재의 두께 및 탄소당량이 같은 재료를 용접할 때 일미나이트계 용접봉을 사용할 때보다 예열 온도가 낮아도 되는 용접봉은?

① 고산화타이타늄계 ② 저수소계
③ 라임티타니아계 ④ 고셀룰로오스계

해설 탄소당량이 같은 재료에서는 저수소계 용접봉을 사용하면 일미나이트계 용접봉을 사용할 때보다 예열 온도가 낮아도 된다.

37. 다음 그림과 같은 V형 맞대기용접에서 굽힘 모멘트(M_b)가 1000 N · m 작용하고 있을 때, 최대 굽힘응력은 몇 MPa인가? (단, l=150 mm, t=20 mm이고 완전 용입이다.)

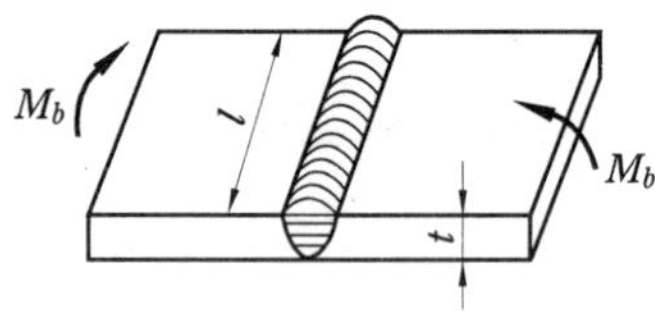

① 10 ② 100 ③ 1000 ④ 10000

해설 굽힘 응력 $= \dfrac{6M}{1h^2} = \dfrac{6\times1000}{15\times4} = 100$

38. 용착금속 내부에 균열이 발생되었을 때 방사선투과검사 필름에 나타나는 것은?

① 검은 반점 ② 날카로운 검은 선
③ 흰색 ④ 검출이 안 됨

해설 균열은 방사선투과검사 결과 필름상에 그 파면이 투과 방향과 거의 평행할 때는 검고 예리한 선으로 밝게 보이나 직각일 때는 거의 알 수 없다.

39. 용접변형 방지법 중 용접부의 뒷면에서 물을 뿌려주는 방법은?

정답 33. ④ 34. ② 35. ② 36. ② 37. ② 38. ② 39. ①

① 살수법 ② 수랭 동판 사용법
③ 석면포 사용법 ④ 피닝법

해설 용접변형 방지법에는 용접부의 뒷면에서 물을 뿌려주는 살수법과 용접부에 구리로 된 덮개판을 대거나 뒷면에서 용접부를 수랭시키거나 용접부 주위에 물을 적신 석면이나 천 등을 덮어 용접열이 모재에 흡수되는 것을 방해하여 변형을 방지하는 도열법이 있다.

40. 용접선의 방향과 하중 방향이 직교되는 것은?

① 전면 필릿용접 ② 측면 필릿용접
③ 경사 필릿용접 ④ 병용 필릿용접

제3과목 용접일반 및 안전관리

41. MIG 용접에 사용하는 실드가스가 아닌 것은?

① 아르곤－헬륨 ② 아르곤－탄산가스
③ 아르곤＋수소 ④ 아르곤＋산소

해설 MIG 용접에 실드가스로 아르곤＋(헬륨, 탄산가스, 산소, 탄산가스＋산소)의 혼합가스를 이용한다.

42. 아크열을 이용한 용접 방법이 아닌 것은?

① 티그 용접 ② 미그 용접
③ 플라스마 용접 ④ 마찰 용접

해설 마찰 용접: 두 개의 모재에 압력을 가해 접촉시킨 후 접촉면에 압력을 주면서 상대 운동을 시키면 마찰로 인한 열이 발생하게 되는데 이 마찰열을 이용하여 접합부의 산화물을 녹여 내리면서 압력으로 접합시키는 압접 방식

43. 피복아크 용접봉 중 내균열성이 가장 우수한 것은?

① 일미나이트계 ② 타이타늄계
③ 고셀룰로오스계 ④ 저수소계

해설 용접봉의 내균열성을 비교하면 저수소계＞일미나이트계＞고산화철계＞고셀룰로오스계＞타이타늄계의 순이다.

44. 용해 아세틸렌을 안전하게 취급하는 방법으로 옳지 않은 것은?

① 아세틸렌병은 반드시 세워서 사용한다.
② 아세틸렌가스의 누설은 점화라이터로 자주 검사해야 한다.
③ 아세틸렌 밸브가 얼었을 때는 35℃ 이하의 온수로 녹여야 한다.
④ 밸브 고장으로 아세틸렌 누출 시는 통풍이 잘되는 곳으로 병을 옮겨 놓아야 한다.

해설 아세틸렌은 가연성 가스로 누설검사는 비눗물로 해야 한다.

45. 다음 중 아세틸렌(C_2H_2) 가스 폭발과 관계가 없는 것은?

① 압력 ② 아세톤
③ 온도 ④ 동 또는 동합금

해설 가연성 가스인 아세틸렌의 폭발 요인은 온도, 압력, 혼합가스, 외력, 화합물의 생성 등이다.

46. 산화철 분말과 알루미늄 분말의 혼합제에 점화시켜 화학 반응을 이용한 용접법은?

① 스터드 용접 ② 전자빔 용접
③ 테르밋 용접 ④ 아크 점용접

해설 테르밋 용접: 산화철 분말과 미세한 알루미늄 분말을 약 3~4:1의 중량비로 혼합

정답 40. ① 41. ③ 42. ④ 43. ④ 44. ② 45. ② 46. ③

한 테르밋제에 점화제(과산화바륨, 마그네슘 등의 분말)를 혼합하여 점화시켜 테르밋 반응이라는 화학반응을 이용한 용접법

47. 산소-아세틸렌 불꽃의 구성 중 온도가 가장 높은 것은?

① 백심 ② 속불꽃 ③ 겉불꽃 ④ 불꽃심

해설 산소와 아세틸렌을 1: 1로 혼합하여 연소 시 백심은 약 1500℃, 속불꽃은 3200~3500℃, 겉불꽃은 약 2000℃의 열을 낸다.

48. 아크 용접기로 정격 2차전류를 사용하여 4분간 아크를 발생시키고 6분을 쉬었다면 용접기의 사용률은 얼마인가?

① 20% ② 30% ③ 40% ④ 60%

해설 $사용률(\%) = \frac{아크시간}{아크시간+휴식시간}\times 100$

$= \frac{4}{(4+6)}\times 100 = 40$

49. 용접 퓸(fume)에 대한 설명 중 옳은 것은?

① 인체에 영향이 없으므로 아무리 마셔도 괜찮다.

② 실내 용접작업에서는 환기설비가 필요하다.

③ 용접봉의 종류와 무관하며 전혀 위험은 없다.

④ 가제마스크로 충분히 차단할 수 있으므로 인체에 해가 없다.

해설 논가스 와이어, 탄산가스 복합와이어, 피복아크 용접봉 등의 용제에는 산화철, 규산석회, 이산화망가니즈, 망가니즈철 등이 쓰이고 용접 중에 가스 또는 퓸을 발생시킨다. 또한 알루미늄, 스테인리스강 등의 특수한 용제는 형석을 포함하여 불소 화합물을 발산하는 예도 있어 반드시 환기설비가 필요하다.

50. 음극과 양극의 두 전극을 접촉시켰다가 떼면 두 전극 사이에 생기는 활 모양의 불꽃방전을 무엇이라 하는가?

① 용착 ② 용적 ③ 용융지 ④ 아크

해설 음극과 양극의 두 전극을 접촉시켰다 떼면 생기는 불꽃방전을 아크(arc)라 하며, 다른 용어로는 플라스마(plasma)라고도 한다.

51. 스테인리스강의 MIG 용접에 대한 종류가 아닌 것은?

① 단락 아크용접

② 펄스 아크용접

③ 스프레이 아크용접

④ 탄산가스 아크용접

52. 강의 가스절단(gas cutting) 시 화학반응에 의하여 생성되는 산화철의 융점에 관한 설명 중 가장 알맞은 것은?

① 금속 산화물의 융점이 모재의 융점보다 높다.

② 금속 산화물의 융점이 모재의 융점보다 낮다.

③ 금속 산화물의 융점과 모재의 융점이 같다.

④ 금속 산화물의 융점은 모재의 융점과 관련이 없다.

해설 금속 산화물의 융점이 낮으므로 용융과 동시에 절단되기 시작한다.

53. 용접에 사용되는 산소를 산소용기에 충전시키는 경우 가장 적당한 온도와 압력은?

정답 47. ② 48. ③ 49. ② 50. ④ 51. ④ 52. ② 53. ④

① 30℃, 18MPa ② 35℃, 18MPa
③ 30℃, 15MPa ④ 35℃, 15MPa

해설 가스용접에 사용되는 가스를 충전시키는 경우 적당한 온도와 압력은 산소, 질소 등은 35℃, 15MPa이고, 아세틸렌은 15℃, 15MPa이다.

54. MIG 용접이나 CO_2 아크용접과 같이 반자동 용접에 사용되는 용접기의 특성은?

① 정전류 특성과 맥동전류 특성
② 수하특성과 정전류 특성
③ 정전압 특성과 상승특성
④ 수하특성과 맥동전류 특성

해설 MIG, MAG, CO_2의 반자동 용접에는 정전압 특성과 상승특성의 직류 용접기를 사용한다.

55. 2차 무부하전압이 80V, 아크전압 30V, 아크전류 250A, 내부손실 2.5kW라 할 때 역률은 얼마인가?

① 50% ② 60% ③ 75% ④ 80%

해설 역률

$$= \frac{\text{아크전압} \times \text{아크전류} + \text{손실}}{\text{2차 무부하전압} \times \text{아크전류}} \times 100\%$$

$$= \frac{30\,V \times 250\,A + 2500\,VA}{80\,V \times 250\,A} \times 100\%$$

$$= \frac{10000}{20000} \times 100\% = 50\%$$

56. 수소 가스 분위기에 있는 2개의 텅스텐 전극봉 사이에서 아크를 발생시키는 용접법은?

① 전자빔 용접 ② 원자 수소 용접
③ 스텟 용접 ④ 레이저 용접

해설 원자 수소 용접: 수소 가스 분위기 속에 있는 2개의 텅스텐 전극 사이에 아크를 발생시키면 수소 분자는 아크의 고열을 흡수하여 원자 상태 수소로 열해리되며, 다시 모재 표면에서 냉각되어 분자 상태로 결합될 때 방출되는 열을 이용하여 용접하는 방법

57. 서브머지드 아크용접의 용접헤드에 속하지 않는 것은?

① 와이어 송급장치 ② 제어장치
③ 용접 레일 ④ 콘택트 팁

해설 용접헤드에는 와이어 송급장치, 제어장치, 콘택트 팁, 용제 호퍼가 속한다.

58. 교류 아크 용접기 AW 300인 경우 정격 부하 전압은?

① 30V ② 35V ③ 40V ④ 45V

해설 교류 아크 용접기의 정격부하 전압은 AW 200: 30V, AW 300: 35V, AW 400: 40V, AW 500: 40V이다.

59. CO_2 용접와이어에 대한 설명 중 옳지 않은 것은?

① 심선은 대체로 모재와 동일한 재질을 많이 사용한다.
② 심선 표면에 구리 등의 도금을 하지 않는다.
③ 용착금속의 균열을 방지하기 위해서 저탄소강을 사용한다.
④ 심선은 전 길이에 걸쳐 균일해야 된다.

해설 심선은 탄소강으로 표면의 부식을 방지하기 위하여 구리 도금을 한다.

60. 압접에 속하는 용접법은?

① 아크용접 ② 단접
③ 가스용접 ④ 전자빔 용접

해설 압접에는 가스압접, 냉간압접, 초음파 용접, 마찰용접, 단접, 저항용접 등이 있다.

정답 54. ③ 55. ① 56. ② 57. ③ 58. ② 59. ② 60. ②

2014년도 시행 문제

2014년 3월 2일 시행

용접산업기사

제1과목 용접야금 및 용접설비제도

1. 용접성이 가장 좋은 강은?

① 0.2%C 이하의 강 ② 0.3%C 강
③ 0.4%C 강 ④ 0.5%C 강

해설 탄소강의 용접에서 탄소 함유량이 0.3% 이하일 때는 용접성이 비교적 양호하여 용접법의 적용에 제한이 없으며 판두께 25 mm 이내는 예열도 필요 없다. 탄소가 0.3~0.5%인 중탄소강에서는 저온균열이 발생할 위험성이 크기 때문에 100~200℃로 예열이 필요하고 후열 처리도 고려해야 하며, 0.5% 이상인 고탄소강에서는 용접부의 경화가 뚜렷하여 용접균열이 발생할 위험성이 매우 높기 때문에 용접하기가 어렵다. 일반적으로 탄소량이 증가할수록 용융점이 낮아 용접성이 나쁘다.

2. 저수소계 용접봉의 특징을 설명한 것 중 틀린 것은?

① 용접금속의 수소량이 낮아 내균열성이 뛰어나다.
② 고장력강, 고탄소강 등의 용접에 적합하다.
③ 아크는 안정되나 비드가 오목하게 되는 경향이 있다.
④ 비드 시점에 기공이 발생되기 쉽다.

해설 저수소계 용접봉은 아크 발생이 쉽지 않고 아크가 약간 불안하여 용접속도가 느리다. 또한 볼록 비드가 형성되어 결함이 없는 양호한 용접부를 얻을 수 있다.

3. 합금주철의 함유 성분 중 흑연화를 촉진하는 원소는?

① V ② Cr ③ Ni ④ Mo

해설 주철의 성장은 탄화철의 흑연화에 의한 팽창이며, 방지법으로는 흑연을 미세화하고, 흑연화 방지제를 첨가하는 등이 있다. 흑연화 촉진제는 Al, Si, Ni, Ti 등이고 방지제는 Mn, Cr, Mo, V, S 등이다.

4. 용접 분위기 중에서 발생하는 수소의 원(源)이 될 수 없는 것은?

① 플럭스 중의 무기물
② 고착제(물유리 등)가 포함한 수분
③ 플럭스에 흡수된 수분
④ 대기 중의 수분

해설 피복아크 용접봉의 피복제 중에 가스의 근원은 유기물, 탄산염, 습기 등이고 무기물은 주로 슬래그화 된다.

5. Fe-C 상태도에서 공정반응에 의해 생성된 조직은?

① 펄라이트 ② 페라이트
③ 레데부라이트 ④ 소르바이트

해설 Fe-C 상태도에서 탄소강의 표준 조직은 페라이트 → 탄소 함유량 0.85% 공석

정답 1. ① 2. ③ 3. ③ 4. ① 5. ③

강 → 펄라이트 → 펄라이트+시멘타이트 → 탄소 함유량 4.3%인 공정반응(레데부라이트) → 주철(탄소 최대 함유량 2.11% 이후)의 순서로 이루어진다.

6. 편석이나 기공이 적은 가장 좋은 양질의 단면을 갖는 강은?

① 킬드강 ② 세미킬드강
③ 림드강 ④ 세미림드강

해설 제강에서 얻은 용강의 강괴는 보통 페로망가니즈로 가볍게 탈산시킨 림드강, 림드강보다 약간 더 탈산시킨 세미킬드강, 페로실리콘, 페로망가니즈, 알루미늄 등의 강탈산제로 충분히 탈산시킨 킬드강으로 분류한다. 킬드강은 강괴의 10~20%를 잘라 균일한 고급 강재로 사용한다.

7. 노치가 붙은 각 시험편을 각 온도에서 파괴하면, 어떤 온도를 경계로 하여 시험편이 급격히 취성화 되는가?

① 천이 온도 ② 노치 온도
③ 파괴 온도 ④ 취성 온도

해설 천이 온도란 재료가 연성파괴에서 취성파괴로 변하는 온도 범위를 말한다. 최고 가열온도가 400~600℃인 부분이 천이 온도가 가장 높으며, 이 영역은 조직의 변화는 없으나 기계적 성질이 나쁜 곳이다.

8. 금속재료를 보통 500~700℃로 가열하여 일정 시간을 유지한 후 서랭하는 방법으로 주조, 단조, 기계 가공 및 용접 후에 잔류응력을 제거하는 풀림 방법은?

① 연화 풀림 ② 구상화 풀림
③ 응력제거풀림 ④ 항온 풀림

해설 응력제거풀림은 보통 A_1변태점 이하로 가능한 한 온도 분포가 균일하도록 가열하고, 일정 시간을 유지한 후 서랭하는 열처리 방법이다.

9. 알루미늄의 특성이 아닌 것은?

① 전기전도도는 구리의 60% 이상이다.
② 직사광의 90% 이상을 반사할 수 있다.
③ 비자성체이며 내열성이 매우 우수하다.
④ 저온에서 우수한 특성을 갖고 있다.

해설 알루미늄의 특성
㉠ 합금 재질이 많고 기계적 특성이 양호하다.
㉡ 내식성이 양호하다.
㉢ 열과 전기의 전도성이 양호하다.
㉣ 가공성, 접합성, 성형성이 양호하다.
㉤ 빛이나 열의 반사율이 높다.

10. 강의 담금질 조직 중 냉각속도에 따른 조직의 변화 순서가 옳게 나열된 것은?

① 트루스타이트>소르바이트>오스테나이트>마텐자이트
② 소르바이트>트루스타이트>오스테나이트>마텐자이트
③ 마텐자이트>오스테나이트>소르바이트>트루스타이트
④ 오스테나이트>마텐자이트>트루스타이트>소르바이트

해설 냉각속도에 따른 조직의 변화 순서: 오스테나이트>마텐자이트>트루스타이트>소르바이트>펄라이트

11. 3차원의 물체를 원근감을 주면서 투상선이 한곳에 집중되게 그린 것으로 건축, 토목의 투상에 주로 사용되는 것은?

① 투시도 ② 사투상도
③ 부등각 투상도 ④ 정투상도

정답 6. ① 7. ① 8. ③ 9. ③ 10. ④ 11. ①

해설 투시 투상은 유리와 같은 투명한 투상면에 물체의 모양을 그리는 것을 말하며 1점, 2점, 3점 투시 투상도가 있다.

12. 도면의 분류 중 내용에 따른 분류에 해당되지 않는 것은?

① 기초도　　② 스케치도
③ 계통도　　④ 장치도

해설 도면의 분류
㉠ 용도에 따른 분류: 계획도, 제작도, 주문도, 견적도, 승인도, 설명도 등
㉡ 내용에 따른 분류: 부품도, 조립도, 기초도, 배치도, 배관도, 장치도, 스케치도 등
㉢ 표면 형식에 따른 분류: 외형도, 전개도, 곡면선도, 구조선도, 계통도 등

13. 겹쳐진 부재에 홀(hole) 대신 좁고 긴 홈을 만들어 용접하는 것은?

① 맞대기용접　　② 필릿용접
③ 플러그용접　　④ 슬롯용접

14. 다음 중 CAD 시스템의 도입 효과가 아닌 것은?

① 품질 향상　　② 원가 절감
③ 납기 연장　　④ 표준화

해설 CAD의 도입 효과로는 품질 향상, 원가 절감, 납기 단축, 신뢰성 향상, 표준화, 경쟁력 강화 등이 있다.

15. 다음 중 보이지 않는 부분을 표시하는 데 쓰이는 선은?

① 외형선　　② 숨은선
③ 중심선　　④ 가상선

해설 숨은선은 대상물의 보이지 않는 부분의 모양을 표시하는 데 쓰이며, 가는 파선 또는 굵은 파선으로 나타낸다.

16. 도형의 표시방법 중 보조투상도의 설명으로 옳은 것은?

① 그림의 일부를 도시하는 것으로 충분한 경우에 그 필요 부분만을 그리는 투상도
② 대상물의 구멍, 홈 등 한 국부의 모양을 도시하는 것으로 충분한 경우에 그 필요 부분만을 그리는 투상도
③ 대상물의 일부에 일정 각도가 있어 투상면에 그 실형이 나타나지 않을 때에 그 부분을 회전시켜 그리는 투상도
④ 경사면 부분이 있는 대상물에서 그 경사면의 실형을 나타낼 필요가 있는 경우에 그리는 투상도

해설 ①은 부분 투상도, ②는 국부 투상도, ③은 회전 투상도에 대한 설명이다.

17. 용접기호 중에서 스폿 용접을 표시하는 기호는?

① ⊖　② ⊓　③ ○　④ ═

해설 • 심용접: ⊖
• 플러그 또는 슬롯용접: ⊓
• 표면 접합부: ═

18. 다음 중 서로 관련되는 부품과의 대조가 용이하여 다종 소량생산에 쓰이는 도면은?

① 1품1엽 도면　　② 1품다엽 도면
③ 다품1엽 도면　　④ 복사 도면

19. 다음 용접기호를 설명한 것으로 올바른 것은 어느 것인가?

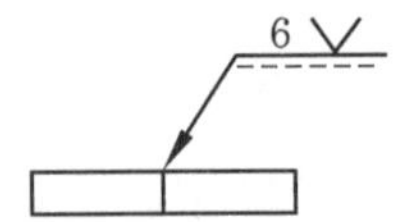

① 용접은 화살표 쪽으로 한다.

정답 12. ③ 13. ④ 14. ③ 15. ② 16. ④ 17. ③ 18. ③ 19. ①

② 용접은 I형 이음으로 한다.
③ 용접 목길이는 6mm이다.
④ 용접부 루트간격은 6mm이다.

해설 실선 위에 기호가 있을 때는 화살표 쪽, 파선 위에 기호가 있을 때는 화살표 반대쪽을 나타낸다.

20. 용접부의 비파괴 시험에서 150mm씩 세 곳을 택하여 형광 자분탐상시험을 지시하는 것은?

① MT-F150(3)　② MT-D150(3)
③ MT-F3(150)　④ MT-D3(150)

제2과목 용접구조설계

21. 루트 균열에 대한 설명으로 거리가 먼 것은?

① 루트 균열의 원인은 열영향부 조직의 경화성이다.
② 맞대기용접이음의 가접에서 발생하기 쉬우며 가로균열의 일종이다.
③ 루트 균열을 방지하기 위해 건조된 용접봉을 사용한다.
④ 방지책으로는 수소량이 적고 건조된 용접봉을 사용한다.

해설 루트 균열의 원인은 열영향부의 조직(강재의 경화성), 용접부에 함유된 수소량, 작용하는 응력 등이다. 이를 방지하기 위해서는 용접부에 들어가는 수소량을 최소한으로 줄이고, 건조된 용접봉을 사용하며, 예열과 후열 등을 정확히 실시해야 한다.

22. 연강을 용접이음할 때 인장강도가 21 N/mm^2, 허용응력이 7N/mm^{2}이다. 정하중에서 구조물을 설계할 경우 안전율은 얼마인가?

① 1　② 2　③ 3　④ 4

해설 $\text{인장응력} = \frac{\text{인장강도}}{\text{허용응력}} = \frac{21}{7} = 3$

23. 연강판의 맞대기용접이음 시 굽힘 변형 방지법이 아닌 것은?

① 이음부에 미리 역변형을 주는 방법
② 특수 해머로 두들겨서 변형하는 방법
③ 지그(jig)로 정반에 고정하는 방법
④ 스트롱 백(strong back)에 의한 구속 방법

해설 용접변형을 방지하기 위해 클램프, 두꺼운 밑판, 튼튼한 뒷받침, 용접지그 등을 이용하여 용접물을 단단하게 고정시킨다.

24. 아크전류가 300A, 아크전압이 25V, 용접속도가 20cm/min인 경우 발생되는 용접입열은?

① 20,000 J/cm　② 22,500 J/cm
③ 25,500 J/cm　④ 30,000 J/cm

해설
$$\text{용접입열} = \frac{(60\times\text{전압}\times\text{전류})}{\text{용접속도}} = \frac{(60\times25\times300)}{20} = 22{,}500$$

25. 다음 중 용접이음의 설계로 가장 좋은 것은?

① 용착 금속량이 많아지게 한다.
② 용접선이 한곳에 집중되게 한다.
③ 잔류응력이 적어지게 한다.
④ 부분 용입이 되도록 한다.

해설 ㉠ 아래보기 용접을 많이 하도록 한다.

정답 20. ① 21. ② 22. ③ 23. ② 24. ② 25. ③

㉡ 용접작업에 지장을 주지 않는 간격을 확보한다.
㉢ 필릿용접은 가능한 피하고 맞대기용접을 하도록 한다.
㉣ 중립축에 대하여 모멘트 합이 "0"이 되도록 한다.
㉤ 용접물 중심과 대칭으로 용접하여 변형을 방지한다.
㉥ 동일 평면 내에 많은 이음이 있을 때에는 수축이 가능한 자유단으로 보낸다.
㉦ 용접선은 서로 교차하면 여러 가지 결함이 발생하므로 가능한 교차가 없게 용접을 한다.

26. [그림]과 같은 겹치기 이음의 필릿용접을 하려고 한다. 허용응력을 50MPa라 하고, 인장하중을 50kN, 판두께 12mm라고 할 때, 용접 유효길이는 약 몇 mm인가?

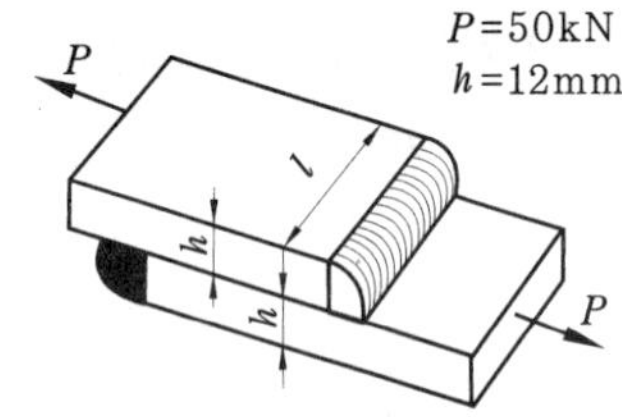

① 83 ② 73 ③ 69 ④ 59

해설 허용응력

$$= \frac{(1.414 \times \text{인장하중})}{(\text{판두께 1} + \text{판두께 2}) \times \text{유효길이}}$$

$$\text{유효길이} = \frac{(1.414 \times 50000)}{50 \times (12+12)} = 58.9 \fallingdotseq 59$$

27. 다음 중 자분 탐상검사의 자화 방법이 아닌 것은?

① 축통전법 ② 관통법
③ 극간법 ④ 원형법

해설 자분 탐상검사의 자화 방법으로는 축통전법, 관통법, 직각통전법, 코일법, 극간법 등이 있다.

28. 용접구조물을 조립할 때 용접자세를 원활하기 위해 사용되는 것은?

① 용접 게이지 ② 제관용 정반
③ 용접 지그(jig) ④ 수평 바이스

해설 용접지그의 장단점
㉠ 동일 제품을 다량 생산할 수 있다.
㉡ 제품의 정밀도와 용접부의 신뢰성을 높인다.
㉢ 작업을 용이하게 하고 용접 능률을 높인다.
㉣ 구속력이 너무 크면 잔류응력이나 용접 균열이 발생하기 쉽다.
㉤ 지그의 제작비가 많이 들지 않아야 한다.
㉥ 사용이 간단해야 한다.

29. 용접시 용접자세를 좋게 하기 위해 정반 자체가 회전하도록 한 것은?

① 머니퓰레이터(manipulator)
② 용접 고정구(fixture)
③ 용접대(base die)
④ 용접 포지셔너(positioner)

30. 용접선에 직각 방향으로 수축되는 변형을 무엇이라 하는가?

① 가로수축 ② 세로수축
③ 회전수축 ④ 좌굴변형

31. 공업용 가스의 종류와 그 용기의 색상이 잘못 연결된 것은?

① 산소－녹색 ② 아세틸렌－황색
③ 아르곤－회색 ④ 수소－청색

해설 충전가스 용기의 도색

정답 26. ④ 27. ④ 28. ③ 29. ④ 30. ① 31. ④

가스 명칭	도색	가스충전 구멍에 있는 나사의 좌우
산소	녹색	우
수소	주황색	좌
탄산가스	청색	우
염소	갈색	우
암모니아	백색	우
아세틸렌	황색	좌
프로판	회색	좌
아르곤	회색	우

32. 용착금속에서 기공의 결함을 찾아내는 데 가장 좋은 비파괴 검사법은?

① 누설검사 ② 자기 탐상검사
③ 침투 탐상검사 ④ 방사선 투과시험

해설 방사선 투과시험에 의해 검출되는 결함에는 균열, 융합불량, 용입불량, 기공, 슬래그 섞임, 비금속개재물, 언더컷 등이 있다.

33. 용접구조 설계시 주의사항에 대한 설명으로 틀린 것은?

① 용접치수는 강도상 필요 이상 크게 하지 않는다.
② 용접이음의 집중, 교차를 피한다.
③ 판면에 직각 방향으로 인장하중이 작용할 경우 판의 압연 방향에 주의한다.
④ 후판을 용접할 경우 용입이 낮은 용접법을 이용하여 층수를 줄인다.

해설 용접구조 설계시 주의사항
㉠ 용접에 적합한 구조로 설계할 것
㉡ 용접길이는 될 수 있는 대로 짧게 하고, 용착금속은 강도상 필요한 최소량으로 할 것
㉢ 용접이음의 특성을 고려하여 선택할 것
㉣ 용접하기 쉽도록 설계할 것
㉤ 용접이음이 한곳으로 집중되거나 또는 너무 근접하지 않도록 할 것
㉥ 강도가 약한 필릿용접은 가급적 피할 것
㉦ 반복 하중을 받는 이음에서는 특히 이음 표면을 평평하게 할 것
㉧ 구조상 노치부를 피할 것
㉨ 결함이 생기기 쉬운 용접 방법은 피할 것

34. 용접결함 중 언더컷이 발생했을 때 보수 방법은?

① 예열한다.
② 후열한다.
③ 언더컷 부분을 연삭한다.
④ 언더컷 부분을 가는 용접봉으로 용접 후 연삭한다.

35. 두꺼운 강판에 대한 용접이음 홈을 설계할 때는 용접자세, 이음의 종류, 변형, 용입 상태, 경제성 등을 고려하여야 한다. 이때 설계의 요령과 관계가 먼 것은?

① 용접홈의 단면적은 가능한 작게 한다.
② 루트 반지름(r)은 가능한 작게 한다.
③ 전후좌우로 용접봉을 움직일 수 있는 홈각도가 필요하다.
④ 적당한 루트간격과 루트면을 만들어 준다.

해설 중판 이상의 용접 설계시 주의사항
㉠ 홈의 단면적은 가능한 작게 한다.
㉡ 최소 10° 정도는 전후좌우로 용접봉을 움직일 수 있는 홈각도가 필요하다.
㉢ 루트 반지름은 가능한 크게 한다.
㉣ 적당한 루트간격과 루트면을 만들어 준다(루트간격의 최대치는 사용 용접봉의 지름을 한도로 한다).

36. 다음 중 용착효율을 구하는 식으로 옳은 것은 어느 것인가?

정답 32. ④ 33. ④ 34. ④ 35. ② 36. ①

① 용착효율(%) = $\frac{\text{용착금속의 중량}}{\text{용접봉 사용 중량}} \times 100$

② 용착효율(%) = $\frac{\text{용접봉 사용 중량}}{\text{용착금속의 중량}} \times 100$

③ 용착효율(%) = $\frac{\text{남은 용접봉의 중량}}{\text{용접봉 사용 중량}}$

④ 용착효율(%) = $\frac{\text{용접봉 사용 중량}}{\text{남은 용접봉의 중량}}$

37. 용접시 발생하는 용접변형의 주 발생 원인으로 가장 적합한 것은?

① 용착 금속부의 취성에 의한 변형
② 용접 이음부의 결함 발생으로 인한 변형
③ 용착 금속부의 수축과 팽창으로 인한 변형
④ 용착 금속부의 경화로 인한 변형

해설 용접시 가열 중의 팽창 및 냉각 중의 수축으로 인해 용접 후에 변형이 발생한다. 용접 변형의 원인은 용접 열과 관련된 요인과 이음의 외적 구속과 관련된 요인으로 크게 구분된다.

38. 한 끝에서 다른 쪽 끝을 향해 연속적으로 진행하는 방법으로서 용접이음이 짧은 경우나 변형, 잔류응력 등이 크게 문제되지 않을 때 이용되는 용착법은?

① 비석법 ② 대칭법 ③ 후퇴법 ④ 전진법

해설 ㉠ 전진법: 용접의 시작 부분보다 끝나는 부분이 수축 및 잔류응력이 커서 용접이음이 짧고, 변형 및 잔류응력이 그다지 문제가 되지 않을 때 사용한다.
㉡ 후진법: 단계적으로 후퇴하면서 전체 길이를 용접하는 방법이며 수축과 잔류응력을 줄일 수 있다.
㉢ 대칭법: 용접 전 길이에 대하여 중심에서 좌우로 또는 용접물 형상에 따라 좌우 대칭으로 용접하여 변형과 수축 응력을 경감한다.
㉣ 비석법: 스킵법이라고도 하며 용접 길이를 짧게 나누어 놓고 간격을 두면서 용접하는 방법으로 특히 잔류응력을 적게 할 경우 사용한다.

39. 용접부의 부식에 대한 설명으로 틀린 것은?

① 입계부식은 용접 열영향부의 오스테나이트 입계에 Cr 탄화물이 석출될 때 발생한다.
② 용접부의 부식은 전면 부식과 국부 부식으로 분류한다.
③ 틈새부식은 틈 사이의 부식을 말한다.
④ 용접부의 잔류응력은 부식과 관계없다.

해설 응력이 존재하는 상태에서는 재료의 부식이 촉진되는 경우가 많은데, 이것을 응력부식이라 한다.

40. 저온취성 파괴에 미치는 요인과 가장 관계가 먼 것은?

① 온도의 저하 ② 인장 잔류응력
③ 예리한 노치 ④ 강재의 고온 특성

해설 저온취성 파괴는 실온 이하의 저온에서 취약한 성질을 나타내는 것으로 산소와 질소가 저온취성에 큰 영향을 미치며 인장 잔류응력, 예리한 노치 등이 요인이 된다.

제3과목 용접일반 및 안전관리

41. 판두께가 가장 두꺼운 경우에 적당한 용접 방법은?

① 원자 수소 용접
② CO_2 가스 용접

정답 37. ③ 38. ④ 39. ④ 40. ④ 41. ④

③ 서브머지드 용접(submerged welding)

④ 일렉트로 슬래그 용접(electro slag welding)

해설 일렉트로 슬래그 용접은 와이어가 1개인 경우는 판두께 120mm, 와이어가 2개인 경우는 100~250mm이며, 와이어를 3개 이상 사용하면 250mm 이상의 용접도 가능하다.

42. TIG 용접으로 Al을 용접할 때 가장 적합한 용접전원은?

① DC SP ② DC RP ③ AC HF ④ AC RP

해설 알루미늄의 용융점이 660℃로서 낮은 반면, 산화알루미늄의 용융점은 2050℃로 순수 알루미늄의 용융점보다 매우 높기 때문에 용접성이 좋지 않아 고주파를 병용한 전류를 사용한다. 고주파를 병용한 교류(ACHF)를 사용하면 반파에 청정 작용이 있고 용접도 양호하다.

43. 직류 아크 용접기를 교류 아크 용접기와 비교했을 때 틀린 것은?

① 비피복 용접봉 사용이 가능하다.

② 전격의 위험이 크다.

③ 역률이 양호하다.

④ 유지 보수가 어렵다.

해설 전격의 위험성을 비교하면 사인(sine)파로 양극과 음극으로 서로 이어지는 교류가, 양극에서 양극으로 음극에서 음극으로 직진하는 직류보다 크다.

44. 다음 중 전기저항열을 이용한 용접법은 어느 것인가?

① 일렉트로 슬래그 용접

② 잠호 용접

③ 초음파 용접

④ 원자 수소 용접

해설 일렉트로 슬래그 용접은 용융 용접의 일종으로 아크열이 아닌 와이어와 용융 슬래그 사이에 통전된 전류와 저항열을 이용하여 용접을 하는 방식이다.

45. 용제 없이 가스용접을 할 수 있는 재질은?

① 연강 ② 주철

③ 알루미늄 ④ 황동

46. 두께가 12.7mm인 강판을 가스절단 하려 할 때 표준 드래그의 길이는 2.4mm이다. 이때 드래그는 몇 %인가?

① 18.9 ② 32.1 ③ 42.9 ④ 52.4

해설 $\frac{2.4}{12.7} \times 100 = 18.9\%$

47. 다음 중 용접에 관한 안전사항으로 틀린 것은 어느 것인가?

① TIG 용접시 차광 렌즈는 12~13번을 사용한다.

② MIG 용접시 피복아크용접보다 1m가 넘는 거리에서도 공기 중의 산소를 오존(O_3)으로 바꿀 수 있다.

③ 전류가 인체에 미치는 영향에서 50mA는 위험을 수반하지 않는다.

④ 아크로 인한 염증을 일으켰을 경우 붕산수(2% 수용액)로 눈을 닦는다.

해설 교류 전류가 인체에 통했을 때 1mA는 전기를 약간 느낄 정도, 5mA는 상당한 고통, 10mA는 견디기 어려울 정도의 고통, 20mA는 심한 고통을 느끼고 강한 근육 수축이 일어난다. 50mA는 상당히 위험한 상태, 100mA는 치명적인 결과를 초래한다(사망 위험).

정답 42. ③ 43. ② 44. ① 45. ① 46. ① 47. ③

48. CO2 아크용접에 대한 설명 중 틀린 것은?

① 전류 밀도가 높아 용입이 깊고, 용접속도를 빠르게 할 수 있다.
② 용접장치, 용접전원 등 장치로서는 MIG 용접과 같은 점이 많다.
③ CO_2 아크용접에서는 탈산제로서 Mn 및 Si를 포함한 용접와이어를 사용한다.
④ CO_2 아크용접에서는 차폐 가스로 CO_2에 소량의 수소를 혼합한 것을 사용한다.

해설 혼합가스로는 CO_2－산소, CO_2－아르곤, CO_2－산소－아르곤 등이 있다.

49. 최소에너지 손실속도로 변화되는 절단팁의 노즐 형태는?

① 스트레이트 노즐 ② 다이버전트 노즐
③ 원형 노즐 ④ 직선형 노즐

해설 다이버전트 노즐의 지름은 절단팁보다 2배 정도 크고 끝부분이 약간(약 15~25°) 구부러져 있는 것이 많다. 보통의 팁에 비하여 2~5배 높은 속도로 절단할 수 있으며, 홈의 폭과 깊이의 비는 1~3: 1이다.

50. 맞대기 압접의 분류에 속하지 않는 것은?

① 플래시 맞대기용접
② 충격 용접
③ 업셋 맞대기용접
④ 심용접

해설 맞대기 저항 용접법에는 업셋 용접, 플래시 용접, 버트 심용접, 포일 심용접, 충격(퍼커션) 용접 등이 있으며, 심용접은 겹치기 저항용접에 속한다.

51. TIG 용접시 교류 용접기에 고주파 전류를 사용할 때의 특징이 아닌 것은?

① 아크는 전극을 모재에 접촉시키지 않아도 발생된다.
② 전극의 수명이 길다.
③ 일정 지름의 전극에 대해 광범위한 전류의 사용이 가능하다.
④ 아크가 길어지면 끊어진다.

해설 고주파 전류를 사용할 때는 자기장이 아크 길이에 비례하여 커지기 때문에 아크가 끊어지지 않는다.

52. 다음 중 전격의 위험성이 가장 적은 것은?

① 케이블의 피복이 파괴되어 절연이 나쁠 때
② 무부하 전압이 낮은 용접기를 사용할 때
③ 땀을 흘리면서 전기 용접을 할 때
④ 젖은 몸에 홀더 등이 닿았을 때

53. 아세틸렌 청정기는 어느 위치에 설치함이 좋은가?

① 발생기의 출구 ② 안전기 다음
③ 압력 조정기 다음 ④ 토치 바로 앞

해설 아세틸렌 청정기는 아세틸렌의 발생기 과정에서 발생하는 암모니아, 인화수소, 황하수소 등의 불순물을 제거하기 위하여 발생기의 출구 쪽에 설치한다.

54. 이산화탄소 아크용접에 대한 설명으로 옳지 않은 것은?

① 아크시간을 길게 할 수 있다.
② 가시(可視) 아크이므로 시공 시 편리하다.
③ 용접입열이 크고, 용융속도가 빠르며 용입이 깊다.
④ 바람의 영향을 받지 않으므로 방풍장치가 필요 없다.

정답 48. ④ 49. ② 50. ④ 51. ④ 52. ② 53. ① 54. ④

해설 이산화탄소 아크용접은 바람의 영향을 받으므로 풍속 2m/s 이상에서는 방풍장치가 필요하다.

55. 교류 아크 용접 시 아크시간이 6분이고, 휴식시간이 4분일 때 사용률은 얼마인가?

① 40% ② 50% ③ 60% ④ 70%

해설 사용률(%)

$$= \frac{\text{아크시간}}{\text{아크시간}+\text{휴식시간}} \times 100$$

$$= \frac{6}{6+4} \times 100 = 60$$

56. B형 가스용접 토치의 팁번호 250을 바르게 설명한 것은? (단, 불꽃은 중성 불꽃일 때)

① 판두께 250mm까지 용접한다.
② 1시간에 250L의 아세틸렌가스를 소비하는 것이다.
③ 1시간에 250L의 산소 가스를 소비하는 것이다.
④ 1시간에 250cm까지 용접한다.

해설 가스용접의 팁 번호
㉠ 독일식(A형): 강판의 용접을 기준으로 팁이 용접하는 판두께로 나타낸다.
㉡ 프랑스식(B형): 1시간 동안 표준불꽃으로 용접하는 경우 아세틸렌의 소비량(L)으로 나타낸다.

57. CO_2 가스에 O_2(산소)를 첨가한 효과가 아닌 것은?

① 슬래그 생성량이 많아져 비드 외관이 개선된다.
② 용입이 낮아 박판 용접에 유리하다.
③ 용융지의 온도가 상승된다.
④ 비금속개재물의 응집으로 용착강이 청결해진다.

해설 CO_2 가스에 O_2를 첨가하면 용융지의 온도가 상승하며, 용입이 깊어져 후판 용접에 유리하다.

58. 교류 아크 용접기에서 2차 측의 무부하 전압은 약 몇 V가 되는가?

① 40~60V ② 70~80V
③ 80~100V ④ 100~120V

해설 KS C 9602의 교류 용접기의 규격에는 2차측 무부하전압이 AW200~400: 85 이하, AW500: 95로 규정되어 있다.

59. 강을 가스절단 할 때 쉽게 절단할 수 있는 탄소 함유량은 얼마인가?

① 6.68%C 이하 ② 4.3%C 이하
③ 2.11%C 이하 ④ 0.25%C 이하

해설 탄소가 0.25% 이하인 저탄소강은 절단성이 양호하나 탄소량의 증가로 균열이 생기게 된다.

60. 아크용접과 절단 작업에서 발생하는 복사에너지 중 눈에 백내장을 일으키고, 맨살에 화상을 입힐 수 있는 것은?

① 적외선 ② 가시광선
③ 자외선 ④ X선

해설 태양광선(아크광선)은 가시광선, 적외선, 자외선 등으로 구성되어 있으며, 눈으로 볼 수 있는 것은 가시광선이다. 열과 복사에너지를 동반하는 적외선에는 근적외선, 중간 적외선, 원적외선이 있으며, 원적외선은 의학용, 발열량이 많은 근적외선은 난방용으로 사용된다. 자외선은 피부에 화상을 일으키고, 피부색을 검게 변화시키며 피부염이나 피부 노화를 유발한다.

정답 55. ③ 56. ② 57. ② 58. ② 59. ④ 60. ①

2014년 8월 17일 시행

용접산업기사

제 1 과목 용접야금 및 용접설비제도

1. 다음 〈보기〉를 공통적으로 설명하고 있는 표면 경화법은?

보기
• 강을 NH_3 가스 중에서 500~550℃로 20~100시간 정도 가열한다. • 경화 깊이를 깊게 하기 위해서는 시간을 길게 하여야 한다. • 표면층에 합금 성분인 크로뮴, 알루미늄, 몰리브덴 등이 단단한 경화층을 형성하며 특히 알루미늄은 경도를 높여주는 역할을 한다.

① 질화법 ② 침탄법
③ 크로마이징 ④ 화염경화법

2. 강을 단조, 압연 등의 소성가공이나 주조로 거칠어진 결정조직을 미세화하고 기계적 성질, 물리적 성질 등을 개량하여 조직을 표준화하고 공랭하는 열처리는?

① 풀림(annealing)
② 불림(normalizing)
③ 담금질(quenching)
④ 뜨임(tempering)

해설 불림은 주조 또는 단조한 제품에 조대화한 조직을 미세하게 하여 표준화하기 위해 Ac_3나 Acm변태점보다 40~60℃ 높은 온도로 가열하여 오스테나이트로 만든 후 공기 중에서 냉각시키는 열처리 방법으로 연신율과 단면수축률이 좋아진다.

3. Fe-C 평형상태도에서 조직과 결정구조에 대한 설명으로 옳은 것은?

① 펄라이트는 $\gamma+Fe_3C$이다.
② 레데부라이트는 $\alpha+Fe_3C$이다.
③ α-페라이트는 면심입방격자이다.
④ δ-페라이트는 체심입방격자이다.

해설 α-페라이트는 A_3(912℃) 아래에서 체심입방격자이고 펄라이트는 $\alpha+Fe_3C$이며 레데부라이트는 $\gamma+Fe_3C$이다.

4. 타이타늄(Ti)의 성질을 설명한 것 중 옳은 것은?

① 비중은 약 8.9이다.
② 열전도율이 매우 높다.
③ 활성이 작아 고온에서 산화되지 않는다.
④ 상온 부근의 물 또는 공기 중에서는 부동태피막이 형성된다.

해설 타이타늄은 비중이 4.5이고 내식성과 내열성이 우수하며 화학적 반응성이 좋다. 공기 중에서 고온으로 가열하면 산화하여 층상피막이 생긴다.

5. 금속의 공통적인 성질로 틀린 것은?

① 수은 이외에는 상온에서 고체이며 결정체이다.
② 전기에 부도체이며 비중이 작다.
③ 결정의 내부구조를 변경시킬 수 있다.
④ 금속 고유의 광택을 갖고 있다.

해설 금속의 공통적인 성질〈①, ③, ④ 외〉
㉠ 연성과 전성이 커서 소성변형을 할 수 있다.
㉡ 전기의 양도체이다.

정답 1. ① 2. ② 3. ④ 4. ④ 5. ②

㉢ 용융점이 높고 대체로 비중이 크다.

6. 강괴의 결함이 아닌 것은?

① 수축공 ② 백점
③ 편석 ④ 용강

해설 강괴는 제강에서 얻은 용강을 금속 주형이나 사형에 넣고 탈산제를 첨가하여 탈산한 후 덩어리로 냉각시킨 것이다. 탈산 정도에 따라 림드강, 세미킬드강, 킬드강으로 구분하며 림드강은 탈산 및 가스 처리가 불충분하여 내부에는 기포(백점) 및 편석이 생기기 쉬우며 킬드강은 표면에 헤어크랙이나 수축공이 생기므로 강괴의 10~20%를 잘라낸다.

7. 일반적으로 용융금속 중에서 기포 응고 시 빠져 나가지 못하고 잔류하여 용접부에 기계적 성질을 저하시키는 것은?

① 편석 ② 은점 ③ 기공 ④ 노치

해설 기공(blow hole)은 용착금속 속의 가스(특히 수소)로 인하여 남아 있는 구멍을 말한다. 은점(fish eye)은 용접 금속부를 파단하였을 때 그 파단면에 나타나는 물고기 눈 모양의 점이며 수소가 존재하는 경우에만 생긴다.

8. 주철 용접부 바닥면에 스터드 볼트 대신 둥근 홈을 파고 이 부분에 걸쳐 힘을 받도록 용접하는 방법은?

① 버터링법 ② 로킹법
③ 비녀장법 ④ 스터드법

해설 주철의 보수 용접의 종류는 스터드법, 비녀장법, 버터링법, 로킹법 등이 있으며 그중 스터드 볼트 대신 용접부 바닥면에 둥근 홈을 파고 이 부분에 걸쳐 힘을 받도록 하여 용접하는 방법을 로킹법이라 한다.

9. 강을 경화시키기 위한 열처리는?

① 담금질 ② 뜨임
③ 불림 ④ 풀림

해설 담금질은 주로 탄소강의 강도와 경도를 증가시키기 위한 열처리이지만, 뜨임(내부 응력을 제거하고 인성을 증가시킴), 풀림(강의 조직을 미세화하고 기계 가공을 쉽게 하기 위함), 불림(주조 또는 단조한 제품의 조대화한 조직을 미세하게 표준화하여 연신율과 단면수축률이 좋아짐) 등은 담금질의 메짐(취성)을 저하시켜 강을 미세하게 하는 방법이다.

10. 탄소강의 조직 중 전연성이 크고 연하며 강자성체인 조직은?

① 페라이트 ② 펄라이트
③ 시멘타이트 ④ 레데부라이트

해설 탄소강의 표준조직 중 일반적으로 상온에서 α철에 탄소를 고용한 것을 페라이트라고 하며, 전연성이 크고 연하며 강자성체이다.

11. 척도의 종류 중 축척(contraction scale)으로 그릴 때의 내용을 바르게 설명한 것은?

① 도면의 치수는 실물의 배척된 치수를 기입한다.
② 표제란의 척도란에 "NS"라고 기입한다.
③ 표제란의 척도란에 2 : 1, 20 : 1 등으로 기입한다.
④ 도면의 치수는 실물의 축척된 치수를 기입한다.

해설 도면의 척도는 현척, 축척, 배척이 있으며 축척은 도면의 도형을 실물보다 작게 제도하는 경우에 사용하고, 축척으로 그린 도면의 치수는 실물의 실제 치수를 기입한다.

정답 6. ④ 7. ③ 8. ② 9. ① 10. ① 11. ④

12. 용접기호에 관한 설명 중 틀린 것은?

① ∨는 V형 맞대기용접을 의미한다.

② ◺는 필릿용접을 의미한다.

③ ○는 점용접을 의미한다.

④ 八는 플러그 용접을 의미한다.

해설 ④는 돌출된 모서리가 있는 평판 사이의 맞대기용접을 의미하는 기호이다.

13. 치수 보조기호 중 잘못 설명된 것은?

① t: 판의 두께

② (20): 이론적으로 정확한 치수

③ C: 45°의 모따기

④ SR: 구의 반지름

해설 (　): 참고치수

14. 화살표 쪽 필릿용접의 기호는?

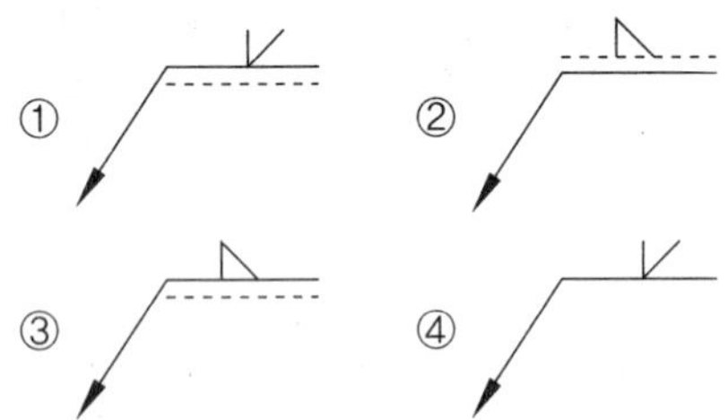

해설 필릿용접의 기호는 ②, ③이고 실선 위에 기호가 있는 것은 화살표 쪽을, 파선 위에 있는 것은 화살표 반대쪽을 용접한다는 뜻이다.

15. 단면도의 표시방법으로 알맞지 않은 것은?

① 단면도의 도형은 절단면을 사용하여 대상물을 절단하였다고 가정하고 절단면의 앞 부분을 제거하고 그린다.

② 온단면도에서 절단면을 정하여 그릴 때 절단선은 기입하지 않는다.

③ 외형도에서 필요로 하는 요소의 일부만을 부분 단면도로 표시할 수 있으며 이 경우 파단선에 의해서 그 경계를 나타낸다.

④ 절단했기 때문에 축, 핀, 볼트의 경우는 원칙적으로 긴쪽 방향으로 절단한다.

해설 단면도는 물체를 더 명확하게 표시할 필요가 있는 곳에서 가상의 절단면 앞부분을 떼어낸 다음 남겨진 모양을 그린 투상도이다. 단면은 원칙적으로 기본 중심선에서 절단한 면으로 표시하고 단면이 필요한 경우는 기본 중심선이 아닌 곳에서 절단한 면으로 표시해도 좋으며 해칭이나 스머징(smudging)을 한다.

16. 핸들이나 바퀴의 암, 리브, 훅, 축, 구조물의 부재 등의 절단면을 90° 회전하여 그린 단면도는?

① 회전 단면도　　② 부분 단면도

③ 한쪽 단면도　　④ 온 단면도

해설 회전 단면도는 핸들, 벨트풀리(belt pulley), 기어와 같은 바퀴의 암, 리브, 훅, 축, 구조물의 부재 등의 절단면을 90°로 회전시켜서 표시하는 것이다.

17. 한국산업규격 용접기호 중 Z◺$n \times L(e)$에서 n이 의미하는 것은?

① 용접부의 수　　② 피치

③ 용접길이　　④ 목길이

해설 Z는 필릿용접 치수 앞에 있는 문자 단면에 표시될 수 있는 최대 이등변삼각형의 면, a는 단면에 표시될 수 있는 최대 이등변삼각형의 높이, n은 용접부의 수, L은 용접길이, (e)는 인접한 용접부의 간격을 나타낸다.

18. 면이 평면으로 가공되어 있고 윤곽이 복잡한 부품인 경우 그 면에 광명단 등을 발

정답 12. ④ 13. ② 14. ③ 15. ④ 16. ① 17. ① 18. ②

라 스케치 용지에 찍어 그 면의 실형을 얻는 스케치 방법은?

① 프리핸드법 ② 프린트법
③ 모양뜨기법 ④ 사진촬영법

19. 물체의 구멍이나 홈 등 한 부분의 모양을 표시하는 것으로 충분한 경우에 그 필요 부분만을 중심선, 치수보조선 등으로 연결하여 나타내는 투상도의 명칭은?

① 부분 투상도 ② 보조 투상도
③ 국부 투상도 ④ 회전 투상도

해설 투상도는 주 투상도, 보조 투상도, 부분 투상도, 국부 투상도, 회전 투상도, 부분 확대도 등이 있다.

20. KS의 부문별 분류 기호가 바르게 짝지어진 것은?

① KS A: 기계 ② KS B: 기본
③ KS C: 전기 ④ KS D: 광산

해설 A: 기본, B: 기계, C: 전기, D: 금속, E: 광산, F: 건설, G: 일용품, I: 환경, J: 생물, K: 섬유, L: 요업, M: 화학, P: 의료, Q: 품질경영, R: 수송기계, S: 서비스, T: 물류, V: 조선, W: 항공우주, X: 정보

제2과목 용접구조설계

21. 용접부의 단면을 나타낸 것이다. 열영향부를 나타내는 것은?

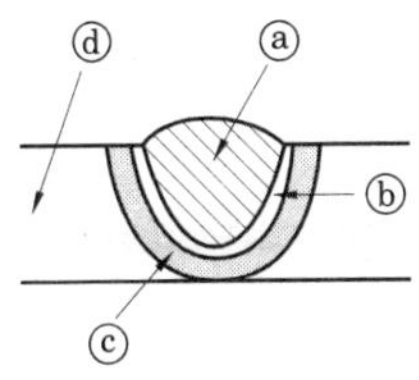

① ⓐ ② ⓑ ③ ⓒ ④ ⓓ

해설 ⓐ는 용접금속, ⓑ는 본드(bond)부, ⓒ는 열영향부, ⓓ는 원질부를 나타낸다.

22. 무부하 전압이 80V, 아크전압이 35V, 아크전류가 400A라 하면 교류 용접기의 역률과 효율은 각각 몇 %인가? (단, 내부 손실은 4kW이다.)

① 역률: 50, 효율: 72
② 역률: 56, 효율: 78
③ 역률: 61, 효율: 82
④ 역률: 66, 효율: 88

해설 교류 아크 용접기의 역률과 효율

$$\bullet\ \text{역률} = \frac{\text{아크 쪽 입력}+\text{손실}}{\text{전원 입력}} \times 100$$

$$= \frac{(35\times400)+4000}{(80\times400)} \times 100 = 56\%$$

$$\bullet\ \text{효율} = \frac{35\times400}{(35\times400)+400} \times 100 = 78\%$$

23. 탐촉자를 이용하여 결함의 위치 및 크기를 검사하는 비파괴 시험법은?

① 방사선 투과시험 ② 초음파 탐상시험
③ 침투 탐상시험 ④ 자분 탐상시험

해설 탐촉자를 이용하여 결함의 위치 및 크기를 검사하는 비파괴 검사법은 초음파 탐상시험으로 투과법, 펄스반사법, 공진법이 있다.

24. 용접구조물에서 파괴 및 손상의 원인으로 가장 관계가 없는 것은?

① 시공 불량 ② 재료 불량
③ 설계 불량 ④ 현도관리 불량

해설 현도관리 불량은 도면의 관리 불량으로 파괴 및 손상과 관계가 거의 없다.

정답 19. ③ 20. ③ 21. ③ 22. ② 23. ② 24. ④

25. 내균열성이 가장 우수하고 제품의 인장 강도가 요구될 때 사용되는 용접봉은?

① 저수소계 ② 라임티타니아계
③ 고셀룰로오스계 ④ 일미나이트계

해설 피복아크 용접봉의 내균열성: 피복제의 산성이 높으면 내균열성이 나쁘고, 염기성이 높으면 내균열성이 좋다.
내균열성이 좋은 것은 저수소계 > 일미나이트계 > 고산화철계 > 고셀룰로오스계 > 타이타늄계 순이다.

26. 용접에 의한 용착금속의 기계적 성질에 대한 사항으로 옳은 것은?

① 용접시 발생하는 급열, 급랭 효과에 의하여 용착금속이 경화한다.
② 용착금속의 기계적 성질은 일반적으로 다층용접보다 단층용접 쪽이 더 양호하다.
③ 피복아크용접에 의한 용착금속의 강도는 보통 모재보다 저하된다.
④ 예열과 후열처리로 냉각속도를 감소시키면 인성과 연성이 감소된다.

해설 용접에 의한 용착금속의 기계적 성질은 급열, 급랭에 의하여 경화가 되고 예열과 후열에 의하여 인성과 연성이 증가된다.

27. 판두께가 30mm인 강판을 용접하였을 때 각변형(가로 굽힘 변형)이 가장 많이 발생하는 홈의 형상은?

① H형 ② U형 ③ K형 ④ V형

해설 두꺼운 판을 용접하는 U, K, H형 등은 작업성과 용입이 좋아 충분한 용입을 얻을 수 있으나 V형은 두께 20mm 이하의 판을 한쪽 용접으로 완전히 용입을 얻고자 할 때 쓰이며 30mm인 강판을 용접하였을 때 각변형이 많이 발생할 수 있다.

28. 용접시 발생하는 균열로 맞대기 및 필릿 용접 등의 표면 비드와 모재와의 경계부에서 발생되는 것은?

① 크레이터 균열 ② 비드밑 균열
③ 설퍼 균열 ④ 토 균열

해설 토 균열(toe crack)은 맞대기이음용접, 필릿용접이음 등에서 비드 표면과 모재의 경계부에 발생한다. 용접에 의한 부재의 회전변형을 무리하게 구속하거나 용접 후 곧바로 각변형을 주면 발생한다.

29. 직접적인 용접용 공구가 아닌 것은?

① 치핑해머 ② 앞치마
③ 와이어브러시 ④ 용접집게

해설 직접적인 용접용 공구는 치핑해머, 와이어브러시, 용접집게 등이며 앞치마는 보호구의 종류이다.

30. 용착부의 인장응력이 5kgf/mm^{2}이고 용접선 유효 길이가 80mm이며, V형 맞대기로 완전 용입인 경우 하중 8000kgf에 대한 판두께는 몇 mm인가? (단, 하중은 용접선과 직각 방향이다.)

① 10 ② 20 ③ 30 ④ 40

해설 $\text{허용 인장응력} = \dfrac{\text{인장하중}}{(\text{두께}\times\text{길이})}$

$$\therefore \text{두께} = \frac{\text{인장하중}}{\text{허용 인장응력}\times\text{길이}} = \frac{8000}{5\times 80} = 20$$

31. 용접구조물의 조립순서를 결정할 때 고려사항이 아닌 것은?

① 가능한 구속하여 용접을 한다.
② 가접용 정반이나 지그를 적절히 채택한다.

정답 25. ① 26. ① 27. ④ 28. ④ 29. ② 30. ② 31. ①

③ 구조물의 형상을 고정하고 지지할 수 있어야 한다.

④ 변형이 발생되었을 때 쉽게 제거할 수 있어야 한다.

해설 가능한 구속력이 없도록 용접을 한다.

32. **용접이음 설계상 주의사항으로 옳지 않은 것은?**

① 용접 순서를 고려해야 한다.

② 용접선이 가능한 집중되도록 한다.

③ 용접부에 되도록 잔류응력이 발생하지 않도록 한다.

④ 두께가 다른 부재를 용접할 경우 단면의 급격한 변화를 피하도록 한다.

해설 용접 설계에서 일반적인 주의사항

㉠ 용접에 적합한 구조로 설계할 것

㉡ 용접길이가 감소될 수 있게 하고, 용착금속은 강도상 필요한 최소한의 양으로 줄일 것

㉢ 용접이음의 특성을 고려하여 선택할 것

㉣ 용접하기 쉽도록 설계할 것

㉤ 용접이음이 한곳으로 집중되거나 너무 근접하지 않도록 할 것

㉥ 결함이 생기기 쉬운 용접 방법은 피할 것

㉦ 강도가 약한 필릿용접은 가급적 피할 것

㉧ 반복 하중을 받는 이음에서는 특히 이음 표면을 평평하게 할 것

㉨ 구조상 노치부를 피할 것

33. **용접균열에 관한 설명으로 틀린 것은?**

① 저탄소강에 비해 고탄소강에서 잘 발생한다.

② 저수소계 용접봉을 사용하면 감소한다.

③ 소재의 인장강도가 클수록 쉽게 발생한다.

④ 판두께가 얇아질수록 증가한다.

해설 판두께가 두꺼울수록 급열, 급랭에 의하여 균열이 발생될 우려가 있다.

34. **다음 ( )에 들어갈 적합한 말은?**

용접구조물을 설계할 때 제작 측의 문의가 없어도 제작할 수 있도록 설계도면에서 공작법의 세부 지시사항을 지시한 ( )을(를) 작성한다.

① 공작도면 ② 사양서

③ 재료적산 ④ 구조계획

해설 제작에 필요한 모든 정보를 전달하기 위한 도면으로 공정도, 시공도, 상세도가 있으며 현장의 형태, 구조, 조립, 결합 등의 상세함을 나타낸 도면으로 제작도가 있다.

35. **용접이음의 부식 중 용접 잔류응력 등 인장응력이 걸리거나 특정의 부식 환경으로 될 때 발생하는 부식은?**

① 입계부식 ② 틈새부식

③ 접촉부식 ④ 응력부식

해설 용접이음에서 잔류응력이 존재하는 한 응력부식이 발생하는데, 발생하기 쉬운 재질은 알루미늄 합금, 마그네슘 합금, 구리합금, 오스테나이트계, 스테인리스강 및 연강 등이다.

36. **용접변형 방지법의 종류로 거리가 가장 먼 것은?**

① 전진법 ② 억제법

③ 역변형법 ④ 피닝법

해설 용접 변형의 방지법으로는 ②, ③, ④ 외에 대칭법, 후퇴법, 스킵 블록법, 스킵법(비석법), 도열법 등이 있다.

37. **용접균열의 발생 원인이 아닌 것은?**

정답 32. ② 33. ④ 34. ① 35. ④ 36. ① 37. ②

① 수소에 의한 균열
② 탈산에 의한 균열
③ 변태에 의한 균열
④ 노치에 의한 균열

해설 용접균열의 원인은 인성이 극히 작을 때, 수소와 황 등이 존재할 때, 언더컷 같은 결함이 존재할 때, 노치와 변태에 의한 균열 등이다.

38. 비파괴 검사법 중 표면결함 검출에 사용되지 않는 것은?

① MT ② UT ③ PT ④ ET

해설 ㉠ MT: 자분 탐상시험
㉡ UT: 초음파 탐상시험
㉢ PT: 침투 탐상시험
㉣ ET: 와류 탐상시험
㉤ AET: 음향방출 시험

39. 모재의 인장강도가 400 MPa이고 용접 시험편의 인장강도가 280 MPa이라면 용접부의 이음효율은 몇 %인가?

① 50 ② 60 ③ 70 ④ 80

해설 이음효율(%)

$$= \frac{\text{용접시험편 인장강도}}{\text{모재의 인장강도}} \times 100$$

$$= \frac{280}{400} \times 100 = 70$$

40. 용접이음의 기본 형식이 아닌 것은?

① 맞대기 이음 ② 모서리 이음
③ 겹치기 이음 ④ 플레어 이음

해설 용접이음의 기본적인 형식은 ①, ②, ③ 외에 변두리 이음, T이음, 십자 이음, 전면 필릿이음, 측면 필릿이음, 양면 덮개판 이음 등이 있다.

제3과목 용접일반 및 안전관리

41. 서브머지드 아크 용접법의 설명 중 잘못된 것은?

① 용융속도와 용착속도가 빠르며 용입이 깊다.
② 비소모식이므로 비드의 외관이 거칠다.
③ 모재 두께가 두꺼운 용접에서 효율적이다.
④ 용접선이 수직인 경우 적용이 곤란하다.

해설 소모식으로 비드의 외관이 아름답고 아크가 플럭스 속에서 일어나므로 잠호 용접이라고도 불리는 자동화 용접법이다.

42. 다음 중 MIG 용접의 특징에 대한 설명으로 틀린 것은?

① 반자동 또는 전자동 용접기로 용접속도가 빠르다.
② 정전압 특성 직류 용접기가 사용된다.
③ 상승 특성의 직류 용접기가 사용된다.
④ 아크 자기 제어 특성이 없다.

해설 MIG 용접의 특징은 반자동 또는 전자동으로 직류역극성을 사용하며 청정작용이 있고 정전압 특성 또는 상승 특성의 직류 용접기가 사용된다. 인버터 방식의 용접기는 아크 자기 제어 특성을 갖고 있다.

43. 아크(arc) 용접의 불꽃온도는 약 몇 ℃인가?

① 1000℃ ② 2000℃
③ 4000℃ ④ 5000℃

해설 아크용접의 불꽃온도는 태양의 표면온도와 거의 비슷하며 태양에서 나오는 빛과 거의 동일한 자외선, 적외선, 가시광선이 있다. 아크 중심의 온도는 5000℃이다.

정답 38. ② 39. ③ 40. ④ 41. ② 42. ④ 43. ④

44. 모재의 유황(S) 함량이 많을 때 생기는 용접부 결함은?

① 용입 불량 ② 언더컷
③ 슬래그 섞임 ④ 균열

해설 모재에 유황의 함량이 많으면 적열(고온) 취성과 균열의 원인이 된다.

45. 가스용접에 쓰이는 토치의 취급상 주의사항으로 틀린 것은?

① 팁을 모래나 먼지 위에 놓지 말 것
② 토치를 함부로 분해하지 말 것
③ 토치에 기름, 그리스 등을 바를 것
④ 팁을 바꿀 때에는 반드시 양쪽 밸브를 잘 닫고 할 것

해설 토치의 취급상 주의사항
㉠ 팁 및 토치를 작업장 바닥이나 흙 속에 방치하지 않는다.
㉡ 점화되어 있는 토치를 아무 곳에나 방치하지 않는다.
㉢ 토치를 망치 등 다른 용도로 사용하지 않는다.
㉣ 팁의 과열시 아세틸렌 밸브를 닫고 산소 밸브만 약간 열어 물속에서 냉각시킨다.
㉤ 팁을 바꿔 끼울 때는 반드시 양쪽 밸브를 모두 닫은 다음에 행한다.
㉥ 작업 중 발생하기 쉬운 역류, 역화, 인화에 항상 주의하여야 한다.

46. 용접작업 중 전격의 방지 대책으로 적합하지 않은 것은?

① 용접기 내부에 함부로 손을 대지 않는다.
② TIG 용접기나 MIG 용접기의 수랭식 토치에서 물이 새어 나오면 사용을 금지한다.
③ 홀더나 용접봉은 맨손으로 취급해도 된다.
④ 용접작업을 종료했을 때나 장시간 중지할 때는 반드시 전원 스위치를 차단시킨다.

해설 홀더나 용접봉도 반드시 용접장갑을 사용하여 취급한다.

47. 저압식 가스용접 토치로 니들 밸브가 있는 가변압식 토치는 어느 것인가?

① 영국식 ② 프랑스식
③ 미국식 ④ 독일식

해설 저압식 토치에는 아세틸렌가스를 빨아내는 인젝터(injector) 장치가 있다. 토치의 종류는 한 개의 팁에 한 개의 적당한 인젝터가 있는 불변압식(독일식, A형)과 인젝터 부분에 니들 밸브가 있어서 유량과 압력을 조정할 수 있는 구조로 된 가변압식(프랑스식, B형)이 있다.

48. 〈보기〉 중 용접의 자동화에서 자동제어의 장점에 해당되는 사항으로만 조합한 것은?

| 보기 |
㉠ 제품의 품질이 균일화되어 불량품이 감소된다.
㉡ 원자재, 원료 등이 증가된다.
㉢ 인간에게는 불가능한 고속작업이 가능하다.
㉣ 위험한 사고의 방지가 불가능하다.
㉤ 연속작업이 가능하다.

① ㉠, ㉡, ㉣ ② ㉠, ㉡, ㉢, ㉤
③ ㉠, ㉢, ㉤ ④ ㉠, ㉡, ㉢, ㉣, ㉤

해설 자동화는 ㉠, ㉢, ㉤ 외에 원자재, 원료 등이 감소하고 위험한 사고 방지가 가능하다는 장점이 있다.

49. 산소-아세틸렌가스 연소 혼합비에 따라 사용되고 있는 용접 방법 중 산화불꽃(산

정답 44. ④ 45. ③ 46. ③ 47. ② 48. ③ 49. ①

소 과잉 불꽃)을 적용하는 재질은 어느 것 인가?

① 황동 ② 연강
③ 주철 ④ 스테인리스강

해설 산소-아세틸렌가스 연소 혼합비에 따라 산소 과잉불꽃을 사용하는 금속은 황동, 청동이며 약한 산화불꽃을 사용하는 금속은 가단철, 가단주철 등이다.

50. 용접에 관한 설명으로 틀린 것은?

① 저항 용접: 용접부에 대전류를 직접 흐르게 하여 전기 저항열로 접합부를 국부적으로 가열시킨 후 압력을 가해 접합하는 방법이다.
② 가스 압접: 열원은 주로 산소-아세틸렌 불꽃이 사용되며 접합부를 그 재료의 재결정 온도 이상으로 가열하여 축 방향으로 압축력을 가하여 접합하는 방법이다.
③ 냉간 압접: 고온에서 강하게 압축함으로써 경계면을 국부적으로 탄성 변형시켜 압접하는 방법이다.
④ 초음파 용접: 용접물을 겹쳐서 용접팁과 하부 앤빌 사이에 끼워 놓고 압력을 가하면서 초음파 주파수로 횡진동을 주어 그 진동 에너지에 의한 마찰열로 압접하는 방법이다.

해설 냉간압접은 2개의 금속을 1Å 이상으로 밀착시키면 자유전자가 공동화하여 결정격자점의 금속 이온과 상호 작용을 함으로써 금속 원자를 결합시키는 방법이므로 상온에서 단순히 가압만으로 금속 상호간의 확산을 일으켜 접합하는 방식이다.

51. 중압식 토치(medium pressure torch)에 대한 설명으로 틀린 것은?

① 아세틸렌가스의 압력은 0.07~1.3 kgf/cm^2이다.
② 산소의 압력은 아세틸렌의 압력과 같거나 약간 높다.
③ 팁의 능력에 따라 용기의 압력 조정기 및 토치의 조정 밸브로 유량을 조절한다.
④ 인젝터 부분에 니들 밸브로 유량과 압력을 조정한다.

해설 ④항은 저압식 토치에 대한 설명이다.

52. 다음 중 불활성가스 아크용접 시 주로 사용되는 가스는?

① 아르곤가스
② 수소가스
③ 산소와 질소의 혼합가스
④ 질소가스

해설 불활성가스는 원소 주기율표에 He, Ar, Kr, Ne 등이 있으며 용접가스로는 헬륨과 아르곤이 주로 사용된다.

53. 서브머지드 아크용접에서 용융형 용제의 특징으로 틀린 것은?

① 비드 외관이 아름답다.
② 용제의 화학적 균일성이 양호하다.
③ 미용융 용제는 재사용할 수 없다.
④ 용융시 산화되는 원소를 첨가할 수 없다.

해설 용융형 용제의 특징〈①, ②, ④항 외〉
㉠ 흡습성이 거의 없으므로 재건조가 불필요하다.
㉡ 미용융 용제는 다시 사용이 가능하다.
㉢ 용접전류에 따라 입자의 크기가 다른 용제를 사용해야 한다.

54. 아크용접 작업 시 사용되는 차광유리의 규정 중 차광도 번호 13~14의 경우는 몇

정답 50. ③ 51. ④ 52. ① 53. ③ 54. ④

A 이상에 쓰이는가?

① 100 ② 200
③ 400 ④ 300

해설 차광유리 13번은 300~400A 용접 전류에 사용되며 400A 이상은 14번이 사용된다.

55. 정격전류가 500A인 용접기를 실제는 400A로 사용하는 경우 허용 사용률은 몇 %인가? (단, 이 용접기의 정격 사용률은 40%이다.)

① 66.5 ② 64.5
③ 62.5 ④ 60.5

해설 허용 사용률(%)

$$= \frac{\text{정격 2차전류}^2}{\text{실제 용접전류}^2} \times \text{정격 사용률(\%)}$$

$$= \frac{500^2}{400^2} \times 40 = 62.5\%$$

56. 용접 용어 중 아크용접의 비드 끝에서 오목하게 파진 곳을 뜻하는 것은?

① 크레이터 ② 언더컷
③ 오버랩 ④ 스패터

해설 비드 끝에서 오목하게 파진 곳을 크레이터(crater)라 하며 보충하는 용접을 하지 않았을 때 크레이터 균열이 쉽게 발생한다.

57. 돌기 용접(projection welding)의 특징 중 틀린 것은?

① 용접부의 거리가 짧은 점용접이 가능하다.
② 전극 수명이 길고 작업능률이 좋다.
③ 작은 용접점이라도 높은 신뢰도를 얻을 수 있다.
④ 한 번에 한 점씩만 용접할 수 있어서 속도가 느리다.

해설 돌기(프로젝션) 용접은 2개 이상의 돌기부를 만들어서 1회의 작동으로 여러 개의 점용접이 되도록 한 것이며, 모재 용접부에 정밀도가 높은 돌기를 만들어야 정확한 용접이 되며 용접 설비가 비싸다는 결점이 있다.

58. 전기저항 접속의 방법이 아닌 것은?

① 직·병렬 접속 ② 병렬 접속
③ 직렬 접속 ④ 합성 접속

해설 전기저항 접속의 방법에는 직렬, 병렬, 직·병렬 접속이 있고, 종류에는 단극식, 다전극식, 직렬식, 맥동식, 인터랙 등이 있다.

59. 다음 중 전기저항용접과 가장 관계가 깊은 법칙은?

① 줄(Joule)의 법칙
② 플레밍(Fleming)의 법칙
③ 암페어(Ampere)의 법칙
④ 뉴턴(Newton)의 법칙

해설 전기저항용접은 용접부에 대전류를 직접 흐르게 하고 이때 발생하는 주 열을 열원으로 하여 접합부를 가열하며 동시에 큰 압력을 주어 금속을 접합하는 방법이다.

60. 각종 강재 표면의 탈탄층이나 홈을 얇고 넓게 깎아 결함을 제거하는 방법은?

① 가우징 ② 스카핑
③ 선삭 ④ 천공

해설 스카핑(scarfing)은 강재 표면의 흠이나 개재물, 탈탄층 등을 제거하기 위하여 최대한 얇게 그리고 타원형 모양으로 표면을 깎아 내는 가스 가공법이다.

정답 55. ③ 56. ① 57. ④ 58. ④ 59. ① 60. ②

2015년도 시행 문제

2015년 3월 18일 시행

용접산업기사

제1과목 용접야금 및 용접설비제도

1. 두 종류의 금속이 간단한 원자의 정수비로 결합하여 고용체를 만드는 물질은?

① 층간 화합물 ② 금속간화합물
③ 합금 화합물 ④ 치환 화합물

해설 금속간화합물은 2종 이상의 금속이 간단한 원자비로 화학적 결합을 하여 성분 금속과는 다른 성질을 가지는 독립된 화합물을 만드는 것을 말한다.

2. 용접용 고장력강의 인성(toughness)을 향상시키기 위해 첨가하는 원소가 아닌 것은?

① P ② Al
③ Ti ④ Mn

해설 강에서 망가니즈, 타이타늄, 알루미늄 등은 인성을 향상시키나 인, 유황 등은 연신율과 충격치 등을 감소시킨다.

3. 탄소량이 약 0.80%인 공석강의 조직으로 옳은 것은?

① 페라이트 ② 펄라이트
③ 시멘타이트 ④ 레데부라이트

해설 Fe-C 상태도에서 탄소량이 0.8%인 공석강은 페라이트에서 펄라이트로 넘어가는 점으로 펄라이트 조직이고, 0.8% 이상으로 4.3%인 레데부라이트 선까지는 시멘타이트 조직이다.

4. 스테인리스강의 종류가 아닌 것은?

① 마텐자이트계 스테인리스강
② 페라이트계 스테인리스강
③ 오스테나이트계 스테인리스강
④ 트루스타이트계 스테인리스강

해설 스테인리스강의 종류는 마텐자이트계, 페라이트계(13Cr 스테인리스강), 오스테나이트계(18-8스테인리스강)가 있다.

5. 고장력강의 용접부 중에서 경도값이 가장 높게 나타나는 부분은?

① 원질부 ② 본드부
③ 모재부 ④ 용착금속부

해설 용접부 중에서 열을 심하게 받는 용접 본드부에서 경도가 가장 높게 나타난다.

6. Fe-C 평형상태도에서 감마철(γ-Fe)의 결정구조는?

① 면심입방격자 ② 체심입방격자
③ 조밀입방격자 ④ 사방입방격자

해설 Fe-C 평형상태도에서 768℃부터 용융점까지의 구간이 감마철의 결정구조이므로 체심-면심-체심의 구간에 면심입방격자의 구간이다.

정답 1. ② 2. ① 3. ② 4. ④ 5. ② 6. ①

7. **용접할 재료의 예열에 관한 설명으로 옳은 것은?**

① 예열은 수축 정도를 늘려준다.
② 용접 후 일정 시간 동안 예열을 유지시켜도 효과는 떨어진다.
③ 예열은 냉각속도를 느리게 하여 수소의 확산을 촉진시킨다.
④ 예열은 용접금속과 열 영향 모재의 냉각속도를 높여 용접균열에 저항성이 떨어진다.

해설 용접부에서는 급랭으로 인한 여러 가지 결함이 발생하는데 적당히 예열을 하면 냉각속도를 늦추어 결함을 방지하고 수축변형을 감소시키며 작업성도 개선된다.

8. **일반적으로 금속의 크리프(creep) 곡선은 어떠한 관계를 나타낸 것인가?**

① 응력과 시간의 관계
② 변위와 연신율의 관계
③ 변형량과 시간의 관계
④ 응력과 변형률의 관계

해설 크리프 시험은 파괴시험 중 정적인 기계적 시험으로 변형량과 시간의 관계를 나타내며, 크리프 곡선은 시간을 횡축에, 변형률이나 연신율을 종축에 나타낸 결과이다.

9. **질기고 강하며 충격파괴를 일으키기 어려운 성질은?**

① 연성 ② 취성
③ 굽힘성 ④ 인성

해설 강의 성질 중 인성은 질기고 강하며 연성이나 전성이 있는 성질이고, 취성은 균열이나 부스러지기 쉬운 성질, 굽힘성은 잘 구부러지는 성질이다.

10. **금속 강화 방법으로 금속을 구부리거나 두드려서 변형을 가하여 단단하게 하는 방법은?**

① 가공경화 ② 시효경화
③ 고용경화 ④ 이상경화

해설 가공경화는 금속을 가공하여 변형을 시키면 단단해지며, 그 경화는 변형의 정도에 따라 커지는 것을 말한다.

11. **가상선의 용도에 대한 설명으로 틀린 것은?**

① 인접 부분을 참고로 표시할 때
② 공구, 지그 등의 위치를 참고로 나타낼 때
③ 대상물이 보이지 않는 부분을 나타낼 때
④ 가공 전 또는 가공 후의 모양을 나타낼 때

해설 가상선은 가는 2점쇄선을 이용하고 숨은선은 가는 파선 또는 굵은 파선을 이용한다.

12. **도면의 종류와 내용이 다른 것은?**

① 조립도: 물품의 전체적인 조립 상태를 나타내는 도면
② 부품도: 물품을 구성하는 각 부품을 개별적으로 상세하게 그린 도면
③ 스케치도: 기계나 장치 등의 실체를 보고 자를 대고 그린 도면
④ 전개도: 구조물, 물품 등의 표면을 평면으로 나타내는 도면

해설 동일 부품을 다시 제작하거나 파손된 기계 부품을 교체하고자 할 때, 현품을 기준으로 개선된 부품을 고안하려고 할 때 자나 컴퍼스 등의 제도용구를 사용하지 않고 모눈종이나 제도용지에 프리핸드로 그리는 것을 스케치라고 한다. 스케치에 의하여

정답 7. ③ 8. ③ 9. ④ 10. ① 11. ③ 12. ③

작성된 그림을 스케치도라고 한다.

13. 용접기호를 설명한 것으로 틀린 것은?

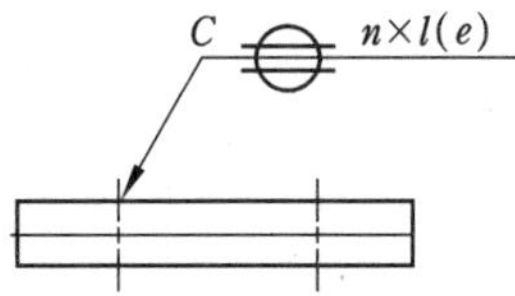

① 심용접으로 C는 슬롯부의 폭을 나타낸다.
② 심용접으로 (e)는 용접비드 사이의 거리를 나타낸다.
③ 심용접으로 화살표 반대방향의 용접을 나타낸다.
④ 심용접으로 n은 용접부 수를 나타낸다.

해설 용접기호가 실선 위에 있으면 화살표 쪽, 파선 위에 있으면 화살표 반대쪽의 용접을 나타낸다.

14. 도면에서 표제란의 척도 표시란에 NS의 의미는?

① 배척을 나타낸다.
② 척도가 생략됨을 나타낸다.
③ 비례척이 아님을 나타낸다.
④ 현척이 아님을 나타낸다.

해설 도면에 정해진 척도값을 그리지 못하거나 비례하지 않을 때는 비례척이 아님 또는 NS(none scale)로 표시한다.

15. 투상법 중 등각 투상도법에 대한 설명으로 옳은 것은?

① 한 평면 위에 물체의 실제 모양을 정확히 표현하는 방법을 말한다.
② 정면, 측면, 평면을 하나의 투상면 위에서 동시에 볼 수 있도록 그려진 투상도이다.
③ 물체의 주요 면을 투상면에 평행하게 놓고, 투상면에 대해 수직보다 다소 옆면에서 보고 나타낸 투상도이다.
④ 도면에 물체의 앞면, 뒷면을 동시에 표시하는 방법이다.

해설 등각 투상도는 정면, 평면, 측면을 하나의 투상면 위에 동시에 볼 수 있도록 두 개의 옆면 모서리가 수평선과 30°를 이루고 세 축은 120°의 등각을 이루도록 입체도를 투상한 것이다.

16. 전개도를 그리는 방법에 속하지 않는 것은?

① 평행선 전개법 ② 나선형 전개법
③ 방사선 전개법 ④ 삼각형 전개법

해설 입체의 표면을 하나의 평면 위에 펼쳐 놓은 도형을 전개도라 하며, 전개 방법으로 평행선, 방사선, 삼각형 전개법이 있다.

17. 도면의 크기에 대한 설명으로 틀린 것은?

① 제도용지의 세로와 가로의 비는 1: $\sqrt{2}$ 이다.
② A0의 넓이는 약 1 m^2이다.
③ 큰 도면을 접을 때 A3의 크기로 접는다.
④ A4의 크기는 210×297 mm이다.

해설 큰 도면을 접을 때는 A4 크기로 접는 것을 원칙으로 한다.

18. 용접부의 표면 형상 중 끝단부를 매끄럽게 가공하는 보조기호는?

① —— ② ⌒
③ ◡ ④ (토를 매끄럽게 하는 기호)

해설 ①은 평면(동일한 면으로 마감처리), ②는 볼록형, ③은 오목형, ④는 토를 매끄럽게 한다는 보조기호이다.

정답 13. ③ 14. ③ 15. ② 16. ② 17. ③ 18. ④

19. 건축, 교량, 선박, 철도, 차량 등의 구조물에 쓰이는 일반구조용 압연강재 2종의 재료 기호는?

① SHP 2 ② SCP 2
③ SM 20C ④ SS 400

해설 제도에서 재료 기호는 맨 앞 문자가 재질을 표시하는데 S는 강, SM은 기계구조용강을 나타낸다. 두 번째는 규격명 또는 제품명을 표시하는 기호로 S는 일반 구조용 압연재, HP는 열간 압연 연강판, HR은 열간압연, CP는 냉간압연 강대 등이다. 세 번째는 재료의 종류를 표시는 기호로 400은 최저 인장강도 또는 항복점 등이다.

20. 도면에서 치수숫자의 방향과 위치에 대한 설명 중 틀린 것은?

① 치수숫자의 기입은 치수선 중앙 상단에 표시한다.
② 치수 보조선이 짧아 치수 기입이 어렵더라도 숫자 기입은 중앙에 위치하여야 한다.
③ 수평 치수선에 대하여는 치수가 위쪽으로 향하도록 한다.
④ 수직 치수선에서는 치수를 왼쪽에 기입하도록 한다.

제 2 과목 용접구조설계

21. 120 A의 용접전류로 피복아크용접을 하고자 한다. 적정한 차광유리의 차광도 번호는?

① 6번 ② 7번
③ 8번 ④ 10번

해설 금속 아크용접에서는 용접전류가 100~200 A일 때 차광도 번호 10번을 이용한다.

22. 인장강도가 430 MPa인 모재를 용접하여 용접시험편의 인장강도가 350 MPa가 되었다. 이 용접부의 이음효율은 약 몇 %인가?

① 81 ② 90
③ 71 ④ 122

해설 이음효율(%)

$$= \frac{\text{용접시험편의 인장강도}}{\text{모재의 인장강도}} \times 100$$

$$= \frac{350}{430} \times 100 = 81.4 \fallingdotseq 81$$

23. 용접이음의 준비사항으로 틀린 것은?

① 용입이 허용하는 한 홈각도를 작게 하는 것이 좋다.
② 가접은 이음의 끝 부분, 모서리 부분을 피한다.
③ 구조물을 조립할 때에는 용접지그를 사용한다.
④ 용접부의 결함을 검사한다.

해설 용접이음의 준비사항은 홈 가공, 조립 및 가접, 루트간격, 이음부의 청소 등이 있으며 용접부의 결함을 검사하는 것은 용접 후의 처리 과정이다.

24. 인장시험에서 구할 수 없는 것은?

① 인장응력 ② 굽힘응력
③ 변형률 ④ 단면 수축률

해설 인장시험은 인장을 파단하여 항복점(내력), 인장강도, 연신율, 단면 수축률, 변형률 등을 측정한다.

정답 19. ④ 20. ② 21. ④ 22. ① 23. ④ 24. ②

25. 용접부에 발생하는 잔류응력 완화법이 아닌 것은?

① 응력제거 풀림법
② 피닝법
③ 스퍼터링법
④ 기계적 응력 완화법

해설 잔류응력 완화법은 노내 풀림법, 국부 풀림법, 저온응력 완화법, 기계적 응력 완화법, 피닝법 등이 있다.

26. 전자빔 용접의 특징을 설명한 것으로 틀린 것은?

① 고진공 속에서 용접하므로 대기와 반응되기 쉬운 활성 재료도 용이하게 용접이 된다.
② 전자렌즈에 의해 에너지를 집중시킬 수 있으므로 고용융 재료의 용접이 가능하다.
③ 전기적으로 매우 정확히 제어되므로 얇은 판에서의 용접에만 용접이 가능하다.
④ 에너지의 집중이 가능하기 때문에 용융속도가 빠르고 고속 용접이 가능하다.

해설 전자빔 용접의 특징

㉠ 고용융점 재료 및 이종 금속의 금속 용접 가능성이 크다.
㉡ 용접입열이 적고 용접부가 좁으며 용입이 깊다.
㉢ 진공 중에서 용접하므로 불순가스에 의한 오염이 적다.
㉣ 활성금속의 용접이 용이하고 용접부에서 열영향부가 매우 적다.
㉤ 시설비가 많이 들고 용접물의 크기에 제한을 받는다.
㉥ 얇은 판에서 두꺼운 판까지 용접할 수 있다.
㉦ 대기압형의 용접기 사용 시 X선 방호가 필요하다.
㉧ 용접부의 기계적, 야금적 성질이 양호하다.

27. 접합하고자 하는 모재 한쪽에 구멍을 뚫고 그 구멍으로부터 용접하여 다른 한쪽 모재와 접합하는 용접 방법은?

① 플러그 용접 ② 필릿용접
③ 초음파 용접 ④ 테르밋 용접

해설 두 장의 판재를 용접하기 위하여 한쪽 판에 드릴머신이나 밀링 머신으로 구멍이나 긴 홈을 가공하여 다른 한쪽의 모재와 접합하는 용접법으로 구멍은 플러그 용접, 긴 홈을 파낸 것은 슬롯용접이라 한다.

28. 다음 그림은 겹치기 필릿용접 이음을 나타낸 것이다. 이음부에 발생하는 허용응력이 5MPa일 때 필요한 용접길이 l은 얼마인가? (단, h=20mm, P=6kN이다.)

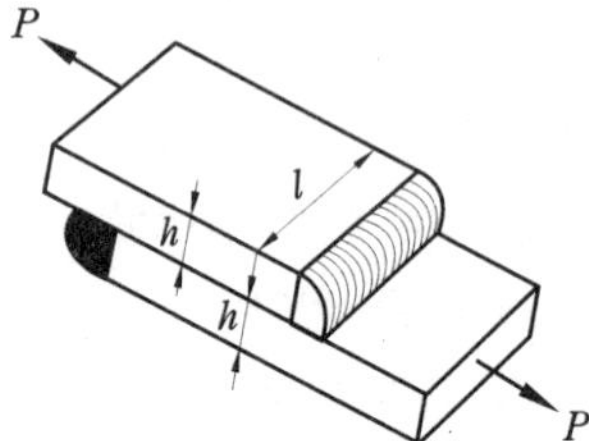

① 약 42mm ② 약 38mm
③ 약 35mm ④ 약 32mm

해설 길이 $= \dfrac{(0.707\times 6)}{(0.02\times 5000)} = 0.042$

$\fallingdotseq 42\,\text{mm}$

29. 용접입열이 일정한 경우 용접부의 냉각속도는 열전도율 및 열이 확산하는 방향에 따라 달라질 때 냉각속도가 가장 빠른 것은?

① 두꺼운 연강판의 맞대기 이음

정답 25. ③ 26. ③ 27. ① 28. ① 29. ②

② 두꺼운 구리판의 T형 필릿 이음
③ 얇은 연강판의 모서리 이음
④ 얇은 구리판의 맞대기 이음

해설 열의 확산속도는 연강판보다 구리판이 더 좋으며, 두께가 두껍고 열의 확산방향이 많을수록 냉각속도가 더 빠르다.

30. 용접 이음부의 형태를 설계할 때 고려할 사항이 아닌 것은?

① 용착 금속량이 적게 드는 이음 모양이 되도록 할 것
② 적당한 루트간격과 홈각도를 선택할 것
③ 용입이 깊은 용접법을 선택하여 가능한 이음의 베벨가공은 생략하거나 줄일 것
④ 후판 용접에서는 양면 V형 홈보다 V형 홈 용접을 하여 용착 금속량을 많게 할 것

해설 후판 용접에서는 양면 V형을 이용하여 완전한 용접이 되도록 하며 GA의 용접을 될수록 작게 한다.

31. 연강 및 고장력강용 플럭스 코어 아크 용접와이어의 종류 중 하나인 Y F W – C 50 2 X에서 2가 뜻하는 것은?

① 플럭스 타입
② 실드가스
③ 용착금속의 최소 인장강도 수준
④ 용착금속의 충격시험 온도와 흡수에너지

해설 Y: 용접와이어, F: 플럭스 충전, W: 용착금속의 화학 성분, 50: 용착금속의 최소 인장강도, 2: 용착금속의 충격시험 온도와 흡수에너지

32. 용접부의 시험과 검사 중 파괴시험에 해당되는 것은?

① 방사선 투과시험 ② 초음파 탐상시험
③ 현미경 조직시험 ④ 음향방출 시험

해설 용접부의 시험 중 비파괴시험은 외관시험, 누설(누수)시험, 침투(형광, 염료) 탐상시험, 음향방출 시험, 초음파 탐상시험, 자분 탐상시험, 와류 탐상시험(맴돌이검사), 방사선 투과시험, 천공시험 등이며 현미경 조직시험은 야금학적 파괴시험의 종류이다.

33. 용접 방법과 시공 방법을 개선하여 비용을 절감하는 방법으로 틀린 것은?

① 사용 가능한 용접 방법 중 용착속도가 큰 것을 사용한다.
② 피복아크용접을 할 경우 가능한 굵은 용접봉을 사용한다.
③ 용접변형을 최소화하는 용접 순서를 택한다.
④ 모든 용접에 되도록 덧살을 많게 한다.

해설 용접 방법과 시공 방법을 개선하여 비용을 절감하려면 ①, ②, ③항 외에 모든 용접에 되도록 덧살(표면에서 1~3mm 정도)을 적게 하여 수축이 적고 변형이 일어나지 않게 한다.

34. 설계 단계에서의 일반적인 용접변형 방지법으로 틀린 것은?

① 용접길이가 감소될 수 있는 설계를 한다.
② 용착금속을 증가시킬 수 있는 설계를 한다.
③ 보강재 등 구속이 커지도록 구조 설계를 한다.
④ 변형이 적어질 수 있는 이음 현상으로 배치한다.

해설 설계 단계에서의 용접변형 방지법: 용접길이를 최소화하고 용착금속을 적게 사용

정답 30. ④ 31. ④ 32. ③ 33. ④ 34. ②

하여 변형을 줄일 수 있는 이음과 보강재 등으로 외적 구속이 커지도록 설계를 한다.

35. 탄산가스(CO_2) 아크 용접부의 기공 발생에 대한 방지 대책으로 틀린 것은?

① 가스 유량을 적정하게 한다.
② 노즐 높이를 적정하게 한다.
③ 용접 부위의 기름, 녹, 수분 등을 제거한다.
④ 용접전류를 높이고 운봉을 빠르게 한다.

해설 용접전류가 높고 운봉을 빠르게 하면 기공이 발생한다.
• 탄산가스 아크 용접부의 기공 발생 원인
탄산가스 유량 부족, 가스에 공기 혼입, 바람에 의한 탄산가스의 소멸, 노즐에 스패터 다량 부착, 탄산가스의 품질 저하, 노즐과 모재 간의 거리가 지나치게 길 때, 복합 와이어의 흡습, 솔리드 와이어의 녹 발생 등

36. 용접부에 대한 침투검사법의 종류에 해당하는 것은?

① 자기 침투검사, 와류 침투검사
② 초음파 침투검사, 펄스 침투검사
③ 염색 침투검사, 형광 침투검사
④ 수직 침투검사, 사각 침투검사

37. 습기 찬 저수소계 용접봉은 사용 전 건조해야 하는데 건조 온도로 가장 적당한 것은?

① 70~100℃ ② 100~150℃
③ 150~200℃ ④ 300~350℃

해설 저수소계는 300~350℃에서 2시간 정도 건조하고 일반 용접봉은 70~100℃에서 1시간 정도 건조시킨다.

38. 필릿용접과 맞대기용접의 특성을 비교한 것으로 틀린 것은?

① 필릿용접이 공작하기 쉽다.
② 필릿용접은 결함이 생기지 않고 이면 따내기가 쉽다.
③ 필릿용접의 수축변형이 맞대기용접보다 작다.
④ 필릿용접의 수축변형이 맞대기용접보다 더 영향을 받는다.

해설 필릿용접은 맞대기용접보다 쉽게 용접을 할 수 있고 내부결함이 적다. 수축변형은 맞대기 이음에 비해 필릿 이음이 훨씬 적다.

39. 용접이음 강도 계산에서 안전율을 5로 하고 허용응력을 100 MPa이라 할 때 인장강도는 얼마인가?

① 300 MPa
② 400 MPa
③ 500 MPa
④ 600 MPa

해설 • 안전율 $= \dfrac{\text{인장강도}}{\text{허용응력}}$
• 인장강도 = 허용응력 × 안전율
$= 5 \times 100 = 500$

40. 용접봉 종류 중 피복제에 석회석이나 형석을 주성분으로 하고 용착금속 중의 수소 함유량이 다른 용접봉에 비해서 1/10 정도로 현저하게 낮은 용접봉은?

① E4301
② E4303
③ E4311
④ E4316

정답 35. ④ 36. ③ 37. ④ 38. ② 39. ③ 40. ④

제3과목 용접일반 및 안전관리

41. 돌기 용접(projection welding)의 특징으로 틀린 것은?

① 용접된 양쪽의 열용량이 크게 다를 경우라도 양호한 열평형이 얻어진다.
② 작은 용접점이라도 높은 신뢰도를 얻기 쉽다.
③ 점용접에 비해 작업속도가 매우 느리다.
④ 점용접에 비해 전극의 소모가 적어 수명이 길다.

해설 돌기 용접이란 저항용접의 종류로서 줌의 한쪽 또는 양쪽에 1개 이상의 돌기부를 만들어 1회의 작동으로 여러 개의 점용접을 할 수 있으므로 얇은 판과 두꺼운 판 이외에 열전도나 열용량이 다른 것도 쉽게 용접할 수 있다.

42. 높은 에너지밀도 용접을 하기 위해 10^{-4} ~10^{-6}mmHg 정도의 고진공 속에서 용접하는 용접법은?

① 플라스마 용접　② 전자빔 용접
③ 초음파 용접　④ 원자수소 용접

해설 전자빔 용접은 높은 진공(10^{-4}~10^{-6} mmHg) 속에서 적열된 필라멘트로부터 전자빔을 접합부에 조사하여 그 충격열을 이용해 용융하는 방법이다.

43. 용접의 특징으로 틀린 것은?

① 재료가 절약된다.
② 기밀, 수밀성이 우수하다.
③ 변형, 수축이 없다.
④ 기공(blow hole), 균열 등 결함이 있다.

해설 용접은 재료가 절약되고 기밀, 수밀성이 높으나 잘못 설계하면 변형, 수축이 있고 기공, 균열 등의 결함이 발생하는 특징이 있다.

44. 정격 2차전류가 300A, 정격 사용률이 40%인 교류 아크 용접기를 사용하여 전류 150A로 용접작업하는 경우 허용사용률(%)은?

① 180　② 160　③ 80　④ 60

해설 허용 사용률(%)

$$= \frac{(\text{정격 2차전류})^2}{(\text{실제 용접전류})^2} \times \text{정격 사용률}(\%)$$

$$= \frac{(300)^2}{(150)^2} \times 40 = 160$$

45. 카바이드(CaC_2)의 취급법으로 틀린 것은?

① 카바이드는 인화성 물질과 같이 보관한다.
② 카바이드 개봉 후 뚜껑을 잘 닫아 습기가 침투되지 않도록 보관한다.
③ 운반 시 타격, 충격, 마찰을 주지 말아야 한다.
④ 카바이드 통을 개봉할 때 절단가위를 사용한다.

해설 카바이드의 취급법

㉠ 승인된 장소(인화성 물질 등으로부터 최소 5m 이상 떨어진 곳)에 저장하고 아세틸렌 발생기 밖에서는 물이나 습기와 접촉시켜서는 안 된다.
㉡ 저장 장소 및 저장통 가까이에 빛이나 인화가 가능한 물건을 두지 않는다.
㉢ 저장통에서 카바이드를 들어낼 때는 모넬메탈이나 목제 공구 또는 카바이드 전용 절단가위를 사용하여 마찰, 충격 및 불꽃을 방지한다.

정답 41. ③ 42. ② 43. ③ 44. ② 45. ①

46. 슬래그의 생성량이 대단히 적고 수직 자세와 위보기 자세에 좋으며 아크는 스프레이형으로 용입이 좋아 아주 좁은 홈의 용접에 가장 적합한 특성을 갖고 있는 가스 실드계 용접봉은?

① E4301 ② E4316
③ E4311 ④ E4327

해설 가스 실드계의 대표적인 용접봉으로 슬래그가 적고 좁은 홈의 용접이나 수직 상진·하진 및 위보기 용접에서 우수한 작업성을 나타내는 것은 E4311이다.

47. 피복아크 용접부의 결함 중 언더컷(undercut)이 발생하는 원인으로 가장 거리가 먼 것은?

① 아크길이가 너무 긴 경우
② 용접봉의 유지 각도가 적당치 않은 경우
③ 부적당한 용접봉을 사용한 경우
④ 용접전류가 너무 낮은 경우

해설 언더컷의 발생 원인〈①, ②, ③ 외〉
㉠ 전류가 너무 높을 때
㉡ 용접속도가 적당하지 않을 때

48. 피복아크용접에서 피복제의 작용으로 틀린 것은?

① 아크를 안정시킨다.
② 산화, 질화를 방지한다.
③ 용융점이 높고 점성 없는 슬래그를 만든다.
④ 용착효율을 높이고 용적을 미세화한다.

해설 피복아크용접에서 용접봉의 피복제 역할은 아크를 안정시키고 산화, 질화를 방지하며 용착효율을 높이고 냉각속도를 느리게 하여 급랭을 방지하며 용융금속의 용적을 미세화한다.

49. 가스용접 작업에 필요한 보호구에 대한 설명 중 틀린 것은?

① 앞치마와 팔덮개 등을 착용하면 작업하기 힘들기 때문에 착용하지 않아도 된다.
② 보호장갑은 화상 방지를 위하여 꼭 착용한다.
③ 보호안경은 비산되는 불꽃으로부터 눈을 보호한다.
④ 유해가스가 발생할 염려가 있을 때에는 방독면을 착용한다.

해설 앞치마, 팔덮개 등은 화상을 방지하기 위해 반드시 착용하는 보호구이다.

50. 납땜에 쓰이는 용제(flux)가 갖추어야 할 조건으로 가장 적합한 것은?

① 청정한 금속면의 산화를 촉진할 것
② 납땜 후 슬래그 제거가 어려울 것
③ 침지땜에 사용되는 것은 수분을 함유할 것
④ 모재와의 친화력을 높이고 유동성이 좋을 것

해설 납땜에 쓰이는 용제가 갖추어야 할 조건
㉠ 모재의 산화피막과 같은 불순물을 제거하고 유동성이 좋을 것
㉡ 청정한 금속면의 산화를 방지할 것
㉢ 땜납의 표면장력을 낮추어 모재와의 친화력을 높일 것
㉣ 용제의 유효온도 범위와 납땜 온도가 일치할 것
㉤ 납땜 후 슬래그 제거가 용이할 것
㉥ 전기저항 납땜에 사용되는 것은 전도체일 것
㉦ 침지땜에 사용되는 것은 수분을 함유하지 않을 것
㉧ 인체에 해가 없을 것

정답 46. ③ 47. ④ 48. ③ 49. ① 50. ④

51. 피복아크용접 중 수동 용접기에 가장 적합한 용접기의 특성은?

① 정전압 특성　② 상승특성
③ 수하특성　④ 정특성

해설 피복아크 용접기에는 용접 변압기의 리액턴스(reactance)에 의하여 수하특성을 얻고, 누설자속에 의하여 전류를 조정한다.

52. 아크용접 보호구가 아닌 것은?

① 핸드 실드　② 용접용 장갑
③ 앞치마　④ 치핑해머

해설 아크용접에 사용되는 보호구는 핸드 실드, 헬멧이나 가죽 앞치마, 팔 및 발덮개, 안전화, 용접장갑 등이며 공구는 뜨거운 것을 취급하는 단조집게 슬래그(치핑)해머, 와이어 브러시 등이다.

53. 점용접의 3대 주요 요소가 아닌 것은?

① 용접전류　② 통전시간
③ 용제　④ 가압력

해설 전기저항용접의 3대 주요 요소는 용접전류, 통전시간, 가압력이며 줄의 열을 이용하여 접합시킨다.

54. 플래시 버트 용접의 과정 순서로 옳은 것은?

① 예열 → 업셋 → 플래시
② 업셋 → 예열 → 플래시
③ 예열 → 플래시 → 업셋
④ 플래시 → 예열 → 업셋

해설 플래시 버트 용접(flash butt welding)은 처음에 양쪽 모재를 가까이 접촉시켜 플래시가 나오도록 예열한 후 가열되면 업셋으로 접합한다.

55. 서브머지드 아크용접에서 소결형 용제의 특징이 아닌 것은?

① 고전류에서의 용접 작업성이 좋다.
② 합금원소의 첨가가 용이하다.
③ 전류에 상관없이 동일한 용제로 용접이 가능하다.
④ 용융형 용제에 비하여 용제의 소모량이 많다.

해설 소결형 용제는 고전류에서의 용접 작업성이 좋아 후판의 고능률 용접에 적합하며 용접금속의 성질이 우수하고, 특히 절연성이 우수하다. 합금원소의 첨가가 용이하고 저망가니즈강 와이어 1종류로서 연강 및 저합금강까지 용제만 변경하면 용접이 가능하다. 용융형 용제에 비하여 용제의 소모량은 적으나 흡수성이 높으므로 사용 전에 200~300℃에서 1시간 정도 건조하여야 한다.

56. 피복아크 용접기를 사용할 때의 주의사항이 아닌 것은?

① 정격사용률 이상 사용하지 않는다.
② 용접기 케이스를 접지한다.
③ 탭 전환형은 아크 발생 중 탭을 전환시킨다.
④ 가동 부분, 냉각 팬(fan)을 점검하고 주유해야 한다.

해설 탭 전환형은 탭 전환부에 소손이 심하여 아크 발생 중에는 가능한 탭을 전환하지 않는다.

57. 피복아크 용접봉에서 용융금속 중에 침투한 산화물을 제거하는 탈산 정련 작용제로 사용되는 것은?

① 붕사　② 석회석
③ 형석　④ 규소철

정답 51. ③ 52. ④ 53. ③ 54. ③ 55. ④ 56. ③ 57. ④

해설 탈산제로는 망가니즈철, 규소철, 알루미늄철 등이 사용되고 있다. 석회석과 형석은 아크 안정제이고, 붕사는 가스용접과 경납땜에 사용하는 용제이다.

58. **46.7리터의 산소용기에 150 kgf/cm^{2}가 되게 산소를 충전하였다. 이것을 대기 중에서 환산하면 산소는 약 몇 리터가 되는가?**

① 4090　　② 5030
③ 6100　　④ 7005

해설 산소의 내용적×압력게이지의 고압계(또는 충전량) = 46.7×150 = 7005

59. **퍼커링(puckering) 현상이 발생하는 한계 전류값의 주원인이 아닌 것은?**

① 와이어 지름
② 후열 방법
③ 용접속도
④ 보호가스의 조성

해설 퍼커링은 미그 용접에서 용접전류가 과대할 때 용융풀(molten pool)에 외기가 스며들어 비드 표면에 주름진 두꺼운 산화막이 생긴 것이다.

60. **가스절단 시 절단면에 생기는 드래그 라인(drag line)에 관한 설명으로 틀린 것은?**

① 절단속도가 일정할 때 산소 소비량이 적으면 드래그 길이가 길고 절단면이 좋지 않다.
② 가스절단의 좋고 나쁨를 판정하는 기준이 된다.
③ 절단속도가 일정할 때 산소 소비량을 증가시키면 드래그 길이는 길어진다.
④ 드래그 길이는 주로 절단속도, 산소 소비량에 따라 변한다.

해설 절단속도가 일정한 상태에서 산소 소비량을 증가시키면 드래그 길이는 짧아진다.

정답 58. ④ 59. ② 60. ③

2015년 5월 31일 시행

용접산업기사

제1과목 용접야금 및 용접설비제도

1. 순철은 A_2변태점에서 원자 배열의 변화 없이 자기의 강도만 뚜렷한 변화를 보이는데 이 자기변태온도는?

① 723℃ ② 768℃
③ 910℃ ④ 1401℃

해설 Fe-C 상태도에서는 A_2변태점을 동소변태(체심입방격자)의 변화 없이 자기의 크기가 급격히 변하는 자기변태온도 또는 퀴리점(curie point)이라고 한다.

2. 연강 용접에서 용착금속의 샤르피(charpy) 충격치가 가장 높은 것은?

① 산화철계 ② 타이타늄계
③ 저수소계 ④ 셀룰로오스계

해설 충격치는 염기성이 좋은 타이타늄계 → 고셀룰로오스계 → 고산화철계 → 일미나이트계 → 저수소계의 순서로 높다.

3. 습기 제거를 위해 용접봉을 건조할 때 건조 온도가 가장 높은 것은?

① 일미나이트계
② 저수소계
③ 고산화타이타늄계
④ 라임티타니아계

해설 일반 용접봉은 70~100℃에서 30분~1시간 정도, 저수소계는 사용하기 전에 300~350℃에서 1~2시간 정도 건조시켜 사용한다.

4. 연화를 목적으로 적정 온도로 가열해 일정한 시간을 유지하고 나서 서랭하는 열처리법은?

① 불림 ② 뜨임 ③ 풀림 ④ 담금질

해설 담금질 열처리는 경화를 목적으로, 뜨임과 불림은 인성을 목적으로, 풀림은 연화를 목적으로 한다.

5. Fe_3C에서 Fe의 원자비는?

① 75% ② 50% ③ 25% ④ 10%

해설 화학당론적인 해석으로 Fe는 3개, C는 1개이므로 100%로 보았을 때 Fe는 75%의 원자비를 갖고 있다.

6. 응력제거풀림 처리 시 발생하는 효과가 아닌 것은?

① 잔류응력을 제거한다.
② 응력부식에 대한 저항력이 증가한다.
③ 충격저항과 크리프 저항이 감소한다.
④ 온도가 높고 시간이 길수록 수소 함량은 낮아진다.

해설 응력제거풀림 처리는 잔류응력이나 응력부식에 대한 저항력이 증가하나 크리프 저항이 감소하는 것은 아니다.

7. 용접금속에 수소가 침입하여 발생하는 것이 아닌 것은?

① 은점 ② 언더컷
③ 헤어 크랙 ④ 비드밑 균열

해설 용접금속에서 수소의 영향은 비드밑 균열, 은점, 수소 취성, 미세 균열, 선상조직 등이며 언더컷(undercut)은 용접전류가 높

정답 1. ② 2. ③ 3. ② 4. ③ 5. ① 6. ③ 7. ②

을 때, 용접속도가 너무 빠를 때, 용접봉의 선택이 잘못되었을 때 생기는 결함이다.

8. **용접부의 노내 응력제거 방법에서 가열부를 노에 넣을 때 및 꺼낼 때의 노내 온도는 몇 ℃ 이하로 하는가?**

① 300℃　② 400℃
③ 500℃　④ 600℃

해설 노내 풀림법에서는 연강류 제품을 노내에서 출입시키는 온도가 300℃를 넘어서는 안 된다.

9. **합금을 함으로써 얻어지는 성질이 아닌 것은?**

① 주조성이 양호하다.
② 내열성이 증가한다.
③ 내식성, 내마모성이 증가한다.
④ 전연성이 증가되며 융점 또한 높아진다.

해설 합금을 함으로써 전연성이 감소되고 용융점이 감소된다.

강도, 경도	증가	내식성, 내마모성	증가
열전도율	감소	내열성	증가
주조성	양호	열처리	양호
융점	감소	연성, 전성	저하
광택	배합비율에 따라 다름	비중, 가단성	저하

10. **다음 중 실용 주철의 특성에 대한 설명으로 틀린 것은?**

① 비중은 C와 Si 등이 많을수록 작아진다.
② 용융점은 C와 Si 등이 많을수록 낮아진다.
③ 흑연편이 클수록 자기 감응도가 나빠진다.
④ 내식성 주철은 염산, 질산 등의 산에는 강하나 알칼리에는 약하다.

해설 주철은 염산 30% 이상의 알칼리 용액, 수분이 있는 흙 및 염수나 폐수 등에는 부식되며, 특히 산성에 약하다.

11. **제도에 대한 설명으로 가장 적합한 것은?**

① 투명한 재료로 만들어지는 대상물 또는 부분은 투상도에서는 그리지 않는다.
② 투상도는 설계자가 생각하는 것을 투상하여 입체 형태로 그린 것이다.
③ 나사, 중심 구멍 등 특수한 부분의 표시는 별도로 정한 한국산업표준에 따른다.
④ 한국산업표준에서 규정한 기호를 사용할 경우 주기를 입력해야 하며, 기호 옆에 뜻을 명확히 주기한다.

12. **그림에 대한 설명으로 옳은 것은?**

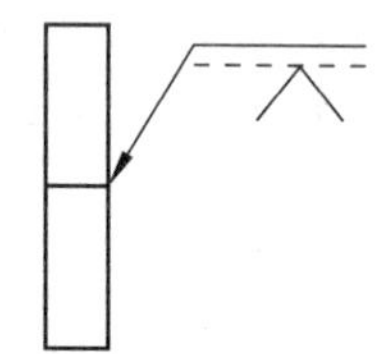

① 화살표 쪽에 용접
② 화살표 반대쪽에 용접
③ 원둘레 용접
④ 양면 용접

해설 그림은 V형 맞대기용접으로 실선 위에 기호가 있으면 화살표 쪽 용접을, 파선 위에 기호가 있으면 화살표 반대쪽 용접을 뜻한다.

13. **하나의 그림으로 물체의 정면, 우(좌)측면, 평(저)면인 3면의 실제 모양과 크기를 나타낼 수 있어 기계의 조립, 분해를 설명**

정답 8. ① 9. ④ 10. ④ 11. ③ 12. ② 13. ③

하는 정비 지침서나 제품의 디자인도 등을 그릴 때 사용되는 3축이 모두 120°가 되도록 한 입체도는?

① 사투상도 ② 분해 투상도
③ 등각 투상도 ④ 투시도

해설 투상도에는 정투상도, 등각 투상도, 사투상도가 있다.

14. 구의 반지름을 나타내는 기호는?

① C ② R ③ t ④ SR

해설 C: 45° 모따기, R: 반지름, t: 판 두께, SR: 구의 반지름

15. 도면 크기의 종류 중 호칭 방법과 치수(A×B)가 틀린 것은? (단, 단위는 mm이다.)

① A0 = 841×1189
② A1 = 594×841
③ A3 = 297×420
④ A4 = 220×297

해설 도면 크기의 호칭을 (A×B)라 했을 때 단계가 내려갈수록 A가 B로 변한다.
A0: 841×1189, A1: 594×841, A2: 420×594, A3: 297×420, A4: 210×297

16. 종이의 가장자리가 찢어져서 도면의 내용을 훼손하지 않도록 하기 위해 긋는 선은?

① 파선 ② 2점 쇄선
③ 1점 쇄선 ④ 윤곽선

해설 도면의 양식 중 윤곽선은 도면으로 사용된 용지의 안쪽에 그려진 내용이 확실히 구분되도록 하고, 종이의 가장자리가 찢어져서 도면의 내용을 훼손하지 않도록 하기 위해서 긋는다. 0.5mm 이상의 실선을 사용한다.

17. 기계 제도에서 선의 종류별 용도에 대한 설명으로 옳은 것은?

① 가는 2점 쇄선은 특별한 요구사항을 적용할 수 있는 범위를 표시한다.
② 가는 파선은 중심이 이동한 중심궤적을 표시한다.
③ 굵은 실선은 치수를 기입하기 위하여 쓰인다.
④ 가는 1점 쇄선은 위치 결정의 근거가 된다는 것을 명시할 때 쓰인다.

해설 가는 2점 쇄선은 가상선, 무게중심선에, 가는 파선은 숨은선에, 굵은 실선은 외형선에 주로 사용된다.

18. 용접부의 기호표시 방법에 대한 설명 중 틀린 것은?

① 기준선의 하나는 실선으로 하고 다른 하나는 파선으로 표시한다.
② 용접부가 이음의 화살표 쪽에 있을 때에는 실선 쪽의 기준선에 표시한다.
③ 가로단면의 주요 치수는 기본기호의 우측에 기입한다.
④ 용접 방법의 표시가 필요한 경우에는 기준선의 끝 꼬리 사이에 숫자로 표시한다.

해설 용접부의 치수 표시 중 가로단면에 대한 치수는 기호 왼편(기호 앞)에, 세로단면의 치수는 오른편(기호 뒤)에 표시한다.

19. 용접기호에 대한 설명으로 옳은 것은?

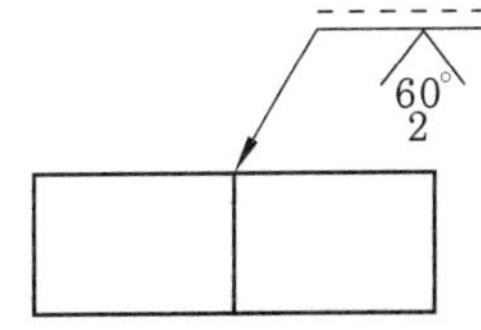

① V형 용접, 화살표 쪽으로 루트간격

2mm, 홈 각 60°이다.

② V형 용접, 화살표 반대쪽으로 루트간격 2mm, 홈 각 60°이다.

③ 필릿용접, 화살표 쪽으로 루트간격 2mm, 홈 각 60°이다.

④ 필릿용접, 화살표 반대쪽으로 루트간격 2mm, 홈 각 60°이다.

해설 V형 맞대기용접에서 실선 위에 용접기호가 있으므로 화살표 쪽이며, 루트간격이 2mm이고, 홈의 각도는 60°이다.

20. **치수 기입 원칙의 일반적인 주의사항으로 틀린 것은?**

① 치수는 중복 기입을 피한다.

② 관련되는 치수는 되도록 분산하여 기입한다.

③ 치수는 되도록 계산해서 구할 필요가 없도록 기입한다.

④ 치수 중 참고 치수에 대하여는 치수 수치에 괄호를 붙인다.

해설 도면에서 관련되는 치수는 되도록 한곳에 모아서 기입한다.

제2과목 용접구조설계

21. **용접부의 구조상 결함인 기공(blow hole)을 검사하는 가장 좋은 방법은?**

① 초음파 검사 ② 육안검사
③ 수압검사 ④ 침투검사

해설 용접부의 구조상 결함인 기공을 검사하는 방법은 초음파 검사, 방사선 투과검사 등이며 육안검사, 침투검사 등은 외부 검사이고, 수압검사는 항복점이나 인장강도, 내부압력 등을 검사하는 방법이다.

22. **용접자세 중 H-Fill이 의미하는 자세는?**

① 수직 자세 ② 아래보기 자세
③ 위보기 자세 ④ 수평 필릿자세

해설 H는 수평, Fill은 필릿용접을 가리키므로 H-Fill 수평 필릿자세를 의미한다.

23. **냉각속도가 가장 큰 금속은?**

① 연강 ② 알루미늄
③ 구리 ④ 스테인리스강

해설 열전도율이 높을수록 냉각속도가 빠르다.

24. **연강판의 두께를 9mm, 용접길이를 200mm로 하고 양 끝에 최대 720kN의 인장하중을 작용시키는 V형 맞대기용접 이음에서 발생하는 인장응력 MPa은?**

① 200 ② 400
③ 600 ④ 800

해설 $$\text{인장응력} = \frac{\text{인장하중}}{(\text{용접길이} \times \text{두께})} = \frac{720000}{(200 \times 9)} = 400$$

25. **다층용접 시 한 부분의 몇 층을 용접하다가 이것을 다음 부분의 층으로 연속시켜 전체가 단계를 이루도록 용착시켜 나가는 방법은?**

① 후퇴법(backstep method)

② 캐스케이드법(cascade method)

③ 블록법(block method)

④ 덧살올림법(build-up method)

해설 캐스케이드법은 다층용접 시 한 부분의 몇 층을 용접하다가 이것을 다음 부분의 층

정답 20. ② 21. ① 22. ④ 23. ③ 24. ② 25. ②

으로 연속시켜 전체가 계단 형태의 단계를 이루도록 용착시켜 나가는 방법이며 덧살 올림법, 점진 블록법 등이 있다.

26. 완전 맞대기용접이음이 단순 굽힘 모멘트 M_b=9800 N · cm를 받고 있을 때 용접부에 발생하는 최대 굽힘응력은? (단, 용접선 길이는 200 mm, 판두께는 25 mm이다.)

① 196.0 N/cm^2　② 470.4 N/cm^2
③ 376.3 N/cm^2　④ 235.2 N/cm^2

해설 굽힘응력 $= \dfrac{6\times9800}{(20\times6.25)} = 470.4$

27. 용접제품과 주조제품을 비교하였을 때 용접이음 방법의 장점으로 틀린 것은?

① 이종 재료의 접합이 가능하다.
② 용접변형을 교정할 때에는 시간과 비용이 필요치 않다.
③ 목형이나 주형이 불필요하고 설비의 소규모가 가능하여 생산비가 적게 든다.
④ 제품의 중량을 경감시킬 수 있다.

해설 용접제품에서 일어난 용접변형을 교정할 때에는 시간과 비용이 많이 든다.

28. 다음 중 용접 시공 관리의 4대(4M) 요소가 아닌 것은?

① 사람(Man)　② 기계(Machine)
③ 재료(Material)　④ 태도(Manner)

해설 용접 시공 관리의 4대 요소: 사람, 기계, 재료, 작업 방법(Method)

29. 용접 준비사항 중 용접변형 방지를 위해 사용하는 것은?

① 터닝 롤러(turing roller)
② 머니퓰레이터(manipulator)
③ 스트롱 백(strong back)
④ 엔빌(anvil)

해설 용접변형의 방지 방법으로는 억제법, 역변형법 이외에 각변형을 방지하기 위한 스트롱 백 등의 방법이 사용된다.

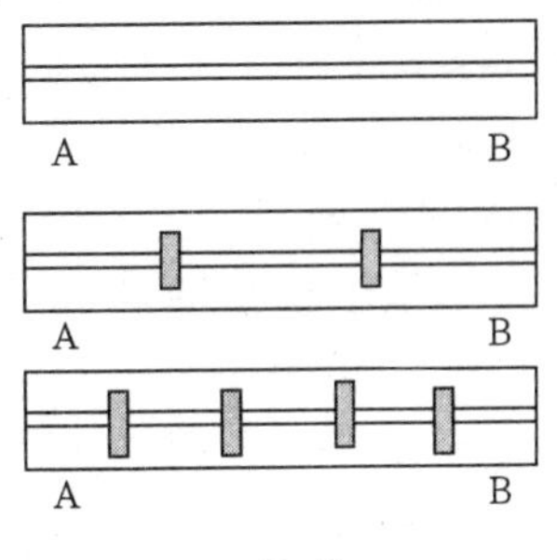

30. 용접 경비를 줄이고자 할 때 유의할 사항으로 틀린 것은?

① 용접봉의 적절한 선정과 그 경제적 사용방법
② 재료 절약을 위한 방법
③ 용접지그 사용에 의한 위보기 자세의 이용
④ 고정구 사용에 의한 능률 향상

해설 용접지그를 사용하는 목적은 가능한 아래보기 자세로 용접하기 위함이다.

31. 똑같은 두께의 재료를 용접할 때 냉각속도가 가장 빠른 이음은?

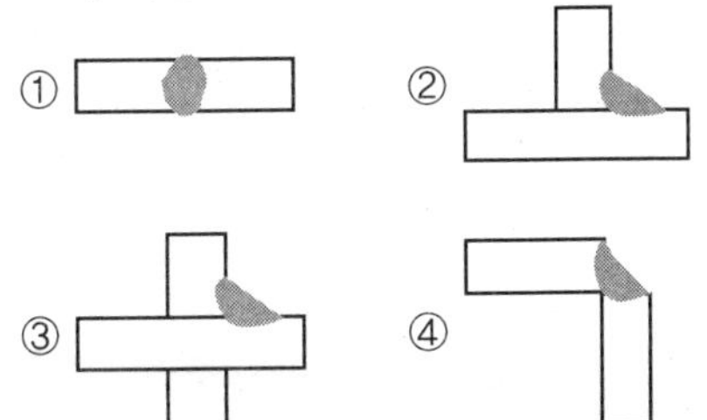

해설 열전도에 따라 냉각속도가 달라지는데

같은 금속일 때 냉각속도가 가장 빠른 것은 4군데로 열이 전도되는 ③항이다.

32. **용접부의 응력집중을 피하는 방법이 아닌 것은?**

① 부채꼴 오목부를 설계한다.
② 강도상 중요한 용접이음 설계시 맞대기 용접부는 가능한 피하고 필릿용접부를 많이 하도록 한다.
③ 모서리의 응력집중을 피하기 위해 평탄부에 용접부를 설치한다.
④ 판두께가 다른 경우 라운딩(rounding)이나 경사를 주어 용접한다.

해설 설계할 때 필릿용접을 가능한 피하고 맞대기용접을 하도록 한다.

33. **구속 용접시 발생하는 일반적인 응력은?**

① 잔류응력 ② 연성력
③ 굽힘력 ④ 스프링백

해설 구속 용접시 용접 후에 발생되는 일반적인 응력은 잔류응력이며 변형과 균열 등의 원인이 된다.

34. **설계 단계에서 용접부 변형을 방지하기 위한 방법이 아닌 것은?**

① 용접길이가 감소될 수 있는 설계를 한다.
② 변형이 적어질 수 있는 이음 부분을 배치한다.
③ 보강재 등 구속이 커지도록 구조 설계를 한다.
④ 용착금속을 증가시킬 수 있는 설계를 한다.

해설 용접 설계 단계에서 용접부의 변형을 방지하기 위해서는 용착금속을 최소한으로 줄이고 완전한 이음이 되도록 맞대기용접을 하도록 한다.

35. **용접 수축량에 미치는 용접 시공 조건의 영향을 설명한 것으로 틀린 것은?**

① 루트간격이 클수록 수축이 크다.
② V형 이음은 X형 이음보다 수축이 크다.
③ 같은 두께를 용접할 경우 용접봉 지름이 큰 쪽이 수축이 크다.
④ 위빙을 하는 쪽이 수축이 작다.

해설 같은 두께를 용접할 경우 용접봉 지름이 큰 쪽이 수축이 작다.

36. **용접 후처리에서 변형을 교정할 때 가열하지 않고 외력만으로 소성변형을 일으켜 교정하는 방법은?**

① 형재(刑裁)에 대한 직선 수축법
② 가열한 후 해머로 두드리는 법
③ 변형 교정 롤러에 의한 방법
④ 박판에 대한 점 수축법

해설 변형 교정 방법은 얇은 판에 점 수축법, 형재에 대한 직선 수축법, 가열 후 해머질 하는 방법, 두꺼운 판에 대하여 가열 후 압력을 걸고 수랭하는 방법, 롤러에 거는 방법, 피닝법, 절단에 의하여 변형하고 재용접하는 방법 등이 있다. 가열하지 않고 외력으로만 소성변형을 일으켜 교정하는 방법은 롤러에 거는 방법이다.

37. **용접 순서에서 동일 평면 내에 이음이 많을 경우 수축은 가능한 자유단으로 보내는 이유로 옳은 것은?**

① 압축변형을 크게 해주는 효과와 구조물 전체를 가능한 균형 있게 인장응력을 증가시키는 효과 때문
② 구속에 의한 압축응력을 작게 해주는

정답 32. ② 33. ① 34. ④ 35. ③ 36. ③ 37. ④

효과와 구조물 전체를 가능한 균형 있게 굽힘응력을 증가시키는 효과 때문
③ 압축응력을 크게 해주는 효과와 구조물 전체를 가능한 균형 있게 인장응력을 경감시키는 효과 때문
④ 구속에 의한 잔류응력을 작게 해주는 효과와 구조물 전체를 가능한 균형 있게 변형을 경감시키는 효과 때문

해설 용접 순서에서 같은 평면 안에 많은 이음이 있을 때 수축은 가능한 자유단으로 보내는 이유는 구속에 의한 잔류응력을 작게 해주는 효과와 구조물 전체를 가능한 균형 있게 변형을 경감시키는 효과 때문이다. 용접물 중심과 항상 대칭으로 용접을 진행시키며 수축이 큰 이음을 먼저 용접하고 수축이 작은 이음을 뒤에 용접하며, 용접물의 중립축에 대하여 수축력 모멘트의 합이 제로(0, zero)가 되도록 한다.

38. 용접부 취성을 측정하는 데 가장 적당한 시험방법은?

① 굽힘시험　② 충격시험
③ 인장시험　④ 부식시험

해설 용접부 모재의 인성(또는 취성)을 알아보는 시험으로는 보통 충격시험이 이용된다.

39. 용접변형을 경감하는 방법으로 용접 전 변형 방지책은?

① 역변형법　② 빌드업법
③ 캐스케이드법　④ 점진 블록법

40. 필릿용접 크기에 대한 설명으로 틀린 것은?

① 필릿 이음에서 목길이를 증가시켜 줄 필요가 있을 경우 양쪽 목길이를 같게 증가시켜 주는 것이 효과적이다.
② 판두께가 같은 경우 목길이가 다른 필릿 용접 시 수직 쪽의 목길이를 짧게, 수평 쪽의 목길이를 길게 하는 것이 좋다.
③ 필릿용접 시 표면 비드는 오목형보다 볼록형이 인장에 의한 수축 균열 발생이 적다.
④ 다층 필릿 이음에서의 첫 패스는 항상 오목형이 되도록 하는 것이 좋다.

해설 일반적으로 필릿용접의 다리 길이와 필릿 각장이 커질수록 전단강도가 저하하는 경우가 있으며, 첫 패스는 다층 필릿 이음에서 항상 오목 비드가 되도록 하는 것이 좋다.

제3과목 용접일반 및 안전관리

41. 가스 실드(shield)형으로 파이프 용접에 가장 적합한 용접봉은?

① 라임티타니아계(E4303)
② 특수계(E4340)
③ 저수소계(E4316)
④ 고셀룰로오스계(E4311)

해설 고셀룰로오스계는 가스 실드계의 대표적인 용접봉으로 피복이 얇고 슬래그가 적으므로 좁은 홈의 용접이나 수직 상진, 하진 및 위보기 용접에서 우수한 작업성을 나타내어 파이프 용접에 많이 사용된다.

42. 피복아크용접에서 용접부의 보호 방식이 아닌 것은?

① 가스 발생식　② 슬래그 생성식
③ 아크 발생식　④ 반가스 발생식

해설 피복아크용접에서 용접부의 보호 방식은 가스 발생식, 슬래그 생성식, 반가스(반

정답 38. ② 39. ③ 40. ④ 41. ④ 42. ③

슬래그) 생성식의 3종류가 사용되고 있다.

43. **황동을 가스용접 시 주로 사용하는 불꽃의 종류는?**

① 탄화 불꽃 ② 중성 불꽃
③ 산화 불꽃 ④ 질화 불꽃

해설 가스용접에서 황동은 산화 불꽃을, 청동은 산화 불꽃을, 강판, 구리, 연강판, 동판, 아연도금 철판, 아연 등은 중성 불꽃을 사용한다.

44. **피복아크 용접봉에서 피복제의 편심률은 몇 % 이내여야 하는가?**

① 3% ② 6% ③ 9% ④ 12%

해설 편심률(%) = $\frac{D'-D}{D} \times 100$이며 3% 이내여야 한다.

45. **압접의 종류가 아닌 것은?**

① 단접(forged welding)
② 마찰 용접(friction welding)
③ 점용접(spot welding)
④ 전자빔 용접(electron beam welding)

해설 전자빔 용접은 융접에서 특수 용접에 속한다.

46. **산소 아세틸렌 불꽃에서 아세틸렌이 이론적으로 완전연소하는데 필요한 산소 : 아세틸렌의 연소비로 가장 알맞은 것은?**

① 1.5 : 1 ② 1 : 1.5
③ 2.5 : 1 ④ 1 : 2.5

해설 탄화수소에서 이론 산소량을 구하는 공식
$= n + \frac{m}{4} = C_2H_2 \rightarrow 2 + \frac{2}{4} = 2.5$배
∴ 산소와 아세틸렌의 비는 1.5 : 1이다.

47. **현장에서의 용접작업 시 주의사항이 아닌 것은?**

① 폭발, 인화성 물질 부근에서는 용접작업을 피할 것
② 부득이 가연성 물체 가까이서 용접할 경우 화재발생 방지 조치를 충분히 할 것
③ 탱크 내에서 용접작업 시 통풍을 잘하고 때때로 외부로 나와 휴식을 취할 것
④ 탱크 내 용접작업 시 2명이 동시에 들어가 작업을 실시하고 빠른 시간에 작업을 완료하도록 할 것

해설 탱크 내 용접작업 시 탱크 내부에 신선한 공기를 지속적으로 주입해주며 내부에서 일하는 작업자가 공기흡입 불량 또는 다른 사항으로 졸도나 이상이 없는지 신호줄을 이용하여 밖에서 확인해야 된다.

48. **산소용기의 취급상 주의사항이 아닌 것은?**

① 운반이나 취급에서 충격을 주지 않는다.
② 가연성 가스와 함께 저장한다.
③ 기름이 묻은 손이나 장갑을 끼고 취급하지 않는다.
④ 운반 시 가능한 한 운반기구를 이용한다.

해설 가연성 가스와 인화물질을 같이 저장하지 말고, 고압 밸브가 파손되지 않게 밸브 보호캡을 씌운 뒤 이동하며, 가스 누설 체크는 비눗물로 검사한다.

49. **용접의 분류 방법 중 아크용접에 해당하는 것은?**

① 프로젝션 용접
② 마찰 용접
③ 서브머지드 용접
④ 초음파 용접

정답 43. ③ 44. ① 45. ④ 46. ③ 47. ④ 48. ② 49. ③

해설 프로젝션 용접(돌기 용접, projection welding), 마찰 용접, 초음파 용접은 압접에 속하는 용접법이다.

50. 불활성가스 아크용접의 특징으로 틀린 것은?

① 아크가 안정되어 스패터가 적고 조작이 용이하다.
② 높은 전압에서 용입이 깊고 용접속도가 빠르며, 잔류 용제 처리가 필요하다.
③ 모든 자세 용접이 가능하고 열집중성이 좋아 용접 능률이 높다.
④ 청정작용이 있어 산화막이 강한 금속의 용접이 가능하다.

해설 ②항은 서브머지드 아크용접에서 용접 작업 시 일어나는 현상이다.

51. 스터드 용접의 용접장치가 아닌 것은?

① 용접 건 ② 용접 헤드
③ 제어장치 ④ 텅스텐 전극봉

해설 스터드 용접(stud welding)은 철강재료 외에 동, 황동, 알루미늄, 스테인리스강에도 적용되어 조선, 교량, 건축 등 사용 범위가 넓다. 봉재, 볼트 등의 스터드를 용접 건 및 페룰(ferrule)을 이용하여 구조물이나 빔 같은 곳에 접합시키는 방법이다. 텅스텐 전극봉은 불활성 텅스텐 아크용접에 사용된다.

52. 용접 중 용융금속에 가스의 흡수로 인한 기공이 발생되는 화학 반응식을 나타낸 것은?

① $FeO + Mn \rightarrow MnO + Fe$
② $2FeO + Si \rightarrow SiO_2 + 2Fe$
③ $FeO + C \rightarrow CO + Fe$
④ $3FeO + 2Al \rightarrow Al_2O_3 + 3Fe$

53. TIG 용접기에서 직류역극성을 사용하였을 경우 용접비드의 형상으로 옳은 것은?

① 비드폭이 넓고 용입이 깊다.
② 비드폭이 넓고 용입이 얕다.
③ 비드폭이 좁고 용입이 깊다.
④ 비드폭이 좁고 용입이 얕다.

해설 TIG 용접에서 직류역극성을 사용하면 청정작용이 있으며, 전극봉(+) 70%, 모재(−) 30%일 때 비드폭이 넓고 용입이 얕다.

54. 가장 두꺼운 판을 용접할 수 있는 용접법은?

① 일렉트로 슬래그 용접
② 전자빔 용접
③ 서브머지드 아크용접
④ 불활성가스 아크용접

해설 일렉트로 슬래그 용접은 와이어가 하나이면 판두께 120 mm, 2개이면 100~250 mm, 3개 이상이면 250 mm 두께 이상의 용접에도 적당하다. 전자빔 용접은 고진공으로 진공 상태인 내부에 넣고 용접을 하므로 용접물의 크기에 제한을 받으며, 서브머지드 아크용접은 판두께 75 mm 정도까지 한 번에 용접할 수 있는 최대 전류 4000 A 용접기로 가능하다. 불활성가스 아크용접은 보통 MIG 용접이 판두께 6 mm 이상을 용접한다.

55. 자동으로 용접을 하는 서브머지드 아크용접에서 루트간격과 루트면의 필요한 조건은? (단, 받침쇠가 없는 경우이다.)

① 루트간격 0.8 mm 이상, 루트면은 ±5 mm 허용
② 루트간격 0.8 mm 이하, 루트면은 ±1 mm 허용
③ 루트간격 3 mm 이상, 루트면은 ±5 mm

정답 50. ② 51. ④ 52. ③ 53. ② 54. ④ 55. ①

허용

④ 루트간격 10 mm 이상, 루트면은 ±10mm 허용

56. 다음 중 직류 아크 용접기는?

① 가동 코일형 용접기
② 정류형 용접기
③ 가동 철심형 용접기
④ 탭 전환형 용접기

해설 직류 아크 용접기는 발전기형(전동 발전식, 엔진 구동식)과 정류기형이 있다.

57. 이론적으로 순수한 카바이드 5kg에서 발생할 수 있는 아세틸렌 양은 약 몇 리터인가?

① 3480 ② 1740
③ 348 ④ 174

해설 이론적으로 카바이드 1kg에서 아세틸렌이 348리터가 발생하므로 $5 \times 348 = 1740$이다.

58. 정격 2차전류 400 A, 정격 사용률이 50%인 교류 아크 용접기로서 250A로 용접할 때 이 용접기의 허용 사용률(%)은?

① 128 ② 122
③ 112 ④ 95

해설 $\text{허용 사용률}(\%) = \dfrac{(\text{정격 2차전류})^2}{(\text{실제 용접전류})^2} \times \text{정격 사용률}(\%) = \dfrac{(400)^2}{(250)^2} \times 50 = 128$

59. 불활성가스 금속 아크용접 시 사용되는 전원 특성은?

① 수하특성 ② 동전류 특성
③ 정전압 특성 ④ 정극성 특성

해설 불활성가스 금속 아크 용접기는 정전압 특성 또는 상승특성의 직류 용접기이며 수하특성의 직류 용접기보다 유리하다.

60. 플래시 버트 용접의 일반적인 특징으로 틀린 것은?

① 가열부의 열영향부가 좁다.
② 용접면을 아주 정확하게 가공할 필요가 없다.
③ 서로 다른 금속의 용접은 불가능하다.
④ 용접 시간이 짧고 업셋 용접보다 전력 소비가 적다.

정답 56. ② 57. ② 58. ① 59. ① 60. ③

2015년 8월 16일 시행

용접산업기사

제1과목 용접야금 및 용접설비제도

1. 용접하기 전 예열하는 목적이 아닌 것은?

① 수축 변형을 감소시킨다.
② 열영향부의 경도를 증가시킨다.
③ 용접금속 및 열영향부 균열을 방지한다.
④ 용접금속 및 열영향부의 연성 또는 노치 인성을 개선한다.

해설 용접 전에 예열을 실시하면 용접부의 온도분포나 최고 온도가 변하여 냉각속도가 느려지기는 하지만 비교적 저온에서 큰 영향을 준다. 용접 열영향부는 경화하여 비드밑 균열이 발생하기 쉬우나 용접 전에 적당한 온도로 예열하면 용접부의 냉각속도를 늦추어 잔류응력, 용접변형, 균열을 방지할 수 있다.

2. 강의 표면 경화법이 아닌 것은?

① 불림 ② 침탄법
③ 질화법 ④ 고주파 열처리

해설 강의 표면 경화법은 침탄법(고체, 가스, 액체침탄법), 질화법(암모니아로 표면을 경화), 금속 침투법(크로마이징, 실리코나이징, 칼로라이징, 브로나이징, 세라다이징, 방전 경화법), 화염 경화, 고주파 경화법 등이 있다.

3. 용융금속 중에 첨가하는 탈산제가 아닌 것은?

① 규소철(Fe-Si)
② 타이타늄철(Fe-Ti)
③ 망가니즈철(Fe-Mn)
④ 석회석($CaCO_3$)

해설 용융금속의 탈산제로는 망가니즈철, 규소철, 타이타늄철, 알루미늄 분말 등이 첨가되고, 석회석은 아크 안정제, 슬래그 등에 사용된다.

4. 이종의 원자가 결정격자를 만드는 경우 모재 원자보다 작은 원자가 고용할 때 모재 원자의 틈새 또는 격자결함에 들어가는 경우의 고용체는?

① 치환형 고용체 ② 변태형 고용체
③ 침입형 고용체 ④ 금속간 고용체

해설 고용체(solid solution): 2종 이상의 금속이 용융 상태에서 합금이 되었거나 고체 상태에서도 균일한 융합 상태로 되어 각 성분 금속을 기계적인 방법으로 구분할 수 없는 완전한 융합을 말한다. 용매 원자 속에 용질 원자가 배열된 상태에 따라 침입형 고용체, 치환형 고용체, 규칙격자형 고용체로 구분한다.

5. 고장력강 용접시 일반적인 주의사항으로 틀린 것은?

① 용접봉은 저수소계를 사용한다.
② 아크길이는 가능한 길게 유지한다.
③ 위빙 폭은 용접봉 지름의 3배 이하로 한다.
④ 용접을 시작하기 전에 이음부 내부 또는 용접할 부분을 청소한다.

해설 고장력강은 일반구조용 압연강재보다 항복점 및 인장강도가 높아서 연강에 비해 규소, 망가니즈의 함유량이 많고 이외에 니켈, 크로뮴, 몰리브덴 등의 원소도 첨

정답 1. ② 2. ① 3. ④ 4. ③ 5. ②

가되어 이들이 용접 열영향부를 경화시키고 연성을 감소시키므로 모재 예열(80~150℃)이나 용접봉 아크길이를 짧게 하여야 한다.

6. γ고용체와 α고용체의 조직은?

① γ고용체: 페라이트 조직, α고용체: 오스테나이트 조직
② γ고용체: 페라이트 조직, α고용체: 시멘타이트 조직
③ γ고용체: 시멘타이트 조직, α고용체: 페라이트 조직
④ γ고용체: 오스테나이트 조직, α고용체: 페라이트 조직

해설 Fe-C 상태도에서 γ고용체는 오스테나이트계이며, α고용체는 페라이트로 탄소강의 표준조직에서 페라이트 → 탄소 함유량 0.85%의 공석강 → 펄라이트 → 펄라이트+시멘타이트 → 탄소 함유량 4.3%인 공정 반응(레데부라이트) → 주철의 순서로 이루어지고 탄소 최대 함유량 2.11% 이후(탄소량 6.68%)를 주철이라고 한다.

7. 비열이 가장 큰 금속은?

① Al ② Mg ③ Cr ④ Mn

해설 금속의 비열(cal/g℃)
Al(0.223), Mg(0.2475), Cr(0.1178), Mn(0.1211)

8. 재가열 균열 시험법으로 사용되지 않는 것은?

① 고온 인장시험
② 변형이완 시험
③ 자율구속도 시험
④ 크리프저항 시험

해설 재가열 균열 시험법으로 재열 균열(reheat cracking), 즉 SR 균열이라고도 하는 것으로 고장력강 용접부의 후열처리 또는 고온 사용에 의하여 용접 열영향부에 생기는 입계균열을 의미한다. 크리프저항 시험은 사용되지 않는다.

9. 용접 후 잔류응력이 있는 제품에 하중을 주고 용접부에 소성변형을 일으키는 방법은?

① 연화 풀림법
② 국부 풀림법
③ 저온응력 완화법
④ 기계적 응력 완화법

해설 용접 후 잔류응력을 제거하는 방법은 노내 풀림법, 국부 풀림법, 저온응력 완화법, 기계적 응력 완화법, 피닝법 등이 있다. 잔류응력이 있는 제품에 하중을 주어 용접부에 약간의 소성변형을 일으킨 다음 하중을 제거하는 방법은 기계적 응력 완화법이다.

10. 철강재료의 변태 중 순철에서는 나타나지 않는 변태는?

① A_1 ② A_2 ③ A_3 ④ A_4

해설 철강재료의 동소변태는 A_1부터 A_3(910℃)까지는 α철로 체심입방격자, A_3부터 A_4(1400℃)변태점까지는 면심입방격자, A_4부터 용융점까지는 체심입방격자이다. 순철에서 A_1은 변태가 나타나지 않는다.

11. 도면에 치수를 기입하는 경우 유의사항으로 틀린 것은?

① 치수는 되도록 주투상도에 집중한다.
② 치수는 되도록 계산할 필요가 없도록 기입한다.
③ 치수는 되도록 공정마다 배열을 분리하여 기입한다.

정답 6. ④ 7. ② 8. ④ 9. ④ 10. ① 11. ④

④ 참고 치수에 대하여는 치수에 원을 넣는다.

해설 참고 치수는 ( )에 넣는다.

12. 용접부 보조기호 중 제거 가능한 덮개판을 사용하는 기호는?

① ◡◡ ② ◠
③ [M] ④ [MR]

해설 ①은 표면 육성, ②는 볼록형, ③은 영구적인 이면 판재 사용, ④는 제거 가능한 이면 판재 사용이다.

13. 다음 용접기호 중 이면 용접기호는?

① |/ ② _/
③ ◡ ④ ◡◡

해설 ①은 넓은 루트면이 있는 일면 개선형 맞대기용접, ②는 개선각이 급격한 V형 맞대기용접, ③은 이면 용접, ④는 보조기호로서 토를 매끄럽게 한다.

14. 척도에 관계없이 적당한 크기로 부품을 그린 후 치수를 측정하여 기입하는 스케치 방법은?

① 프린트법 ② 프리핸드법
③ 본뜨기법 ④ 사진촬영법

해설 스케치 방법 중 프리핸드법이란 일반적인 방법으로 척도에 관계없이 적당한 크기로 부품을 그린 후 치수를 측정하여 기입하는 방법이다. 용지는 모눈종이를 사용하면 편리하다.

15. 가는 실선을 규칙적으로 늘어놓은 것으로 도형의 한정된 특정 부분을 다른 부분과 구별하는 데 사용하며 예를 들어 단면도의 절단된 부분을 나타내는 선의 명칭은?

① 파단선 ② 지시선
③ 중심선 ④ 해칭

16. 평면도법에서 인벌류트 곡선에 대한 설명으로 옳은 것은?

① 원기둥에 감긴 실의 한끝을 늦추지 않고 풀어나갈 때 이 실의 끝이 그리는 곡선이다.
② 1개의 원이 직선 또는 원주 위를 굴러갈 때 그 구르는 원의 원주 위의 1점이 움직이며 그려 나가는 자취를 말한다.
③ 전동원이 기선 위를 굴러갈 때 생기는 곡선을 말한다.
④ 원뿔을 여러 가지 각도로 절단하였을 때 생기는 곡선이다.

해설 판금 전개도의 종류 중 평면도법에서 원의 인벌류트(involute) 곡선이란 원기둥을 12등분하여 각 등분점에 접선을 긋고서 감긴 실의 한끝을 늦추지 않고 풀어나갈 때 이 실의 끝이 그리는 곡선을 말한다.

17. 3각법에서 물체의 위에서 내려다본 모양을 도면에 표현한 투상도는?

① 정면도 ② 평면도
③ 우측면도 ④ 좌측면도

해설 3각법 중 물체를 정면에서 본 모양은 정면도, 위에서 내려다본 모양은 평면도, 우측에서 본 것은 우측면도이다.

18. 용접기호에 대한 명칭으로 틀린 것은?

① ◺: 필릿용접
② ||: 일면 수직 맞대기용접
③ ∨: V형 맞대기용접

정답 12. ④ 13. ③ 14. ② 15. ④ 16. ① 17. ② 18. ②

④ ×: 양면 V형 맞대기용접

해설 ②는 평행(I형) 맞대기용접이다.

19. 한 도면에서 두 종류 이상의 선이 같은 장소에 겹치게 될 때 우선순위로 옳은 것은?

① 숨은선 → 절단선 → 외형선 → 중심선 → 무게중심선
② 외형선 → 중심선 → 절단선 → 무게중심선 → 숨은선
③ 숨은선 → 무게중심선 → 절단선 → 중심선 → 외형선
④ 외형선 → 숨은선 → 절단선 → 중심선 → 무게중심선

해설 한 도면에서 두 종류 이상의 선이 같은 장소에서 겹치게 될 경우에는 외형선 → 숨은선 → 절단선 → 중심선 → 무게중심선 → 치수보조선의 순서에 따라 그린다.

20. 도면에서 척도를 기입하는 경우 도면을 정해진 척도값으로 그리지 못하거나 비례하지 않을 때 표시하는 방법은?

① 현척 ② 축척
③ 배척 ④ NS

해설 도면의 척도기입 방법 중에서 "비례척이 아님" 또는 none scale의 약자 "NS"로 표시한다.

제2과목 용접구조설계

21. 아크용접 시 용접이음의 용융부 밖에서 아크를 발생시킬 때 모재 표면에 결함이 생기는 것은?

① 아크 스트라이크
② 언더 필
③ 스캐터링
④ 은점

해설 아크 스트라이크(arc strike)는 용접이음의 용융 부위 밖에서 아크를 발생시킬 때 아크열로 인해 모재에 결함이 생기는 것이다. 때로는 이 용접결함이 스패터보다 훨씬 더 심해져 주위의 모재로 급격히 열을 빼앗겨 급랭되기 때문에 단단하고 취약한 구조로 균열의 원인이 된다. 아크 스트라이크는 쉽게 관찰되는 결함으로 모재 표면에는 없어야 한다.

22. 용접에 의한 용착효율을 구하는 식으로 옳은 것은?

① $\frac{\text{용접봉의 총사용량}}{\text{용착금속의 중량}} \times 100\%$

② $\frac{\text{피복제의 중량}}{\text{용착금속의 중량}} \times 100\%$

③ $\frac{\text{용착금속의 중량}}{\text{용접봉의 사용 중량}} \times 100\%$

④ $\frac{\text{피복제의 중량}}{\text{용접봉의 사용 중량}} \times 100\%$

해설
- 용착금속의 중량 $= \frac{\text{용착률}}{\text{용접속도}}$
- 용착효율(용착률) $= \frac{\text{용착금속 중량}}{\text{사용 용접봉 총중량}}$
- 용접봉 소요량 $= \frac{\text{단위 용접길이당 용착금속 중량}}{\text{용착효율}}$

23. 용접부 검사법에서 파괴시험 방법 중 기계적 시험 방법이 아닌 것은?

① 인장시험 ② 부식시험
③ 굽힘시험 ④ 경도시험

정답 19. ④ 20. ④ 21. ① 22. ③ 23. ②

해설 부식시험은 화학적 시험 방법으로 용접부가 바닷물, 유기산, 무기산, 알칼리 등과 접촉하여 부식되는 상태를 시험하는 습부식 시험과 고온의 증기, 가스 등과 반응하여 부식되는 건부식(고온부식) 시험, 어는 응력하의 부식 상태를 알 수 있는 응력부식 시험 등이 있다.

24. 용접작업 시 적절한 용접지그의 사용에 따른 효과로 틀린 것은?

① 용접작업을 용이하게 한다.
② 대량생산의 경우 작업 능력이 향상된다.
③ 제품의 마무리 정밀도를 향상시킨다.
④ 용접변형은 증가되나 잔류응력을 감소시킨다.

해설 용접작업 시 용접지그 사용에 따른 효과
㉠ 동일 제품을 대량생산할 수 있다.
㉡ 제품의 정밀도와 용접부의 신뢰성을 높인다.
㉢ 작업을 용이하게 하고 용접 능률을 높인다.

25. 맞대기용접이음에서 각변형이 가장 크게 나타날 수 있는 홈의 형상은?

① H형 ② V형 ③ X형 ④ I형

해설 맞대기용접이음에서 V형 홈은 홈 가공이 비교적 쉬우나 판두께가 두꺼워지면 용착금속의 양이 증가하고 각변형이 발생할 위험이 있으므로 판재 두께에 따라 홈의 선택에 신중을 기해야 한다.

26. 용접변형 방지 방법에서 역변형법에 대한 설명으로 옳은 것은?

① 용접물을 고정시키거나 보강재를 이용하는 방법이다.
② 용접에 의한 변형을 미리 예측하여 용접하기 전에 반대쪽으로 변형을 주는 방법이다.
③ 용접물을 구속시키고 용접하는 방법이다.
④ 스트롱 백을 이용하는 방법이다.

해설 용접변형 방지 방법 중 ①은 용접 전에 보강재를 이용하는 법, ②는 역변형법, ③은 억제법, ④는 스트롱 백(strong back) 이용법 등이다.

27. 겹쳐진 두 부재의 한쪽에 둥근 구멍 대신 좁고 긴 홈을 만들어 놓고, 그곳을 용접하는 용접법은?

① 겹치기 용접 ② 플랜지 용접
③ T형 용접 ④ 슬롯용접

28. 아크전류 200A, 아크전압 30V, 용접속도 20cm/min일 때 용접길이 1cm당 발생하는 용접입열(J/cm)은?

① 12000 ② 15000
③ 18000 ④ 20000

해설 용접입열(J/cm)

$$= \frac{60\text{초} \times \text{아크전압} \times \text{아크전류}}{\text{용접속도(분)}}$$

$$= \frac{60 \times 30 \times 200}{20} = 18000$$

29. 전 용접길이에 방사선 투과검사를 하여 결함이 1개도 발견되지 않았을 때 용접이음의 효율은?

① 70% ② 80% ③ 90% ④ 100%

해설 방사선 투과시험에서 결함이 발견되지 않았으면 용접이음의 효율은 100%이다.

30. 가접에 대한 설명으로 틀린 것은?

① 본용접 전에 용접물을 임시로 고정하기

정답 24. ④ 25. ② 26. ② 27. ④ 28. ③ 29. ④ 30. ②

위한 짧은 용접이다.

② 가접은 아주 쉬운 작업이므로 본용접사 보다 기량이 부족해도 된다.

③ 홈 안에 가접을 할 경우 본용접을 하기 전에 갈아낸다.

④ 가접에는 본용접보다 지름이 약간 가는 용접봉을 사용한다.

해설 용접작업에서 가접

㉠ 용접 결과의 좋고 나쁨에 직접 영향을 준다.

㉡ 본용접 전에 좌우의 홈 부분을 임시로 고정하기 위한 짧은 용접이다.

㉢ 균열, 기공, 슬래그 잠입 등의 결함을 수반하기 쉬우므로 본용접을 실시할 홈 안에 가접하는 것은 바람직하지 못하다. 만일 불가피하게 홈 안에 가접한 경우는 본용접 전에 갈아내는 것이 좋다.

㉣ 본용접을 하는 용접사와 비등한 기량을 가진 용접사에 의해 가접을 실시한다.

㉤ 가접에는 본용접보다 지름이 약간 가는 용접봉을 사용하는 것이 좋다.

31. 용접부의 이음효율 공식으로 옳은 것은?

① $\frac{\text{모재의 인장강도}}{\text{용접시험편의 인장강도}} \times 100\%$

② $\frac{\text{모재의 충격강도}}{\text{용접시험편의 충격강도}} \times 100\%$

③ $\frac{\text{용접시험편의 충격강도}}{\text{모재의 충격강도}} \times 100\%$

④ $\frac{\text{용접시험편의 인장강도}}{\text{모재의 인장강도}} \times 100\%$

32. 맞대기용접에서 제1층부에 결함이 생겨 밑면 따내기를 하고자 할 때 이용되지 않는 방법은?

① 선삭

② 핸드 그라인더에 의한 방법

③ 아크 에어 가우징

④ 가스 가우징

해설 맞대기용접에서 제1층 부위에 결함이 생겨 밑면 따내기를 하고자 할 때 사용되는 방법은 아크 에어 가우징(arc air gouging), 가스 가우징(gas gouging), 핸드 그라인더(portable electric grinder) 등이 사용되고 선삭은 개선 홈을 가공할 때 사용된다.

33. 맞대기용접이음의 피로강도값이 가장 크게 나타나는 경우는?

① 용접부 이면용접을 하고 표면용접 그대로인 것

② 용접부 이면용접을 하지 않고 표면용접 그대로인 것

③ 용접부 이면 및 표면을 기계 다듬질한 것

④ 용접부 표면의 덧살만 기계 다듬질한 것

해설 용접부에 균열, 언더컷, 슬래그 혼입 등의 예리한 노치가 생성되는 용접결함이 존재할 때는 항복점보다 훨씬 낮은 응력이 작용해도 피로파괴가 일어나므로 피로강도를 높이려면 노치가 없는 용접부를 만들어야 한다.

34. 모세관 현상을 이용하여 표면 결함을 검사하는 방법은?

① 육안검사 ② 침투검사

③ 자분검사 ④ 전자기적 검사

해설 모세관 현상을 이용하여 표면 결함을 검사하는 방법은 침투액을 표면에 뿌려 표면으로 침투시킨 뒤에 형광을 이용한 침투액을 뿌려 결함을 나타내는 침투검사이다.

정답 31. ④ 32. ① 33. ③ 34. ②

35. **용접시 발생되는 용접변형을 방지하기 위한 방법이 아닌 것은?**

① 용접에 의한 국부 가열을 피하기 위하여 전체 또는 국부적으로 가열하고 용접한다.
② 스트롱 백을 사용한다.
③ 용접 후에 수랭 처리를 한다.
④ 역변형을 주고 용접한다.

해설 용접시 발생되는 용접변형은 교정이 어려워 용접 전에는 억제법, 역변형법을, 용접 시공 중에는 대칭법, 후퇴법, 스킵블럭법, 스킵법(비석법) 등을 사용한다. 모재의 열전도를 억제하는 방법으로는 도열법, 용접금속부의 변형과 잔류응력을 경감하는 피닝법을 사용한다.

36. **강판의 두께 15mm, 폭 100mm의 V형 홈을 맞대기용접이음할 때 이음효율을 80%, 판의 허용응력을 35kgf/mm^{2}로 하면 인장하중(kgf)은 얼마까지 허용할 수 있는가?**

① 35000 ② 38000
③ 40000 ④ 42000

해설 • 이음효율

$$= \frac{\text{용접시험편의 인장강도}}{\text{모재의 인장강도}} \times 100\%$$

• 응력 $= \dfrac{\text{인장하중}}{\text{단면적}}$, $35 = \dfrac{\text{인장하중}}{15 \times 100}$

인장하중 $= 35 \times 15 \times 100 = 52500$이고 이음효율은 80%이다.

$\therefore 52500 \times 0.8 = 42000$

37. **양면 용접에 의하여 충분한 용입을 얻으려고 할 때 사용되며 두꺼운 판의 용접에 가장 적합한 맞대기 홈의 형태는?**

① J형 ② H형 ③ V형 ④ I형

해설 I형은 6mm 이하, V형은 6~20mm이고, J형은 6~20mm, H형은 20mm 이상이다.

38. **불활성가스 텅스텐 아크용접 이음부 설계에서 I형 맞대기용접이음의 설명으로 적합한 것은?**

① 판두께 12mm 이상의 두꺼운 판 용접에 이용된다.
② 판두께 6~20mm 정도의 다층 비드 용접에 이용된다.
③ 판두께 3mm 정도의 박판 용접에 많이 이용된다.
④ 판두께 20mm 이상의 두꺼운 판 용접에 이용된다.

해설 불활성가스 텅스텐 아크용접은 주로 판두께 3mm 정도에 이용되나 최근 용량이 큰 용접기들이 제작되어 후판에도 이용되며 저전류에서도 아크가 안정되어 박판용접에 적당하고 용가재 없이도 용접이 가능하다.

39. **용접구조물에서의 비틀림 변형을 경감시켜 주는 시공상의 주의사항 중 틀린 것은?**

① 집중적으로 교차 용접을 한다.
② 지그를 사용한다.
③ 가공 및 정밀도에 주의한다.
④ 이음부의 맞춤을 정확하게 해야 한다.

해설 용접구조물에서 비틀림 변형은 특히 기둥이나 보처럼 가늘고 긴 구조에 쉽게 발생하므로 변형이 생기면 교정이 어렵다. 따라서 용접 전에 적당한 보강재로 보강을 하고 지그를 활용하거나 용접 전에는 억제법, 역변형법을, 용접 시공 중에는 대칭법, 후퇴법, 스킵블럭법, 스킵법(비석법) 등을

정답 35. ③ 36. ④ 37. ② 38. ③ 39. ①

사용한다. 모재의 열전도를 억제하는 방법으로는 도열법을, 용접금속부의 변형과 잔류응력을 경감하는 방법으로는 피닝법을 사용한다.

40. **용접부의 시점과 끝나는 부분에 용입 불량이나 각종 결함을 방지하기 위해 주로 사용되는 것은?**

① 엔드 태브　② 포지셔너
③ 회전 지그　④ 고정 지그

해설 용접부의 시점과 끝나는 부분에 용입 불량이나 결함을 방지하기 위해 150mm 정도의 모재를 덧붙여 사용하는 것을 엔드 태브(end tab)라 한다.

제3과목 용접일반 및 안전관리

41. **레이저 용접의 설명으로 틀린 것은?**

① 모재의 열변형이 거의 없다.
② 이종 금속의 용접이 가능하다.
③ 미세하고 정밀한 용접을 할 수 있다.
④ 접촉식 용접 방법이다.

해설 레이저 용접의 특징
㉠ 모재의 열변형이 거의 없다.
㉡ 이종 금속의 용접이 가능하다.
㉢ 미세하고 정밀한 용접을 할 수 있다.
㉣ 비접촉식 용접 방식으로 모재에 손상을 주지 않는다.

42. **가스용접에서 산소에 대한 설명으로 틀린 것은?**

① 산소는 산소용기에 35℃, 150kgf/cm^2 정도의 고압으로 충전되어 있다.
② 산소병은 이음매 없이 제조되며 인장강도는 약 57kgf/cm^2 이상, 연신율은 18% 이상인 강재가 사용된다.
③ 산소를 다량으로 사용하는 경우에는 매니폴드를 사용한다.
④ 산소의 내압시험 압력은 충전 압력의 3배 이상으로 한다.

해설 가스용접에서 산소의 내압시험 압력은 충전 압력의 5/3배(충전 압력×5/3)이며 가연성가스는 충전 압력의 3배 이상으로 한다.

43. **산소-아세틸렌가스 용접시 사용하는 토치의 종류가 아닌 것은?**

① 저압식　② 절단식
③ 중압식　④ 고압식

해설 산소-아세틸렌가스 용접에 사용되는 토치는 발생기가 설치되어 있을 때에는 저압, 중압, 고압식이 있으며 현재에는 용해아세틸렌 및 산소용기를 사용하므로 중압식이 주로 사용되고 있다.

44. **다음 중 아크 에어 가우징의 설명으로 가장 적합한 것은?**

① 압축 공기의 압력은 1~2kgf/cm^{2}가 적당하다.
② 비철금속에는 적용되지 않는다.
③ 용접균열 부분이나 용접 결함부를 제거하는 데 사용한다.
④ 그라인딩이나 가스 가우징보다 작업 능률이 낮다.

해설 가우징(가스 가우징, 아크 에어 가우징 등)은 용접균열 부분이나 용접 결함부를 제거하는 데 사용된다.

45. **용접법의 분류에서 용접에 속하는 것은?**

정답 40. ① 41. ④ 42. ④ 43. ② 44. ③ 45. ①

① 전자빔 융접　　② 단접
③ 초음파 용접　　④ 마찰 용접

해설 용접법은 융접(아크용접, 가스용접, 전자빔 용접, 기타 특수용접 등), 압접(저항용접, 단접, 초음파 용접, 마찰 용접 등), 납땜(연납, 경납)의 세 종류로 크게 분류할 수 있다.

46. 탄산가스 아크용접의 특징에 대한 설명으로 틀린 것은?

① 전류 밀도가 높아 용입이 깊고 용접속도를 빠르게 할 수 있다.
② 적용 재질이 철 계통으로 한정되어 있다.
③ 가시 아크이므로 시공이 편리하다.
④ 일반적인 바람의 영향을 받지 않으므로 방풍 장치가 필요없다.

해설 탄산가스 아크용접에서는 바람의 영향을 크게 받으므로 풍속 2m/s 이상이면 방풍 장치가 필요하다.

47. 교류 아크용접 시 비안전형 홀더를 사용할 때 가장 발생하기 쉬운 재해는?

① 낙상 재해　　② 협착 재해
③ 전도 재해　　④ 전격 재해

해설 교류 아크용접 시 비안전형 홀더를 사용하면 홀더의 노출부에 전기가 통할 때 감전상해를 입을 수 있는데 이를 전격 재해라고 한다.

48. 가스절단에서 일정한 속도로 절단할 때 절단 홈의 밑으로 갈수록 슬래그의 방해, 산소의 오염 등에 의해 절단이 느려져 절단면을 보면 거의 일정한 간격으로 평행한 곡선이 나타난다. 이 곡선을 무엇이라 하는가?

① 절단면의 아크 방향
② 가스 궤적
③ 드래그 라인
④ 절단속도의 불일치에 따른 궤적

해설 가스절단의 드래그 라인에 대한 설명으로 드래그 라인의 시작점부터 끝점에 이르는 수평거리를 드래그 또는 드래그 길이라 하며, 표준 드래그 길이는 보통 판두께의 20%(1/5) 정도이다.

49. 가스용접에 사용하는 지연성 가스는?

① 산소　　② 수소
③ 프로판　　④ 아세틸렌

해설 가스용접에서 지연성(조연성) 가스는 산소, 공기이며 가연성 가스는 아세틸렌, 수소, LPG 등이고, 그 외에 메탄, 에탄, 천연가스 등이 있다.

50. 피복아크용접 작업에서 용접 조건에 관한 설명으로 틀린 것은?

① 아크길이가 길면 아크가 불안정해져 용융금속의 산화나 질화가 쉽게 일어난다.
② 좋은 용접비드를 얻기 위해서 원칙적으로 긴 아크로 작업한다.
③ 용접전류가 너무 낮으면 오버랩이 발생한다.
④ 용접속도를 운봉속도 또는 아크속도라고도 한다.

해설 좋은 용접비드를 얻기 위해서는 아크길이를 3mm 정도(3mm 이하로 유지)로 하고, 양호한 용접을 하려면 짧은 아크를 사용하는 것이 유리하다. 아크길이가 너무 길면 아크가 불안정하고 용융금속이 산화 및 질화되기 쉬우며 용입 불량 및 스패터도 심하다.

정답 46. ④　47. ④　48. ③　49. ①　50. ②

51. 사람의 팔꿈치나 손목의 관절에 해당하는 움직임을 갖는 로봇으로 아크 용접용 다관절 로봇은?

① 원통 좌표 로봇 ② 직각 좌표 로봇
③ 극 좌표 로봇 ④ 관절 좌표 로봇

해설 아크 용접용 로봇은 동작 기구가 관절형 형식이며 사람의 팔꿈치나 손목의 관절에 해당하는 부분의 움직임을 갖는 로봇이다. 회전→선회→선회 운동을 하며 대표적인 것은 아크 용접용 다관절 로봇이다.

52. 스터드 용접에서 페룰의 역할로 틀린 것은?

① 용융금속의 유출을 촉진한다.
② 아크열을 집중시켜 준다.
③ 용융금속의 산화를 방지한다.
④ 용착부의 오염을 방지한다.

해설 스터드 용접(stud welding)은 구조물에 스터드(볼트, 앵커볼트 등)를 용접하는 방법이다. 스터드 용접건에 스터드를 끼우고 페룰(ferrule)을 아크 부분에 씌운 뒤에 아크를 발생시켜 구조물을 용융시킨 후 압력을 가해 용접하는 방법이므로 용융금속이 유출되어서는 안 된다.

53. 납땜에서 용제가 갖추어야 할 조건으로 틀린 것은?

① 청정한 금속면의 산화를 방지할 것
② 모재와 땜납에 대한 부식 작용이 최소일 것
③ 전기저항 납땜에 사용되는 것은 비전도체일 것
④ 납땜 후 슬래그 제거가 용이할 것

해설 납땜에서 용제가 갖추어야 할 조건〈①, ②, ④ 외〉

㉠ 모재의 산화피막과 같은 불순물을 제거하고 유동성이 좋을 것
㉡ 땜납의 표면장력을 낮추어 모재와의 친화력를 높일 것
㉢ 용제의 유효온도 범위와 납땜 온도가 일치할 것
㉣ 전기저항 납땜에 사용되는 것은 전도체일 것
㉤ 침지땜에 사용되는 것은 수분을 함유하지 않을 것
㉥ 인체에 해가 없어야 할 것

54. TIG 용접시 안전사항에 대한 설명으로 틀린 것은?

① 용접기 덮개를 벗기는 경우 반드시 전원 스위치를 켜고 작업한다.
② 제어장치 및 토치 등 전기 계통의 절연상태를 항상 점검해야 한다.
③ 전원과 제어장치의 접지 단자는 반드시 지면과 접지되도록 한다.
④ 케이블 연결부와 단자의 연결 상태가 느슨해졌는지 확인하여 조치한다.

해설 용접기 덮개를 벗기는 경우 반드시 전원 스위치를 끄고 작업해야 감전을 예방할 수 있다.

55. 맞대기 저항용접이 아닌 것은?

① 스폿용접
② 플래시 용접
③ 업셋 버트 용접
④ 퍼커션 용접

해설 저항용접 중 맞대기용접은 업셋, 플래시, 버트 심, 포일 심, 퍼커션(충격) 용접 등이며 겹치기 용접은 점, 돌기(프로젝션), 심 용접 등이다.

정답 51. ④ 52. ① 53. ③ 54. ① 55. ①

56. 프랑스식 가스용접 토치의 200번 팁으로 연강판을 용접할 때 가장 적당한 판두께는?

① 판두께와 무관 ② 0.2mm
③ 2mm ④ 20mm

해설 가스용접에서 프랑스식의 팁 번호와 산소 압력 판두께는 200번일 때 산소 압력은 0.2MPa이고 판두께는 1.5~2mm이다.

57. 점용접(spot welding)의 3대 요소에 해당되는 것은?

① 가압력, 통전시간, 전류의 세기
② 가압력, 통전시간, 전압의 세기
③ 가압력, 냉각수량, 전류의 세기
④ 가압력, 냉각수량, 전압의 세기

해설 점용접의 3대 요소는 가압력, 통전시간, 전류 세기이다.

58. 가스절단 작업에서 드래그는 판두께의 몇 % 정도를 표준으로 하는가? (단, 판두께는 25mm 이하인 경우이다.)

① 50% ② 40%
③ 30% ④ 20%

해설 가스절단의 표준 드래그는 보통 판두께의 20% 정도이다.

$$드래그 = \frac{드래그\ 길이}{판두께} \times 100\%$$

59. 교류 아크 용접기에 감전 사고를 방지하기 위해서 설치하는 것은?

① 전격방지 장치
② 2차권선 장치
③ 원격제어 장치
④ 핫 스타트 장치

해설 교류 아크 용접기는 2차측 무부하전압이 70~80V가 되도록 만들어져 안전전압이 24V로 전격의 위험이 있으므로 아크 발생 시에만 무부하 전압이 되고 휴식 시간은 항상 안전전압이 되도록 하는 전격 방지 장치를 반드시 장착하도록 하고 있다.

60. 피복아크용접의 용접입열에서 일반적으로 모재에 흡수되는 열량은 입열의 몇 % 정도인가?

① 45~55% ② 60~70%
③ 75~85% ④ 90~100%

해설 모재에 흡수된 열량은 입열의 75~85% 정도가 보통이다.

$$용접입열 = 60 \times \frac{아크전압 \times 용접전류}{용접속도}$$

정답 56. ③ 57. ① 58. ④ 59. ① 60. ③

2016년도 시행 문제

2016년 3월 6일 시행

용접산업기사

제1과목 용접야금 및 용접설비제도

1. 동합금의 용접성에 대한 설명으로 틀린 것은?

① 순동은 좋은 용입을 얻기 위해서 반드시 예열이 필요하다.

② 알루미늄 청동은 열간에서 강도나 연성이 우수하다.

③ 인청동은 열간취성의 경향이 없으며, 용융점이 낮아 편석에 의한 균열 발생이 없다.

④ 황동에는 아연이 다량 함유되어 있어 용접시 증발에 의해 기포가 발생하기 쉽다.

해설 인청동의 아크용접은 인청동봉이 가장 좋으며 용접은 빠른 속도로 용접한 뒤 열간 피닝 작업으로 결정조직을 미세화하여 인장강도와 연성을 증가시키는 것이 좋다.

2. 용접비드의 끝에서 발생하는 고온균열로서 냉각속도가 지나치게 빠른 경우에 발생하는 균열은?

① 종균열　② 횡균열

③ 호상 균열　④ 크레이터 균열

해설 크레이터 균열(crater crack)은 용접비드가 끝나는 부위에 나타나는 고온균열로, 고장력강이나 합금원소가 많은 강종에서 흔히 볼 수 있으며, 용접 방법에 따라 약간 차이는 있지만 아크를 끊는 점을 중심으로 발생한다. 용접금속의 수축력에 의해 별모양, 가로방향, 세로방향의 형태로 균열이 나타나므로 아크를 끊을 때 반드시 아크길이를 짧게 하여 비드의 높이와 최대한 같게 해준다.

3. Fe-C계 평형상태도의 조직과 결정구조에 대한 연결이 옳은 것은?

① δ-페라이트: 면심입방격자

② 펄라이트: $\delta+Fe_3C$의 혼합물

③ γ-오스테나이트: 체심입방격자

④ 레데부라이트: $\gamma+Fe_3C$의 혼합물

해설 ①은 체심입방격자, ②는 체심입방격자, ③은 면심입방격자이다.

4. 용착금속이 응고할 때 불순물은 주로 어디에 모이는가?

① 결정립계　② 결정립 내

③ 금속의 표면　④ 금속의 모서리

해설 용착금속이 응고할 때는 결정격자의 세포 분열로 인해 표면에서 중심 쪽으로 응고되면서 결정립계에 불순물이 형성된다.

5. 아크분위기는 대부분이 플럭스를 구성하고 있는 유기물 탄산염 등에서 발생한 가스로 이루어져 있다. 아크분위기의 가스 성분에 해당되지 않는 것은?

① He　② CO

③ H_2　④ CO_2

정답 1. ③ 2. ④ 3. ④ 4. ① 5. ①

해설 아크분위기 중에는 CO, CO_2, H_2, H_2O 등의 가스 성분이 포함되어 있으며 헬륨은 불활성가스로 대기 중에 존재한다.

6. 다음 중 용접시 용접부에 발생하는 결함이 아닌 것은?

① 기공 ② 텅스텐 혼입
③ 슬래그 혼입 ④ 라미네이션 균열

해설 라미네이션(lamination)과 층간 박리(delamination): 라미네이션 균열은 모재의 재질 결함으로 설퍼밴드와 같이 층상으로 편재되어 있고 내부에 노치를 형성하며 두께 방향에 강도를 감소시킨다. 층간 박리는 응력이 걸려 라미네이션이 갈라지는 것을 말하며 방지 방법으로는 킬드강이나 세미킬드강을 이용하여야 한다.

7. 주철의 용접에서 예열은 몇 ℃ 정도가 가장 적당한가?

① 0～50℃ ② 60～90℃
③ 100～140℃ ④ 150～300℃

해설 주철의 용접은 대부분 보수를 목적으로 하기 때문에 주로 가스용접과 피복아크용접이 사용되고 있다. 가스용접 시공 시에는 대체로 주철 용접봉을 쓰고 예열 및 후열은 대략 500～550℃가 적당하며 용제는 산화성 가스불꽃이 약간 환원성인 것이 좋다. 주물의 아크용접에는 모넬 메탈 용접봉($Ni\frac{2}{3}$, $Cu\frac{1}{3}$), 니켈봉, 연강봉 등이 사용되며 예열하지 않아도 용접할 수 있다. 그러나 모넬 메탈 니켈봉을 쓰면 150～200℃ 정도의 예열이 적당하다.

8. 용접부 응력제거 풀림의 효과 중 틀린 것은?

① 치수 오차 방지
② 크리프강도 감소
③ 용접 잔류응력 제거
④ 응력부식에 대한 저항력 증가

해설 응력제거풀림의 효과
㉠ 용접 잔류응력의 제거
㉡ 치수 틀림의 방지
㉢ 응력부식에 대한 저항력의 증대
㉣ 열영향부의 템퍼링 연화
㉤ 용착금속 중의 수소 제거에 의한 연성의 증대
㉥ 충격저항 증대
㉦ 크리프(creep) 강도의 향상
㉧ 강도 증대(석출경화)

9. 경도가 가장 낮은 조직은?

① 페라이트 ② 펄라이트
③ 시멘타이트 ④ 마텐자이트

해설 경도는 마텐자이트 > 트루스타이트 > 소르바이트 > 펄라이트 > 페라이트의 순서이다.

10. 용융 슬래그의 염기도 식은?

① $\dfrac{\Sigma \text{산성 성분}(\%)}{\Sigma \text{염기성 성분}(\%)}$

② $\dfrac{\Sigma \text{염기성 성분}(\%)}{\Sigma \text{산성 성분}(\%)}$

③ $\dfrac{\Sigma \text{중성 성분}(\%)}{\Sigma \text{염기성 성분}(\%)}$

④ $\dfrac{\Sigma \text{염기성 성분}(\%)}{\Sigma \text{중성 성분}(\%)}$

11. KS 분류기호 중 KS B는 어느 부문에 속하는가?

① 전기 ② 금속
③ 조선 ④ 기계

해설 KS 분류기호 중 B는 기계, D는 금속, C는 전기, V는 조선이다.

정답 6. ④ 7. ④ 8. ② 9. ① 10. ② 11. ④

12. KS 용접 기본기호에서 현장용접 보조기호로 옳은 것은?

① ○ ② ⚑
③ ○| ④ ◓

해설 현장용접 보조기호는 깃발이며 깃발 밑에 원이 있으면 전주 현장 용접기호이다.

13. 도면에 치수를 기입할 때의 유의 사항으로 틀린 것은?

① 치수는 계산할 필요가 없도록 기입하여야 한다.
② 치수는 중복 기입하여 도면을 이해하기 쉽게 한다.
③ 관련되는 치수는 가능한 한곳에 모아서 기입한다.
④ 치수는 될 수 있는 대로 주투상도에 기입해야 한다.

해설 치수 기입에서 치수선은 외형선과 다른 치수선과의 중복을 피하고 될 수 있는 한 주투상도에 기입을 하며 이해하기 쉽게 한다.

14. 필릿용접에서 a5◺4×300(50)의 설명으로 옳은 것은?

① 목두께 5 mm, 용접부 수 4, 용접길이 300 mm, 인접한 용접부 간격 50 mm
② 판두께 5 mm, 용접두께 4 mm, 용접 피치 300 mm, 인접한 용접부 간격 50 mm
③ 용입깊이 5 mm, 경사 길이 4 mm, 용접 피치 300 mm, 용접부 수 50
④ 목길이 5 mm, 용입깊이 4 mm, 용접길이 300 mm, 용접부 수 50

해설 용접기호에서 치수 숫자 중 가로단면의 주요 치수는 용접 기본기호의 좌측(기호 앞쪽: S)에, 세로단면 방향의 치수는 우측(기호 뒤쪽: l)에 기입하는 것이 원칙이다.

15. 굵은 실선으로 나타내는 선의 명칭은?

① 외형선 ② 지시선
③ 중심선 ④ 피치선

해설 굵은 실선은 외형선을 표시하며 대상물이 보이는 부분의 모양을 표시하는 데 쓰인다.

16. 1개의 원이 직선 또는 원주 위를 굴러갈 때, 그 구르는 원의 원주 위 1점이 움직이며 그려나가는 선은?

① 타원(ellipse)
② 포물선(parabola)
③ 쌍곡선(hyperbola)
④ 사이클로이드 곡선(cycloid curve)

해설 전개도에서 원의 곡선을 연결할 때에는 인벌류트(involute) 곡선과 사이클로이드(cycloid) 곡선 2가지가 이용된다. 사이클로이드 곡선은 원주를 12등분하여 원주의 길이와 같게 직선을 그어 각 점을 원활한 곡선으로 연결하는 방법이다.

17. 45° 모따기의 기호는?

① SR ② R ③ C ④ t

해설 ①은 구의 반지름, ②는 반지름, ③은 45° 모따기, ④는 판두께이다.

18. I형 맞대기 이음 용접에 해당되는 것은?

① 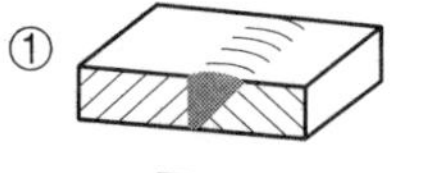 

②  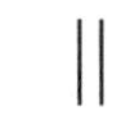

③ 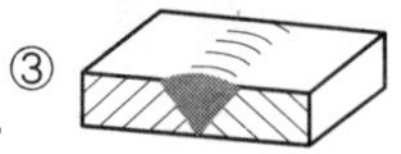 

④  

정답 12. ② 13. ② 14. ① 15. ① 16. ④ 17. ③ 18. ②

해설 ①은 일면 개선형 맞대기용접, ②는 평행(I형) 맞대기용접, ③은 V형 맞대기용접, ④는 넓은 루트면이 있는 한 면 개선형 맞대기용접의 용접기호이다.

19. 척도의 표시방법에서 A : B로 나타낼 때 A가 의미하는 것은?

① 윤곽선의 굵기
② 물체의 실제 크기
③ 도면에서의 크기
④ 중심 마크의 크기

해설 척도는 A : B로 표시하며 A는 도면에서의 길이, B는 대상물의 실제 길이를 뜻한다. 현척의 경우에는 A와 B를 다같이 1로, 축척의 경우에는 A를 1로, 배척의 경우에는 B를 1로 나타낸다.

20. 다음 용접기호의 명칭으로 옳은 것은?

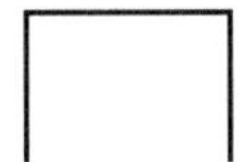

① 플러그 용접 ② 뒷면 용접
③ 스폿용접 ④ 심용접

제2과목 용접구조설계

21. 용착금속의 최대 인장강도 σ = 300 MPa이다. 안전율을 3으로 할 때 강판의 허용응력은 몇 MPa인가?

① 50 ② 100
③ 150 ④ 200

해설 허용응력 $= \frac{인장하중}{안전율} = \frac{300}{3} = 100$

22. 피복아크용접에서 발생한 용접결함 중 구조상의 결함이 아닌 것은?

① 기공 ② 변형
③ 언더컷 ④ 오버랩

해설 변형은 치수상의 결함이다.
- 구조상 결함의 종류〈①, ③, ④ 외〉
㉠ 비금속 또는 슬래그 섞임
㉡ 융합 불량, 용입 불량
㉢ 균열
㉣ 표면 결함

23. 용접 구조 설계상 주의사항으로 틀린 것은?

① 용착금속량이 적은 이음을 선택할 것
② 용접치수는 강도상 필요한 치수 이상으로 크게 하지 말 것
③ 용접성, 노치인성이 우수한 재료를 선택하여 시공이 쉽게 설계할 것
④ 후판을 용접할 경우는 용입이 얕고 용착량이 적은 용접법을 이용하여 층수를 늘릴 것

해설 후판을 용접할 경우는 용입이 깊고 층수를 적게 하여 용접 열 영향을 적게 받도록 한다.

24. 작은 강구나 다이아몬드를 붙인 소형 추를 일정한 높이에서 시험편 표면에 낙하시켜 튀어오르는 반발 높이로 경도를 측정하는 시험은?

① 쇼어 경도시험 ② 브리넬 경도시험
③ 로크웰 경도시험 ④ 비커스 경도시험

해설 쇼어 경도시험은 작은 다이아몬드(끝단이 둥근)를 선단에 고정시킨 낙하 물체를 일정한 높이에서 시험편 표면에 낙하시켰을 때 튀어오른 높이로 쇼어 경도를 측정한다.

정답 19. ③ 20. ① 21. ② 22. ② 23. ④ 24. ①

25. 내마멸성을 가진 용접봉으로 보수 용접을 하고자 할 때 사용하는 용접봉에 적합하지 않은 것은?

① 망가니즈강 계통의 심선
② 크로뮴강 계통의 심선
③ 규소강 계통의 심선
④ 크로뮴－코발트－텅스텐 계통의 심선

해설 규소는 경도 · 강도 · 탄성한계 · 주조성(유동성)을 증가시키고, 연신율 · 충격치 · 단접성을 감소시키며 냉간 가공성을 해친다.

26. 용접구조물 조립 시 일반적인 고려사항이 아닌 것은?

① 변형 제거가 쉽게 되도록 하여야 한다.
② 구조물의 형상을 유지할 수 있어야 한다.
③ 경제적이고 고품질을 얻을 수 있는 조건을 설정한다.
④ 용접변형 및 잔류응력을 상승시킬 수 있어야 한다.

해설 용접구조물 조립 시 일반적인 고려사항
㉠ 구조물의 형상은 허용 오차 범위 내를 유지할 수 있어야 한다.
㉡ 용접변형 및 잔류응력을 경감시킬 수 있어야 한다.
㉢ 큰 구속 용접을 피해야 하며 적용 용접법, 이음 형상을 고려해야 한다.
㉣ 변형 제거가 쉬워야 하며 작업 환경의 개선 및 용접자세 등을 고려한다.
㉤ 장비의 취급과 지그 활용을 고려하며 경제적이고 고품질을 얻을 수 있는 조건을 설정한다.

27. 용접성을 저하시키며 적열취성을 일으키는 원소는?

① 황　② 규소
③ 구리　④ 망가니즈

해설 적열취성(고온취성)의 원인은 황(S)으로 망가니즈를 첨가하면 방지할 수 있다.

28. 용접홈의 형상 중 V형 홈에 대한 설명으로 옳은 것은?

① 판두께가 대략 6mm 이하인 경우 양면 용접에 사용한다.
② 양면 용접에 의해 완전한 용입을 얻으려고 할 때 쓰인다.
③ 판두께 3mm 이하로 개선 가공 없이 한쪽에서 용접할 때 쓰인다.
④ 보통 판두께 15mm 이하에서 한쪽 용접으로 완전한 용입을 얻고자 할 때 쓰인다.

해설 용접홈의 형상 중 V형 홈은 두께 20mm 이하의 판을 한쪽 용접으로 완전한 용입을 얻고자 할 때 사용된다. 홈의 표준 각도는 54~70° 정도가 적당하며 판두께가 두꺼워지면 용착금속의 양이 증가하고 각 변형이 발생할 위험이 있으므로 판재의 두께에 따라 홈을 신중하게 선택해야 하며 ①은 I형 홈에 대한 설명이다.

29. 처음 길이가 340mm인 용접재료를 길이 방향으로 인장시험한 결과 390mm가 되었다. 이 재료의 연신율은 약 몇 %인가?

① 12.8　② 14.7　③ 17.2　④ 87.2

해설 $연신율(\%) = \frac{390-340}{340} \times 100 = 0.147 \times 100 = 14.7$

30. 용접 지그(jig)에 해당되지 않는 것은?

① 용접 고정구
② 용접 포지셔너
③ 용접 핸드 실드

정답 25. ③ 26. ④ 27. ① 28. ④ 29. ② 30. ③

④ 용접 머니퓰레이터

해설 용접용 지그는 가접용 지그, 변형 방지용 지그, 포지셔너, 터닝롤러, 머니퓰레이터 등이 있다.

31. 용접이음의 피로강도에 대한 설명으로 틀린 것은?

① 피로강도란 정적인 강도를 평가하는 시험방법이다.

② 하중, 변위 또는 열응력이 반복되어 재료가 손상되는 현상을 피로라고 한다.

③ 피로강도에 영향을 주는 요소는 이음 형상, 하중 상태, 용접부 표면 상태, 부식 환경 등이 있다.

④ S-N 선도를 피로선도라 부르며, 응력 변동이 피로한도에 미치는 영향을 나타내는 선도를 말한다.

해설 피로강도는 용접부에 균열, 언더컷, 슬래그 혼입 등과 같이 예리한 노치가 생성되는 용접결함이 존재할 때 항복점보다 훨씬 낮은 응력이 작용하여도 피로파괴가 일어나는 것이다. 이러한 작은 하중으로는 잔류응력이 별로 줄어들지 않아 결국 잔류응력에 의해 피로강도가 감소할 가능성이 생긴다.

32. 재료의 크리프 변형은 일정 온도의 응력 하에서 진행하는 현상이다. 크리프 곡선의 영역에 속하지 않는 것은?

① 강도 크리프 ② 천이 크리프
③ 정상 크리프 ④ 가속 크리프

해설 제1크리프는 천이 크리프라고도 하며 크리프 속도가 시간에 따라 감소하는 구간이다. 속도가 감소하는 이유는 일정 하중에 의해 소성변형이 일어남으로써 전위가 형성되어 이동하면서 서로 엉켜 가공경화가 발생하는 데 있다.

33. 용접이음의 종류에 따라 분류한 것 중 틀린 것은?

① 맞대기용접 ② 모서리용접
③ 겹치기용접 ④ 후진법용접

해설 용접이음의 종류는 맞대기이음, 모서리 이음, 변두리 이음, 겹치기 이음, T이음, 십자 이음, 전면 필릿이음, 측면 필릿이음, 양면 덮개판 이음 등이다.

34. 용접작업에서 지그 사용 시 얻어지는 효과로 틀린 것은?

① 용접변형을 억제한다.

② 제품의 정밀도가 낮아진다.

③ 대량생산의 경우 용접 조립 작업을 단순화한다.

④ 용접작업이 용이하고 작업 능률이 향상된다.

해설 제품의 정밀도가 높고 품질이 향상된다.

35. 그림과 같은 V형 맞대기용접에서 각부의 명칭 중 틀린 것은?

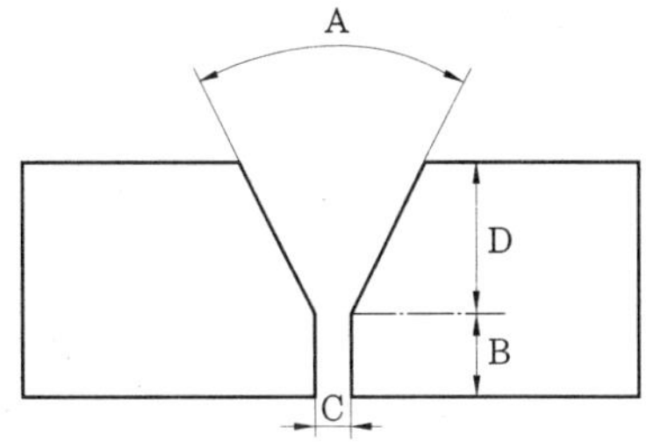

① A: 홈 각도

② B: 루트 면

③ C: 루트 간격

④ D: 비드 높이

해설 D는 홈의 깊이를 말한다.

정답 31. ① 32. ① 33. ④ 34. ② 35. ④

36. 용접부 시험에는 파괴시험과 비파괴 시험이 있다. 파괴시험 중에서 야금학적 시험 방법이 아닌 것은?

① 파면시험 ② 물성시험
③ 매크로 시험 ④ 현미경 조직시험

해설 파괴시험 중에 야금학적 시험법은 육안 조직시험, 현미경 조직시험, 파면시험, 설퍼 프린트시험 등이 있으며 물성시험은 물리적 시험이다.

37. 용접기에 사용되는 전선(cable) 중 용접기에서 모재까지 연결하는 케이블은?

① 1차 케이블 ② 입력 케이블
③ 접지 케이블 ④ 비닐코드 케이블

해설 용접기에서 모재로 연결되는 선은 접지 케이블이며 직류에서 정극성과 역극성을 연결할 때에만 (+), (−)로 바뀐다.

38. V형에 비해 홈의 폭이 좁아도 작업성과 용입이 좋으며 한쪽에서 용접하여 충분한 용입을 얻으려 할 때 사용하는 이음 형상은?

① U형 ② I형 ③ X형 ④ K형

해설 U형 홈은 두꺼운 판의 양면 용접을 할 수 없는 경우에 가공하는 방법으로 한쪽 용접에 의해 충분한 용입을 얻으려고 할 때 사용된다. V형에 비하여 홈의 폭이 좁아도 되고, 루트간격을 0으로 해도 작업성과 용입이 좋으며, 용착금속의 양도 적으나 홈 가공이 다소 어려운 것이 단점이다.

39. 길이가 긴 대형 강관의 원주부를 연속 자동용접을 하고자 한다. 이때 사용하고자 하는 지그로 가장 적당한 것은?

① 엔드 태브(end tab)
② 터닝 롤러(turning roller)
③ 컨베이어(conveyor) 정반
④ 용접 포지셔너(welding positioner)

해설 엔드 태브는 아크쏠림, 모재의 시작점과 끝 부분의 결함을 방지하기 위해 길이 150mm 정도로 모재의 양쪽에 덧붙이 하는 탭이다. 터닝 롤러는 아래보기 자세에 의한 능률과 품질의 향상을 위한 목적으로 파이프의 원주속도와 용접속도를 같게 조정하여 자동 용접으로 시공할 수 있다. 용접용 포지셔너는 회전 테이블로 전자세 용접을 할 수 있고 테이블에 고정, 구속시켜 변형을 적게 하는 방법도 있다.

40. 레이저 용접의 특징으로 틀린 것은?

① 좁고 깊은 용접부를 얻을 수 있다.
② 고속 용접과 용접 공정의 융통성을 부여할 수 있다.
③ 대입열 용접이 가능하고 열영향부의 범위가 넓다.
④ 접합되어야 할 부품의 조건에 따라서 한면 용접으로 접합이 가능하다.

해설 레이저 용접의 특징
㉠ 광선이 열원으로 진공이 필요하지 않다.
㉡ 접촉하기 힘든 모재의 용접이 가능하고 열영향 범위가 좁다.
㉢ 부도체 용접이 가능하고 미세 정밀한 용접을 할 수 있다.

제3과목 용접일반 및 안전관리

41. 가스용접의 특징으로 틀린 것은?

① 아크용접에 비해 불꽃온도가 높다.
② 응용 범위가 넓고 운반이 편리하다.
③ 아크용접에 비해 유해 광선 발생이 적다.
④ 전원 설비가 없는 곳에서도 용접이 가

정답 36. ② 37. ③ 38. ① 39. ② 40. ③ 41. ①

능하다.

해설 가스용접의 특징

장점	단점
• 응용 범위가 넓고 전원 설비가 필요 없다. • 가열, 조정이 자유롭다. • 운반이 편리하고 설비비가 싸다. • 아크용접에 비해 유해광선의 발생이 적다. • 박판 용접에 적당하다.	• 열집중성이 나빠서 효율적인 용접이 어렵다. • 불꽃의 온도와 열효율이 낮다. • 폭발의 위험성이 크며 용접금속 탄화 및 산화의 가능성이 많다. • 아크용접에 비해 일반적으로 신뢰성이 적다.

42. 저항용접에 의한 압접에서 전류 20 A, 전기저항 30 Ω, 통전시간 10 s일 때 발열량은 약 몇 cal인가?

① 14400 ② 24400
③ 28800 ④ 48800

해설 $H = 0.238I^2Rt$

H: 열량(cal), I: 전류(A), R: 저항(Ω)
t: 시간(s)

$H = 0.238 \times 20^2 \times 30 \times 10 = 28560$
$\fallingdotseq 0.24 \times 20^2 \times 30 \times 10 = 28800$

43. 카바이드 취급 시 주의사항으로 틀린 것은?

① 운반시 타격, 충격, 마찰 등을 주지 않는다.
② 카바이드 통을 개봉할 때는 정으로 따낸다.
③ 저장소 부근에 인화성 물질이나 화기를 가까이 하지 않는다.
④ 카바이드는 개봉 후 보관 시 습기가 침투하지 않도록 보관한다.

해설 카바이드 취급 시 주의사항: 승인된 장소에 저장하고 아세틸렌 발생기 밖에서는 물이나 습기와 접촉시켜서는 안 되며, 저장 장소 및 저장통 가까이에 빛이나 인화가 가능한 물건을 두지 않는다. 또 저장통에서 카바이드를 들어낼 때에는 모넬 메탈이나 목제 공구를 사용하여 마찰, 충격 및 불꽃을 방지한다.

44. 용착금속 중의 수소 함유량이 다른 용접봉에 비해 약 1/10 정도로 현저하게 적어 용접성은 다른 용접봉에 비해 우수하나 흡습하기 쉽고, 비드 시작점과 끝점에서 아크 불안정으로 기공이 생기기 쉬운 용접봉은?

① E4301 ② E4316
③ E4324 ④ E4327

해설 저수소계(low hydrogen type: E4316)

㉠ 아크분위기 중의 수소량을 감소시킬 목적으로 피복제의 유기물을 줄이고, 탄산칼슘과 같은 염기성 탄산염에 형석(CaF_2, 불화칼슘), 페로실리콘 등을 배합한 용접봉이다.
㉡ 용착금속 중에 용해되는 수소의 함유량은 다른 용접봉에 비해 적으며(약 1/10) 강력한 탈산작용으로 용착금속의 인성 등 기계적 성질도 좋다.
㉢ 피복제는 다른 계통에 비해 두꺼우며 300~350℃로 1~2시간 정도 건조한다.

45. 가스용접 토치의 취급상 주의사항으로 틀린 것은?

① 토치를 망치 등 다른 용도로 사용해서는 안 된다.
② 팁 및 토치를 작업장 바닥이나 흙 속에 방치하지 않는다.

정답 42. ③ 43. ② 44. ② 45. ③

③ 팁을 바꿔 끼울 때에는 반드시 양쪽 밸브를 모두 열고 팁을 교체한다.
④ 작업 중 발생하기 쉬운 역류, 역화, 인화에 항상 주의하여야 한다.

해설 가스용접 토치의 취급상 주의사항〈①, ②, ④ 외〉
㉠ 점화되어 있는 토치를 아무 곳에나 방치하지 않는다.
㉡ 팁 과열시 아세틸렌 밸브를 닫고 산소 밸브만 약간 열어 물속에서 냉각시킨다.
㉢ 팁을 바꿔 끼울 때에는 반드시 양쪽 밸브를 모두 닫은 다음에 행한다.

46. 다음 중 탄산가스 아크용접 장치에 해당되지 않는 것은?

① 제어 케이블 ② CO_2 용접 토치
③ 용접봉 건조로 ④ 와이어 송급장치

해설 탄산가스 아크용접 장치
㉠ 용접장치는 자동, 반자동 장치의 2가지가 있고 용접용 전원은 직류 정전압 특성이 사용된다.
㉡ 용접장치는 주행대차 위에 용접 토치와 와이어 등이 설치된 전자동식과 토치만 수동으로 조작하고 나머지는 기계적으로 조작하는 반자동식이 있다.
㉢ 와이어 송급장치는 푸시(push)식, 풀(pull)식, 푸시풀(push-pull)식 등이 있다.
㉣ 용접 제어장치로는 감속기 송급 롤러 등 전극 와이어의 송급 제어와 전자 밸브로 조정되는 보호가스, 냉각수 송급 제어의 두 계열이 있다.

47. 다음 중 서브머지드 아크용접의 특징으로 틀린 것은?

① 유해광선 발생이 적다.
② 용착 속도가 빠르며 용입이 깊다.
③ 전류 밀도가 낮아 박판 용접에 용이하다.
④ 개선각을 작게 하여 용접의 패스 수를 줄일 수 있다.

해설 서브머지드 아크용접은 대전류(약 200~4,000A)를 사용하여 용접의 비약적인 고능률화를 도모함으로써 전류 밀도가 높아 후판의 직선 용접에 용이하다.

48. AW300 용접기의 정격 사용률이 40% 일 때 200A로 용접하면 10분 작업 중 몇 분까지 아크를 발생해도 용접기에 무리가 없는가?

① 3분 ② 5분 ③ 7분 ④ 9분

해설 허용 사용률(%)

$$= \frac{(\text{정격 2차전류})^2}{(\text{실제 용접전류})^2} \times \text{정격 사용률}(\%)$$

$$= \frac{(300A)^2}{(200A)^2} \times 40 = 9\text{와 같이 계산되어}$$

9분간 휴식이다.

49. 다음 중 일렉트로 슬래그 용접의 특징으로 틀린 것은?

① 용접입열이 낮다.
② 후판 용접에 적당하다.
③ 용접 능률과 용접 품질이 우수하다.
④ 용접 진행 중 직접 아크를 눈으로 관찰할 수 없다.

해설 일렉트로 슬래그 용접의 특징: 두꺼운 판의 용접에 경제적이고 용접입열이 높아 용접속도가 빠르며 I형 용접으로 가공하기 쉽다.

50. 산소-아세틸렌가스로 절단이 가장 잘 되는 금속은?

① 연강 ② 구리
③ 알루미늄 ④ 스테인리스강

정답 46. ③ 47. ③ 48. ④ 49. ① 50. ①

해설 주철, 10% 이상의 크로뮴(Cr)이 함유된 스테인레스강이나 비철금속은 절단하기 어렵다.

51. 다음 중 용사법의 종류가 아닌 것은?

① 아크 용사법
② 오토콘 용사법
③ 가스불꽃 용사법
④ 플라스마 제트 용사법

해설 용사법에는 가스불꽃 용사법, 아크 용사법, 플라스마 제트 용사법 등이 있다.

52. 가스용접에서 산소 압력 조정기의 압력 조정나사를 오른쪽으로 돌리면 밸브는 어떻게 되는가?

① 닫힌다.
② 고정된다.
③ 열린다.
④ 중립상태로 된다.

해설 가스용접에서 산소 압력 조정기는 오른쪽으로 돌리면 열리고 왼쪽으로 돌리면 잠기게 된다.

53. 산소용기 취급 시 주의사항으로 틀린 것은?

① 산소병을 눕혀 두지 않는다.
② 산소병을 화기로부터 멀리한다.
③ 사용 전에 비눗물로 가스 누설검사를 한다.
④ 밸브는 기름을 칠하여 항상 유연하게 한다.

해설 산소병은 항상 40℃ 이하로 유지하고 용기 내의 압력 17MPa(170kg/cm^2)를 너무 초과하지 않도록 하며, 밸브의 개폐는 조심해서 하고 산소 누설검사에는 비눗물을 사용한다.

54. 가스용접에서 충전가스 용기의 도색을 표시한 것으로 틀린 것은?

① 산소－녹색 ② 수소－주황색
③ 프로판－회색 ④ 아세틸렌－청색

해설 아세틸렌은 황색, 탄산가스는 청색, 아르곤은 회색, 암모니아는 백색, 염소는 갈색이다.

55. 불활성가스 아크용접에서 비용극식, 비소모식인 용접의 종류는?

① TIG 용접 ② MIG 용접
③ 퓨즈 아크법 ④ 아코스 아크법

해설 MIG 용접, 퓨즈 아크법, 아코스 아크법은 용극식, 소모식이며 TIG 용접은 텅스텐(용점 3410℃) 전극으로 비용극식, 비소모식이다.

56. 지름이 3.2mm인 피복아크 용접봉으로 연강판을 용접하고자 할 때 가장 적합한 아크의 길이는 몇 mm 정도인가?

① 3.2 ② 4.0
③ 4.8 ④ 5.0

해설 피복아크 용접봉의 적합한 아크길이는 용접봉 심선의 지름과 같거나 그 이하로 한다.

57. 가용접 시 주의사항으로 틀린 것은?

① 강도상 중요한 부분에는 가용접을 피한다.
② 본용접보다 지름이 굵은 용접봉을 사용하는 것이 좋다.
③ 용접의 시점 및 종점이 되는 끝 부분은 가용접을 피한다.
④ 본용접과 비슷한 기량을 가진 용접사에 의해 실시하는 것이 좋다.

해설 가용접 시 주의사항〈①, ③, ④ 외〉

정답 51. ② 52. ③ 53. ④ 54. ④ 55. ① 56. ① 57. ②

㉠ 용접 결과의 좋고 나쁨에 직접 영향을 준다.
㉡ 본용접의 작업 전에 좌우의 홈 부분을 임시로 고정하기 위한 짧은 용접이다.
㉢ 균열, 기공, 슬래그 잠입 등의 결함을 수반하기 쉬우므로 본용접을 실시할 홈 안에 가접하는 것은 바람직하지 못하다. 만일 불가피하게 홈 안에 가접한 경우는 본용접 전에 갈아내는 것이 좋다.
㉣ 가접에는 본용접보다 지름이 약간 가는 봉을 사용하는 것이 좋다.

58. 산소 및 아세틸렌 용기 취급에 대한 설명으로 옳은 것은?

① 산소병은 60℃ 이하, 아세틸렌 병은 30℃ 이하의 온도에서 보관한다.
② 아세틸렌 병은 눕혀서 운반하되 운반 도중 충격을 주어서는 안 된다.
③ 아세틸렌 충전구가 동결되었을 때는 50℃ 이상의 온수로 녹여야 한다.
④ 산소병 보관 장소에 가연성가스를 혼합하여 보관해서는 안 되며 누설시험 시에는 비눗물을 사용한다.

해설 가스병은 항상 40°C 이하에 보관하고 저장 장소 5m 이하에는 화기를 금지한다. 전기 스위치, 전등은 방폭구조여야 하며 진동이나 충격을 가하지 말고 가스 누설검사는 반드시 비눗물로 실시하며 반드시 세워서 저장한다.

59. 피복아크용접에서 용입에 영향을 미치는 원인이 아닌 것은?

① 용접속도 ② 용접홀더
③ 용접전류 ④ 아크길이

해설 피복아크용접에서 용입에 영향을 미치는 것은 용접전류, 아크길이, 용접속도 등이다.

60. 직류 아크 용접기에서 발전형과 비교한 정류기형의 특징으로 틀린 것은?

① 소음이 적다.
② 보수 점검이 간단하다.
③ 취급이 간편하고 가격이 저렴하다.
④ 교류를 정류하므로 완전한 직류를 얻는다.

해설 직류 아크 용접기의 특징

종류	특징
발전형(모터형, 엔진형)	• 완전한 직류를 얻으나 가격이 고가이다. • 옥외나 전원이 없는 장소에 사용한다(엔진형). • 고장 나기 쉽고 소음이 크며, 보수 점검이 어렵다.
정류기형, 축전지형	• 취급이 간단하고 가격이 싸다. • 완전한 직류를 얻지 못한다(정류기형). • 정류기 파손에 주의해야 한다(셀레늄 80℃, 실리콘 150℃). • 소음이 없고 보수 점검이 간단하다.

정답 58. ④ 59. ② 60. ④

2016년 5월 8일 시행

용접산업기사

제 1 과목 용접야금 및 용접설비제도

1. 용접 전후의 변형 및 잔류응력을 경감시키는 방법이 아닌 것은?

① 억제법 ② 도열법
③ 역변형법 ④ 롤러에 거는법

해설 용접 전후의 변형 및 잔류응력을 제거하는 응력 제거법은 노내 풀림법, 국부 풀림법, 저온응력 완화법, 기계적 응력 완화법, 피닝법 등이다. 변형의 경감법은 ㉠ 용접 전 변형방지 방법(억제법, 역변형법), ㉡ 용접 시공에 의한 방법(대칭법, 후퇴법, 교호법, 비석법), ㉢ 모재로의 입열을 막는 방법(도열법), ㉣ 용접부의 변형과 응력제거 방법(피닝법) 등이 있다.

2. 주철과 강을 분류할 때 탄소의 함량은 약 몇 %를 기준으로 하는가?

① 0.4% ② 0.8% ③ 2.0% ④ 4.3%

해설 Fe–C 상태도에서 E점인 2.0(2.11)%보다 탄소 함유량이 적은 것을 탄소강, 많은 것을 주철이라 한다.

3. 강의 연화 및 내부응력 제거를 목적으로 하는 열처리는?

① 불림 ② 풀림
③ 침탄법 ④ 질화법

해설 풀림(annealing)은 강의 조직을 미세화해 기계 가공을 쉽게 하려면 A_3–A_1변태점보다 약 30~50℃ 높은 온도에서 장시간 가열하여 냉각시키는 열처리로 재질을 연화한다.

4. 결정입자에 대한 설명으로 틀린 것은?

① 냉각속도가 빠르면 입자는 미세화된다.
② 냉각속도가 빠르면 결정핵 수는 많아진다.
③ 과냉도가 증가하면 결정핵 수는 점차적으로 감소한다.
④ 결정핵 수는 용융점 또는 응고점 바로 밑에서는 비교적 적다.

해설 결정입자
㉠ 금속 종류와 불순물의 함량 및 냉각속도에 따라 다르다.
㉡ 냉각속도가 빠르면 결정핵 수는 증가하고 결정입자는 미세화한다.
㉢ 냉각속도가 느리면 결정핵 수는 감소하고 결정입자는 조대화한다.
㉣ 결정핵의 성장속도가 생성속도보다 크면 입자가 작아진다.
㉤ 입상 결정입자가 생기는 조건: G(결정입자 성장속도)$<V_m$(냉각속도)

5. 수소 취성도를 나타내는 식으로 옳은 것은? (단, δ_H: 수소 영향을 받은 시험편의 면적, δ_O: 수소 영향을 받지 않은 시험편의 면적이다.)

① $\dfrac{\delta_H - \delta_O}{\delta_H}$ ② $\dfrac{\delta_O - \delta_H}{\delta_O}$
③ $\dfrac{\delta_O \times \delta_H}{\delta_O}$ ④ $\dfrac{\delta_O \times \delta_H}{\delta_H}$

해설 강은 수소를 포함하면 취성화되며 취성화의 정도는 수소량과 함께 증가한다.

6. 금속간화합물에 대한 설명으로 틀린 것은?

① 간단한 원자비로 구성되어 있다.

정답 1. ④ 2. ③ 3. ② 4. ③ 5. ② 6. ②

② Fe_3C는 금속간화합물이 아니다.

③ 경도가 매우 높고 취약하다.

④ 높은 용융점을 갖는다.

해설 금속간화합물(intermetallic com-pound): 2종 이상의 금속이 간단한 원자비로 화학적으로 결합하여 성분 금속과 다른 성질을 가지는 독립된 화합물을 만드는 것을 말한다. FeC도 금속간화합물이다.

7. 용접금속의 응고 직후에 발생하는 균열로서 주로 결정립계에 생기며 300℃ 이상에서 발생하는 균열을 무슨 균열이라고 하는가?

① 저온균열 ② 고온균열

③ 수소균열 ④ 비드밑 균열

해설 고온균열(hot cracking): 철강의 고온균열은 온도 550℃ 이상에서 발생하는 균열을 말한다. 황(S)이 원인으로, FeS은 융점(1193℃)이 낮고 고온에 약하므로 900~950℃에서 파괴되어 균열을 일으키며, 용접금속의 응고 직후에 결정립계에서 발생한다. 300℃ 이상에서 발생하는 균열도 고온균열이라고 한다.

8. 슬래그 생성 배합제로 사용되는 것은?

① $CaCO_3$ ② Ni

③ Al ④ Mn

해설 슬래그 생성제: 산화철, 이산화타이타늄, 일미나이트, 규사, 이산화망가니즈, 석회석, 장석, 형석 등이 있다.

9. 철에서 체심입방격자인 α철이 A_3 점에서 γ철인 면심입방격자로, A_4 점에서 다시 δ철인 체심입방격자로 구조가 바뀌는 것은?

① 편석 ② 고용체

③ 동소변태 ④ 금속간화합물

해설 동소변태(allotropic transformation): 고체 내에서 원자배열의 변화, 즉 결정격자의 형상이 변하여 발생한다. 예를 들면 순철(pure iron)에는 α, γ, δ의 3개의 동소체가 있는데 α철은 912℃(A_3변태) 이하에서 체심입방격자이고, γ철은 912℃부터 1400℃(A_4변태) 사이에서 면심입방격자이며, δ철은 1400℃부터 용융점 1538℃ 사이에서 체심입방격자이다.

10. E4301로 표시되는 용접봉은?

① 일미나이트계

② 고셀룰로오스계

③ 고산화타이타늄계

④ 저수소계

해설 일미나이트계(E4301), 고셀룰로오스계(E4311), 고산화타이타늄계(E4313), 저수소계(E4316)이다.

11. 겹쳐진 부재에 홀(hole) 대신 좁고 긴 홈을 만들어 용접하는 것은?

① 필릿용접 ② 슬롯용접

③ 맞대기용접 ④ 플러그용접

12. 투상도의 배열에 사용된 제1각법과 제3각법의 대표 기호로 옳은 것은?

① 제1각법: 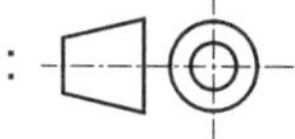

제3각법: 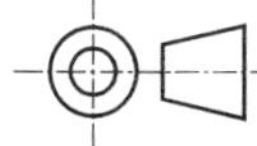

② 제1각법: 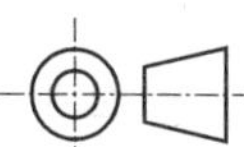

제3각법: 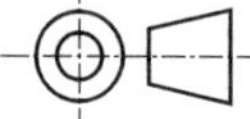

정답 7. ② 8. ① 9. ③ 10. ① 11. ② 12. ①

③ 제1각법: 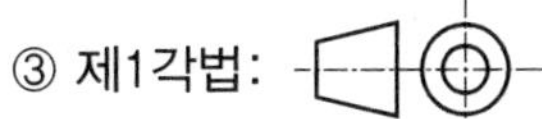

제3각법:

④ 제1각법:

제3각법:

해설 • 제1각법(firest angle projection)

㉠ 물체를 제1각 안에 놓고 투상하며 투상면 앞쪽에 물체를 놓는다.

㉡ 정면도를 중심으로 하여 아래쪽에 평면도, 왼쪽에 우측면도를 그린다.

㉢ 위에서 물체를 보고 물체의 아래에 투상된 것을 표시한다.

• 제3각법(third angle projection)

㉠ 물체를 투상각의 제3각 공간에 놓고 투상하는 방식이며 투상면 뒤쪽에 물체를 놓는다.

㉡ 정면도를 중심으로 위쪽에 평면도, 오른쪽에 우측면도를 그린다.

㉢ 위에서 물체를 보고 투상된 것은 물체의 상부에 도시한다.

㉣ 물체에 대한 도면의 투상을 쉽게 이해할 수 있어 합리적이라는 장점이 있다.

13. **핸들이나 바퀴 등에 쓰이는 암, 리브, 훅, 축, 구조물의 부재 등의 절단면을 표시하는 데 가장 적합한 단면도는?**

① 부분 단면도
② 한쪽 단면도
③ 회전도시 단면도
④ 조합에 의한 단면도

14. **가는 1점쇄선의 용도에 의한 명칭이 아닌 것은?**

① 중심선 ② 기준선
③ 피치선 ④ 숨은선

15. **필릿용접 끝단부를 매끄럽게 다듬질하라는 보조기호는?**

①
②
③
④

해설 보조기호

용접부 표면 또는 용접부 형상	기호
평면(동일한 면으로 마감 처리)	—
볼록형	⌒
오목형	◡
토를 매끄럽게 함	⅃
영구적인 이면 판재(backing strip) 사용	M
제거 가능한 이면 판재 사용	MR

16. **도면의 치수기입 방법 중 지름을 나타내는 기호는?**

① $S\phi$ ② SR ③ ( ) ④ ϕ

해설 도면의 치수기입 방법

기호	의미	사용방법
ϕ	원의 지름	구분이 명확한 경우 생략할 수 있다.
□	정사각형	생략할 수 있다.
R	원의 반지름	반지름 치수선을 원호의 중심까지 그을 때는 생략한다.
구	구면	ϕ, R의 기호 앞에 사용한다.
C	모따기	45° 모따기에만 사용한다.
P	피치	치수숫자 앞에 표시한다.
t	판 두께	치수숫자 앞에 표시한다.
⊠	평면	도면 안에 대각선으로 표시한다.

정답 13. ③ 14. ④ 15. ③ 16. ④

17. KS에서 일반 구조용 압연강재의 종류로 옳은 것은?

① SS400 ② SM45C
③ SM400A ④ STKM

해설 도면에서 재료 기호는 처음 부분은 재질, 중간 부분은 규격명 및 제품명, 끝부분은 재료의 종류를 나타낸다. S는 steel, 두 번째 S는 일반구조용강, 400은 최저 인장 강도를 나타낸다.

18. 도면의 분류 중 내용에 따른 분류에 해당되지 않는 것은?

① 기초도 ② 스케치도
③ 계통도 ④ 장치도

해설 도면을 내용에 따라 분류하면 부품도, 조립도, 기초도, 배치도, 배근도, 장치도, 스케치도 등이 있다.

19. [그림]과 같이 경사부가 있는 물체에서 경사면의 실제 모양을 표시할 때 보이는 부분의 전체 또는 일부를 나타낸 투상도는?

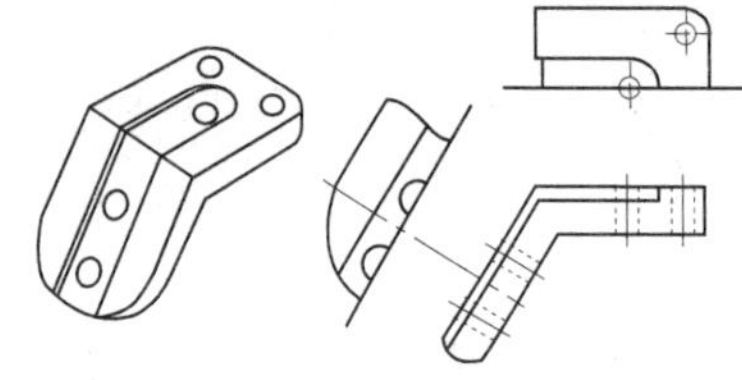

① 주투상도 ② 보조 투상도
③ 부분 투상도 ④ 회전 투상도

해설 투상도의 표시방법은 주투상도, 보조 투상도, 부분 투상도, 국부 투상도, 회전 투상도, 부분 확대도 등이며 주어진 설명은 보조 투상도이다.

20. 도면에서 2종류 이상의 선이 같은 장소에서 중복될 경우 가장 우선이 되는 선은?

① 외형선 ② 숨은선
③ 절단선 ④ 중심선

해설 외형선은 굵은 실선을 사용하며 대상물의 보이는 부분의 모양을 표시하는 데 쓰인다.

제2과목 용접구조설계

21. 용접길이를 짧게 나누어 간격을 두면서 용접하는 방법으로 피용접물 전체에 변형이나 잔류응력이 적게 발생하도록 하는 용착법은?

① 스킵법 ② 후진법
③ 점진 블록법 ④ 캐스케이드법

해설 용접비드 배치법으로 잔류응력이나 변형이 적게 발생되도록 하는 용착법이다.

22. 용접구조물의 강도 설계에 있어서 가장 주의해야 할 사항은?

① 용접봉 ② 용접기
③ 잔류응력 ④ 모재의 치수

해설 용접구조물의 강도 설계에서 가장 주의해야 할 사항은 용접 후의 잔류응력으로 뒤틀림, 직각방향의 수축과 각변형 등을 일으켜 후에 취성파괴, 피로파괴, 부식 등의 발생 원인이 된다.

23. 맞대기용접이음에서 강판의 두께 6mm, 인장하중 60kN을 작용시키려 한다. 이때 필요한 용접길이는? (단, 허용 인장응력은 500MPa이다.)

① 20mm ② 30mm
③ 40mm ④ 50mm

정답 17. ① 18. ③ 19. ② 20. ① 21. ① 22. ③ 23. ①

해설 허용 인장응력 $= \dfrac{\text{인장하중}}{\text{두께} \times \text{길이}}$

$= \dfrac{60000}{(500 \times 6)} = 20$

24. 연강 판의 양면 필릿(fillet) 용접시 용접부의 목길이는 판두께의 얼마 정도로 하는 것이 가장 좋은가?

① 25% ② 50% ③ 75% ④ 100%

해설 필릿용접에서 이론 목두께는 (각장[다리길이]×0.707)로 약 75%이다.

25. 맞대기용접이음의 덧살은 용접이음의 강도에 어떤 영향을 주는가?

① 덧살은 응력집중과 무관하다.

② 덧살을 작게 하면 응력집중이 커진다.

③ 덧살을 크게 하면 피로강도가 증가한다.

④ 덧살은 보강 덧붙임으로써 과대한 경우 피로강도를 감소시킨다.

해설 맞대기용접이음의 덧살은 피로강도를 감소시켜 형상적인 응력집중에 큰 영향을 미치므로 균열, 불용착부, 슬래그 섞임 등을 피해야 된다.

26. 맞대기용접이음 홈의 종류가 아닌 것은?

① I형 홈 ② V형 홈

③ U형 홈 ④ T형 홈

27. 용접부 결합의 종류가 아닌 것은?

① 기공 ② 비드

③ 융합 불량 ④ 슬래그 섞임

해설 용접부의 결함은 각종 균열, 기공, 슬래그 섞임, 융합 불량, 언더컷, 오버랩 등이다.

28. 용접결함 중 구조상의 결함이 아닌 것은?

① 균열 ② 언더컷

③ 용입 불량 ④ 형상 불량

해설 구조상의 결함은 기공, 비금속 또는 슬래그 섞임, 융합 불량, 용입 불량, 언더컷, 오버랩, 균열, 표면 결함 등이며 형상 불량은 치수상의 결함이다.

29. 용접이음을 설계할 때 주의 사항으로 틀린 것은?

① 위보기 자세 용접을 많이 하게 한다.

② 강도상 중요한 이음에서는 완전 용입이 되게 한다.

③ 용접이음을 한곳으로 집중되지 않게 설계한다.

④ 맞대기용접에는 양면 용접을 할 수 있도록 하여 용입 부족이 없게 한다.

해설 가능한 아래보기 자세로 용접을 많이 하게 한다.

30. 용융금속의 용적이행 형식인 단락형에 관한 설명으로 옳은 것은?

① 표면장력의 작용으로 이행하는 형식

② 전류 소자간의 흡인력으로 이행하는 형식

③ 비교적 미세 용적이 단락되지 않고 이행하는 형식

④ 미세한 용적이 스프레이와 같이 날려 이행하는 형식

해설 용융금속의 용적이행 형식인 단락형, 스프레이형, 글로뷸로형 중 단락형은 용적이 용융지와 접촉하여 단락되면서 표면장력에 의해 모재로 옮겨가서 용착되는 형식이다.

31. 용접부의 피로강도 향상법으로 옳은 것은?

① 덧붙이 용접의 크기를 가능한 최소화한다.

정답 24. ③ 25. ④ 26. ④ 27. ② 28. ④ 29. ① 30. ① 31. ①

② 기계적 방법으로 잔류응력을 강화한다.

③ 응력 집중부에 용접 이음부를 설계한다.

④ 야금적 변태에 따라 기계적인 강도를 낮춘다.

32. 용접 후 구조물에서 잔류응력이 미치는 영향으로 틀린 것은?

① 용접구조물에 응력부식이 발생한다.

② 박판 구조물에서는 국부 좌굴을 촉진한다.

③ 용접구조물에서는 취성파괴의 원인이 된다.

④ 기계 부품에서 사용 중에 변형이 발생되지 않는다.

해설 용접 후 구조물에 존재하는 잔류응력은 뒤틀림, 직각방향의 수축과 각변형 등을 일으켜 후에 취성파괴, 피로파괴, 부식 등의 발생 원인이 된다.

33. 비드 바로 밑에서 용접선과 평행하게 모재 열영향부에 생기는 균열은?

① 층상 균열 ② 비드밑 균열

③ 크레이터 균열 ④ 라미네이션 균열

해설 비드밑 균열은 저합금의 고장력강에 쉽게 발생하며 용접비드 바로 밑에서 용접선과 근접하여 거의 평행하게 모재 열영향부에 생기는 균열이다.

34. 완전 용입된 평판 맞대기 이음에서 굽힘 응력을 계산하는 식은? (단, σ: 용접부의 굽힘응력, M: 굽힘 모멘트, l: 용접 유효 길이, h: 모재의 두께로 한다.)

① $\sigma = \frac{4M}{lh^2}$ ② $\sigma = \frac{4M}{lh^3}$

③ $\sigma = \frac{6M}{lh^2}$ ④ $\sigma = \frac{6M}{lh^3}$

해설 제이닝의 응력계산식

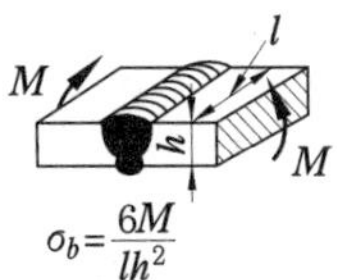

35. 용접부에서 육안검사로 검출하기 어려운 결함은?

① 피트 ② 언더컷

③ 오버랩 ④ 슬래그 혼입

해설 피트, 언더컷, 오버랩은 표면 결함이므로 육안검사로 검출이 가능하고, 슬래그 혼입은 용접금속 내부의 결함이므로 X-방사선검사 및 파면검사로 검출이 가능하다.

36. 현장용접에서 판두께 15 mm를 위보기 자세로 20 m 맞대기용접 할 경우 환산 용접길이는 몇 m인가? (단, 위보기 맞대기 용접 환산계수는 4.8이다.)

① 4.1 ② 24.8 ③ 96 ④ 152

해설 용접길이×환산계수 = 20×4.8 = 96

37. 다음 중 가장 얇은 관에 적용하는 용접 홈 형상은?

① H형 ② I형 ③ K형 ④ V형

해설 I형: 6 mm 이하, V형: 6~20 mm, X형: 12 mm 이상, J형: 6~20 mm, K양면 J형: 12 mm 이하, U형: 16~50 mm, H형: 20 mm 이상

38. 고셀룰로오스계(E4311) 용접봉의 특징으로 틀린 것은?

① 슬래그 생성량이 적다.

② 비드 표면이 양호하고 스패터의 발생이 적다.

정답 32. ④ 33. ② 34. ③ 35. ④ 36. ③ 37. ② 38. ②

③ 아크는 스프레이 형상으로 용입이 비교적 양호하다.
④ 가스 실드에 의한 아크분위기가 환원성이므로 용착금속의 기계적 성질이 양호하다.

해설 고셀룰로오스계는 가스 실드형으로 용접이행은 스프레이형이며 스패터의 발생이 많다.

39. 다음 중 용접구조물의 수명과 가장 관련이 있는 것은?

① 작업률 ② 피로강도
③ 작업 태도 ④ 아크 타임률

해설 용접구조물의 수명은 결함 없이 용접하였다고 가정했을 때 피로강도, 노치, 부식 등과 관련이 깊다.

40. 비드가 끊어지거나 용접봉이 짧아져 용접이 중단될 때 비드 끝부분의 오목해진 부분을 무엇이라고 하는가?

① 언더컷 ② 엔드 태브
③ 크레이터 ④ 용착금속

해설 크레이터는 용접물이 부족하여 비드가 충분히 위로 올라오지 않아 얇게 파인 모양이다.

제3과목 용접일반 및 안전관리

41. 피복아크용접에 사용되는 피복 배합제의 성질을 작용 면에서 분류한 것으로 틀린 것은?

① 아크 안정제는 아크를 안정시킨다.
② 가스 발생제는 용착금속의 냉각속도를 빠르게 한다.
③ 고착제는 피복제를 심선에 단단하게 고착시킨다.
④ 합금제는 용강 중에 금속원소를 첨가하여 용접금속의 성질을 개선한다.

해설 가스 발생제는 환원성 가스로 용접부를 보호하고 냉각속도를 느리게 한다.

42. 피복아크용접에서 직류정극성의 설명으로 틀린 것은?

① 용접봉의 용융이 늦다.
② 모재의 용입이 얕아진다.
③ 두꺼운 관의 용접에 적합하다.
④ 모재를 +극, 용접봉을 −극에 연결한다.

해설 직류정극성은 모재를 양극(열량 70%), 용접봉을 음극(열량 30%)에 연결시켜 모재의 용입이 깊고 비드폭이 좁다.

43. 전격 방지기가 설치된 용접기의 가장 적당한 무부하 전압은?

① 25V 이하 ② 50V 이하
③ 75V 이하 ④ 상관 없다.

해설 전격 방지기는 아크를 발생할 때만 무부하 전압으로 승압시키고 평상시는 안전전압인 25V 이하로 유지한다.

44. 납땜에서 경납용으로 쓰이는 용제는?

① 붕사 ② 인산
③ 염화아연 ④ 염화암모니아

해설 경납용 용제는 붕사, 붕산, 붕산염, 알칼리 등이다.

45. 브레이징(brazing)은 용가재를 사용하여 모재를 녹이지 않고 용가재만 녹여 용접을 이행하는 방식이다. 몇 ℃ 이상에서 이

정답 39. ② 40. ③ 41. ② 42. ② 43. ① 44. ① 45. ④

행하는 방식인가?

① 150℃ ② 250℃
③ 350℃ ④ 450℃

해설 연납과 경납을 구분하는 기준은 온도 450℃이며 브레이징은 연납으로 450℃ 이하에서 이행된다.

46. 피복아크 용접봉 기호와 피복제 계통을 각각 연결한 것 중 틀린 것은?

① E4324 – 라임티타니아계
② E4301 – 일미나이트계
③ E4327 – 철분 산화철계
④ E4313 – 고산화타이타늄계

해설 E4324는 철분 산화타이타늄계이다.

47. 용접하고자 하는 부위에 분말 형태의 플럭스를 일정 두께로 살포하고, 그 속에 전극 와이어를 연속적으로 송급하여 와이어 선단과 모재 사이에 아크를 발생시키는 용접법은?

① 전자빔 용접
② 서브머지드 아크용접
③ 불활성가스 금속 아크용접
④ 불활성가스 텅스텐 아크용접

48. 탄산가스 아크용접에 대한 설명으로 틀린 것은?

① 용착금속에 포함된 수소량은 피복아크 용접봉의 경우보다 적다.
② 박판 용접은 단락이행 용접법에 의해 가능하고 전자세 용접도 가능하다.
③ 피복아크용접처럼 용접봉을 갈아 끼우는 시간이 필요 없으므로 용접 생산성이 높다.
④ 용융지의 상태를 보면서 용접할 수가 없으므로 용접 진행의 양부 판단이 곤란하다.

해설 탄산가스 아크용접은 솔리드 와이어와 플럭스 코드 와이어의 두 가지를 이용하여 용접작업을 하는데 다른 용접법(TIG, MIG, MAG, 피복아크용접 등)과 마찬가지로 용융지의 상태를 보면서 용접을 진행한다.

49. 고장력강용 피복아크 용접봉 중 피복제의 계통이 특수계에 해당되는 것은?

① E5000 ② E5001
③ E5003 ④ E5026

해설 고장력강용 피복아크 용접봉은 5001(일미나이트계), 5003(라임티타니아계), 5016(저수소계), 5026(철분저수소계), 5000, 8000(특수계)이다.

50. TIG, MIG, 탄산가스 아크용접 시 사용하는 차광렌즈 번호로 가장 적당한 것은?

① 4~5 ② 6~7
③ 8~9 ④ 12~13

해설 불활성가스 아크용접은 아크 빛이 강하여 보통 차광렌즈 번호 11~13을 이용한다.

51. 활성가스를 보호가스로 사용하는 용접법은?

① SAW 용접 ② MIG 용접
③ MAG 용접 ④ TIG 용접

해설 MAG는 탄산가스와 다른 가스를 이용하여 용접성을 좋게 하기 위한 방법으로 환원성(활성) 가스를 이용한다.

52. 피복아크용접 시 안전홀더를 사용하는 이유로 옳은 것은?

정답 46. ① 47. ② 48. ④ 49. ① 50. ④ 51. ③ 52. ③

① 고무장갑 대용
② 유해가스 중독 방지
③ 용접작업 중 전격 예방
④ 자외선과 적외선 차단

해설 피복아크용접 시 안전홀더는 용접작업 중이나 휴식 시간에 전격(감전) 예방을 위해 노출부가 절연되어 있는 것을 사용한다.

53. **피복아크용접 시 전격 방지에 대한 주의 사항으로 틀린 것은?**

① 작업을 장시간 중지할 때는 스위치를 차단한다.
② 무부하 전압이 필요 이상 높은 용접기를 사용하지 않는다.
③ 가죽장갑, 앞치마, 발덮개 등 규정된 안전 보호구를 착용한다.
④ 땀이 많이 나는 좁은 장소에서는 신체를 노출시켜 용접해도 된다.

해설 피복아크용접 시 작업장이나 땀이 많이 나는 좁은 장소에서는 전격을 예방하기 위해 신체의 노출을 최소화하고, 반드시 작업복과 안전 보호장비를 착용한다.

54. **용해 아세틸렌가스를 충전하였을 때의 용기 전체의 무게가 65 kgf이고 사용 후 빈병의 무게가 61 kgf였다면 사용한 아세틸렌가스는 몇 리터(L)인가?**

① 905　　② 1810
③ 2715　　④ 3620

해설 가스 양
= 충전된 용기의 무게 − 빈병 무게
= 용해 아세틸렌의 양은 1kg에 905L이므로 65 − 61 = 4이고 4×905 = 3620이다.

55. **금속원자간에 인력이 작용하여 영구 결합이 일어나도록 하기 위해서 원자 사이의 거리는 어느 정도 접근해야 하는가?**

① 0.001 mm　　② 10^{-6}cm
③ 10^{-8}cm　　④ 0.0001 mm

해설 뉴턴의 만유인력의 기호는 1 옹스트롬(Å)으로, 그 크기는 10^{-8}cm(10^{-10}m)이다.

56. **불활성가스 텅스텐 아크용접의 특징으로 틀린 것은?**

① 보호가스가 투명하여 가시 용접이 가능하다.
② 가열 범위가 넓어 용접으로 인한 변형이 크다.
③ 용제가 불필요하고 깨끗한 비드 외관을 얻을 수 있다.
④ 피복아크용접에 비해 용접부의 연성 및 강도가 우수하다.

해설 TIG의 장점으로 가열 범위가 적어 용접으로 인한 변형이 적고 열의 집중 효과가 양호하다.

57. **피복아크용접에서 용접부의 보호 방식이 아닌 것은?**

① 가스 발생식　　② 슬래그 생성식
③ 반가스 발생식　　④ 스프레이 발생식

해설 피복아크용접에서 용접부의 보호 방식은 가스 발생식, 반가스 발생식, 슬래그 생성식 등이다.

58. **교류 아크 용접기의 용접전류 조정 범위는 정격 2차전류의 몇 % 정도인가?**

① 10～20%　　② 20～110%
③ 110～150%　　④ 160～200%

해설 교류 아크 용접기의 전류 조정 범위는 20~110%이다.

정답 53. ④ 54. ④ 55. ③ 56. ② 57. ④ 58. ②

59. **불활성가스 텅스텐 아크용접에서 일반 교류전원에 비해 고주파 교류 전원이 갖는 장점이 아닌 것은?**

① 텅스텐 전극봉이 많은 열을 받는다.
② 텅스텐 전극봉의 수명이 길어진다.
③ 전극을 모재에 접촉시키지 않아도 아크가 발생한다.
④ 아크가 안정되어 작업 중 아크가 약간 길어져도 끊어지지 않는다.

해설 텅스텐 전극이 오염되지 않고 많은 열을 받지 않아 수명이 길어지고 전극봉 지름에 비해 전류 사용 범위가 크므로 저전류 용접이 가능하고 전자세 용접이 가능하다.

60. **아크용접에서 피복 배합제 중 탈산제에 해당되는 것은?**

① 산성 백토
② 산화타이타늄
③ 페로망가니즈
④ 규산나트륨

해설 탈산제: 망가니즈철, 규소철, 타이타늄철, 금속망가니즈, Al분말로 철과 합해서 페로망가니즈, 페로규소, 페로 알루미늄 등이 사용된다.

정답 59. ① 60. ③

2016년 8월 21일 시행

용접산업기사

제1과목 용접야금 및 용접설비제도

1. 예열 및 후열의 목적이 아닌 것은?

① 균열의 방지
② 기계적 성질 향상
③ 잔류응력의 경감
④ 균열감수성의 증가

해설 용접부는 급격한 열사이클 및 급랭 응고에 의해 수축되기 때문에 모재부의 조직 변화, 열응력 변형 또는 균열을 일으킬 수 있어 용접구조물에 따라 예열 및 후열을 반드시 실시해야 한다. 예열과 후열은 균열 방지, 기계적 성질 향상, 변형 및 잔류응력의 경감, 기공의 생성 방지 등에 목적이 있다.

2. 강의 오스테나이트 상태에서 냉각속도가 가장 빠를 때 나타나는 조직은?

① 펄라이트 ② 소르바이트
③ 마텐자이트 ④ 트루스타이트

해설 열처리에서는 담금질 과정과 마찬가지로 냉각속도가 가장 빠를 때 마텐자이트 조직이 나타나므로 인성을 주는 열처리가 필요하다.

3. 용착금속이 응고할 때 불순물이 한곳으로 모이는 현상은?

① 공석 ② 편석 ③ 석출 ④ 고용체

해설 용착금속이 응고할 때 가장 먼저 결정화된 부분과 뒤에 굳는 부분 사이에 화학조성이 다르기 때문에 일정 성분이 금속의 일부에 편중되어 분포하는 현상이며, 인화철로 인한 고스트라인과 비슷하다.

4. 6:4 황동에 1~2% Fe를 첨가한 것으로 강도가 크고 내식성이 좋아 광산기계, 선박용 기계, 화학기계 등에 이용되는 합금은?

① 톰 백 ② 라우탈
③ 델타메탈 ④ 네이벌 황동

해설 6:4 황동에 아연이 첨가되면 문쯔메탈이고, 주석이 함유되면 네이벌 황동, 철이 함유되면 델타메탈이며, 망가니즈, 알루미늄, 철, 니켈, 주석이 함유되면 강력 황동이다.

5. 스테인리스강에서 용접성이 가장 좋은 계통은?

① 페라이트계 ② 펄라이트계
③ 마텐자이트계 ④ 오스테나이트계

해설 스테인리스강에서 오스테나이트계는 크로뮴-니켈계, 페라이트계와 마텐자이트계는 크로뮴계로, 용접성이 가장 좋은 제품은 오스테나이트계이다.

6. 용접시 수소 원소에 의한 영향으로 옳은 것은?

① 수소는 용해도가 매우 높아 용접시 쉽게 흡수된다.
② 용접 중에 흡수되는 대부분의 수소는 기체 수소로부터 공급된다.
③ 수소는 용접시 냉각 중에 균열 또는 은점 형성의 원인이 된다.
④ 응력이 존재한 경우 격자 결함은 원자 수소의 인력으로 작용하여 응력계(stress-system)를 증가시켜 탄성 인자

정답 1. ④ 2. ③ 3. ② 4. ③ 5. ④ 6. ③

로 작용한다.

해설 용접 시에 수소는 확산성이 있어서 용접 금속에 기공, 비드밑 균열, 은점, 취성, 선상조직 등의 결함을 유발하는 원인이 된다.

7. 적열취성에 가장 큰 영향을 미치는 것은?

① S　② P　③ H_2　④ N_2

해설 적열취성은 고온 취성이라고도 하며 유황이 원인으로 강 중에 0.02% 정도만 존재해도 인장강도, 연신율, 충격치 등이 감소한다.

8. 서브머지드 아크용접 시 용융지에서 금속 정련 반응이 일어날 때 용접금속의 청정도 및 인성과 매우 관계가 깊은 것은?

① 플럭스(flux)의 입도
② 플럭스의 염기도
③ 플럭스의 소결도
④ 플럭스의 용융도

해설 용제(flux)의 염기성이 높은 피복아크 용접에서는 저수소계를 사용해야 한다. 입자가 거친 용제를 높은 전류에 사용하면 파형이 거칠어져 외관이 나쁘고, 입자가 미세한 용제를 낮은 전류에 사용하면 가스의 방출이 원활하지 못하여 비드가 불균일하고 기공이 발생된다.

9. 잔류응력 제거법 중 잔류응력이 있는 제품에 하중을 주어 용접 부위에 약간의 소성 변형을 일으킨 다음 하중을 제거하는 방법은?

① 피닝법
② 노내 풀림법
③ 국부 풀림법
④ 기계적 응력 완화법

10. 알루미늄과 그 합금의 용접성이 나쁜 이유로 틀린 것은?

① 비열과 열전도도가 대단히 커서 수축량이 크기 때문
② 용융 응고 시 수소 가스를 흡수하여 기공이 발생하기 쉽기 때문
③ 강에 비해 용접 후의 변형이 커 균열이 발생하기 쉽기 때문
④ 산화알루미늄의 용융온도가 알루미늄의 용융온도보다 매우 낮기 때문

해설 산화알루미늄의 용융온도(2050℃)가 알루미늄의 용융온도(660℃)보다 매우 높기 때문에 용접성이 나쁘다.

11. KS 재료기호 중 SM 45C의 설명으로 옳은 것은?

① 기계구조용 강 중에 45종이다.
② 재질강도가 45 MPa인 기계구조용 강이다.
③ 탄소 함유량 4.5%인 기계구조용 주물이다.
④ 탄소 함유량 0.45%인 기계구조용 탄소 강재이다.

해설 S는 강, SM은 기계구조용 강, 45 C는 탄소 함유량 0.45%를 나타낸다.

12. 도면으로 사용된 용지의 안쪽에 그려진 내용이 확실히 구분되도록 그리는 윤곽선은 일반적으로 몇 mm 이상의 실선으로 그리는가?

① 0.2 mm　② 0.25 mm
③ 0.3 mm　④ 0.5 mm

해설 도면의 윤곽선은 종이의 가장자리가 찢어져서 도면의 내용을 훼손하지 않도록 하기 위해서 긋는데 0.5 mm(05년도 교과

정답 7. ① 8. ② 9. ④ 10. ④ 11. ④ 12. ④

서), 0.7mm(14년도 교과서) 굵기의 실선으로 그린다.

13. 대상물의 보이지 않는 부분을 표시하는 데 쓰이는 선의 종류는?

① 굵은 실선 ② 가는 파선
③ 가는 실선 ④ 가는 이점쇄선

해설 숨은선으로 가는 파선 또는 굵은 파선을 사용한다.

14. 기계나 장치 등의 실체를 보고 프리핸드(free hand)로 그린 도면은?

① 스케치도 ② 부품도
③ 배치도 ④ 기초도

해설 스케치 방법은 프리핸드법, 프린트법, 본뜨기법, 사진촬영법 등이 있다. 그중 프리핸드법은 일반적인 방법으로 척도와 관계없이 적당한 크기로 부품을 그린 후 치수를 측정하여 기입하는 방법이며, 용지는 모눈종이를 사용하면 편리하다.

15. 도면의 크기 중 A0 용지의 넓이는 약 얼마인가?

① $0.25m^2$ ② $0.5m^2$
③ $0.8m^2$ ④ $1.0m^2$

해설 도면에서 A0의 크기는 841×1189mm이며 넓이를 계산하면 $999949mm^2$으로 약 $1.0m^2$이다.

16. 실형의 물건에 광명단 등 도료를 발라 용지에 찍어 스케치하는 방법은?

① 본뜨기법 ② 프린트법
③ 사진촬영법 ④ 프리핸드법

해설 스케치 방법 중 프린트법은 면이 평면으로 가공되어 있고 윤곽이 복잡한 부품인 경우 그 면에 광명단 등을 발라 스케치 용지에 찍어 면의 실형을 얻는 직접법과 면에 용지를 대고 연필 등으로 문질러서 도형을 얻는 간접법이 있다.

17. 선을 긋는 방법에 대한 설명으로 틀린 것은?

① 1점 쇄선은 긴 쪽 선으로 시작하고 끝나도록 긋는다.
② 파선이 서로 평행할 때에는 서로 엇갈리게 그린다.
③ 실선과 파선이 서로 만나는 부분은 띄워지도록 그린다.
④ 평행선은 선 간격을 선 굵기의 3배 이상으로 하여 긋는다.

해설 선 긋기에서 실선과 파선, 파선과 파선이 서로 만나는 부분은 이어지도록 그린다.

18. 투상법에 대한 설명으로 틀린 것은?

① 투상: 대상물의 형태를 평면상에 투영하는 것을 말한다.
② 시선: 시점과 공간에 있는 점을 연결하는 선 및 그 연장선을 말한다.
③ 투상선: 시점과 대상물의 각 점을 연결하고 대상물의 형태를 투상면에 찍어내기 위해서 사용하는 선이다.
④ 시점: 공간에 있는 점을 시점과 다른 방향으로 무한정 멀리 했을 경우에 시점과 투상면의 교점이다.

해설 투상법은 물체, 물체를 바라보는 사람의 눈(시점) 및 물체의 모습을 모사하는 투상면 3요소에 따라 그 분류가 결정된다. 공간 내에 존재하는 점을 유리를 가운데 두고 바라보았을 때 인간의 눈에 보이는 대로 점을 유리판 상에 모사했다고 한다. 그때 원래의 점을 모사하는 유리판을 투상면, 투

정답 13. ② 14. ① 15. ④ 16. ② 17. ③ 18. ④

상면의 상에 기록된 점의 모습을 투상의 상 또는 투상도라 하고, 점과 인간의 눈을 연결하는 가상의 선을 시선 또는 투상선이라고 한다. 평행투상법은 눈과 물체 사이에 무한원거리가 있다고 가정할 때 시선이 서로 평행한 투상법이다.

19. 가는 실선으로 사용하는 선이 아닌 것은?

① 지시선 ② 수준면선
③ 무게중심선 ④ 치수보조선

해설 가는 실선은 치수선, 치수보조선, 지시선, 회전단면선, 중심선, 수준면선과 특수한 용도의 선(외형선 및 숨은선의 연장을 표시할 때와 평면이란 것을 나타내는 데 사용하며 위치를 명시하는 데 사용한다) 등에 쓰인다.

20. 용접기호에 대한 명칭이 틀리게 짝지어진 것은?

① ⊖ : 스폿용접 ② ⊓ : 플러그 용접
③ ◡ : 뒷면 용접 ④ ▶ : 현장 용접

해설 ①은 심용접이다.

제2과목 용접구조설계

21. 완전한 맞대기용접이음의 굽힘모멘트 (M_b)=12000 N · mm가 작용하고 있을 때 최대 굽힘응력은 약 몇 N/mm²인가? (단, l=300mm, t=25mm)

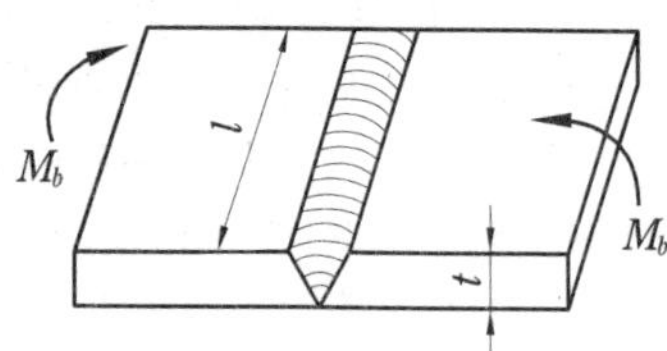

① 0.324 ② 0.344
③ 0.384 ④ 0.424

해설 굽힘응력 $= \dfrac{6M}{(1\times h^2)}$

$$= \frac{6\times 12000}{(300\times 625)}$$

$$= \frac{72000}{187500} = 0.384$$

22. 용접의 내부결함이 아닌 것은?

① 은점 ② 피트
③ 선상조직 ④ 비금속개재물

해설 용접금속의 결함 중 내부결함은 기공, 슬래그 잠입, 비금속개재물, 은점, 선상조직, 내부 균열 등이고, 피트는 비드 외관에 나타나는 결함이다.

23. 용접지그에 대한 설명으로 틀린 것은?

① 잔류응력을 제거하기 위한 것이다.
② 모재를 용접하기 쉬운 상태로 놓기 위한 것이다.
③ 작업을 용이하게 하고 용접능률을 높이기 위한 것이다.
④ 용접제품의 치수를 정확하게 하기 위해 변형을 억제하는 것이다.

해설 용접지그는 모재를 용접하기 쉬운 상태로 놓아 용접능률을 높이기 위해 사용되며, 잔류응력을 제거하기 위해서는 풀림법, 기계응력 완화법 등이 이용된다.

24. 용접이음의 내식성에 영향을 미치는 요인이 아닌 것은?

① 슬래그 ② 용접자세
③ 잔류응력 ④ 용접이음 형상

25. 강판의 맞대기용접이음에서 가장 두꺼운

정답 19. ③ 20. ① 21. ③ 22. ② 23. ① 24. ② 25. ④

판에 사용할 수 있으며 양면 용접에 의해 충분한 용입을 얻으려고 할 때 사용하는 홈의 형상은?

① V형 ② U형
③ I형 ④ H형

해설 두꺼운 판을 용접하는 U형, K형, H형 등은 작업성과 용입이 좋아 충분한 용입을 얻을 수 있으나 양면 용접에 의해 충분한 용입을 얻으려면 H형이 좋고, V형은 두께 20mm 이하의 판을 한쪽 용접으로 완전히 용입을 얻고자 할 때 쓰이며, 30mm인 강판을 용접하였을 때 각변형이 많이 발생할 수 있다.

26. 불활성가스 텅스텐 아크용접에서 직류 역극성(DCRP)으로 용접할 경우 비드폭과 용입에 대한 설명으로 옳은 것은?

① 용입이 깊고 비드폭이 넓다.
② 용입이 깊고 비드폭이 좁다.
③ 용입이 얕고 비드폭이 넓다.
④ 용입이 얕고 비드폭이 좁다.

해설 직류역극성은 모재가 음극(−)으로 열분배가 30%, 전극봉이 양극(+)으로 70%가 되어 모재 표면에 청정 작용이 있으며 용입이 얕고 비드폭이 넓다.

27. 용접 후 실시하는 잔류응력 완화법으로 틀린 것은?

① 도열법
② 저온응력 완화법
③ 응력제거 풀림법
④ 기계적 응력 완화법

해설 용접 후의 잔류응력 완화법으로는 응력제거 노내 풀림법, 국부 풀림법, 저온 응력 완화법, 기계적 응력 완화법, 피닝법 등이 있다.

28. 가용접 작업 시 주의사항으로 틀린 것은?

① 가용접 작업도 본용접과 같은 온도로 예열을 한다.
② 가용접 시 용접봉은 본용접보다 굵은 것을 사용하여 견고하게 접합시키는 것이 좋다.
③ 중요 부분은 용접홈 내에 가접하는 것을 피한다. 부득이한 경우 본용접 전에 깎아내도록 한다.
④ 가용접의 위치는 부품의 끝, 모서리, 각 등과 같이 단면이 급변하여 응력이 집중되는 곳은 피한다.

해설 가용접
㉠ 용접 결과의 좋고 나쁨에 직접 영향을 준다.
㉡ 본용접의 작업 전에 좌우의 홈 부분을 임시로 고정하기 위한 짧은 용접이다.
㉢ 균열, 기공, 슬래그 잠입 등의 결함을 수반하기 쉬우므로 본용접을 실시할 홈 안에 가접하는 것은 바람직하지 못하다. 만일 불가피하게 홈 안에 가접한 경우는 본용접 전에 갈아내는 것이 좋다.
㉣ 본용접을 하는 용접사와 비등한 기량을 가진 용접사에 의해 가접을 실시한다.
㉤ 가접에는 본용접보다 지름이 약간 가는 용접봉을 사용하는 것이 좋다.

29. 에코의 형태로 결함을 판정하는 방법으로 초음파 검사법의 종류 중에서 가장 많이 사용하는 방법은?

① 투과법 ② 공진법
③ 타격법 ④ 펄스 반사법

해설 초음파 탐상법은 투과법, 펄스 반사법, 공진법 등의 종류가 있으며, 방법에는 직접 접촉법(수직 탐상법, 사각 탐상법)과 수

정답 26. ③ 27. ① 28. ② 29. ④

침법이 있다. 에코 형태로 결함을 판정하는 방법은 펄스 반사법이다.

30. 자기비파괴검사에서 사용하는 자화 방법이 아닌 것은?

① 형광법 ② 극간법
③ 관통법 ④ 축통전법

해설 자분 탐상검사에서 자화 방법은 축통전법, 관통법, 직각 통전법, 코일법, 극간법 등이 사용되고 있다.

31. 재료 절약을 위한 용접설계 요령으로 틀린 것은?

① 안전하고 외관상 모양이 좋아야 한다.
② 용접 조립 시간을 줄이도록 설계를 한다.
③ 가능한 용접할 조각의 수를 늘려야 한다.
④ 가능한 표준규격의 부품이나 재료를 이용한다.

해설 용접설계에서 재료를 절약하려면 용접 조립 시간을 줄이고, 표준규격의 부품이나 재료를 가능한 한 사용하며, 용접할 조각의 수를 줄여야 한다.

32. 용착금속의 인장 또는 파면시험을 했을 경우 파단면에 나타나는 물고기 눈 모양의 취약한 은백색 파면의 결함은?

① 기공 ② 은점
③ 오버랩 ④ 크레이터

해설 은점(fish eye)은 용착금속을 인장 또는 굽힘시험 했을 때 파단면에 나타나는 결함이다. 둥글거나 타원형으로 은백색을 띠어 잘 식별되고 중심에는 보통 작은 기공, 슬래그 섞임 등이 있다.

33. 서브머지드 아크용접 이음부 설계를 설명한 것으로 틀린 것은?

① 자동 용접으로 정확한 이음부 홈 가공이 요구된다.
② 용접부 시작점과 끝점에는 엔드 태브를 부착하여 용접한다.
③ 가로 수축량이 크므로 스트롱 백을 이용하여 방지하여야 한다.
④ 루트간격이 규정보다 넓으면 뒷댐판을 사용한다.

34. 방사선 투과검사의 장점에 대한 설명으로 틀린 것은?

① 모든 재질의 내부결함 검사에 적용할 수 있다.
② 검사 결과를 필름에 영구적으로 기록할 수 있다.
③ 미세한 표면 균열이나 라미네이션도 검출할 수 있다.
④ 주변 재질과 비교하여 1% 이상의 흡수차를 나타내는 경우도 검출할 수 있다.

해설 방사선 투과검사의 단점
㉠ 미세한 표면 균열은 검출되지 않는다.
㉡ 방사선의 입사방향에 따라 15° 이상 기울어져 있는 결함, 즉 면상 결함은 검출되지 않는다.
㉢ 라미네이션은 검출이 불가능하다.
㉣ 현상이나 필름을 판독해야 한다.
㉤ 마이크로 기공, 마이크로 터짐 등은 검출되지 않는 경우도 있다.

35. 용접이음에서 피로강도에 영향을 미치는 인자가 아닌 것은?

① 이음 형상 ② 용접 결함
③ 하중 상태 ④ 용접기 종류

해설 용접이음에서 피로강도에 영향을 주는 것은 이음 형상, 용접 결함, 하중 상태, 잔류 응력 등이며, 용접기 종류는 아니다.

정답 30. ① 31. ③ 32. ② 33. ③ 34. ③ 35. ④

36. 맞대기용접이음에서 모재의 인장강도가 50N/mm^{2}이고, 용접 시험편의 인장강도가 25N/mm^{2}으로 나타났을 때 이음효율은?

① 40% ② 50% ③ 60% ④ 70%

해설 이음효율

$$= \frac{\text{용접 시험편의 인장강도}}{\text{모재의 인장강도}} \times 100$$

$$= \frac{25}{50} \times 100 = 50\%$$

37. 석회석이나 형석을 주성분으로 사용한 것으로 용착금속 중의 수소 함유량이 다른 용접봉에 비해 약 1/10 정도로 현저하게 적은 용접봉은?

① 저수소계
② 고산화타이타늄계
③ 일미나이트계
④ 철분산화타이타늄계

38. 접합하려는 두 모재를 겹쳐놓고 한쪽의 모재에 드릴이나 밀링머신으로 둥근 구멍을 뚫고 그 곳을 용접하는 이음은?

① 필릿용접 ② 플레어 용접
③ 플러그 용접 ④ 맞대기 홈 용접

해설 두 장의 판재에서 한쪽 판에 드릴이나 밀링머신으로 구멍이나 긴 홈을 가공하여 용접하는 것을 플러그 용접이라 하고, 긴 홈을 파낸 것은 슬롯용접이라 한다.

39. 용착법 중 단층 용착법이 아닌 것은?

① 스킵법 ② 전진법
③ 대칭법 ④ 빌드업법

해설 빌드업법은 다층용접 시에 사용한다. 그 외에도 덧살올림법, 점진 블록법 등이 있다.

40. 필릿용접의 이음 강도를 계산할 때 목 길이가 10mm라면 목두께는?

① 약 7mm ② 약 10mm
③ 약 12mm ④ 약 15mm

해설 필릿용접의 목두께(다리길이)는 높이×cos45° = 0.707×높이 = 0.707×10 = 7

제3과목 용접일반 및 안전관리

41. 일반적으로 가스용접에서 사용하는 가스의 종류와 용기의 색상이 옳게 짝지어진 것은?

① 산소 – 황색
② 수소 – 주황색
③ 탄산가스 – 녹색
④ 아세틸렌가스 – 백색

해설 가스의 종류별 용기 색상은 산소–녹색, 수소–주황색, 탄산가스–청색, 염소–갈색, 암모니아–백색, 아세틸렌가스–황색, 프로판가스–회색, 아르곤–회색 등이다.

42. AW 300의 교류 아크 용접기로 조정할 수 있는 2차 전류(A) 값의 범위는?

① 30~220A ② 40~330A
③ 60~330A ④ 120~480A

해설 피복아크 용접기에서 교류 아크 용접기에 정격 2차 전류값에 따른 2차 전류값의 범위는 20~110%로 60~330A이다.

43. 가스절단 작업에서 프로판가스와 아세틸렌가스를 사용하였을 경우를 비교한 사항으로 틀린 것은?

① 포갬 절단속도는 프로판가스를 사용하

정답 36. ② 37. ① 38. ③ 39. ④ 40. ① 41. ② 42. ③ 43. ④

였을 때가 빠르다.

② 슬래그 제거가 쉬운 것은 프로판가스를 사용하였을 경우이다.

③ 후판 절단 시 절단속도는 프로판가스를 사용하였을 때가 빠르다.

④ 점화가 쉽고 중성 불꽃을 만들기 쉬운 것은 프로판가스를 사용하였을 경우이다.

해설 점화가 쉽고 중성 불꽃을 만들기 쉬운 것은 아세틸렌가스이다.

44. 피복아크 용접봉의 고착제에 해당되는 것은?

① 석면 ② 망가니즈
③ 규소철 ④ 규산나트륨

해설 피복아크 용접봉의 피복제 중 고착제는 규산나트륨, 규산칼륨, 소맥분, 해초, 아교, 카세인, 젤라틴, 아라비아 고무, 당밀 등이다.

45. 피복아크용접 작업의 기초적인 용접 조건으로 가장 거리가 먼 것은?

① 오버랩 ② 용접속도
③ 아크길이 ④ 용접전류

해설 피복아크용접의 기초적인 용접 조건으로는 모재의 종류 및 크기, 용접기의 종류(직류 및 교류)와 용량, 아크길이, 용접속도, 용접전류와 용접봉 등이다.

46. MIG 용접법의 특징에 대한 설명으로 틀린 것은?

① 전자세 용접이 불가능하다.

② 용접속도가 빠르므로 모재의 변형이 적다.

③ 피복아크용접에 비해 빠른 속도로 용접할 수 있다.

④ 후판에 적합하고 각종 금속 용접에 다양하게 적용할 수 있다.

해설 MIG 용접법은 정전압과 아크 자기 제어 특성이 있으며, 전자세 용접이 가능하다.

47. 아크 빛으로 인해 눈에 급성염증 증상이 발생하였을 때 우선 조치해야 할 사항으로 옳은 것은?

① 온수로 씻은 후 작업한다.

② 소금물로 씻은 후 작업한다.

③ 냉습포를 눈 위에 얹고 안정을 취한다.

④ 심각한 사안이 아니므로 계속 작업한다.

해설 아크 빛으로 인해 급성염증 증상(전기성 안염)이 발생하면 우선 냉습포를 눈 위에 얹고 안정을 취한 뒤 병원을 방문하여 치료를 받는다.

48. 구리 및 구리합금의 가스용접용 용제에 사용되는 물질은?

① 붕사 ② 염화칼슘
③ 황산칼륨 ④ 중탄산소다

해설 가스용접에서 구리 및 구리합금을 용접할 때는 용제로 붕사 75%, 염화리튬 25%가 사용된다.

49. 피복아크용접에서 자기 불림(magnetic blow)의 방지책으로 틀린 것은?

① 교류 용접을 한다.

② 접지점을 2개로 연결한다.

③ 접지점을 용접부에 가깝게 한다.

④ 용접부가 긴 경우는 후퇴 용접법으로 한다.

해설 ①, ②, ④ 외에 접지점을 멀리하고 모재의 양쪽에 엔드 태브를 연결한다.

정답 44. ④ 45. ① 46. ① 47. ③ 48. ① 49. ③

50. 텅스텐 전극봉을 사용하는 용접은?

① TIG 용접
② MIG 용접
③ 피복아크용접
④ 산소-아세틸렌 용접

51. 용접 자동화에 대한 설명으로 틀린 것은?

① 생산성이 향상된다.
② 용접봉의 손실이 많아진다.
③ 외관이 균일하고 양호하다.
④ 용접부의 기계적 성질이 향상된다.

해설 용접 자동화는 제품의 품질 개선과 대량 생산에 목적이 있으며 균일하고 양호한 외관을 얻고, 생산성 향상, 용접부의 기계적 성질 향상, 용접봉의 절약이나 생산비 절감 등의 효과가 있다.

52. 티그(TIG) 용접시 보호가스로 쓰이는 아르곤과 헬륨의 특징을 비교할 때 틀린 것은?

① 헬륨은 용접입열이 많으므로 후판 용접에 적합하다.
② 헬륨은 열영향부(HAZ)가 아르곤보다 좁고 용입이 깊다.
③ 아르곤은 헬륨보다 가스 소모량이 적고 수동 용접에 많이 쓰인다.
④ 헬륨은 위보기 자세나 수직자세 용접에서 아르곤보다 효율이 떨어진다.

해설 헬륨은 불연성, 불활성가스로 수소 다음 가벼운 기체이므로, 위보기 자세나 수직자세에서 아르곤보다 효율이 높다.

53. 가스절단을 할 때 사용되는 예열가스 중 최고 불꽃온도가 가장 높은 것은?

① CH_4 ② C_2H_2 ③ H_2 ④ C_3H_8

해설 예열용 가스의 불꽃온도는 아세틸렌이 3430℃이고, 수소 2900℃, 프로판 2820℃, 메탄 2700℃, 일산화탄소 2820℃이다.

54. 이음부의 루트간격 치수에 특히 유의하여야 하며, 아크가 보이지 않는 상태에서 용접이 진행된다고 하여 잠호 용접이라고도 부르는 용접은?

① 피복아크용접
② 탄산가스 아크용접
③ 서브머지드 아크용접
④ 불활성가스 금속 아크용접

해설 용제 아래에서 아크가 발생되어 아크가 보이지 않아 잠호 용접(submerged arc welding) 혹은 서브머지드 아크용접이라고 한다.

55. 가스용접에 쓰이는 가연성 가스의 조건으로 옳은 것은?

① 발열량이 적어야 한다.
② 연소속도가 느려야 한다.
③ 불꽃의 온도가 낮아야 한다.
④ 용융금속과 화학반응을 일으키지 않아야 한다.

해설 가스용접에 사용되는 가연성 가스는 발열량이 크고 연소속도가 빨라야 하며, 불꽃온도가 모재의 용융온도보다 높고 용융금속과 화학반응을 일으키지 않아야 한다.

56. 탄소 전극과 모재의 사이에 아크를 발생시켜 고압의 공기로 용융금속을 불어내어 홈을 파는 방법은?

① 불꽃 가우징
② 기계적 가우징
③ 아크 에어 가우징

정답 50. ① 51. ② 52. ④ 53. ② 54. ③ 55. ④ 56. ③

④ 산소 · 수소 가우징

해설 아크 에어 가우징은 압축공기를 병용하여 전극 홀더의 구멍에서 탄소 전극봉에 나란히 분출하는 고속의 공기를 분출시켜 용융금속을 불어내어 홈을 파는 방법을 말한다.

57. 용접기의 전원 스위치를 넣기 전에 점검해야 할 사항으로 틀린 것은?

① 냉각팬의 회전부에는 윤활유를 주입해서는 안 된다.
② 용접기가 전원에 잘 접속되어 있는지 점검한다.
③ 용접기의 케이스에서 접지선이 이어져 있는지 점검한다.
④ 결선부의 나사가 풀어진 곳이나 케이블의 손상된 곳은 없는지 점검한다.

해설 ②, ③, ④ 외에 전기적 안전복장을 착용하고 냉각팬의 회전부에 윤활유를 주입한다. 정기적인 정비나 소리에 이상이 있을 때에는 전원 스위치를 내려놓고 "수리중"이라는 표시를 하여야 한다.

58. 가스용접에서 황동은 무슨 불꽃으로 용접하는 것이 가장 좋은가?

① 탄화 불꽃　② 산화 불꽃
③ 중성 불꽃　④ 약한 탄화 불꽃

59. 수소 가스 분위기에 있는 2개의 텅스텐 전극봉 사이에서 아크를 발생시키는 용접법은?

① 스터드 용접
② 레이저 용접
③ 전자빔 용접
④ 원자 수소 아크용접

해설 설명은 원자 수소 아크용접이다.

60. AW-240 용접기로 180 A를 이용하여 용접한다면, 허용 사용률은 약 몇 %인가? (단, 정격 사용률은 40%이다.)

① 51　② 61　③ 71　④ 81

해설 허용 사용률(%)

$$= \frac{(\text{정격 2차전류})^2}{(\text{실제 용접전류})^2} \times \text{정격 사용률}(\%)$$

$$= \frac{(240)^2}{(180)^2} \times 40\% = 71.12\%$$

정답 57. ① 58. ② 59. ④ 60. ③

2017년도 시행 문제

2017년 3월 5일 시행

용접산업기사

제1과목 용접야금 및 용접설비제도

1. 강의 내부에 모재 표면과 평행하게 층상으로 발생하는 균열로, 주로 T이음, 모서리 이음에서 볼 수 있는 것은?

① 토(toe) 균열
② 설퍼(sulfur) 균열
③ 크레이터(crater) 균열
④ 라멜라 테어(lamella tear) 균열

해설 라멜라 테어 균열은 황 화합물로 인해 발생한다. 제강 압연 중에 편석된 황 화합물은 필름 상태로 존재하는데, 이것이 응력을 받으면 층상으로 갈라져 균열을 유발시킨다. 이때 모재의 황 함유량도 중요하지만 황이 골고루 분포하지 않고 집중되었을 때 문제가 된다. 주로 모서리이음, T이음 등에서 볼 수 있으며 강의 내부에 모재 표면과 같이 평행하게 층상으로 발생되는 균열이다.

2. 다음 스테인리스강 중 용접성이 가장 우수한 것은?

① 페라이트 스테인리스강
② 펄라이트 스테인리스강
③ 마텐자이트계 스테인리스강
④ 오스테나이트계 스테인리스강

해설 스테인리스강에서 내식성, 내열성이 가장 좋으며 천이 온도가 낮고 성질이 강인한 오스테나이트계 스테인리스강은 마텐자이트계와 페라이트계보다 용접성이 우수하다.

3. 다음 중 전기전도율이 가장 높은 것은?

① Cr ② Zn ③ Cu ④ Mg

해설 금속재료에서 열전도율은 Ag>Cu>Pt>Al 등의 순서이고, 전기전도율은 Ag>Cu>Au>Mg>Zn>Ni>Fe>Pb>Sb의 순서이다.

4. 청열취성이 발생하는 온도는 약 몇 ℃인가?

① 250 ② 450
③ 650 ④ 850

해설 강의 청열취성은 200~300℃에서 질소가 원인이 되어 발생하며, 강도 및 경도는 최대이고, 연신율과 단면수축률은 최소를 나타낸다.

5. 다음 중 재질을 연화하고 내부응력을 줄이기 위해 실시하는 열처리 방법으로 가장 적합한 것은?

① 풀림 ② 담금질
③ 크로마이징 ④ 세라다이징

해설 풀림(annealing, 소둔): 강의 조직을 미세화하여 기계 가공을 쉽게 하기 위해 A_3-A_1 변태점보다 약 30~50℃ 높은 온도에서 장시간 가열하여 냉각시키는 열처리로 재질을 연화한다.

정답 1. ④ 2. ④ 3. ③ 4. ① 5. ①

6. **다음 중 황의 함유량이 많을 경우 발생하기 쉬운 취성은?**

① 적열취성 ② 청열취성
③ 저온취성 ④ 뜨임취성

해설 황은 강 중에 0.02% 정도만 존재해도 인장강도, 연신율, 충격치 등을 감소시키며, FeS은 융점(1193℃)이 낮고 고온에 약해 900~950℃에서 파괴되어 균열을 일으켜 고온취성(적열취성)의 원인이 된다.

7. **다음 중 일반적인 금속재료의 특징으로 틀린 것은?**

① 전성과 연성이 좋다.
② 열과 전기의 양도체이다.
③ 금속 고유의 광택을 갖는다.
④ 이온화하면 음(−) 이온이 된다.

해설 금속의 특징 〈①, ②, ③ 외〉
㉠ 상온에서 고체이며 결정구조를 형성한다(단, 수은 제외). ㉡ 용융점이 높고 대체로 비중이 크다(비중 5 이상을 중금속, 그 이하를 경금속으로 분류한다).

8. **용접균열 중 일반적인 고온균열의 특징으로 옳은 것은?**

① 저합금강의 비드균열, 루트균열 등이 있다.
② 대입열량의 용접보다 소입열량의 용접에서 발생하기 쉽다.
③ 고온균열은 응고 과정에서 발생하지 않고, 응고 후에 많이 발생한다.
④ 용접금속 내에서 종균열, 횡균열, 크레이터균열 형태로 많이 나타난다.

해설 크레이터 균열(crater crack): 용접비드가 끝나는 부위에 나타나는 고온균열로 고장력강이나 합금원소가 많은 강종에서 흔히 볼 수 있다. 용접방법에 따라 다소 차이는 있지만, 아크의 끊는 점을 중심으로 발생하며 용접금속의 수축력에 의해 별모양, 가로방향 및 세로방향의 형태로 균열이 나타나므로 아크를 끊을 때 반드시 아크길이를 짧게 하고 비드 높이와 충분히 같게 해준다.

9. **다음 중 용접 후 잔류응력을 제거하기 위한 열처리 방법으로 가장 적합한 것은?**

① 담금질 ② 노내풀림법
③ 실리코나이징 ④ 서브제로처리

해설 잔류응력을 제거하는 방법으로는 노내풀림법, 국부 풀림법, 저온응력 완화법, 기계적 응력 완화법, 피닝법 등이 있다.

10. **Fe−C 평행상태도에서 나타나는 불변반응이 아닌 것은?**

① 포석반응 ② 포정반응
③ 공석반응 ④ 공정반응

해설 평형상태도에서 나타나는 불변반응은 공정, 공석, 포정, 편정반응이며 포석반응은 없는 반응이다.

11. **복사한 도면을 접을 때 원칙적으로 어느 사이즈로 접어야 하는가?**

① A1 ② A2
③ A3 ④ A4

해설 A0는 약 $1m^2$의 넓이에 841×1189 크기의 전지이다. A1은 A0의 작은 수치를 큰 수치로 한다. 도면을 접을 때는 A4 크기로 표제란이 겉으로 나오게 한다.

A0	A1	A2	A3	A4	A5	A6
841 × 1189	594 × 841	420 × 594	297 × 420	210 × 297	148 × 210	105 × 148

12. 다음 선의 종류 중 특수한 가공을 하는 부분 등 특별한 요구사항을 적용할 수 있는 범위를 표시하는 데 사용하는 선은?

① 굵은 실선 ② 굵은 1점 쇄선
③ 가는 1점 쇄선 ④ 가는 2점 쇄선

해설 특수한 가공을 표시하는 선으로는 굵은 1점 쇄선을 사용한다.

13. 다음 용접기호 중 가장자리 용접에 해당되는 기호는?

① ⌒⌒ ② ═
③ ||| ④ (겹침 접합부 기호)

해설 ①은 표면용접, ②는 표면 접합부, ③은 가장자리 용접, ④는 겹침 접합부를 나타내는 기호이다.

14. 용접부 보조기호 중 영구적인 덮개판을 사용하는 기호는?

① (토를 매끄럽게 하는 기호) ② [M]
③ [MR] ④ ―

해설 ①은 토를 매끄럽게 함, ②는 영구적인 이면판재 사용, ③은 제거 가능한 이면판재 사용, ④는 평면(동일한 면으로 마감처리)을 표시하는 기호이다.

15. 다음 중 기계를 나타내는 KS 부분별 분류기호는?

① KS A ② KS B
③ KS C ④ KS D

해설 KS의 부분별 분류기호
A-기본, B-기계, C-전기, D-금속, E-광산, F-토건, G-일용품, H-식료품, K-섬유, L-요업, M-화학, P-의료, R-수송기계, V-조선, W-항공, X-정보산업 등

16. 사투상도에서 경사축의 각도로 가장 적합하지 않은 것은?

① 20° ② 30° ③ 45° ④ 60°

해설 사투상도는 물체의 주요 면을 투상면과 평행하게 놓고 투상면에 대하여 수직보다 다소 옆면에서 보고 물체를 입체적으로 나타낸 것으로, 입체의 정면을 정투상도의 정면도와 같이 표시하고 측면의 일정 각도(30, 45, 50°)만큼 기울기를 표시하는 것으로 배관도나 설명도 등에 많이 사용된다.

17. KS 용접기호 중 $Z \triangle n \times L(e)$에서 n이 의미하는 것은?

① 피치 ② 목 길이
③ 용접부 수 ④ 용접 길이

해설 용접기호는 단속필릿용접으로 Z는 번호, n은 용접부 수, L은 용접 길이, (e)는 인접한 용접부의 간격을 나타낸다.

18. 일부를 도시한 것으로 충분한 경우에는 그 필요 부분만을 표시하는 투상도는?

① 부분 투상도 ② 등각 투상도
③ 부분 확대도 ④ 회전 투상도

해설 투상도의 표시 방법으로는 주투상도(정면도), 보조 투상도, 부분 투상도, 국부 투상도, 회전 투상도, 부분 확대도 등이 있으며, 그중 부분 투상도는 그림의 일부를 도시하는 것으로 충분한 경우에는 필요한 부분만을 투상하여 도시하며 이 경우에는 생략한 부분과의 경계를 파단선으로 나타내고 명확한 경우에는 파단선을 생략해도 좋다.

19. 탄소강 단강품인 SF 340A에서 340이 의미하는 것은?

① 종별 번호 ② 탄소 함유량
③ 열처리 상황 ④ 최저 인장강도

정답 12. ② 13. ③ 14. ② 15. ② 16. ① 17. ③ 18. ① 19. ④

해설 재료의 표시에서 첫 번째 문자 S는 강(steel), 두 번째 F는 단조품(forging), 340은 최저 인장강도 또는 항복점을, A는 풀림상태(연질)를 표시한다.

20. 제3각법의 투상도 배치에서 정면도의 위쪽에는 어느 투상면이 배치되는가?

① 배면도 ② 저면도
③ 평면도 ④ 우측면도

해설 제3각법(1각법)은 정가운데에 정면도, 좌측에는 좌측면도(우측면도), 우측에는 우측면도(좌측면도)와 배면도 밑에는 저면도(평면도), 위쪽에는 평면도(저면도) 순으로 배열되어 있다.

제2과목 용접구조설계

21. 용접비용을 줄이기 위한 방법으로 틀린 것은?

① 용접지그를 활용한다.
② 대기시간을 길게 한다.
③ 재료의 효과적인 사용계획을 세운다.
④ 용접 이음부가 적은 경제적 설계를 한다.

해설 용접비용(경비)을 줄이기 위한 방법은 ①, ③, ④ 외에 ㉠ 적당한 용접봉을 선정하고 경제적인 사용법을 이용한다. ㉡ 고정구를 사용하여 일의 능률을 향상시킨다. ㉢ 용접사의 작업 능률을 향상시킨다. ㉣ 적당한 품질관리와 검사를 수행함으로써 재용접하는 낭비를 줄인다. ㉤ 적당한 용접 방법을 채용한다.

22. 용접부의 변형교정 방법으로 틀린 것은?

① 롤러에 의한 방법
② 형재에 대한 직선 수축법
③ 가열 후 해머링 하는 방법
④ 후판에 대하여 가열 후 공랭하는 방법

해설 변형 교정방법 〈①, ②, ③ 외〉
㉠ 박판에 대한 점 수축법
㉡ 두꺼운 판에 대하여 가열 후 압력을 가하고 수랭하는 법
㉢ 피닝법
㉣ 절단에 의하여 성형하고 재용접하는 방법 등

23. 레이저 용접장치의 기본형에 속하지 않는 것은?

① 반도체형 ② 에너지형
③ 가스 방전형 ④ 고체 금속형

해설 레이저의 종류는 광 증폭을 일으키는 활성매질에 따라 고체 레이저, 액체(색소) 레이저, 기체 레이저, 반도체 레이저 등으로 구분한다.

24. 용접 시험에서 금속학적 시험에 해당하지 않는 것은?

① 파면 시험 ② 피로 시험
③ 현미경 시험 ④ 매크로 조직시험

해설 용접시험에서 금속학적(야금학적) 시험은 ①, ③, ④ 외에 설퍼 프린트 시험 등의 종류가 있다.

25. 강판을 가스절단 할 때 절단열에 의하여 생기는 변형을 방지하기 위한 방법이 아닌 것은?

① 피절단재를 고정하는 방법
② 절단부에 역변형을 주는 방법
③ 절단 후 절단부를 수랭에 의하여 열을 제거하는 방법

정답 20. ③ 21. ② 22. ④ 23. ② 24. ② 25. ②

④ 여러 대의 절단 토치를 한꺼번에 평행 절단하는 방법

해설 가스 절단열에 의하여 수축 변형을 방지하기 위하여 ㉠ 억제법으로 절단모재를 고정하는 방법, ㉡ 절단 후 절단모재에 대하여 가열 후 압력을 가하고 수랭하여 열을 제거하는 방법, ㉢ 여러 대의 절단토치로 한꺼번에 평행 절단하여 열을 분산시켜 변형을 방지하는 방법 등이 있다.

26. 맞대기 용접부의 집합면에 홈(groove)을 만드는 가장 큰 이유는?

① 용접 변형을 줄이기 위하여
② 제품의 치수를 맞추기 위하여
③ 용접부의 완전한 용입을 위하여
④ 용접결함의 발생을 적게 하기 위하여

해설 용접 접합면의 홈가공은 용입을 충분하게 하여 강도를 높이려는 가공으로 용입이 허용하는 한 홈 각도는 작을수록 좋다.

27. 용접부의 결함 중 구조상의 결함에 속하지 않는 것은?

① 기공 ② 변형
③ 오버랩 ④ 융합 불량

해설 용접부의 결함 중에 구조상의 결함은 기공, 비금속 또는 슬래그 섞임, 융합 불량, 용입 불량, 언더컷, 오버랩, 균열, 표면결함 등이다.

28. 용접부 초음파 검사법의 종류에 해당되지 않는 것은?

① 투과법 ② 공진법
③ 펄스반사법 ④ 자기반사법

해설 초음파 탐상법의 종류는 투과법, 펄스반사법, 공진법 등이다.

29. 용접결함 중 기공의 발생 원인으로 틀린 것은?

① 용접 이음부가 서랭될 경우
② 아크분위기 속에 수소가 많을 경우
③ 아크분위기 속에 일산화탄소가 많을 경우
④ 이음부에 기름, 페인트 등 이물질이 있을 경우

해설 기공이 발생하는 원인은 ②, ③, ④ 외에 용접 이음부가 급랭될 경우와 과대전류를 사용할 때, 용접속도가 빠를 때 등이다.

30. 용접부 이음 강도에서 안전율을 구하는 식은?

① 안전율 $= \dfrac{\text{허용응력}}{\text{전단응력}}$

② 안전율 $= \dfrac{\text{인장강도}}{\text{허용응력}}$

③ 안전율 $= \dfrac{\text{전단응력}}{2 \times \text{허용응력}}$

④ 안전율 $= \dfrac{2 \times \text{인장강도}}{\text{허용응력}}$

해설 안전율 $= \dfrac{\text{허용응력}}{\text{사용응력}} = \dfrac{\text{인장강도}}{\text{허용응력}}$이 구하는 식이다.

31. 용접균열의 발생 원인이 아닌 것은?

① 수소에 의한 균열
② 탈산에 의한 균열
③ 변태에 의한 균열
④ 노치에 의한 균열

해설 용접부의 균열은 주로 용접금속이 응고할 때 작용하는 수축이나 구속응력뿐만 아니라 황, 수소, 비금속개재물의 편석, 응력(용접응력), 금속변태, 노치 등에 의해 생긴다.

정답 26. ③ 27. ② 28. ④ 29. ① 30. ② 31. ②

균열은 발생온도에 따라 고온균열과 저온균열로 구별되며, 발생장소, 방향 또는 형상에 따라서는 다음과 같이 분류한다.
㉠ 세로 균열(longitudinal crack): 용접비드에 평행하게 발생한 균열, ㉡ 가로 균열(transverse crack): 용접선 또는 가스 절단선과 직각방향으로 발생한 균열, ㉢ 루트 균열(root crack): 루트 노치에 의한 응력 집중부에서 발생한 균열, ㉣ 비드 밑 균열(underbead crack): 비드 아래쪽에 발생한 균열, ㉤ 크레이터 균열(crater crack): 용접비드의 크레이터 부분에 발생한 균열, ㉥ 지단 균열(toe crack): 용접부의 지단(모재의 면과 용접비드 표면이 만나는 점)에서 발생한 균열 등이 있다.

32. **다음 중 접합하려고 하는 부재 한쪽에 둥근 구멍을 뚫고 다른 쪽 부재와 겹쳐서 구멍을 완전히 용접하는 것은?**

① 가용접 ② 심용접
③ 플러그 용접 ④ 플레어 용접

해설 플러그 용접(plug welding)은 접합하는 모재 한쪽에 원형 또는 타원형의 구멍을 뚫고 판의 표면까지 가득 차게 용접하고 다른 쪽 모재와 접합하는 용접이다.

33. **용접 이음을 설계할 때 주의사항으로 틀린 것은?**

① 국부적인 열의 집중을 받게 한다.
② 용접선의 교차를 최대한으로 줄여야 한다.
③ 가능한 아래보기 자세로 작업을 많이 하도록 한다.
④ 용접작업에 지장을 주지 않도록 공간을 두어야 한다.

해설 ㉠ 안전하게 용접할 수 있는 구조로 아래보기 용접을 많이 하도록 한다.
㉡ 용접부에 대한 용접봉의 접근성도 작업의 쉽고 어려움에 영향을 주므로 용접작업에 지장을 주지 않는 간격을 확보한다.
㉢ 필릿용접은 가급적 피하고 맞대기용접을 하도록 한다.
㉣ 중립축에 대하여 모멘트 합이 "0"이 되도록 한다.
㉤ 용접물 중심과 대칭으로 용접하여 변형을 방지한다.
㉥ 동일 평면 내에 많은 이음이 있을 때는 수축이 가능한 자유단으로 보낸다.

34. **용접균열의 종류 중 맞대기용접, 필릿용접 등의 비드 표면과 모재의 경계부에 발생하는 균열은?**

① 토 균열 ② 설퍼 균열
③ 헤어 균열 ④ 크레이터 균열

해설 토 균열은 맞대기이음, 필릿용접이음 등에서 비드표면과 모재의 경계부에 발생하며 틈이 벌어져 있어 침투 탐상검사로 검출이 가능하다.

35. **용접시공 전에 준비해야 할 사항 중 틀린 것은?**

① 용접부의 녹 부분은 그대로 둔다.
② 예열, 후열의 필요성 여부를 검토한다.
③ 제작 도면을 확인하고 작업 내용을 검토한다.
④ 용접전류, 용접순서, 용접조건을 미리 정해 둔다.

해설 용접시공 전에 준비해야 할 사항은 ②, ③, ④ 외에 ㉠ 용접할 부위의 녹이나 페인트 등을 제거하고, ㉡ 모재에 적당한 용접기 및 용접봉, 용접법을 선택하는 것이다.

정답 32. ③ 33. ① 34. ① 35. ①

36. 그림과 같은 용접이음에서 굽힘응력을 σ_b라 하고, 굽힘 단면계수를 W_b라 할 때, 굽힘 모멘트 M_b를 구하는 식은?

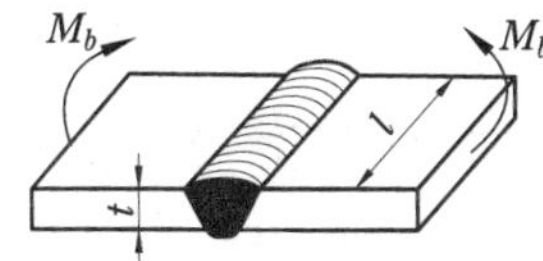

① $M_b = \dfrac{\sigma_b}{W_b}$ ② $M_b = \sigma_b \cdot W_b$

③ $M_b = \dfrac{\sigma_b \cdot W_b}{\varepsilon}$ ④ $M_b = \dfrac{\sigma_b \cdot W_b}{t}$

37. 가용접(tack welding)에 대한 설명으로 틀린 것은?

① 가용접에는 본용접보다도 지름이 약간 가는 용접봉을 사용한다.
② 가용접은 쉬운 용접이므로 기량이 좀 떨어지는 용접사에 의해 실시하는 것이 좋다.
③ 가용접은 본용접을 하기 전에 좌우의 홈 부분을 임시로 고정하기 위한 짧은 용접이다.
④ 가용접은 슬래그 섞임, 기공 등의 결함을 수반하기 때문에 이음의 끝 부분, 모서리 부분을 피하는 것이 좋다.

해설 용접 결과에 직접적인 영향을 주는 가용접은 본용접을 하는 용접사와 비등한 기량을 가진 용접사가 실시하는 것이 좋다.

38. 용접시공 시 엔드 태브(end tab)를 붙여 용접하는 가장 주된 이유는?

① 언더컷의 방지
② 용접변형 방지
③ 용접 목두께의 증가
④ 용접 시작점과 종점의 용접결함 방지

해설 엔드 태브란 용접결함이 많이 발생하는 용접부의 시작점과 끝점에 부착하는 강판이다.

39. 두께가 5 mm인 강판을 가지고 다음 그림과 같이 완전 용입의 맞대기용접을 하려고 한다. 이때 최대 인장하중을 50000 N 작용시키려면 용접길이는 얼마인가? (단, 용접부의 허용 인장응력은 100 MPa이다.)

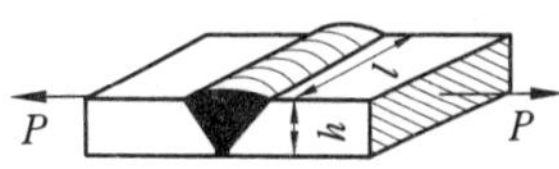

① 50 mm ② 100 mm
③ 150 mm ④ 200 mm

해설 허용응력 $= \dfrac{\text{인장하중(최대 하중)}}{\text{단면적}}$

$$100 = \frac{50000}{5 \times L} = \frac{50000}{100 \times 5} = 100$$

40. 용접전류가 120 A, 용접전압이 12 V, 용접속도가 분당 18 cm/min일 경우에 용접부의 입열량은 몇 Joule/cm인가?

① 3500 ② 4000
③ 4800 ④ 5100

해설 용접입열 $= \dfrac{60\text{초} \times \text{아크전압} \times \text{아크전류}}{\text{용접속도(분)}}$

$$= \frac{60 \times 12 \times 120}{18} = \frac{86400}{18} = 4800$$

제3과목 용접일반 및 안전관리

41. 연강판 가스절단 시 가장 적합한 예열 온도는 약 몇 ℃인가?

① 100～200 ② 300～400
③ 400～500 ④ 800～900

정답 36. ② 37. ② 38. ④ 39. ② 40. ③ 41. ④

해설 강의 가스절단은 절단 부분을 예열하여 약 850~900℃에 도달했을 때 고온의 철이 산소 중에서 쉽게 연소하는 화학반응에 의해 팁의 중심으로부터 고압산소를 불어내면 철이 연소되면서 저용융점 산화철을 이용하여 산소기류로 빠져나가 약 2~4mm의 홈이 패이면서 절단이 이루어진다. 다만 주철, 10% 이상의 크로뮴(Cr)을 함유한 스테인리스강이나 비철금속은 절단하기 어렵다.

42. 다음 중 피복아크 용접기의 설치장소로 가장 부적합한 곳은?

① 진동이나 충격이 없는 장소
② 주위 온도가 −10℃ 이하인 장소
③ 유해한 부식성 가스가 없는 장소
④ 폭발성 가스가 존재하지 않는 장소

해설 용접기의 설치 시 피해야 할 장소
㉠ 먼지가 매우 많은 곳, ㉡ 수증기 또는 습도가 높은 곳, ㉢ 옥외의 비바람이 치는 곳, ㉣ 진동 및 충격을 받는 곳, ㉤ 휘발성 기름이나 가스가 있는 곳, ㉥ 유해한 부식성 가스가 존재하는 곳, ㉦ 폭발성 가스가 존재하는 곳, ㉧ 주위 온도가 −10℃ 이하인 곳 등이다.

43. 다음 중 압접에 속하지 않는 것은?

① 마찰 용접 ② 저항 용접
③ 가스 용접 ④ 초음파 용접

해설 압접에는 ①, ②, ④ 외에 가스압접, 냉간압접, 단접 등이 있다.

44. 아크 용접기로 정격 2차전류를 사용하여 4분간 아크를 발생시키고 6분을 쉬었다면 용접기의 사용률은?

① 20% ② 30% ③ 40% ④ 60%

해설 $\text{사용률}(\%) = \frac{\text{아크 발생시간}}{\text{아크 발생시간}+\text{휴식시간}} \times 100$

$\frac{\text{아크 발생시간}}{\text{전체 작업시간}} \times 100 = \frac{4}{10} \times 100 = 40$

45. 용접에 사용되는 산소를 산소용기에 충전시키는 경우 가장 적당한 온도와 압력은?

① 35℃, 15MPa ② 35℃, 30MPa
③ 45℃, 15MPa ④ 45℃, 18MPa

해설 산소용기는 가스 충전온도[35℃ 150 kg/mm²(15MPa)]보다 낮아야 하므로 항상 40℃ 이하로 유지하여야 한다.

46. 직류역극성(reverse polarity)을 이용한 용접에 대한 설명으로 옳은 것은?

① 모재의 용입이 깊다.
② 용접봉의 용융속도가 느려진다.
③ 용접봉을 음극(−), 모재를 양극(+)에 설치한다.
④ 얇은 판의 용접에서 용락을 피하기 위하여 사용한다.

해설 직류역극성(DCRP)은 용접봉이 양극(+), 모재가 음극(−)으로 연결되어 열량은 용접봉이 70%, 모재가 30%로 용입이 얕고 비드폭이 넓다.

47. 산소 및 아세틸렌 용기의 취급시 주의사항으로 틀린 것은?

① 용기의 가연성 물질과 함께 뉘어서 보관할 것
② 통풍이 잘 되고 직사광선이 없는 곳에 보관할 것
③ 산소 용기의 운반시 밸브를 닫고 캡을 씌워서 이동할 것

정답 42. ② 43. ③ 44. ③ 45. ① 46. ④ 47. ①

④ 용기의 운반시 가능한 운반기구를 이용하고, 넘어지지 않게 주의할 것

해설 가스용기의 취급방법

㉠ 충격을 주지 말고 뉘어 두어서는 안 된다.

㉡ 고압가스는 가연성 물질이 닿으면 쉽게 발화하므로 밸브에 그리스나 기름기를 묻혀서는 안 된다.

㉢ 안전캡으로 병 전체를 들려고 하지 말아야 한다.

㉣ 산소병을 직사광선에 노출시키지 않고 화기로부터 5m 이상 떨어져 저장한다.

㉤ 항상 40℃ 이하로 유지하고 용기내 압력(170 kg/cm^2)이 너무 상승되지 않도록 한다.

㉥ 밸브의 개폐는 조심해서 하고 누설검사에는 비눗물을 사용한다.

48. 일반적인 용접의 특징으로 틀린 것은?

① 작업 공정이 단축되며 경제적이다.

② 재질 변형이 없으며 이음효율이 낮다.

③ 제품의 성능과 수명이 향상되며 이종 재료도 접합할 수 있다.

④ 소음이 적어 실내에서의 작업이 가능하며 복잡한 구조물 제작이 쉽다.

해설 용접의 특징(장단점)

• 장점

㉠ 재료가 절약되고 중량이 가벼워진다.

㉡ 작업 공정이 단축되며 경제적이다.

㉢ 재료 두께에 제한이 없다.

㉣ 기밀, 수밀, 유밀성이 우수하며 이음효율이 높다.

㉤ 제품의 성능과 수명이 향상되며 이종 재료도 접합할 수 있다.

㉥ 용접준비 및 작업이 비교적 간단하고 용접의 자동화가 용이하다.

㉦ 소음이 적어 실내에서의 작업이 가능하다.

㉧ 복잡한 구조물 제작이 쉬우며 보수와 수리가 용이하다.

• 단점

㉠ 재질의 변형 및 잔류응력이 발생하며 저온취성이 생길 우려가 있다.

㉡ 품질검사가 어렵고 변형과 수축이 생긴다.

㉢ 용접사의 기량에 따라 용접부의 품질이 좌우된다.

49. 강재 표면의 홈이나 개재물, 탈탄층 등을 제거하기 위하여 얇게 타원형 모양으로 표면을 깎아내는 가공법은?

① 스카핑 ② 피닝법

③ 가스 가우징 ④ 겹치기 절단

해설 스카핑(scarfing)은 각종 강재의 표면에 균열, 주름, 탈탄층 또는 흠을 불꽃 가공에 의해 제작하는 방법으로 토치는 가우징보다 능력이 우수하며, 팁은 저속 다이버젠트형으로 수동형에는 대부분 원형이 사용되고, 자동형에는 사각이나 사각에 가까운 모양이 사용된다.

50. 피복아크용접에서 피복제의 역할로 틀린 것은?

① 용착 효율을 높인다.

② 전기절연 작용을 한다.

③ 스패터 발생을 적게 한다.

④ 용착금속의 냉각속도를 빠르게 한다.

해설 피복아크용접에서 피복제 역할〈①, ②, ③ 외〉

㉠ 아크를 안정시킨다.

㉡ 중성 또는 환원성 분위기로 공기에 의한 산화, 질화 등의 해를 방지하여 용착금속을 보호한다.

㉢ 용착금속의 탈산, 정련 작용을 한다.

㉣ 필요 원소를 용착금속에 첨가시킨다.

정답 48. ② 49. ① 50. ④

㉤ 용융점이 낮은 적당한 점성의 가벼운 슬래그를 만들고, 용착금속의 급랭을 막아 조직을 좋게 한다.
㉥ 수직자세나 위보기 자세와 같은 어려운 자세를 쉽게 해준다.

51. 다음 중 열전도율이 가장 높은 것은?

① 구리 ② 아연
③ 알루미늄 ④ 마그네슘

해설 금속재료에서 열전도율은 Ag>Cu>Pt>Al 등의 순서로 좋다.

52. 레일의 접합, 차축, 선박의 프레임 등 비교적 큰 단면을 가진 주조나 단조품의 맞대기용접과 보수용접에 사용되는 용접은?

① 가스용접 ② 전자빔 용접
③ 테르밋 용접 ④ 플라스마 용접

해설 테르밋 용접은 산화철 분말과 미세한 알루미늄 분말을 약 3~4:1의 중량비로 혼합한 테르밋제에 점화제(과산화바륨, 마그네슘 등의 분말)를 혼합하여 점화시켜 테르밋 반응이라는 화학반응을 이용한 용접법이다. 약 2800℃에 달하는 온도로 기차의 레일, 차축 등의 용접에 주로 사용된다.

53. 불활성가스 텅스텐 아크용접을 할 때 주로 사용하는 가스는?

① H_2 ② Ar ③ CO_2 ④ C_2H_2

해설 불활성가스 텅스텐 아크용접에 이용되는 불활성가스는 아르곤(Ar)과 헬륨(He)이다.

54. 용접 자동화에서 자동제어의 특징으로 틀린 것은?

① 위험한 사고의 방지가 불가능하다.
② 인간에게는 불가능한 고속작업이 가능하다.
③ 제품의 품질이 균일화되어 불량품이 감소한다.
④ 적정한 작업을 유지할 수 있어서 원자재, 원료 등이 절약된다.

해설 용접을 자동화하면 생산성 증대, 품질 향상, 원가절감 등의 효과가 있으며, 수동 용접법과 달리 용접와이어가 릴에서 연속적으로 송급되어 용접봉의 손실을 막아 아크길이, 속도 및 여러 용접조건에 따른 공정 수를 줄일 수 있다.

55. 불활성가스 금속 아크용접에서 이용하는 와이어 송급방식이 아닌 것은?

① 풀 방식 ② 푸시 방시
③ 푸시-풀 방식 ④ 더블-풀 방식

해설 MIG용접이나 MAG용접 등에서 용접와이어 송급방식은 풀, 푸시, 푸시-풀식의 3가지가 주로 사용되고 있다.

56. 서브머지드 아크용접(SAW)의 특징에 대한 설명으로 틀린 것은?

① 용융속도 및 용착속도가 빠르며 용입이 깊다.
② 특수한 지그를 사용하지 않는 한 아래보기 자세에 한정된다.
③ 용접선이 짧거나 불규칙한 경우 수동 용접에 비하여 능률적이다.
④ 불가시 용접으로 용접 도중 용접상태를 육안으로 확인할 수가 없다.

해설 서브머지드 용접법(SAW: submerged arc welding)의 특징 〈①, ②, ④ 외〉
• 장점
㉠ 용접이 대기와 차단되어 진행되므로 대기 중의 산소와 질소 등에 의한 영향을

정답 51. ① 52. ③ 53. ② 54. ① 55. ④ 56. ③

적게 받는다.

㉡ 용제의 보호(shield) 작용에 의해 열에너지의 발산을 방지하여 용입이 깊고 용접 능률이 매우 높다.

㉢ 대전류(약 200~4,000 A)를 사용하여 용접의 비약적인 고능률화를 도모한다.

㉣ 용접금속의 품질이 양호하다.

㉤ 용접홈의 크기가 작아도 작업이 가능하므로 용접재료의 소비가 적어 경제적이고, 용접변형도 적다.

㉥ 용접조건을 일정하게 유지하면 용접공의 숙련도에 의한 용접품질의 차이가 없고, 강도가 좋아서 이음의 신뢰도가 높다.

• 단점

㉠ 일반적으로 용입이 깊으므로 요구되는 용접홈 가공의 정도가 심하다[루트 간격이 0.3mm를 초과하여 넓을 때는 용락(burn through, metal dawn)의 위험성이 있다].

㉡ 용입이 깊어 모재의 재질을 신중하게 선택해야 한다.

㉢ 용접선의 길이가 짧거나 복잡한 곡선에는 비능률적이다.

㉣ 용제가 습기를 쉽게 흡수하여 건조나 취급이 매우 어렵다.

㉤ 시설비가 비싸다.

57. 다음 연료가스 총 발열량(kcal/m^2)이 가장 많은 것은?

① 수소 ② 메탄
③ 프로판 ④ 아세틸렌

해설 실제 발열량은 ①은 2,446.4 kcal/m^2, ②는 8,132.8 kcal/m^2, ③은 20,550.1 kcal/m^2, ④는 12,753.7 kcal/m^{2}이다.

58. 직류 용접기와 비교한 교류 용접기의 특징으로 틀린 것은?

① 무부하 전압이 높다.
② 자기쏠림이 거의 없다.
③ 아크의 안정성이 우수하다.
④ 직류보다 감전의 위험이 크다

해설 직류 용접기는 교류 용접기와 달리 위상파가 없이 직진이다. 무부하 전압도 교류가 70~90V인 데 반해 직류는 40~60V로 낮아 전격 위험이 적으며 아크 안정이 우수하다. 단점은 기계구조가 복잡하고 가격이 고가이며 교류보다 고장이 잦다는 것이다.

59. 가스용접에서 판두께를 t[mm]라고 하면 용접봉의 지름 D[mm]를 구하는 식으로 옳은 것은? (단, 모재의 두께는 1mm 이상인 경우이다.)

① $D = t+1$ ② $D = \frac{t}{2}+1$
③ $D = \frac{t}{3}+1$ ④ $D = \frac{t}{4}+1$

해설 가스용접봉 지름은 모재 두께의 반에 1을 더한 값으로 $D = \frac{t}{2}+1$

60. 용접시 필요한 안전 보호구가 아닌 것은?

① 안전화 ② 용접 장갑
③ 핸드 실드 ④ 핸드 그라인더

해설 핸드 그라인더(portable electric grinder)는 안전 보호구가 아닌 공구이다.

정답 57. ③ 58. ③ 59. ② 60. ④

2017년 5월 7일 시행

용접산업기사

제1과목 용접야금 및 용접설비제도

1. 탄소강에서 탄소의 함유량이 증가할 경우에 나타나는 현상은?

① 경도 증가, 연성 감소
② 경도 감소, 연성 감소
③ 경도 증가, 연성 증가
④ 경도 감소, 연성 증가

해설 탄소량이 증가하면 경도 및 강도는 증가하고, 인성(연성 및 전성 포함), 충격값, 냉간가공성은 감소한다.

2. 담금질 시 재료의 두께에 따라 내·외부의 냉각속도 차이로 인하여 경화되는 깊이가 달라져 경도차이가 발생하는 현상을 무엇이라고 하는가?

① 시효경화 ② 질량효과
③ 노치효과 ④ 담금질 효과

해설 담금질할 때 동일 재질의 재료라도 두께에 따라 달라지는 냉각속도로 인해 내부와 외부의 경도차이가 생기게 되는데 이를 담금질의 질량효과(mass effect)라고 한다. 보통 질량효과가 큰 재료는 지름이 클수록 내부의 담금질 정도가 작고, 질량효과가 작은 강은 냉각속도를 느리게 해도 담금질이 잘 되어 변형과 균열이 적다.

3. 다음 중 펄라이트의 조성으로 옳은 것은?

① 페라이트 + 소르바이트
② 페라이트 + 시멘타이트
③ 시멘타이트 + 오스테나이트
④ 오스테나이트 + 트루스타이트

해설 펄라이트는 페라이트와 시멘타이트의 혼합물로 구성된다.

4. 다음 중 금속조직에 따라 스테인리스강을 3종류로 분류하였을 때 옳은 것은?

① 마텐자이트계, 페라이트계, 펄라이트계
② 페라이트계, 오스테나이트계, 펄라이트계
③ 마텐자이트계, 페라이트계, 오스테나이트계
④ 페라이트계, 오스테나이트계, 시멘타이트계

해설 스테인리스강은 마텐자이트계(Cr계), 페라이트계(Cr계), 오스테나이트계(Cr-Ni계)의 세 종류로 나뉜다.

5. 용접작업에서 예열을 실시하는 목적으로 틀린 것은?

① 열영향부와 용착금속의 경화를 촉진하고 연성을 감소시킨다.
② 수소의 방출을 용이하게 하여 저온균열을 방지한다.
③ 용접부의 기계적 성질을 향상시키고 경화조직의 석출을 방지한다.
④ 온도 분포가 완만하게 되어 열응력의 감소로 변형과 잔류응력의 발생을 적게 한다.

해설 용접 전에 예열을 실시하면 용접부의 온도분포나 최고 온도가 변하여 냉각속도가 느려지기는 하지만 비교적 저온에서 큰 영향을 준다. 용접 열영향부는 경화하여 비드밑 균열이 발생하기 쉬우나 용접 전에 적당한 온도로 예열하면 용접부의 냉각속도

정답 1. ① 2. ② 3. ② 4. ③ 5. ①

를 늦추어 잔류응력, 용접변형, 균열을 방지할 수 있다.

6. **강의 조직을 개선 또는 연화시키기 위해 가장 흔히 쓰이는 방법이며, 주조 조직이나 고온에서 조대화된 입자를 미세화하기 위해 Ac_3 또는 Ac_1 이상 20~50℃로 가열 후 노랭시키는 풀림 방법은?**

① 연화 풀림 ② 완전 풀림
③ 항온 풀림 ④ 구상화 풀림

해설 풀림(annealing, 소둔): 강의 조직을 미세화하고 기계가공을 쉽게 하기 위하여 A_3–A_1변태점보다 약 20~50℃ 높은 온도에서 장시간 가열 후 노에서 냉각시키는 열처리로 재질을 연화시키는 것을 완전 풀림이라 한다.

7. **일반적인 고장력강 용접시 주의해야 할 사항으로 틀린 것은?**

① 용접봉은 저수소계를 사용한다.
② 위빙 폭을 크게 하지 말아야 한다.
③ 아크길이는 최대한 길게 유지한다.
④ 용접 전 이음부 내부를 청소한다.

해설 고장력강은 일반구조용 압연강재보다 높은 항복점 및 인장강도를 갖고 있어서 연강에 비해 Si, Mn의 함유량이 많고 Ni, Cr, Mo 등의 원소도 첨가되어 이들이 용접 열영향부를 경화하고 연성을 감소시키므로 모재의 예열(80~150℃)이나 용접봉의 아크길이는 짧게 하여야 한다.

8. **다음 중 용접성이 가장 좋은 것은?**

① 1.2%C강
② 0.8%C강
③ 0.5%C강
④ 0.2%C 이하의 강

해설 탄소강의 용접에서 탄소 함유량이 0.3% 이하일 때는 용접성이 비교적 양호하여 용접법의 적용에 제한이 없으며 판두께 25mm 이내는 예열도 필요 없다. 탄소가 0.3~0.5%인 중탄소강에서는 저온균열이 발생할 위험성이 크기 때문에 100~200℃로 예열이 필요하고 후열 처리도 고려해야 하며, 0.5% 이상인 고탄소강에서는 용접부의 경화가 뚜렷하여 용접균열이 발생할 위험성이 매우 높기 때문에 용접하기가 어렵다. 일반적으로 탄소량이 증가할수록 용융점이 낮아 용접성이 나쁘다.

9. **담금질한 강을 실온까지 냉각한 다음, 다시 계속하여 실온 이하의 마텐자이트 변태 종료 온도까지 냉각하여 잔류 오스테나이트를 마텐자이트로 변화시키는 열처리는?**

① 심랭처리
② 하드 페이싱
③ 금속 용사법
④ 연속 냉각 변태 처리

해설 심랭처리(sub-zero treatment): 담금질된 강 중의 잔류 오스테나이트를 마텐자이트로 변태시키기 위하여 0℃ 이하의 온도에서 냉각하는 처리방법으로 담금질 직후 −80℃ 이내에서 실시하는 것이 좋다.

10. **다음 중 건축 구조용 탄소 강관의 KS 기호는?**

① SPS 6 ② SGT 275
③ SRT 275 ④ SNT 275A

해설 S는 강, N은 철과 강, T는 철과 비철관을 뜻한다. 건축 구주용 탄소강관은 SNT이고 둘째자리 P는 비철금속 판재, G는 고압가스 용기(게이지 용재) 등을 말한다.

정답 6. ② 7. ③ 8. ④ 9. ① 10. ④

11. 다음 선의 용도 중 가는 실선을 사용하지 않는 것은?

① 지시선 ② 치수선
③ 숨은선 ④ 회전단면선

해설 가는 실선은 지시선, 치수선, 회전단면선, 치수보조선, 중심선, 수준면선에 이용되고 숨은선은 가는 파선 또는 굵은 파선을 이용한다.

12. 용접부 표면의 형상과 기호가 올바르게 연결된 것은?

① 토를 매끄럽게 함: ⟂
② 동일 평면으로 다듬질: ⊬
③ 영구적인 덮개판을 사용: ◡
④ 제거 가능한 이면 판재 사용: ⊬

해설

용접기호	명칭
⊬	넓은 루트면이 있는 한 면 개선형 맞대기용접
◡	오목형
⊬	일면 개선형 맞대기용접
ᘓ	겹침 접합부

13. 다음 중 치수기입의 원칙으로 틀린 것은?

① 치수는 중복 기입을 피한다.
② 치수는 되도록 주투상도에 집중시킨다.
③ 치수는 계산하여 구할 필요가 없도록 기입한다.
④ 관련되는 치수는 되도록 분산시켜서 기입한다.

해설 도면에서 관련되는 치수는 되도록 한곳에 모아서 기입한다.

14. 다음 용접의 명칭과 기호가 맞지 않는 것은?

① 심용접: ⊖
② 이면 용접: ◠
③ 겹침 접합부: \/
④ 가장자리 용접: |||

해설 \/ : 개선각이 급격한 V형 맞대기용접

15. 다음 중 SM 45C의 명칭으로 옳은 것은?

① 기계 구조용 탄소강재
② 일반 구조용 각형 강관
③ 저온 배관용 탄소 강관
④ 용접용 스테인리스강 선재

해설 S는 강, SM은 기계구조용 강, 45C는 탄소 함유량 0.45%를 나타낸다.

16. 치수기입의 방법을 설명한 것으로 틀린 것은?

① 구의 반지름 치수를 기입할 때는 구의 반지름 기호인 $S\phi$를 붙인다.
② 정사각형 변의 크기 치수기입 시 치수 앞에 정사각형 기호 □를 붙인다.
③ 판재의 두께 치수기입 시 치수 앞에 두께를 나타내는 기호 t를 붙인다.
④ 물체의 모양이 원형으로서 그 반지름 치수를 표시할 때는 치수 앞에 R을 붙인다.

해설 도면의 치수기입 방법

기호	구분	비고
ϕ	원의 지름	구분이 명확한 경우 생략할 수 있다.
□	정사각형	생략할 수 있다.
R	원의 반지름	반지름 치수선을 원호의 중심까지 그을 때는 생략한다.

정답 11. ③ 12. ① 13. ④ 14. ③ 15. ① 16. ①

구	구면	∅, R의 기호 앞에 사용한다.
C	모따기	45° 모따기에만 사용한다.
P	피치	치수숫자 앞에 표시한다.
t	판 두께	치수숫자 앞에 표시한다.
⊠	평면	도면 안에 대각선으로 표시한다.

17. 다음 중 각기둥이나 원기둥을 전개할 때 사용하는 전개도법으로 가장 적합한 것은?

① 사진 전개도법 ② 평행선 전개도법
③ 삼각형 전개도법 ④ 방사선 전개도법

해설 원기둥, 각기둥 등과 같이 중심축과 나란한 직선을 물체 표면에 그을 수 있는 물체(평행체)의 판뜨기 전개도를 그릴 때는 평행선 전개도법이 주로 사용된다.

18. 다음 중 가는 1점 쇄선의 용도가 아닌 것은?

① 중심선 ② 외형선
③ 기준선 ④ 피치선

해설 외형선에는 굵은 실선이 이용된다.

19. 다음 중 스케치 방법이 아닌 것은?

① 프린트법 ② 투상도법
③ 본뜨기법 ④ 프리핸드법

해설 스케치 방법은 ㉠ 프리핸드법(손으로 직접 그리는 방법), ㉡ 프린트법(부품 표면에 광명단이나 기름을 칠한 후 종이를 대고 눌러서 실제 모양을 뜨는 방법), ㉢ 모양뜨기 또는 본뜨기(불규칙한 곡선을 가진 물체를 직접 종이에 대고 연필로 그리거나 납선, 구리선 등을 부품의 윤곽 곡선과 같이 만들어 종이에 옮기는 방법), ㉣ 사진 촬영법(복잡한 기계조립 상태나 부품을 사진기로 여러 각도에서 직접 찍어서 도면을 그리는 방법)이 있다.

20. KS의 부문별 기호 연결이 잘못된 것은?

① KS A－기본 ② KS B－기계
③ KS C－전기 ④ KS D－건설

해설 KS의 부문별 분류기호: A(기본), B(기계), C(전기), D(금속), E(광산), F(토건), G(일용품), H(식료품), K(섬유)

제2과목 용접구조설계

21. 다음 중 용접균열 시험법은?

① 킨젤 시험 ② 코머렐 시험
③ 슈나트 시험 ④ 리하이 구속 시험

해설 용접균열 시험법
㉠ 리하이형 구속 균열시험(lehigh type cracking test): 맞대기용접 균열시험법, 용접봉 시험에 이용되는 저온균열 시험법
㉡ 피스코 균열시험: 스위스 슈나트에서 시작된 고온균열로 맞대기 구속균열시험법
㉢ CTS 균열시험(영국의 코트렐): 겹치기 이음의 비드밑 균열시험(열적구속도 균열시험)
㉣ 바텔 비드밑 균열시험 등이다. 킨젤 시험은 용접비드의 노치 굽힘시험, 코머렐 시험은 용접비드의 굽힘시험이다.

22. 중판 이상의 용접을 위한 홈 설계 요령으로 틀린 것은?

① 루트 반지름은 가능한 한 크게 한다.
② 홈의 단면적을 가능한 한 작게 한다.
③ 적당한 루트면과 루트간격을 만들어 준다.

정답 17. ② 18. ② 19. ② 20. ④ 21. ④ 22. ④

④ 전후좌우 5° 이하로 용접봉을 운봉할 수 없는 홈각도를 만든다.

해설 용접홈을 설계할 때 홈각도는 용접봉을 전후좌우로 최소 10° 정도 움직일 수 있게 만든다.

23. 용착부의 인장응력이 5kgf/mm^2, 용접선 유효길이가 80mm이며, V형 맞대기로 완전 용입인 경우 하중 8000kgf에 대한 판두께는 몇 mm인가? (단, 하중은 용접선과 직각 방향이다.)

① 10 ② 20 ③ 30 ④ 40

해설 허용 인장응력 $= \dfrac{\text{인장하중}}{(\text{두께} \times \text{길이})}$

$$\therefore \text{두께} = \frac{\text{인장하중}}{\text{허용 인장응력} \times \text{길이}} = \frac{8000}{5 \times 80} = 20$$

24. 일반적인 용접의 장점으로 틀린 것은?

① 수밀, 기밀이 우수한다.
② 이종재료 접합이 가능하다.
③ 재료가 절약되고 무게가 가벼워진다.
④ 자동화가 가능하며 제작 공정수가 많아진다.

해설 용접의 장점 〈①, ②, ③ 외〉
㉠ 작업공정이 단축되어 경제적이다.
㉡ 재료 두께에 제한이 없다.
㉢ 이음효율이 향상된다.
㉣ 용접의 자동화가 용이하다.
㉤ 보수 및 수리가 용이하다.
㉥ 형상의 자유화를 추구할 수 있다.

25. 용접 전 길이를 적당한 구간으로 구분한 후 각 구간을 한 칸씩 건너뛰어서 용접한 후 다시금 비어 있는 곳을 차례로 용접하는 방법으로 잔류응력이 가장 적은 용착법은?

① 후퇴법 ② 대칭법
③ 비석법 ④ 교호법

해설 비석법은 스킵법(skip method)이라고도 하며 용접비드를 간격을 두고 띄엄띄엄 놓는 방법으로, 잔류응력을 줄일 수 있어 용접선이 긴 경우에 적당한 이용법이다.

26. 다음 중 용접부 예열의 목적으로 틀린 것은?

① 용접부의 기계적 성질을 향상시킨다.
② 열응력의 감소로 잔류응력의 발생이 적다.
③ 열영향부와 용착금속의 경화를 방지한다.
④ 수소의 방출이 어렵고 경도가 높아져 인성이 저하한다.

해설 예열을 적당히 실시하여 냉각속도를 늦추면 용접부의 급랭으로 인한 여러 가지 결함을 방지할 뿐만 아니라 수축변형을 감소시키고 작업성도 개선된다. 또한 수소의 확산을 촉진한다.

27. V형 맞대기용접에서 판두께가 10mm, 용접선의 유효길이가 200mm일 때 5N/mm^{2}의 인장응력이 발생한다면 이때 작용하는 인장하중은 몇 N인가?

① 3000 ② 5000
③ 10000 ④ 12000

해설 허용 인장응력 $= \dfrac{\text{인장하중}}{(\text{두께} \times \text{길이})}$

∴ 인장하중 = 허용 인장응력 × 판두께 × 유효길이 = 5 × 10 × 200 = 10,000 N

정답 23. ② 24. ④ 25. ③ 26. ④ 27. ③

28. 용접작업 시 용접지그를 사용했을 때 얻는 효과로 틀린 것은?

① 용접변형을 증가시킨다.
② 작업능률을 향상시킨다.
③ 용접작업을 용이하게 한다.
④ 제품의 마무리 정도를 향상시킨다.

해설 용접지그의 사용 효과
㉠ 아래보기 자세로 용접할 수 있다.
㉡ 용접조립의 단순화 및 자동화가 가능하다.
㉢ 작업을 용이하게 하고 용접 능률과 신뢰성을 높인다.
㉣ 변형을 억제하여 제품의 정밀도가 향상된다.

29. 강자성체인 철강 등의 표면결함 검사에 사용되는 비파괴 검사 방법은?

① 누설 비파괴 검사
② 자기 비파괴 검사
③ 초음파 비파괴 검사
④ 방사선 비파괴 검사

해설 자기검사(MT)는 자성이 있는 물체만을 검사할 수 있으며 비자성체는 검사가 불가능하다.

30. 다음 용착법 중 각 층마다 전체 길이를 용접하며 쌓는 방법은?

① 전진법 ② 후진법
③ 스킵법 ④ 빌드업법

해설 덧살올림법(build-up method)은 각 층의 전체 길이를 용접하면서 쌓아 올리는 방법으로서 가장 일반적으로 사용되는 용착법이다.

31. 용접부의 결함 중 구조상 결함이 아닌 것은?

① 변형 ② 기공
③ 언더컷 ④ 오버랩

해설 용접결함의 종류
• 치수상 결함-변형, 치수 및 형상불량 등
• 구조상 결함-기공, 언더컷, 오버랩, 슬래그 섞임, 균열, 용입불량 등
• 성질상 결함-인장강도의 부족, 연성의 부족, 화학성분의 부적당 등

32. 가접시 주의해야 할 사항으로 옳은 것은?

① 본 용접자보다 용접 기량이 낮은 용접자가 가접을 실시한다.
② 용접봉은 본용접 작업 시에 사용하는 것보다 가는 것을 사용한다.
③ 가용접 간격은 일반적으로 판두께의 60~80배 정도로 하는 것이 좋다.
④ 가용접 위치는 부품의 끝 모서리나 각 등과 같이 응력이 집중되는 곳에 가접하다.

해설 가접(tack welding): ㉠ 용접 결과의 좋고 나쁨에 직접 영향을 준다. ㉡ 본용접 작업 전에 좌우의 홈 부분을 임시로 고정하기 위한 짧은 용접이다. ㉢ 균열, 기공, 슬래그 잠입 등의 결함을 수반하기 쉬우므로 본용접을 실시할 홈 안에 가접하는 것은 바람직하지 못하며, 만일 불가피하게 홈 안에 가접하였을 경우 본용접 전에 갈아내는 것이 좋다. ㉣ 본용접을 하는 용접사와 비등한 기량을 가진 용접사에 의해 실시되어야 한다. ㉤ 가접에는 본용접보다 지름이 약간 가는 봉을 사용하는 것이 좋다.

33. 용접구조물을 조립하는 순서를 정할 때 고려사항으로 틀린 것은?

① 용접변형을 쉽게 제거할 수 있어야 한다.

정답 28. ① 29. ② 30. ④ 31. ① 32. ② 33. ④

② 작업환경을 고려하여 용접자세를 편하게 한다.
③ 구조물의 형상을 고정하고 지지할 수 있어야 한다.
④ 용접진행은 부재의 구속단을 향하여 용접한다.

해설 용접구조물의 용접 순서를 정할 때 고려사항: ㉠ 같은 평면 안에 많은 이음이 있을 경우 수축은 가능한 한 자유단으로 보낸다. ㉡ 용접물 중심과 항상 대칭으로 용접을 진행시킨다. ㉢ 수축이 큰 이음을 되도록이면 먼저 용접하고, 수축이 작은 이음을 나중에 용접한다. ㉣ 용접물의 중립축에 대하여 수축력 모멘트의 합이 제로(0, Zero)가 되도록 한다. ㉤ 용접작업이 불가능한 곳이나 곤란한 경우가 생기지 않도록 한다.

34. 연강판 용접을 하였을 때 발생한 용접변형을 교정하는 방법이 아닌 것은?

① 롤러에 의한 방법
② 기계적 응력 완화법
③ 가열 후 해머링하는 법
④ 얇은 판에 대한 점 수축법

해설 변형을 교정하는 방법은 ㉠ 얇은 판에 대한 점 수축법(spot contractile), ㉡ 형재에 대한 직선 수축법(straight contractile method), ㉢ 가열 후 해머질 하는 방법, ㉣ 두꺼운 판에 대하여 가열 후 압력을 걸고 수랭하는 방법, ㉤ 롤러에 거는 방법, ㉥ 피닝법, ㉦ 절단에 의하여 변형시키고 재용접하는 방법 등이 있다.

35. 비파괴 검사법 중 표면결함 검출에 사용되지 않는 것은?

① PT ② MT ③ UT ④ ET

해설 ㉠ PT: 침투 탐상시험
㉡ MT: 자분 탐상시험
㉢ UT: 초음파 탐상시험
㉣ ET: 와류 탐상시험
㉤ AET: 음향방출 시험

36. 용접부에 잔류응력을 제거하기 위하여 응력제거 풀림처리를 할 때 나타나는 효과로 틀린 것은?

① 충격 저항의 증대
② 크리프 강도의 향상
③ 응력부식에 대한 저항력의 증대
④ 용착금속 중의 수소 제거에 의한 경도 증대

해설 응력제거 풀림처리를 할 때 방법은 노내 풀림법, 국부 풀림법, 저온응력 완화법, 기계적 응력완화법, 피닝법 등이며 잔류응력의 발생이 없고 충격저항 및 응력부식에 대한 저항력의 증대, 용접금속의 균열을 방지하는 데 효과가 있다.

37. 맞대기용접 이음에서 이음효율을 구하는 식은?

① $\text{이음효율} = \dfrac{\text{허용응력}}{\text{사용응력}} \times 100$

② $\text{이음효율} = \dfrac{\text{사용응력}}{\text{허용응력}} \times 100$

③ $\text{이음효율} = \dfrac{\text{모재의 인장강도}}{\text{용접시험편의 인장강도}} \times 100$

④ $\text{이음효율} = \dfrac{\text{용접시험편의 인장강도}}{\text{모재의 인장강도}} \times 100$

해설 $\text{이음효율} = \dfrac{\text{용접시험편의 인장강도}}{\text{모재의 인장강도}} \times 100\%$

38. 얇은 판의 용접시 주로 사용하는 방법으로 용접부의 뒷면에서 물을 뿌려주는 변

정답 34. ② 35. ③ 36. ④ 37. ④ 38. ①

형 방지법은?

① 살수법 ② 도열법
③ 석면포 사용법 ④ 수랭 동판 사용법

해설 살수법에 대한 설명이며 이와 비슷한 것이 도열법으로 용접부에 구리제 덮개판을 대거나 뒷면에서 용접부를 수랭시키고, 또는 용접부 주위에 물기 있는 석면이나 천 등을 덮어 용접열이 모재에 흡수되는 것을 막아 변형을 방지하는 방법이다.

39. 다음 중 비파괴 시험법에 해당되는 것은?

① 부식시험 ② 굽힘시험
③ 육안시험 ④ 충격시험

해설 비파괴 시험법은 육안시험(VT), 누수시험(LT), 침투 탐상시험(PT), 초음파 탐상시험(UT), 자분 탐상시험(MT), 방사선 투과시험(RT), 맴돌이전류 시험(와류탐상 시험, ET) 등이다.

40. 판두께 25mm 이상인 연강판을 0℃ 이하에서 용접할 경우 예열하는 방법은?

① 이음의 양쪽 폭 100mm 정도를 40~75℃로 예열하는 것이 좋다.
② 이음의 양쪽 폭 150mm 정도를 150~200℃로 예열하는 것이 좋다.
③ 이음의 한쪽 폭 100mm 정도를 40~75℃로 예열하는 것이 좋다.
④ 이음의 한쪽 폭 150mm 정도를 150~200℃로 예열하는 것이 좋다.

해설 각종 금속의 예열온도: ㉠ 고장력강, 저합금강, 두께 25t 이상의 연강, 주철의 경우 용접 홈을 50~350℃로 예열하고, ㉡ 열전도가 좋은 알루미늄합금, 구리합금은 200~400℃의 예열이 필요하고 나머지는 ①항과 같다.

제3과목 용접일반 및 안전관리

41. 불활성가스 텅스텐 아크용접에 대한 설명으로 틀린 것은?

① 직류 역극성으로 용접하면 청정작용을 얻을 수 있다.
② 가스 노즐은 일반적으로 세라믹 노즐을 사용한다.
③ 불가시(不可視) 용접으로 용접 중에는 용접부를 확인할 수 없다.
④ 용접용 토치는 냉각 방식에 따라 수랭식과 공랭식으로 구분된다.

해설 불활성가스 텅스텐 아크용접(TIG) 〈①, ②, ④ 외〉
㉠ 보호가스가 투명하여 가시 용접이 가능하다.
㉡ 용제가 불필요하고 깨끗한 비드 외관을 얻을 수 있다.
㉢ 피복아크용접에 비해 용접부의 연성 및 강도가 우수하다.
㉣ 가열 범위가 작아 용접으로 인한 변형이 적고 열의 집중 효과가 양호하다.

42. 다음 중 아크용접 시 발생되는 유해한 광선에 해당되는 것은?

① X-선 ② 자외선
③ 감마선 ④ 중성자선

해설 아크광선은 가시광선, 자외선, 적외선 등으로 이루어져 있어 이에 노출되면 자외선으로 인한 전기성 안염 및 결막염이 발생할 수 있다. 광선 노출로 인한 응급조치로는 냉습포를 눈 위에 얹고 안정을 취하는 것이 좋다.

43. 다음 중 교류 아크 용접기에 해당되지

정답 39. ③ 40. ① 41. ③ 42. ② 43. ①

않는 것은?

① 발전기형 아크 용접기
② 탭 전환형 아크 용접기
③ 가동 코일형 아크 용접기
④ 가동 철심형 아크 용접기

해설 교류 아크용접기의 종류와 특징

구분	특징
가동 철심형	• 가동철심을 이동시켜 누설자속 변화로 전류를 조정한다. • 미세한 전류 조정이 가능하나, 아크가 불안정하다.
가동 코일형	• 1차코일을 이동시켜 누설자속의 변화로 전류를 조정한다. • 아크 안정도가 높고 소음이 없으며 가격이 비싸다.
탭 전환형	• 코일 감는 횟수로 전류를 조정한다. • 탭 전환 부분의 소손이 심하고, 전류의 폭넓은 조정이 어렵다.
가포화 리액터형	• 가변저항의 변화로 용접전류를 조정한다. • 전기적으로 전류를 조정하여 소음이 없고 수명이 길다. • 조작이 간단하고 원격 제어가 가능하다.

44. 가스절단에서 예열불꽃이 약할 때 일어나는 현상으로 가장 거리가 먼 것은?

① 드래그가 증가한다.
② 절단면이 거칠어진다.
③ 절단속도가 늦어진다.
④ 절단이 중단되기 쉽다.

해설 예열불꽃이 약할 경우에는 절단속도가 느리고 절단이 쉽게 중단되며, 드래그가 증가하고 역화를 일으키기 쉽다.

45. 모재 두께가 다른 경우에 전극의 과열을 피하기 위하여 전류를 단속하여 용접하는 점용접법은?

① 맥동 용접 ② 단극식 점용접
③ 인터랙 점용접 ④ 다전극 점용접

해설 맥동 용접(pulsation welding)은 하나의 접합 부위에 2회 이상 전류를 통하면서 저항 용접을 하는 방법이며, 1회의 통전으로는 열평형을 이루기 어려운 판, 두께가 다르거나 두꺼운 판, 또는 여러 장 겹치는 경우에 사용한다. 점용접, 프로젝션 용접, 업셋 용접에 응용된다.

46. U형, H형의 용접 홈을 가공하기 위하여 슬로우 다이버전트로 설계된 팁을 사용하여 깊은 홈을 파내는 가공법은?

① 스카핑 ② 수중 절단
③ 가스 가우징 ④ 산소창 절단

해설 가우징(가스가우징, 아크 에어 가우징 등)은 용접균열 부분이나 용접 결함부를 제거하는 데 사용되며 가스 가우징에서는 팁이 슬로 다이버전트(slow divergent)로 설계되어 있다.

47. 피복제 중에 석회석이나 형석을 주성분으로 사용한 것으로 용착금속 중의 수소 함유량이 다른 용접봉에 비해 약 1/10 정도로 현저하게 적은 피복아크 용접봉은?

① E4301 ② E4311
③ E4313 ④ E4316

해설 저수소계(E4316)는 탄산염이 분해되어 이산화탄소 분위기를 형성함으로써 용착금속 중에 용해되는 수소의 함유량이 다른 용접봉에 비해 약 1/10 정도로 매우 적다.

정답 44. ② 45. ① 46. ③ 47. ④

48. 일반적인 가동 철심형 교류 아크 용접기의 특성으로 틀린 것은?

① 미세한 전류 조정이 가능하다.
② 광범위한 전류 조정이 어렵다.
③ 조작이 간단하고 원격 제어가 된다.
④ 가동철심으로 누설자속을 가감하여 전류를 조정한다.

해설 가동 철심형 교류 아크 용접기
- 가동철심의 이동으로 누설자속을 가감하여 전류의 크기를 조정한다.
- 장점: 전류를 세부적으로 연속해서 조정할 수 있다.
- 단점: 누설자속 경로에 영향을 주어 아크가 불안정해지고 또 가동 부분의 마모에 의해 가동철심이 진동할 수 있다.

49. 자동 및 반자동 용접이 수동 아크용접에 비하여 우수한 점이 아닌 것은?

① 용입이 깊다.
② 와이어 송급속도가 빠르다.
③ 위보기 용접자세에 적합하다.
④ 용착금속의 기계적 성질이 우수한다.

해설 자동 및 반자동 용접의 장점은 ①, ②, ④ 외에 아래보기 용접자세에 적합하다는 것이다. 수직, 수평자세는 맞는 지그를 사용해야 하고 위보기 용접자세는 특별한 지그를 만들기 전에는 어려워 거의 이용되지 않고 있다.

50. 산소-아세틸렌가스 용접의 특징으로 틀린 것은?

① 용접변형이 적어 후판 용접에 적합하다.
② 아크용접에 비해서 불꽃의 온도가 낮다.
③ 열 집중성이 나빠서 효율적인 용접이 어렵다.
④ 폭발의 위험성이 크고 금속이 탄화 및 산화될 가능성이 많다.

해설 가스용접의 장단점
- 장점
㉠ 응용범위가 넓고 전원설비가 필요없다.
㉡ 가열, 조정이 자유롭다.
㉢ 운반이 편리하고 설비비가 싸다
㉣ 아크용접에 비해 유해광선의 발생이 적다.
㉤ 박판 용접에 적당하다.
- 단점
㉠ 열집중성이 나빠 효율적인 용접이 어렵다.
㉡ 불꽃의 온도와 열효율이 낮다.
㉢ 폭발 위험성이 크며 용접금속 탄화 및 산화의 가능성이 많다.
㉣ 아크용접에 비해 일반적으로 신뢰성이 적다.

51. 다음 용접자세의 기호 중 수평자세를 나타낸 것은?

① F ② H ③ V ④ O

해설 F(아래보기 자세), V(수직 자세), H(수평 자세), O(위보기 자세), AP(전자세)

52. 가스용접에서 탄산나트륨 15%, 붕사 15%, 중탄산나트륨 70%가 혼합된 용제는 어떤 금속용접에 가장 적합한가?

① 주철 ② 연강
③ 알루미늄 ④ 구리합금

해설 가스용접에서 각종 용접금속에 대한 적당한 용재로는 연강 대신 반연강(중탄산소다+탄산소다)이 사용되며 그 외에 주철(탄산나트륨 15%, 붕사 15%, 중탄산나트륨 70%), 구리합금(붕사 75%, 염화리튬 25%), 알루미늄(염화나트륨 30%, 염화칼륨 45%, 염화리튬 15%, 플루오르화칼륨 7%, 황산칼륨 3%) 등이 사용된다.

정답 48. ③ 49. ③ 50. ① 51. ② 52. ①

53. **탄산가스 아크용접에 대한 설명으로 틀린 것은?**

① 전자세 용접이 가능하다.
② 가시 아크이므로 시공이 편리하다.
③ 용접전류의 밀도가 낮아 용입이 얕다.
④ 용착금속의 기계적, 야금적 성질이 우수하다.

해설 탄산가스 아크용접의 특징〈①, ②, ④ 외〉
㉠ 용입이 깊어 아크 점용접이 가능하고 제품의 무게 경감에 도움이 된다.
㉡ 산화나 질화가 없고 수소량이 적어 기계적, 금속학적 성질이 좋은 용착금속을 얻는다.
㉢ 값싼 탄산가스를 사용하고 가는 와이어로 고속도 용접이 가능하므로 다른 용접법에 비하여 비용이 싸다.
㉣ 필릿 용접이음의 적정 강도, 피로강도 등이 수동 용접에 비하여 매우 좋다
㉤ 스프레이 이행보다 입상 이행일 때 스패터가 많고 비드 외관이 거칠다.

54. **다음 중 압접에 해당하는 것은?**

① 전자빔 용접
② 초음파 용접
③ 피복아크용접
④ 일렉트로 슬래그 용접

해설 전자빔 용접, 피복아크용접, 일렉트로 슬래그 용접은 융접이다. 압접에는 초음파 용접, 가스압접, 냉간압접, 마찰용접, 단접, 저항용접 등이 속한다.

55. **피복아크 용접봉의 피복 배합제 중 아크 안정제에 속하지 않는 것은?**

① 석회석 ② 마그네슘
③ 규산칼륨 ④ 산화타이타늄

해설 탄산마그네슘은 슬래그화에 들어가는 원료이다.

56. **가스용접에서 가변압식 토치의 팁(B형) 250번을 사용하여 표준불꽃으로 용접하였을 때의 설명으로 옳은 것은?**

① 독일식 토치의 팁을 사용한 것이다.
② 용접 가능한 판두께가 250mm이다.
③ 1시간 동안에 산소 소비량이 25리터이다.
④ 1시간 동안에 아세틸렌가스의 소비량이 250리터이다.

해설 가스용접에서 불변압식(A형) 팁 번호는 용접이 가능한 연강의 두께를 나타내고 가변압식(B형)의 팁 번호는 1시간 동안에 사용되는 아세틸렌의 소비량을 나타낸다.

57. **정격 2차전류가 300A, 정격 사용률 50%인 용접기를 사용하여 100A의 전류로 용접을 할 때 허용 사용률은?**

① 5.6% ② 150% ③ 450% ④ 550%

해설 용접기의 허용 사용률(%)

$$= \frac{(\text{정격 2차전류})^2}{(\text{실제 용접전류})^2} \times \text{정격 사용률}(\%)$$

$$= \frac{300^2}{100^2} \times 50 = 450\%$$

58. **불활성가스 텅스텐 아크용접에서 전극을 모재에 접촉시키지 않아도 아크 발생이 되는 이유로 가장 적합한 것은?**

① 전압을 높게 하기 때문에
② 텅스텐의 작용으로 인해서
③ 아크 안정제를 사용하기 때문에
④ 고주파 발생장치를 사용하기 때문에

해설 GTAW는 고주파 발생장치에 의한 고주파를 사용하는 것으로 전극을 접촉하지 않아도 아크가 발생되어 텅스텐 전극의 수명이 길다.

정답 53. ③ 54. ② 55. ② 56. ④ 57. ③ 58. ④

59. 연강용 피복아크 용접봉의 종류에서 E4303 용접봉의 피복제 계통은?

① 특수계 ② 저수소계
③ 일루미나이트계 ④ 라임티타니아계

해설 E4303은 산화타이타늄을 30% 이상 함유한 슬래그 생성제로 피복이 다른 용접봉에 비해 두꺼운 것이 특징이며 용접비드의 외관이 곱고 작업성이 좋다.

연강용 피복아크 용접봉

종류	피복제 계통	용접자세
E4301	일미나이트계	F, V, O, H
E4303	라임티타니아계	F, V, O, H
E4311	고셀룰로오스계	F, V, O, H
E4313	고산화타이타늄계	F, V, O, H
E4316	저수소계	F, V, O, H
E4324	철분 산화타이타늄계	F, H-Fil
E4326	철분 저수소계	F, H-Fil
E4327	철분 산화철계	F, H-Fil
E4340	특수계	F, V, O, H, H-Fil 전부 또는 어느 자세

㈜ H-Fil: 수평 필릿(Horizontal Fillet)

60. 용접작업자의 전기적 재해를 줄이기 위한 방법으로 틀린 것은?

① 절연상태를 확인한 후에 사용한다.
② 용접 안전보호구를 완전히 착용한다.
③ 무부하 전압이 낮은 용접기를 사용한다.
④ 직류 용접기보다 교류 용접기를 많이 사용한다.

해설 교류 용접기는 직류 용접기보다 사인파로 양(+)극과 음(-)극이 수시로 변하여 양쪽 극이 일직선인 직류보다 감전의 위험이 많다.

2017년 8월 26일 시행

용접산업기사

제1과목 용접야금 및 용접설비제도

1. 체심입방격자의 슬립면과 슬립방향으로 맞는 것은?

① {110}-⟨110⟩ ② {110}-⟨111⟩
③ {111}-⟨110⟩ ④ {111}-⟨111⟩

해설 슬립(slip): 외력에 의해 인장력이 작용하여 격자면 내외에 미끄럼변화를 일으킨 현상으로 대각선(110)에서 한쪽 면에 삼각형 모양(111)으로 미끄럼변화를 일으키는 현상이다.

2. 다음 재료의 용접작업 시 예열을 하지 않았을 때 용접성이 가장 우수한 강은?

① 고장력강
② 고탄소강
③ 마텐자이트계 스테인리스강
④ 오스테나이트계 스테인리스강

해설 다른 종류의 금속은 예열하여 급랭을 방지해야 하지만 오스테나이트계 스테인리스강은 층간 온도가 200℃ 이상을 넘으면 결함이 발생하므로 예열을 하지 말아야 한다.

3. 일반적인 금속의 특성으로 틀린 것은?

① 열과 전기의 양도체이다.
② 이온화하면 양(+) 이온이 된다.
③ 비중이 크고, 금속적 광택을 갖는다.
④ 소성변형성이 있어 가공하기 어렵다.

해설 금속의 특성⟨①, ②, ③ 외⟩
㉠ 상온에서 고체이며 결정구조를 형성한다(단, 수은 제외).
㉡ 연성 및 전성이 있어 소성변형을 한다.
㉢ 용융점이 높다.

4. 용접부의 잔류응력을 경감시키기 위한 방법으로 틀린 것은?

① 예열을 할 것
② 용착 금속량을 증가시킬 것
③ 적당한 용착법, 용접순서를 선정할 것
④ 적당한 포지셔너 및 회전대 등을 이용할 것

해설 잔류응력을 경감하려면 용착금속의 양을 되도록 줄이고 예열을 이용한다.

5. 다음 원소 중 강의 담금질 효과를 증대시키며, 고온에서 결정립 성장을 억제하고 S의 해를 감소시키는 것은?

① C ② Mn ③ P ④ Si

해설 망가니즈(Mn)는 강 중에서 황화철(FeS)이 생성되는 것을 막아 황(S)의 해(적열취성 또는 고온취성)를 제거하고 탈산제로서 MnS, MnO를 형성한다.

6. 피복아크 용접봉의 피복 배합제의 성분 중 용착금속의 산화, 질화를 방지하고 용착금속의 냉각속도를 느리게 하는 것은?

① 탈산제 ② 가스 발생제
③ 아크 안정제 ④ 슬래그 생성제

해설 슬래그 생성제는 산화철, 이산화타이타늄, 일미나이트, 규사, 이산화망가니즈, 석회석, 규사, 장석, 형석 등이다.

7. 다음 중 열전도율이 가장 높은 것은?

정답 1. ② 2. ④ 3. ④ 4. ② 5. ② 6. ④ 7. ①

① Ag　② Al　③ Pb　④ Fe

해설 열전도율은 Ag > Cu > Pt > Al 등의 순으로 높다.

8. **용접부의 저온균열은 약 몇 ℃ 이하에서 발생하는가?**

① 200℃　② 450℃
③ 600℃　④ 750℃

해설 저온균열은 200℃ 이하에서 발생한다.

9. **응력제거 풀림처리 시 발생하는 효과가 아닌 것은?**

① 잔류응력이 제거된다.
② 응력부식에 대한 저항력이 증가한다.
③ 충격저항성과 크리프 강도가 감소한다.
④ 용착금속 중의 수소가스가 제거되어 연성이 증가된다.

해설 응력제거 풀림처리를 할 때 발생하는 효과는 잔류응력이 제거되고 응력부식에 저항력과 충격저항성이 증가되며 크리프 강도가 감소하고 변형의 교정 및 균열의 방지를 할 수 있다.

10. **용접시 발생하는 일차결함으로 응고온도 범위 또는 그 직하의 비교적 고온에서 용접부의 자기수축과 외부구속 등에 의한 인장 스트레인과 균열에 민감한 조직이 존재하면 발생하는 용접부의 균열은?**

① 루트 균열　② 저온균열
③ 고온균열　④ 비드밑 균열

해설 고온균열(hot cracking): 용착금속의 응고과정에서 일어나는 응고균열 현상을 말한다. 용접부의 응고온도 범위 또는 그 바로 아래의 비교적 고온에서 발생하는 균열이다. 주물의 고온파열 등이 원인으로 고온에서 연성이 부족한 저융점 불순물이 생긴 결정립계가 수축응력에 의해 당겨지는데 황(S), 산소(O), 구리(Cu) 등의 원소들에 의해 쉽게 발생한다.

11. **선의 종류에 의한 용도에서 가는 실선으로 사용하지 않는 것은?**

① 치수선　② 외형선
③ 지시선　④ 치수보조선

해설 외형선에는 굵은 실선이 이용되고 가는 실선은 치수선, 치수보조선, 지시선, 회전단면선, 중심선, 수준면선에 이용된다.

12. **KS의 부문별 분류기호 중 "B"에 해당하는 분야는?**

① 기본　② 기계
③ 전기　④ 조선

해설 A: 기본, B: 기계, C: 전기, D: 금속, E: 광산, F: 건설, G: 일용품, I: 환경, J: 생물, K: 섬유, L: 요업, M: 화학, P: 의료, Q: 품질경영, R: 수송기계, S: 서비스, T: 물류, V: 조선, W: 항공우주, X: 정보

13. **용접 기본기호 중 " " 기호의 명칭으로 옳은 것은?**

① 표면 육성　② 표면 접합부
③ 경사 접합부　④ 겹침 접합부

해설 겹침 접합부를 표시하는 기호이다.

14. **치수 보조기호로 사용되는 기호가 잘못 표기된 것은?**

① 구의 지름: S
② 45° 모따기: C
③ 원의 반지름: R
④ 정사각형의 변: □

정답 8. ① 9. ③ 10. ③ 11. ② 12. ② 13. ④ 14. ①

해설 치수기입에 사용되는 기호

기호	의미
ϕ	지름
R	반지름
C	45° 모따기
P	피치
t	판 두께
□	정사각형의 변
$S\phi$	구의 지름
SR	구의 반지름

15. 다음 용접부 기호의 설명으로 옳은 것은? (단, 네모박스 안의 영문자는 MR이다.)

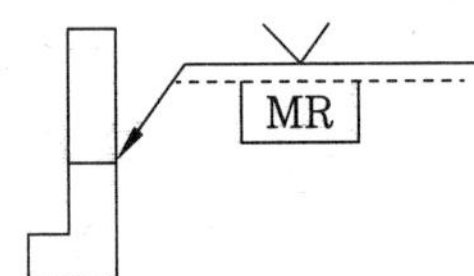

① 화살표 반대쪽에 필릿용접한다.
② 화살표 쪽에 V형 맞대기용접한다.
③ 화살표 쪽에 토를 매끄럽게 한다.
④ 화살표 반대쪽에 영구적인 덮개판을 사용한다.

해설 [MR]은 제거 가능한 덮개판 사용을 의미하고 점선 위에 기호가 표시되어 있어 화살표 반대쪽에 제거 가능한 덮개판을 사용하는 V형 맞대기용접에 대한 지시이다.

16. 그림과 같이 치수를 둘러싸고 있는 사각 틀(□)이 뜻하는 것은?

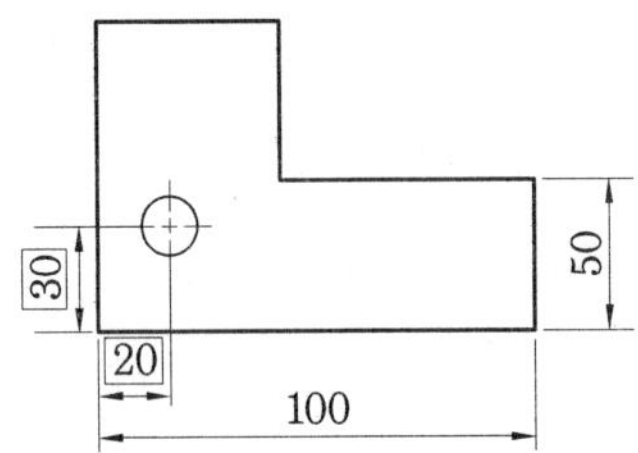

① 참고 치수
② 판두께의 치수
③ 이론적으로 정확한 치수
④ 정사각형 한 변의 길이

해설 사각 틀은 이론적으로 정확한 치수를 의미한다.

17. 다음 용접기호 중 플러그 용접을 표시한 것은?

① ○ ② \/
③ |/ ④ ⊓

해설 ①은 점용접, ②는 개선각이 급격한 V형 맞대기용접, ③은 개선각이 급격한 일면 개선형 맞대기용접, ④는 플러그 용접을 나타낸다.

18. 도면에 치수를 기입할 때 유의해야 할 사항으로 틀린 것은?

① 치수는 중복 기입을 피한다.
② 관련되는 치수는 되도록 분산하여 기입한다.
③ 치수는 되도록 계산해서 구할 필요가 없도록 기입한다.
④ 치수는 필요에 따라 점, 선 또는 면을 기준으로 하여 기입한다.

해설 치수기입 시 주의사항〈①, ③, ④ 외〉
㉠ 도면에서 관련되는 치수는 되도록 한곳에 모아서 기입한다.
㉡ 치수는 정확하고 이해하기 쉽게 기입한다.
㉢ 제작 공정이 쉽고 최저의 가공비로 제품을 완성할 수 있는 치수를 기입한다.
㉣ 특별한 지시가 없을 때에는 제품의 완성 치수로 기입하여 잘못 읽는 예가 없도록 한다.

정답 15. ② 16. ③ 17. ④ 18. ②

ⓜ 도면에 치수기입을 누락하지 않도록 한다.
ⓑ 치수 중 참고 치수에 대하여는 치수 수치에 괄호를 붙인다.

19. 다음 용접기호 표시를 올바르게 설명한 것은?

C ⊖ $n \times l(e)$

① 지름이 C이고 용접길이 l인 스폿 용접이다.
② 지름이 C이고 용접길이 l인 플러그 용접이다.
③ 용접부 너비가 C이고 용접부 수가 n인 심용접이다.
④ 용접부 너비가 C이고 용접부 수가 n인 스폿 용접이다.

해설 • C: 용접부의 너비
• ⊖ : 심용접
• n: 용접부 수
• l: 용접부 길이
• (e): 간격의 수

20. 일반적으로 부품의 모양을 스케치하는 방법이 아닌 것은?

① 판화법 ② 프린트법
③ 프리핸드법 ④ 사진 촬영법

해설 스케치 방법의 종류
㉠ 프리핸드법: 손으로 직접 그리는 방법
㉡ 프린트법: 부품 표면에 광명단이나 기름을 칠한 후 종이를 대고 눌러서 실제 모양을 뜨는 방법
㉢ 모양뜨기(본뜨기): 불규칙한 곡선을 가진 물체를 직접 종이에 대고 연필로 그리거나 납선, 구리선 등을 부품의 윤곽 곡선과 같이 만들어 종이에 옮기는 방법
㉣ 사진 촬영법: 복잡한 기계조립 상태나 부품을 사진기로 여러 각도에서 직접 찍어서 도면을 그리는 방법

제2과목 용접구조설계

21. 구조물 용접에서 조립순서를 정할 때의 고려사항으로 틀린 것은?

① 변형제거가 쉽게 되도록 한다.
② 잔류응력을 증가시킬 수 있게 한다.
③ 구조물 형상을 유지할 수 있어야 한다.
④ 작업환경의 개선 및 용접자세 등을 고려한다.

해설 불필요한 잔류응력이 남지 않도록 미리 검토하여 조립 순서를 정한다.

22. 용접구조 설계상의 주의사항으로 틀린 것은?

① 용접이음의 집중, 접근 및 교차를 피할 것
② 용접치수는 강도상 필요한 치수 이상으로 크게 하지 말 것
③ 용접성, 노치인성이 우수한 재료를 선택하여 시공하기 쉽게 설계할 것
④ 후판을 용접할 경우에는 용입이 얕은 용접법을 이용하여 층수를 늘릴 것

해설 후판 용접 시에는 용입이 깊은 용접법을 이용하여 비드 층수를 줄이고 열 영향이 적게 하여 변형을 방지하고 아울러 균열 등의 결함을 방지하여야 한다.

23. 다음 중 용접비용 절감 요소에 해당되지 않는 것은?

① 용접 대시기간의 최대화

정답 19. ③ 20. ① 21. ② 22. ④ 23. ①

② 합리적이고 경제적인 설계
③ 조립 정반 및 용접지그의 활용
④ 가공불량에 의한 용접 손실 최소화

해설 용접 경비를 절감하기 위해서는 ㉠ 용접봉의 적당한 선정과 경제적 사용방법 ㉡ 재료절약을 위한 이음방법 등의 연구 및 채용 ㉢ 고정구(fixture) 사용에 의한 작업능률 향상 ㉣ 용접지그 사용에 의한 아래보기 자세의 채용 및 용접공의 작업능률 향상 ㉤ 적절한 종합 품질관리와 검사 및 안전작업의 이행으로 보수 경비 절감 ㉥ 적절한 공사방법으로 공사기간 단축(용접법의 적절한 선택) 등을 실행하고 용접 대시기간은 가능한 짧게 하여야 한다.

24. 다음 중 용접구조물의 이음설계 방법으로 틀린 것은?

① 반복하중을 받는 맞대기 이음에서 용접부의 덧붙임을 필요 이상 높게 하지 않는다.
② 용접선이 교차하는 곳이나 만나는 곳의 응력 집중을 방지하기 위하여 스캘럽을 만든다.
③ 용접 크레이터 부분의 결함을 방지하기 위하여 용접부 끝단에 돌출부를 주어 용접한 후 돌출부를 절단한다.
④ 굽힘응력이 작용하는 겹치기 필릿용접의 경우 굽힘응력에 대한 저항력을 크게 하기 위하여 한쪽 부분만 용접한다.

해설 용접 이음부의 설계상 주의점: ㉠ 용접에 적합한 구조로 설계할 것. ㉡ 용접길이는 될 수 있는 대로 짧게 하고, 용착금속은 강도상 필요한 최소량으로 할 것. ㉢ 용접이음의 특성을 고려하여 선택하고 용접하기 쉽도록 설계할 것. ㉣ 용접이음이 한곳으로 집중되거나 또는 너무 근접하지 않도록 할 것. ㉤ 강도가 약한 필릿용접은 가급적 피하고 결함이 생기기 쉬운 용접방법을 피할 것. ㉥ 반복 하중을 받는 이음에서는 특히 이음 표면을 평평하게 하고 구조상의 노치부를 피할 것 등이다.
스캘럽(scallop): 용접이음이 한곳에 집중되거나 근접하면 용접에 의한 잔류응력이 커지고 용접금속이 여러 번 용접열을 받게 되어 열화(劣化)하는 경우가 있으므로 모재에 그림과 같이 부채꼴 노치(notch)를 만들어 용접선이 교차하지 않도록 설계한다. 이 부채꼴 노치를 스캘럽이라고 한다.

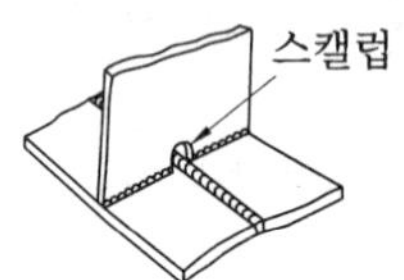

25. 다음 그림과 같은 순서로 용접하는 용착법을 무엇이라고 하는가?

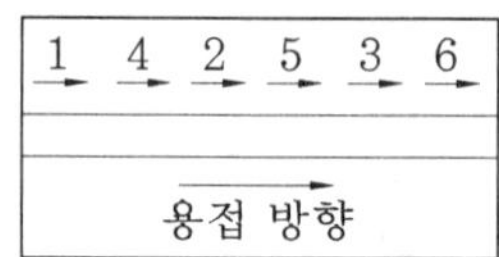

① 전진법 ② 후퇴법
③ 스킵법 ④ 캐스케이드법

해설 비석법이라고도 하며 용접비드 배치법으로 잔류응력이나 변형이 적게 발생되도록 하는 용착법이다.

26. 피닝(peening)의 목적으로 가장 거리가 먼 것은?

① 수축변형의 증가
② 잔류응력의 완화
③ 용접변형의 방지
④ 용착금속의 균열방지

해설 피닝법: 치핑 해머(chipping hammer)로 용접부를 연속적으로 타격하여 용접 표

정답 24. ④ 25. ③ 26. ①

면상에 소성변형을 주는 방법으로 잔류응력을 완화하여 변형을 줄이고 용접금속의 균열을 방지하는 데 효과가 있다.

27. 다음 중 직류 아크 용접기가 아닌 것은?

① 정류기식 직류 아크 용접기
② 엔진 구동식 직류 아크 용접기
③ 가동 철심형 직류 아크 용접기
④ 전동 발전식 직류 아크 용접기

해설 직류 아크 용접기의 종류는 발전기형(전동 발전식, 엔진 구동형)과 정지기형(정류기식, 축전지형)으로 크게 분류한다.

28. 강판의 두께가 7mm, 용접길이가 12mm인 완전 용입된 맞대기용접 부위에 인장하중을 3444kgf로 작용시켰을 때 용접부에 발생하는 인장응력은 약 몇 kgf/mm^2인가?

① 0.024　　② 41
③ 82　　④ 2009

해설 $\text{인장응력} = \dfrac{\text{인장하중}}{(\text{두께} \times \text{길이})} = \dfrac{3444}{(7 \times 12)} = \dfrac{3444}{84} = 41$

29. 다음 맞대기용접 이음 홈의 종류 중 가장 두꺼운 판의 용접이음에 적용하는 것은?

① H형　② I형　③ U형　④ V형

해설 판두께에 따른 맞대기 홈형상

홈형상	I형	V형	X형	∠, J형
판두께	6mm 이하	6~20mm	12mm 이상	6~20mm
홈형상	K, 양면 J형		U형	H형
판두께	12mm 이하		16~50mm	20mm 이상

30. 필릿용접에서 다리길이가 10mm인 용접부의 이론 목두께는 약 몇 mm인가?

① 0.707　　② 7.07
③ 70.7　　④ 707

해설 이론 목두께 × cos45°
$= 0.707 \times \text{이론 목두께} = 0.707 \times 10\text{mm}$
$= 7.07\text{mm}$

31. 주로 비금속개재물에 의해 발생되며, 강의 내부에 모재표면과 평행하게 층상으로 형성되는 균열은?

① 토 균열　　② 힐 균열
③ 재열 균열　　④ 라멜라 테어 균열

해설 라멜라 테어(lamella tear) 균열은 황화합물로 인해 발생한다. 제강 압연 중에 편석된 황 화합물은 필름 상태로 존재하는데, 이것이 응력을 받으면 층상으로 갈라져 균열을 유발시킨다. 주로 모서리이음, T 이음 등에서 볼 수 있으며 강의 내부에 모재표면과 같이 평행하게 층상으로 발생되는 균열이다.

32. 다음 용접봉 중 내압용기, 철골 등의 후판 용접에서 비드 하층 용접에 사용하는 것으로 확산성 수소량이 적고 우수한 강도와 내균열성을 갖는 것은?

① 저수소계
② 일미나이트계
③ 고산화타이타늄계
④ 라임티타니아계

해설 저수소계의 장점
㉠ 균열에 대한 감수성이 좋아서 두꺼운 판 구조물의 1층 용접이 가능하다.
㉡ 구속도(력)가 큰 구조물 용접에 적합하다.
㉢ 고장력강이나 탄소 및 유황을 많이 함유한 강 용접이다.

정답 27. ③ 28. ② 29. ① 30. ② 31. ④ 32. ①

33. 응력제거풀림에 의해 얻어지는 효과로 틀린 것은?

① 충격저항이 증대된다.
② 크리프 강도가 향상된다.
③ 용착금속 중의 수소가 제거된다.
④ 강도는 낮아지고 열양향부는 경화된다.

해설 응력제거풀림의 효과는 ①, ②, ③ 외에 치수 틀림의 방지, 열영향부의 템퍼링 연화, 강도 증대 등이다.

34. 모재 및 용접부의 연성을 조사하는 파괴 시험 방법으로 가장 적합한 것은?

① 경도시험 ② 피로시험
③ 굽힘시험 ④ 충격시험

해설 굽힘시험은 모재 및 용접부의 연성, 결함의 유무를 조사하기 위한 방법으로 적정 크기의 시험편에 적당한 지그를 사용하여 시험을 실시한다.

35. 두께 4mm인 연강판을 I형 맞대기 이음 용접을 한 결과 용착금속의 중량이 3kg이었다. 이때 용착효율이 60%라면 용접봉의 사용중량은 몇 kg인가?

① 4 ② 5 ③ 6 ④ 7

해설 $용착효율 = \frac{용착금속\ 중량}{사용\ 용접물\ 총\ 중량}$

$\therefore 용접봉\ 사용\ 중량 = \frac{3 \times 100}{60} = 5$

36. 가용접 시 주의해야 할 사항으로 틀린 것은?

① 본용접과 같은 온도에서 예열을 한다.
② 본용접사와 동등한 기량을 갖는 용접사로 하여금 가용접을 하게 한다.
③ 가용접의 위치는 부품의 끝, 모서리, 각 등과 같이 단면이 급변하여 응력이 집중되는 곳은 가능한 피한다.
④ 용접봉은 본용접 작업에 사용하는 것보다 큰 것을 사용하며, 간격은 판두께의 5~10배 정도로 하는 것이 좋다.

해설 가접 시에는 본용접보다는 지름이 약간 가는 용접봉을 사용하는 것이 좋다.

37. 침투 탐상검사의 특징으로 틀린 것은?

① 제품의 크기, 형상 등에 크게 구애를 받지 않는다.
② 주변 환경이나 특히 온도에 민감하여 제약을 받는다.
③ 국부적 시험과 미세한 균열도 탐상이 가능하다.
④ 시험 표면이 침투제 등과 반응하여 손상을 입은 제품도 검사할 수 있다.

해설 침투 탐상검사는 제품 표면에 발생한 미세균열이나 작은 구멍을 검출하기 위한 방법으로 표면장력에 의해 결함 부위로 침투액을 침투시켜 세척액으로 세척한 후에 현상액을 사용해 결함부로 스며든 침투액을 표면에 나타나게 하는 것이다.

38. 다음 중 플레어 용접부의 형상으로 맞는 것은?

①
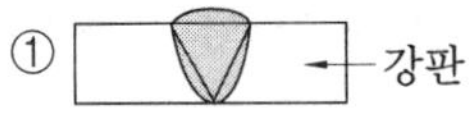

②
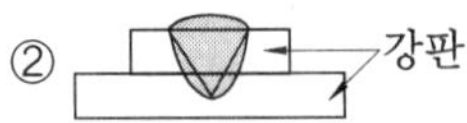

③
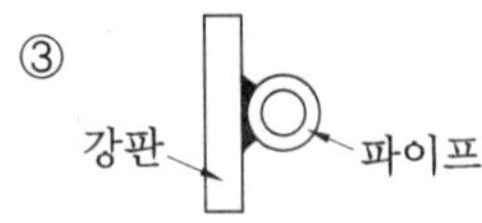

④

정답 33. ④ 34. ③ 35. ② 36. ④ 37. ④ 38. ③

해설 ①은 V형 맞대기용접, ②는 플러그(슬롯) 용접, ③은 플레어 용접, ④는 필릿용접이다.

39. 용접부의 부식에 대한 설명으로 틀린 것은?

① 틈새부식은 틈 사이의 부식을 말한다.
② 용접부의 잔류응력은 부식과 관계없다.
③ 용접부의 부식은 전면부식과 국부부식으로 분류한다.
④ 입계부식은 용접 열영향부의 오스테나이트 입계에 Cr탄화물이 석출될 때 발생한다.

해설 응력이 존재하는 상태에서는 용접재료의 부식이 현저하게 촉진되는데 이것을 응력부식(stress corrosion)이라고 하며, 용접부의 잔류응력이 항복점에 가까운 높은 값을 나타내면 인장응력이 존재하여 응력부식의 원인이 될 위험성이 크다.

40. 다음 중 용접 홈을 설계할 때 고려하여야 할 사항으로 가장 거리가 먼 것은?

① 용접 방법 ② 아크쏠림
③ 모재 두께 ④ 변형 및 수축

해설 용접 홈을 설계할 때의 고려사항은 모재 두께에 따른 홈의 형상, 변형 및 수축, 용접 방법 등이고 아크쏠림은 용접의 진행 방법에 따른 형상과 관련이 있다.

제3과목 용접일반 및 안전관리

41. 다음 중 허용 사용률을 구하는 공식은?

① 허용 사용률(%)
$$= \frac{\text{정격 2차전류}^2}{\text{실제 용접전류}} \times \text{정격 사용률(\%)}$$

② 허용 사용률(%)
$$= \frac{\text{정격 2차전류}}{\text{실제 용접전류}^2} \times \text{정격 사용률(\%)}$$

③ 허용 사용률(%)
$$= \frac{\text{실제 용접전류}^2}{\text{정격 2차전류}} \times \text{정격 사용률(\%)}$$

④ 허용 사용률(%)
$$= \frac{\text{정격 2차전류}^2}{\text{실제 용접전류}^2} \times \text{정격 사용률(\%)}$$

42. 일반적인 탄산가스 아크용접의 특징으로 틀린 것은?

① 용접속도가 빠르다.
② 전류밀도가 높으므로 용입이 깊다.
③ 가시(可視) 아크이므로 용융지의 상태를 보면서 용접할 수 있다.
④ 후판 용접은 단락이행 방식으로 가능하고, 비철금속 용접에 적합하다.

해설 탄산가스 아크용접의 특징〈①, ②, ③ 외〉
㉠ 적용 재질이 철 계통으로 한정되어 있다.
㉡ 산화나 질화가 없고 수소량이 적어 기계적, 금속학적 성질이 좋은 용착금속을 얻는다.
㉢ 값싼 탄산가스를 사용하고 가는 와이어로 고속도 용접이 가능하므로 다른 용접법에 비하여 비용이 싸다.
㉣ 서브머지드 아크 용접법에 비하여 모재 표면의 녹과 오물 등에 둔감하다.
㉤ 필릿 용접이음의 적정 강도, 피로강도 등이 수동 용접에 비하여 매우 좋다.
㉥ 킬드강, 세미킬드강은 물론 림드강에도 용접이 되므로 기계적 성질이 좋다.
㉦ 용제를 사용하지 않으므로 용접부에 슬래그 섞임이 없고 용접 후의 처리가 간단하다.
㉧ 전자세 용접이 가능하고 조작도 간단하므로 기술에 숙련을 별로 요구하지 않는다.

정답 39. ② 40. ② 41. ④ 42. ④

43. 가스용접 작업 시 역화가 생기는 원인과 가장 거리가 먼 것은?

① 팁의 과열
② 산소압력 과대
③ 팁과 모재의 접촉
④ 팁 구멍에 이물질 부착

해설 역류, 역화의 원인
㉠ 토치를 잘못 취급하였거나 팁이 과열되었을 때
㉡ 토치 성능이 불완전하거나 체결나사가 풀렸을 때
㉢ 아세틸렌 공급가스가 부족할 때
㉣ 팁이 석회가루, 먼지, 스패터, 기타 잡물로 막혔을 때

44. 다음 용접법 중 전기에너지를 에너지원으로 사용하지 않는 것은?

① 마찰용접
② 피복아크용접
③ 서브머지드 아크용접
④ 불활성가스 아크용접

해설 마찰용접은 용접하고자 하는 모재를 맞대어 접합면의 고속회전에 의해 발생된 마찰열을 이용하여 압접하는 방법이다.

45. 연납땜과 경납땜을 구분하는 온도는?

① 350℃ ② 450℃
③ 550℃ ④ 650℃

해설 연납과 경납은 용융점 450℃로 구분한다.

46. 다음 중 모재를 녹이지 않고 접합하는 용접법으로 가장 적합한 것은?

① 납땜
② TIG 용접
③ 피복아크용접
④ 일렉트로 슬래그 용접

해설 납땜법은 금속의 이음면 틈에 모재보다 용융점이 낮은 다른 금속(땜납)을 용융시켜 첨가하여 용접하는 방법이므로 땜납의 대부분은 합금으로 되어 있으나 단체금속도 사용이 가능하다.

47. 일반적인 정류기형 직류아크용접기의 특성에 관한 설명으로 틀린 것은?

① 소음이 거의 없다.
② 보수 점검이 간단하다.
③ 완전한 직류를 얻을 수 있다.
④ 정류기 파손에 주의해야 한다.

해설 직류 아크 용접기의 특징

종류	특징
발전형 (모터형, 엔진형)	• 완전한 직류를 얻으나 가격이 고가이다. • 옥외나 전원이 없는 장소에 사용한다(엔진형). • 고장 나기 쉽고 소음이 크며, 보수 점검이 어렵다.
정류기형, 축전지형	• 취급이 간단하고 가격이 싸다. • 완전한 직류를 얻을 수 없다(정류기형). • 정류기 파손에 주의해야 한다(셀레늄 80℃, 실리콘 150℃). • 소음이 없고 보수 점검이 간단하다.

48. 아크전류 200A, 무부하 전압 80V, 아크전압 30V인 교류 용접기를 사용할 때 효율과 역률은 얼마인가? (단, 내부손실은 4kW라고 한다.)

① 효율 60%, 역률 40%

정답 43. ② 44. ① 45. ② 46. ① 47. ③ 48. ②

② 효율 60%, 역률 62.5%
③ 효율 62.5%, 역률 60%
④ 효율 62.5%, 역률 37.5%

해설 • 효율

$$= \frac{(\text{아크전압} \times \text{아크전류})}{(\text{아크출력} + \text{내부손실})} \times 100\%$$

$$= \frac{(30 \times 200)}{(30 \times 200 + 4000\text{VA})} \times 100 = 60$$

• 역률

$$= \frac{(\text{아크전압} \times \text{아크전류}) + \text{내부손실}}{(\text{2차 무부하전압} \times \text{아크전류})} \times 100\%$$

$$= \frac{(30 \times 200) + 4000\text{VA}}{(80 \times 200)} \times 100 = 62.5$$

49. 용접전류 200A, 전압 40V일 때 1초 동안에 전달되는 일률을 나타내는 전력은?

① 2kW ② 4kW
③ 6kW ④ 8kW

해설 전력은 200A×40V = 8000VA = 8KW

50. 가스용접에 쓰이는 토치의 취급상 주의사항으로 틀린 것은?

① 토치를 함부로 분해하지 말 것
② 팁을 모래나 먼지 위에 놓지 말 것
③ 토치에 기름, 그리스 등을 바를 것
④ 팁을 바꿀 때에는 반드시 양쪽 밸브를 잘 닫고 할 것

해설 가스용접 토치의 취급상 주의사항 〈①, ②, ④ 외〉: ㉠ 점화되어 있는 토치를 아무 곳에나 방치하지 않는다. ㉡ 팁이 과열되었을 때는 아세틸렌 밸브를 닫고 산소 밸브만 약간 열어 물속에서 냉각한다. ㉢ 토치를 망치 등 다른 용도로 사용하지 않는다. ㉣ 작업 중 발생하기 쉬운 역류, 역화, 인화에 항상 주의한다.

51. 용접의 분류에서 압접에 속하지 않는 용접은?

① 저항 용접 ② 마찰 용접
③ 스터드 용접 ④ 초음파 용접

해설 압접은 ①, ②, ④ 외에 가스압접, 냉간압접, 단접 등의 종류가 있다.

52. 아크 용접기에 핫 스타트(hot start) 장치를 사용함으로써 얻어지는 장점이 아닌 것은?

① 기공을 방지한다.
② 아크 발생이 쉽다.
③ 크레이터 처리가 용이하다.
④ 아크 발생 초기의 용입을 양호하게 한다.

해설 핫 스타트 장치는 아크 부스터(arc booster)라고도 하며, 아크 발생 시에만(약 1/4~1/5초) 용접전류를 크게 하여 용접 시작점에 생길 수 있는 기공이나 용입불량의 결함을 방지해준다.

53. 불가시 아크용접, 잠호용점, 유니언 멜트 용접, 링컨 용접 등으로 불리는 용접법은?

① 전자빔 용접
② 가압 테르밋 용접
③ 서브머지드 아크용접
④ 불활성가스 아크용접

해설 서브머지드 아크용접(SAW)은 아크나 발생가스가 용제 속에 잠겨 보이지 않으므로 잠호용접(潛弧鎔接)이라 하고, 또는 상품명으로 유니언 멜트 용접법(union melt welding), 링컨 용접법(Lincoln welding)이라고도 부르며 용제의 개발로 스테인리스강이나 일부 특수 금속에도 용접이 가능하다.

정답 49. ④ 50. ③ 51. ③ 52. ③ 53. ③

54. 가스절단에서 예열불꽃이 약할 때 나타나는 현상을 가장 적절하게 설명한 것은?

① 드래그가 증가한다.
② 절단속도가 빨라진다.
③ 절단면이 거칠어진다.
④ 모서리가 용융되어 둥글게 된다.

해설 예열불꽃이 약할 경우에는 절단속도가 느리고 절단이 쉽게 중단되며, 드래그가 증가하고 역화를 일으키기 쉽다.

55. 다음 중 전격의 위험성이 가장 적은 것은?

① 젖은 몸에 홀더 등이 닿았을 때
② 땀을 흘리면서 전기용접을 할 때
③ 무부하 전압이 낮은 용접기를 사용할 때
④ 케이블의 피복이 파괴되어 절연이 나쁠 때

해설 전격(감전) 위험은 무부하 전압이 높은 교류일수록 높기 때문에 산업안전보건법에서는 교류 아크 용접기에 반드시 전격방지기를 달아서 사용하게끔 되어 있다.

56. 다음 중 불활성가스 금속 아크용접(MIG)의 특징으로 틀린 것은?

① 후판 용접에 적합하다.
② 용접속도가 빠르므로 변형이 적다.
③ 피복아크용접보다 전류밀도가 크다.
④ 용접토치가 용접부에 접근하기 곤란한 경우에도 용접하기가 쉽다.

해설 MIG 용접의 특징〈①, ②, ③ 외〉
㉠ 직류역극성을 사용하며 청정작용이 있다.
㉡ 정전압 특성 또는 상승특성의 직류 용접기이다.
㉢ 용접토치는 전류밀도가 매우 높아 수랭식이 사용된다.
㉣ 인버터 방식의 용접기는 아크 자기 제어 특성을 갖고 있다.
㉤ 전극 와이어는 용접 모재와 같은 재질의 금속을 사용한다.

57. 연강의 가스절단 시 드래그(drag) 길이는 주로 어느 인자에 의해 변화하는가?

① 후열과 절단 팁의 크기
② 토치 각도와 진행 방향
③ 절단속도와 산소 소비량
④ 예열불꽃 및 백심의 크기

해설 드래그 길이는 주로 절단속도와 산소 소비량 등에 의해 변하므로 드래그는 판두께의 20%를 표준으로 한다.

58. 가스절단이 곤란한 주철, 스테인리스강 및 비철금속의 절단부에 철분 또는 용제를 공급하며 절단하는 방법은?

① 스카핑
② 분말 절단
③ 가스 가우징
④ 플라스마 절단

해설 분말 절단(powder cutting)은 절단부에 철분이나 용제 분말을, 토치 팁의 압축공기 또는 압축질소가스를 이용하여 연속적으로 절단 산소 속에 혼입 공급하여 예열불꽃에서 연소 반응시켜 그 반응열과 용제 작용으로 절단하는 방식이다.

59. 가스용접 장치 중 압력 조정기의 취급상 주의사항으로 틀린 것은?

① 압력 지시계가 잘 보이도록 설치한다.
② 압력 용기의 설치구 방향에는 아무런 장애물이 없어야 한다.
③ 조정기를 취급할 때는 기름이 묻은 장갑을 착용하고 작업해야 한다.

정답 54. ① 55. ③ 56. ④ 57. ③ 58. ② 59. ③

④ 조정기를 견고하게 설치한 다음 조정 나사를 풀고 밸브를 천천히 열어야 하며 가스누설 여부를 비눗물로 점검한다.

해설 압력 조정기의 취급상 주의점(①, ②, ④ 외): ㉠ 압력 조정기 설치구 나사부나 조정기의 각부에 그리스나 기름 등을 사용하지 않고, ㉡ 용기에 조정기를 설치할 때는 압력 조정기 설치구에 있는 먼지를 털어내고 연결부에서 가스 누설이 없도록 정확하게 연결한다.

60. 일반적인 용접의 특징으로 틀린 것은?

① 품질 검사가 곤란하다.
② 변형과 수축이 발생한다.
③ 잔류응력이 발생하지 않는다.
④ 저온취성이 발생할 우려가 있다.

해설 용접의 장단점

- 장점

㉠ 재료의 절약으로 중량이 가벼워진다.
㉡ 작업공정이 단축되어 경제적이다.
㉢ 재료 두께에 제한이 없다.
㉣ 기밀, 수밀, 유밀성이 우수하며 이음효율이 높다.
㉤ 제품의 성능과 수명이 향상되며 이종 재료도 접합할 수 있다.
㉥ 용접준비 및 작업이 비교적 간단하고 용접의 자동화가 용이하다.
㉦ 소음이 적어 실내에서의 작업이 가능하다.
㉧ 복잡한 구조물 제작이 쉬우며 보수와 수리가 용이하다.

- 단점

㉠ 재질의 변형 및 잔류응력이 발생한다.
㉡ 품질검사가 어렵고 변형과 수축이 생긴다.
㉢ 용접사의 기량에 따라 용접부의 품질이 좌우된다.
㉣ 저온취성이 생길 우려가 있다.
㉤ 유해광선 및 가스 폭발의 위험이 있다.

정답 60. ③

2018년도 시행 문제

2018년 3월 4일 시행

용접산업기사

제1과목 용접야금 및 용접설비제도

1. 저온균열의 발생에 관한 내용으로 옳은 것은?

① 용융금속의 응고 직후에 일어난다.

② 오스테나이트계 스테인리스강에서 자주 발생한다.

③ 용접금속이 약 300℃ 이하로 냉각되었을 때 발생한다.

④ 입계가 충분히 고상화되지 못한 상태에서 응력이 작용하여 발생한다.

해설 저온균열은 보통 수소에 의한 지연균열로 열영향부의 결정립 내 및 입계에서 주로 발생하여 진행된다. 고온균열과 달리 온도 300℃ 이하에서 많이 발생되는데 용접부에 잔류하는 수소가 주요 발생원인이다. 루트 균열, 비드밑 균열, 지단균열, 횡균열 등의 종류가 있다.
또한 저온균열은 열영향부의 조립부가 급열 급랭하고 소입 경화하여 발생하며 고장력강, 고탄소강, 저합금강 등에서 쉽게 발생하고 연강에서는 발생 빈도가 적다. 오스테나이트 스테인리스강이나 비철합금에서는 거의 드물다.

2. 일반적인 금속의 결정격자 중 전연성이 가장 큰 것은?

① 면심입방격자 ② 체심입방격자
③ 조밀육방격자 ④ 체심정방격자

해설 결정격자

종류	특징	금속(원소)
면심입방격자	전성과 연성이 좋음	Au, Ag, Al, Cu
체심입방격자	구조가 간단함	Cr, Mo
조밀육방격자	연성이 부족함	Cd, Co, Mg

3. 탄소와 질소를 동시에 강의 표면에 침투, 확산시켜 강의 표면을 경화시키는 방법은?

① 침투법 ② 질화법
③ 침탄질화법 ④ 고주파 담금질

해설 침탄질화법은 0.2%C 이하의 저탄소강 또는 저탄소 합금강으로 만든 제품을 침탄제(탄소) 및 침탄촉진제와 함께 침탄상자에 넣은 후 침탄로에서 가열 침탄한 후 급랭하여 약 0.5~2mm의 침탄층을 생성시켜 표면만 고탄소강으로 경화하는 열처리 방법이다. 강 표면에 질소를 함께 침투시켜 경화하는 방법을 말한다.

4. 킬드강(killed steel)을 제조할 때 탈산작용을 하는 가장 적합한 원소는?

① P ② S
③ Ar ④ Si

해설 킬드강은 용강을 페로실리콘(Fe-Si), 페로망가니즈(Fe-Mn), 알루미늄(Al) 등의 강탈산제로 충분히 탈산한 강이다.

정답 1. ③ 2. ① 3. ③ 4. ④

5. 연강을 0℃ 이하에서 용접할 경우 예열하는 요령으로 옳은 것은?

① 연강은 예열이 필요 없다.
② 용접 이음부를 약 500~600℃로 예열한다.
③ 용접 이음부의 홈 안을 700℃ 전후로 예열한다.
④ 용접이음의 양쪽 폭 100mm 정도를 40~75℃로 예열한다.

해설 각종 금속의 예열온도: ㉠ 고장력강, 저합금강, 두께 25t 이상의 연강, 주철의 경우 용접 홈을 50~350℃로 예열하고, ㉡ 열전도가 좋은 알루미늄합금, 구리합금은 200~400℃의 예열이 필요하며 나머지는 ④항과 같다.

6. 스테인리스강 중에 내식성, 내열성, 용접성이 우수하며 대표적인 조성이 18Cr-8Ni인 계통은?

① 페라이트계 ② 소르바이트계
③ 마텐자이트계 ④ 오스테나이트계

해설 스테인리스강에서 페라이트계와 마텐자이트계는 크로뮴계인 반면, 오스테나이트계는 크로뮴-니켈계로 용접성이 가장 좋은 제품이다.

7. 다음 중 용착금속의 샤르피 흡수 에너지를 가장 높게 할 수 있는 용접봉은?

① E4303 ② E4311
③ E4316 ④ E4327

해설 저수소계
㉠ 아크분위기 중의 수소량을 감소시킬 목적으로 피복제의 유기물을 줄이고, 탄산칼슘과 같은 염기성 탄산염에 형석(CaF_2, 불화칼슘), 페로실리콘 등을 배합한 용접봉이다.
㉡ 용착금속 중에 용해되는 수소의 함유량은 다른 용접봉에 비해 적으며(약 1/10) 강력한 탈산작용으로 용착금속의 인성 등 기계적 성질도 좋다.
㉢ 피복제는 다른 계통에 비해 두꺼우며 300~350℃로 1~2시간 정도 건조한다.

8. Fe-C 합금에서 6.67%C를 함유하는 탄화철의 조직은?

① 페라이트 ② 시멘타이트
③ 오스테나이트 ④ 트루스타이트

해설 시멘타이트는 철에 6.67%C가 함유된 철의 금속간화합물로 현미경 조직이 흰색 침상으로 나타나며 고온의 강중에서 생성되는 탄화철이다. 경도가 높고 취성이 많으며 상온에서 강자성체이고 1,153℃에서 빠른 속도로 흑연을 분리하는 특성이 있다.

9. 일반적인 피복아크 용접봉의 편심률은 몇 % 이내인가?

① 3% ② 5% ③ 10% ④ 20%

해설 편심률(%) $= \dfrac{D' + D}{D} \times 100$이며 3% 이내여야 한다.

10. 슬래그를 구성하는 산화물 중 산성 산화물에 속하는 것은?

① FeO ② SiO_2
③ TiO_2 ④ Fe_2O_3

해설 슬래그를 구성하는 산성 산화물 성분은 규사(SiO_2), 이산화망가니즈(MnO_2) 외에 적철강, 자철강, 사철, 산화몰리브덴, 산화니켈 등이 산화성이다.

11. 다음 용접자세 중 수직 자세를 나타내는 것은?

정답 5. ④ 6. ④ 7. ③ 8. ② 9. ① 10. ② 11. ③

① F ② O ③ V ④ H

해설 용접자세는 아래보기 자세(F), 수직 자세(V), 수평 자세(H), 위보기 자세(O), 전자세(AP)가 있다.

12. **다음 중 도면의 크기에 대한 설명으로 틀린 것은?**

① A0의 넓이는 약 1 m^2이다.
② A4의 크기는 210mm×297mm이다.
③ 제도용지의 세로와 가로 비는 1 : $\sqrt{2}$이다.
④ 복사한 도면이나 큰 도면을 접을 때는 A3의 크기로 접는 것을 원칙으로 한다.

해설 복사도나 큰 도면은 표제란이 겉으로 나오게 A4 크기로 접어 보관한다.

13. **다음 중 얇은 부분의 단면도를 도시할 때 사용하는 선은?**

① 가는 실선 ② 가는 파선
③ 가는 1점쇄선 ④ 아주 굵은 실선

해설 박판, 개스킷(gasket), 형강 등과 같이 절단면이 얇은 경우에는 아주 굵은 실선으로 표시한다.

14. **다음 중 치수 보조기호의 의미가 틀린 것은?**

① C: 45° 모따기
② SR: 구의 반지름
③ t: 판의 두께
④ ( ): 이론적으로 정확한 치수

해설 ( ): 참고치수

15. **일반적인 판금전개도를 그릴 때 전개방법이 아닌 것은?**

① 사각형 전개법 ② 평행선 전개법
③ 방사선 전개법 ④ 삼각형 전개법

해설 판금전개도의 전개방법은 평행선, 방사선, 삼각형 전개법 등이다.

16. **상, 하 또는 좌, 우 대칭인 물체의 중심선을 기준으로 내부와 외부 모양을 동시에 표시하는 단면도법은?**

① 온단면도 ② 한쪽 단면도
③ 계단 단면도 ④ 부분 단면도

해설 단면도의 종류

㉠ 온단면도(full sectional view): 물체를 기본 중심선에서 전부 절단하여 도시한 것이다.
㉡ 한쪽 단면도(half sectional view): 기본 중심선에 대칭인 물체의 1/4만 잘라내어 절반은 단면도로, 다른 절반은 외형도로 나타내는 단면법이다.
㉢ 부분 단면도(local sectional view): 외형도에서 필요한 요소의 일부분을 부분 단면도로 표시한다.
㉣ 회전 도시 단면도(revolved section): 핸들이나 바퀴 등의 암 및 림, 리브, 훅, 축, 구조물의 부재 등의 절단면을 90° 회전하여 표시한다.
㉤ 조합에 의한 단면도
- 계단 단면도(offset section): 2개 이상의 평면을 계단 모양으로 절단한 단면이다.
- 구부러진 관의 단면도
- 예각 및 직각 단면도

17. **다음은 KS 기계제도의 모양에 따른 선의 종류를 설명한 것이다. 틀린 것은?**

① 실선: 연속적으로 이어진 선
② 파선: 짧은 선을 불규칙한 간격으로 나열한 선
③ 일점쇄선: 길고 짧은 두 종류의 선을 번

정답 12. ④ 13. ④ 14. ④ 15. ① 16. ② 17. ②

갈아 나열한 선
④ 이점쇄선: 긴 선과 두 개의 짧은 선을 번갈아 나열한 선

해설 파선은 짧은 선을 일정한 간격으로 나열한 선이다.

18. **제도에서 사용되는 선의 종류 중 가는 2점쇄선의 용도를 바르게 나타낸 것은?**

① 대상물의 실제 보이는 부분을 나타낸다.
② 도형의 중심선을 간략하게 나타내는 데 쓰인다.
③ 가공 전 또는 가공 후의 모양을 표시하는 데 쓰인다.
④ 특수한 가공을 하는 부분 등 특별한 요구사항을 적용할 수 있는 범위를 표시하는 데 쓰인다.

해설 도면에서 가는 2점쇄선을 이용하는 것은 가상선이며 ㉠ 도시된 물체의 앞면을 표시하는 선, ㉡ 인접 부분을 참고로 표시하는 선, ㉢ 가공 전 또는 가공 후의 모양을 표시, ㉣ 이동하는 부분의 이동 위치를 표시, ㉤ 공구, 지그 등의 위치를 참고로 표시, ㉥ 반복을 표시하는 선이고, ㉦ 도면 내에 해당 부분의 단면형을 90° 회전하여 나타내는 선이다.

19. **도면에서 2종류 이상의 선이 같은 장소에서 중복될 경우 도면에 우선적으로 그어야 하는 선은?**

① 외형선　　② 중심선
③ 숨은선　　④ 무게 중심선

해설 도면에서 2종류 이상의 선이 같은 장소에서 중복될 경우에는 외형선 → 숨은선 → 절단선 → 중심선 → 무게 중심선 → 치수 보조선의 순서에 따라 그린다.

20. **다음 중 가는 실선을 사용하지 않는 선은?**

① 치수선　　② 지시선
③ 숨은선　　④ 치수보조선

해설 가는 실선은 치수선, 지시선, 치수보조선, 회전단면선, 중심선, 수준면선에 이용되고 숨은선은 가는 파선 또는 굵은 파선을 이용한다.

제2과목 용접구조설계

21. **각변형의 방지대책에 관한 설명 중 틀린 것은?**

① 구속지그를 활용한다.
② 용접속도가 빠른 용접법을 이용한다.
③ 개선 각도는 작업에 지장이 없는 한도 내에서 작게 하는 것이 좋다.
④ 판두께와 개선형상이 일정할 때 용접봉 지름이 작은 것을 이용하여 패스의 수를 늘린다.

해설 각변형을 억제하는 방법
㉠ 각에 미리 역변형을 준다.
㉡ 가접을 튼튼하게 한다.
㉢ 피닝(peening)을 한다.
㉣ 이음 양면에서 순서를 교대로 용착시킨다.
㉤ 패스(pass)의 수가 적을수록 각변형이 줄어들게 되며 또한 ①, ②, ③항이 해당된다.

22. **용접 시점이나 종점 부분의 결함을 줄이는 설계방법으로 가장 거리가 먼 것은?**

① 주부재와 2차 부재를 전둘레 용접하는 경우 틈새를 10mm 정도로 둔다.

정답 18. ③ 19. ① 20. ③ 21. ④ 22. ①

② 용접부의 끝단에 돌출부를 주어 용접한 후에 엔드 태브(end tab)는 제거한다.
③ 양면에서 용접 후 다리길이 끝에 응력이 집중되지 않게 라운딩을 준다.
④ 엔드 태브를 붙이지 않고 한 면에 V형 홈으로 만들어 용접 후 라운딩한다.

해설 용접작업을 할 때 시점이나 중간지점에 결함을 줄이는 설계방법은 용접부 끝단에 엔드 태브를 설치하거나 한 면에 V형 홈으로 만들어 용접 후 라운딩을 하거나 앤드 태브를 제거하는 방법을 채택한다.

23. 용접부 윗면이나 아랫면이 모재의 표면보다 낮게 되는 것으로 용접사가 충분히 용착금속을 채우지 못하였을 때 생기는 결함은?

① 오버랩 ② 언더필
③ 스패터 ④ 아크 스트라이크

해설 언더필(underfill, 덧살 부족, 용착 부족)은 용융금속이 모재표면 높이 이하로 용가재 금속이 덜 채워진 형상, 즉 용접부의 외부 면이 완전히 채워지지 않은 상태를 말한다.

24. 용접구조물에서 파괴 및 손상의 원인으로 가장 거리가 먼 것은?

① 재료 불량 ② 포장 불량
③ 설계 불량 ④ 시공 불량

해설 용접구조물에서 파괴 및 손상의 원인은 재료 불량, 설계 불량, 용접시공 불량 등이 대부분이며 포장 불량은 원인이 되지 않는다.

25. T이음 등에서 강의 내부에 강판 표면과 평행하게 층상으로 발생되는 균열로 주요 원인이 모재의 비금속개재물인 것은?

① 토 균열 ② 재열 균열
③ 루트 균열 ④ 라멜라 테어

해설 라멜라 테어(lamella tear)는 모재의 비금속개재물에 의한 균열로, 이를 방지하기 위해서는 특별히 배려된 강재를 사용하는 것이 가장 효과적이다.

26. 아래 그림과 같은 필릿 용접부의 종류는?

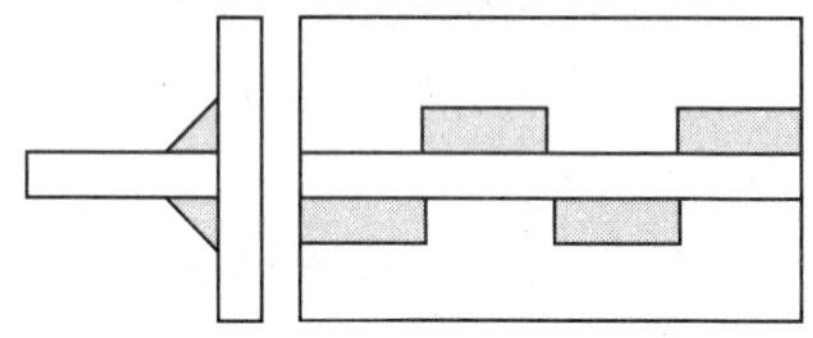

① 연속 필릿용접
② 단속 병렬 필릿용접
③ 연속 병렬 필릿용접
④ 단속 지그재그 필릿용접

해설 필릿용접에서 양쪽이 단속적으로 지그재그한 비드를 놓기 때문에 단속 지그재그 필릿용접이라 한다.

27. 응력제거풀림의 효과에 대한 설명으로 틀린 것은?

① 치수 틀림의 방지
② 충격저항의 감소
③ 크리프 강도의 향상
④ 열영향부의 템퍼링 연화

해설 응력제거풀림의 효과는 ①, ③, ④ 외에 충격저항 증대, 강도 증대, 용접 잔류응력 제거, 응력부식에 대한 저항력 증대, 용착금속 중의 수소 제거에 의한 연성 증대 등이다.

28. 다음 중 용접용 공구가 아닌 것은?

① 앞치마 ② 치핑 해머

정답 23. ② 24. ② 25. ④ 26. ④ 27. ② 28. ①

③ 용접집게 ④ 와이어브러시

해설 앞치마는 용접작업자가 착용하는 보호구이다.

29. 판두께 8mm를 아래보기 자세로 15m, 판두께 15mm를 수직자세로 8m 맞대기 용접 하였다. 이때 환산 용접길이는 얼마인가? (단, 아래보기 맞대기용접의 환산계수는 1.32이고, 수직 맞대기용접의 환산계수는 4.32이다.)

① 44.28m ② 48.56m
③ 54.36m ④ 61.24m

해설 용접길이×환산계수
$= (15 \times 1.32) + (8 \times 4.32) = 54.36$

30. 용접변형의 일반적 특성에서 홈 용접시 용접진행에 따라 홈 간격이 넓어지거나 좁아지는 변형은?

① 종변형 ② 횡변형
③ 각변형 ④ 회전변형

해설 회전변형(rotational distortion): 구조물 또는 부재의 일부가 회전하여 생기는 것으로, 용접되지 않은 개선(開先) 부분이 면내에서 내측 또는 외측으로 회전 이동함으로써 생기는 변형을 말한다.

31. 다음 중 용착금속 내부에 발생된 기공을 적출하는 데 가장 적합한 검사법은?

① 누설검사 ② 육안검사
③ 침투 탐상검사 ④ 방사선 투과검사

해설 방사선 투과검사는 현상이나 필름을 판독하여 내부결함을 검출하는 데 용이하지만 미세한 표면 균열은 검출되지 않는다.

32. 모세관 현상을 이용하여 표면 결함을 검사하는 방법은?

① 육안검사 ② 침투검사
③ 자분검사 ④ 전자기적 검사

해설 모세관 현상을 이용한 표면결함 검사법은 표면에 침투액을 뿌려 침투시킨 후 형광 침투액으로 결함을 나타내는 침투검사이다.

33. 맞대기용접 시에 사용되는 엔드 태브(end tab)에 대한 설명으로 틀린 것은?

① 모재와 다른 재질을 사용해야 한다.
② 용접 시작부와 끝부분의 결함을 방지한다.
③ 모재와 같은 두께와 홈을 만들어 사용한다.
④ 용접 시작부와 끝부분에 가접한 후 용접한다.

해설 엔드 태브란 용접결함이 생기기 쉬운 용접비드의 시작부분과 끝부분에 부착하는 강판을 말한다. 수동 35mm, 반자동 40mm, 자동 70mm이며, 엔드 태브를 사용하는 경우 용접길이를 모두 인정한다.

34. 어떤 용접구조물을 시공할 때 용접봉 0.2톤이 소모되는데, 170kgf의 용착금속 중량이 산출되었다면 용착효율은 몇 %인가?

① 7.6 ② 8.5 ③ 76 ④ 85

해설 용착률(용착효율)

$$= \frac{\text{용착금속 중량}}{\text{사용 용접물 총 중량}} = \frac{170}{0.2} = 85$$

35. 본용접의 용착법에서 용접방향에 따른 비드배치법이 아닌 것은?

① 전진법 ② 펄스법
③ 대칭법 ④ 스킵법

정답 29. ③ 30. ④ 31. ④ 32. ② 33. ① 34. ④ 35. ②

해설 용착법은 용접하는 방향에 따라 전진법, 후진법, 대칭법, 스킵법(비석법), 교호법 등이 있다.

36. 인장 시험기로 인장 · 파단하여 측정할 수 없는 것은?

① 연신율　② 인장강도
③ 굽힘응력　④ 단면 수축률

해설 인장 시험기로 인장 파단하여 연신율, 인장강도, 단면 수축률, 항복점(내력) 등을 측정한다.

37. 용착금속의 인장강도가 40 kgf/mm²이고 안전율이 5라면 용접이음의 허용응력은 몇 kgf/mm²인가?

① 8　② 20　③ 40　④ 200

해설 허용응력 $= \frac{\text{인장하중}}{\text{안전율}} = \frac{40}{5} = 8$

38. 용접구조 설계시 주의사항으로 틀린 것은?

① 용접이음의 집중, 접근 및 교차를 피한다.
② 리벳과 용접의 혼용 시에는 충분히 주의를 한다.
③ 용착금속은 가능한 한 다듬질 부분에 포함되게 한다.
④ 후판 용접의 경우 용입이 깊은 용접법을 이용하여 층수를 줄인다.

해설 용접구조 설계시 주의사항 〈①, ②, ④ 외〉
㉠ 용접에 적합한 구조로 설계할 것
㉡ 용접길이는 최대한 짧게 한다.
㉢ 용접이음의 특성을 고려하여 선택할 것
㉣ 용접하기 쉽도록 설계할 것
㉤ 강도가 약한 필릿용접은 가급적 피할 것
㉥ 반복 하중을 받는 이음에서는 특히 이음 표면을 평평하게 할 것
㉦ 구조상 노치부를 피할 것
㉧ 결함이 생기기 쉬운 용접 방법은 피할 것

39. 똑같은 두께의 재료를 용접할 때 냉각속도가 가장 빠른 이음은?

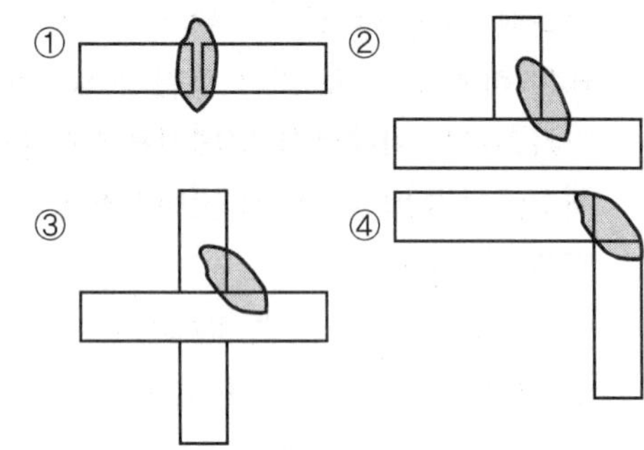

해설 냉각속도는 두께가 두껍고 열의 확산방향이 많을수록 더 빠르다.

40. 용접 이음부의 형태를 설계할 때 고려하여야 할 사항으로 틀린 것은?

① 최대한 깊은 홈을 설계한다.
② 적당한 루트간격과 홈각도를 선택한다.
③ 용착 금속량이 적게 되는 이음모양을 선택한다.
④ 용접봉이 쉽게 접근되도록 하여 용접하기 쉽게 한다.

해설 용접 이음부의 형태를 설계할 때에는 최대한의 용접강도를 유지할 수 있는 홈의 형태로 하고, 용접작업을 편하게 할 수 있는 구조로 해야 한다.

제3과목 용접일반 및 안전관리

41. 불활성가스 텅스텐 아크용접에서 일반 교류전원을 사용하지 않고, 고주파 교류전원을 사용할 때의 장점으로 틀린 것은?

정답 36. ③ 37. ① 38. ③ 39. ③ 40. ① 41. ②

① 텅스텐 전극의 수명이 길어진다.
② 텅스텐 전극봉이 많은 열을 받는다.
③ 전극봉을 모재에 접촉시키지 않아도 아크가 발생한다.
④ 아크가 안정되어 작업 중 아크가 약간 길어져도 끊어지지 않는다.

해설 고주파를 병용한 교류(ACHF)를 사용하면 반파에 청정 작용이 있고 용접도 양호하다.

42. 공업용 아세틸렌가스 용기의 색상은?

① 황색 ② 녹색 ③ 백색 ④ 주황색

해설 충전가스 용기의 도색

가스 명칭	도색	가스충전 구멍에 있는 나사의 좌우
산소	녹색	우
수소	주황색	좌
탄산가스	청색	우
염소	갈색	우
암모니아	백색	우
아세틸렌	황색	좌
프로판	회색	좌
아르곤	회색	우

43. 피복아크용접 작업에서 아크쏠림의 방지대책으로 틀린 것은?

① 짧은 아크를 사용할 것
② 직류용접 대신 교류용접을 사용할 것
③ 용접봉 끝을 아크쏠림 반대 방향으로 기울일 것
④ 접지점을 될 수 있는 대로 용접부에 가까이 할 것

해설 아크쏠림의 방지책〈①, ②, ③ 외〉
㉠ 접지점을 될 수 있는 대로 용접부에서 멀리 할 것 ㉡ 큰 가접부 또는 이미 용접이 끝난 용착부를 향하여 용접할 것 ㉢ 용접부가 긴 경우는 후퇴 용접법으로 할 것 ㉣ 받침쇠, 긴 가접부, 이음 처음과 끝의 엔드 태브(end tab) 등을 이용할 것 ㉤ 접지점 2개를 연결할 것 등이다.

44. 아크용접과 가스용접을 비교할 때, 일반적인 가스용접의 특징으로 옳은 것은?

① 아크용접에 비해 불꽃의 온도가 높다.
② 열 집중성이 좋아 효율적인 용접이 된다.
③ 금속이 탄화 및 산화될 가능성이 많다.
④ 아크용접에 비해서 유해광선의 발생이 많다.

해설 가스용접의 장단점
• 장점
㉠ 응용범위가 넓고 전원설비가 필요 없다.
㉡ 가열 및 조정이 자유롭다.
㉢ 운반이 편리하고 설비비가 싸다.
㉣ 아크용접에 비하여 유해광선의 발생이 적다.
㉤ 박판 용접에 적당하다.
• 단점
㉠ 열집중성이 나빠 효율적인 용접이 어렵다.
㉡ 불꽃의 온도와 열효율이 낮다.
㉢ 폭발 위험성이 크며 용접금속의 탄화 및 산화의 가능성이 많다.
㉣ 아크용접에 비해 일반적으로 신뢰성이 적다.

45. CO_2 가스 아크용접에 대한 설명으로 틀린 것은?

① 전류밀도가 높아 용입이 깊고, 용접속도를 빠르게 할 수 있다.
② 용접장치, 용접전원 등 장치로서는 MIG 용접과 같은 점이 많다.
③ CO_2 가스 아크용접에서는 탈산제로 Mn

정답 42. ① 43. ④ 44. ③ 45. ④

및 Si를 포함한 용접와이어를 사용한다.

④ CO_2 가스 아크용접에서는 보호가스로 CO_2에 다량의 수소를 혼합한 것을 사용한다.

해설 탄산가스 아크용접의 특징〈①, ②, ③ 외〉
㉠ 산화나 질화가 없고 수소량이 적어 기계적, 금속학적 성질이 좋은 용착금속을 얻는다.
㉡ 값싼 탄산가스를 사용하고 가는 와이어로 고속도 용접이 가능하므로 다른 용접법에 비하여 비용이 싸다.
㉢ 가시(可視) 아크이므로 시공이 편리하다.
㉣ 서브머지드 아크 용접법에 비하여 모재 표면의 녹과 오물 등에 둔감하다.
㉤ 용제를 사용하지 않으므로 용접부에 슬래그 섞임이 없고 용접 후의 처리가 간단하다.
㉥ 전자세 용접이 가능하고 조작도 간단하여 기술에 숙련을 별로 요구하지 않는다.

46. 용접작업에서 전격의 방지대책으로 틀린 것은?

① 무부하 전압이 높은 용접기를 사용한다.
② 작업을 중단하거나 완료 시 전원을 차단한다.
③ 안전홀더 및 완전 절연된 보호구를 착용한다.
④ 습기찬 작업복 및 장갑 등을 착용하지 않는다.

해설 용접작업에서의 전격(감전) 방지대책: ㉠ 무부하 전압이 낮은 용접기를 사용한다. ㉡ 용접작업 전에 완전 절연된 보호구를 착용하고 안전홀더를 사용한다. ㉢ 습기찬 작업복 및 장갑 등을 착용하지 않는다. ㉣ 작업 시작 전에 전원스위치를 넣고 작업을 중단하거나 완료 시에는 반드시 전원을 차단하며 스위치를 조작할 때는 심장과 거리가 먼 오른손(혹은 심장이 오른쪽에 있는 사람은 왼손)을 이용한다.

47. 가스 용접봉에 관한 내용으로 틀린 것은?

① 용접봉을 용가재라고도 한다.
② 인이나 황의 성분이 많아야 한다.
③ 용융온도가 모재와 동일하여야 한다.
④ 가능한 모재와 같은 재질이어야 한다.

해설 가스 용접봉은 가능한 한 모재와 동일 재질로 불순물인 인, 황, 구리의 함유량이 적어야 한다.

48. 돌기 용접(projection welding)의 특징으로 틀린 것은?

① 점용접에 비해 작업속도가 매우 느리다.
② 작은 용접점이라도 높은 신뢰도를 얻을 수 있다.
③ 점용접에 비해 전극의 소모가 적어 수명이 길다.
④ 용접된 양쪽의 열용량이 크게 다를 경우라도 양호한 열평형이 얻어진다.

해설 돌기(프로젝션) 용접은 2개 이상의 돌기부를 만들어서 1회의 작동으로 여러 개의 점용접이 되도록 한 것으로 점용접보다 작업속도가 빠르다.

49. 정격전류가 500 A인 용접기를 실제는 400 A로 사용하는 경우의 허용 사용률은 몇 %인가? (단, 이 용접기의 정격 사용률은 40%이다.)

① 60.5 ② 62.5 ③ 64.5 ④ 66.5

해설 허용 사용률(%)

$$= \frac{(\text{정격 2차전류})^2}{(\text{실제 용접전류})^2} \times \text{정격 사용률}(\%)$$

$$= \frac{(500)^2}{(400)^2} \times 40\% = \frac{250000}{160000} \times 40\%$$

정답 46. ① 47. ② 48. ① 49. ②

$= 1.56 \times 40\% = 62.5\%$

50. **저수소계 용접봉의 피복제에 30~50% 정도의 철분을 첨가한 것으로 용착속도가 크고 작업능률이 좋은 용접봉은?**

① E4326 ② E4313 ③ E4324 ④ E4327

해설 철분 저수소계(E4326): E4316과 철분(30~50%)으로 조성된 고능률 봉으로, 아래보기 자세(F) 및 수평필릿 자세(H-fillet)에 사용된다.

51. **아크 에어 가우징에 대한 설명으로 틀린 것은?**

① 가우징봉은 탄소 전극봉을 사용한다.
② 가스 가우징보다 작업능률이 2~3배 높다.
③ 용접 결함부 제거 및 홈의 가공 등에 이용된다.
④ 사용하는 압축공기의 압력은 20 kgf/cm^2 정도가 좋다.

해설 아크 에어 가우징(arc air gouging): 탄소 아크 절단 장치에 5~7 kg/cm^2 정도의 압축공기를 병용하여 가우징, 절단 및 구멍 뚫기 등에 적합하며, 특히 가우징으로 많이 사용되고 전극봉은 흑연에 구리도금을 한 것이 사용되며 전원은 직류이고 아크 전압 25~45 V, 아크 전류 200~500 A 정도의 것이 널리 사용된다.

• 특징

㉠ 가스 가우징법보다 작업능률이 2~3배 높다. ㉡ 모재에 악영향이 거의 없다. ㉢ 용접결함의 발견이 쉽다. ㉣ 소음이 없고 조정하기 쉽다. ㉤ 경비가 싸고 철, 비철금속 어느 경우에나 사용범위가 넓다.

52. **불활성가스 금속 아크용접의 특징으로 틀린 것은?**

① 가시(可視) 아크이므로 시공이 편리하다.
② 전류밀도가 낮기 때문에 용입이 얕고, 용접재료의 손실이 크다.
③ 바람이 부는 옥외에서는 별도의 방풍장치를 설치하여야 한다.
④ 용접토치가 용접부에 접근하기 곤란한 조건에서는 용접이 불가능한 경우가 있다.

해설 MIG 용접의 전류밀도는 피복아크용접의 4~6배, TIG 용접의 2배 정도로 매우 높다.

53. **표피효과(skin effect)와 근접효과(proximity effect)를 이용하여 용접부를 가열 용접하는 방법은?**

① 폭발 압접(explosive welding)
② 초음파 용접(ultrasonic welding)
③ 마찰 용접(friction pressure welding)
④ 고주파 용접(hight-frequency welding)

해설 고주파 용접은 고주파 전류를 직접 용접물에 통하게 하여 고주파 전류 자체가 근접효과에 의해 용접부를 집중적으로 가열해 용접하는 방법과 도체 표면에 고주파 전류가 집중적으로 흐르는 성질인 표피효과를 이용하여 용접부를 가열해 용접하는 방법이 있다.

54. **다음 용착법 중 각 층마다 전체의 길이를 용접하면서 쌓아 올리는 다층 용착법은?**

① 스킵법 ② 대칭법
③ 빌드업법 ④ 캐스케이드법

해설 다층 용착법은 덧살올림법(빌드업법, build-up method), 캐스케이드법(cascade sequence), 점진 블록법(progressive block sequence) 등의 종류가 있다.

정답 50. ① 51. ④ 52. ② 53. ④ 54. ③

55. 가스용접에서 압력 조정기(pressure regulator)의 구비 조건으로 틀린 것은?

① 동작이 예민해야 한다.
② 빙결하지 않아야 한다.
③ 조정압력과 방출압력의 차이가 커야 한다.
④ 조정압력은 용기 내의 가스양이 변화하여도 항상 일정해야 한다.

해설 가스용접에 사용되는 압력 조정기의 구비조건은 감압 조정기로서 ㉠ 동작이 예민하고 ㉡ 빙결되지 않으며 ㉢ 조절압력과 방출압력의 차이가 없이 항상 일정하게 유지되어야 하고 ㉣ 압력 지시계가 잘 보여야 한다는 점 등이다.

56. 용접법의 분류에서 경납땜의 종류가 아닌 것은?

① 가스납땜 ② 마찰납땜
③ 노내납땜 ④ 저항납땜

해설 경납땜의 종류는 가스납땜, 노내납땜, 저항납땜, 담금납땜, 진공납땜, 유도가열납땜 등이다.

57. 다음 중 용접작업자가 착용하는 보호구가 아닌 것은?

① 용접장갑 ② 용접 헬멧
③ 용접 차광막 ④ 가죽 앞치마

해설 용접작업자가 신체에 착용하는 것은 용접안전장갑, 용접앞치마, 용접조끼(또는 팔덮개), 발덮개, 용접 헬멧(또는 핸드실드) 등이며 용접 차광막은 용접작업 할 때 아크빛을 타인이 볼 수 없게 하기 위해 치는 장치이다.

58. 용접기의 아크 발생시간을 6분, 휴식시간을 4분이라 할 때 용접기의 사용률은 몇 %인가?

① 20 ② 40 ③ 60 ④ 80

해설 $\text{사용률}(\%) = \frac{\text{아크시간}}{\text{아크시간} + \text{휴식시간}} \times 100$

$\frac{6}{6+4} \times 100 = 60$

59. TIG용접 시 직류정극성을 사용하여 용접하면 비드 모양은 어떻게 되는가?

① 비극성 비드와는 관계없다.
② 비드 폭이 역극성과 같아진다.
③ 비드 폭이 역극성보다 좁아진다.
④ 비드 폭이 역극성보다 넓어진다.

해설 역극성 시에는 청정효과가 있어 강한 산화막이나 용융점이 높은 산화막이 있는 알루미늄(Al), 마그네슘(Mg) 등의 용접이 용제 없이 가능하고, 직류정극성을 사용하면 비드 폭이 좁고 용입이 깊은 용접부를 얻으나 청정효과가 없다.

60. 실드 가스로서 주로 탄산가스를 사용하여 용융부를 보호하고 탄산가스 분위기 속에서 아크를 발생시켜 그 아크열로 모재를 용융시켜 용접하는 방법은?

① 실드 용접
② 테르밋 용접
③ 전자빔 용접
④ 일렉트로 가스 아크용접

해설 일렉트로 가스 용접(EGW: electrogas arc welding)은 일렉트로 슬래그 용접과 같은 조작방법인 수직 용접법으로 슬래그 대신에 탄산가스를 주로 실드가스로 사용하며, 실드가스 분위기 속에서 아크를 발생시켜 아크열로 모재를 용융시켜 용접하는 방법으로 탄산가스 인크로즈드 아크용접(CO_2 enclosed-arc welding)이라고도 한다.

정답 55. ③ 56. ② 57. ③ 58. ③ 59. ③ 60. ④

2018년 4월 28일 시행

용접산업기사

제1과목 용접야금 및 용접설비제도

1. 풀림의 방법에 속하지 않는 것은?

① 질화 ② 항온
③ 완전 ④ 구상화

해설 풀림 방법은 완전 풀림, 구상화 풀림, 응력제거 풀림, 항온 풀림 등이고, 질화는 금속에 질소가 함유되어 취성을 갖고 있는 것과 강에 질소를 침투하여 질화시키는 표면경화법의 일종이다.

2. Fe-C 평형 상태도에 없는 반응은?

① 편정반응 ② 공정반응
③ 공석반응 ④ 포정반응

해설 편정반응(monotectic reaction): 하나의 액체에서 고체와 다른 종류의 액체를 동시에 형성하는 반응으로 공정반응과 흡사하지만 하나의 액체만이 변태반응을 일으킨다. Fe-C 상태도 상에서는 없는 반응이다.

3. 강에 함유된 원소 중 강의 담금질 효과를 증대시키며, 고온에서 결정립 성장을 억제시키는 것은?

① 황 ② 크롬
③ 탄소 ④ 망가니즈

해설 탄소강 중 망가니즈의 영향
㉠ 강의 담금질 효과를 증대시켜 경화능이 커진다.
㉡ 강의 연신율을 그다지 감소시키지 않고 강도, 경도, 인성을 증대시킨다.
㉢ 고온에서 결정립 성장을 억제시킨다.
㉣ 주조성을 좋게 하며 유황의 해를 감소시킨다.
㉤ 강의 점성을 증가시키고 고온 가공성은 향상시키나 냉간 가공성은 불리하다.

4. γ고용체와 α고용체에서 나타나는 조직은?

① γ고용체 = 페라이트 조직
α고용체 = 오스테나이트 조직
② γ고용체 = 페라이트 조직
α고용체 = 시멘타이트 조직
③ γ고용체 = 시멘타이트 조직
α고용체 = 페라이트 조직
④ γ고용체 = 오스테나이트 조직
α고용체 = 페라이트 조직

해설 γ고용체는 면심입방격자이며 오스테나이트 조직이고, α고용체는 체심입방격자이며 페라이트 조직이다.

5. 마텐자이트계 스테인리스강은 지연균열 감수성이 높다. 이를 방지하기 위한 적정한 예열온도 범위는?

① 100~200℃ ② 200~400℃
③ 400~500℃ ④ 500~650℃

해설 지연균열(delayed cracking): 용접 후 어느 정도 시간이 경과한 다음 용접부에 있는 확산성 수소의 집중이 중대한 영향을 미쳐 발생하는 균열을 지연균열이라 하고 이를 방지하기 위한 적정한 예열 온도는 200~400℃이다.

6. 일반적으로 탄소의 함유량이 0.025~0.8 % 사이의 강을 무슨 강이라 하는가?

① 공석강 ② 공정강
③ 아공석강 ④ 과공석강

정답 1. ① 2. ① 3. ④ 4. ④ 5. ② 6. ③

해설 Fe-C상태도에서 0.85%탄소강을 공석강이라 하며, 그 이하를 아공석강, 그 이상을 과공석강이라 한다.

7. 다음 중 강의 5원소에 포함되지 않는 것은?

① P ② S ③ Cr ④ Mn

해설 탄소강의 5원소는 C, Mn, Si, P, S 등이다.

8. 비드 밑 균열에 대한 설명으로 틀린 것은?

① 주로 200℃ 이하 저온에서 발생한다.
② 용착 금속 속의 확산성 수소에 의해 발생한다.
③ 오스테나이트에서 마텐자이트 변태 시 발생한다.
④ 담금질 경화성이 약한 재료를 용접했을 때 발생하기 쉽다.

9. 주철용접에서 예열을 실시할 때 얻는 효과 중 틀린 것은?

① 변형의 저감
② 열영향부 경도의 증가
③ 이종재료 용접 시 온도 기울기 감소
④ 사용 중인 주조의 탄수화물 오염 저감

해설 충분한 예열을 해주어서 열영향부의 경화를 방지할 수 있다.

10. 다음 중 탈황을 촉진하기 위한 조건으로 틀린 것은?

① 비교적 고온이어야 한다.
② 슬래그의 염기도가 낮아야 한다.
③ 슬래그의 유동성이 좋아야 한다.
④ 슬래그 중의 산화철분 함유량이 낮아야 한다.

해설 피복제에 슬래그의 염기도가 높을수록 내균열성이 높아진다.

11. 도면에서 해칭을 하는 경우는?

① 단면도의 절단된 부분을 나타낼 때
② 움직이는 부분을 나타내고자 할 때
③ 회전하는 물체를 나타내고자 할 대
④ 대상물의 보이는 부분을 표시할 때

해설 절단면 등을 명시하기 위하여 가는 실선으로 표시하는 선

12. 도면의 양식 및 도면 접기에 대한 설명 중 틀린 것은?

① 척도는 도면의 표제란에 기입한다.
② 복사한 도면을 접을 때, 그 크기는 원칙적으로 210 mm×297 mm(A4)의 크기로 한다.
③ 도면의 중심 마크는 사용하기 편리한 크기와 양식으로 임의의 위치에 설치한다.
④ 도면의 크기 치수에 따라 굵기 0.5 mm 이상의 실선으로 윤곽선을 그린다.

해설 도면의 중심마크는 도면을 정리하여 철하기에 편리하도록 0.5mm 굵기의 실선으로 용접의 가장자리까지 중심마크를 긋는다.

13. 다음 용접 기본기호의 명칭으로 맞는 것은?

V

① 필릿 용접
② 가장자리 용접
③ 일면 개선형 맞대기 용접
④ 개선각이 급격한 V형 맞대기 용접

14. 도형 내의 특정한 부분이 평면이라는 것

정답 7. ③ 8. ④ 9. ② 10. ② 11. ① 12. ③ 13. ③ 14. ②

을 표시할 경우 맞는 기입 방법은?

① 은선으로 대각선을 기입
② 가는 실선으로 대각선을 기입
③ 가는 1점 쇄선으로 사각형을 기입
④ 가는 2점 쇄선으로 대각선을 기입

15. 도면에 치수를 기입할 때 유의사항으로 틀린 것은?

① 치수는 가급적 주 투상도에 집중해서 기입한다.
② 치수는 가급적 계산할 필요가 없도록 기입한다.
③ 치수는 가급적 공정마다 배열을 분리하여 기입한다.
④ 참고치수를 기입할 때는 원을 먼저 그린 후 원 안에 치수를 넣는다.

해설 참고치수는 ( ) 안에 기입한다.

16. 다음 도면에서 ①이 표시된 선의 명칭은?

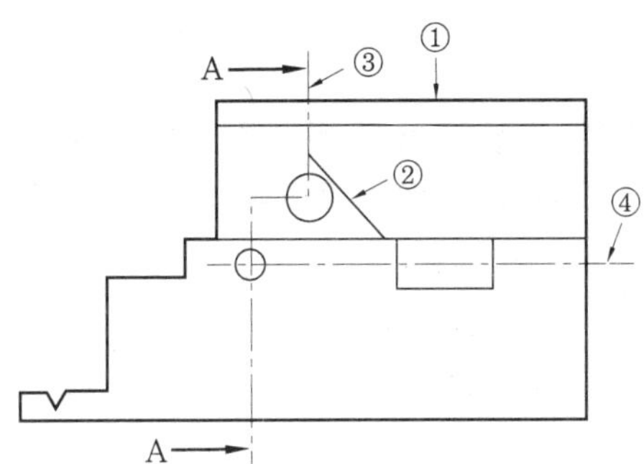

① 해칭선 ② 절단선
③ 외형선 ④ 치수 보조선

17. 용접부 표면 및 용접부 형상 보조기호 중 영구적인 이면 판재 사용을 나타내는 기호는?

① —— ② M ③ MR ④ ⌣

해설 ①은 평면(동일한 면으로 마감처리), ② 영구적인 이면판재 사용, ③ 제거 가능한 이면 판재 사용, ④ 토우를 매끄럽게 함

18. KS의 재료기호 중 'SPLT 390'은 어떤 재료를 의미하는가?

① 내열강판
② 저온 배관용 탄소 강관
③ 일반 구조용 탄소 강관
④ 보일러, 열 교환기용 합금강 강관

해설 S: 강, P: 강관, LT: 저온 , 390: 최저 인장강도가 390N/mm^2

19. 그림과 같은 용접도시기호에 의하여 용접할 경우 설명으로 틀린 것은?

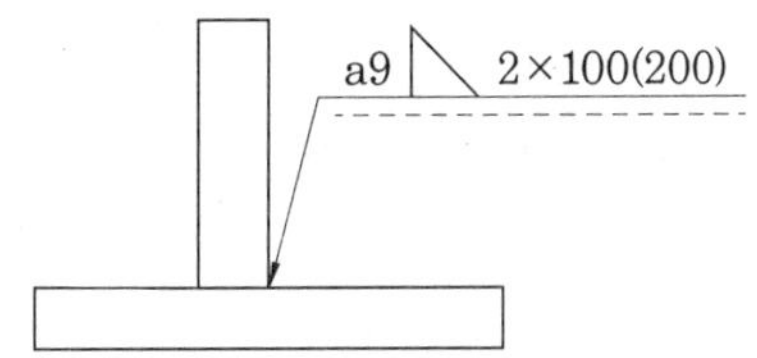

① 목두께는 9mm이다.
② 용접부의 개수는 2개이다.
③ 화살표 쪽에 필릿 용접한다.
④ 용접부 길이는 200mm이다.

해설 200: 100mm 용접 비드 2개와의 사이가 200mm임을 나타낸다. a9는 목 두께를 표시하고, z9로 표시된 경우는 목 길이(각장)를 의미한다.

20. 도면 관리에 필요한 사항과 도면 내용에 관한 중요한 사항을 정리하여 도면에 기입하는 것은?

① 표제란 ② 윤곽선
③ 중심 마크 ④ 비교 눈금

정답 15. ④ 16. ③ 17. ② 18. ② 19. ④ 20. ①

제2과목 용접구조설계

21. 다음 중 용접부에서 방사선 투과 시험법으로 검출하기 가장 곤란한 결함은?

① 기공
② 용입 불량
③ 슬래그 섞임
④ 라미네이션 균열

해설 라미네이션 균열은 초음파 탐상 시험법으로 검출이 가능하다.

22. 다음 금속 중 열전도율이 가장 낮은 금속은?

① 연강
② 구리
③ 알루미늄
④ 18–8 스테인리스강

해설 열전도율 순서 : 구리>알루미늄>연강>18–8스테인리스강

23. 아크 용접 시 용접이음의 용융부 밖에서 아크를 발생시킬 때 아크열에 의해 모재 표면에 생기는 결함은?

① 은점(fish eye)
② 언더 컷(under cut)
③ 스케터링(scattering)
④ 아크 스트라이크(arc strike)

24. 다음 용접 기호가 뜻하는 것은?

① 심 용접
② 점 용접
③ 현장 용접
④ 일주 용접

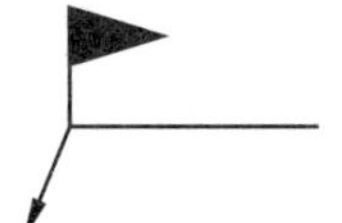

25. 그라인더를 사용하여 용접부의 표면 비드를 모재의 표면 높이와 동일하게 잘 다듬질하는 가장 큰 이유는?

① 용접부의 인성을 낮추기 위해
② 용접부의 잔류응력을 증가시키기 위해
③ 용접부의 응력 집중을 감소시키기 위해
④ 용접부의 내부 결함의 크기를 증대시키기 위해

26. 잔류응력이 남아있는 용접제품에 소성변형을 주어 용접 잔류응력을 제거(완화)하는 방법을 무엇이라고 하는가?

① 노내 풀림법
② 국부 풀림법
③ 저온 응력 완화법
④ 기계적 응력 완화법

해설 기계적 응력완화법 : 잔류응력이 있는 제품에 하중을 주고 용접부에 약간의 소성변형을 일으킨 다음 하중을 제거하는 방법으로 큰 구조물에서는 한정된 조건하에서 사용할 수 있다.

27. 용접 모재의 뒤편을 강하게 받쳐 주어 구속에 의하여 변형을 억제하는 것은?

① 포지셔너 ② 회전 지그
③ 스트롱 백 ④ 머니퓰레이터

해설 머니퓰레이터(manipulator)는 용접기의 토치를 머니퓰레이터의 빔 끝에 고정시켜 놓고 직선용접을 자동용접으로 시공할 수 있게 한 것이다.

28. 다음 중 용접부를 검사하는데 이용하는 비파괴 검사법이 아닌 것은?

① 누설 시험 ② 충격 시험
③ 침투 탐상법 ④ 초음파 탐상법

정답 21. ④ 22. ④ 23. ④ 24. ③ 25. ③ 26. ④ 27. ④ 28. ②

29. 잔류응력 측정법에는 정성적 방법과 정량적 방법이 있다. 다음 중 정성적 방법에 속하는 것은?

① X-선법
② 자기적 방법
③ 충격 이완법
④ 광탄성에 의한 방법

해설 잔류응력의 측정법 중 정성적 방법은 부식법, 응력바니시(varnish)법, 자기적 방법 등이다.

30. 20kg의 피복 아크 용접봉을 가지고 두께 9mm 연강판 구조물을 용접하여 용착되고 남은 피복 중량, 스패터, 잔봉, 연소에 의한 손실 등의 무게가 4kg이었다면 이때 피복 아크 용접봉의 용착 효율은?

① 60%　　② 70%
③ 80%　　④ 90%

해설 $\frac{20-4}{20}\times 100 = 80$

31. 본 용접에서 그림과 같은 순서로 용접하는 용착법은?

→ → → → →
① ④ ② ⑤ ③

① 대칭법　　② 스킵법
③ 후퇴법　　④ 살수법

32. 다음 용접봉 중 제품의 인장강도가 요구될 때 사용하는 것으로 내균열성이 가장 우수한 용접봉은?

① 저수소계
② 라임 티탄계
③ 고셀룰로오스계
④ 고산화티탄계

해설 내균열성이 우수한 것은 저수소계 > 일미나이트계 > 고산화철계 > 고셀룰로오스계 > 티탄계 순이다.

33. 그림과 같이 완전용입 T형 맞대기 용접 이음에 굽힘 모멘트 M=9000kgf · cm가 적용할 때 최대 굽힘 응력(kgf/cm^2)은? (단, L=400mm, l=300mm, t=20mm, [kgf]는 하중이다.)

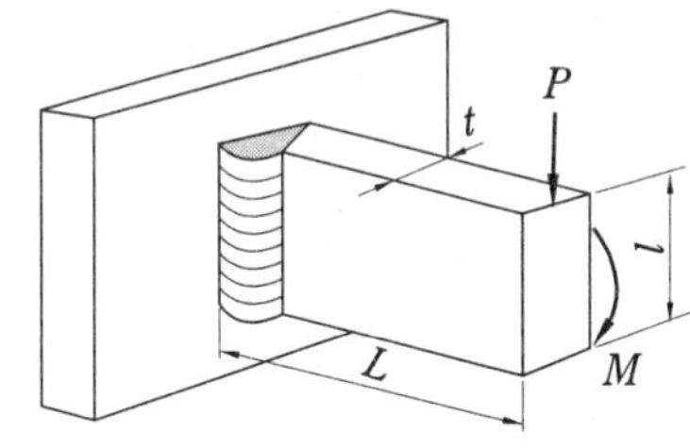

① 30　　② 45
③ 300　　④ 450

해설 $\sigma_b = \frac{6M}{tl^2} = \frac{6\times 9000}{2\times 30^2}\times 100 = 30$

34. 서브머지드 아크 용접 이음설계에서 용접부의 시작점과 끝점에 모재와 같은 재질의 판 두께를 사용하여 충분한 용입을 얻기 위하여 사용하는 것은?

① 앤드 탭
② 실링 비드
③ 플레이트 정반
④ 알루미늄 판 받침

35. 끝이 구면인 특수한 해머로 용접부를 연속적으로 때려 용착금속부의 인장응력을 완화하는데 큰 효과가 있는 잔류응력 제거법은?

① 피닝법　　② 국부 풀림법
③ 케이블 커넥터법　　④ 저온 응력 완화법

정답 29. ④　30. ③　31. ②　32. ①　33. ①　34. ①　35. ①

해설 피닝법은 치핑해머(chipping hammer)로 용접부를 연속적으로 때려 용접 표면상에 소성변형을 주는 방법으로 잔류응력의 경감, 변형의 교정 및 용접금속의 균열을 방지하는데 효과가 있다.

36. 용접 구조물의 재료 절약 설계 요령으로 틀린 것은?

① 가능한 표준 규격의 재료를 이용한다.
② 용접할 조각의 수를 가능한 많게 한다.
③ 재료는 쉽게 구입할 수 있는 것으로 한다.
④ 고장이 발생했을 경우 수리할 때의 편의도 고려한다.

37. 그림과 같은 겹치기 이음의 필릿 용접을 하려고 한다. 허용응력이 50MPa, 인장하중이 50kN, 판두께가 12mm일 때 용접 유효길이는 약 몇 mm인가?

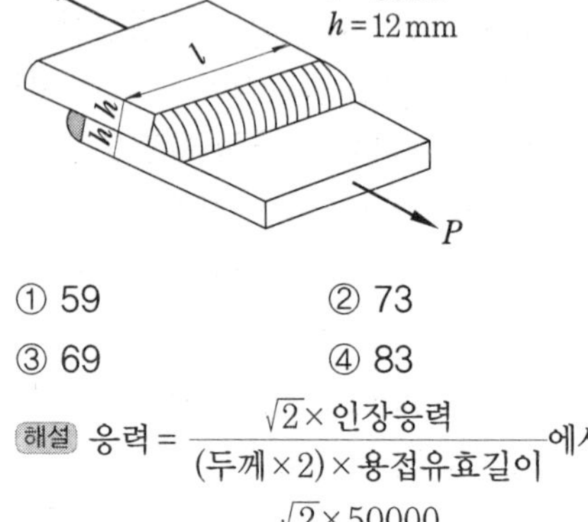

① 59 ② 73
③ 69 ④ 83

해설 응력 = $\frac{\sqrt{2}\times \text{인장응력}}{(\text{두께}\times 2)\times \text{용접유효길이}}$에서

용접유효길이 = $\frac{\sqrt{2}\times 50000}{50\times(12\times 2)} = 58.92$

38. 구조물 용접작업 시 용접 순서에 관한 설명으로 틀린 것은?

① 용접물의 중심에서 대칭으로 용접을 해나간다.
② 용접작업이 불가능한 곳이나 곤란한 곳이 생기지 않도록 한다.
③ 수축이 작은 이음을 먼저 용접하고 수축이 큰 이음을 나중에 용접한다.
④ 용접 구조물의 중심축을 기준으로 용접 수축력의 모멘트 합이 0이 되게 하면 용접선 방향에 대한 굽힘을 줄일 수 있다.

해설 용접 순서
㉠ 같은 평면 안에 많은 이음이 있을 때에는 수축은 가능한 자유단으로 보낸다.
㉡ 용접물 중심에 대하여 항상 대칭으로 용접을 진행시킨다.
㉢ 수축이 큰 이음을 가능한 먼저 용접하고, 수축이 작은 이음을 뒤에 용접한다.
㉣ 용접물의 중립축에 대하여 수축력 모멘트의 합이 제로(0)가 되도록 한다.

39. 다음 중 용접이음 성능에 영향을 주는 요소로 거리가 먼 것은?

① 용접 결함
② 용접 홀더
③ 용접 이음의 위치
④ 용접 변형 및 잔류응력

40. 용접 제품을 제작하기 위한 조립 및 가용접에 대한 일반적인 설명으로 틀린 것은?

① 조립 순서는 용접 순서 및 용접 작업의 특성을 고려하여 계획한다.
② 불필요한 잔류응력이 남지 않도록 미리 검토하여 조립 순서를 정한다.
③ 강도상 중요한 곳과 용접의 시점과 종점이 되는 끝부분에 주로 가용접한다.
④ 가용접시에는 본용접보다도 지름이 약간 가는 용접봉을 사용하는 것이 좋다.

정답 36. ② 37. ① 38. ③ 39. ② 40. ③

제3과목 용접일반 및 안전관리

41. 금속 원자 사이에 작용하는 인력으로 원자를 서로 결합하기 위해서는 원자 간의 거리가 어느 정도 되어야 하는가?

① 10^{-4}cm ② 10^{-6}cm
③ 10^{-7}cm ④ 10^{-8}cm

42. 다음 재료 중 용제 없이 가스용접을 할 수 있는 것은?

① 주철 ② 황동
③ 연강 ④ 알루미늄

43. 다음 보기 중 용접의 자동화에서 자동제어의 장점을 모두 고른 것은?

| 보기 |
㉠ 제품의 품질이 균일화되어 불량품이 감소한다.
㉡ 원자재, 원가 등이 증가한다.
㉢ 인간에게는 불가능한 고속 작업이 가능하다.
㉣ 위험한 사고의 방지가 불가능하다.
㉤ 연속작업이 가능하다.

① ㉠, ㉡, ㉣
② ㉠, ㉢, ㉤
③ ㉠, ㉡, ㉢, ㉤
④ ㉠, ㉡, ㉢, ㉣, ㉤

해설 자동제어의 장점은 ㉠, ㉢, ㉤ 외에
① 적정한 작업을 유지할 수 있어서 원자재, 원료 등이 절약된다.
② 인간 능력 이상의 정밀한 작업이 가능하다.
③ 인간에게는 부적당한 환경에서 작업이 가능하다(고온, 방사능 위험이 있는 장소 등).
④ 위험한 사고의 방지가 가능하며 투지 자본의 절약이 가능하다.
⑤ 노력의 절감이 가능하다.

44. 가스절단에서 판 두께가 12.7mm일 때 표준 드래그의 길이로 가장 적당한 것은?

① 2.4mm ② 5.2mm
③ 5.6mm ④ 6.4mm

해설 표준 드래그 길이는 판 두께의 20%(2.4mm)가 적당하다.

45. 용접법의 종류 중 압접법이 아닌 것은?

① 마찰 용접 ② 초음파 용접
③ 스터드 용접 ④ 업셋 맞대기 용접

해설 스터드 용접은 아크 용접법이다.

46. 두 개의 모재에 압력을 가해 접촉시킨 후 회전시켜 발생하는 열과 가압력을 이용하여 접합하는 용접법은?

① 단조 용접 ② 마찰 용접
③ 확산 용접 ④ 스터드 용접

47. 유전, 습지대에서 분출되는 메탄이 주성분인 가스는?

① 수소 가스 ② 천연가스
③ 아르곤 가스 ④ 프로판 가스

해설 천연가스는 유전, 습지대에서 분출되며 메탄이 주성분으로, 조성은 산지 또는 분출시기에 따라 일정하지 않다.

48. 피복 아크 용접에서 정극성과 역극성의 설명으로 옳은 것은?

① 박판의 용접은 주로 정극성을 이용한다.

정답 41. ③ 42. ③ 43. ② 44. ① 45. ③ 46. ② 47. ② 48. ②

② 용접봉에 (−)극을, 모재에 (+)극을 연결하는 것을 정극성이라 한다.
③ 정극성일 때 용접봉의 용융속도는 빠르고 모재의 용입은 얕아진다.
④ 역극성일 때 용접봉의 용융속도는 빠르고 모재의 용입은 깊어진다.

49. **다음 중 용접기의 설치 및 정비 시 주의해야 할 사항으로 틀린 것은?**

① 습도가 높은 곳에 설치해야 한다.
② 먼지가 많은 장소에는 가급적 용접기 설치를 피한다.
③ 용접 케이블 등의 파손된 부분은 절연테이프로 감아야 한다.
④ 2차측 단자의 한쪽과 용접기 케이스는 접지를 확실히 해 둔다.

50. **가스 용접 토치의 종류가 아닌 것은?**

① 저압식 토치 ② 중압식 토치
③ 고압식 토치 ④ 등압식 토치

해설 토치의 종류는 저압식, 중압식, 고압식 토치로 구분되는데, 예전에는 중압식을 등압식이라고도 하였다.

51. **아크 용접 시 차광유리를 선택할 경우 용접전류가 400 A 이상일 때의 가장 적합한 차광도 번호는?**

① 5 ② 8 ③ 10 ④ 14

52. **진공 상태에서 용접을 행하게 되므로 텅스텐, 몰리브덴과 같이 대기에서 반응하기 쉬운 금속도 용접하기 용이하게 접합할 수 있는 용접은?**

① 스터드 용접 ② 테르밋 용접
③ 전자 빔 용접 ④ 원자 수소 용접

53. **강인성이 풍부하고 기계적 성질, 내균열성이 가장 좋은 피복 아크 용접봉은?**

① 저수소계 ② 고산화티탄계
③ 철분 산화티탄계 ④ 고셀룰로오스계

해설 강인성이 풍부하고 내균열성이 가장 우수한 것은 저수소계 > 일미나이트계 > 고산화철계 > 고셀룰로오스계 > 티탄계 순이다.

54. **다음 용접법 중 가장 두꺼운 판을 용접할 수 있는 것은?**

① 전자빔 용접
② 불활성가스 아크 용접
③ 서브머지드 아크 용접
④ 일렉트로 슬래그 용접

55. **무부하 전압 80V, 아크 전압 30V, 아크 전류 300A, 내부손실이 4kW인 경우 아크 용접기의 효율은 약 몇 %인가?**

① 59 ② 69 ③ 75 ④ 80

해설 $$효율 = \frac{아크출력}{소비전력} \times 100 = \frac{아크전압 \times 아크전류}{아크전압 \times 아크전류 + 내부손실} \times 100 = \frac{30 \times 300}{30 \times 300 + 4000} \times 100 = 69.2$$

56. **서브머지드 아크 용접법의 설명 중 틀린 것은?**

① 비소모식이므로 비드의 외관이 거칠다.
② 용접선이 수직인 경우 적용이 곤란하다.
③ 모재 두께가 두꺼운 용접에서 효율적이다.
④ 용융속도와 용착속도가 빠르며, 용입이 깊다.

정답 49. ① 50. ④ 51. ④ 52. ③ 53. ① 54. ④ 55. ② 56. ①

57. 리벳이음과 비교하여 용접의 장점을 설명한 것으로 틀린 것은?

① 작업 공정이 단축된다.
② 기밀, 수밀이 우수하다.
③ 복잡한 구조물 제작에 용이하다.
④ 열영향으로 이음부의 재질이 변하지 않는다.

58. 다음 분말 소화기의 종류 중 A, B, C급 화재에 모두 사용할 수 있는 것은?

① 제1종 분말 소화기
② 제2종 분말 소화기
③ 제3종 분말 소화기
④ 제4종 분말 소화기

59. 냉간 압접의 일반적인 특징으로 틀린 것은?

① 용접부가 가공 경화된다.
② 압접에 필요한 공구가 간단하다.
③ 접합부의 열영향으로 숙련이 필요하다.
④ 접합부의 전기 저항은 모재와 거의 동일하다.

60. 다음 중 연소의 3요소에 해당하지 않는 것은?

① 가연물 ② 점화원
③ 충진제 ④ 산소 공급원

정답 57. ④ 58. ③ 59. ③ 60. ③

2018년 8월 19일 시행

용접산업기사

제1과목 용접야금 및 용접설비제도

1. 다음 중 탈황을 촉진하기 위한 조건으로 틀린 것은?

① 비교적 고온이어야 한다.
② 슬래그의 염기도가 낮아야 한다.
③ 슬래그의 유동성이 좋아야 한다.
④ 슬래그 중의 산화철분이 낮아야 한다.

해설 탈황을 하기 위해서는 염기성분(CaO, MgO, MnO, FeO, Na_2O)이 많아야 하며, 고온이어야 좋으나 산화물은 적게 해야 한다.

2. 탄소강의 표준조직이 아닌 것은?

① 페라이트 ② 마텐자이트
③ 펄라이트 ④ 시멘타이트

해설 철의 표준조직은 오스테나이트 → 페라이트 → 펄라이트 → 시멘타이트이다.

3. 용접하기 전 예열하는 목적이 아닌 것은?

① 수축 변형을 감소한다.
② 열영향부의 경도를 증가시킨다.
③ 용접 금속 및 열영향부에 균열을 방지한다.
④ 용접 금속 및 열영향부의 인성 또는 노치인성을 개선한다.

해설 예열은 용접금속이 어떤 조건하에서 급랭이 되면 열영향부에 경화 및 균열 등이 생기기 쉬우므로, 예열을 하여 냉각속도를 느리게 하여 용접할 필요가 있다.

4. 다음 균열 중 모재의 열팽창 및 수축에 의한 비틀림이 주원인이며, 필릿 용접이음부의 루트 부분에 생기는 균열은?

① 힐 균열
② 설퍼 균열
③ 크레이터 균열
④ 라미네이션 균열

해설 힐 균열(heel crack): 필릿용접 이음부의 루트 부분에 발생하는 저온 균열로 모재의 열팽창 및 수축에 의한 비틀림을 원인으로 볼 수 있으며, 방지하려면 루트 균열과 같이 수소양의 감소와 예열이 효과가 있다. 용접금속의 강도를 낮추거나 용접입열을 적게 하는 방법이 있다.

5. 강자성체인 Fe, Ni, Co의 자기 변태 온도가 낮은 것에서 높은 순으로 바르게 배열된 것은?

① Fe → Ni → Co ② Fe → Co → Ni
③ Ni → Fe → Co ④ Ni → Co → Fe

해설 자기변태를 하는 대표적 금속은 니켈(358℃), 철(768℃), 코발트(1120℃) 등이다.

6. 강을 연하게 하여 기계가공성을 향상시키거나, 내부 응력을 제거하기 위해 실시하는 열처리는?

① 불림(normalizing)
② 뜨임(tempering)
③ 담금질(quenching)
④ 풀림(annealing)

해설 풀림(annealing, 소둔): 강의 조직을 미

정답 1. ② 2. ② 3. ② 4. ① 5. ③ 6. ④

세화시키고 기계가공을 쉽게 하기 위하여 A_3-A_1변태점보다 약 30~50℃ 높은 온도에서 장시간 가열하고 냉각시키는 열처리로 재질을 연화시킨다.

7. 일반적인 탄소강에 함유된 5대 원소에 속하지 않는 것은?

① Mn ② Si ③ P ④ Cr

해설 탄소강의 5대 원소는 C, P, S, Mn, Si이다.

8. 습기 제거를 위한 용접봉의 건조 시 건조 온도가 가장 높은 것은?

① 저수소계 ② 라임티탄계
③ 셀룰로오스계 ④ 고산화티탄계

해설 피복 아크 용접봉에서 습기 제거를 하기 위한 건조 온도는 저수계는 300~350℃로 1~2시간 정도, 나머지 다른 용접봉은 70~100℃로 1시간 정도 건조한다.

9. 알루미늄 계열의 분류에서 번호대와 첨가 원소가 바르게 짝지어진 것은?

① 1000계: 순금속 알루미늄(순도>99.0%)
② 3000계: 알루미늄-Si계 합금
③ 4000계: 알루미늄-Mg계 합금
④ 5000계: 알루미늄-Mn계 합금

해설 가공용 알루미늄 합금의 종류는 1000번대(99.00% 이상의 Al), 2000번(Al-Cu계 합금), 3000번(Al-Mn계 합금), 4000번(Al-Si계 합금), 5000번(Al-Mg계 합금), 6000번(Al-Mg-Si계 합금), 7000번(Al-Zn계 합금), 8000번대는 기타, 9000번대는 예비이다.

10. 다음 원소 중 황(S)의 해를 방지할 수 있는 것으로 가장 적합한 것은?

① Mn ② Si ③ Al ④ Mo

해설 유황(S)으로 인한 적열취성을 방지하고 고온가공을 용이하게 한다(취성의 원인이 되는 유화철(FeS)의 발생을 방지하고 MnS로 되어 슬래그화시킴).

11. 다음 중 판의 맞대기 용접에서 위보기 자세를 나타내는 것은?

① H ② V ③ O ④ AP

해설 평판 맞대기 용접 기호는 F: 아래보기, H: 수평, V: 수직, O: 위보기 자세, AP: 전자세가 있다.

12. 다음 KS 용접기호에서 C가 의미하는 것은?

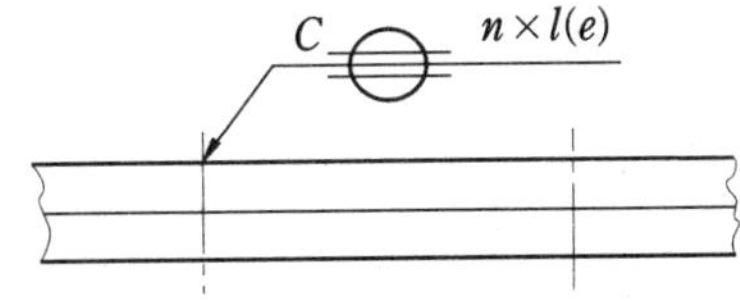

① 용접 강도 ② 용접 길이
③ 루트 간격 ④ 용접부의 너비

해설 도면에서 C는 목 두께(용접부의 너비), n: 용접 개수, l: 용접부의 길이, (e): 용접부의 간격을 표시한다.

13. 기계제도에 사용하는 문자의 종류가 아닌 것은?

① 한글 ② 알파벳
③ 상형문자 ④ 아라비아 숫자

해설 제도에 문자는 한글, 아라비아 숫자, 알파벳(로마자)이 사용된다.

14. X, Y, Z 방향의 축을 기준으로 공간상에 하나의 점을 표시할 때 각 축에 대한 X, Y, Z에 대응하는 좌표값으로 표시하는 CAD

정답 7. ④ 8. ① 9. ① 10. ① 11. ③ 12. ④ 13. ③ 14. ②

시스템의 좌표계의 명칭은?

① 극좌표계　② 직교좌표계
③ 원통좌표계　④ 구면좌표계

15. 아래 그림의 화살표 쪽의 인접부분을 참고로 표시하는 데 사용하는 선의 명칭은?

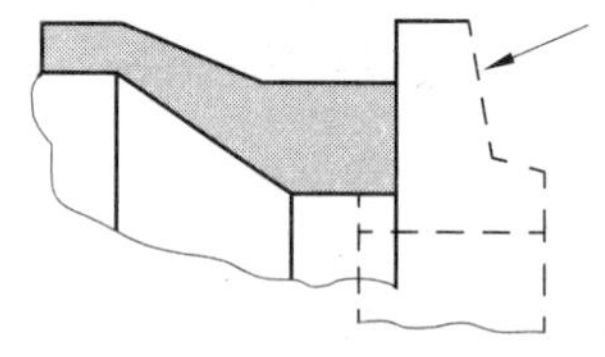

① 가상선　② 숨은선
③ 외형선　④ 파단선

16. 다음 중 가는 실선으로 표시되는 것은?

① 외형선　② 숨은선
③ 절단선　④ 회전 단면선

해설 제도에서 가는 실선을 사용하는 명칭은 중심선, 치수선, 치수보조선, 지시선, 파단선, 해칭선, 특수한 용도의 선 등이다.

17. 다음 중 심(seam) 용접이음 기호로 맞는 것은?

① 　② 
③ 　④

해설 ① 점용접, ② 보조기호로서 이면용접, ③ 심 용접, ④ 표면육성이다.

18. 다음 치수기입 방법의 일반 형식 중 잘못 표시된 것은?

① 각도 치수: 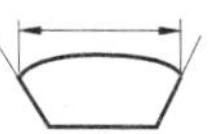

② 호의 길이 치수: 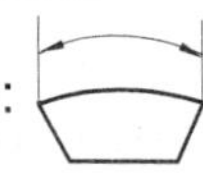

③ 현의 길이 치수: 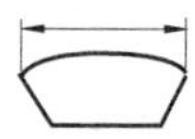

④ 변의 길이 치수:

19. 도면에 치수를 기입할 때의 유의 사항으로 틀린 것은?

① 치수는 계산할 필요가 없도록 기입하여야 한다.
② 치수는 중복 기입하여 도면을 이해하기 쉽게 한다.
③ 관련되는 치수는 가능한 한곳에 모아서 기입한다.
④ 치수는 될 수 있는 대로 주투상도에 기입해야 한다.

해설 치수선은 외형선과 다른 치수선과의 중복을 피한다.

20. 핸들이나 바퀴의 암 및 리브 훅, 축 구조물의 부재 등에 절단면을 90° 회전하여 그린 단면도는?

① 회전 단면도　② 부분 단면도
③ 한쪽 단면도　④ 온 단면도

제2과목 용접구조설계

21. 일반적인 자분탐상 검사를 나타내는 기호는?

① UT　② PT　③ MT　④ RT

해설 RT : 방사선 투과시험, UT: 초음파 탐상시험, MT : 자분 탐상시험, PT: 침투 탐상시험, ET: 와류 탐상시험, LT : 누설시험, VT: 육안시험 등이다.

정답 15. ① 16. ④ 17. ③ 18. ① 19. ② 20. ① 21. ③

22. 가늘고 긴 망치로 용접 부위를 계속적으로 두들겨 줌으로써 비드 표면층에 성질 변화를 주어 용접부의 인장 잔류 응력을 완화시키는 방법은?

① 피닝법
② 역변형법
③ 취성 경감법
④ 저온 응력 완화법

23. 맞대기 용접 시 부등형 용접 홈을 사용하는 이유로 가장 거리가 먼 것은?

① 수축 변형을 적게 하기 위할 때
② 홈의 용적을 가능한 크게 하기 위할 때
③ 루트 주위를 가우징을 해야 할 경우 가우징을 쉽게 하기 위할 때
④ 위보기 용접을 할 경우 용착량을 적게 하여 용접 시공을 쉽게 해야 할 때

24. 피복 아크 용접에서 언더컷(under cut)의 발생 원인으로 가장 거리가 먼 것은?

① 용착부가 급랭될 때
② 아크길이가 너무 길 때
③ 용접전류가 너무 높을 때
④ 용접봉의 운봉속도가 부적당할 때

25. 본 용접을 시행하기 전에 좌우의 이음 부분을 일시적으로 고정하기 위한 짧은 용접은?

① 후용접 ② 점용접
③ 가용접 ④ 선용접

해설 가용접
㉠ 용접결과의 좋고 나쁨에 직접 영향을 준다.
㉡ 본용접의 작업 전에 좌우의 홈 부분을 잠정적으로 고정하기 위한 짧은 용접이다.
㉢ 균열, 기공, 슬래그 잠입 등의 결함을 수반하기 쉬우므로 본 용접을 실시할 홈 안에 가접하는 것은 바람직하지 못하며, 만일 불가피하게 홈 안에 가접하였을 경우 본 용접 전에 갈아내는 것이 좋다.
㉣ 본 용접을 하는 용접사와 비등한 기량을 가진 용접사에 의해 실시되어야 한다.
㉤ 가용접에는 본 용접보다 지름이 약간 가는 봉을 사용하는 것이 좋다.

26. 다음 중 예열에 관한 설명으로 틀린 것은?

① 용접부와 인접한 모재의 수축응력을 감소시키기 위하여 예열을 한다.
② 냉각속도를 지인시켜 열영향부와 용착금속의 경화를 방지하기 위하여 예열을 한다.
③ 냉각속도를 지연시켜 용접금속 내에 수소성분을 배출함으로써 비드 밑 균열을 방지한다.
④ 탄소성분이 높을수록 임계점에서의 냉각속도가 느리므로 예열을 할 필요가 없다.

해설 예열은 용접금속이 어떤 조건하에서 급랭이 되면 열영향부에 경화 및 균열 등이 생기기 쉬우므로 예열을 하여 냉각속도를 느리게 하여 용접할 필요가 있다.
㉠ 비드 밑 균열(under bead cracking) 방지를 위해서는 재질에 따라 50~350℃ 정도로 홈을 예열하여 냉각속도를 느리게 하여 용접을 한다.
㉡ 연강이라도 기온이 0℃ 이하이면 저온 균열을 발생하기 쉬우므로 용접이음의 양쪽 약 100mm나 비를 약 40~70℃로 가열하는 것이 좋다.
㉢ 연강 및 고장력강의 예열온도는 탄소당량을 기초로 하여 예열하며 여기서 원소

기호는 무게비의 값이고, 합금원소가 많아져서 탄소당량이 커지든지 판이 두꺼워지면 용접성이 나빠지며 예열온도를 높일 필요가 있다.

$$탄소당량(C_{eq}) = C+\frac{1}{6}MN+\frac{1}{24}Si+\frac{1}{40}Ni+\frac{1}{50}Cr+\frac{1}{4}Mo+\frac{1}{14}V$$

27. 용접구조물을 설계할 때 주의해야 할 사항으로 틀린 것은?

① 용접구조물은 가능한 균형을 고려한다.
② 용접성, 노치인성이 우수한 재료를 선택하여 시공하기 쉽게 설계한다.
③ 중요한 부분에서 용접이음의 집중, 접근, 교차가 되도록 설계한다.
④ 후관을 용접할 경우는 용입이 깊은 용접법을 이용하여 층수를 줄이도록 한다.

28. 인장강도 P, 사용응력 σ, 허용응력 σ_a라 할 때 안전율을 구하는 공식으로 옳은 것은?

① 안전율 $= \frac{P}{(\sigma \times \sigma_a)}$
② 안전율 $= \frac{P}{\sigma_a}$
③ 안전율 $= \frac{P}{(2 \times \sigma)}$
④ 안전율 $= \frac{P}{\sigma}$

해설 안전율 $= \frac{인장강도}{허용응력}$, 인장강도 = 허용응력×안전율

29. 일반적인 침투 탐상 검사의 특징으로 틀린 것은?

① 제품의 크기, 형상 등에 크게 구애를 받지 않는다.
② 주변 환경의 오염도, 습도, 온도와 무관하게 항상 검사가 가능하다.
③ 철, 비철, 플라스틱, 세라믹 등 거의 모든 제품에 적용이 용이하다
④ 시험 표면이 침투제 등과 반응하여 손상을 입는 제품은 검사할 수 없다.

해설 침투 검사(PT: penetrant testing): 제품의 표면에 발생된 미세균열이나 작은 구멍을 검출하기 위해 이곳에 침투액을 표면장력의 작용으로 침투시킨 후에 세척액으로 세척한 후 현상액을 사용 결함부에 스며든 침투액을 표면에 나타나게 하는 검사로 주변 환경에 오염도, 습도, 온도 등이 중요한 것이다.

30. 다음 중 용접사의 기량과 무관한 결함은?

① 용입 불량
② 슬래그 섞임
③ 크레이터 균열
④ 라미네이션 균열

해설 라미네이션 균열은 모재의 재질 결함으로 설퍼 밴드와 같이 층상으로 편재되어 있고 내부에 노치를 형성하며 두께 방향에 강도를 감소시키며, 델라미네이션은 응력이 걸려 라미네이션이 갈라지는 것을 말하며 방지방법으로는 킬드강이나 세미킬드강을 이용하여야 한다.

31. 잔류 응력 측정법의 분류에서 정량적 방법에 속하는 것은?

① 부식법 ② 자기적 방법
③ 응력 이완법 ④ 경도에 의한 방법

해설 잔류응력의 측정법 분류 중 정량적 방법에는 크게 응력 이완법, X선 회절법이 있다.

정답 27. ③ 28. ② 29. ② 30. ④ 31. ③

32. 다음 그림과 같은 형상의 용접이음 종류는?

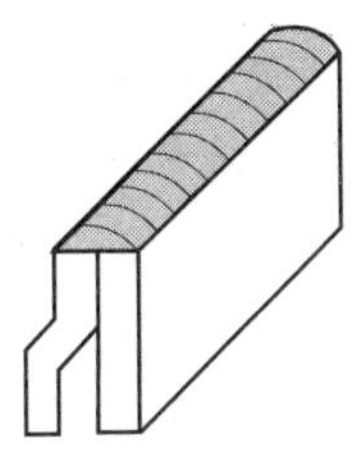

① 십자 이음 ② 모서리 이음
③ 겹치기 이음 ④ 변두리 이음

33. 그림의 용착 방법 종류로 옳은 것은?

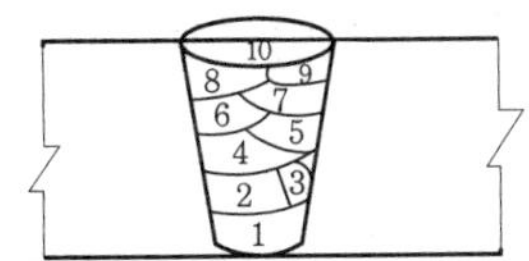

① 전진법 ② 후진법
③ 비석법 ④ 덧살 올림법

34. 그림과 같은 용접부에 발생하는 인장응력(σ_1)은 약 몇 MPa인가? (단, 용접길이, 두께의 단위는 mm이다.)

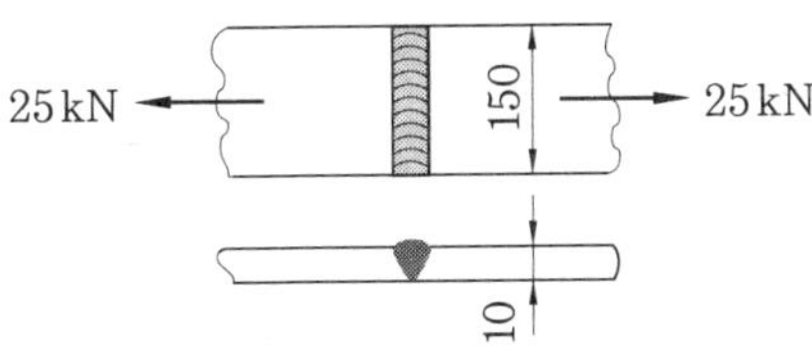

① 14.6 ② 16.7 ③ 21.6 ④ 26.6

해설 인장응력 $= \dfrac{\text{하중}}{\text{폭} \times \text{두께}} = \dfrac{25000}{10 \times 150}$
$=16.66 \fallingdotseq 16.67$

35. 금속에 열을 가했을 경우 변화에 대한 설명으로 틀린 것은?

① 팽창과 수축의 정도는 가열된 면적의 크기에 반비례한다.
② 구속된 상태의 팽창과 수축은 금속의 변형과 잔류응력을 생기게 한다.
③ 구속된 상태의 수축은 금속이 그 장력에 견딜만한 연성이 없으면 파단한다.
④ 금속은 고온에서 압축응력을 받으면 잘 파단되지 않으며, 인장력에 대해서는 잘 파단되기 쉽다.

해설 금속에 열을 가열했을 때 가열온도에 따라서 비례하여 팽창과 냉각 시에는 수축을 하는데 이 과정에서 변형과 잔류응력이 발생하며 그 힘에 의하여 장력에 견딜만한 연성이 없으면 파단하거나 균열이 발생한다.

36. 용접을 실시하면 일부 변형과 내부에 응력이 남는 경우가 있는데 이것을 무엇이라고 하는가?

① 인장응력 ② 공정응력
③ 잔류응력 ④ 전단응력

해설 용접이음에서는 어떤 외력이 작용하지 않아도 용접부의 온도변화에 의하여 응력이 발생하며, 특히 냉각시에 수축응력이 크므로 완전하게 실온까지 냉각한 경우에는 일정 크기의 응력이 잔류하게 된다. 이 응력을 잔류응력(residual stress)이라 한다.

37. 처음 길이가 340 mm인 용접 재료를 길이방향으로 인장시험한 결과 390 mm가 되었다. 이 재료의 연신율은 약 몇 %인가?

① 12.8 ② 44.7 ③ 17.2 ④ 87.2

해설 연신율(변형률)
$= \dfrac{\text{인장시험한 결과 길이} - \text{처음 길이}}{\text{인장시험한 결과 길이}} \times 100$
$= \dfrac{390-340}{390} \times 100 = 12.820\%$

정답 32. ④ 33. ④ 34. ② 35. ① 36. ③ 37. ①

38. 적은 균열의 발생에 가장 큰 영향을 주는 것은?

① 피닝
② 후열처리
③ 예열처리
④ 용착금속의 확산성 수소

39. 용접구조물의 피로강도를 향상시키기 위한 주의사항으로 틀린 것은?

① 가능한 응력 집중부에 용접부가 집중되도록 할 것
② 냉간가공 또는 야금적 변태 등에 의하여 기계적인 강도를 높일 것
③ 열처리 또는 기계적인 방법으로 용접부 잔류응력을 완화시킬 것
④ 표면가공 또는 다듬질 등을 이용하여 단면이 급변하는 부분을 최소화 할 것

해설 용접부에 균열, 언더컷, 슬래그 혼입 등과 같이 예리한 노치가 되는 용접결함이 존재하고 있을 때는 항복점에 비하여 훨씬 낮은 응력이 작용하여도 피로파괴가 일어나므로 이러한 작은 하중으로는 잔류응력이 별로 삭감되지 않아 결국 잔류응력의 존재로 인하여 피로강도가 감소할 가능성이 생기게 된다.

40. 판 두께가 25mm 이상인 연강에서는 주위의 기온이 0℃ 이하로 내려가면 저온균열이 발생할 우려가 있다. 이것을 방지하기 위한 예열온도는 얼마 정도로 하는 것이 좋은가?

① 50~75℃
② 100~150℃
③ 200~250℃
④ 300~350℃

제3과목 용접일반 및 안전관리

41. 다음 중 아크 에어 가우징에 관한 설명으로 가장 적합한 것은?

① 비철금속에는 적용되지 않는다.
② 압축공기의 압력은 1~2kgf/cm^2 정도가 가장 좋다.
③ 용접 균일 부분이나 용접 결함부를 제거하는데 사용한다.
④ 그라인딩이나 가스 가우징보다 작업 능률아 낮다.

해설 ㉠ 가스 가우징법보다 작업능률이 2~3배 높다.
㉡ 모재에 악영향이 거의 없다.
㉢ 용접결함의 발견이 쉽다.
㉣ 소음이 없고 조정이 쉽다.
㉤ 경비가 싸고 철, 비철금속 어느 경우에나 사용범위가 넓다.

42. 아크 용접 작업 중 전격에 관련된 설명으로 옳지 않은 것은?

① 용접 홀더를 맨손으로 취급하지 않는다.
② 습기 찬 작업복, 장갑 등을 착용하지 않는다.
③ 전격 받은 사람을 발견하였을 때에는 즉시 맨손으로 잡아당긴다.
④ 오랜 시간 작업을 중단할 때에는 용접기의 스위치를 끄도록 한다.

해설 전격 받은 사람을 발견하였을 때에는 즉시 전원 스위치를 끄고 감전이 되지 않는 안전한 용구를 사용하고 응급상황을 신고한다.

43. 다음 중 T형 필릿 용접을 나타낸 것은?

정답 38. ④ 39. ① 40. ① 41. ③ 42. ③ 43. ④

① 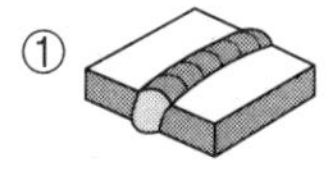 ② 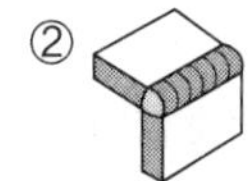

③ 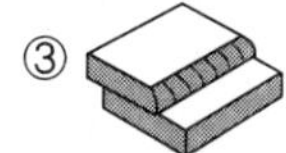 ④ 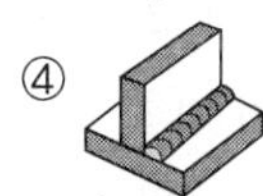

해설 ① 맞대기 이음, ② 모서리 이음, ③ 겹치기 이음, ④ T형 필릿 이음이다.

44. 가스 용접 시 전진법에 비교한 후진법의 장점으로 가장 거리가 먼 것은?

① 열 이용률이 좋다.
② 용접 변형이 작다.
③ 용접속도가 빠르다.
④ 판 두께가 얇은 것(3~4mm)에 적당하다.

해설 가스 용접에 전진법과 후진법의 비교

항목	전진법	후진법
열 이용률	나쁘다.	좋다.
비드 모양	보기 좋다.	매끈하지 못하다.
용접 속도	느리다.	빠르다.
홈의 각도	크다. (예 80~90°)	작다. (예 60°)
용접 변형	크다.	작다.
산화 정도	심하다.	약하다.
모재의 두께	얇다.	두껍다.
용착금속의 냉각	급랭	서랭

45. 피복 아크 용접기의 구비조건으로 틀린 것은?

① 역률 및 효율이 좋아야 한다.
② 구조 및 취급이 간단해야 한다.
③ 사용 중에 온도 상승이 커야 한다.
④ 용접전류 조정이 용이하여야 한다.

해설 피복 아크 용접기의 구비조건
㉠ 구조 및 취급 방법이 간단할 것
㉡ 전류는 일정하게 흐르고, 조정이 용이할 것
㉢ 아크 발생이 용이하도록 무부하 전압을 유지할 것(교류 70~80V, 직류 50~60V)
㉣ 아크 발생 및 유지가 용이하고, 아크가 안정할 것
㉤ 용접기는 완전 절연과 필요 이상 무부하 전압이 높지 않을 것
㉥ 사용 중에 온도 상승이 적고, 역률 및 효율이 좋을 것
㉦ 가격이 저렴할 것

46. 피복 아크 용접에서 감전으로부터 용접사를 보호하는 장치는?

① 원격 제어 장치 ② 핫 스타트 장치
③ 전격 방지 장치 ④ 고주파 발생 장치

해설 전격방지기는 용접기의 무부하 전압을 25~30V 이하로 유지하고, 아크 발생 시에는 언제나 통상 전압(무부하 전압 또는 부하 전압)이 되며, 아크가 소멸된 후에는 자동적으로 전압을 저하시켜 감전을 방지하는 장치이다.

47. 피복 아크 용접봉에서 피복 배합제의 성분 중 슬래그 생성계의 역할이 아닌 것은?

① 급랭 방지
② 균일한 전류 유지
③ 산화와 절화 방지
④ 기공, 내부결함 방지

해설 슬래그를 생성하여 용융 금속 및 금속 표면을 덮어서 산화나 질화를 방지하고 냉각을 천천히 한다. 그 외의 영향으로는 탈산작용, 용융금속의 금속학적 반응, 용접 작업 용이 등이 있다.

정답 44. ④ 45. ③ 46. ③ 47. ②

48. 납땜에 쓰이는 용제(flux)가 갖추어야 할 조건으로 가장 적합한 것은?

① 납땜 후 슬래그 제거가 어려운 것
② 청결한 금속면의 산화를 촉진시킬 것
③ 접지땜에 사용되는 것은 수분을 함유할 것
④ 모재와 친화력을 높일 수 있으며 유동성이 좋을 것

해설 용제의 구비조건
㉠ 산화물의 용해와 산화방지
㉡ 용가재의 유동성 증가
㉢ 내식성

49. 가스 용접용 용제에 관한 설명 중 틀린 것은?

① 용제는 건조한 분말, 페이스트 또는 용접봉 표면에 피복한 것도 있다.
② 용제의 융점은 모재의 융점보다 낮은 것이 좋다.
③ 연강재료를 가스 용접할 때에는 용제를 사용하지 않는다.
④ 용제는 용접 중에 발생하는 금속의 산화물을 용해하지 않는다.

해설 연강 이외의 모든 합금, 즉 알루미늄, 크롬 등과 주철 등은 모재표면에 형성된 산화피막의 용융점이 모재의 용융점보다 높아 여러 결함 사항이 발생되므로 용제(flux)를 사용해야 한다.

50. 일반적인 서브머지드 아크 용접에 대한 설명으로 틀린 것은?

① 용접 전류를 증가시키면 용입이 증가한다.
② 용접 전압이 증가하면 비드 폭이 넓어진다.
③ 용접 속도가 증가하면 비드 폭과 용입이 감소한다.
④ 용접 와이어 지름이 증가하면 용입이 깊어진다.

해설 와이어 지름이 증가하면 용입이 얕고 비드 폭이 넓어진다.

51. 다음 교류 아크 용접기 중 가변 저항의 변화로 용접 전류를 조정하며, 조작이 간단하고 원격제어가 가능한 것은?

① 탭 전환형 ② 가동 코일형
③ 가동 철심형 ④ 가포화 리액터형

해설 가포화 리액터형의 장점으로는 전류 조정은 전기적으로, 마멸 부분이 없으며 조작이 간단하다. 소음이 없으며, 원격 조정과 hot start가 용이하다.

52. 다음 중 폭발위험이 가장 큰 산소 아세틸렌가스의 혼합비율은?

① 85 : 15 ② 75 : 25
③ 25 : 75 ④ 15 : 85

해설 아세틸렌 15%, 산소 85%일 때 가장 폭발위험이 크고, 아세틸렌 60%, 산소 40%일 때 가장 안전하다(공기중에 10~20%의 아세틸렌가스가 포함될 때 가장 위험하다).

53. MIG 용접에 관한 설명으로 틀린 것은?

① CO_2가스 아크 용접에 비해 스패터의 발생이 많아 깨끗한 비드를 얻기 힘들다.
② 수동 피복 아크 용접에 비해 용접속도가 빠르다.
③ 정전압 특성 또는 상승특성이 있는 직류용접기가 사용된다.
④ 전류 밀도가 높아 3mm 이상의 두꺼운 판의 용접에 능률적이다.

정답 48. ④ 49. ④ 50. ④ 51. ④ 52. ① 53. ①

해설 MIG용접은 CO_2가스 아크 용접에 비해 스패터의 발생이 적어 깨끗한 비드를 얻는다.

54. **판 두께가 12.7mm인 강판을 가스 절단하려 할 때 표준 드래그의 길이는 2.4mm이다. 이때 드래그는 약 몇 %인가?**

① 18.9 ② 32.1 ③ 42.9 ④ 52.4

해설 드래그는 판두께에 20%를 표준으로 하고 있으며, 2.4÷12.7 = 0.1889≒0.189×100% = 18.9%이다.

55. **다음 중 압접에 속하는 용접법은?**

① 단접 ② 가스 용접
③ 전자빔 용접 ④ 피복 아크 용접

해설 압접은 가스 압접, 초음파 용접, 마찰 용접, 냉간 압접, 단접 등이다.

56. **다전극 서브머지드 아크 용접 중 두 개의 전극 와이어를 독립된 전원에 접속하여 용접선에 따라 전극의 간격을 10~30mm 정도로 하여 2개의 전극 와이어를 동시에 녹게 함으로써 한꺼번에 많은 양의 용착금속을 얻을 수 있는 것은?**

① 다전식 ② 탠덤식
③ 횡직렬식 ④ 횡병렬식

57. **구리(순동)를 불활성가스 텅스텐 아크 용접으로 용접하려 할 때의 설명으로 틀린 것은?**

① 보호가스는 아르곤 가스를 사용한다.
② 전류는 직류 정극성을 사용한다.
③ 전극봉은 순수 텅스텐 봉을 사용하는 것이 가장 효과적이다.
④ 박판을 용접할 때에는 아크 열로 시작점에서 가열한 후 용융지가 형성될 때 용접한다.

해설 구리의 불활성가스 텅스텐 아크 용접에는 토륨 2% 텅스텐을 사용한다.

58. **ϕ3.2mm인 용접봉으로 연강 판을 가스 용접하려 할 때 선택하여야 할 가장 적합한 판재의 두께는 몇 mm인가?**

① 4.4 ② 6.6 ③ 7.5 ④ 8.8

해설 모재의 두께에 따라 용접봉 지름 $D = \frac{T}{2} + 1 = (3.2-1) \times 2 = 4.4$

59. **상온에서 강하게 압축함으로써 경계면을 국부적으로 소성 변형시켜 압접하는 방법은?**

① 냉간 압접 ② 가스 압접
③ 테르밋 용접 ④ 초음파 용접

해설 냉간 압접은 2개의 금속을 1옹스트롬 이상으로 밀착시키면 자유전자가 공동화하여 결정 격자점의 금속이온과 상호작용으로 금속 원자를 결합시키는 방법이다.

60. **절단 산소의 순도가 낮은 경우 발생하는 현상이 아닌 것은?**

① 절단 속도가 늦어진다.
② 절단 홈의 폭이 좁아진다.
③ 산소의 소비량이 증가한다.
④ 절단 개시 시간이 길어진다.

해설 절단 산소 중의 순도가 낮은 경우나 불순물 증가시의 현상
㉠ 절단속도가 늦어진다.
㉡ 절단면이 거칠며 산소의 소비량이 많아진다.
㉢ 절단 가능한 판의 두께가 얇아지며 절단 시작 시간이 길어진다.
㉣ 슬래그 이탈성이 나쁘고 절단 홈의 폭이 넓어진다.

정답 54. ① 55. ① 56. ② 57. ③ 58. ① 59. ① 60. ②

용접산업기사 필기 특강

2019년 1월 10일 인쇄
2019년 1월 15일 발행

저　자 : 용접기술시험연구회
펴낸이 : 이정일

펴낸곳 : 도서출판 **일진사**
www.iljinsa.com
(우) 04317 서울시 용산구 효창원로 64길 6
전화 : 704-1616 / 팩스 : 715-3536
등록 : 제1979-000009호 (1979.4.2)

값 25,000 원

ISBN : 978-89-429-1562-0